高等学校建筑学与城市规划专业系列教材

建 筑 结 构

（第 2 版）

张季超 许 勇 主编
吴珊瑚 刘树堂 王慧英 副主编

高等教育出版社·北京

内容提要

本书根据国家标准《工程结构可靠性设计统一标准》(GB 50153—2008)及相应的建筑结构设计规范《混凝土结构设计规范》(GB 50010—2010)(2015年版)、《建筑抗震设计规范》(GB 50011—2010)(2016年版),同时参照全国注册建筑师管理委员会颁发的注册建筑师资格考试大纲编写而成。

本书将混凝土结构、钢结构、砌体结构、木结构、地基与基础等内容有机结合,统一概念,突出建筑结构选型、建筑抗震概念设计等相关内容。全书共分14章,包括总论、材料性能及选用、钢筋混凝土受弯构件、钢筋混凝土受压构件、预应力混凝土的基本知识、混凝土结构正常使用极限状态验算、钢结构的强度的稳定性、钢结构的连接、木结构、砌体结构、地基与基础的基础知识、建筑抗震基本知识、梁板结构、工厂化建筑。本书结合国家对建筑工业化的要求,编写了相应内容,并附有装配式和装配整体式的肋梁楼盖设计实例示范。每章末均设小结及思考题与习题。书中增加了二维码数字资源:包含教学录像、试验录像、重大工程照片、参考资料等,可供学生辅助学习。

本书内容丰富,概念清晰,叙述简明扼要,既可作为高等学校中对建筑结构知识有较高要求的专业(如土木工程、建筑学、工程管理)的教材,又可作为建筑设计技术人员或从事施工、科研、管理人员的培训教材和继续教育教材,也可作为我国建筑技术人员参加注册师资格考试的考前辅导教材。

图书在版编目(CIP)数据

建筑结构/张季超,许勇主编. --2版. --北京:高等教育出版社,2018.4 (2022.3重印)

ISBN 978-7-04-049279-8

Ⅰ.①建… Ⅱ.①张… ②许… Ⅲ.①建筑结构-高等学校-教材 Ⅳ.①TU3

中国版本图书馆 CIP 数据核字(2018)第 013965 号

策划编辑	单 蕾	责任编辑	单 蕾	特约编辑	王 宏	封面设计	张 志
版式设计	杜微言	插图绘制	杜晓丹	责任校对	吕红颖	责任印制	刁 毅

出版发行	高等教育出版社	网 址	http://www.hep.edu.cn
社 址	北京市西城区德外大街4号		http://www.hep.com.cn
邮政编码	100120	网上订购	http://www.hepmall.com.cn
印 刷	河北鹏盛贤印刷有限公司		http://www.hepmall.com
开 本	787mm×1092mm 1/16		http://www.hepmall.cn
印 张	35	版 次	2010年7月第1版
字 数	780 千字		2018年4月第2版
购书热线	010-58581118	印 次	2022年3月第3次印刷
咨询电话	400-810-0598	定 价	68.00元

本书如有缺页、倒页、脱页等质量问题,请到所购图书销售部门联系调换
版权所有 侵权必究
物 料 号 49279-00

建筑结构
(第2版)

张季超

许 勇

1 计算机访问 http://abook.hep.com.cn/1251831,或手机扫描二维码、下载并安装 Abook 应用。

2 注册并登录,进入"我的课程"。

3 输入封底数字课程账号(20位密码,刮开涂层可见),或通过 Abook 应用扫描封底数字课程账号二维码,完成课程绑定。

4 单击"进入课程"按钮,开始本数字课程的学习。

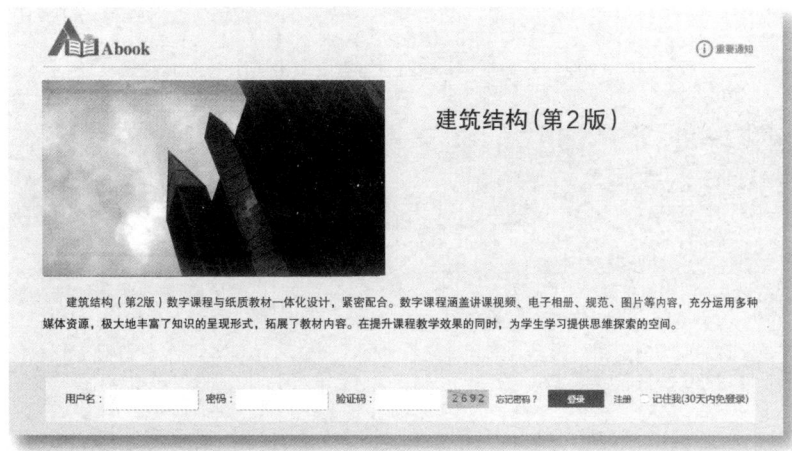

课程绑定后一年为数字课程使用有效期。受硬件限制,部分内容无法在手机端显示,请按提示通过计算机访问学习。

如有使用问题,请发邮件至 abook@hep.com.cn。

扫描二维码
下载 Abook 应用

http://abook.hep.com.cn/1251831

第 2 版前言

本书根据国家标准《工程结构可靠性设计统一标准》(GB 50153—2008)及相应的建筑结构设计规范[《混凝土结构设计规范》(GB 50010—2010)(2015 年版)、《建筑抗震设计规范》(GB 50011—2010)(2016 年版)等],同时参照全国注册建筑师管理委员会颁发的注册建筑师资格考试大纲编写而成。

本书的主要特色在于实用性、先进性和创新性。书中内容深入浅出,图文并茂,有相应的工程应用实例,易于自学。编写时体现了内容与形式一体化,教学理念与教学设计一体化,纸质教材与数字资源一体化,每章均设二维码数字资源,可供读者辅助学习。目前国家大力提倡绿色建筑与建筑工业化,并要求在 2025 年 30% 的新建建筑应采用建筑工业化技术建造,故增加了工厂化建筑这一章节,并附有装配式和装配整体式的肋梁楼盖设计实例示范。本书在编写过程中注重体现国家最新规范和技术规程的变化,反映国内外建筑结构最新研究成果和成熟理论,并注重与国家土木建筑工程师考试制度相接轨,既可作为高等学校中对建筑结构知识有较高要求的专业(如土木工程、建筑学、工程管理)的教材,又可作为建筑设计技术人员或从事施工、科研、管理人员的培训教材和继续教育教材,也可作为我国建筑技术人员参加注册师资格考试的考前辅导教材。

本书编写分工为(按章节的前后顺序排列):第 1、2 章由张季超(广州大学)、王慧英(广东建设职业技术学院)编写,第 3、4、5 章由张季超、吴珊瑚(广州大学)编写,第 6 章由张季超、吴珊瑚、许勇(广州大学)编写,第 7 章由张季超、许勇编写,第 8、9 章由刘树堂(广州大学)编写,第 10、11 章由张季超、王可怡(广州大学)、王慧英编写,第 12 章由陈原(广州大学)编写,第 13 章由张季超、许勇编写,第 14 章由张季超编写。广州大学土木工程专业博士生李琳、张岩,研究生沈冬儿、刘丹、简伟通、雷有坤、杨尚荣、刘向东、吕明、贾森春、王瑞龙、彭超恒、陈志河参加了相关资料整理与视频部分的编辑。全书由广州大学张季超、许勇等统稿。五邑大学土木建筑学院曾庆响教授审阅了全稿,并提出许多宝贵意见,在此表示衷心的感谢。

本书在编写过程中得到了广州大学和高等教育出版社等单位的支持,参考了国内前几年的正式出版的有关建筑结构方面的教材和相关法律、法规、规范、手册及专业书籍(详见参考文献),在此一并表示感谢。

本书受广州大学教材出版基金资助。

由于水平有限,不妥之处在所难免,恳请广大读者指正,并提出宝贵意见。

编 者
2017 年 12 月

第 1 版前言

本书是根据最新的国家标准《工程结构可靠性设计统一标准》(GB 50153)及相应的建筑结构设计规范，同时依照全国注册建筑师管理委员会颁发的注册建筑师资格考试大纲编写而成。

本书的主要特色在于体现实用性、先进性和创新性。书中内容深入浅出，图文并茂，有相应的工程应用实例，易于自学。本书在编写过程中注重体现国家最新规范和技术规程的变化，反映国内外建筑结构最新研究成果和成熟理论，并注重与国家土木建筑工程师考试制度相接轨，既可作为高等学校中对建筑结构知识有较高要求的专业(如土木工程、建筑学、工程管理等)的教材，又可作为建筑设计技术人员或从事施工、科研、管理人员的培训教材和继续教育教材，也可作为我国建筑技术人员参加注册师资格考试的考前辅导材料。

本书编写分工为(按章节的前后顺序排列)：第1、2章由张季超(广州大学)、李全云(河北建筑工程学院)编写，第3、4、5章由张季超、许勇(广州大学)、曾庆响(五邑大学)编写，第6章由张季超、许勇、李全云编写，第7章由张季超、许勇编写，第8、9章由刘树堂(广州大学)编写，第10、11章由张季超、王可怡、兰晓玲(山西农业大学)编写，第12章由陈原(广州大学)编写，第13章由张季超、许勇编写。广州大学土木工程专业研究生刘茂龙、徐凯、刘晨、曹旋、杨永康、姬蕾、吴超、刘双双等参加了相关资料整理。全书由张季超、李全云、许勇等统稿。广州市建委科技委办公室主任、教授级高级工程师廖建三审阅了全稿，并提出许多宝贵意见，在此表示衷心的感谢。

本书在编写过程中得到了广州大学和高等教育出版社等单位的支持，参考了国内前几年正式出版的有关建筑结构方面的教材和相关法律、法规、规范、手册及专业书籍(详见参考文献)，在此一并表示感谢。

由于水平所限，不妥之处在所难免，恳请广大读者指正，并提出宝贵意见。

编　者

2010 年 1 月

目录

1 总论 — 1

1.1 概述 / 1
    1.1.1 建筑与结构的关系 / 1
    1.1.2 建筑结构的功能要求 / 2
    1.1.3 建筑结构的类型 / 2
    1.1.4 建筑结构的发展方向 / 8
1.2 建筑结构设计方法 / 12
    1.2.1 结构设计原则 / 12
    1.2.2 作用及作用效应 / 13
    1.2.3 结构构件设计及验算 / 14
1.3 建筑结构课程与其他课程的关系和学习方法 / 19
    1.3.1 建筑结构课程与其他课程的关系 / 19
    1.3.2 建筑结构课程的学习方法 / 20
1.4 本章小结 / 20
思考题 / 21
习题 / 21

2 材料性能及选用 — 22

2.1 钢材 / 22
    2.1.1 钢结构材料 / 22
    2.1.2 钢筋的强度与变形 / 26
    2.1.3 钢筋的品种、等级和成分 / 27
    2.1.4 钢筋的形式 / 28
2.2 混凝土 / 29
    2.2.1 混凝土的强度 / 29
    2.2.2 混凝土的变形性能 / 30
2.3 砌体 / 32

2.3.1　砌体材料分类　/　32
　　　2.3.2　砌体材料强度等级　/　33
　2.4　木材　/　34
　　　2.4.1　木结构用木材　/　34
　　　2.4.2　木材的力学性能　/　34
　2.5　膜材　/　36
　　　2.5.1　膜结构材料　/　36
　　　2.5.2　膜结构的形式　/　38
　2.6　本章小结　/　40
　思考题　/　40
　习题　/　41

3 钢筋混凝土受弯构件　42

　3.1　钢筋混凝土受弯构件概述　/　42
　3.2　钢筋混凝土受弯构件的截面形式及构造规定　/　43
　　　3.2.1　截面形式　/　43
　　　3.2.2　板的构造规定　/　43
　　　3.2.3　梁的构造规定　/　45
　3.3　钢筋混凝土受弯构件正截面承载力计算　/　47
　　　3.3.1　钢筋混凝土受弯构件正截面性能　/　47
　　　3.3.2　计算基本假定　/　51
　　　3.3.3　矩形截面受弯构件正截面承载力计算　/　51
　　　3.3.4　双筋矩形截面梁正截面承载力计算　/　55
　　　3.3.5　T形截面梁承载力计算　/　59
　3.4　钢筋混凝土受弯构件斜截面承载力计算　/　65
　　　3.4.1　钢筋混凝土梁斜截面受剪性能　/　65
　　　3.4.2　斜截面破坏的主要形态　/　66
　　　3.4.3　影响斜截面抗剪承载力的主要因素　/　68
　　　3.4.4　受弯构件斜截面的受剪承载力计算　/　69
　　　3.4.5　受弯构件斜截面的受弯承载力及有关构造要求　/　76
　3.5　本章小结　/　84
　思考题　/　85
　习题　/　87

4 钢筋混凝土受压构件　　93

- 4.1 钢筋混凝土受压构件概述 / 93
- 4.2 钢筋混凝土受压构件截面形式和一般构造规定 / 94
  - 4.2.1 钢筋混凝土受压构件的截面形式 / 94
  - 4.2.2 钢筋混凝土受压构件的构造规定 / 94
- 4.3 钢筋混凝土轴心受压构件的承载力计算 / 97
  - 4.3.1 概述 / 97
  - 4.3.2 普通箍筋柱轴心受压时正截面承载力计算 / 98
  - 4.3.3 螺旋箍筋柱轴心受压时正截面承载力计算 / 100
- 4.4 钢筋混凝土偏心受压构件的承载力计算 / 102
  - 4.4.1 概述 / 102
  - 4.4.2 钢筋混凝土偏心受压构件的受力性能 / 102
  - 4.4.3 附加偏心距和初始偏心距 / 104
  - 4.4.4 二阶效应（P-δ 效应）/ 104
  - 4.4.5 大小偏心受压界限 / 105
  - 4.4.6 矩形截面偏心受压构件正截面承载力计算 / 106
- 4.5 本章小结 / 122
- 思考题 / 123
- 习题 / 123

5 预应力混凝土的基本知识　　126

- 5.1 预应力混凝土概述 / 126
  - 5.1.1 预应力混凝土的原理 / 126
  - 5.1.2 预应力混凝土的分类 / 127
  - 5.1.3 施加预应力的方法 / 128
- 5.2 预应力混凝土构件的截面形式及构造规定 / 129
  - 5.2.1 预应力混凝土构件的截面形状 / 129
  - 5.2.2 预应力混凝土构件的构造规定 / 129
- 5.3 预应力混凝土构件设计的一般规定 / 131
  - 5.3.1 张拉控制应力 / 131
  - 5.3.2 预应力损失 σ_l / 132
- 5.4 预应力混凝土构件设计的一般原理 / 133
  - 5.4.1 计算内容 / 133
  - 5.4.2 预应力混凝土轴心受拉构件的计算和验算 / 133

5.4.3 预应力混凝土受弯构件 / 138

5.5 部分预应力混凝土的概念 / 138
    5.5.1 基本概念 / 138
    5.5.2 预应力度及分类 / 139
    5.5.3 施加部分预应力的方法 / 139
    5.5.4 部分预应力设计计算简介 / 140

5.6 本章小结 / 141

思考题 / 141

习题 / 142

6 混凝土结构正常使用极限状态验算　　143

6.1 混凝土结构正常使用极限状态验算概述 / 143

6.2 产生裂缝原因及其控制措施 / 145
    6.2.1 产生裂缝原因 / 145
    6.2.2 裂缝控制及裂缝宽度计算 / 147

6.3 变形验算 / 152
    6.3.1 变形控制要求 / 152
    6.3.2 钢筋混凝土受弯构件的挠度计算 / 153

6.4 混凝土结构的耐久性 / 157
    6.4.1 研究混凝土耐久性的重要性 / 157
    6.4.2 影响结构耐久性的因素 / 158
    6.4.3 结构工作环境类别 / 159
    6.4.4 耐久性极限状态 / 160
    6.4.5 保证耐久性的措施 / 161

6.5 本章小结 / 162

思考题 / 163

习题 / 164

7 钢结构的强度和稳定性　　166

7.1 钢结构概述 / 166
    7.1.1 钢结构的特点 / 166
    7.1.2 钢结构的主要应用 / 168
    7.1.3 钢结构的发展 / 171
    7.1.4 钢结构计算方法 / 172

7.2 钢结构受弯构件 / 173

7.2.1　钢结构受弯构件截面形式　/　173
　　7.2.2　梁格布置　/　174
　　7.2.3　截面设计　/　175
7.3　钢结构轴心受力构件　/　181
　　7.3.1　钢结构轴心受力构件的截面形式　/　181
　　7.3.2　钢结构轴心受拉构件的计算　/　183
　　7.3.3　实腹式受压构件的计算　/　184
7.4　钢结构拉弯和压弯构件　/　186
　　7.4.1　钢结构拉弯构件　/　186
　　7.4.2　钢结构压弯构件　/　186
7.5　本章小结　/　190
思考题　/　191
习题　/　191

8　钢结构的连接　　196

8.1　钢结构的连接方法　/　196
　　8.1.1　焊接连接　/　196
　　8.1.2　铆钉连接　/　197
　　8.1.3　螺栓连接　/　197
8.2　焊接连接的构造和计算　/　198
　　8.2.1　连接形式和焊缝形式　/　198
　　8.2.2　焊缝代号　/　198
　　8.2.3　对接焊缝的构造和计算　/　199
　　8.2.4　直角角焊缝的构造和计算　/　201
8.3　螺栓连接构造和计算　/　205
　　8.3.1　螺栓连接的构造　/　205
　　8.3.2　螺栓连接的计算　/　206
8.4　钢结构构件的连接构造　/　210
　　8.4.1　次梁与主梁的连接　/　210
　　8.4.2　梁与柱的连接　/　211
　　8.4.3　柱脚　/　213
8.5　钢屋盖　/　214
　　8.5.1　屋盖结构的组成和布置　/　214
　　8.5.2　钢屋架形式　/　215
　　8.5.3　屋盖支撑　/　215
8.6　钢结构的涂装　/　215

8.6.1 防腐涂装 / 215
8.6.2 防火涂装 / 216
8.7 本章小结 / 216
思考题 / 217
习题 / 218

9 木结构

9.1 建筑用木材特性 / 222
 9.1.1 木材的特点及适用范围 / 222
 9.1.2 建筑用木材种类 / 222
 9.1.3 建筑用木材的分类 / 222
9.2 木材的力学性能及计算 / 223
 9.2.1 木材的受拉力学性能及计算 / 223
 9.2.2 木材顺纹受压力学性能及计算 / 223
 9.2.3 木材受弯力学性能及计算 / 225
 9.2.4 木材的受剪力学性能 / 226
 9.2.5 影响木材力学性能的因素 / 226
9.3 木构件的连接 / 227
 9.3.1 齿连接 / 227
 9.3.2 螺栓连接和钉连接 / 229
9.4 木结构防火、防腐、防虫的措施 / 230
 9.4.1 木结构的防火 / 230
 9.4.2 木结构的防腐与防虫 / 231
9.5 本章小结 / 231
思考题 / 231
习题 / 232

10 砌体结构

10.1 概述 / 234
10.2 砌体力学性能 / 234
 10.2.1 砌体的受力性能和计算指标 / 234
 10.2.2 强度调整系数 γ_a / 240
10.3 砌体结构静力计算方案 / 240
 10.3.1 砌体结构房屋静力计算的三种方案 / 240
 10.3.2 三种方案的简要 / 241

10.4 无筋砌体构件的承载力计算 / 242
  10.4.1 砌体受压承载力计算 / 242
  10.4.2 砌体局部受压承载力计算 / 243
  10.4.3 砌体受拉、受弯及受剪承载力计算 / 245
10.5 砌体结构构造要求 / 246
  10.5.1 墙、柱的允许高厚比 / 246
  10.5.2 一般构造要求 / 247
  10.5.3 防止或减轻墙体开裂的主要措施 / 248
10.6 砌体结构构造要求圈梁、过梁、墙梁及挑梁 / 248
  10.6.1 圈梁 / 248
  10.6.2 过梁 / 249
  10.6.3 墙梁 / 249
  10.6.4 挑梁 / 250
10.7 本章小结 / 250
思考题 / 251
习题 / 251

11 地基与基础的基础知识   254

11.1 基本规定 / 254
  11.1.1 概述 / 254
  11.1.2 术语 / 254
  11.1.3 基本规定 / 255
11.2 天然地基 / 257
  11.2.1 地基土的工程性质 / 257
  11.2.2 土的工程分类 / 260
  11.2.3 基础埋置深度 / 263
  11.2.4 地基承载力计算 / 264
  11.2.5 地基变形验算 / 266
11.3 人工地基 / 266
11.4 基础选择的基本原则 / 273
  11.4.1 无筋扩展基础 / 273
  11.4.2 扩展基础 / 274
  11.4.3 柱下条形基础 / 274
  11.4.4 筏形基础 / 275
  11.4.5 箱形基础 / 276

　　　　11.4.6　桩基础　/　277
11.5　本章小结　/　280
思考题　/　280
习题　/　280

12　建筑抗震基本知识　286

12.1　建筑抗震概述　/　286
12.2　地震波、地震震级与地震烈度　/　290
　　　12.2.1　地震波　/　290
　　　12.2.2　地震震级与地震烈度　/　291
12.3　工程抗震设防　/　294
　　　12.3.1　抗震设防的目的和要求　/　294
　　　12.3.2　抗震设计方法　/　295
　　　12.3.3　建筑物重要性分类与设防标准　/　296
　　　12.3.4　建筑抗震概念设计　/　296
12.4　结构地震反应分析与地震作用计算　/　301
　　　12.4.1　结构动力计算简图及体系自由度　/　301
　　　12.4.2　单自由度弹性体系的地震作用　/　302
　　　12.4.3　多自由度弹性体系的地震作用　/　306
12.5　多自由度体系自振周期的计算　/　313
　　　12.5.1　能量法　/　313
　　　12.5.2　顶点位移法计算基本周期 T_1　/　314
12.6　结构抗震极限状态计算　/　315
　　　12.6.1　多遇地震下截面抗震承载力极限状态计算　/　315
　　　12.6.2　多遇地震下结构弹性变形极限状态抗震验算　/　318
　　　12.6.3　罕遇地震下结构弹塑性变形的承载能力极限状态抗震验算　/　319
12.7　砌体结构抗震设计　/　320
　　　12.7.1　震害现象及其分析　/　320
　　　12.7.2　多层砌体结构的抗震概念设计　/　322
　　　12.7.3　多层砌体结构的抗震构造措施　/　326
　　　12.7.4　多层砌体结构的抗震计算要点　/　330
12.8　多层钢筋混凝土框架结构抗震设计　/　332
　　　12.8.1　框架结构的震害现象及其分析　/　332
　　　12.8.2　多层钢筋混凝土结构抗震设计一般规定　/　334
　　　12.8.3　框架结构的抗震设计　/　337

12.9 本章小结 / 349
思考题 / 350
习题 / 351

13 梁板结构　　354

13.1 概述 / 354
　　13.1.1 楼盖类型 / 354
　　13.1.2 单向板和双向板 / 357
13.2 现浇单向板肋梁楼盖 / 357
　　13.2.1 结构平面布置 / 358
　　13.2.2 计算简图 / 359
　　13.2.3 连续梁、板按弹性理论方法的内力计算 / 364
　　13.2.4 连续梁、板按塑性理论方法的内力计算 / 367
　　13.2.5 单向板肋梁楼盖的截面设计与构造要求 / 376
13.3 双向板肋梁楼盖 / 384
　　13.3.1 双向板的受力分析和试验研究 / 384
　　13.3.2 双向板内力计算 / 387
　　13.3.3 双向板的截面设计与构造要求 / 392
　　13.3.4 双向板支承梁的设计 / 393
13.4 装配式混凝土楼盖 / 394
　　13.4.1 预制铺板的形式、特点及其适用范围 / 394
　　13.4.2 楼盖梁 / 396
　　13.4.3 装配式构件的计算要点 / 396
　　13.4.4 装配式混凝土楼盖的连结构造 / 397
13.5 无梁楼盖 / 398
　　13.5.1 概述 / 398
　　13.5.2 无梁楼盖的内力计算 / 399
　　13.5.3 板柱节点设计 / 405
　　13.5.4 无梁楼盖的配筋和构造 / 409
13.6 无黏结预应力混凝土楼盖 / 410
　　13.6.1 概述 / 410
　　13.6.2 预应力楼盖的截面设计与构造 / 411
13.7 楼梯、雨篷计算与构造 / 413
　　13.7.1 楼梯 / 413
　　13.7.2 雨篷 / 418

13.8 本章小结 / 420

思考题 / 421

习题 / 422

14 工厂化建筑　　425

14.1 工厂化建筑概述 / 425

14.2 预制装配式混凝土结构 / 431

    14.2.1 装配整体式钢筋混凝土结构的概念及特点 / 431

    14.2.2 预制装配式混凝土结构体系 / 431

    14.2.3 发展现状与前景 / 433

    14.2.4 装配式单向板肋梁楼盖设计 / 434

    14.2.5 装配整体式单向板肋梁楼盖设计 / 455

14.3 预制装配式钢结构 / 481

    14.3.1 预制装配式钢结构概述及特点 / 481

    14.3.2 预制装配钢结构建筑的主要构造 / 481

    14.3.3 发展前景 / 482

14.4 装配式木结构 / 482

    14.4.1 装配式木结构的特点 / 482

    14.4.2 装配式木结构的主要结构形式 / 482

    14.4.3 装配式木结构的发展前景 / 485

14.5 模块化结构 / 486

    14.5.1 模块化结构概述 / 486

    14.5.2 模块化结构的分类 / 486

    14.5.3 模块化结构与传统结构的优劣比较 / 488

14.6 本章小结 / 491

思考题 / 491

附表 / 492

参考文献 / 540

1 总论

1.1 概述

1.1.1 建筑与结构的关系

人类几千年来的文明发展史给我们留下了许多著名的建筑物,古代如北京故宫、万里长城、埃及古金字塔;近代如英国白金汉宫、美国白宫、法国埃菲尔铁塔、澳大利亚悉尼歌剧院;近代如上海中心、广州东塔、台北101大厦、马来西亚双塔石油大厦、迪拜哈利法塔等。优秀的建筑物往往成为城市和国家的地标和象征。

建筑物和人类的衣食住行密切相关。其中"住"是与建筑工程直接相关的,"行"则需要建造铁道、公路、机场、码头等交通土建工程,"食"则也需要建粮仓、粮食加工厂等,"衣"之纺纱、织布、制衣等也必须在工厂中进行。其他如体育、娱乐、办公等也都首先必须具备一定功能的建筑物。

建筑物好比一个人,建筑相应于人的容貌、体质、气质,结构相应于人的骨骼(图1-1-1)、耐力、寿命,给排水、供热、电气等系统相应于人的神经、血液、器官。骨骼对人的形成固然必不可少,血液对人的生存、容貌对人的形象也很重要。因此,一个好的建筑物需要有舒心悦目的外观及合理的空间布局,需要有牢固的结构骨架保证安全可靠,换而言之,要达到建筑美观和结构合理协调的目的,既要解决室内外环境、建筑空间与体型和使用有关的功能相组合的问题,又要选择合理的结构形式,选用结构材料,保证结构的承载力、刚度和稳定性,并在一定的使用年限内有足够的耐久性,同时要考虑到结构施工的合理与方便,考虑建筑的经济性。

一个成功的设计必然以经济合理的结构方案为基础。在决定建筑设计的平面、立面和剖面时,就应该考虑结构方

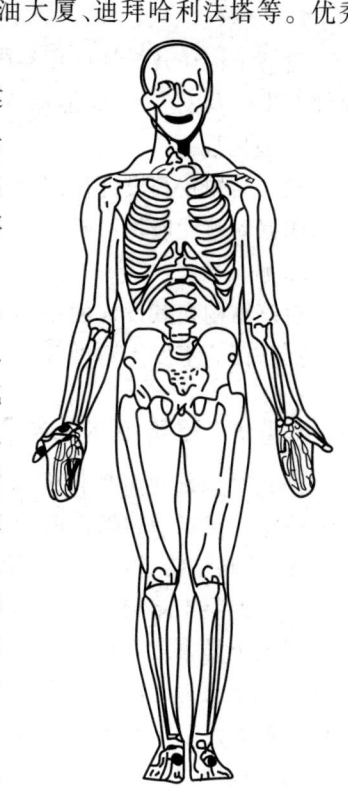

图1-1-1 人体模型

案的选择,使之既满足建筑的使用和美学要求,又照顾到结构的可能和施工的难易。

现在,每一个从事建筑设计的建筑师,都或多或少地了解结构知识的重要性。在传统的影响下,他们常常先被培养成为一个艺术家。在建筑物设计过程中,建筑师往往从设计的各个方面充当协调者,负责与结构工程师进行沟通。现代建筑技术的发展,新材料和新结构的采用,使建筑师在技术方面的知识受到局限。只有对基本的结构知识有较深刻的了解,建筑师才有可能胜任自己的工作,处理好建筑与结构的关系。反之,不是结构妨碍建筑,就是建筑给结构带来困难。

力与美的结合是建筑物的内在要求。当结构成为建筑表现的一个完整的部分时,往往能创造出较好的结构和更满意的建筑。如北京奥运会游泳中心外露的空间钢结构与气枕结合恰当地表现了"水立方"的创意。今天已经不是"可不可以建造"的问题,而是"应不应该建造"的问题。所以建筑师除了在建筑方面有较高的修养外,还应当在结构方面有一定的造诣。

1.1.2 建筑结构的功能要求

在正常设计、正常施工、正常使用和正常维修条件下,建筑结构应该满足的功能要求,可概括为以下三个方面:

1. 安全性

建筑结构在其设计使用年限内应能够承受可能出现的各种作用,且在设计规定的偶然事件发生时及发生后,应能保持必需的整体稳定性,不致发生连续倒塌。

2. 适用性

建筑结构在其设计使用年限内应能满足预定的使用要求,有良好的工作性能,其变形、裂缝或振动等性能均不超过规定的限度等。

3. 耐久性

建筑结构在其设计使用年限内应有足够的使用寿命。例如混凝土不发生严重风化、腐蚀、脱落,钢筋不发生锈蚀等。

1.1.3 建筑结构的类型

1. 按组成建筑结构构件的主要材料划分

按组成建筑结构构件的主要材料,常将建筑结构划分为混凝土结构、钢结构、砌体结构、木结构、塑料结构、组合结构、薄膜充气结构等。

(1) 混凝土结构

混凝土是人工石材,它由石子、砂粒、水泥、外加剂和水按一定比例拌合而成,简称"砼"。混凝土承受压力的能力很强,但抵抗拉力的能力却很弱,而钢材抗压和抗拉的能力都很强。利用钢筋和混凝土两种材料各自的特点,把它们有机地结合在一起共同工作,形成用于工程实际的结构形式。

这两种性质不同的材料之所以能有效地结合在一起而共同工作,主要是由于混凝土硬

1-1:电子相册 结构类型

化后钢筋与混凝土之间产生了良好黏结力,使两者可靠地结合在一起,从而保证在外荷载的作用下,钢筋与相邻混凝土能够共同变形;其次,钢筋与混凝土两种材料的温度线膨胀系数的数值颇为接近(钢筋为 1.2×10^{-5},混凝土为 $1.0\times10^{-5}\sim1.5\times10^{-5}$),当温度变化时,不致产生较大的温度应力而破坏两者之间的黏结,从而保持结构的整体性;另外,应用这两种材料时,将混凝土包用在钢筋的外围,可保护钢筋免遭锈蚀,这对这两种材料的共同工作无疑也是一项保证。

混凝土结构又分为素混凝土结构、钢筋混凝土结构、预应力混凝土结构。由于具有强度高、耐火耐久、可塑性、整体性好(抗震性能强)等优点,混凝土结构被广泛应用于一般工业与民用建筑及多种特种结构(水塔、水池、烟囱等)中。但是混凝土具有自重大,抗裂差,现浇时耗费大量模板,施工工期长等缺点。

(2) 砌体结构

由块体材料(普通黏土砖、承重黏土空心砖、混凝土砌块、石材)通过砂浆砌筑而成的结构称为砌体结构。主要用于居住建筑和多层民用房屋(如办公楼、教学楼、旅馆等)中。砌体结构具有易于就地取材,成本低,施工方便,结构耐久性和耐火性好等优点。缺点是自重大、强度低、整体性差、现场施工砌筑慢、浪费土地资源等。

(3) 钢结构

结构构件以钢材为主的结构称为钢结构。钢结构具有强度高、质量轻、钢结构材料质量均匀、运输方便、可焊性好、制造工艺简单等优点,主要应用于大跨度的建筑屋盖(如体育馆、剧院等)、吊车吨位很大或跨度很大的工业厂房骨架,以及超高层建筑的房屋骨架。钢结构具有易腐蚀,成本及维修费用高,耐火性差等缺点。

(4) 木结构

结构构件以木材为主的结构统称为木结构。木结构具有就地取材,制作简单,容易加工,自重轻,造价低等优点,但易燃、易腐蚀,而且木材本身瑕疵多。受到自然条件的限制,目前木结构仅在山区和林区使用。

(5) 钢-混凝土组合结构

结构构件用型钢和混凝土组成,或型钢、钢筋和混凝土组成的结构称为钢-混凝土组合结构。常见的钢-混凝土组合结构分类如下:

① 钢-混凝土组合楼板

钢-混凝土组合梁板结构指的是下部梁用钢梁,上部板用混凝土(一般采用压型钢板-混凝土组合板)。钢梁和混凝土板之间用剪力连接件连接,如图 1-1-2 所示。主要用于高层楼盖、吊车梁和桥梁结构。钢-混凝土组合梁截面中混凝土主要受压,钢梁受拉,充分利用了材料的力学性能。混凝土板参与组合梁工作,提高了钢梁的竖向和侧向刚度,但钢材易腐蚀,耐火性差。

② 钢骨混凝土结构

钢骨混凝土结构又称劲性混凝土结构,指的是以型钢为骨架外包钢筋混凝土组成的结构。其常见的截面形式如图 1-1-3 所示。

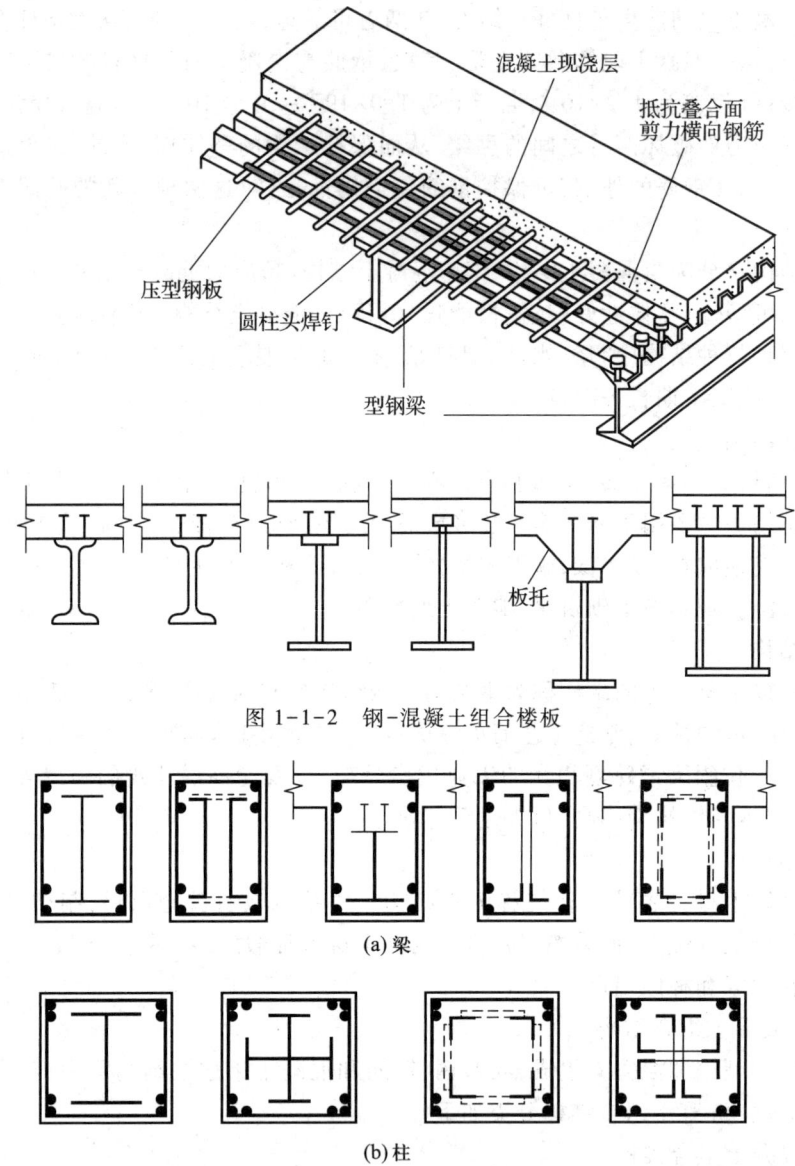

图 1-1-2 钢-混凝土组合楼板

(a) 梁

(b) 柱

图 1-1-3 钢骨混凝土构件的截面形式

③ 钢管混凝土结构

钢管混凝土结构是指在封闭的薄壁钢管中浇注混凝土形成的组合结构,一般用作受压构件。

2. 按受力和结构特点划分

按受力和结构特点可将建筑结构分为混合结构、框架结构、深梁结构、筒体结构、拱结构、网架结构、空间薄壁(包括折板)结构、钢索结构、折板结构等。如图 1-1-4 所示。

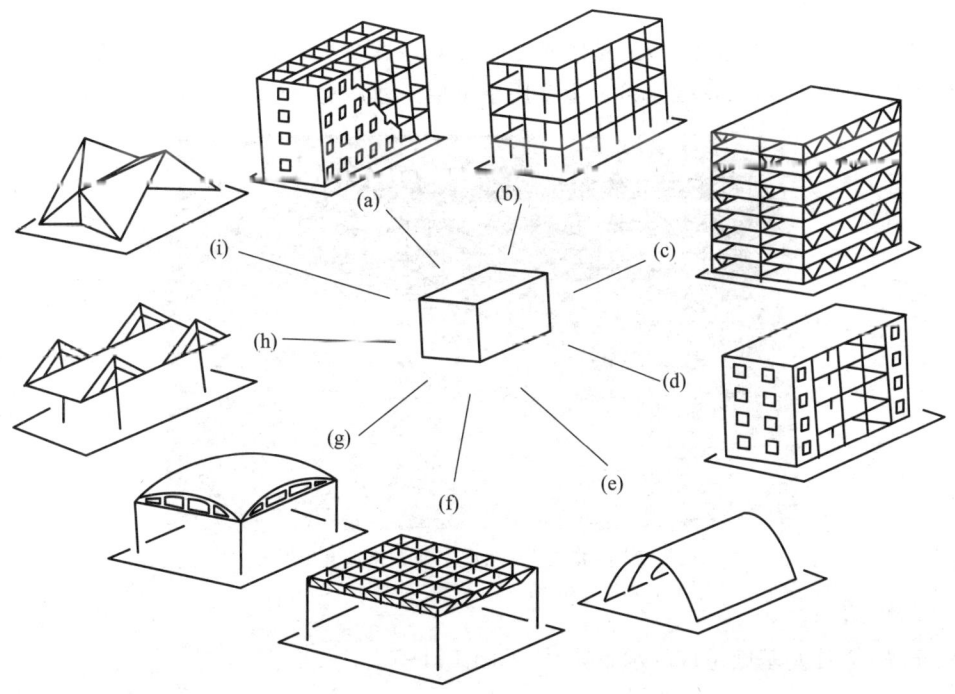

图 1-1-4 建筑结构的各种形式

(a) 混合结构；(b) 框架结构；(c) 深梁结构；(d) 筒体结构；(e) 拱结构；(f) 网架结构；
(g) 空间薄壁结构；(h) 钢索结构；(i) 折板结构

(1) 混合结构

其楼板、屋盖一般采用钢筋混凝土结构构件，墙体和基础采用砌体构件，见图 1-1-5。

图 1-1-5 典型混合结构施工照片

(2) 排架结构

主要承重体系是由屋面横梁(屋架或屋面大梁)、柱及基础组成,结构特点是柱子上端与横梁(屋架)铰接,下端与基础刚接。主要用于单层工业厂房,见图 1-1-6。

图 1-1-6　某单层工业厂房照片

(3) 框架结构

由横梁、立柱及基础组成的承重体系,见图 1-1-7。

图 1-1-7　某框架结构照片

(4) 剪力墙结构

纵、横布置的成片钢筋混凝土墙体称为剪力墙。剪力墙和钢筋混凝土楼板、屋盖整体连接形成剪力墙结构,见图 1-1-8。

3. 按组成建筑结构体型划分

按组成建筑结构体型可划分为单层结构(多用于单层工业厂房、食堂等)、多层结构(一般 2~10 层)、高层结构(高度在 10 层或 28 m 以上)、大跨结构(跨度大约在 40~50 m 以上)。

图 1-1-8 典型剪力墙照片

4. 按照计算简图的不同划分

按照计算简图的不同,建筑结构可以划分为杆件结构、板壳结构、实体结构、悬索和薄膜结构等。

(1) 杆件结构

杆件结构的主要承重体系由杆件所组成。杆件的几何特征是横截面尺寸要比长度小得多。如图 1-1-9 所示的香港中银大厦等高层建筑,系杆件结构。

图 1-1-9 香港中银大厦

（2）板壳结构

板壳结构的主要承重体系由板壳成薄壁结构组成，它的厚度比长度和宽度小得多。如图1-1-10悉尼歌剧院的屋顶即为这种结构。

图1-1-10　悉尼歌剧院

（3）实体结构

实体结构的长、宽、厚三个尺度大小相仿。如图1-1-11a水库采用的重力坝，系实体结构，图1-1-11b为其剖面图，图1-1-11c为其溢流段剖面图。

图1-1-11　某水库结构

（4）其他结构

如只能受拉的悬索、薄膜结构等。

1.1.4　建筑结构的发展方向

随着建筑材料和结构工程技术的发展，进入21世纪后，建筑结构呈现了向高层及超高层（图1-1-12~图1-1-14）、地下（图1-1-15）、大跨（图1-1-16）、空间、海洋、杂交、信息化、智能化、轻质、高强和多功能化发展的趋势。

图 1-1-12 上海环球金融中心　　　　　图 1-1-13 广州新电视塔图

随着我国经济社会的转型升级,特别是城镇化战略的加速推进,建筑业在改善人民居住环境、提升生活质量中的地位凸显。但目前我国传统"粗放"的建造模式仍较普遍,一方面,生态环境遭到严重破坏,资源利用率低;另一方面,建筑安全事故高发,建筑质量亦难以保障。因此,工业化、智能化建造替代传统工程建设模式势在必行。

在国家和地方政府倡导建筑节能环保和建筑产业化的大背景下,建造低能耗、低排放、高性能的建筑越来越受到市场的青睐,建筑业的生产模式正由传统化的建造模式逐渐向工业化建造模式过渡。传统建造模式大部分的生产活动都发生在施工现场,对于材料的使用、设备的安装都基于传统的手工式施工模式。工业化建造模式则将大部分或者全部的构配件生产由施工现场转为工厂车间或现场预制车间,将手工制作方式转为机械化生产(图 1-1-17),将施工现场的湿作业主导转为机械式吊装与拼装等干作业(图 1-1-18)。相比传统建造模式,建筑工业化有利于提高生产力、改善施工安全和工程质量,有利于提高建筑综合品质和性能,有利于减少用工、缩短工期、减少资源能源消耗、降低建筑垃圾和扬尘等。

图 1-1-14 迪拜哈利法塔

图 1-1-15 广州珠江新城城市地下空间

图 1-1-16 广东科学中心

图 1-1-17 模块化构件在工厂机械化生产

图 1-1-18 模块化单元现场吊装安装

建筑业的生产模式变迁历史大致可以分为三个阶段(图 1-1-19):传统建筑、工业化建筑和模块化建筑。第一阶段为传统建筑生产模式,这个阶段的大部分生产活动都发生在施工现场,人工体力劳动密集,对于材料的使用和设备的安装都是基于传统的施工模式。第二

传统建筑生产模式
- 大部分的生产活动都发生在施工现场
- 现场生产,对于材料的使用、设备的安装都基于传统的施工模式
- 手工式

工业化建筑生产模式
- 由工厂内的机器生产构件和部件
- 在施工现场仅进行对组件的机械式吊装与拼装
- 机械

模块化建筑生产模式
- 在工厂内自动生产构件和大型组件
- 在施工现场进行对组件的机械式吊装与拼装
- 集成式的设计,优化生产和运输
- 自动化

图 1-1-19 建筑业生产模式发展

阶段为工业化建筑生产模式,这个阶段的大部分构件和部件均在工厂生产,在施工现场对构件进行吊装和拼装。第三阶段即为模块化建筑生产模式,在这个阶段,构件和大型组件均在工厂内自动生产,并且采用了集成化的设计、生产和运输模式;最后在施工现场进行吊装和拼装(图1-1-20)。模块化建筑结合智能建造技术,将会完全颠覆建筑业的生产模式,极大地提高建筑业的生产力,实现建筑业的转型升级。

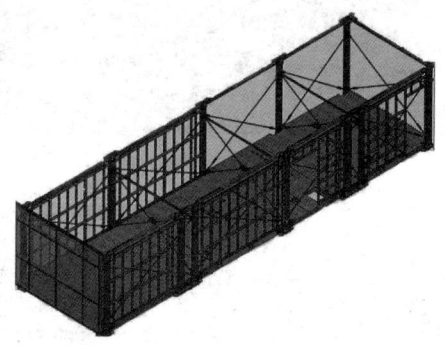

图1-1-20 模块化建筑结构

1-2:规范
混凝土
结构基本
设计规定

1.2 建筑结构设计方法

建筑结构设计应包括结构体系、传力途径和构件布置、作用及作用效应分析,构件截面设计及验算、结构及构件的构造措施和对施工的要求等内容,对有特殊要求的结构还应进行专门性能设计。

1.2.1 结构设计原则

1. 结构设计原则

① 选用合理的结构体系、构件形式和布置;

② 结构的平、立面布置宜规则,各部分的质量和刚度宜均匀、连续;

③ 结构传力途径应简捷、明确,竖向构件宜连续贯通、对齐;

④ 宜采用超静定结构,重要构件和关键传力部位应增加冗余约束或有多条传力途径;

⑤ 宜采取减小偶然作用影响的措施。

2. 结构中结构缝的设计原则

① 应根据结构受力特点及建筑尺度、形状、使用功能要求,合理确定结构缝的位置和构造形式;

② 宜控制结构缝的数量,并应采取有效措施减少设缝对使用功能的不利影响;

③ 可根据需要设置施工阶段的临时性结构缝。

3. 结构构件的连接

① 连接部位的承载力应保证被连接构件之间的传力性能;
② 当混凝土构件与其他材料构件连接时,应采取可靠的措施;
③ 应考虑构件变形对连接节点及相邻结构或构件造成的影响。

1.2.2 作用及作用效应

1. 作用

作用是指施加在结构构件上的各种集结形式的力(如集中荷载或分布荷载等),以及引起结构构件外加变形或约束变形的原因(如基础沉降、温度变化、混凝土收缩、焊接等)。习惯上把各种集结形式的力称为直接作用(也称为荷载),把引起外加变形和约束变形的原因称为间接作用。

结构上的各种作用,若在时间上或空间上可相互独立时,则每一种作用均可按对结构单独的作用考虑;当某些作用密切相关,且经常以其最大值同时出现时,可将这些作用按一种作用考虑。施加在结构上的作用通常采用随机过程概率模型描述。当观测和试验数据不足时,作用的各种统计参数可结合工程经验经分析判断确定。

按随时间的变异分类,荷载可分为永久荷载、可变荷载和偶然荷载。

(1) 永久荷载

在结构使用期间,其值不随时间变化,或其值变化与平均值相比可以忽略不计,或其变化是单调的并能趋于限值的荷载。例如自重、土压力、预应力。

(2) 可变荷载

在结构使用期间,其值随时间变化,且其变化与平均值相比不可以忽略不计的荷载。例如楼面活荷载、屋面活荷载、积灰荷载、吊车荷载、风荷载、雪荷载等。

(3) 偶然荷载

在结构设计使用年限内不一定出现,而一旦出现其量值很大,且持续时间很短的荷载。例如爆炸力、撞击力等。

2. 荷载代表值

结构设计时,应根据各种设计要求采用不同的荷载代表值。荷载代表值是设计中用以验算极限状态所采用的荷载量值,包括标准值、组合值、频遇值和准永久值。

(1) 标准值

设计基准期内最大荷载统计分布的特征值,例如均值、众值或某个分位值,是荷载的基本代表值,永久荷载应采用标准值作为代表值。

(2) 组合值

多种荷载组合后的荷载效应在设计基准期内的超越概率,能与该荷载单独出现时的相应概率趋于一致的荷载值;或使组合后的结构具有统一规定的可靠指标的荷载值。

(3) 频遇值

在设计基准期内被超越的总时间仅为设计基准期一小部分的荷载值;或在设计基准期内其超越频率为某一给定频率的荷载值。

（4）准永久值

在设计基准期内其超越的总时间为规定的较小比例,超越频率为规定频率的荷载值。可变荷载应根据设计要求采用标准值、组合值、频遇值或准永久值作为代表值。对偶然荷载应按建筑结构使用的特点确定其代表值。

3. 作用效应

作用效应是指作用在结构构件中产生的内力(如轴力、弯矩、剪力、扭矩等)和变形(如挠度、转角和裂缝等)。

直接作用效应也称为荷载效应,当荷载与荷载效应为线性关系时,荷载效应可用荷载值乘以荷载效应系数来表达。

结构构件上的可变荷载和偶然荷载一般说来都是随机变量,往往与时间、空间等参数有关,所以其作用效应通常也是随机变量或随机过程,甚至是随机场,宜采用概率论或随机振动的方法来予以描述。

4. 荷载组合

按极限状态设计时,为保证结构的可靠性而对同时出现的各种荷载设计值的规定,如永久荷载和可变荷载的组合,永久荷载、可变荷载和一个偶然荷载的组合等。

1.2.3 结构构件设计及验算

建筑结构构件设计及验算应按国家标准《工程结构可靠性设计统一标准》(GB 50153—2008)所确定的原则进行,宜采用以概率理论为基础、以分项系数表达的极限状态设计方法,当缺乏统计资料时,可根据可靠的工程经验或必要的试验研究进行,也可采用容许应力或单一安全因数等经验方法进行。

1. 结构可靠度和安全等级

（1）可靠度

结构可靠性是指结构在规定的时间内(即设计基准期),在规定的条件(结构正常的设计、施工、使用和维修条件)下,完成预定功能(如承载力、刚度、稳定性、抗裂性、耐久性和动力性能等)的能力。需要说明的是,当建筑结构的使用年限到达或超过设计基准使用期时,并不意味该结构就立刻报废不能使用,而是表示其可靠性水平从此降低了,在进行结构鉴定及必要加固后,仍可继续使用。

结构可靠度是指结构在规定的时间内,在规定的条件下,完成预定功能的概率,即结构可靠度是结构可靠性的概率度量。

结构可靠度分析就是要合理地确定结构构件的可靠度水平,使结构的设计符合技术先进、经济合理、安全适用和确保质量的要求。简而言之,进行建筑结构设计的基本目的,就是要采取最经济的手段,使结构在设计基准期内具有各种预期的功能。

结构的设计基准期是指为确定荷载及与时间有关的材料性能指标等取值而选用的时间参数,确定建筑可变荷载代表值时应采用 50 年设计基准期。

结构的设计使用年限是指设计规定的结构不需进行大修即可按其预定目的使用的年

限,建筑结构采用的设计使用年限为:临时性结构 5 年;易于替换的结构构件 25 年;普通房屋和构筑物 50 年;纪念性建筑和特别重要的建筑结构 100 年。

(2) 安全等级

安全可靠是结构设计的重要内容,所以在进行建筑结构的设计时,应根据结构破坏可能产生的危及人的生命、造成经济损失、产生社会影响等各种后果的严重程度,采用不同的安全等级。《工程结构可靠性设计统一标准》将建筑结构的安全等级划分为三级,见表 1-2-1。

表 1-2-1 建筑结构的安全等级

安全等级	破坏后果	建筑物类型	结构重要性系数 γ_0
一级	很严重	重要的工业与民用建筑物	1.1
二级	严重	一般的工业与民用建筑物	1.0
三级	不严重	次要的建筑物	0.9

当然,对于特殊的建筑物,其安全等级可根据具体情况另行确定。对地基基础和按抗震要求设计的建筑结构,其安全等级尚应符合地基基础和抗震规范的规定。

建筑结构中各类构件的安全等级宜与整个结构同级,对其中部分结构构件的安全等级可进行调整,但不得低于三级。

2. 结构的极限状态

结构的极限状态是指整个结构或结构的一部分超过某一特定状态就不能满足设计规定的某一功能要求,此特定状态称为该功能的极限状态。建筑结构设计应按承载能力极限状态和正常使用极限状态分别进行荷载组合,并应取各自最不利的组合进行设计。

(1) 承载能力极限状态

这种极限状态是对应于结构构件达到最大承载能力或不适于继续承载的变形状态。当结构构件出现了下列状态之一时,应认为超过了承载能力极限状态。

① 整个结构或结构的一部分作为刚体失去平衡,如雨篷压重不足而倾覆、烟囱抗风不足而倾倒、挡土墙抗滑不足而整体滑移等。

② 结构构件或其连接因超过材料强度而破坏(包括疲劳破坏),如轴心受压构件中混凝土达到了轴心抗压强度、构件的钢筋因锚固长度不足而被拔出等;或因变形过大而不适于继续承受荷载。

③ 结构转变为机动体系,如结构发生三铰共线而形成机动体系,丧失承载能力。

④ 结构或构件丧失稳定,如细长柱到达临界荷载后压屈失稳而破坏。

(2) 正常使用极限状态

这种极限状态是对应于结构或结构构件达到正常使用或耐久性能的某项规定限值。当出现下列状态之一时,应认为结构或结构构件超过了正常使用极限状态。

① 影响正常使用或外观的变形,如吊车梁变形过大导致吊车不能正常行驶、梁挠度过大影响外观等。

1-3:电子相册 结构破坏

② 影响正常使用或耐久性能的局部损坏，如水池池壁开裂漏水不能正常使用、裂缝过宽导致钢筋锈蚀等。

③ 影响正常使用的振动，如由于机器振动而导致结构的振幅超过按正常使用要求所规定的限值等。

④ 影响正常使用的其他特定状态，如相对沉降量过大等。

3. 结构的极限状态设计

(1) 结构的极限状态方程

结构和结构构件的工作情况可以由其所承受的荷载效应 S 和结构抗力 R 两者的关系来描述，其表达式为

$$Z = R - S \tag{1-2-1}$$

当 $Z>0$ 时，结构处于可靠状态，当 $Z<0$ 时，结构处于失效状态，当 $Z=0$ 时，结构处于极限状态。此时基本变量满足

$$Z = R - S = 0 \tag{1-2-2}$$

则结构达到极限状态，如图 1-2-1 所示。

当荷载的概率分布统计参数以及材料的性能及尺寸等统计参数已确定时，根据规定的目标可靠指标，即可按照可靠度方法进行结构构件设计。但是，这样进行设计对于一般性的设计来说结构构件工作量很大，过于繁琐。考虑到使用简便和广大工程设计人员的习惯，《工程结构可靠性设计统一标准》仍然采用了以基本变量的代表值和分项系数表达的结构构件实用设计表达式。

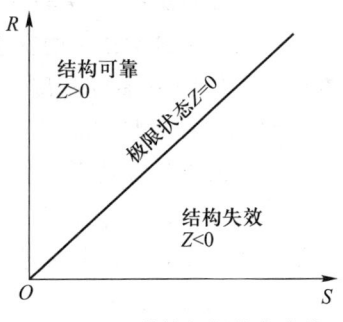

图 1-2-1 结构极限状态曲线

(2) 承载能力极限状态设计表达式

结构构件均应进行承载力设计以确保其安全性。承载能力极限状态设计表达式为

$$\gamma_0 S_d \leq R_d \tag{1-2-3}$$

式中 γ_0——结构构件的重要性系数，对安全等级为一级或设计使用年限为 100 年及以上的结构构件，不应小于 1.1；对安全等级为二级或设计使用年限为 50 年的结构构件，不应小于 1.0；对安全等级为三级或设计使用年限为 5 年及以下的结构构件，不应小于 0.9；在抗震设计中，不考虑结构构件的重要性系数；

S_d——承载能力极限状态的荷载效应（内力）组合的设计值，按现行国家标准《建筑结构荷载规范》（GB 50009—2012）和现行国家标准《建筑抗震设计规范》（GB 50011—2010）（2016 年版）的规定进行计算；

R_d——结构构件的承载力设计值，由各结构设计规范的规定确定；在抗震设计时，应除以承载力抗震调整系数 γ_{RE}。

(3) 正常使用极限状态设计表达式

按正常使用极限状态设计时，应验算结构构件的变形、抗裂度或裂缝宽度。由于结

构构件超过正常使用极限状态时的危害程度不如超过承载能力极限状态时大,故对正常使用极限状态可靠度的要求可适当降低。因此,按正常使用极限状态设计时,荷载组合值不需再乘以荷载分项系数,也不考虑结构的重要性系数。同时,由于荷载短期作用和长期作用对于结构构件正常使用性能的影响不同,对于正常使用极限状态,应根据不同的设计要求,采用荷载的标准组合、频遇组合或准永久组合,并用下列设计表达式进行设计:

$$S_d \leqslant C \qquad (1-2-4)$$

式中　C——结构或构件达到正常使用要求的规定限值,例如变形、裂缝和应力等限值;

　　　S_d——正常使用极限状态的荷载组合效应值(如变形、裂缝和应力等)。

4. 结构防连续倒塌设计

对于可能遭受偶然作用的重要结构,宜进行结构防连续倒塌设计。

(1) 结构防连续倒塌设计原则

结构防连续倒塌设计宜遵循下列原则:

① 避免使结构中的关键构件直接遭受偶然作用;

② 采取减小偶然作用或效应的措施;

③ 在容易遭受意外荷载影响的结构的区域增加冗余约束;

④ 增强疏散通道、避难空间等重要结构构件及关键传力部位的承载力和变形性能;

⑤ 采用变形性能较好的材料的结构形式。

(2) 结构防连续倒塌设计方法

重要结构的防连续倒塌设计可选择下列方法。

① 拉结构件法:通过贯通水平构件的最小配筋和构造措施,使缺失支承后的水平构件能够按梁、悬索或悬臂继续承载受力,维持结构的整体稳固性。

② 拆除构件法:按一定规则拆除主要受力构件,依靠结构体系中剩余部分进行承载力验算。

③ 非线性分析法:通过结构的受力—倒塌全过程的非线性分析,模拟结构的连续倒塌过程。

5. 荷载效应组合

(1) 承载能力极限状态

对于承载能力极限状态,应按荷载基本组合的效应设计值进行计算,必要时尚应按荷载偶然组合的效应进行计算。

荷载基本组合的效应设计值应取式(1-2-5)和式(1-2-6)中最不利的效应设计值 S_d 确定。

① 由可变荷载控制的效应设计值:

$$S_d = \sum_{j=1}^{m} \gamma_{G_j} S_{G_jk} + \gamma_{Q_1} \gamma_{L_1} S_{Q_1k} + \sum_{i=2}^{n} \gamma_{Q_i} \gamma_{L_i} \psi_{c_i} S_{Q_ik} \qquad (1-2-5)$$

② 由永久荷载控制的效应设计值:

$$S_d = \sum_{j=1}^{m} \gamma_{G_j} S_{G_j k} + \sum_{i=1}^{n} \gamma_{Q_i} \gamma_{L_i} \psi_{c_i} S_{Q_i k} \qquad (1-2-6)$$

式中 γ_{G_j}——第 j 个永久荷载的分项系数,当永久荷载效应对结构不利时,对由可变荷载效应控制的组合应取 1.2,对由永久荷载效应控制的组合应取 1.35,当永久荷载效应对结构有利时不应大于 1.0;

γ_{Q_i}——第 i 个可变荷载的分项系数,其中 γ_{Q_1} 为主导可变荷载 Q_1 的分项系数,对标准值大于 4 kN/m² 的工业房屋楼面结构的活荷载应取 1.3,其他情况应取 1.4;

γ_{L_i}——第 i 个可变荷载考虑设计使用年限的调整系数,其中 γ_{L_1} 为主导可变荷载 Q_1 考虑设计使用年限的调整系数;

$S_{G_j k}$——按第 j 个永久荷载标准值 G_{jk} 计算的荷载效应;

$S_{Q_i k}$——按第 i 个可变荷载标准值 Q_{ik} 计算的荷载效应值,其中 $S_{Q_1 k}$ 为诸可变荷载效应中起控制作用者;

ψ_{c_i}——第 i 个可变荷载 Q_i 的组合值系数;

m——参与组合的永久荷载数;

n——参与组合的可变荷载数。

荷载偶然组合的效应设计值应按有关的规范或规程确定。例如,当考虑地震作用时,应按现行国家标准《建筑抗震设计规范》(GB 50011—2010)(2016 年版)确定。

此外,根据结构的使用条件,必要时还应对结构进行倾覆、滑移或漂浮验算。

(2) 正常使用极限状态

在计算正常使用极限状态的荷载组合效应设计值 S_d 时,应根据不同的设计要求,确定荷载标准组合、频遇组合和准永久组合的效应设计值进行设计。

标准组合效应设计值是采用荷载的标准值作为代表值的组合,应按式(1-2-7)进行计算:

$$S_d = \sum_{j=1}^{m} S_{G_j k} + S_{Q_1 k} + \sum_{i=2}^{n} \psi_{c_i} S_{Q_i k} \qquad (1-2-7)$$

准永久组合效应设计值是对永久荷载采用标准值、可变荷载采用准永久值作为代表值的组合,应按式(1-2-8)进行计算:

$$S_d = \sum_{j=1}^{m} S_{G_j k} + \sum_{i=1}^{n} \psi_{q_i} S_{Q_i k} \qquad (1-2-8)$$

频遇组合效应设计值是对永久荷载采用标准值、可变荷载采用频遇值和准永久值作为代表值的组合,应按式(1-2-9)进行计算:

$$S_d = \sum_{j=1}^{m} S_{G_j k} + \psi_{f_1} S_{Q_1 k} + \sum_{i=2}^{n} \psi_{q_i} S_{Q_i k} \qquad (1-2-9)$$

式中 ψ_{f_1}——第 1 个可变荷载的频遇值系数;

ψ_{q_i}——第 i 个可变荷载的准永久值系数。

必须指出,在荷载的准永久组合效应中,只包括了在整个使用期内出现时间很长的荷载效应设计值,即荷载效应的准永久值 $\psi_{q_i} S_{Q_i k}$;而在荷载的标准组合效应中,既包括了在整个使用期内出现时间很长的荷载效应设计值,也包括了在整个使用期内出现时间不长的荷载效应设计值。因此,荷载的标准组合效应设计值出现的时间是不长的。

(3) 结构防连续倒塌设计的荷载效应

当进行偶然作用下结构防连续倒塌的验算时,作用宜考虑结构相应部位倒塌冲击引起的动力系数。在抗力函数的计算中,混凝土强度取强度标准值 f_{ck};普通钢筋强度取极限强度标准值 f_{stk},预应力筋强度取极限强度标准值 f_{ptk},并考虑锚具的影响。宜考虑偶然作用下结构倒塌对结构几何参数的影响。必要时尚应考虑材料性能在动力作用下的强化和脆性,并取相应的强度特征值。

1.3 建筑结构课程与其他课程的关系和学习方法

建筑结构课程主要讨论建筑结构常用材料的力学性能、结构设计方法、结构构件设计计算(钢筋混凝土受弯、受压、预应力混凝土构件等)和构造措施、砌体结构的基本设计计算、钢结构构件和连接的设计计算、木结构构件和连接的设计计算及结构的合理布置和选型等。由于我国是一个多地震的国家,所以也介绍一些关于建筑结构的抗震设计要点。

1.3.1 建筑结构课程与其他课程的关系

建筑结构课程和许多课程关系密切,互相呼应配合,有的需要先行掌握,有的是后续课程,例如:

1. 建筑材料课程

要能正确理解建筑结构的性能,就必须先熟悉建筑结构常用钢材、混凝土、砌块等材料的性能,因此要在建筑材料课程的基础上,进一步掌握建筑结构常用材料的物理力学性能。

2. 建筑力学课程

建筑力学的研究对象主要是匀质、弹性材料的构件,而结构构件由两种材料互相结合共同工作的情况在实际工程中大量存在,建筑结构材料的非匀质、非弹性现象非常普遍。因此在学习过程中,应注意建筑力学给我们提供的解决问题的观点和方法,可供解决建筑结构问题借鉴,且考虑问题时要顾及材料具体性能的特点。如建筑力学课程中对各种结构的内力分析和变形计算,都是建筑结构设计计算中要用到的,必须掌握。

3. 房屋建筑学课程

房屋建筑学课程中有关建筑方案、房屋构造等方面的知识,是建筑结构方案设计和构造设计的总体要求,在本课程的学习过程中这些知识得以从结构的角度进一步细化。

4. 其他课程

如在地震区设计建筑结构,必须考虑结构的抗震,本课程就要与结构抗震课程有关;建筑结构的基础,或是采用天然地基,或是采用人工地基,都要进行适当的选择,并确定地基的反力,以及考虑基础的沉降、基础与上部结构的相互作用,因此建筑结构课程又与土力学、地基基础和工程地质课程有关;研究新型或复杂建筑结构有时要做构件和结构的试验,这又跟结构试验课程、结构检验课程有关;建筑结构设计还必须经济合理、施工方便,这必然与建筑施工课程、工程管理、建筑法规等课程相关。

1.3.2 建筑结构课程的学习方法

在学习建筑结构课程时,应注意它的下述特点:

① 由于建筑结构材料的自身性能较复杂,同时还有其他很多因素要影响其性能,目前从学科的现状水平而言,有些方面的强度理论还不够完善。在某些情况下,构件承载力和变形的取值还得参照试验资料的统计分析,处于半经验半理论状态,故学习时要正确理解其本质现象并注意计算公式的适用条件。

② 建筑结构课程针对的是结构和构件的设计,需要遵循建筑方针,考虑适用、经济(造价、材料用量)、安全、施工可行,牵涉到方案的比较、构件的选型、强度和变形的计算、配筋构造等方面,是一个多因素的综合性问题,设计时需要多方面比较,方能从中作出抉择。所以,对本课程要注意全面掌握,学会考虑多因素综合分析的合理设计方法。

③ 学习本课程不单是要懂得一些理论,更重要的是要积极实践和应用。本课程的内容是遵照我国有关的国家标准编写的,体现了国家的技术经济政策、技术措施和设计方法,反映了我国在建筑结构学科领域所达到的科学技术水平,并且总结了各种建筑结构工程实践的经验,故而各种规范是进行建筑结构设计的依据,必须遵守。而只有正确理解规范条款的意义,不盲目乱套,才能正确地应用,这首先就需要努力学习,熟悉规范。当然,建筑结构学科在不断地演化发展着,所以每隔一定年限规范就得重新修订,以反映新达到的水平。

因种种原因,目前我国现行的建筑结构设计规范就有建筑工程、水利工程、交通土建工程、铁路运输工程等方面各种不同类型的版本,工程使用时必须因地制宜、灵活应用。

1.4 本章小结

组成房屋骨架的建筑结构是建筑物赖以存在的基础,需要承受各种外部作用,满足房屋对安全性、适用性和耐久性的要求。

建筑结构按材料分类时,可分为混凝土结构、砌体结构、钢结构、木结构、钢-混凝土组合结构等;按受力和结构特点分类则可分为混合结构、排架结构、框架结构、剪力墙结构以及其他形式的结构。随着经济的发展、社会的进步,建筑结构正在一步步向以下几个方面发展:向高层发展、向地下发展、向大跨度发展等。在进行结构选型时,应根据建筑的使用功能、结构的安全合理、施工的可能以及结构设计原则等,进行分析比较后确定。在多层和高层房屋中,混合结构仅用于多层,而混凝土结构、钢结构等则可用于多层和高层,其结构平面和竖向构件的布置宜采用"规则结构"的设计概念。建筑结构构件设计及验算应按国家标准《工程结构可靠性设计统一标准》所确定的原则进行。

思考题

1-1　按结构材料不同,建筑结构有哪些类型?
1-2　排架结构的屋面横梁、柱及基础是如何连接的?
1-3　框架结构的组成构件有哪些?各构件间如何连接?
1-4　多层和高层房屋通常如何区分?
1-5　什么是钢筋混凝土剪力墙?
1-6　建筑结构是哪几个因素的集合?
1-7　结构设计中的构件自重和实际的构件自重有何不同?
1-8　为什么传统化的建造模式需要逐渐向工业化建造模式过渡?
1-9　工业化生产建筑模式与模块化建筑生产模式有什么异同?

习题

选择题

1-10　排架结构的构件连接方式是(　　)。
A. 屋面横梁与柱顶铰接,柱下端与基础底面固接
B. 屋面横梁与柱顶固接,柱下端与基础顶面固接
C. 屋面横梁与柱顶铰接,柱下端与基础顶面固接
D. 屋面横梁与柱顶固接,柱下端与基础底面铰接

1-11　采用普通砖砌体砌筑的房屋层高不应超过(　　)。
A. 3.0 m　　　　　B. 3.3 m　　　　　C. 3.6 m　　　　　D. 4.5 m

1-12　在水平荷载作用下,钢筋混凝土框架的整体变形是(　　)。
A. 剪切性　　　　B. 弯曲型　　　　C. 弯剪型　　　　D. 剪弯型

1-13　高层建筑采用筒中筒结构时,下列四种平面中受力性能最差的是(　　)。
A. 圆形　　　　　B. 三角形　　　　C. 正多边形　　　D. 正方形

1-14　对于钢筋混凝土墙,其墙长为 l,墙厚为 t,则应按剪力墙进行设计的条件是(　　)。
A. $l \geqslant 3t$　　　B. $l > 4t$　　　C. $l \geqslant 1\ 000$ mm　　　D. $t \geqslant$ 层高的 1/25

1-15　在水平荷载作用下,结构变形曲线为剪弯型(底部为弯曲型变形,顶部为剪切型变形)的是(　　)。
A. 框架结构　　　B. 剪力墙结构　　C. 混合结构　　　D. 框架-剪力墙结构

1-16　下列四种结构体系中,适用的最大高度最高的体系是(　　)。
A. 现浇框架结构　　　　　　　　　B. 预制框架结构
C. 现浇框架-剪力墙结构　　　　　D. 部分框支墙现浇剪力墙结构

2 材料性能及选用

2.1 钢材

2-1：讲课视频 钢筋材料

2.1.1 钢结构材料

1. 钢材的主要成分

建筑钢结构用钢，是含碳量小于 0.25% 的铁碳合金，其中铁是最基本的元素，约占化学成分的 98% 或更高，但影响钢材材质的却是占含量仅为百分之几的其他元素，它们对钢材材质的影响有正负两方面作用，既有增加强度功能的一面，也有对钢材的塑性、韧性不利的一面，只有少量的合金元素，其负面效应甚微。

对碳素结构钢，常规的化学成分分析是指碳（C）、硅（Si）、锰（Mn）、硫（S）、磷（P）五种元素。其中碳（C）是形成钢材强度的主要元素，并直接影响钢材的可焊性，随着含碳量的增加，钢材的硬度、耐磨性、屈服点和抗拉强度都将提高，但塑性、韧性（尤其是负温冲击韧性）和冷弯性能下降明显，施工可焊性变差。因此钢结构选用钢材的含碳量不宜太高，一般不应超过 0.22%，对于焊接结构的钢材，一般不应超过 0.20%。

硅（Si）通常作为脱氧剂加入普通碳素钢中，用以冶炼质量较高的镇静钢。适量的硅对钢材的塑性、冲击韧性、冷弯及可焊性均无明显的不良影响。

锰（Mn）是一种弱脱氧剂，适量的锰可有效增加钢材的强度、硬度和耐磨性，同时又能消除硫、氧对钢材的热脆影响，但若含量过高，将出现冷裂纹形成倾向。因此，建筑用钢材的含锰量应有上限，我国碳素结构钢的含锰量范围为 0.25%~0.80%。

硫（S）属于有害杂质，硫可导致钢材热脆和偏析现象的出现，因此，建筑用钢材的含硫量一般应小于 0.05%。

磷（P）也属于有害杂质，磷的存在会严重降低钢材的塑性、冲击韧性、冷弯性能和可焊性，特别在低温下，使钢材变得很脆（冷脆性）。同时磷也是钢材中偏析最严重的杂质之一，比硫的偏析还严重。因此，建筑用钢材的含磷量也必须严格限制，一般不超过 0.045%。

2. 钢材的主要分类

《钢结构设计规范》推荐的承重结构用钢材有普通碳素结构钢和普通低合金结构钢

两种。

普通碳素结构钢分为低碳钢(含碳量在 0.03%~0.25%间)、中碳钢(含碳量在 0.26%~0.60%间)和高碳钢(含碳量在 0.6%~2.0%间)三种,其牌号表示方法为:代表屈服点的字母(Q)+屈服强度值+质量等级符号+脱氧方法。建筑结构主要使用低碳钢,根据其屈服强度值可分为 195 MPa、215 MPa、235 MPa、275 MPa 共四个强度等级,根据碳、锰、硫、磷的含量共分 A、B、C、D 四个质量等级,根据脱氧方法可分为沸腾钢(符号为 F)、半镇静钢(b)、镇静钢(Z)和特殊镇静钢(TZ)四种。如 Q235-AF 表示钢材的屈服强度为 235 MPa、质量等级为 A 级的沸腾钢。Q235 钢材是目前建筑结构中应用最多且质量等级最齐全的普通碳素结构钢。从含碳量控制的严格程度和对冲击韧性要求的保证角度,焊接结构应优先采用质量等级为 C、D 级的 Q235 钢材。

低合金高强度结构钢是指在炼钢过程中添加一些合金元素,且其含量不超过 5%的钢材。加入合金元素后钢材强度可明显提高,使钢结构构件的强度、刚度、稳定性三个主要控制指标都能充分发挥,尤其在大跨度或重负荷结构中优点更为突出,一般可比碳素结构钢节约 20%左右的用钢量。

低合金高强度结构钢表示方法为:由代表屈服点的字母(Q)、屈服点数值、质量等级符号(A、B、C、D、E)三部分顺序组成。钢的牌号共有 Q295、Q345、Q390、Q420、Q460 五种,随质量等级的变动,其化学成分和力学性能也能变化。

3. 钢材的主要性能

钢结构在使用过程中要受到各种形式的作用,这就要求钢材必须具有一定的抵抗各种作用而不产生过大变形和不会引起破坏的能力。钢材在各种作用下所表现出的各种特征称为钢材的机械性能。钢材的主要机械性能指标有五项,即抗拉强度、伸长率、屈服强度、冷弯性能和冲击韧性,这些性能可通过试验得到。

(1)钢材的强度性能

钢材的强度性能在其应力-应变曲线上表示最清楚,图 2-1-1 所示为典型的建筑结构钢拉伸试件的 δ-ε 曲线,在图中可明显见到几个特征点:比例极限 A、弹性极限 B、屈服点(有上、下之分)C 和抗拉强度 D。

在比例极限值之前(即 OA 段),钢材的应力与应变之间呈线性关系,即材料完全符合胡克定律,弹性极限 B 是不会出现残余变形的最大应力,弹性极限与比例极限很接近,通常把比例极限视为弹性极限。

超过弹性极限 B 后,应力与应变不再呈线性关系,材料进入弹塑性区,变形增加较快,曲线呈锯齿形波动,甚至出现应力不增加而变形继续发展,进入材料的塑性阶段,在应力-应变曲线中形成上、下波动阶段,波动最高点称为上

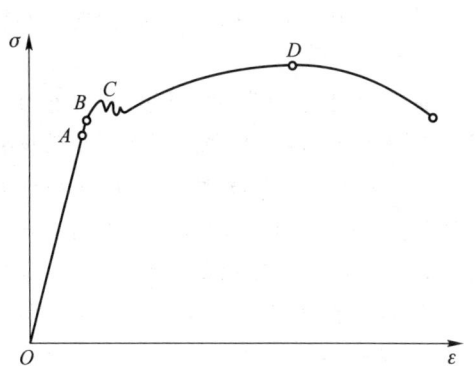

图 2-1-1 有明显流幅钢材的应力-应变曲线

2-2:视频
钢构件
拉伸试验

屈服点,最低点为下屈服点,下屈服点的数值对试验条件不敏感,可出现稳定的水平线,便于作为计算抗力的标准。

塑性阶段之后,钢材内部晶粒重新排列,强度提高,进入应变硬化阶段,曲线缓慢上升到最高点 D——抗拉强度,此后试件出现局部"颈缩",随后断裂。

钢结构设计的准则是以构件最大应力达到材料屈服点作为极限状态,而将钢材的极限强度视为局部应力高峰的安全储备,这样可同时满足构件的强度与刚度要求。所以承重结构的选材要同时保证抗拉强度和屈服点的强度指标。

钢材的强度设计值见附表14。

(2) 钢材的塑性性能

低碳钢和低合金结构钢都有明显的屈服平台,对应的应变范围约从 $\varepsilon = 0.15\%$ 至 $\varepsilon = 2.5\%$,充分显示了良好的塑性变形能力,但在钢材的力学性能指标中,常采用试件的伸长率 δ 表示塑性性能。δ 可直接由拉伸试件断裂后原标距长度的变化计算得到:

$$\delta = (l - l_0)/l_0 \times 100\% \qquad (2\text{-}1\text{-}1)$$

式中 l_0——试件原标距长度;

         l——试件拉断后的标距长度;

         δ——伸长率,当 $l_0 = 5d$ 时记为 δ_5,%。

在应力达到屈服点之后,到屈服平台结束,开始进入应变硬化阶段前,这一段内的钢材变形量愈大,标志着钢材塑性变形能力愈强。钢结构用钢要求钢材具有良好的塑性,因为良好的塑性性能是结构构件内形成应力重分配的必要条件,也是钢结构制造工艺中各种加工工序(包括焊接过程)得以进行的基础。同时,钢结构制造和构件间连接时生成的局部应力集中现象在钢结构计算中(疲劳验算除外)可予以忽略,也是凭借钢材具有的良好塑性变形性能而实现。

(3) 钢材的冲击韧性

钢材的韧性即荷载作用下钢材吸收机械能和抵抗断裂的能力,反映钢材在动力荷载下的性能。可采用带有V型缺口的夏比试件在冲击试验中所耗的冲击功值衡量钢材的冲击韧性,冲击功以焦耳(J)为单位,数值应不低于27 J。冲击功愈大冲击韧性愈高,钢材越不容易出现脆断。

钢材的冲击韧性受温度影响很大,如图 2-1-2 所示,存在一个由可能塑性破坏到可能脆性破坏的转变温度区($T_1 \sim T_2$),T_1 称为临界温度,T_0 称为转变温度。在 T_0 以上,只有当缺口根部产生一定数量的塑性变形后才会产生脆性裂纹;在 T_0 以下,即使塑性变形很不明显,甚至没有塑性变形也会产生脆性裂纹,脆性裂纹一旦形成,只需很少能量就可使之迅速

2-3:视频
钢构件
冲击韧性
试验

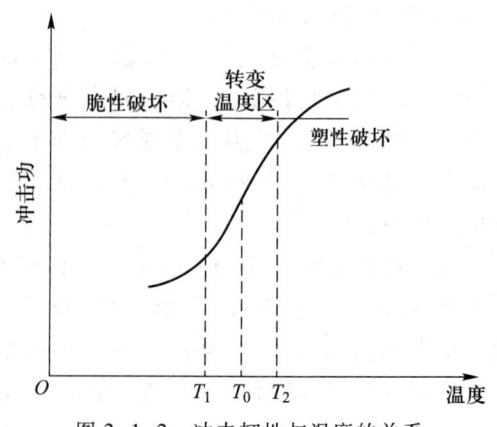

图 2-1-2 冲击韧性与温度的关系

扩展,至材料完全断裂。为了避免钢结构的低温脆断,结构使用温度需高于钢材的冲击韧性转变温度。各种钢材的转变温度不同,应由试验确定。在提供有不同负温下的冲击韧性时,应通过选材避免脆断的风险。

(4) 钢材的冷弯性能

钢材的冷弯性能常通过对试件进行180°弯曲试验来进行判断,如图2-1-3所示,按钢材原有厚度经表面加工成板状或筋状,常温下弯曲180°后如外表面和侧面不开裂、不起层,则认为钢材的冷弯性能合格。试验时按钢材牌号和板厚等允许有不同的弯心直径d。冷弯性能可反映经过一定角度弯曲后钢材抵抗裂纹产生的能力,能有效地揭示材质的缺陷,是钢材塑性能力及冶金质量评价的综合指标。

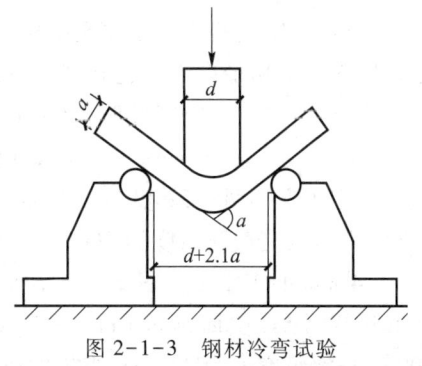

图2-1-3 钢材冷弯试验

(5) 钢材的焊接性能

可焊性是指钢材对焊接工艺的适应能力,包括两方面要求:一是通过一定的焊接工艺能保证焊接接头具有良好的力学性能;二是施工过程中,选择适宜的焊接材料和焊接工艺参数后,尽可能避免焊缝金属和钢材热影响区产生热(冷)裂纹的敏感性。钢材除应具有良好的机械性能外还应具有良好的可焊性。

结构用钢材应满足具有适当的屈强比、足够的塑性、可焊性和低温性能等要求,各项具体指标可参考《混凝土结构工程施工质量验收规范》(GB 50204—2015)中的规定确定。

4. 钢材的品种、规格及标准

结构用钢材品种主要有钢板(钢带)、普通热轧型钢(图2-1-4)、冷弯薄壁型钢(图2-1-5)和钢管等。宽钢带是指成卷交货的宽度大于或等于600 mm的钢带,窄钢带是指宽度小于600 mm的钢带,可直接轧制或由宽钢带纵剪而成。钢板是直接轧制或由宽钢带剪切而成的平板状矩形钢材,薄钢板一般用冷轧法轧制。钢板(钢带)按轧制方法有冷轧板和热轧板两类,热轧钢板(钢带)是建筑结构中应用最多的钢材之一,其屈服强度随厚度的变化而变化。

2-4:图片
钢材规格

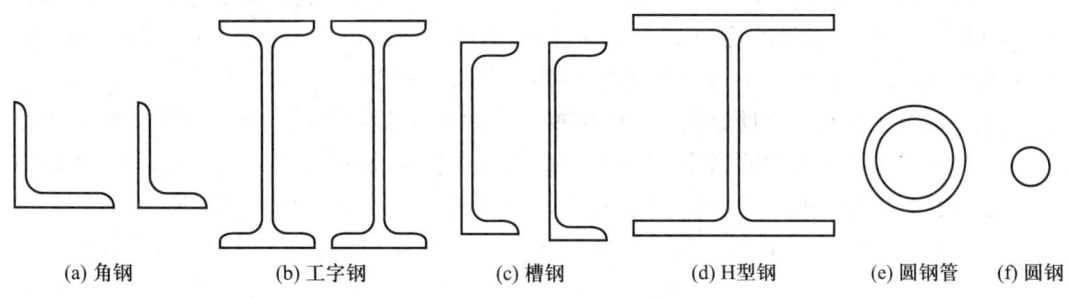

(a) 角钢　　(b) 工字钢　　(c) 槽钢　　(d) H型钢　　(e) 圆钢管　　(f) 圆钢

图2-1-4 普通热轧型钢

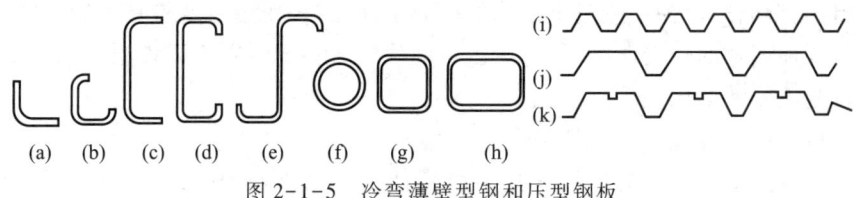

图 2-1-5 冷弯薄壁型钢和压型钢板

角钢、工字钢和槽钢是建筑结构中最早使用的型钢。图 2-1-4a 所示的角钢是格构式钢结构构件中应用最广泛的轧制型材,有等边角钢和不等边角钢两大类,其型号以截面形状符号 L+长肢肢长(mm)+短肢肢长(mm)+肢厚(mm)表示,如:L 120×80×6 表示的是长肢肢长 120 mm、短肢肢长 80 mm、肢厚 6 mm 的不等边角钢。图 2-1-4b 所示的工字钢分普通工字钢和轻型工字钢两种,其型号以截面形状符号 I+截面高度(cm)+类型符号 a、b、c 表示,如:I 20a 表示的是截面高度为 200 mm,翼缘宽度为 100 mm,腹板的厚度为 7 mm,翼缘的厚度为 11.4 mm 的工字钢。图 2-1-4c 所示的槽钢也分普通槽钢和轻型槽钢两种,其型号以截面形状符号 [+截面高度(cm)+类型符号 a、b、c 表示,如:[20a 表示的是截面高度为 200 mm,翼缘宽度为 73 mm,腹板的厚度为 7 mm 的槽钢。

如图 2-1-4d 所示,不同于工字钢等截面,H 型钢截面的材料主要分布在翼缘部分,故其截面特性明显优于传统的工字钢、槽钢、角钢或它们的组合截面,且翼缘内表面不需有斜度、上下表面平行,具有较好的经济效果。H 型钢主要分为宽翼缘 H 型钢(代号 HW)、中翼缘 H 型钢(代号 HM)和窄翼缘 H 型钢(代号 HN)三类,其型号表示与工字钢类似。结构用钢管有热轧无缝钢管和焊接钢管两大类,焊接钢管由钢带卷焊而成,依据管径大小,又分为直缝焊和螺旋焊两种。

冷弯型钢是用薄钢板(钢带)在连续冷弯机组上生产的冷加工型材,如图 2-1-5 所示,其截面形式有开口截面(如等边角钢、卷边等边角钢、槽钢、卷边槽钢、Z 型钢、卷边 Z 型钢等)、闭口截面(圆形、矩形等)及压型钢板。

此外,应用于建筑结构的钢材制品还有花纹钢板、钢格栅板和网架球节点等。

2.1.2 钢筋的强度与变形

钢筋的力学性能有强度、变形(包括弹性和塑性变形)等。单向拉伸试验是确定钢筋性能的主要手段。经过钢筋的拉伸试验可以看到,钢筋的拉伸应力-应变关系曲线可分为两类:有明显流幅的(图 2-1-6)和没有明显流幅的(图 2-1-7)。

《钢筋混凝土用热轧带肋钢筋》(GB 1499.2—2007)对混凝土结构所用钢筋的机械性能做出规定:对于有明显流幅的钢筋,其主要指标为屈服强度、抗拉强度、伸长率和冷弯性能四项;对于没有明显流幅的钢筋,其主要指标为抗拉强度、伸长率和冷弯性能三项。

在图 2-1-6 中,对于有明显流幅的钢筋,点 b 为钢筋的屈服点,一般取屈服点作为钢筋设计强度的依据,该点对应的应力称作钢筋的屈服强度。点 d 叫做钢筋的抗拉强度或极限强度。

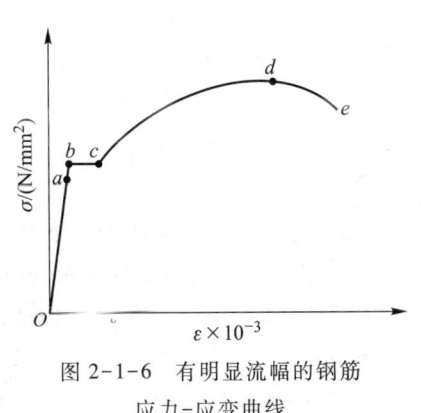
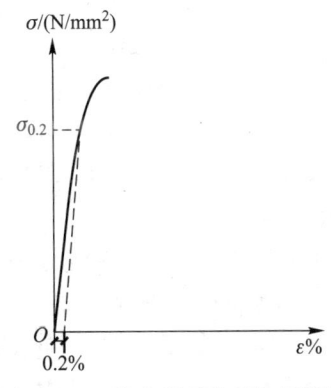

图 2-1-6 有明显流幅的钢筋应力-应变曲线

图 2-1-7 没有明显流幅的钢筋的应力-应变曲线

图 2-1-7 表示没有明显流幅的钢筋的应力-应变曲线,此类钢筋的比例极限大约相当于其抗拉强度的 65%。一般取抗拉强度的 80%,即残余应变为 0.2% 时的应力 $\sigma_{0.2}$ 作为条件屈服点。一般来说,含碳量高的钢筋,质地较硬,没有明显的流幅,其强度高,但伸长率低,下降段极短促,其塑性性能较差。

在图 2-1-6 中,点 e 的横坐标代表了钢筋的伸长率,它和流幅 bc 的长短,都因钢筋的品种而异,均与材质含碳量成反比。含碳量低的叫做低碳钢或软钢,含碳量愈低则钢筋的流幅愈长、伸长率愈大,即标志着钢筋的塑性指标好。这样的钢筋不致突然发生危险的脆性破坏,由于断裂前钢筋有相当大的变形,足够给出构件即将破坏的预告。因此,强度和塑性这两个方面的要求,都是选用钢筋的必要条件。

冷弯性能是检验钢筋塑性性能的另一项指标。为使钢筋在加工、使用时不开裂、弯断或脆断,可对钢筋试件进行冷弯试验,见图 2-1-8,要求钢筋弯绕一辊轴弯心而不产生裂缝、鳞落或断裂现象。弯转角度愈大、弯心直径 D 愈小,钢筋的塑性就愈好。冷弯试验较受力均匀的拉伸试验能更有效地揭示材质的缺陷,冷弯性能是衡量钢筋力学性能的一项综合指标。

此外,根据需要,钢筋还可做冲击韧性试验和反弯试验,以确定钢筋的有关力学性能。

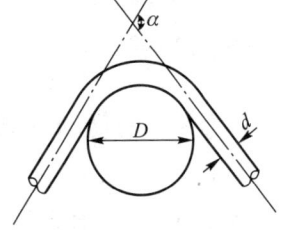

图 2-1-8 钢筋的冷弯试验

2.1.3 钢筋的品种、等级和成分

我国用于混凝土结构的钢筋主要有热轧钢筋、预应力钢丝、钢绞线及预应力螺纹钢筋四种。在钢筋混凝土结构中主要采用热轧钢筋,在预应力混凝土结构中这四种钢筋均会用到。

热轧钢筋是低碳钢、普通低合金钢在高温下轧制而成。热轧钢筋为软钢,其应力应变曲线有明显的屈服点和流幅,断裂时有"颈缩"现象,伸长率较大。根据力学指标的高低,分为

HPB300级（Ⅰ级，符号Φ），HRB335级（Ⅱ级，符号Φ），HRB400级（Ⅲ级，符号Φ），HRBF400级（Ⅲ级，符号Φ^F），RRB400级（余热处理Ⅲ级，符号Φ^R），HRB500级（Ⅳ级，符号Φ），HRBF500级（Ⅳ级，符号Φ^F）七个种类。钢筋混凝土结构中的纵向受力钢筋宜优先采用HRB400、HRB500、HRBF400、HRBF500级钢筋，箍筋宜采用HRB400、HRBF400、HPB300、HRB500、HRBF500钢筋。RRB400钢筋不宜用作重要部位的受力钢筋，不应用于直接承受疲劳荷载的构件。

钢筋的化学成分以铁元素为主，还含有少量的其他元素，这些元素也影响着钢筋的力学性能。Ⅰ级钢为低碳素钢，强度较低，但有较好的塑性；Ⅱ、Ⅲ、余热处理Ⅲ级钢为低合金钢，其成分除每级递增碳元素的含量外，再分别加入少量的锗、硅、钒、钛等元素以提高钢筋的强度。低合金钢有锰系（20MnSi、25MnSi）、硅钒系（40Si$_2$MnV、45SiMnV）硅钛系（45Si$_2$MnTi）等系列。钢筋中碳的含量增加，强度就随之提高，不过塑性和可焊性有所降低。一般低碳钢含碳量为≤0.25%，高碳钢含碳量为0.6%~1.4%。在钢筋的化学成分中，磷和硫是有害的元素，磷、硫含量多的钢筋的塑性就大为降低，容易脆断，而且影响焊接质量，所以对其含量要予以限制。如：HPB300级（Ⅰ级，符号Φ），HRB335级（Ⅱ级，符号Φ），HRB400级（Ⅲ级，符号Φ），RRB400级（Ⅲ级，符号Φ^R），HRB500级（Ⅳ级，符号Φ）。

Ⅱ、Ⅲ、Ⅳ级晶粒热轧带肋钢筋，生产过程中不需要添加或只需添加很少的钒、钛等合金元素，而是在热轧过程中，通过控轧和控冷工艺轧制成的带肋钢筋，其金相组织主要是铁素体加珠光体，晶粒度不粗于9级。细晶粒热轧带肋钢筋的外形与普通低合金热轧带肋钢筋相同，其强度和延性完全满足混凝土结构对钢筋性能的要求。用细晶粒热轧带肋钢筋代替目前大量使用的普通低合金热轧钢筋可节约宝贵的钒、钛等合金元素资源，降低碳当量和钢筋的价格，社会效益和经济效益均十分显著。如：HRBF400级（Ⅲ级，符号Φ^F），HRBF500级（Ⅳ级，符号Φ^F）。

注意：按《混凝土结构设计规范》（GB 50010—2010）（2015年版）要求，Ⅰ、Ⅱ级钢筋直径仅为6~14 mm。

2.1.4 钢筋的形式

钢筋混凝土结构中所采用的钢筋，有柔性钢筋和劲性钢筋，见图2-1-9。柔性钢筋即一般的普通钢筋。柔性钢筋的外形可分为光圆钢筋与变形钢筋，变形钢筋有螺纹形、人字纹形和月牙纹形等。

光圆钢筋直径为6~22 mm，变形钢筋的公称直径为6~50 mm，公称直径即相当于横截面面积相等的光圆钢筋的直径，当钢筋直径在12 mm以上时，通常采用变形钢筋。当钢筋直径在6~12 mm时，可采用变形钢筋，也可采用光圆钢筋。直径小于6 mm的常称为钢线。

钢筋混凝土结构构件中的并筋（钢筋束）、钢筋网、平面和空间的钢筋骨架可采用铁丝将柔性钢筋绑扎成型，也可采用焊接网和焊接骨架。

劲性钢筋以角钢、槽钢、工字钢、钢轨等型钢作为结构构件的配筋。

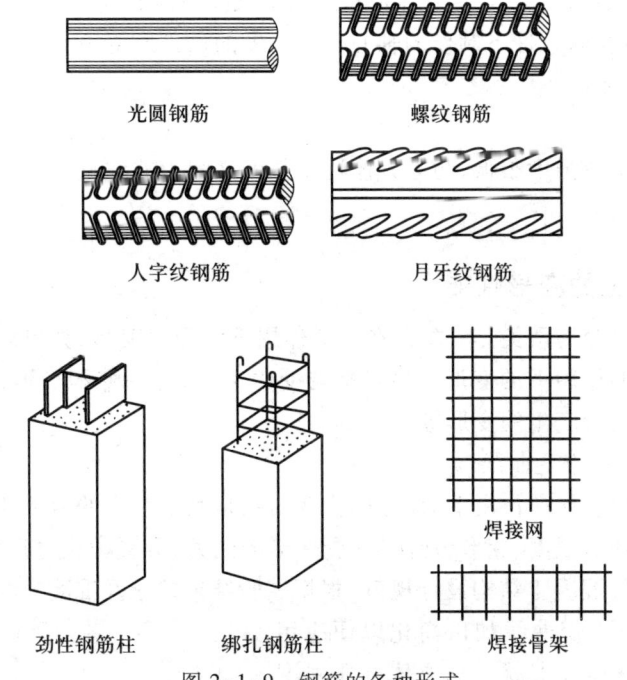

图 2-1-9　钢筋的各种形式

2-5：视频 混凝土抗压实验（1）

2-6：视频 混凝土抗压实验（2）

2-7：视频 混凝土抗压实验（3）

2-8：视频 混凝土抗压实验（4）

2.2　混凝土

2.2.1　混凝土的强度

1. 立方体抗压强度

混凝土的强度等级是以立方体抗压强度标准值来确定的，其标准值（$f_{cu,k}$）系指按照标准方法制作和养护的边长为 150 mm 的立方体试块，在 28 d 龄期，用标准试验方法测得的具有 95% 保证率的抗压强度。

在工程实际中，不同类型的构件和结构对混凝土强度的要求是不同的。为了应用的方便，我国《混凝土结构设计规范》（GB 50010—2010）将混凝土的强度按照其立方体抗压强度标准值的大小划分为十四个强度等级，即 C15、C20、C25、C30、C35、C40、C45、C50、C55、C60、C65、C70、C75、C80。十四个等级中的数字部分即表示以 N/mm² 为单位的立方体抗压强度数值。

2. 轴心抗压强度 f_c

在工程中，钢筋混凝土受压构件的尺寸，往往是高度 h 比截面的边长 b 大很多，形成棱柱体。在棱柱体上所测得的强度称为混凝土的轴心抗压强度 f_c，f_c 能更好地反映混凝土的实际抗压能力。我国《普通混凝土力学性能试验方法》（GB/T 50081—2002）规定以 150 mm×

150 mm×300 mm 的棱柱体作为混凝土轴心抗压强度试验的标准试件。

试验研究表明:相同条件下制作的轴心抗压强度的试件与立方体试件,它们的强度比值大致在 0.70~0.92 的范围内变化。

3. 轴心抗拉强度 f_t

2-9:视频
混凝土
抗拉实验

混凝土的轴心抗拉强度很低,与立方体抗压强度之间为非线性关系,一般只有其立方体抗压强度的 1/17~1/8。

2.2.2 混凝土的变形性能

混凝土的变形可分为两类。一类是在荷载作用下的受力变形,如单调短期加荷、多次重复加荷以及荷载长期作用下的变形。另一类与受力无关,称为体积变形,如混凝土收缩、膨胀以及由于温度变化所产生的变形等。

1. 混凝土的应力-应变曲线

混凝土在单调短期加荷作用下的应力-应变曲线是其最基本的力学性能,曲线的特征是研究钢筋混凝土构件的强度、变形、延性(承受变形的能力)和受力全过程分析的依据。

在实用上,我国《混凝土结构设计规范》根据试验结果并顾及混凝土的塑性性能,将混凝土轴心受压的应力-应变曲线加以简化以便应用(图 2-2-1)。图中构件(混凝土立方体抗压强度标准值 $f_{cu,k} \leq 50$ N/mm²)相应于最大应力 f_c 时混凝土的应变值为 0.002,相应于破坏时的极限应变值为 0.003 3。

2. 混凝土的弹性模量、变形模量和剪切模量

在材料力学中,衡量弹性材料应力-应变之间的关系,可用弹性模量表示:

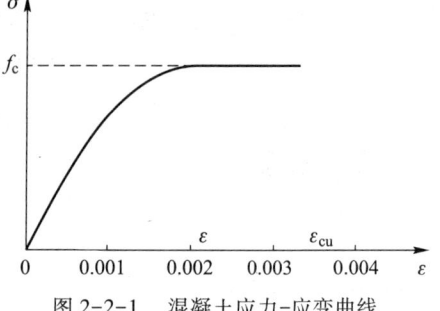

图 2-2-1 混凝土应力-应变曲线

$$E = \frac{\sigma}{\varepsilon} \tag{2-2-1}$$

弹性模量高,即表示材料在一定应力作用下,所产生的应变相对较小。但是,混凝土是弹塑性材料,它的应力-应变关系只是在应力很小的时候,或者在快速加荷进行试验时才近乎直线。一般说来,其应力-应变关系为曲线关系,弹性模量不是常数而是变数。混凝土的弹性模量 E_c 是较难测定。我国《普通混凝土力学性能试验方法标准规范》确定弹性模量数值的做法如下:取棱柱体试件,加荷至不超过适当的应力 $\sigma = 0.5 f_c$ 为止,反复进行 5~10 次,虽然混凝土是弹塑性材料,卸荷后会有残余变形,但是每经一次加荷,残余变形都将减少一些,实践结果,经 5~10 次反复之后,变形渐趋稳定,应力-应变关系已近于直线,且与第一次加荷时应力-应变曲线原点的切线大致平行。据此,即以加荷应力到 $\sigma = 0.5 f_c$ 为止,重复 5~10 次,所得应力应变曲线的斜率作为混凝土弹性模量的试验值。

混凝土的剪变模量为

$$G_c = 0.4 E_c \tag{2-2-2}$$

3. 混凝土的徐变

在荷载的长期作用下,即便荷载维持不变,混凝土的变形随时间而增长的现象称为徐变。

影响徐变的因素很多,受力大小、外部环境、内在因素等都有关系。

试验表明,长期荷载作用应力的大小是影响徐变的一个主要因素。荷载持续作用的时间愈长,徐变也愈大。混凝土龄期愈短,徐变越大。

混凝土的制作、养护都对徐变有影响。养护环境湿度愈大、温度愈高,徐变就愈小。水胶比愈大,徐变愈大,在常用的水胶比(0.4~0.6)情况下,徐变与水胶比呈线性关系,水泥用量愈多,徐变也愈大;水泥品种不同对徐变也有影响,用普通硅酸盐水泥制成的混凝土,其徐变要较火山灰质水泥或矿渣水泥制成的大;集料的力学性质也影响徐变变形,集料愈坚硬、弹性模量愈大,以及集料所占体积比愈大,徐变就愈小。

4. 混凝土的收缩、膨胀和温度变形

收缩和膨胀是混凝土在结硬过程中本身体积的变形,与荷载无关。混凝土在空气中结硬体积会收缩,在水中结硬体积要膨胀,但是膨胀值要比收缩值小很多,而且膨胀往往对结构受力有利,所以一般对膨胀可不予考虑。

图2-2-2为我国铁道部科学研究院对混凝土自由收缩所作的试验曲线,可见收缩变形也是随时间而增长的。结硬初期收缩变形发展得很快,半个月大约可完成全部收缩的25%,一个月可完成约50%,二个月可完成约75%,其后发展趋缓,一年左右逐渐稳定。混凝土收缩变形的试验值很分散,最终收缩值约为$(2\sim5)\times10^{-4}$,对一般混凝土常取为3×10^{-4}。

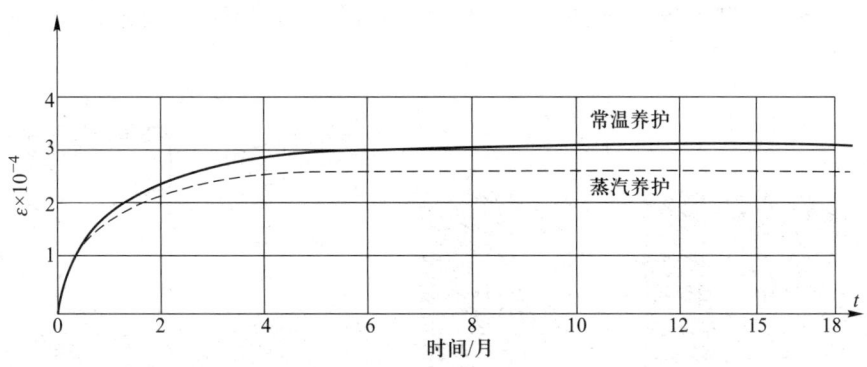

试件尺寸 100 mm×100 mm×400 mm,$f_{cu}=40.3$ N/mm²,水胶比=0.45,用52.5级硅酸盐水泥,恒温 20±1℃,恒湿(65±5)%,量测标距 200 mm

图 2-2-2 混凝土的收缩

当混凝土受到各种制约不能自由收缩时,将在混凝土中产生拉应力,甚而导致混凝土产生收缩裂缝。裂缝会影响构件的耐久性、疲劳强度和美观,还会使预应力混凝土发生预应力损失,以及对一些超静定结构产生不利的影响。在钢筋混凝土构件中,混凝土收缩使钢筋受到压应力,而混凝土则受到拉应力。为了减少结构中的收缩应力,可设置伸缩缝,必要时也可使用膨胀水泥。

当温度变化时,混凝土也随之热胀冷缩,对于大体积混凝土,表层混凝土的收缩比内部大,而内部混凝土因水泥水化热蓄积得多,其温度却比表层高,若内部与外层变形差较大,也会导致表层混凝土开裂,对于烟囱、水池等结构,在设计时也要注意温度应力的影响。

混凝土强度等指标见附表 2~附表 4。

2-10:电子相册 砖的分类

2.3 砌体

2.3.1 砌体材料分类

砌体材料包括块体和砂浆。

1. 块体

组成砌体的主要材料是块体,《砌体结构设计规范》(GB 50003—2011)列入了如下 4 类块体,砌体的名称以相应块体名称命名。

(1)烧结砖

包括烧结普通砖和烧结多孔砖。

烧结普通砖是由黏土、页岩、煤矸石或粉煤灰为主要原料,经焙烧而成的实心砖或孔洞率不大于规定值且外形尺寸符合规定的砖。其标准尺寸是 240 mm×115 mm×53 mm。由于烧结黏土砖的取土要占用大量良田,故已在城市建设中严格限制使用。

烧结多孔砖是以黏土、页岩、煤矸石或粉煤灰为主要原料,经焙烧而成,孔洞率不小于35%,孔的尺寸小而数量多,主要用于承重部位的砖,简称多孔砖。承重黏土多孔砖主要有 M 型砖和 P 型砖(图 2-3-1)。

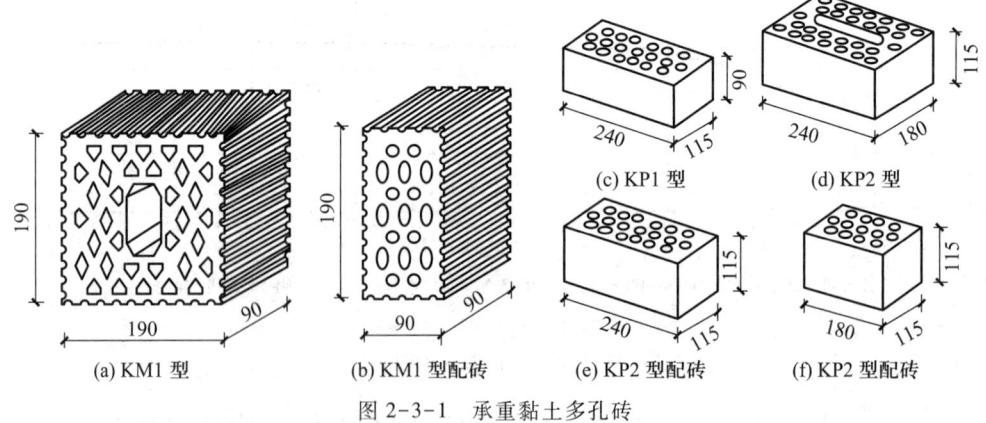

图 2-3-1 承重黏土多孔砖

(2)蒸压砖

包括蒸压灰砂砖和蒸压粉煤灰砖。

蒸压灰砂砖是以石灰和砂为主要原料,经坯料制备、压制成型、蒸压养护而成的实心砖,简称灰砂砖。

蒸压粉煤灰砖的制作工艺同灰砂砖,主要原料为粉煤灰、石灰,并掺加适量石膏和集料。

(3) 砌块

砌块是混凝土小型空心砌块的简称,主要规格尺寸为 390 mm×190 mm×190 mm,空心率为 25%~50%;砌块由普通混凝土或轻集料混凝土制成(图 2-3-2)。

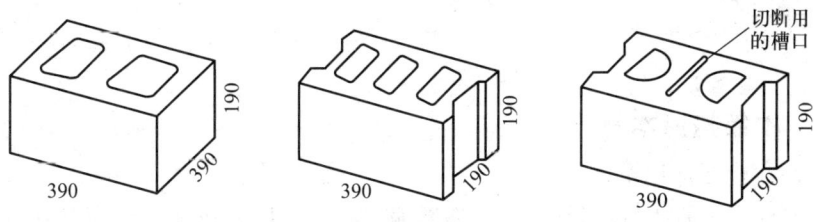

图 2-3-2 混凝土小型空心砌块

(4) 石材

石材包括未经加工的毛石及毛料石,毛料石的块体高度通常为 180~350 mm,此外还有细料石、半细料石和粗料石。

2. 砂浆

砂浆是由胶凝材料和细集料加水搅拌而成的混合材料。砂浆黏结块体,使单个块体形成整体;用砂浆找平块体间的接触面,促使应力分布均匀;砂浆填满块体间的缝隙,可减少砌体的透风性、提高砌体的隔热性和抗冻性。

根据胶凝材料,砂浆可分为水泥砂浆、混合砂浆和非水泥砂浆三种类型。

水泥砂浆由水泥、砂和水拌和而成,其强度高、耐久性好,但和易性差、水泥用量大,适用于对防水和强度有较高要求的砌体。水泥砂浆也称为刚性砂浆。

在水泥砂浆中掺入适量的塑化剂即形成混合砂浆,最常用的混合砂浆是水泥石灰砂浆。这类砂浆的和易性和保水性都很好,便于砌筑,水泥用量较少,但砂浆强度较低,适用于一般的墙、柱砌体。塑化剂(如石灰、皂化松香等)的作用是改善水泥砂浆的和易性及保水性,增加水泥砂浆的可塑性,从而提高砌筑质量。我国目前的塑化剂一般不提高砂浆的强度。

专门用于砌筑混凝土砌块的砂浆称混凝土砌块砌筑砂浆简称砌块专用砂浆,是由水泥、砂、水以及根据需要掺入的掺料和外加剂等组分,按一定比例、采用机械拌和制成。

2.3.2 砌体材料强度等级

块材和砂浆的强度等级依据其抗压强度来划分。它是确定砌体在各种受力情况下强度的基本数据。

烧结黏土砖、烧结多孔砖和非烧结硅酸盐砖等砌块强度等级以 MU+数字表示,单位为 MPa。

烧结普通砖、烧结多孔砖的强度等级:MU30、MU25、MU20、MU15、MU10。

蒸压灰砂砖、蒸压粉煤灰砖的强度等级:MU25、MU20、MU15。

砌块的强度等级:MU20、MU15、MU10、MU7.5、MU5。

石材的强度等级:MU100、MU80、MU60、MU50、MU40、MU30、MU20。

砂浆的强度等级以 M+数字表示,单位为 MPa,常用砂浆强度等级有 M15、M10、M7.5、M5、M2.5。当验算施工阶段砌体承载力时,砂浆强度取为0。

2.4 木材

2.4.1 木结构用木材

1. 木材的特性及适用范围

木材是天然生成的建筑材料,树木分布普遍,易于取材,采伐加工方便,同时木材质轻且强,所以很早就被广泛地用来建造房屋和桥梁。但它有以下一些缺点:各向异性、天然尺寸受限制、易腐、易蛀、易裂和翘曲、天然缺陷(木节、裂缝、斜纹等)。建筑结构用承重木材要求树干长、纹理直、木节少、扭纹少、能耐腐蚀和虫蛀、易干燥、开裂少,具有较好的力学性能、便于加工。因此,木结构要求选择合适的树种,采用合理的结构形式和节点连接形式,施工时严格保证施工质量,并在使用中经常注意维护,以保证结构具有足够的可靠性和耐久性。

由于木材生长速度缓慢,木材资源有限,因此我国目前在大、中城市的建设中较少采用木结构。但在木材产区的县镇,砖木混合结构的房屋还比较常见。近年来,胶合木结构也正在积极研究推广,速生树种的应用范围也在不断扩大,因此,木结构在一定范围内还会得到利用和发展。

承重木结构应在正常温度和湿度环境中的房屋结构和构筑物中使用。凡处于下列生产、使用条件的房屋和构筑物不应采用木结构:

① 极易引起火灾的;
② 受生产性高温影响,木材表面温度高于50℃的;
③ 经常受潮且不易通风的。

2. 木结构用木材的种类

木结构用木材可分为两类:针叶材和阔叶材。针叶材一般用于主要承重构件,阔叶材一般用于重要的木制连接件。

3. 木结构用木材的分类

木结构用木材根据材料的截面形状的不同,可分为原木、方木和板材三种。原木又称圆木,可分为整原木和半原木。原木梢部直径为梢径,原木直径以梢径来度量。方材指截面宽度与厚度之比小于 3 的木材又称为方材,常用厚度为 60～240 mm。板材指截面宽度与厚度之比大于 3 的木材,常用厚度为 15～80 mm。

2.4.2 木材的力学性能

1. 木材受拉性能

木材顺纹抗拉强度最高,而横纹抗拉强度很低,仅为顺纹抗拉强度的 1/14～1/10。木

2-11:电子相册 木结构分类

在受拉破坏前变形很小,没有显著的塑性变形,因此属于脆性破坏。木结构受拉构件不得采用垂直木纹方向承受拉力,且拉杆要使用Ⅰ等材。

2. 木材顺纹受压性能

木材受压时具有较好的塑性变形,它可以使应力集中逐渐趋于缓和,所以局部削弱的影响比受拉时小得多。木节对受压强度的影响也较小,斜纹和裂缝等缺陷和疵病也较受拉时的影响缓和,所以木材的受压工作要比受拉工作可靠得多。

3. 木材受弯性能

在实际工程中,受弯构件可分为单向弯曲构件和双向弯曲构件。弯曲构件应进行承载能力极限状态下的强度验算和正常使用状态下的刚度(挠度)验算。

4. 木材的受剪性能

木材的受剪可分为截纹受剪、顺纹受剪和横纹受剪(图2-4-1)。

图 2-4-1 木材的受剪

截纹受剪是指剪切面垂直于木纹,木材对这种剪切的抵抗能力很大,一般不会发生这种破坏。顺纹受剪是指作用力与木板平行。横纹受剪是指作用力与木纹垂直。横纹剪切强度约为顺纹剪切强度的一半,而截纹剪切则为顺纹剪切强度的8倍。木结构中通常多用顺纹受剪。剪切破坏属于脆性破坏。

5. 影响木材力学性能的因素

木材是由管状细胞组成的天然有机材料,它的力学性能受着许多因素的影响。

(1)木材的缺陷

天然生长的木材不可避免地会存在一些缺陷,对木材影响最大的缺陷是腐朽、虫蛀,这是任何等级的木材绝对不允许的;此外,对木材影响较大的缺陷有木节、斜纹、裂缝以及髓心。

《木结构设计规范》(GB 50005—2003)将木材材质按缺陷的多少和大小,以及承重结构的受力要求,分为Ⅰ、Ⅱ、Ⅲ三个等级(Ⅰ级最好,Ⅲ级最差)。承重结构构件按受力方式及受力重要性分为三类:受拉或拉弯构件材质等级选用Ⅰ级;受弯或压弯构件材质等级选用Ⅱ级;受压构件及次要受弯构件(如吊顶小龙骨)材质等级选用Ⅲ级。

(2)含水率

木材的含水率对木材强度有很大影响,木材强度一般随含水率的增加而降低,当含水率达到纤维饱和点时,含水率再增加,木材强度也不再降低。含水率对受压、受弯、受剪及承压强度影响较大,而对受拉强度影响较小。

按含水率的大小,木材可分为干材(含水率≤18%)、半干材(含水率=18%~25%)和湿材(含水率>25%)。《木结构设计规范》规定,在制作构件时,木材的含水率应符合下列要求:

① 对原木或方木结构不应大于25%；
② 对板材结构及受拉构件的连接板不应大于18%；
③ 对于木制连接件不应大于15%；
④ 对于胶合木结构不应大于15%，且同一构件木板间的含水率差别不应大于5%。

(3) 木纹斜度

木材是一种各向异性的材料，不同方向的受力性能相差很大，同一木材的顺纹强度最高，横纹强度最低。图2-4-2给出了斜纹对木材抗压、抗拉和抗弯强度的影响结果。

此外，木材的力学性能还与荷载作用时间、温度的高低、湿度等因素的影响有关。受荷载作用随时间的增长，木材的强度和刚度下降。温度升高、湿度增大，木材的强度和刚度下降。

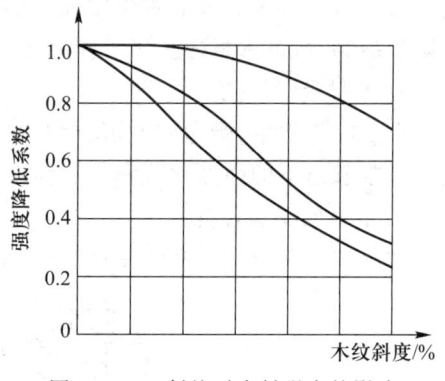

图2-4-2 斜纹对木材强度的影响

2.5 膜材

膜结构是一种建筑与结构完美结合的结构体系，它是用高强度柔性薄膜材料与支撑体系相结合形成具有一定刚度的稳定曲面，能承受一定外荷载的空间结构形式。其造型自由轻巧、阻燃、制作简易、安装快捷且易于操作、使用安全。

2.5.1 膜结构材料

膜结构采用的薄膜材料，大多是强度高、柔韧性好的一种涂层织物薄膜。它分为两部分（图2-5-1），内部为基材织物，决定材料的抗拉强度、抗撕裂强度，体现膜材的力学性质；外层为涂层，体现材料的耐火、耐久性及防水、自洁性等膜材料的物理性质。

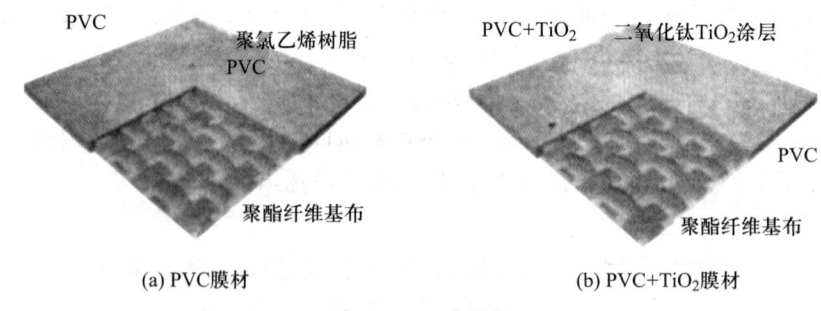

(a) PVC膜材　　　　　　　　(b) PVC+TiO₂膜材

图2-5-1 膜材料

2.5.1.1 膜材料

膜材的力学性质根据其种类不同而异，膜材的弹性模量较低，这有利于膜材形成复杂的曲面造型。常用的建筑膜材内部材料有PVC、加面层的PVC和聚四氟乙烯膜材。

1. PVC 膜材

由聚氯乙烯(PVC)涂料和聚酯纤维基层复合而成,应用广泛,价格适中,强度高。中度强度的 PVC 膜厚度仅 0.6 mm,但其拉伸强度相当于钢材的一半,如图 2-5-2a 所示。PVC 膜材具有以下特点。

① PVC 膜材料的强度及防火性与 PTFE 相比具有一定差距,PVC 膜材料的使用年限一般在 7~15 年。为了解决 PVC 膜材料的自洁性问题,通常在 PVC 涂层上再涂上 PVDF(聚偏氟乙烯树脂)称为 PVDF 膜材料(图 2-5-2b)。

② 新型自洁膜材料——TiO_2 膜材料,即一种涂有 TiO_2(二氧化钛)的 PVC 膜材料,具有极高的自洁性,如图 2-5-1b 所示。

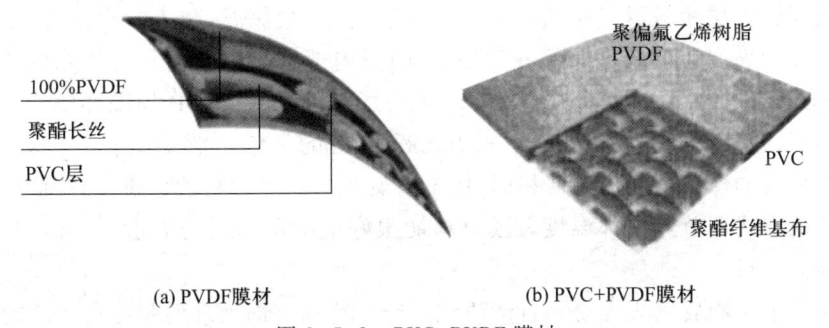

(a) PVDF 膜材　　(b) PVC+PVDF 膜材

图 2-5-2　PVC+PVDF 膜材

光触媒是一类以二氧化钛为代表的具有光催化功能的光半导体材料的总称。这种材料在紫外线的照射下可产生游离电子和孔穴,因而具有极强的光氧化还原功能,可以氧化分解各种有机化合物和部分无机化合物,同时具有极强的杀菌功能。近年来,这种光半导体材料已在防污、抗菌、脱臭、空气净化、水处理以及环境污染治理等方面得到了广泛应用。应用了光触媒技术的玻璃、陶瓷及金属建材制品、住宅设备、涂料等已产业化。

现在,在膜材料表面涂敷了一层二氧化钛光催化剂的新型自洁膜材料已开发研究成功,并正式商品化。经过了 3 年以上的使用,已证明二氧化钛(TiO_2)膜材料具有极显著的自洁去污效果。

2. 加面层的 PVC 膜材

在 PVC 聚酯织物的外层再加一面层聚四氟乙烯(PTFE,商品名 Teflon)或聚偏氟乙烯(PVDF)构成,不但能抵抗紫外线,自身不发黏,而且自洁性较好,使用年限长,其性能优于纯 PVC 膜材,如图 2-5-2b 所示。

3. 聚四氟乙烯膜材(PTFE)

聚四氟乙烯(PTFE,商品名称 Teflon)膜材料是指在极细的玻璃纤维(3 mm)编织成的基布上涂上 PTFE(聚四氟乙烯)树脂而形成的复合材料,如图 2-5-3 所示。PTFE 膜材具有以下特点:

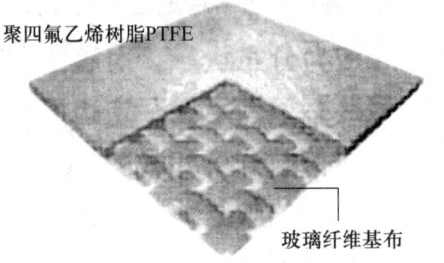

图 2-5-3　聚四氟乙烯膜材(PTFE)

① 强度高(中等强度的 PTFE 膜厚度仅 0.8 mm,但其拉伸强度接近钢材)、耐久性好、防火难燃、自洁性好,而且不受紫外光的影响,其使用寿命在 20 年以上。

② 具有高透光性,透光率为 13%,并且透过膜材料的光线是自然散漫光,不会产生阴影,也不会发生眩光。

③ 热工性能良好,对太阳能的反射率为 73%,所以热吸收量很少。即使在夏季炎热的日光的照射下室内也不会受太大影响。

④ 强耐久性,正是因为这种划时代性的膜材料的发明,膜结构建筑从人们想象中的帐篷或临时性建筑发展成现代化的永久性建筑。

2.5.1.2 膜材的外涂层

选用较好的外层涂料可以使膜材料获得良好的光学、保温、防火及自洁性等物理性质。膜材料光学性能表现在可滤除大部分紫外线,防止内部物品褪色。其自然光的透射率可达 25%,透射光在结构内部产生均匀的漫射光,无阴影,无眩光,夜晚在周围环境光和内部照明的共同作用下,膜结构表面发出自然柔和的光辉,良好的显色性令人陶醉。

单层膜材料的保温性能与砖墙相同,优于玻璃。与其他材料的建筑一样,膜建筑内部也可以采用其他方式调节其内部温度。膜材料能很好地满足防火的需求,具有卓越的阻燃和耐高温性能。

膜材在雨水冲刷后其表面得到自然清洗。经过特殊表面处理的膜材自洁性能更佳。

膜材拼接的结构接缝多采用热焊,非结构接缝采用缝合。

2.5.2 膜结构的形式

膜建筑的分类方式较多,从结构方式上简单地可概括为张拉式和充气式两大类。在张拉式中采用钢索加强的膜结构又称为索膜结构。

1. 张拉膜结构

一种采用钢索张拉成型,以膜材、钢索及支柱构成,利用钢索与支柱在膜材中导入张力以达安定的形式。这种结构除了可实践且具创意性,创新而美观的造型外,也是最能展现膜结构精神的构造形式,具有高度的结构灵活性和适应性,是索膜建筑结构的代表和精华。近年来,大型跨距空间也多采用以钢索与压缩材构成钢索网来支撑上部膜材的形式。因施工精度要求高,结构性能强,且具丰富的表现力,所以造价略高。

另一种是以钢结构或是集成材料构成的屋顶骨架,在其上方张拉膜材的构造形式,称其为骨架式索膜结构。其下部支撑结构安定性高,因屋顶造型比较单纯,开口部不易受限制,且经济效益高等特点,广泛适用于任何大、小规模的空间。该类结构体系自平衡,膜体仅为辅助物,膜体本身的结构作用发挥不足。骨架式索膜体系建筑表现含蓄,结构性能有一定的局限性,常在某些特定的条件下被采用且造价低于前者。

骨架方式与张拉方式的结合运用,常可取得更富于变化的建筑效果。

2. 充气膜结构

充气式膜结构是将膜材固定于屋顶结构周边,利用送风系统让室内气压上升到一定压力(一般在 10~30 mm 汞柱)后,使屋顶内外产生压力差,以抵抗外力,且使屋盖膜布受到一定的向上浮力,构成较大的屋盖空间和跨度。因其利用气压来支撑,钢索作为辅助材料,无需任何梁、柱支撑,可得更大的空间,施工快捷,经济效益高,但需维持进行 24 h 送风机运转,在持续运行及机器维护费用的成本上较高。

充气膜结构有单层、双层、气肋式三种形式。充气膜结构一般需要长期不间断的能源供应,在低拱、大跨建筑中的单层膜结构必须是封闭的空间,以保持一定气压差。在气候恶劣的地方,空气膜结构的维护有一定的困难。

(1) 单层结构

如同肥皂泡,单层膜的内压大于外压,如图 2-5-4a 所示。此结构具有大空间,重量轻,建造简单的优点。但需要不断输入超压气体及需日常维护管理,如图 2-5-5 所示。

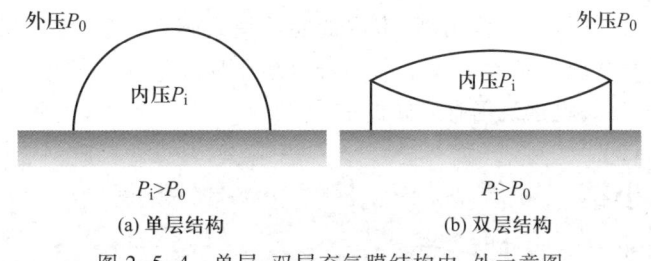

图 2-5-4 单层、双层充气膜结构内、外示意图

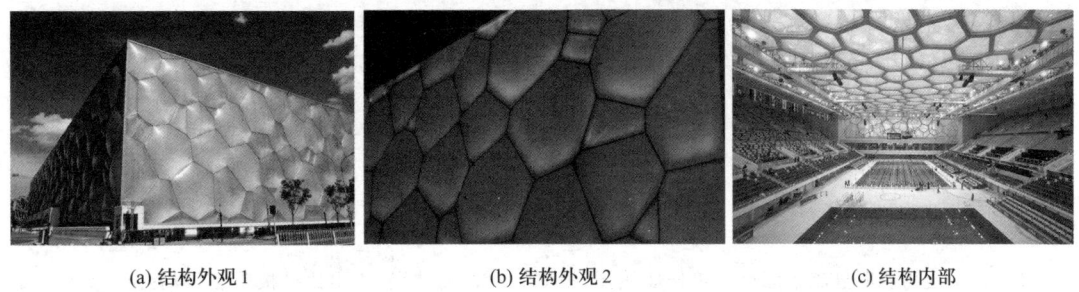

图 2-5-5 单层充气膜结构

(2) 双层结构

如图 2-5-4b 所示,双层膜之间充入空气,和单层相比可以充入高压空气,形成具有一定刚性的结构,其双层膜之间的内压大于外压。双层充气膜结构的进出口可以敞开。

(3) 气肋式结构

气肋式膜结构是在多个气肋中充入高压空气,形成具有一定刚性的结构,其气肋的内压大于外压,可以分为联体和独立两种,其中联体气肋式膜结构较为常用,如图 2-5-6 所示。

充气式膜体系具有自重轻、安装快、造价低及便于拆卸等特点,在特定的条件下有其明显的优势。但因其使用功能上有明显的局限性,如形象单一、空间要求气闭等,使其应用面较窄。20 世纪 80 年代后期至今,充气式膜建筑逐渐受到冷遇,其原因为充气膜结构需要

图 2-5-6 气肋式膜结构

不间断的能源供应,运行与维护费用高,室内的超压使人感到不适,空压机与新风机的自动控制系统和融雪热气系统的隐含事故率高。若对超压环境下人体的排汗、耗氧与舒适性研究得到较好解决,充气式膜建筑仍有广阔的前景。

2.6 本章小结

本章叙述钢材、混凝土、砌体等建筑材料的主要性能及其特点和分类。混凝土结构是由钢筋和混凝土两种材料组成的,因此混凝土结构构件和结构的承载力除了构造因素外,主要取决于这二种材料的强度,构件和结构的变形也与这两种材料的变形性能有关。

思考题

2-1 试绘出有明显流幅的钢筋拉伸曲线图,说明各阶段的特点,指出比例极限、屈服强度、破坏强度的含义。

2-2 钢筋拉伸图中,为什么拉断前会出现应变不断增长而应力不断下降的现象?实际上钢筋的应力会不会不断下降?

2-3 选用钢筋时要注意些什么要求?为什么冷弯性能是衡量钢材力学性能的一项综合指标?

2-4 混凝土立方体抗压强度能不能代表实际构件中的混凝土强度?既然用立方体抗压强度 f_{cu} 作为混凝土的强度等级,为什么还要有轴心抗压强度 f_c?

2-5 混凝土的基本强度指标有哪些?各用什么符号表示?它们相互之间有怎样的关系?

2-6 砌体受压分为哪些阶段?各有何特点?常用的砌体有哪几类?

2-7 简述砌体结构的优缺点。

2-8 膜结构的形式简要地可分为几类?各有何特点?

习题

概念选择题

2-9 下面关于钢结构的主要优点哪个是错误的?(　　)
A. 轻质高强　　　　　　　　　　　B. 耐热、耐火
C. 施工方便,施工周期短　　　　　　D. 塑性、韧性好

2-10 钢筋按力学性能可分为软钢和硬钢两类。对于硬钢,在拉伸试验中无明显的流幅,通常取相应于残余应变为(　　)时的应力作为其屈服强度,称为条件屈服强度。
A. 0.5%　　　　B. 1.0%　　　　C. 0.3%　　　　D. 0.2%

2-11 当采用碳素钢丝、钢绞线、热处理钢筋做预应力筋时,混凝土强度不宜低于(　　)。
A. C20　　　　B. C25　　　　C. C35　　　　D. C30

2-12 下面关于混凝土的叙述当中,哪个是错误的?(　　)
A. 轻集料混凝土比普通混凝土的导热系数小
B. 普通混凝土养护1周所达到的强度相当于4周后强度的1/2
C. 混凝土带有碱性,可以防止钢筋生锈
D. 水灰比就是水与水泥的体积比

2-13 以下是关于混凝土性质的论述,哪个是错误的?(　　)
A. 耐火性比花岗岩差　　　　　　　B. 受压强度小于木材
C. 热膨胀系数与钢筋几乎相同　　　D. 带有碱性,对钢筋有防锈作用

2-14 确定混凝土强度等级的依据是混凝土的(　　)。
A. 棱柱体抗压强度标准值　　　　　B. 棱柱体抗压强度设计值
C. 圆柱体抗压强度标准值　　　　　D. 立方体抗压强度标准值

2-15 普通钢筋混凝土的自重为(　　)。
A. 22~23 kN/m³　　B. 23~24 kN/m³　　C. 24~25 kN/m³　　D. 25~26 kN/m³

2-16 有明显屈服点钢筋的强度标准值是根据下面哪一项指标确定的?(　　)
A. 比例极限　　B. 下屈服点　　C. 极限抗拉强度　　D. 上屈服点

2-17 下列何种钢筋有明显的流幅?(　　)
A. 热轧钢筋和冷拉钢筋　　　　　　B. 碳素钢丝
C. 钢绞线　　　　　　　　　　　　D. 热处理钢筋

3 钢筋混凝土受弯构件

3-1:规范承载能力极限状态计算

3.1 钢筋混凝土受弯构件概述

受弯构件指的是主要以承受弯矩和剪力为主的构件。建筑结构中各种类型的梁、板、梁式楼梯和板式楼梯均是典型的受弯构件,如图 3-1-1 所示。

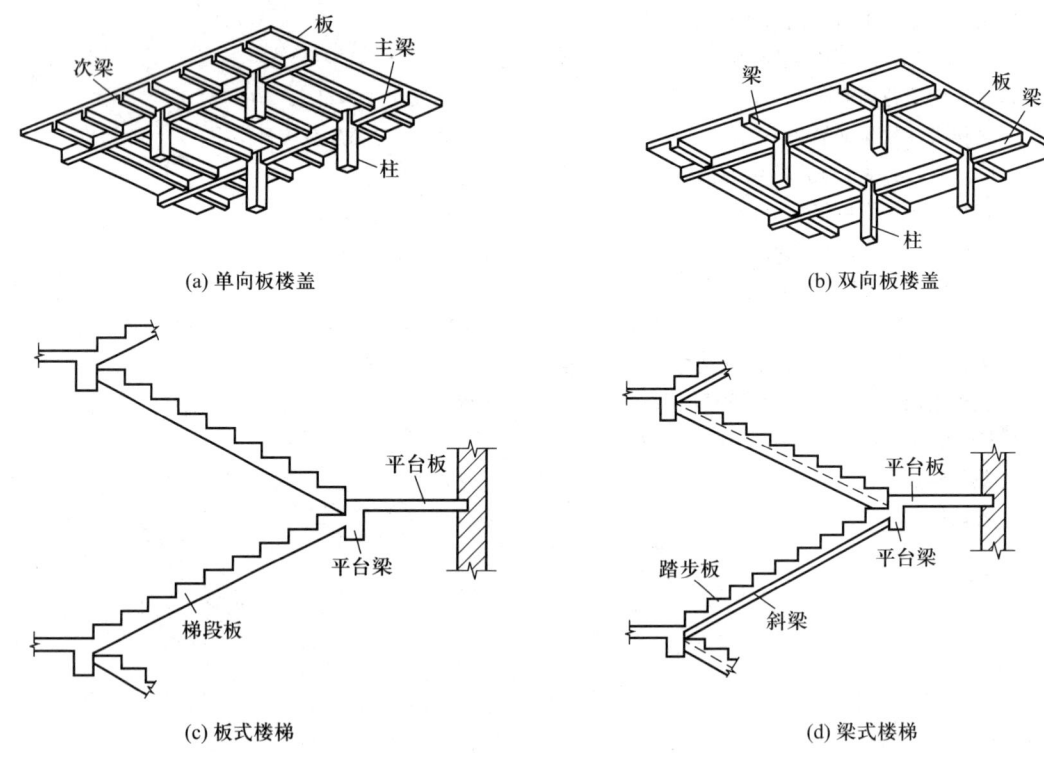

图 3-1-1 典型的受弯构件

在弯矩和剪力的共同作用下,受弯构件可能发生两种破坏,即正截面破坏和斜截面破坏,如图 3-1-2 所示。正截面破坏是由弯矩引起的,而斜截面破坏是由弯矩和剪力共同引起的,因此,受弯构件要进行正截面承载力计算和斜截面承载力计算。

图 3-1-2　受弯构件的破坏形式

3.2　钢筋混凝土受弯构件的截面形式及构造规定

3.2.1　截面形式

受弯构件常用矩形、T 形、I 字形、槽形、空心板、环形等对称截面和倒 L 形等不对称截面,如图 3-2-1 所示。

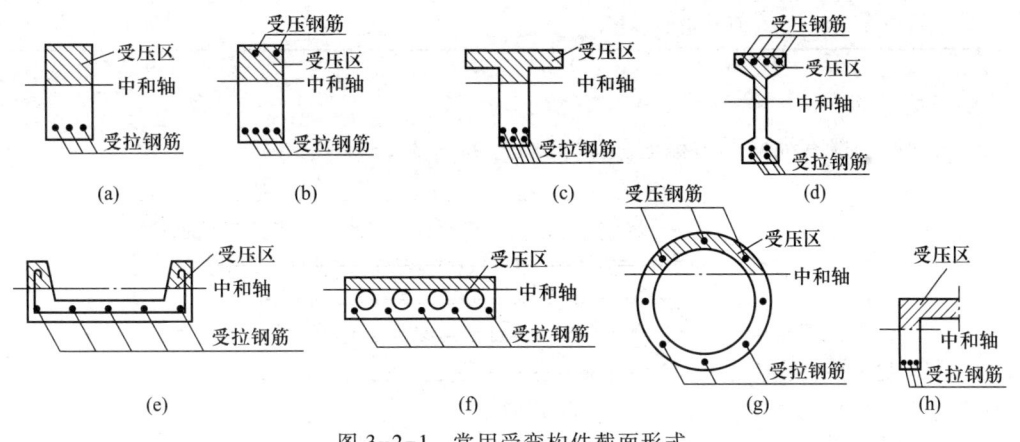

图 3-2-1　常用受弯构件截面形式

受弯构件中仅在截面的受拉区配置纵向受力钢筋的截面,称为单筋截面,如图 3-2-1a、c、e、f、h,同时在截面的受拉区和受压区配置纵向受力钢筋的截面,称为双筋截面,如图 3-2-1b、d、g。

3.2.2　板的构造规定

1. 板的截面尺寸

现浇板的宽度一般较大,设计时可取单位宽度($b=1\,000$ mm)进行计算。板的计算跨度与板厚之比称为板的跨厚比,为满足板各项功能的要求,单向板的跨厚比不应大于 30,双向板不应大于 40,无梁支承的有柱帽板不应大于 35,无梁支承的无柱帽板不应大于 30,预应力板的跨厚比可适当增加,当板的荷载、跨度较大时跨厚比宜适当减小。另外,板的最小厚度尚应满足表 3-2-1 的要求。

表 3-2-1　现浇钢筋混凝土板的最小厚度　　mm

板的类别		最小厚度
单向板	屋面板	60
	民用建筑楼板	60
	工业建筑楼板	70
	行车道下的楼板	80
双向板		80
密肋楼盖	面板	50
	肋高	250
悬臂板（固定端）	悬臂长度不大于 500 mm	60
	悬臂长度 1 200 mm	100
无梁楼板		150
现浇空心楼板		200

3-2：视频
板的钢
筋绑扎

2. 板的配筋

板内钢筋一般有纵向受力钢筋和分布钢筋，如图 3-2-2 所示。

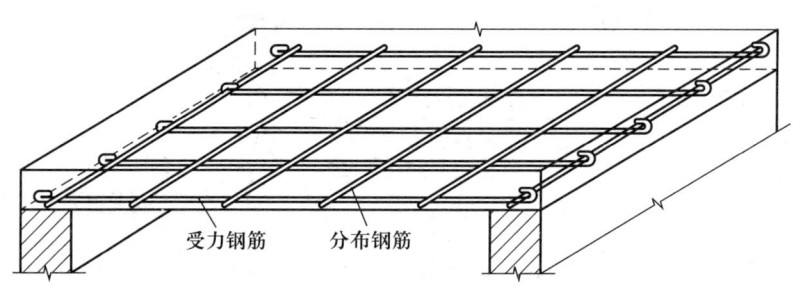

图 3-2-2　板的配筋

（1）板的受力钢筋

板的纵向受力钢筋宜采用 HRB400、HRB500、HRBF400、HRBF500 钢筋，也可采用 HRB335 钢筋；直径通常采用 8～12 mm，当板厚较大时，钢筋直径可用 14～18 mm。为了便于浇注混凝土，保证钢筋周围混凝土的密实性，板内钢筋间距不宜太密。为了使板能正常地承受外荷载，也不宜过稀。钢筋的间距一般为 70～200 mm；当板厚 $h \leqslant 150$ mm 时，不宜大于 200 mm；当板厚 $h > 150$ mm，不宜大于 $1.5h$，且不宜大于 250 mm。如图 3-2-3 所示。

（2）板的分布钢筋

当按单向板设计时，除沿受力方向布置受力钢筋外，尚应在垂直受力方向布置分布钢筋，如图 3-2-3

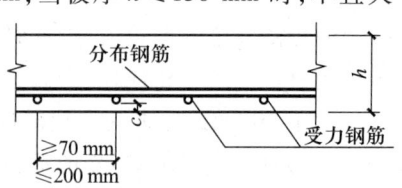

图 3-2-3　板的配筋构造要求

所示,分布钢筋应布置在受力钢筋内侧,常用直径是 8 mm 和 10 mm。单位宽度上的配筋不宜小于单位宽度上受力钢筋截面面积的 15%,且不宜小于该方向板截面面积的 0.15%;分布钢筋的间距不宜大于 250 mm,直径不宜小于 6 mm;对集中荷载较大或温度变化较大的情况,分布钢筋的截面面积应适当增加,其间距不宜大于 200 mm。

3. 混凝土强度等级和保护层厚度

板常用的混凝土强度等级是 C25、C30、C35、C40;采用强度等级 400 MPa 及以上的钢筋时,混凝土强度等级不应低于 C25;承受重复荷载时,混凝土强度等级不应低于 C30。

板中最外层钢筋的外边缘至混凝土表面的垂直距离,称为混凝土保护层厚度,用 c 表示,如图 3-2-3 所示。设计使用年限为 50 年的混凝土结构,最外层钢筋的保护层厚度应符合表 3-2-2 的规定。

表 3-2-2 钢筋的混凝土保护层最小厚度   mm

环境类别	板、墙、壳	梁、柱、杆
一	15	20
二 a	20	25
二 b	25	35
三 a	30	40
三 b	40	50

注:1. 混凝土强度等级不大于 C25 时,表中保护层厚度数值增加 5 mm;
2. 钢筋混凝土基础宜设置混凝土垫层,其受力钢筋的混凝土保护层厚度应从垫层顶面算起,且不应小于 40 mm。

板中受力钢筋的保护层厚度还应不小于钢筋的公称直径 d。

3.2.3 梁的构造规定

1. 梁的截面尺寸

(1)模数要求

当梁高 $h \leqslant 800$ mm 时,h 为 50 mm 的倍数;当梁高 $h > 800$ mm 时,h 为 100 mm 的倍数;当梁宽 $b \geqslant 200$ mm 时,b 为 50 mm 的倍数;当梁宽 $b < 200$ mm 时,b 可取 150 mm 或 180 mm。矩形截面梁的高宽比 h/b 一般取 2.0~3.5;T 形截面梁的 h/b 一般取 2.5~4.0(此处 b 为梁肋宽)。

(2)梁的高跨比要求

梁高与梁的计算跨度之比 h/l 称为高跨比。当梁的跨度小于 9 m 时,肋梁楼盖主梁高跨比一般为 1/12~1/8,次梁为 1/18~1/15;一般的铁路桥梁为 1/10~1/6,公路桥梁为 1/18~1/10。

2. 梁的配筋

梁中一般配置纵向受力钢筋、弯起钢筋、箍筋和架立钢筋,如图 3-2-4 所示。

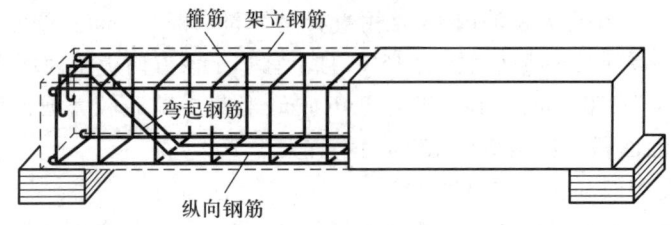

图 3-2-4　梁配筋示意图

（1）纵向受力钢筋

梁中纵向受力钢筋宜采用 HRB400、HRB500、HRBF400、HRBF500 钢筋，常用钢筋直径为 10~32 mm，根数不得少于 2 根。设计中若采用两种不同直径的钢筋，钢筋直径相差至少 2 mm，以便于在施工中能用肉眼识别。

当梁高 $h \geqslant 300$ mm 时，纵向受力钢筋的直径不应小于 10 mm；当梁高 $h < 300$ mm 时，不应小于 8 mm。

为了便于浇注混凝土，保证钢筋周围混凝土的密实性，以及保证钢筋能与混凝土黏结在一起，纵向受力钢筋的净距应满足图 3-2-5 所示的要求。

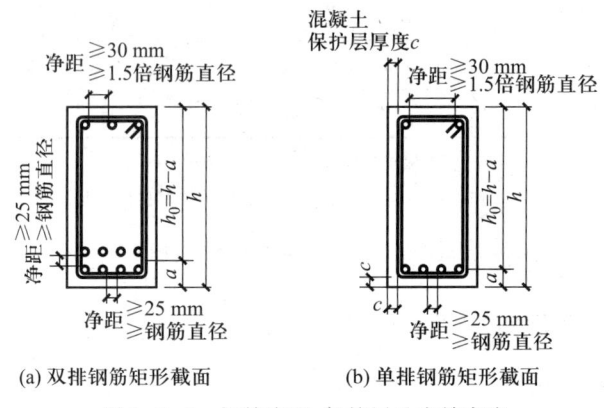

图 3-2-5　钢筋净距、保护层及有效高度

（2）箍筋和弯起钢筋

梁的箍筋宜采用 HRB400、HRBF400 钢筋，也可采用 HRB335 和 HPB300 钢筋。箍筋的直径与梁高有关：当梁高 $h \geqslant 800$ mm 时，箍筋直径不宜小于 8 mm；当梁高 $h < 800$ mm 时，不宜小于 6 mm，梁中配有计算需要的纵向受压钢筋时，尚不应小于纵向受压钢筋最大直径的 0.25 倍。

弯起钢筋是利用梁的部分下部纵向受力钢筋在支座附近弯起成形的。弯起钢筋在弯起前抵抗梁内正弯矩，在弯起段可抵抗剪力，在连续梁中间支座还可抵抗支座负弯矩。弯起钢筋弯起角度一般为 45°，当梁高 $h > 800$ mm 时，弯起角度可取 60°。

（3）纵向构造钢筋

为了固定箍筋并与纵向受力钢筋形成骨架，在梁的受压区应设置架立钢筋。梁内架立钢筋的直径,当梁的跨度 $l<4$ m 时,不宜小于 8 mm;当梁的跨度 $l=4\sim 6$ m 时,不宜小于 10 mm;当梁的跨度 $l>6$ m 时,不宜小于 12 mm。

当梁的腹板高度 $h_w \geqslant 450$ mm 时,在梁的两个侧面沿高度配置纵向构造钢筋(腰筋)。每侧纵向构造钢筋(不包括梁上、下部受力钢筋及架立钢筋)的截面面积不应小于腹板截面面积 bh_w 的 0.1%,且其间距不宜大于 200 mm,但当梁宽较大时,可以适当放松。此处腹板高度 h_w 取值如下:矩形截面有效高度为 h_0;对 T 形截面,取有效高度 h_0 减去翼缘高度;对工形截面,取腹板净高。

3. 混凝土强度等级和保护层厚度

梁常用的混凝土强度等级是 C25、C30、C35、C40。采用强度等级 400 MPa 及以上的钢筋时,混凝土强度等级不应低于 C25;承受重复荷载时,混凝土强度等级不应低于 C30。

为保证结构的耐久性、防火性以及钢筋与混凝土的黏结,梁混凝土保护层厚度应符合表 3-2-2 的规定。梁中受力钢筋的保护层厚度还应不小于钢筋的公称直径 d。

3.3 钢筋混凝土受弯构件正截面承载力计算

3.3.1 钢筋混凝土受弯构件正截面性能

1. 钢筋混凝土受弯构件正截面性能试验

钢筋混凝土受弯构件由于弯矩引起的破坏称为正截面破坏。为了研究梁正截面受力和变形的规律,采用图 3-3-1 所示配筋适量的钢筋混凝土单筋矩形截面进行试验研究。梁面宽度为 b,高度为 h,截面的受拉区配置了面积为 A_s 的受拉钢筋,纵向受拉钢筋合力点至截面近边的距离为 a,纵向受拉钢筋合力点至梁顶面受压边缘的距离为 $h_0 = h - a$,h_0 称为截面有效高度。

3-3:视频 受弯结构(适筋梁)正截面破坏(1)

3-4:视频 受弯结构(适筋梁)正截面破坏(2)

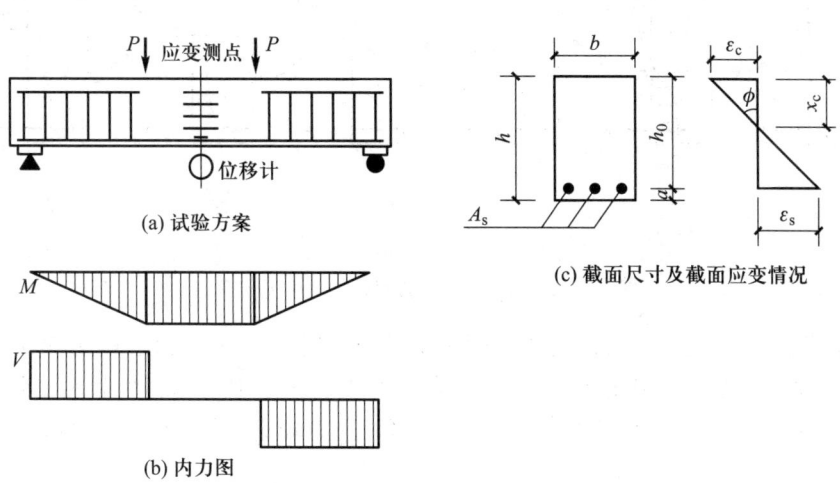

图 3-3-1 钢筋混凝土梁受弯试验

试验梁采用两点对称加载。荷载由零开始逐级施加至梁正截面受弯破坏。若忽略自重的影响,在跨中两集中荷载之间的区段,梁截面仅承受弯矩,该区段称为纯弯段。为了研究分析梁正截面的受弯性能,在纯弯段沿截面高度布置了一系列的应变计,量测混凝土的纵向应变分布。同时,在受拉钢筋上也布置了应变计,量测钢筋的受拉应变。此外,在梁的跨中,还布置了位移计,用以量测梁的挠度变形。记录的跨中挠度 f 随截面弯矩 M 变化的曲线如图 3-3-2 所示。

2. 适筋梁正截面工作的三个阶段

从试验可知,对于在受拉区配置适当钢筋的梁,从加载到破坏,其受力过程经历了三个阶段:

(1) 第 I 阶段(弹性受力阶段)

从开始加荷到受拉区混凝土开裂前,整个截面均参加受力。由于荷载较小,混凝土处于弹性阶段,截面应变分布符合平截面假定,故截面应力分布为直线变化(图3-3-3a),整个截面的受力接近线弹性。

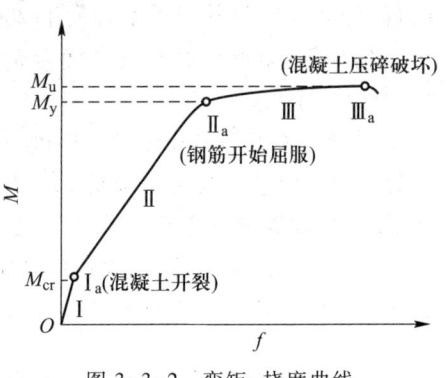

图 3-3-2 弯矩-挠度曲线

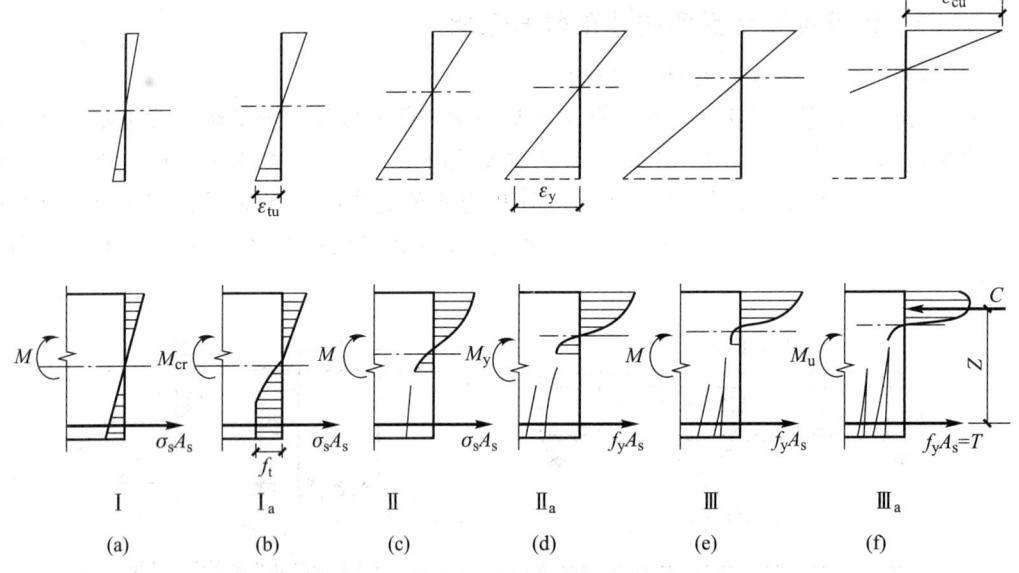

图 3-3-3 梁在各受力阶段的应力、应变图

当截面受拉边缘混凝土的拉应变达到极限拉应变时($\varepsilon_t = \varepsilon_{tu}$,见图3-3-3b),截面达到即将开裂的临界状态(I_a 状态),相应弯矩值称为开裂弯矩 M_{cr}。此时,截面受拉区混凝土出现明显的受拉塑性,应力呈曲线分布,但受压区压应力较小,仍处于弹性状态,应力为直线分布。

(2) 第 II 阶段(带裂缝工作阶段)

在开裂弯矩 M_{cr} 下,梁纯弯段最薄弱截面位置处首先出现第一条裂缝,梁进入带裂缝工作阶段。此后,随着荷载的增加,梁受拉区还会不断出现一些裂缝,虽然梁中受拉区出现许多裂缝,但如果纵向应变的量测标距有足够的长度(跨过几条裂缝),则平均应变沿截面高度的分布近似直线,即仍符合平截面假定。

由于受压区混凝土的压应力随荷载的增加而不断增大,其弹塑性特性表现得越来越显著,受压区应力图形逐渐呈曲线分布(图 3-3-3c)。当钢筋应力达到屈服强度时($\sigma_s=f_y$),标志着第Ⅱ阶段的结束。此时的受力状态记为Ⅱ$_a$ 状态,弯矩记为 M_y,也称为屈服弯矩。

(3)第Ⅲ阶段(破坏阶段)

对于适筋梁,钢筋应力达到屈服强度时,受压区混凝土一般尚未压坏。在该阶段,钢筋应力保持屈服强度 f_y 不变,即钢筋的总拉力 T 保持定值,但钢筋应变 ε_s 急剧增大,裂缝显著开展,中和轴迅速上移。由于受压区混凝土的总压力 C 与钢筋的总拉力 T 应保持平衡,即 $T=C$,受压区高度 x_c 的减小将使混凝土的压应力和压应变迅速增大,混凝土受压的塑性特征表现得更为充分(图 3-3-3e),受压区压应力图形更趋丰满。同时,受压区高度 x_c 的减小使钢筋拉力 T 与混凝土压力 C 之间的力臂有所增大,截面弯矩比屈服弯矩 M_y 也略有增加。弯矩增大直至极限弯矩值 M_u 时,称为第Ⅲ阶段末,用Ⅲ$_a$ 表示。此时,受压边缘纤维压应变达到(或接近)混凝土受弯时的极限压应变值 ε_{cu},标志着梁截面已开始破坏。

在梁受力的三个阶段中,第Ⅱ阶段是梁的正常使用阶段,即普通的钢筋混凝土梁是带裂缝工作的,正常使用阶段状态就是当裂缝宽度及挠度达到一定限值时的状态。状态Ⅲ$_a$ 则是梁的承载力极限状态。在三个受力阶段中,沿截面高度的应变(平均应变)基本符合平截面假定。

3. 配筋率对正截面破坏形态的影响

(1)纵向受拉钢筋的配筋率 ρ

钢筋混凝土构件是由钢筋和混凝土两种材料组成的,随着它们的配比变化,将对其受力性能和破坏形态有很大影响。截面上配置钢筋的多少,通常用配筋率来衡量。

对单筋矩形截面梁,纵向受拉钢筋的面积 A_s 与截面有效面积 bh_0 的比值,称为纵向受拉钢筋的配筋率,简称配筋率,用 ρ 表示,即:

$$\rho = \frac{A_s}{bh_0} \quad (3-3-1)$$

式中 ρ——纵向受拉钢筋的配筋率,%;

A_s——纵向受拉钢筋的面积,mm^2;

b——梁截面宽度,mm;

h_0——截面有效高度,mm,$h_0=h-a$;

a——纵向受拉钢筋合力点至截面受拉边缘的距离,mm。若环境类别为一类,混凝土强度等级为 C25 以上时,对于板:$a=20$ mm;对于梁:一排钢筋时,$a=40$ mm,两排钢筋时,$a=60\sim70$ mm。

(2)受弯构件正截面的破坏形态

试验表明:同样的截面尺寸、跨度和同样材料强度的梁,由于配筋率的不同,会发生不同形态的破坏(图3-3-4)。

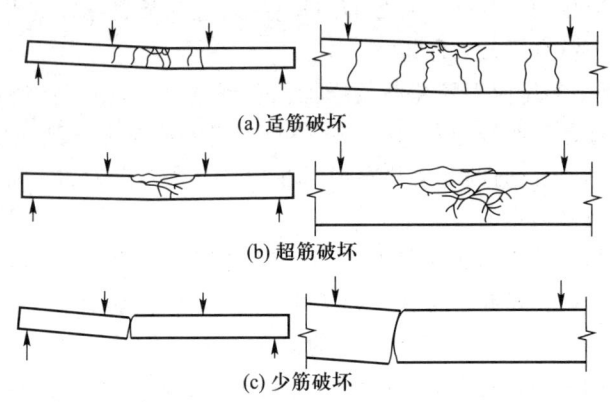

图 3-3-4 梁的三种破坏形态

① 适筋破坏

当配筋率 ρ 适中时,梁发生适筋破坏,其特点是纵向受拉钢筋先屈服,然后随着弯矩的增加受压区混凝土被压碎,破坏时两种材料的性能均得到充分发挥。

在钢筋应力达到屈服强度之初,受压区边缘纤维的应变小于受弯时混凝土极限压应变。在梁完全破坏之前,由于钢筋要经历较大的塑性变形,因此会引起裂缝急剧开展和梁挠度的激增,能给人以明显的破坏预兆,见图3-3-4a,这种破坏形态属于延性破坏。

② 超筋破坏

当配筋率 ρ 过大时,梁发生超筋破坏,其特点是混凝土受压区先压碎,纵向受拉钢筋不屈服。

由于配筋过多,在受压区边缘纤维应变到达混凝土受弯极限压应变值时,钢筋应力尚小于屈服强度,但此时梁已告破坏。试验表明,钢筋在梁破坏前仍处于弹性工作阶段,裂缝开展不宽,延伸不高,梁的挠度亦不大,梁在没有明显预兆的情况下由于受压区混凝土被压碎而突然破坏,故此种破坏形态属于脆性破坏。梁破坏时钢筋应力低于屈服强度,不能充分发挥作用,造成钢材的浪费。这不仅不经济,而且破坏前没有预兆,故设计中不允许采用超筋梁。

③ 少筋破坏

当配筋率很小时,梁发生少筋破坏,其破坏特点是:一旦开裂,受拉钢筋立即达到屈服强度,有时可迅速经历整个流幅而进入强化阶段,在个别情况下,钢筋甚至可能被拉断。少筋梁破坏时,裂缝往往只有一条,不仅裂缝开展过宽,且沿梁高延伸较高,即已标志着梁的"破坏"。

从单纯满足承载力需要出发,少筋梁的截面尺寸过大,不经济;同时它的承载力大小取决于混凝土的抗拉强度,属于脆性破坏,故在土木工程中不允许采用。

3-5:视频 受弯结构(超筋)正截面破坏(1)

3-6:视频 受弯结构(超筋)正截面破坏(2)

3-7:视频 受弯结构(少筋梁)正截面破坏

3.3.2 计算基本假定

为简化计算,《混凝土结构设计规范》规定,包括受弯构件在内的各种混凝土构件的正截面承载力应按下列四个基本假定进行计算:

① 截面应变保持平面;
② 不考虑混凝土的抗拉强度;
③ 混凝土受压的应力-应变关系曲线如图 3-3-5 所示。当混凝土压应变 $\varepsilon_c \leq \varepsilon_0$ 时(ε_0 为混凝土压应力刚达到 f_c 时的混凝土压应变),为曲线形,当 $\varepsilon_0 < \varepsilon_c \leq \varepsilon_{cu}$ 时(ε_{cu} 为正截面的混凝土极限压应变),$\sigma_c = f_c$。
④ 钢筋的应力-应变关系曲线如图 3-3-6 所示。应力不超过强度设计值时,为线性关系,应变超过屈服应变 ε_y 后,曲线为水平线,受拉钢筋极限拉应变为 0.01。

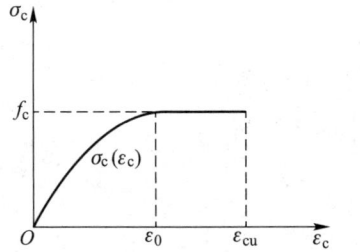

图 3-3-5 混凝土受压的应力-应变关系曲线

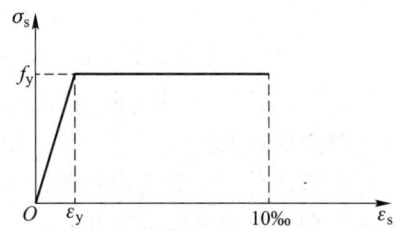

图 3-3-6 钢筋应力-应变关系曲线

3.3.3 矩形截面受弯构件正截面承载力计算

1. 基本计算公式

以单筋矩形截面梁为例,根据混凝土的应变分布和上述计算基本假定,可得出受压区混凝土的应力分布如图 3-3-7 所示。为了简化计算,可将压区混凝土应力分布图用等效矩形应力图形代替,如图 3-3-8 所示,等效的条件是混凝土压应力合力 C 及其作用位置 y_c 不变,其中等效矩形应力图中无量纲参数 α_1 和 β_1 与混凝土的应力-应变曲线有关。《混凝土结构设计规范》规定:当 $f_{cu,k} \leq 50 \text{ N/mm}^2$ 时,$\alpha_1 = 1.0$,$\beta_1 = 0.8$;当 $f_{cu,k} = 80 \text{ N/mm}^2$ 时,$\alpha_1 = 0.94$,$\beta_1 = 0.74$;其间按线性内插法确定。

根据平衡条件,可得到矩形截面受弯构件正截面承载力计算公式:

$$\sum X = 0: \quad f_y A_s = \alpha_1 f_c b x \tag{3-3-2}$$

$$\sum M = 0: \quad M_u = \alpha_1 f_c b x \left(h_0 - \frac{x}{2}\right) \tag{3-3-3a}$$

$$\text{或} \quad M_u = A_s f_y \left(h_0 - \frac{x}{2}\right) \tag{3-3-3b}$$

令 $\xi = \dfrac{x}{h_0}$,ξ 称为相对受压区高度,即等效矩形应力图受压区高度 x 与截面有效高度 h_0 的比值。写成承载力设计表达式为

3-8 讲课视频 正截面计算

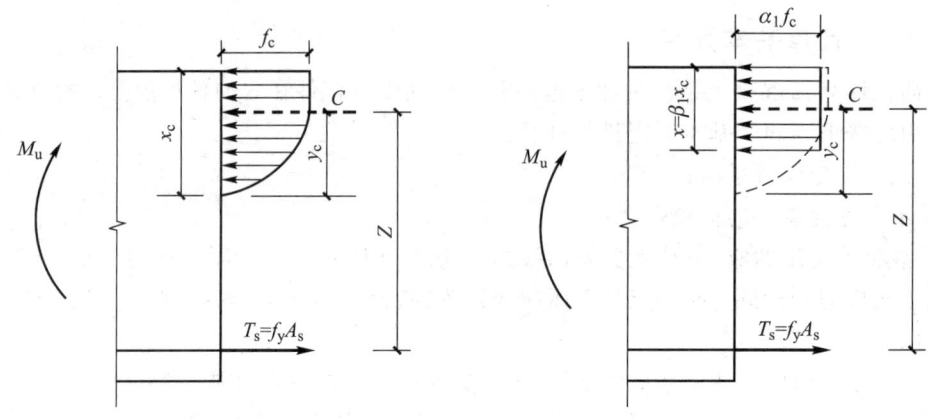

图 3-3-7 单筋矩形梁理论应力图   图 3-3-8 等效矩形应力图

$$f_y A_s = \alpha_1 f_c b h_0 \xi \tag{3-3-4}$$

$$M \leqslant M_u = \alpha_1 f_c b h_0^2 \xi(1-0.5\xi) = \alpha_1 \alpha_s f_c b h_0^2 \tag{3-3-5a}$$

或

$$M \leqslant M_u = f_y A_s h_0 (1-0.5\xi) = f_y A_s \gamma_s h_0 \tag{3-3-5b}$$

式中 M——弯矩设计值；

M_u——正截面受弯承载力设计值；

A_s——纵向受拉钢筋截面面积；

f_y——纵向受拉钢筋抗拉强度设计值；

b、h——矩形截面的宽度和高度；

f_c——混凝土轴心抗压强度设计值；

x——等效应力图受压区高度（简称混凝土受压区高度）；

h_0——截面有效高度；

α_s——截面抵抗矩系数，$\alpha_s = \xi(1-0.5\xi)$，$\xi = (1-\sqrt{1-2\alpha_s})$；

γ_s——截面内力臂系数，$\gamma_s = (1-0.5\xi)$。

2. 公式适用条件

（1）防止超筋破坏的条件

① 界限破坏

适筋破坏与超筋破坏的本质区别在于构件破坏时纵向受拉钢筋是否屈服。在超筋破坏与适筋破坏之间，必然存在一种界限破坏，其破坏特征是受拉钢筋屈服的同时，混凝土受压边缘应变恰好达到极限压应变。

相对界限受压区高度 ξ_b，就是界限破坏时的混凝土受压区高度 x_b 与截面有效高度 h_0 之比，即 $\xi_b = \dfrac{x_b}{h_0}$。经推导知，相对界限受压区高度仅与材料性能有关，而与截面尺寸无关，具体取值见表 3-3-1。

表 3-3-1　相对界限受压区高度 ξ_b 的取值

钢筋种类\混凝土强度等级	≤C50	C55	C60	C65	C70	C75	C80
HPB300	0.576	0.566	0.556	0.547	0.537	0.528	0.518
HRB335	0.550	0.541	0.531	0.522	0.512	0.503	0.493
HRB400、HRBF400、RRB400	0.518	0.508	0.499	0.490	0.481	0.472	0.463
HRB500、HRBF500	0.482	0.473	0.464	0.455	0.447	0.438	0.429

② 防止发生超筋破坏的条件

当 $\xi>\xi_b$ 时,破坏时钢筋拉应变 $\varepsilon_s<\varepsilon_y$,受拉钢筋不屈服,故防止发生超筋破坏的条件是:
$$\xi \leqslant \xi_b \tag{3-3-6}$$

（2）防止少筋破坏的条件

最小配筋率 ρ_{min} 理论上是适筋破坏向少筋破坏过渡的一种界限破坏所对应的配筋率。《混凝土结构设计规范》规定受弯构件的最小配筋率 ρ_{min} 按构件全截面面积扣除受压翼缘面积后的截面面积计算,即防止少筋破坏的条件是:
$$\rho_1 = \frac{A_s}{A-(b'_f-b)h'_f} \geqslant \rho_{min} \tag{3-3-7}$$

式中　ρ_1——受弯构件纵向受拉钢筋的计算最小配筋率,用百分数计量;

　　　ρ_{min}——《混凝土结构设计规范》规定的受弯构件纵向受拉钢筋最小配筋率,用百分数计量,取 $45\frac{f_t}{f_y}\%$ 和 0.2% 中的较大值;

　　　A_s——纵向受拉钢筋的截面面积;

　　　A——构件全截面面积;

　　　b——矩形截面宽度,T形、I形截面的腹板宽度;

　　　h——截面高度;

　　　b'_f、h'_f——T形或I形截面受压翼缘的宽度和高度。

3. 设计计算方法

在受弯构件正截面承载力计算时,一般仅需对控制截面进行受弯承载力计算。所谓控制截面,在等截面构件中一般是指弯矩设计值最大的截面;在变截面构件中则是指截面尺寸相对较小,而弯矩相对较大的截面。

在工程设计计算中,正截面受弯承载力计算包括截面设计和截面复核两种情况。

（1）截面设计

截面设计是指根据截面所承受的弯矩设计值 M 选定材料,确定截面尺寸,计算配筋量。设计时,应满足 $M \leqslant M_u$。为了经济起见,一般按 $M=M_u$ 进行计算。

已知:弯矩设计值 M、截面尺寸 $b \times h$、混凝土强度等级及钢筋强度等级,求受拉钢筋截

面积 A_s。计算的一般步骤如下：

① 计算 $\alpha_s = \dfrac{M}{\alpha_1 f_c b h_0^2}$, $\xi = 1 - \sqrt{1 - 2\alpha_s}$ ；

② 若 $\xi \leq \xi_b$，则 $A_s = \dfrac{\alpha_1 f_c b h_0 \xi}{f_y}$，选择钢筋；

③ 验算最小配筋率 $\rho_1 = \dfrac{A_s}{bh} \geq \rho_{\min}$。

在以上的计算中，若 $\xi > \xi_b$，说明截面过小，会形成超筋梁，应加大截面尺寸或提高混凝土强度等级，或改用双筋截面。

例 3-1 已知矩形梁截面尺寸 $b \times h = 250\ \text{mm} \times 500\ \text{mm}$，环境类别为一类，结构的安全等级为二级。弯矩设计值为 $M = 175\ \text{kN} \cdot \text{m}$，混凝土强度等级为 C30，钢筋采用 HRB400 级，求所需的受拉钢筋截面面积。

解：① 设计参数

环境类别为一类，$c = 20\ \text{mm}$，$a = 40\ \text{mm}$，C30 混凝土强度 $f_c = 14.3\ \text{N/mm}^2$，$f_t = 1.43\ \text{N/mm}^2$、$\alpha_1 = 1.0$、$\beta_1 = 0.8$，HRB400 级钢筋 $f_y = 360\ \text{N/mm}^2$、$\xi_b = 0.518$，$h_0 = (500-40)\ \text{mm} = 460\ \text{mm}$。

② 计算系数 α_s、ξ

$$\alpha_s = \dfrac{M}{\alpha_1 f_c b h_0^2} = \dfrac{175 \times 10^6}{1.0 \times 14.3 \times 250 \times 460^2} = 0.231$$

$\xi = 1 - \sqrt{1 - 2\alpha_s} = 1 - \sqrt{1 - 2 \times 0.231} = 0.267 < \xi_b = 0.518$，满足不超筋要求。

③ 计算配筋

$$A_s = \dfrac{\alpha_1 f_c b h_0 \xi}{f_y} = \dfrac{1.0 \times 14.3 \times 250 \times 460 \times 0.267}{360}\ \text{mm}^2 = 1\ 220\ \text{mm}^2$$

选用 4⌀20，$A_s = 1\ 256\ \text{mm}^2$。

④ 验算最小配筋率

$$\rho_{\min} = \left(45 \dfrac{f_t}{f_y}\% = 45 \times \dfrac{1.43}{360}\% = 0.18\%,\ 0.2\%\right)_{\max} = 0.2\%$$

$$\rho_1 = \dfrac{A_s}{bh} = \dfrac{1\ 256}{250 \times 500} = 1\% > \rho_{\min} = 0.2\%，满足要求。$$

⑤ 验算配筋构造要求

钢筋净间距 $= \dfrac{250 - 4 \times 20 - 2 \times 30}{3}\ \text{mm} = 36.7\ \text{mm} > \begin{matrix} 25\ \text{mm} \\ d = 20\ \text{mm} \end{matrix}$，满足要求。截面配筋如图 3-3-9 所示。

（2）截面复核

截面复核是在截面尺寸、截面配筋以及材料强度已给定的情况下，要求确定该截面的受弯承载力 M_u，并验算是否满足 $M \leq M_u$ 的要

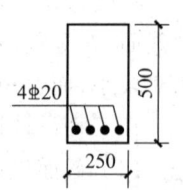

图 3-3-9 例 3-1 截面配筋图

求。若不满足承载力要求,应修改设计或进行加固处理。这种计算一般在设计审核或结构检验鉴定时进行。

如果计算发现 $A_s < \rho_{\min} bh$,则该受弯构件认为是不安全的,应修改设计或进行加固。

已知:弯矩设计值 M、截面尺寸 $b \times h$、混凝土强度等级及钢筋强度等级、受拉钢筋的面积 A_s,求受弯承载力 M_u。计算的一般步骤如下:

① 计算 $A_s \geqslant \rho_{\min} bh$;
② 计算 $\xi = \dfrac{f_y A_s}{\alpha_1 f_c b h_0}$;
③ 若 $\xi \leqslant \xi_b$,则 $M_u = f_y A_s h_0 (1 - 0.5\xi)$ 或 $M_u = \alpha_1 f_c b h_0^2 \xi(1 - 0.5\xi)$;
④ 若 $\xi > \xi_b$,则取 $\xi = \xi_b$,$M_u = M_{u,\max} = \alpha_1 f_c b h_0^2 \xi_b (1 - 0.5\xi_b)$;
⑤ 当 $M \leqslant M_u$ 时,构件截面安全,否则为不安全。

例 3-2 已知矩形截面梁 $b \times h = 250 \text{ mm} \times 500 \text{ mm}$,环境类别为一类,结构的安全等级为二级。承受弯矩设计值 $M = 160 \text{ kN} \cdot \text{m}$,混凝土强度等级为 C25,钢筋采用 HRB400 级,截面配筋如图 3-3-10 所示。复核该截面是否安全。

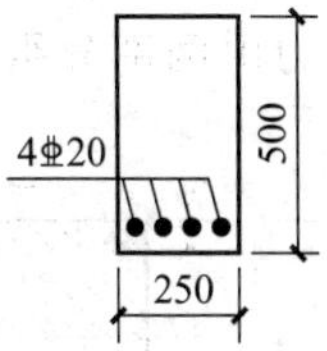

解: ① 设计参数

环境类别为一类,混凝土强度等级为 C25,$c = 25 \text{ mm}$,$a = (25+10+20/2) \text{ mm} = 45 \text{ mm}$,$h_0 = (500-45) \text{ mm} = 455 \text{ mm}$,C25 混凝土强度 $f_c = 11.9 \text{ N/mm}^2$、$f_t = 1.27 \text{ N/mm}^2$、$\alpha_1 = 1.0$,HRB400 级钢筋 $f_y = 360 \text{ N/mm}^2$、$\xi_b = 0.518$,4 ⌀ 20,$A_s = 1256 \text{ mm}^2$。

图 3-3-10 例 3-2 图

② 验算最小配筋率

$$\rho_1 = \frac{A_s}{bh} = \frac{1256}{250 \times 500} \times 100\% = 1\% > \rho_{\min} = \left(45 \frac{f_t}{f_y} = 45 \times \frac{1.27}{360} = 0.159\%, 0.2\%\right)_{\max} = 0.2\%$$

③ 计算相对受压区高度

$$\xi = \frac{f_y A_s}{\alpha f_c b h_0} = \frac{360 \times 1256}{1.0 \times 11.9 \times 250 \times 455} = 0.334 < \xi_b = 0.518,\text{满足适筋要求。}$$

④ 计算受弯承载力 M_u

$M_u = f_y A_s h_0 (1 - 0.5\xi) = 360 \times 1256 \times 455 \times (1 - 0.5 \times 0.334) \times 10^{-6} \text{ kN} \cdot \text{m} = 171.38 \text{ kN} \cdot \text{m} > M = 160 \text{ kN} \cdot \text{m}$,满足受弯承载力要求。

3.3.4 双筋矩形截面梁正截面承载力计算

当截面承受的弯矩很大,按式(3-3-4)和式(3-3-5)设计无法满足适筋梁要求(即 $\xi > \xi_b$),而且受到使用限制不能增大截面尺寸时,可考虑在受压区配置受压钢筋帮助混凝土受压,即设计成双筋截面(图 3-3-11)。一般来说,采用双筋截面是不经济的,宜尽量避免采用。

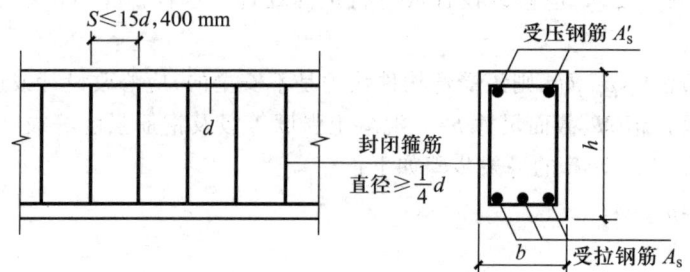

图 3-3-11 双筋截面及箍筋要求

为了防止受压钢筋压曲向外凸出,使压区混凝土崩裂,必须采用封闭箍筋,箍筋的直径和间距要满足图 3-3-11 要求。

1. 基本计算公式

双筋截面适筋梁达到承载力极限状态时的截面应力图示如图 3-3-12a 所示,它的抗弯承载力由两部分组成,即:

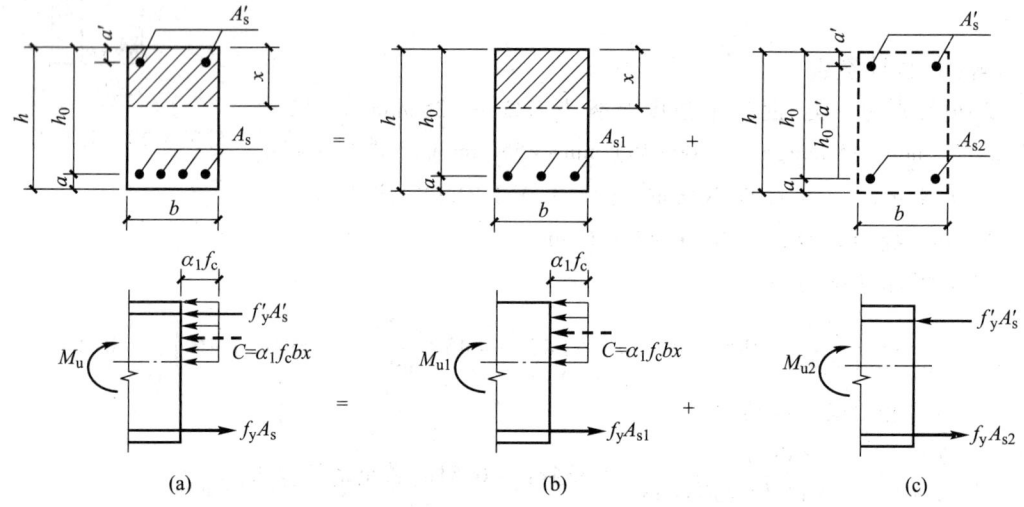

图 3-3-12 双筋截面受弯构件达到承载力极限状态时截面的应力图示

混凝土受压区和相应的纵向受拉钢筋的抵抗弯矩 M_{u1}(图 3-3-12b)

$$M_{u1} = \alpha_1 f_c bx(h_0 - 0.5x) \tag{3-3-8}$$

受压钢筋和相应的纵向受拉钢筋的抵抗弯矩 M_{u2}(图 3-3-12c)

$$M_{u2} = f'_y A'_s (h_0 - a') \tag{3-3-9}$$

因此,双筋截面的承载力设计计算公式为

$$f_y A_s = \alpha_1 f_c bx + f'_y A'_s \tag{3-3-10}$$

$$M \leq M_u = \alpha_1 f_c bx\left(h_0 - \frac{x}{2}\right) + f'_y A'_s (h_0 - a') \tag{3-3-11}$$

式中 A'_s——纵向受压钢筋截面面积;

f'_y——纵向受压钢筋抗压强度设计值;

a'——纵向受压钢筋合力点到截面受压边缘的距离。

2. 公式适用条件

① $x \leq \xi_b h_0$——防止发生超筋破坏;

② $x \geq 2a'$——保证受压钢筋应力达到抗压强度设计值。

3. 设计计算方法

在工程设计计算中,双筋截面正截面受弯承载力计算包括截面设计和截面复核。

(1) 截面设计

在双筋截面的配筋计算中,可能遇到下列两种情况。

情形 1——求受压钢筋面积 A'_s 和受拉钢筋面积 A_s。

在计算公式中,有 A_s、A'_s 及 x 三个未知数,还需增加一个条件才能求解。为取得较经济的设计,应以使总的钢筋截面面积 ($A_s+A'_s$) 为最小的原则来确定配筋,所以充分利用混凝土的强度。

计算的一般步骤如下。

① 令 $\xi = \xi_b$,则有:

② $A'_s = \dfrac{M - \alpha_1 f_c b h_0^2 \xi_b (1 - 0.5\xi_b)}{f'_y (h_0 - a')}$ (3-3-12)

③ $A_s = \dfrac{f'_y A'_s + \alpha_1 f_c b h_0 \xi_b}{f_y}$ (3-3-13)

例 3-3 已知矩形梁的截面尺寸 $b \times h = 250 \text{ mm} \times 500 \text{ mm}$,承受弯矩设计值 $M = 300 \text{ kN·m}$,混凝土强度等级为 C30,钢筋采用 HRB400 级,试计算所需配置的纵向受力钢筋面积。

解:① 设计参数

C30 混凝土强度 $f_c = 14.3 \text{ N/mm}^2$、$f_t = 1.43 \text{ N/mm}^2$、$\alpha_1 = 1.0$,HRB400 级钢筋 $f_y = 360 \text{ N/mm}^2$、$f'_y = 360 \text{ N/mm}^2$、$\xi_b = 0.518$,假设受拉钢筋为双排配置,$h_0 = (500-60) \text{ mm} = 440 \text{ mm}$。

② 计算系数 α_s、ξ

$$\alpha_s = \frac{M}{\alpha_1 f_c b h_0^2} = \frac{300 \times 10^6}{1.0 \times 14.3 \times 250 \times 440^2} = 0.433$$

$$\xi = 1 - \sqrt{1 - 2\alpha_s} = 1 - \sqrt{1 - 2 \times 0.433} = 0.634 > \xi_b = 0.518$$

若截面尺寸和混凝土的强度等级不能改变,则设计成双筋截面。

③ 计算 A'_s、A_s

取 $\xi = \xi_b = 0.518$,$a' = 40 \text{ mm}$

$$A'_s = \frac{M - \alpha_1 f_c b h_0^2 \xi_b (1 - 0.5\xi_b)}{f'_y (h_0 - a')} = \frac{300 \times 10^6 - 1.0 \times 14.3 \times 250 \times 440^2 \times 0.518 \times (1 - 0.5 \times 0.518)}{360 \times (440 - 40)} \text{ mm}^2$$

$$= 238 \text{ mm}^2$$

$$A_s = \frac{f'_y A'_s + \alpha_1 f_c b h_0 \xi_b}{f_y} = \frac{360 \times 238 + 1.0 \times 14.3 \times 250 \times 440 \times 0.518}{360} \text{ mm}^2 = 2\,501 \text{ mm}^2$$

④ 选钢筋

由附表 13,受压钢筋选用 2⌀14,$A'_s = 308$ mm²;

受拉钢筋选用 8⌀20,$A_s = 2\,513$ mm²,截面配筋图见图 3-3-13。

情形 2——已知受压钢筋面积 A'_s,求受拉钢筋面积 A_s。

在计算公式中,有 A_s 及 x 两个未知数,该问题可用基本计算公式直接求解。计算的一般步骤如下:

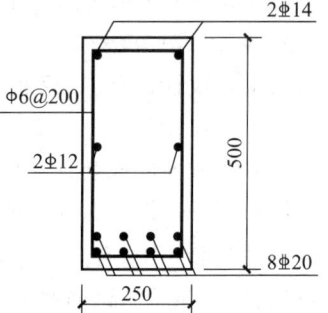

图 3-3-13 截面配筋图

① $x = h_0 \left[1 - \sqrt{1 - \frac{2[M - f'_y A'_s (h_0 - a')]}{\alpha_1 f_c b h_0^2}} \right]$; (3-3-14)

② 当 $2a' \leq x \leq \xi_b h_0$ 时,$A_s = \dfrac{f'_y A'_s + \alpha_1 f_c b x}{f_y}$; (3-3-15)

③ 当 $x < 2a'$ 时,则取 $x = 2a'$,$A_s = \dfrac{M}{f_y (h_0 - a')}$; (3-3-16)

④ 当 $x > \xi_b h_0$ 时,则说明给定的受压钢筋面积 A'_s 太少,此时按 A_s 和 A'_s 未知重新计算。

例 3-4 已知矩形梁的截面尺寸 $b \times h = 300$ mm×600 mm,承受弯矩设计值 $M = 180$ kN·m,混凝土强度等级为 C30,钢筋采用 HRB400 级,在受压区已配置 2⌀14 的钢筋($A'_s = 308$ mm²),求受拉钢筋的面积 A_s。

解:① 设计参数

C30 混凝土强度 $f_c = 14.3$ N/mm²、$\alpha_1 = 1.0$,HRB400 级钢筋 $f_y = f'_y = 360$ N/mm²、$\xi_b = 0.518$,假设受拉钢筋为一排配置,$a = 40$ mm,$h_0 = 600 - 40 = 560$ mm。

② 计算受压取高度 x

$$x = h_0 \left[1 - \sqrt{1 - \frac{2[M - f'_y A'_s (h_0 - a')]}{\alpha_1 f_c b h_0^2}} \right] = 560 \left[1 - \sqrt{1 - \frac{2 \times [180 \times 10^6 - 360 \times 308 \times (560 - 40)]}{1.0 \times 14.3 \times 300 \times 560^2}} \right] \text{ mm}$$

$= 53.48$ mm $< \xi_b h_0 = 0.518 \times 560$ mm $= 290.08$ mm

$< 2a' = 2 \times 40$ mm $= 80$ mm

③ 计算受拉钢筋的面积 A_s

$$A_s = \frac{M}{f_y (h_0 - a')} = \frac{180 \times 10^6}{360 \times (560 - 40)} \text{ mm}^2 = 962 \text{ mm}^2$$

受拉钢筋选用 4⌀18,$A_s = 1\,017$ mm²。

(2) 截面复核

已知:弯矩设计值 M、截面尺寸 $b \times h$、混凝土强度等级及钢筋强度等级、受压钢筋面积 A'_s 和求受拉钢筋面积 A_s,求受弯承载力 M_u。计算的一般步骤如下:

① $x = \dfrac{f_y A_s - f'_y A'_s}{\alpha_1 f_c b}$;

② 当 $2a' \leq x \leq \xi_b h_0$ 时，$M_u = \alpha_1 f_c b x \left(h_0 - \dfrac{x}{2}\right) + f'_y A'_s (h_0 - a')$；

③ 当 $x < 2a'$ 时，取 $x = 2a'$，$M_u = f_y A_s (h_0 - a')$；

④ 当 $x > \xi_b h_0$ 时，则说明双筋梁的破坏始自受压区，取 $x = \xi_b h_0$，
$M_u = \alpha_1 f_c b h_0^2 \xi_b (1 - 0.5\xi_b) + f'_y A'_s (h_0 - a')$；

⑤ 当 $M \leq M_u$ 时，构件截面安全，否则为不安全。

例 3-5 已知矩形梁的截面尺寸 $b \times h = 200 \text{ mm} \times 400 \text{ mm}$，环境类别为二 a 类。承受弯矩设计值 $M = 120$ kN·m，混凝土强度等级为 C30，钢筋采 HRB400 级。受拉钢筋为 3⌀22（$A_s = 1\,140 \text{ mm}^2$），受压钢筋为 2⌀16（$A'_s = 402 \text{ mm}^2$），验算此截面是否安全。

解： ① 设计参数

环境类别为二 a 类，$c = 25$ mm，$a = (25+10+22/2)$ mm $= 46$ mm，$a' = (25+10+16/2)$ mm $= 43$ mm，C30 混凝土强度 $f_c = 14.3$ N/mm²、$f_t = 1.43$ N/mm²、$\alpha_1 = 1.0$，HRB400 级钢筋 $f_y = f'_y = 360$ N/mm²、$\xi_b = 0.518$、$h_0 = 400 - 46 = 354$ mm。

② 计算受压区高度 x

$$x = \dfrac{f_y A_s - f'_y A'_s}{\alpha_1 f_c b} = \dfrac{360 \times 1\,140 - 360 \times 402}{1.0 \times 14.3 \times 200} \text{ mm} = 92.9 \text{ mm} < \xi_b h_0 = 0.518 \times 354 \text{ mm} = 183.4 \text{ mm}$$

$> 2a' = 2 \times 43$ mm $= 86$ mm

③ 计算受弯承载力 M_u

$$M_u = \alpha_1 f_c b x \left(h_0 - \dfrac{x}{2}\right) + f'_y A'_s (h_0 - a')$$

$$= \left[1.0 \times 14.3 \times 200 \times 92.9 \times \left(354 - \dfrac{92.9}{2}\right) + 360 \times 402 \times (354 - 43)\right] \times 10^{-6} \text{ kN·m}$$

$$= 126.7 \text{ kN·m} > M = 120 \text{ kN·m}$$

所以截面安全。

3.3.5　T 形截面梁承载力计算

1. 概述

承载力计算时，假定梁受拉区混凝土是不参加工作的，拉力全部由受拉钢筋承担，因此，可以设想把受拉区的混凝土挖去，变成 T 形截面，如图 3-3-14a 所示。这样既可节约材料，又能减轻构件自重，减小由自重引起的内力。若受拉钢筋较多，为方便布置钢筋，可将截面底部适当加大，形成 I 形截面，如图 3-3-14b 所示。对于一些大跨度的梁，设计成 T 形截面可以获得较好的经济指标。

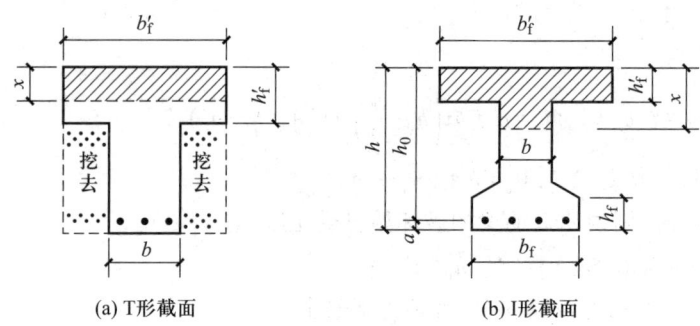

图 3-3-14 T 形截面梁

T 形截面和工形截面伸出部分称为翼缘,中间部分称为肋或梁腹。肋的宽度为 b,位于截面受压区的翼缘宽度为 b'_f,厚度为 h'_f,位于截面受拉区的翼缘宽度为 b_f,厚度为 h_f,截面总高为 h。

在现浇楼盖中,由于梁和板是整体现浇在一起的,故梁截面通常是 T 形或倒 L 形的。另外,预制槽形板、空心板等均可简化成 T 形截面计算。

值得注意的是,翼缘位于受拉区的梁,由于翼缘不参加受拉工作,故这种梁仍应按肋宽为 b 的矩形截面来设计。如连续梁跨中与支座截面(图 3-3-15)承受负弯矩,翼缘位于受拉区,应按宽度为 b 的矩形截面计算。同理,工形截面的受拉翼缘也不参加受拉工作,也按 T 形截面计算。

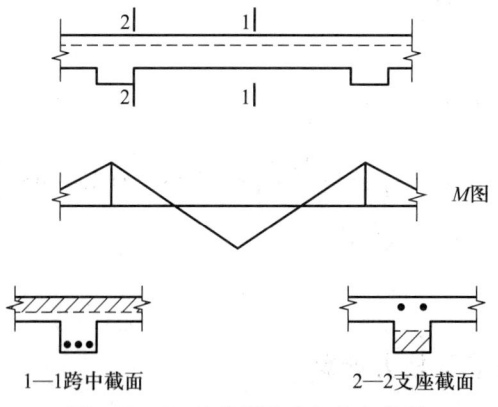

图 3-3-15 连续梁跨中与支座截面

T 形截面翼缘宽度较大,由试验和理论分析知,翼缘上的压应力是不均匀的,离梁肋越远,压应力越小(图 3-3-16a、c)。为简化计算,假定只有一定范围内的翼缘参与工作,这范围内的翼缘宽度称为翼缘的计算宽度 b'_f,并假定在 b'_f 范围内的压应力是均匀分布的(图 3-3-16b、d)。翼缘计算宽度 b'_f 按表 3-3-2 中三项的最小值取用,表中各符号的意义见图 3-3-17。

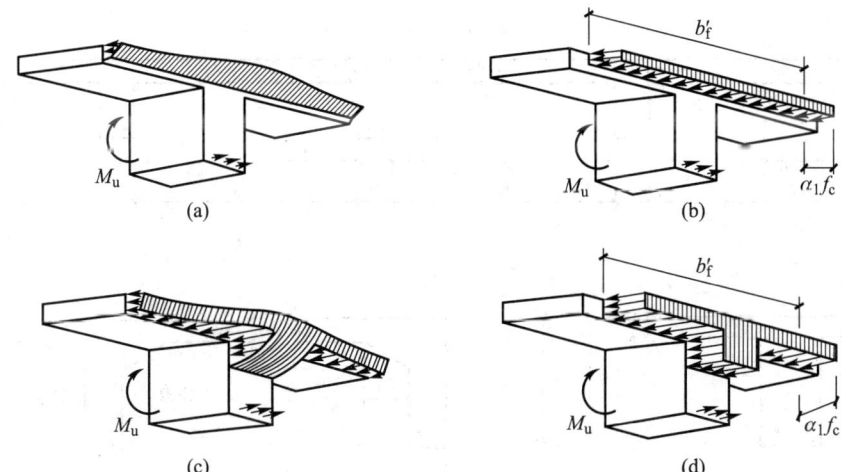

图 3-3-16 T 形截面受弯构件受压翼缘的应力分布和计算图形

表 3-3-2 T 形、I 形及倒 L 形截面受弯构件翼缘的计算宽度 b'_f

项次	情况		T 形、I 形截面		倒 L 形截面
			肋形梁（肋形板）	独立梁	肋形梁（板）
1	按跨度 l_0 考虑		$\frac{1}{3}l_0$	$\frac{1}{3}l_0$	$\frac{1}{6}l_0$
2	按梁（纵肋）净距 s_n 考虑		$b+s_n$		$b+\frac{s_n}{2}$
3	按翼缘高度 h'_f 考虑	$\frac{h'_f}{h_0} \geq 0.1$	$b+12h'_f$	$b+12h'_f$	$b+5h'_f$
		$0.1 > \frac{h'_f}{h_0} \geq 0.05$	$b+12h'_f$	$b+6h'_f$	$b+5h'_f$
		$\frac{h'_f}{h_0} < 0.05$	$b+12h'_f$	b	$b+5h'_f$

注：1. 表中 b 为梁的腹板宽度。
2. 如肋形梁在梁跨内设有间距小于纵肋间距的横肋时，则可不遵守表中项次 3 的规定。
3. 对有加腋的 T 形、I 形和倒 L 形截面，当受压区加腋的高度 h_h 不小于 h'_f 且加腋的宽度 $b_h \leq 3h_h$ 时，则其翼缘计算宽度可按表中项次 3 的规定分别增加 $2b_h$（T 形、I 形截面）和 b_h（倒 L 形截面）。
4. 独立梁受压区的翼缘板在荷载作用下经验算沿纵肋方向可能产生裂缝时，则其计算宽度应取用腹板宽度 b。

2. 基本计算公式

(1) 两类 T 形截面

按构件破坏时中和轴位置不同，T 形截面可分为两种类型：中和轴在翼缘内，即 $x \leq h'_f$，

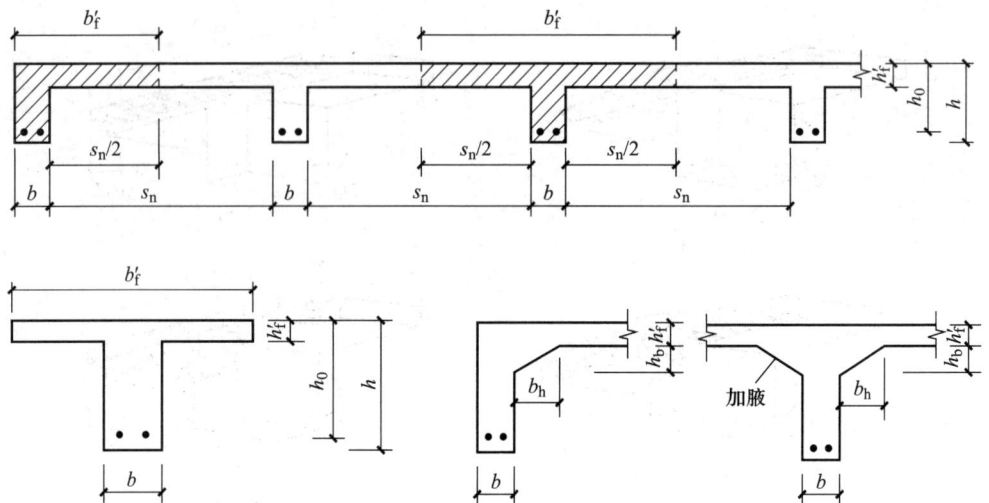

图 3-3-17　T形截面受压翼缘的计算宽度

受压区为矩形截面,为第一类T形截面;中和轴在梁肋内,即 $x>h'_f$,受压区为T形截面,为第二类T形截面。

（2）基本计算公式及适用条件

① 第一类T形截面

由于受压区为矩形截面(图 3-3-18),故计算公式与宽度为 b'_f 的矩形截面完全相同,只要将矩形截面的 b 改为 b'_f 即可。

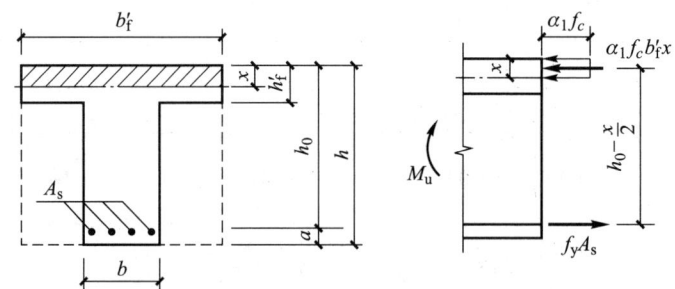

图 3-3-18　第一类T形截面梁正截面承载力计算简图

$$f_y A_s = \alpha_1 f_c b'_f x \tag{3-3-17}$$

$$M \leq M_u = \alpha_1 f_c b'_f x \left(h_0 - \frac{x}{2}\right) \tag{3-3-18}$$

公式适用条件：

$\xi \leq \xi_b$ ——防止发生超筋脆性破坏,此项条件通常均可满足,不必验算。

$\rho_1 = \dfrac{A_s}{bh} \geq \rho_{\min}$ ——防止发生少筋脆性破坏。

② 第二类 T 形截面

由于受压区的抗弯承载力由两部分组成(图 3-3-19):

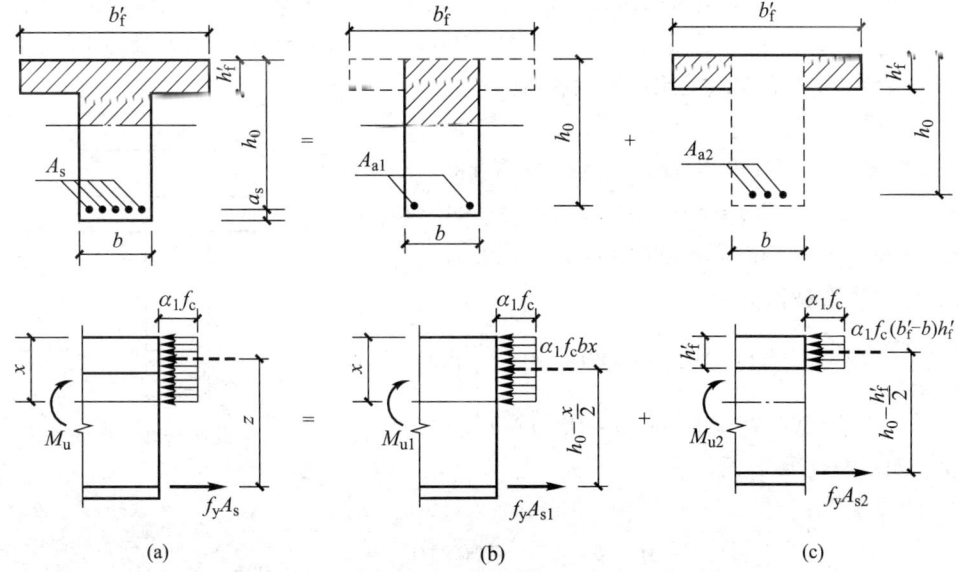

图 3-3-19　第二类 T 形截面梁正截面承载力计算简图

肋部矩形截面混凝土受压区和相应的纵向受拉钢筋的抵抗弯矩 M_{u1}(图 3-3-19b)

$$M_{u1} = \alpha_1 f_c bx(h_0 - 0.5x) \tag{3-3-19}$$

翼缘伸出矩形截面混凝土受压区和相应的纵向受拉钢筋的抵抗弯矩 M_{u2}(图 3-3-19c)

$$M_{u2} = \alpha_1 f_c (b'_f - b) h'_f (h_0 - 0.5 h'_f) \tag{3-3-20}$$

因此,第二类 T 形截面的承载力设计计算公式为

$$f_y A_s = \alpha_1 f_c bx + \alpha_1 f_c (b'_f - b) h'_f \tag{3-3-21}$$

$$M \leqslant M_u = \alpha_1 f_c bx \left(h_0 - \frac{x}{2}\right) + \alpha_1 f_c (b'_f - b) h'_f (h_0 - 0.5 h'_f) \tag{3-3-22}$$

公式适用条件:

$\xi \leqslant \xi_b$——防止发生超筋脆性破坏。

$\rho_1 = \dfrac{A_s}{bh} \geqslant \rho_{min}$——防止发生少筋脆性破坏。此项条件通常均可满足,不必验算。

3. T 形截面梁正截面承载力设计

(1) 判别 T 形截面类型

当 $M \leqslant \alpha_1 f_c b'_f h'_f \left(h_0 - \dfrac{h'_f}{2}\right)$ 时,为第一类 T 形截面;当 $M > \alpha_1 f_c b'_f h'_f \left(h_0 - \dfrac{h'_f}{2}\right)$ 时,为第二类 T 形截面。

(2) 第一类 T 形截面按宽度为 b'_f 的矩形截面计算

(3) 第二类 T 形截面可参照双筋截面的方法进行计算

例 3-6 已知一肋梁楼盖的次梁,截面尺寸如图 3-3-20 所示。环境类别为一类,结构的安全等级为二级。跨中最大弯矩设计值 $M = 100$ kN·m,混凝土强度等级为 C25,钢筋采用 HRB400 级,求次梁纵向受拉钢筋面积 A_s。

解: ① 设计参数

C25 混凝土 $f_c = 11.9$ N/mm²、$f_t = 1.27$ N/mm²、$\alpha_1 = 1.0$,环境类别为一类,$c = 25$ mm,$a = 45$ mm,$h_0 = (450-45)$ mm = 405 mm,HRB400 级钢筋 $f_y = 360$ N/mm²,$\xi_b = 0.518$。

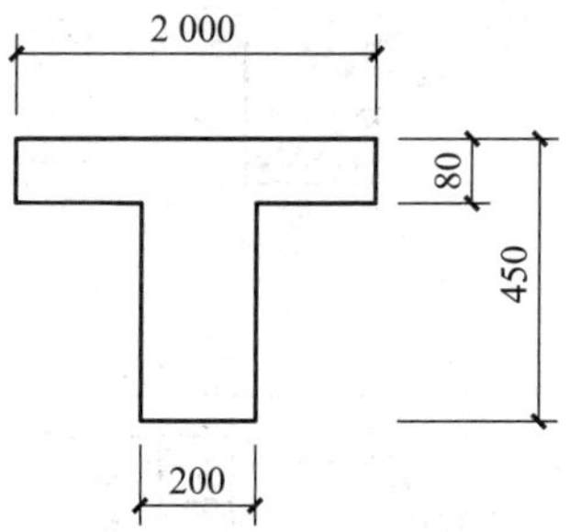

② 判别 T 形截面类型

$$\alpha_1 f_c b'_f h'_f \left(h_0 - \frac{h'_f}{2}\right) = 1.0 \times 11.9 \times 2\,000 \times 80 \times \left(405 - \frac{80}{2}\right) \times 10^{-6} \text{ kN·m}$$
$$= 694.96 \text{ kN·m} > M = 100 \text{ kN·m}$$

属于第一类 T 形截面。

图 3-3-20 例 3-6 图

③ 计算系数 α_s、ξ

$$\alpha_s = \frac{M}{\alpha_1 f_c b'_f h_0^2} = \frac{100 \times 10^6}{1.0 \times 11.9 \times 2\,000 \times 405^2} = 0.026$$

得:$\xi = 1 - \sqrt{1 - 2\alpha_s} = 0.026 < \xi_b = 0.518$

④ 计算受拉钢筋面积 A_s

$$A_s = \frac{\alpha_1 f_c b'_f h_0 \xi}{f_y} = \frac{1.0 \times 11.9 \times 2\,000 \times 405 \times 0.026}{360} \text{ mm}^2 = 696.15 \text{ mm}^2$$

选用 3 ⌀ 18,$A_s = 763$ mm²。

⑤ 验算适用条件

$$\rho_1 = \frac{A_s}{bh} = \frac{763}{200 \times 450} \times 100\% = 0.85\% > \rho_{min} = \left(0.45 \frac{f_t}{f_y} = 0.45 \times \frac{1.27}{360}\right.$$
$$\left. = 0.16\%, 0.2\% \right)_{max} = 0.2\%$$

满足要求。

截面配筋如图 3-3-21 所示。

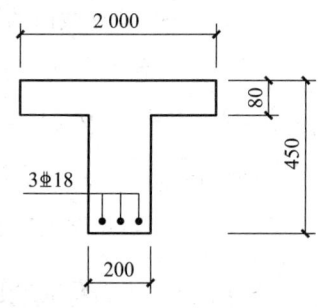

图 3-3-21 例 3-6 配筋图

例 3-7 已知 T 形梁截面尺寸 $b = 250$ mm,$h = 800$ mm,$b'_f = 500$ mm,$h'_f = 100$ mm,弯矩设计值 $M = 500$ kN·m,混凝土强度等级为 C30,钢筋采用 HRB400 级,求受拉钢筋截面面积 A_s,并绘制截面配筋图。

解: ① 设计参数

C30 混凝土 $f_c = 14.3$ N/mm²、$f_t = 1.43$ N/mm²、$\alpha_1 = 1.0$,假设受拉钢筋为双排配置,$h_0 = (800-70)$ mm = 730 mm,HRB400 级钢筋 $f_y = 360$ N/mm²,$\xi_b = 0.518$。

② 判别 T 形截面类型

$$\alpha_1 f_c b'_f h'_f \left(h_0 - \frac{h'_f}{2}\right) = 1.0 \times 14.3 \times 500 \times 100 \times \left(730 - \frac{100}{2}\right) \times 10^{-6} \text{ kN} \cdot \text{m} = 486.2 \text{ kN} \cdot \text{m} < M = 500 \text{ kN} \cdot \text{m}$$，属于第二类 T 形截面。

③ 求 M_{u2} 及 A_{s2}

$$M_{u2} = \alpha_1 f_c (b'_f - b) h'_f (h_0 - 0.5 h'_f) = 1.0 \times 14.3 \times (500-250) \times 100 \times (730 - 0.5 \times 100) \times 10^{-6} \text{ kN} \cdot \text{m} = 243.1 \text{ kN} \cdot \text{m}$$

$$A_{s2} = \alpha_1 f_c (b'_f - b) h'_f / f_y = [1.0 \times 14.3 \times (500-250) \times 100/360] \text{ mm}^2 = 993 \text{ mm}^2$$

④ 求 M_{u1} 及 A_{s1}

$$M_{u1} = M - M_{u2} = (500 - 243.1) \text{ kN} \cdot \text{m} = 256.9 \text{ kN} \cdot \text{m}$$

$$\alpha_s = \frac{M_{u1}}{\alpha_1 f_c b h_0^2} = \frac{256.9 \times 10^6}{1.0 \times 14.3 \times 250 \times 730^2} = 0.135$$

$$\xi = 1 - \sqrt{1 - 2\alpha_s} = 1 - \sqrt{1 - 2 \times 0.135} = 0.146 < \xi_b = 0.518$$

$$A_{s1} = \frac{\alpha_1 f_c b h_0 \xi}{f_y} = \frac{1.0 \times 14.3 \times 250 \times 730 \times 0.146}{360} \text{ mm}^2 = 1\,058.4 \text{ mm}^2$$

⑤ 求 A_s

$$A_s = A_{s1} + A_{s2} = (1\,058.4 + 993) \text{ mm}^2 = 2\,051.4 \text{ mm}^2$$

选用 6⌀22，$A_s = 2\,281 \text{ mm}^2$。

截面配筋如图 3-3-22 所示。

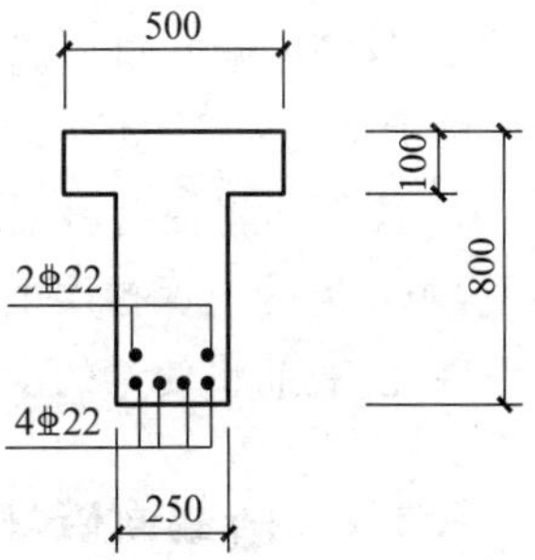

图 3-3-22 例 3-7 配筋图

3.4 钢筋混凝土受弯构件斜截面承载力计算

3.4.1 钢筋混凝土梁斜截面受剪性能

受弯构件在弯矩和剪力的共同作用下会产生斜裂缝，如果斜截面承载力不足，可能沿斜截面发生斜截面受剪破坏或斜截面受弯破坏。因此，必须对受弯构件进行斜截面承载力计算，即斜截面受剪承载力计算和斜截面受弯承载力计算。工程设计中，斜截面受剪承载力是由抗剪计算来满足，斜截面受弯承载力则是通过构造要求来满足。

为了提高混凝土的受剪承载力，防止梁沿斜裂缝发生脆性破坏，一般在梁中配置腹筋（箍筋和弯起钢筋）。斜裂缝出现前，腹筋应力很小，腹筋对阻止和推迟斜裂缝的出现作用也很小，但在斜裂缝出现后，有腹筋梁受力性能与无腹筋梁相比，将有显著的不同。无腹筋梁斜裂缝出现后，剪压区几乎承受了全部的剪力，成为整个梁的薄弱环节（图3-4-1a）。而在有腹筋梁中，当斜裂缝出现以后，如图 3-4-1b 所示形成了一种"桁架—拱"受力模型，斜裂缝间的混凝土相当于压杆，梁底纵筋相当于拉杆，箍筋则相当于垂直受拉腹杆。箍筋可以将压杆Ⅱ、Ⅲ的内力通过"悬吊"作用传递到压杆Ⅰ靠近支座的部分，从而减小了压杆Ⅰ顶部剪压区的负担。

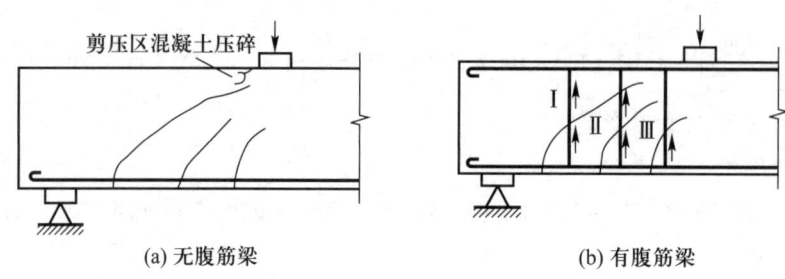

图 3-4-1 无腹筋梁和有腹筋梁的传力机理

因此有腹筋梁中,腹筋的作用:
① 腹筋可以直接承担部分剪力;
② 腹筋能限制斜裂缝的开展和延伸,增大混凝土剪压区的截面面积,提高混凝土剪压区的抗剪能力;
③ 腹筋还将提高斜裂缝交界面集料的咬合和摩擦作用,延缓沿纵筋的黏结劈裂裂缝的发展,防止混凝土保护层的突然撕裂,提高纵向钢筋的销栓作用。
因此,腹筋将使梁的受剪承载力有较大的提高。

3.4.2 斜截面破坏的主要形态

3-9:讲课视频 斜截面概述

试验表明:同样的截面尺寸、跨度和同样材料强度的梁,由于剪跨比和配箍率的不同,会出现不同形态的破坏。

1. 剪跨比

计算截面的弯矩 M 与剪力 V 乘以截面有效高度 h_0 之比,称为广义剪跨比,简称剪跨比,用 λ 表示:

$$\lambda = \frac{M}{Vh_0} \tag{3-4-1}$$

对于集中荷载作用下的简支梁,距支座最近的集中荷载作用点处的剪跨比称为计算剪跨比,λ 为

$$\lambda = \frac{a}{h_0} \tag{3-4-2}$$

式中　λ——计算剪跨比;
　　　a——集中荷载作用点到支座或节点边缘的距离,称为"剪跨";
　　　h_0——截面有效高度。

2. 配箍率

配箍率 ρ_{sv} 的定义:箍筋截面面积与对应混凝土面积的比值(图 3-4-2)。

$$\rho_{sv} = \frac{A_{sv}}{bs} = \frac{nA_{sv1}}{bs} \tag{3-4-3}$$

式中 A_{sv}——配置在同一截面内箍筋各肢的截面面积总和，$A_{sv}=nA_{sv1}$，这里 n 为同一截面内箍筋的肢数，如图3-4-2中为双肢箍，$n=2$；

A_{sv1}——为单肢箍筋的截面面积；

s——箍筋的间距；

b——梁宽。

3. 有腹筋梁斜截面破坏的主要形态

有腹筋梁斜截面剪切破坏形态可概括为三种主要破坏形态(图3-4-3)：

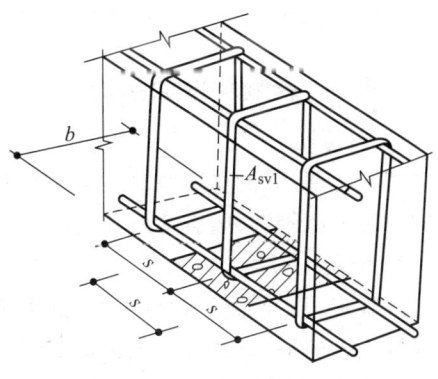

图3-4-2 配箍率

（1）斜拉破坏

当剪跨比较大($\lambda>3$)且配箍率ρ_{sv}过低时，将发生斜拉破坏。如图3-4-3a所示，斜裂缝一出现，截面即发生急剧的应力重分布，原来由混凝土承担的拉力转由箍筋承担，箍筋很快达到屈服，变形迅速增加，斜裂缝迅速向集中力作用点延伸，将梁沿斜裂缝劈成两部分(箍筋被拉断)而导致梁的破坏。受剪承载力取决于混凝土的抗拉强度。

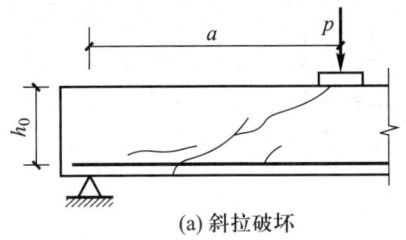
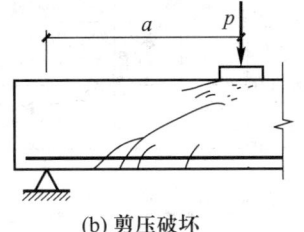
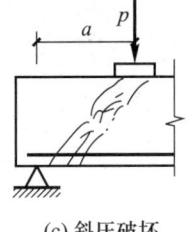

(a) 斜拉破坏　　(b) 剪压破坏　　(c) 斜压破坏

图3-4-3 斜截面的破坏形态

（2）剪压破坏

当剪跨比适中($1<\lambda\leqslant 3$)且箍筋数量不过多或剪跨比较大($\lambda>3$)但箍筋数量不过少时，将发生剪压破坏。如图3-4-3b所示，斜裂缝出现后，原来由混凝土承担的拉力转由箍筋承担，在箍筋尚未屈服时，由于箍筋的作用，延缓和限制斜裂缝的发展，荷载可以继续增加，箍筋的应力不断发展，最后达到屈服后，变形迅速增大，不再能有效抑制斜裂缝的开展，剪压区的剪应力和压应力迅速增加，最终产生剪压破坏。受剪承载力取决于混凝土的复合受力强度和配箍率。

（3）斜压破坏

当剪跨比很小($\lambda\leqslant 1$)或配箍率ρ_{sv}太大时，将发生斜压破坏。如图3-4-3c所示，在荷载作用点与支座间的梁腹部出现若干条平行的斜裂缝，随着荷载的增大，梁腹被这些斜裂缝分割为斜向"短柱"，箍筋尚未屈服时，斜裂缝间混凝土即被压碎而破坏。梁的受剪承载力取决于构件的截面尺寸和混凝土强度。

上述三种破坏均属于脆性破坏。斜压破坏和斜拉破坏都是不理想的，因为斜压破坏在破坏时箍筋强度未得到充分发挥,斜拉破坏发生得十分突然且承载力低,因此在工程设计中应避免出现这两种破坏。剪压破坏在破坏时箍筋强度得到了充分发挥,且破坏时承载力较高。因此斜截面承载力计算公式就是根据这种破坏试验建立的。

3.4.3 影响斜截面抗剪承载力的主要因素

1. 剪跨比

试验表明:梁的受剪承载力与剪跨比的关系如图 3-4-4 所示。由图 3-4-4 可见,在一定的剪跨比范围内,随着剪跨比的增大,抗剪承载力降低。

2. 混凝土强度

试验表明:梁的受剪承载力与混凝土的抗拉强度 f_t 近似成正比,梁的受剪承载力随混凝土抗拉强度的提高而提高,大致呈直线关系。

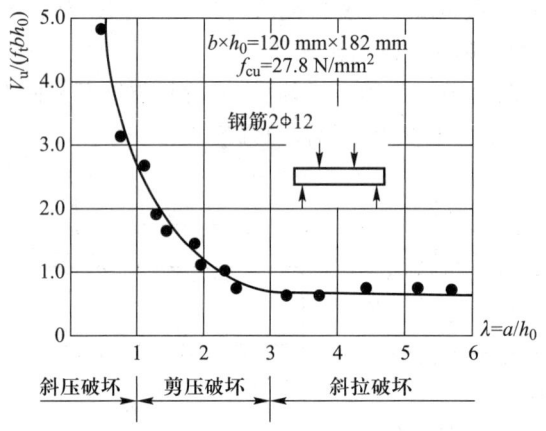

图 3-4-4 受剪承载力与剪跨比的关系

3. 配箍率

图 3-4-5 展示了配箍率 ρ_{sv} 与箍筋强度的乘积对梁受剪承载力的影响。由图 3-4-5 可知,配有适量箍筋的梁,当其他条件相同时,其斜截面抗剪承载力随配箍率与箍筋强度的增大而提高,大体呈线性关系。

4. 纵筋配筋率

根据试验分析,纵向受拉钢筋的配筋率 ρ 对无腹筋梁受剪承载力的影响系数为 $\beta_p = 0.7 + 20\rho$,通常 ρ 大于 1.5% 时,纵筋对梁受剪承载力的影响才明显,因此规范在受剪计算公式中也未考虑这一影响。

5. 截面形式

T 形、I 形截面有受压翼缘,增加了剪压区的面积,对斜拉破坏和剪压破坏的受剪承载力可提高 20%左右但对斜压破坏

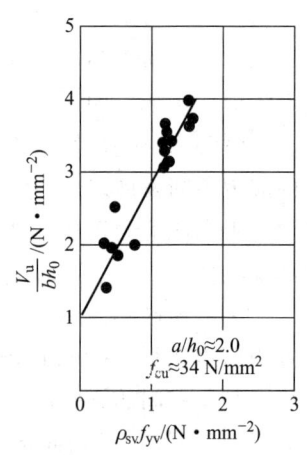

图 3-4-5 受剪承载力与箍筋强度和配箍率的关系

的受剪承载力并没有提高。一般情况下,忽略翼缘的作用,只取腹板的宽度当作矩形截面梁计算构件的受剪承载力,其结果偏于安全。

3.4.4 受弯构件斜截面的受剪承载力计算

1. 计算公式

(1) 当仅配有箍筋时

斜截面受剪承载力计算采用无腹筋梁所承担的剪力和箍筋承担的剪力两项相加的形式,见式(3-4-4):

$$V_u = V_c + V_s = V_{cs} \tag{3-4-4}$$

《混凝土结构设计规范》根据大量的试验数据,按95%保证率取偏下限给出受剪承载力的计算公式如下:

① 仅配有箍筋的矩形、T形和工形截面的一般受弯构件的受剪承载力设计可按式(3-4-5)进行

$$V \leqslant V_{cs} = 0.7 f_t b h_0 + f_{yv} \frac{A_{sv}}{s} h_0 \tag{3-4-5}$$

式中 V——构件斜截面上最大剪力设计值;

V_{cs}——构件斜截面上混凝土和箍筋的受剪承载力设计值;

A_{sv}——配置在同一截面内箍筋各肢的全部截面面积,$A_{sv} = nA_{sv1}$;

n——在同一截面内箍筋肢数;

A_{sv1}——单肢箍筋的截面面积;

s——沿构件长度方向的箍筋间距;

f_t——混凝土轴心抗拉强度设计值;

f_{yv}——箍筋抗拉强度设计值;

b——矩形截面的宽度或T形截面和I形截面的腹板宽度;

h——截面的有效高度。

② 仅配有箍筋的矩形、T形和I形截面的独立梁,在集中荷载作用下(包括作用有多种荷载,其中集中荷载对支座截面或节点边缘所产生的剪力值占总剪力值的75%以上的情况),其受剪承载力设计可按式(3-4-6)进行:

$$V \leqslant V_{cs} = \frac{1.75}{\lambda + 1} f_t b h_0 + f_{yv} \frac{A_{sv}}{s} h_0 \tag{3-4-6}$$

式中 λ——计算截面的计算剪跨比,可取 $\lambda = a/h_0$,a 为集中荷载作用点至支座截面或节点边缘的距离;当 $\lambda < 1.5$ 时,取 $\lambda = 1.5$;当 $\lambda > 3$ 时,取 $\lambda = 3$。

在集中荷载作用点与支座之间的箍筋应均匀配置。

(2) 同时配置箍筋和弯起钢筋时

弯起钢筋所能承担的剪力为弯起钢筋的总拉力在垂直于梁轴方向的分力,如图 3-4-6 所示,即 $V_{sb} = 0.8 f_y A_{sb} \sin \alpha_s$。系数 0.8 是考虑弯起钢筋在破坏时可能达不到其屈服强度的

应力不均匀折减系数。因此,对于配有箍筋和弯起钢筋的矩形、T形和I形截面的受弯构件,其受剪承载力设计可按式(3-4-7)进行:

$$V \leqslant V_{cs} + 0.8 f_y A_{sb} \sin \alpha_s \qquad (3-4-7)$$

式中 V——在配置弯起钢筋处的剪力设计值;
V_{cs}——构件斜截面上混凝土和箍筋的受剪承载力设计值;
f_y——弯起钢筋的抗拉强度设计值;
A_{sb}——同一弯起平面内弯起钢筋的截面面积;
α_s——弯起钢筋与构件纵轴线之间的夹角,一般情况 $\alpha_s = 45°$,梁截面高度较大时取 $\alpha_s = 60°$。

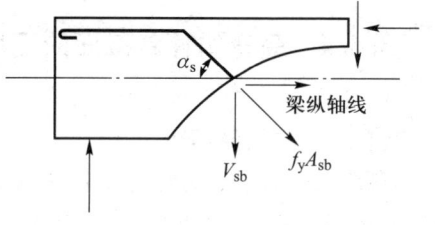

图 3-4-6 弯起钢筋承担的剪力

2. 适用条件

① 为了防止出现斜压破坏,要求:

当 $h_w/b \leqslant 4$ 时,$V \leqslant 0.25\beta_c f_c b h_0$; (3-4-8a)

当 $h_w/b \geqslant 6$ 时,$V \leqslant 0.2\beta_c f_c b h_0$; (3-4-8b)

当 $4 < h_w/b < 6$ 时,按直线内插法取用。

式中 V——构件斜截面上的最大剪力设计值;
β_c——高强混凝土的强度折减系数,当混凝土强度等级不大于 C50 时,取 $\beta_c = 1$;当混凝土强度等级为 C80 时,取 $\beta_c = 0.8$,其间按线性内插法取值;
h_w——截面腹板高度,矩形截面取 h_0,T形截面取 $(h_0 - h_f')$,工形截面取腹板净高。

② 为了防止出现斜拉破坏,当 $V > 0.7 f_t b h_0$ 时,要求配箍率满足:

$$\rho_{sv} = \frac{A_{sv}}{bs} \geqslant \rho_{svmin} = 0.24 f_t / f_{yv} \qquad (3-4-9)$$

3. 主要构造要求

(1) 箍筋的设置

当 $V \leqslant 0.7 f_t b h_0 \left(\text{或} V \leqslant \frac{1.75}{\lambda + 1.0} f_t b h_0 \right)$,按计算不需设置箍筋时,对于高度大于 300 mm 的梁,仍应按梁的全长设置箍筋;高度为 150~300 mm 的梁,可仅在梁的端部各 1/4 跨度范围内设置箍筋,但当梁的中部 1/2 跨度范围内有集中荷载作用时,则应沿梁的全长配置箍筋;高度为 150 mm 以下的梁,可不设箍筋。

梁支座处的箍筋应从梁边(或墙边)50 mm 处开始放置。

(2) 箍筋的直径和间距

为了控制斜裂缝宽度并保证有箍筋与斜裂缝相交,要求箍筋最大间距和最小直径要符合表 3-4-1 和表 3-4-2 规定。

表 3-4-1　梁中箍筋的最大间距 s_{max}

梁高 h/mm	$V>0.7f_tbh_0$	$V\leqslant 0.7f_tbh_0$
$150<h\leqslant 300$	150	200
$300<h\leqslant 500$	200	300
$500<h\leqslant 800$	250	350
$h>800$	300	400

表 3-4-2　梁中箍筋的最小直径

梁高 h/mm	箍筋直径/mm
$h\leqslant 800$	6
$h>800$	8

注：梁中配有计算需要的纵向受压钢筋时，箍筋直径尚不应小于纵向受压钢筋最大直径的 0.25 倍。

（3）为防止弯起钢筋间距太大，出现不与弯起钢筋相交的斜裂缝，使其不能发挥作用，《混凝土结构设计规范》规定：当按计算要求配置弯起钢筋时，前一排弯起点至后一排弯终点的距离不应大于表 3-4-1 中 $V>0.7f_tbh_0$ 栏的最大箍筋间距 s_{max}，且第一排弯起钢筋距支座边的间距也不应大于 s_{max}（图 3-4-7）。

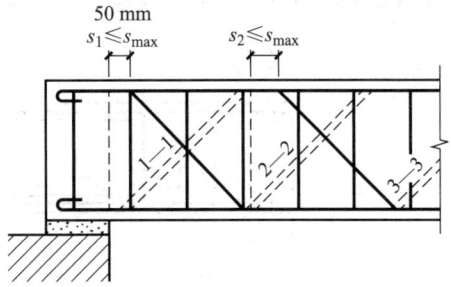

图 3-4-7　弯起钢筋的间距

（4）箍筋的形式

箍筋通常有开口式和封闭式两种（图 3-4-8）。对于 T 形截面梁，当不承受动荷载和扭矩时，在其跨中承受正弯矩区段内，可采用开口式箍筋。除上述情况外，一般均应采用封闭式箍筋。在实际工程中，大多数情况下都是采用封闭式箍筋。

（5）箍筋的肢数

箍筋按其肢数，分为单肢、双肢及四肢箍（图 3-4-9）。单肢箍一般在梁宽 $b\leqslant 150$ mm 时采用；双肢箍一般在梁宽 $b\leqslant 350$ mm 时采用；当梁宽 $b>350$ mm，或一排中受拉钢筋超过 5 根，受压钢筋超过 3 根时，采用四肢箍。四肢箍一般应连续成型，当施工条件受限时，也可由两个双肢箍组合而成。采用图 3-4-9 所示形式的双肢箍或四肢箍时，钢筋末端应采用 135°的弯钩，且弯钩伸进梁截面内的平直段长度，对于一般结构，应不小于箍筋直径的 5 倍。

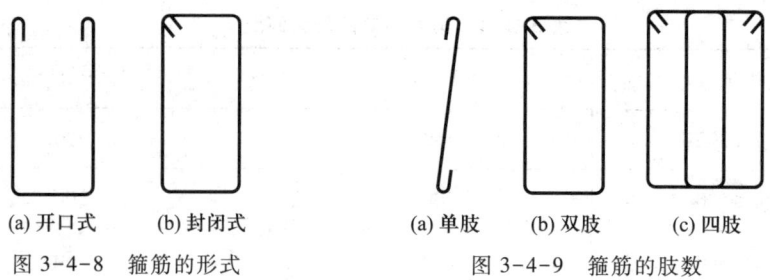

图 3-4-8 箍筋的形式　　　　图 3-4-9 箍筋的肢数

4. 计算截面的确定

在计算斜截面受剪承载力时,剪力设计值 V 应按下列计算截面采用:

(1) 支座边缘截面

通常支座边缘截面的剪力最大,对于图 3-4-10 中 1-1 斜裂缝截面的受剪承载力计算,应取支座截面处的剪力(图 3-4-11 中 V_1)。

(2) 腹板宽度改变处截面

当腹板宽度减小时,受剪承载力降低,有可能产生沿图 3-4-10 中 2-2 斜截面的受剪破坏。对此斜裂缝截面,应取腹板宽度改变处截面的剪力(图 3-4-10 中 V_2)。

(3) 箍筋直径或间距改变处截面

箍筋直径减小或间距增大,受剪承载力降低,可能产生沿图 3-4-10 中 3-3 斜截面的受剪破坏。对此斜裂缝截面,应取箍筋直径或间距改变处截面的剪力(图 3-4-10 中 V_3)。

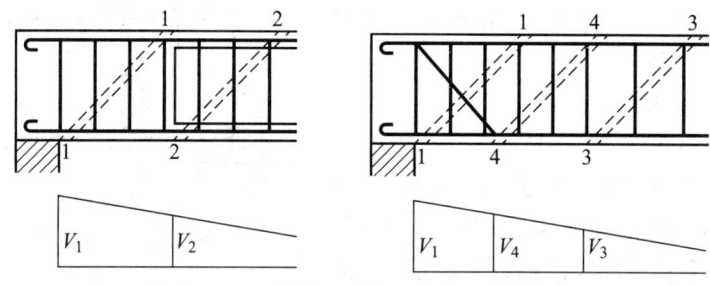

图 3-4-10 斜截面受剪承载力的计算截面

(4) 弯起钢筋起弯起点处的截面

未设弯起钢筋的受剪承载力低于弯起钢筋的区段,可能在弯起钢筋弯起点处产生沿图 3-4-10 中的 4-4 斜截面破坏。对此斜裂缝截面,应取弯起钢筋弯起点处截面的剪力(图 3-4-10 中 V_4)。

总之,斜截面受剪承载力的计算是按需要进行分段计算的,计算时应取区段内的最大剪力为该区段的剪力设计值。

5. 设计计算方法

一般梁的设计步骤为:首先根据跨高比和高宽比确定截面尺寸,然后进行正截面承载力设计计算,确定纵筋,再进行斜截面受剪承载力计算,确定腹筋。受弯构件斜截面承载力的计算有两类问题:截面设计和截面复核。

(1) 截面设计

① 只配置箍筋

a. 确定计算截面位置,计算其剪力设计值 V;

b. 校核截面尺寸:根据式(3-4-8)验算是否满足截面限制条件,如不满足应加大截面尺寸或提高混凝土强度等级;

c. 确定腹筋用量:若 $V \leq 0.7 f_t b h_0 \left(\text{或} V \leq \dfrac{1.75}{\lambda+1.0} f_t b h_0\right)$,则按表(3-4-1)最大箍筋间距和表 3-4-2 最小箍筋直径的要求配置箍筋;否则,按下式计算箍筋用量:

$$\frac{nA_{sv1}}{s} \geq \frac{V - 0.7 f_t b h_0}{f_{yv} h_0} \quad (\text{一般情况})$$

$$\frac{nA_{sv1}}{s} \geq \frac{V - \dfrac{1.75}{\lambda+1} f_t b h_0}{f_{yv} h_0} \quad (\text{以承受集中荷载为主情况})$$

d. 根据 $\dfrac{nA_{sv1}}{s}$ 值确定箍筋直径肢数和间距,并满足最小配箍率、钢筋最大间距和箍筋最小直径的要求。

② 配置箍筋和弯起钢筋

一般先根据经验和构造要求配置箍筋,确定 V_{cs},对 $V>V_{cs}$ 区段,按式(3-4-10)计算弯起钢筋的截面面积:

$$A_{sb} = \frac{V - V_{cs}}{0.8 f_y \sin \alpha_s} \tag{3-4-10}$$

式中,剪力设计值 V 应根据弯起钢筋计算斜截面的位置确定,如图 3-4-11 所示的配置多排弯起钢筋的情况,第一排弯起钢筋的截面面积 $A_{sb1} = \dfrac{V_1 - V_{cs}}{0.8 f_y \sin \alpha_s}$;第二排 $A_{sb2} = \dfrac{V_2 - V_{cs}}{0.8 f_y \sin \alpha_s}$。

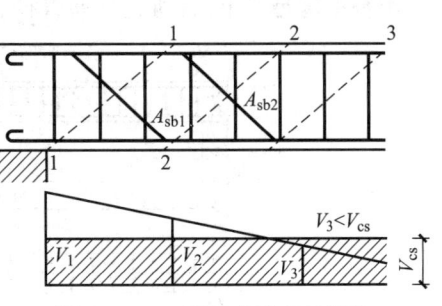

图 3-4-11 配置多排弯起钢筋

例 3-8 如图 3-4-12 所示一钢筋混凝土简支梁,承受永久荷载标准值 $g_k = 25$ kN/m,可变荷载标准值 $q_k = 40$ kN/m,环境类别一类,采用混凝土 C25,箍筋 HPB300 级,纵筋 HRB400 级,按正截面受弯承载力计算得,选配 3⌀25 纵筋,试根据斜截面受剪承载力要求确定腹筋。

解:配置腹筋的方法有两种,其一,只配置箍筋;其二,既配箍筋又配弯起钢筋。

第一种方法——只配置箍筋。

① 已知条件

$l_n = 3.56 \text{ m}, h_0 = (500-45) \text{ mm} = 455 \text{ mm}$, 混凝土 C25, $f_c = 11.9 \text{ N/mm}^2, f_t = 1.27 \text{ N/mm}^2$, 箍筋 HPB300 级, $f_{yv} = 270 \text{ N/mm}^2$, 纵筋 HRB400 级, $f_y = 360 \text{ N/mm}^2$。

② 计算剪力设计值

最危险的截面在支座边缘处,剪力设计值为

$$V = \frac{1}{2}(\gamma_G g_k + \gamma_Q q_k) \times l_n = \frac{1}{2}(1.2 \times 25 + 1.4 \times 40) \times 3.56 \text{ kN} = 153.08 \text{ kN}$$

③ 验算截面尺寸

$$h_w = h_0 = 455 \text{ mm} \qquad \frac{h_w}{b} = \frac{455}{200} = 2.275 < 4$$

$0.25\beta_c f_c b h_0 = 0.25 \times 1 \times 11.9 \times 200 \times 455 \text{ N} = 270\,725 \text{ N} = 270.725 \text{ kN} > V = 153.08 \text{ kN}$

截面尺寸满足要求。

④ 判断是否需要按计算配置腹筋

$0.7 f_t b h_0 = 0.7 \times 1.27 \times 200 \times 455 \text{ N} = 80\,899 \text{ N} = 80.899 \text{ kN} < V = 153.08 \text{ kN}$

所以需要按计算配置腹筋。

⑤ 计算腹筋用量

$$\frac{nA_{sv1}}{s} \geq \frac{V - 0.7 f_t b h_0}{f_{yv} h_0} = \frac{153.08 \times 10^3 - 80\,899}{270 \times 455} \text{ mm}^2/\text{mm} = 0.588 \text{ mm}^2/\text{mm}$$

选 Φ8 双肢箍, $A_{sv1} = 50.3 \text{ mm}^2$, $n = 2$, 代入上式得 $s \leq \frac{nA_{sv1}}{0.588} = \frac{2 \times 50.3}{0.588} \text{ mm} = 171 \text{ mm}$

取 $s = 150 \text{ mm} < s_{max} = 200 \text{ mm}$。

⑥ 验算配箍率

$$\rho_{sv} = \frac{nA_{sv1}}{bs} = \frac{2 \times 50.3}{200 \times 150} = 0.335\% > \rho_{sv,min} = 0.24 f_t / f_{yv} = 0.24 \times 1.27 / 270 = 0.113\%$$

配箍率满足要求,且所选箍筋直径和间距均符合构造要求,配筋图如图 3-4-12 所示。

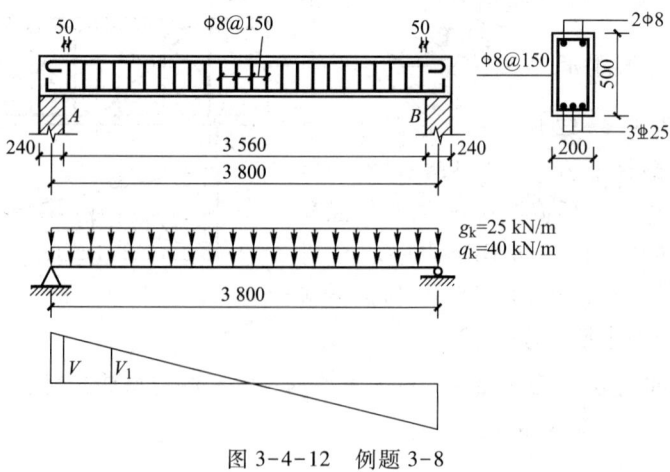

图 3-4-12 例题 3-8

第二种方法——既配置箍筋又配置弯起钢筋。
① 截面尺寸验算与方法一相同
② 确定箍筋和弯起钢筋

一般可先确定箍筋,箍筋的数量可参考设计经验和构造要求,本题选Φ6@150,弯起钢筋利用梁底纵筋 HRB400 $f_y = 360$ N/mm²,弯起角 $\alpha_s = 45°$。

$$\rho_{sv} = \frac{nA_{sv1}}{bs} = \frac{2 \times 28.3}{200 \times 150} = 0.188\ 7\% > \rho_{sv,min} = 0.24 f_t/f_{yv} = 0.113\%$$

$$V_{cs} = 0.7 f_t b h_0 + f_{yv}\frac{A_{sv}}{s} h_0 = 0.7 \times 1.27 \times 200 \times 455 + 270 \times \frac{2 \times 28.3}{150} \times 455\ \text{N} = 127\ 254\ \text{N}$$

$$A_{sb} \geq \frac{V - V_{cs}}{0.8 f_y \sin\alpha_s} = \frac{153.08 \times 10^3 - 127\ 254}{0.8 \times 360 \times 0.707}\ \text{mm}^2 = 126.84\ \text{mm}^2$$

实际从梁底弯起 1Φ25, $A_{sb} = 491$ mm²,满足要求,若不满足,应修改箍筋直径和间距。

上面的计算考虑的是从支座边 A 处向上发展的斜截面 AI(图 3-4-13),为了保证沿梁各斜截面的安全,对纵筋弯起点 C 处的斜截面 CJ 也应该验算。根据弯起钢筋的上弯点到支座边缘的距离应符合 $s_1 < s_{max}$,本例取 $s_1 = 50$ mm,根据 $\alpha_s = 45°$ 可求出弯起钢筋的下弯点到支座边缘的距离为 [50+500-2×(25+6+12.5)] mm = 463 mm,因此 C 处的剪力设计值为:

$$V_1 = \frac{0.5 \times 3.56 - 0.463}{0.5 \times 3.56} \times 153.08\ \text{kN} = 113.262\ \text{kN}$$

$$V_1 \leq V_{cs} = 0.7 f_t b h_0 + f_{yv}\frac{A_{sv}}{s} h_0 = 127.254\ \text{kN}$$

斜截面受剪承载力满足要求。若不满足,应修改箍筋直径和间距或再弯起一排钢筋,直到满足。既配箍筋又配弯起钢筋的情况见图 3-4-13。

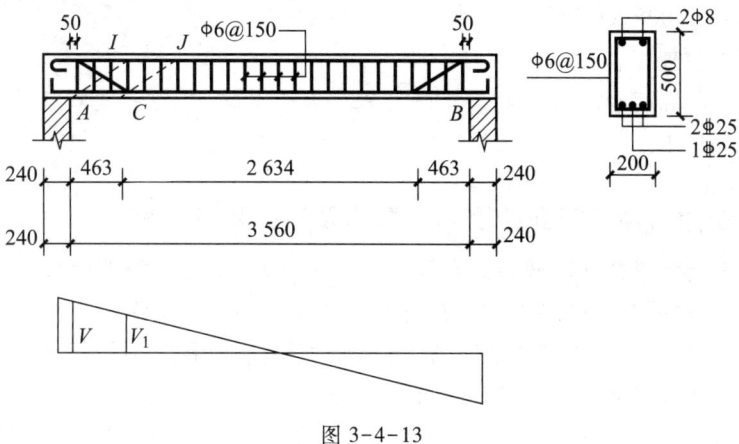

图 3-4-13

（2）截面复核

当已知材料强度、截面尺寸、配筋数量以及弯起钢筋的截面面积,要求校核斜截面所能承受的剪力 V_u 时,只要将各已知数据代入式(3-4-5)或式(3-4-6)或式(3-4-7)即可求得解答。但应按式(3-4-8)和式(3-4-9)复核截面尺寸以及配箍率,并检验已配箍筋直径和间距是否满足构造要求。

例 3-9 某承受均布荷载的矩形截面简支梁,截面尺寸 $b \times h = 200 \text{ mm} \times 500 \text{ mm}$,采用混凝土 C30,箍筋 HPB300 级,环境类别一类,当采用 Φ8@200 箍筋时,见图 3-4-14,试求该梁能承受的最大剪力设计值 V_u 为多少?

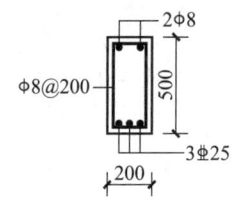

图 3-4-14 例 3-9 图

解: ① 已知条件

$h_0 = 500 - 40 = 460$ mm,混凝土 C30,$f_c = 14.3 \text{ N/mm}^2$,$f_t = 1.43 \text{ N/mm}^2$,箍筋 HPB300 级 $f_{yv} = 270 \text{ N/mm}^2$,Φ8 双肢箍,$A_{sv1} = 50.3 \text{ mm}^2$,$n = 2$。

② 计算箍筋和混凝土承担的剪力设计值 V_u

$$V_u = 0.7 f_t b h_0 + f_{yv} \frac{A_{sv}}{s} h_0$$

$$= \left(0.7 \times 1.43 \times 200 \times 460 + 270 \times \frac{2 \times 50.3}{200} \times 460\right) \text{N}$$

$$= 154\ 565 \text{ N} = 154.565 \text{ kN}$$

③ 复核截面尺寸及配箍率

$$\frac{h_w}{b} = \frac{h_0}{b} = \frac{460}{200} = 2.3 < 4$$

$0.25\beta_c f_c b h_0 = 0.25 \times 1 \times 14.3 \times 200 \times 460 \text{ N} = 328\ 900 \text{ N} = 328.9 \text{ kN} > V_u = 154.565 \text{ kN}$

截面尺寸满足要求,不会发生斜压破坏。

$$\rho_{sv} = \frac{nA_{sv1}}{bs} = \frac{2 \times 50.3}{200 \times 200} = 0.251\ 5\% > \rho_{sv,min} = 0.24 f_t / f_{yv} = 0.24 \times 1.43/270 = 0.127\%$$

不会发生斜拉破坏。

所选箍筋直径和间距均满足表 3-4-1 和表 3-4-2 要求,所以该梁能承受的最大剪力设计值 $V_u = 154.565$ kN。

3.4.5 受弯构件斜截面的受弯承载力及有关构造要求

3-18:讲课视频 受弯构件斜截面的受弯承载力及有关构造要求

在进行受弯构件正截面承载力计算配置纵向钢筋时,是按照跨中的最大弯矩设计值计算配置跨中钢筋,根据支座的最大负弯矩计算配置支座钢筋。但除计算截面之外的其他截面,弯矩均小于计算截面。也就是说,计算截面外的其他截面配筋量可以减少。若每个截面均配置和计算截面同样数量的钢筋,显然是不经济的。

在实际工程中,常将一部分跨中钢筋在其不需要的位置弯起,使其和箍筋一起抵抗剪力,而将支座钢筋在其不需要的位置截断(或分批截断),以节省钢筋。

因此在设计中除了保证梁的正截面受弯承载能力和斜截面受剪承载力外,还应考虑纵向钢筋的弯起、截断及锚固措施,以保证构件斜截面受弯承载能力满足要求。

1. 抵抗弯矩图（M_u 图）

抵抗弯矩图,是指按受弯构件实际配置的纵向钢筋绘制的梁上各正截面所能承受的弯矩图,它反映了沿梁长正截面上材料的抗力,故简称为材料图。图中竖标所表示的截面受弯承载力设计值 M_u 简称抵抗弯矩。

根据受弯构件实际纵向配筋量 A_s,利用下式可求抵抗弯矩图外围水平线的位置,即

$$M_u = A_s f_y \left(h_0 - \frac{f_y A_s}{2\alpha_1 f_c b} \right) \qquad (3\text{-}4\text{-}11)$$

每根钢筋所能承担的 M_{ui} 可近似按该钢筋的面积 A_{si} 与总面积 A_s 的比乘以 M_u 求得,即

$$M_{ui} = M_u \frac{A_{si}}{A_s} \qquad (3\text{-}4\text{-}12)$$

2. 纵向钢筋的弯起

（1）纵向钢筋弯起在抵抗弯矩图上的表示方法

梁跨中下部承受正弯矩的钢筋是根据跨中最大正弯矩配置的,从理论上说,这些钢筋中的一部分可在其不需要的位置截断。但是,对于跨中下部钢筋,除焊接骨架外,一般不允许截断,而采用弯起,或者一直伸进支座。图 3-4-15 为一根在均布荷载作用下的简支梁,配有 2Φ22+2Φ20 的纵向钢筋。若欲将其中 1Φ20 弯起,其抵抗弯矩图可以这样绘制:

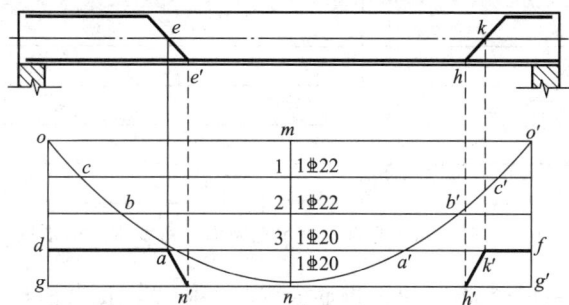

图 3-4-15　配弯起钢筋简支梁的抵抗弯矩图

按一定比例绘出梁的设计弯矩图（图 3-4-15 中曲线形图 ono'）,并按相同的比例绘出纵筋未弯起时梁的抵抗弯矩图（图 3-4-15 中 $ogg'o'$ 矩形图,一般所配纵筋实际能抵抗的弯矩较设计弯矩稍大）。按式（3-4-12）近似计算出每根钢筋所能抵抗的弯矩,如图中的 1、2、3 各点。竖距 $m1$ 代表 1Φ22 纵筋所能抵抗的弯矩,竖距 12 代表另 1Φ22 所能抵抗的弯矩,竖距 23 和竖距 $3n$ 分别代表其余 2 根 1Φ20 的纵筋所能抵抗的弯矩（一般将拟弯起纵筋所能抵抗的弯矩划分在弯矩图下边）。分别过点 1、2、3 作水平线与 M 图相交于 c、b、a 点和 c'、b'、a' 点,n 点为最后 1Φ20 纵筋的"充分利用点",a、a' 则为该钢筋的"不需要点"。这时,若欲根据 1Φ20 钢筋的"不需要点"决定该钢筋的弯起点位置,则可过 a 点作垂线与梁中和轴相交于 e 点,根据钢筋所需弯起的角度（一般为 45°或 60°）过 e 点作斜线与纵向钢筋交于点 e'、e' 点即为 1Φ20 纵筋的理论弯起点。过 e' 点作垂线,与抵抗弯矩图交于点 n',连接点 $n'a$,

则折线 $odan'n$ 即为 1⌀20 纵筋在 e' 点弯起后的抵抗弯矩图。抵抗弯矩图中的斜线段 $n'a$ 是考虑纵筋 1⌀20 虽然从 e' 点弯起，但在其未进入中和轴之前仍具有一定的拉力，且越靠近中和轴拉力越小，至 e 点时不再受拉，因而 $e'e$ 段钢筋越接近中和轴，其所抵抗的弯矩也越小。

若欲将 1⌀20 纵筋在 h 点按一定角度弯起（图 3-4-15），则可分别过 h 点、k 点作垂线，分别与抵抗弯矩图交于 h' 点、k' 点，连接 $h'k'$ 点，则折线 $nh'k'fo'$ 即为 1⌀20 纵筋在 h 点弯起时的抵抗弯矩图。也可以用同样的方法绘制另 1⌀20 纵筋弯起时的抵抗矩图。

从抵抗弯矩图可以看出，抵抗弯矩图越贴近设计弯矩图，纵筋利用也就越充分，因而也越经济。但在实际工程中，纵筋弯起还要根据梁的具体情况、构造要求及施工方面的问题进行综合考虑。一般梁底部的纵向钢筋伸入支座不少于两根，故只有底部纵向钢筋数量多于两根以上才可以考虑弯起钢筋，另外，梁底部的纵向钢筋通常是不能截断的。

（2）纵向钢筋弯起应满足的条件

① 为了保证在纵向钢筋弯起后正截面有足够的抗弯能力，应使纵向钢筋弯起后梁的抵抗弯矩图包住梁的设计弯矩图，即弯起钢筋与梁中和轴的交点不得位于按正截面承载力计算不需要该钢筋的截面以内。如图 3-4-16 所示，若纵向钢筋从 a 点弯起，由抵抗弯矩图可以看出，梁在 $b'b$ 段的正截面抗弯能力显然不足。

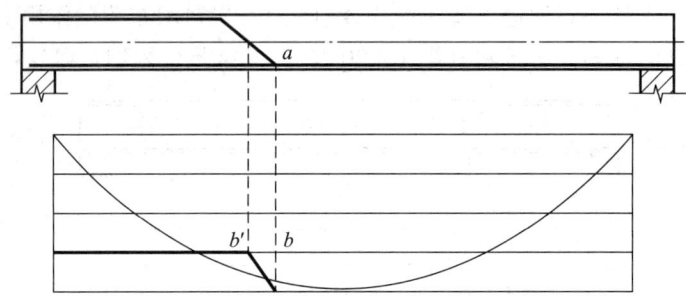

图 3-4-16　纵向钢筋弯起点不满足正截面抗弯要求时的抵抗弯矩图

② 为了保证斜截面抗弯能力，纵向钢筋的弯起点应设在按截面抗弯能力计算时该钢筋的"充分利用点"截面以外，其水平距离不小于 $0.5h_0$ 处（图 3-4-17）。

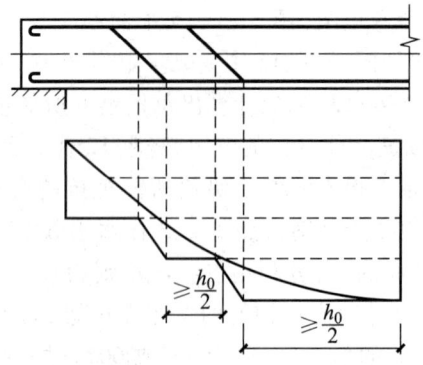

图 3-4-17　弯起点距充分利用点距离不小于 $0.5h_0$

（3）纵向弯起钢筋的构造

① 梁的剪力较小及梁内所配置纵向钢筋少于三根时,可不布置弯起钢筋;

② 对于采用绑扎骨架的主梁、跨度大于或等于 6 m 的次梁以及吊车梁,不论计算是否需要,均宜设置构造弯起钢筋;

③ 位于梁侧的底层钢筋不应弯起;

④ 当梁截面宽度大于 350 mm 时,在一个截面上的弯起钢筋不得少于两根;

⑤ 弯起钢筋的弯起角度一般为 45°,当梁截面高度 h 大于 800 mm 时,可为 60°,高度较小,并有集中荷载时,可为 30°;

⑥ 弯起钢筋的末端应留有直线段,其长度在受拉区不应小于 $20d$,在受压区不应小于 $10d$,对于光面钢筋,在其末端还应设置弯钩(图 3-4-18),此处,d 为弯起钢筋的直径;

⑦ 当弯起钢筋是按计算设置时,前一排(相对于支座)弯起筋的下弯点至后一排弯起筋上弯点的水平距离不应大于表 3-4-1 规定的箍筋最大间距,以避免在两排弯起钢筋之间出现不与弯起钢筋相交的斜裂缝;需要进行疲劳验算的梁,两排弯起筋的间距除满足表 3-4-1 要求之外,还应不大于 $h_0/2$;

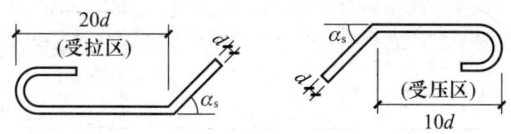

图 3-4-18 弯起钢筋端部构造

⑧ 靠近支座的第一排弯起钢筋的下弯点至支座边的距离不应大于表 3-4-1 规定的箍筋最大间距,原因同前,但也不宜小于 50 mm(在实际工程中一般采用 50 mm),以免由于钢筋尺寸误差而使钢筋的上弯点进入支座,造成施工不便及弯起钢筋不能充分发挥作用;

⑨ 当纵向钢筋不能在所需要的地方弯起,或虽有箍筋及弯起筋但仍不足以抵抗设计剪力时,可增设附加抗剪钢筋,一般称为"鸭筋"(图 3-4-19a),但不准采用"浮筋"(图 3-4-19b)。

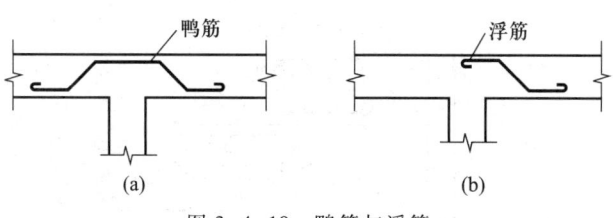

图 3-4-19 鸭筋与浮筋

3. 纵向钢筋的截断

在支座负弯矩区段,负弯矩向支座两侧迅速减小,常采用截断钢筋的办法减少钢筋用量,以节省钢材。梁支座钢筋也常根据材料图截断。从理论上讲,某一根纵筋可在其不需要点(称为理论断点)处截断,但事实上,当在理论断点处切断钢筋后,相应于该处的混凝土拉应力会突增,有可能在切断处过早地出现斜裂缝,而该处未切断的纵筋的强度是被充分利用的,斜裂缝的出现,使斜裂缝顶端截面处承担的弯矩增大,未切断的纵筋应力就有可能超过其抗拉强度,造成梁的斜截面受弯破坏。因此,纵筋必须从理论断点以外延伸一定长度后再切断。此时,若在实际切断处再出现斜裂缝,则因该处未切断的纵筋并未充分利用,能承担因斜裂缝出现而增大的弯矩,再加上与斜裂缝相交的箍筋也能承担一部分增长的弯矩,从而使斜截面的受弯承载力得以保证。

梁支座截面承担负弯矩的纵向钢筋若要分批截断时,每批钢筋应延伸至按正截面受弯承载力计算不需要该钢筋的截面之外,延伸长度按以下规定采用:

① 当 $V \leqslant 0.7f_t bh_0$ 时,应延伸至按正截面受弯承载力计算不需要该钢筋的截面以外不小于 $20d$ 处截断,且从该钢筋强度充分利用截面伸出的长度不应小于 $1.2l_a$ (图 3-4-20),此处 d 为纵向钢筋的直径,l_a 为受拉钢筋的锚固长度,以下同;

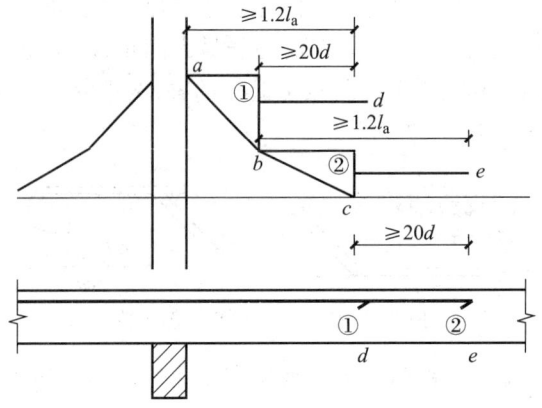

图 3-4-20　$V \leqslant 0.7f_t bh_0$ 时支座纵向钢筋截断位置

② 当 $V > 0.7f_t bh_0$ 时,应延伸至按正截面受弯承载力计算不需要该钢筋的截面以外不小于 h_0 且不小于 $20d$ 处截断,且从该钢筋强度充分利用截面伸出的长度不应小于 $1.2l_a + h_0$ (图 3-4-21);

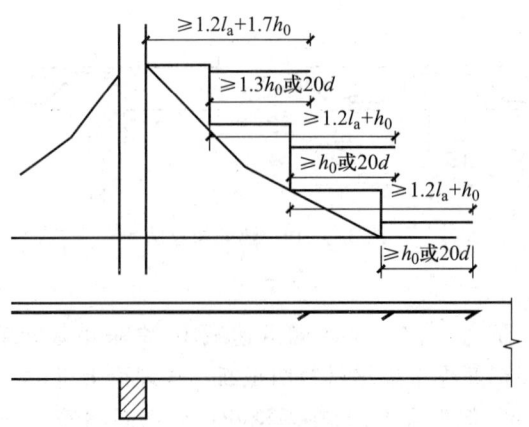

图 3-4-21　$V > 0.7f_t bh_0$ 时支座纵向钢筋截断位置

③ 若按上述规定确定的截断点仍位于负弯矩区内,则应延伸至按正截面受弯承载力计算不需要该钢筋的截面以外不小于 $1.3h_0$ 且不小于 $20d$ 处截断,且从该钢筋强度充分利用截面伸出的延伸长度不应小于 $1.2l_a+1.7h_0$。

如图 3-4-22 所示一连续梁支座,根据支座处负弯矩设计值,配置 4⌀25 纵筋,则点 u、a'、b、b'、c、c'、d、d' 分别为 4 根钢筋的不需要点(也称为钢筋的理论截断点),钢筋在离开不需要点一定长度后截断,钢筋截断后,其抵抗弯矩图为阶梯形。

在实际工程中,为了施工方便,对支座钢筋常采用分批截断,以减少钢筋的长度种类。如图 3-4-22 的支座钢筋,如果分两批截断,其抵抗弯矩图如图 3-4-23 所示。

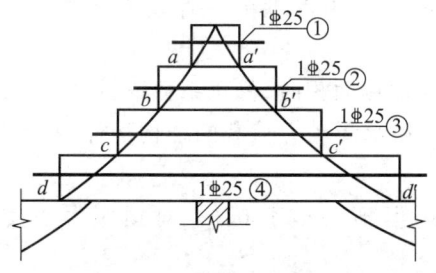

图 3-4-22 支座钢筋分四批截断时的抵抗弯矩图

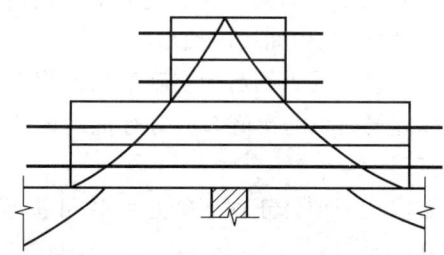

图 3-4-23 支座钢筋分两批截断时的抵抗弯矩图

对于板及次梁纵向钢筋的截断位置,一般不需绘制设计弯矩图及抵抗弯矩图来确定,而是根据经验确定。

4. 纵向钢筋的锚固

为了避免纵筋在受力过程中产生滑移,甚至从混凝土中拔出而造成锚固破坏,纵筋的锚固应满足以下要求:

① 计算中充分利用钢筋的抗拉强度时,受拉钢筋的基本锚固长度应按式(3-4-13)计算:

$$l_{ab} = \alpha \frac{f_y}{f_t} d \qquad (3-4-13)$$

式中 l_{ab}——受拉钢筋的基本锚固长度;
f_y——锚固钢筋抗拉强度设计值;
f_t——混凝土轴心抗拉强度设计值;
d——钢筋的直径或锚固并筋(钢筋束)的等效直径;
α——钢筋的外形系数,按表 3-4-3 取用。

表 3-4-3 钢筋的外形系数

钢筋类型	光面钢筋	带肋钢筋	螺旋肋钢丝	三股钢绞线	七股钢绞线
α	0.16	0.14	0.13	0.16	0.17

受拉钢筋的锚固长度应根据锚固条件按下列公式计算,且不应小于 200 mm。

$$l_a = \zeta_a l_{ab} \quad (3-4-14)$$

式中 l_a——受拉钢筋的锚固长度;

ζ_a——锚固长度修正系数。

根据锚固条件的不同,锚固长度修正系数 ζ_a 取值如下:

a. 当带肋钢筋的公称直径大于 25 mm 时,取 1.1;

b. 环氧树脂涂层带肋钢筋取 1.25;

c. 当钢筋在混凝土施工过程中易受扰动(如滑模施工)时,取 1.1;

d. 锚固钢筋的保护层厚度为钢筋直径的 3 倍时,可取 0.8,保护层厚度为钢筋直径的 5 倍时,可取 0.7,中间按内插取值;

e. 当纵向受力钢筋的实际配筋面积大于其设计计算面积时,修正系数取设计计算面积与实际配筋面积的比值。但对有抗震设防要求及直接承受动力荷载的结构构件,不得采用此项修正。

当多于一项修正时,修正系数可按连乘计算,但不应小于 0.6。对预应力筋,ζ_a 可取 1.0。

② 当纵向受拉钢筋末端采用弯钩或机械锚固措施时,包括弯钩或锚固端头在内的锚固长度(投影长度)可取为基本锚固长度 l_{ab} 的 0.6 倍。弯钩及机械锚固的形式及构造要求宜按图 3-4-24 采用。

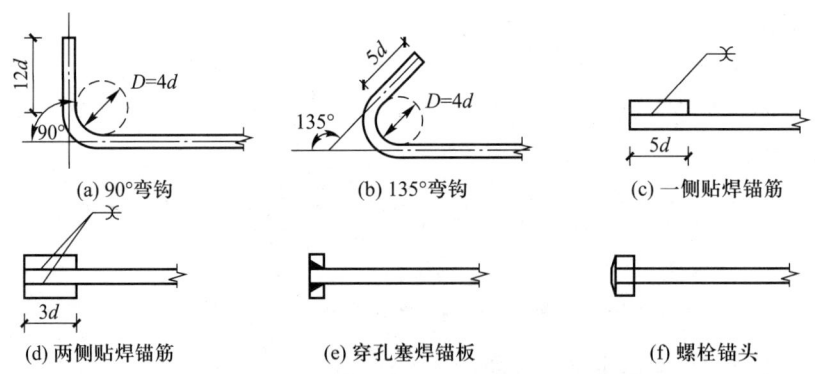

图 3-4-24 弯钩和机械锚固的形式及构造要求

③ 当计算中充分利用纵向钢筋的抗压强度时,其锚固长度不应小于相应受拉锚固长度的 0.7 倍。

④ 对承受动力荷载的预制构件,应将纵向受力普通钢筋末端焊接在钢板或角钢上,钢板或角钢应可靠地锚固在混凝土中。钢板或角钢的尺寸应按计算确定,其厚度不宜小于 10 mm。

⑤ 钢筋混凝土简支梁和连续梁简支端的下部纵向受力钢筋,其伸入支座范围内的锚固长度 l_{as}(图 3-4-25)应符合下列规定:

当 $V \leqslant 0.7f_t bh_0$ 时 $\qquad l_{as} \geqslant 5d$ \hfill (3-4-15)

当 $V > 0.7f_t bh_0$ 时 $\qquad$ 带肋钢筋 $\qquad l_{as} \geqslant 12d$ \hfill (3-4-16)

$\qquad\qquad\qquad\qquad$ 光面钢筋 $\qquad l_{as} \geqslant 15d$ \hfill (3-4-17)

式中,l_{as} 为钢筋的受拉锚固长度;d 为锚固钢筋直径。

如纵向受力钢筋伸入支座范围内的锚固长度不符合上述要求时,应采取在钢筋上加焊横向锚固钢筋、锚固钢板,或将钢筋端部焊接在梁端的预埋件上等有效锚固措施。

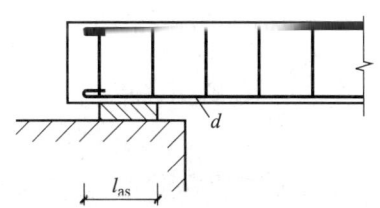

图 3-4-25 简支梁下部纵向受力钢筋伸入梁支座范围内的锚固

对于混凝土强度等级小于或等于 C25 的简支梁,若在距支座 $1.5h$ 范围内作用有集中荷载(包括作用有多种荷载,且其中集中荷载对支座截面所产生的剪力占总剪力的 75% 以上的情况),且 $V > 0.7f_t bh_0$ 时,对热轧带肋钢筋宜采用附加锚固措施,或取锚固长度 $l_{as} \geqslant 15d$。

⑥ 连续梁或框架梁的上部钢筋应贯通其中间支座或中间节点范围。下部纵向钢筋伸入中间支座或中间节点范围内的锚固长度应符合以下要求:

a. 当计算中不利用其强度时,其伸入的锚固长度应符合前述简支梁中的 $V > 0.7f_t bh_0$ 要求;

b. 当计算中充分利用钢筋的抗拉强度时,其伸入锚固长度应不小于 l_a 的数值;

c. 当计算中充分利用钢筋的抗压强度时,其伸入的锚固长度不应小于 $0.7l_a$。

框架梁的上部钢筋在中间层端节点内的锚固长度除应符合 l_a 要求外,并应伸过节点中心线,当上部钢筋在节点内水平锚固长度不够时,应沿柱节点外边向下弯折,但弯折前的水平投影长度不应小于 $0.4l_a$,垂直投影长度不应小于 $15d$;下部纵向钢筋伸入节点内的锚固长度,当计算中充分利用该钢筋的抗拉强度时,锚固方式与锚固长度与上部钢筋同,当计算中不利用该钢筋的强度或仅利用该钢筋的抗压强度时,锚固长度应符合中间节点的要求(图 3-4-26)。

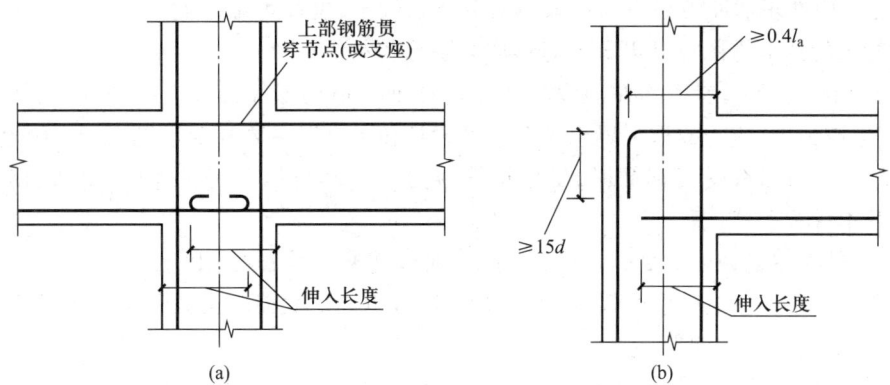

图 3-4-26 框架梁纵向钢筋在节点内的锚固

框架顶层端节点内纵向钢筋的锚固,应采取有效措施或按有关规定采用。

⑦ 钢筋骨架中的光面受力钢筋,应在钢筋末端做弯钩。

当锚固钢筋的保护层厚度不大于钢筋直径的5倍时,锚固长度范围内应配置横向构造钢筋,其直径不应小于锚固钢筋直径的0.25倍;对于梁间距不应大于锚固钢筋直径的5倍,对于板间距不应大锚固钢筋直径的10倍,且均不应大于100 mm。当锚固钢筋的混凝土保护层厚度不小于钢筋直径的5倍时,可不配置上述箍筋。

3.5 本章小结

① 适筋梁的破坏经历三个阶段:

第Ⅰ阶段——弹性工作阶段,第Ⅰ阶段末(I_a)可作为受弯构件抗裂度的计算依据。

第Ⅱ阶段——带裂缝工作阶段,阶段Ⅱ相当于梁正常使用时的应力状态,可作为使用阶段验算变形和裂缝开展宽度的依据。

第Ⅲ阶段——破坏阶段,第Ⅲ阶段末($Ⅲ_a$)可作为正截面受弯承载力计算的依据。

② 钢筋混凝土梁由于配筋率不同,有适筋梁、超筋梁和少筋梁三种破坏形态,其中超筋梁和少筋梁在设计中不允许采用。

适筋梁的破坏特点是:受拉钢筋先屈服,然后受压区混凝土被压碎,属于延性破坏;

超筋梁的破坏特点是:受拉钢筋未屈服而受压混凝土先被压碎,其承载力取决于混凝土的抗压强度,属于脆性破坏;

少筋梁的破坏特点是:受拉区混凝土一开裂就破坏。一旦开裂,受拉钢筋立即达到屈服强度,有时可迅速经历整个流幅而进入强化阶段,在个别情况下,钢筋甚至可能被拉断。它的承载力取决于混凝土的抗拉强度,属于脆性破坏。

③ 影响正截面破坏形态的主要因素有配筋率、混凝土和钢筋的强度等级、截面形式。

④ 影响受弯构件正截面承载力的最主要因素是钢筋强度、截面高度和配筋率,混凝土强度对受弯构件正截面承载力的影响比钢筋强度小得多。

⑤ 受弯构件正截面承载力计算采用四个基本假定,据此可确定截面应力图形。为简化计算,混凝土的压应力图形又以等效矩形应力图形代替。

⑥ 在实际工程中,受弯构件应设计成适筋截面。适筋截面计算应力图形为:受压区采用等效矩形应力图,应力值取混凝土抗压强度设计值f_c乘以系数α_1,受拉钢筋应力达到其抗拉强度设计值f_y;当有受压钢筋时,受压钢筋应力达到其抗压强度设计值f'_y。根据平衡条件,建立基本计算公式。

适用条件对单筋截面为$\xi \leq \xi_b$和$\rho_1 \geq \rho_{min}$,对双筋截面为$\xi \leq \xi_b$和$x \geq 2a'$。

⑦ 受弯构件分为单筋矩形截面、双筋矩形截面和T形截面。正截面承载力计算分为截面设计和截面复核两类问题。

⑧ 在绘制施工图时,钢筋直径、净距、保护层、锚固长度等均应符合《混凝土结构设计规范》有关构造规定。

⑨ 钢筋混凝土受弯构件在剪力和弯矩共同作用的区段内,会产生垂直于主拉应力方向的斜裂缝,并可能沿斜截面发生破坏。为了防止受弯构件发生斜截面破坏,应使构件有一个

合理的截面尺寸,并配置必要的腹筋。

⑩ 箍筋和弯起钢筋可以直接承担部分剪力,并限制斜裂缝的延伸和开展,提高剪压区的抗剪能力,还可以增强集料咬合作用和摩阻作用,提高纵筋的销栓作用。因此,配置腹筋可使梁的受剪承载力有较大提高。

⑪ 钢筋混凝土受弯构件因配箍率和剪跨比的不同,斜截面主要有斜拉、斜压和剪压三种破坏形态,它们均为脆性破坏。斜压破坏时受剪强度虽高,但突然发生,且腹筋不能屈服;斜拉破坏时,受剪承载力最低,且破坏更加突然,所以,斜拉和斜压破坏不允许发生,设计时通过构造措施予以防止;剪压破坏通过抗剪计算来保证。

⑫ 影响斜截面承载力的主要因素有梁的配箍率、剪跨比、混凝土强度等级以及纵向钢筋配筋率等。

⑬ 我国《混凝土结构设计规范》的基本公式是根据剪压破坏形态的受力特征而建立的。受剪承载力计算公式有适用范围,其截面限制条件是为了防止斜压破坏,最小配箍率和箍筋的构造规定是为了防止斜拉破坏。

⑭ 翼缘对提高 T 形截面梁的受剪承载力并不很显著,在计算 T 形截面梁的受剪承载力时,仍应取腹板宽度 b 来计算。

⑮ 斜截面破坏时,受压区混凝土在正应力和剪应力的共同作用下,有"弯压"和"剪切"两种破坏方式,前者是弯矩作用的结果,后者是剪切作用的结果,这说明斜截面有两类强度问题,即"抗弯强度问题"和"抗剪强度问题",可以独立地分别解决。

a. 斜截面受剪承载力通过腹筋计算和必要构造来解决。

b. 斜截面受弯承载力问题,主要是由于纵向钢筋的弯起和截断产生的,一般只采用构造措施保证。

c. 斜截面受剪和受弯承载力还必须满足相应的构造要求。

思考题

3-1 适筋梁正截面受力全过程可划分为几个阶段?各阶段主要特点是什么?与计算有何联系?

3-2 钢筋混凝土适筋梁与匀质弹性材料梁的受力性能有何区别?截面应力分析方法有何异同之处?

3-3 钢筋混凝土梁的正截面破坏形态有几种?破坏特征是什么?钢筋混凝土适筋梁正截面受弯破坏的标志是什么?

3-4 什么叫配筋率,它对梁的正截面受弯承载力有何影响?

3-5 在实际工程中为什么应避免采用少筋梁和超筋梁?

3-6 受弯构件正截面承载力计算有哪些基本假定?按基本假定如何进行正截面受弯承载力计算?

3-7 相对界限受压区高度 ξ_b 是怎样确定的?写出有明显流幅钢筋的相对界限受压区高度 ξ_b 的计算公式。影响 ξ_b 的因素有哪些?最大配筋率 ρ_{max} 与 ξ_b 是什么关系?

3-8 画出单筋矩形截面梁正截面承载力计算时的实际图式、理论图式及计算图式,并说明确定等效矩形应力图形的原则。

3-9 在什么情况下可采用双筋截面梁?为什么双筋梁一定要采用封闭式箍筋?如何保证受压钢筋强度得到充分利用?

3-10 在截面设计时如何判别两类T形截面?在截面复核时如何判别两类T形截面?

3-11 整浇梁板结构中的连续梁,其跨中截面和支座截面应按哪种截面梁计算?

3-12 最小配筋率是如何确定的?为什么T形截面的受拉钢筋的配筋面积应满足条件 $A_s \geq \rho_{\min} bh$,而不是 $A_s \geq \rho_{\min} b'_f h$?有受拉翼缘的I形截面和倒T形截面的最小受拉钢筋配筋面积如何确定?

3-13 如思考题3-13图所示四种截面,当材料强度、截面宽度b和高度h、承受的设计弯矩(忽略自重影响)均相同时,试确定:① 各截面开裂弯矩的大小次序;② 各截面最小配筋面积的大小次序;③ 各截面的配筋大小次序。

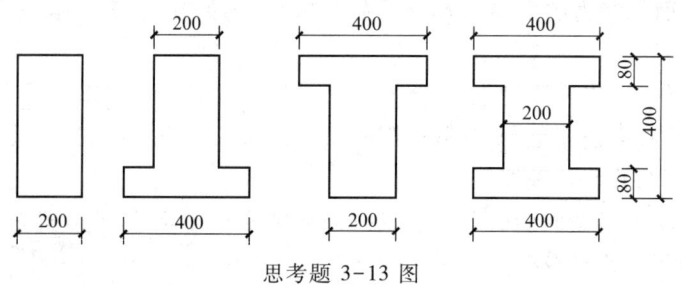

思考题 3-13 图

3-14 钢筋混凝土梁在荷载作用下,斜裂缝产生的原因是什么?一般说来有几种类型的斜裂缝?它们各有什么特点?

3-15 试画出如思考题3-15图所示梁斜裂缝的大致位置和方向,如需设置弯起钢筋抗剪时,弯起钢筋应怎样布置?

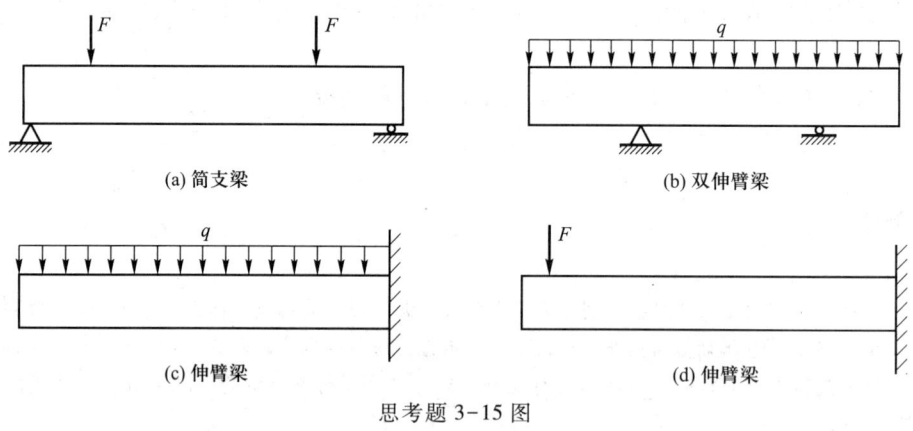

思考题 3-15 图

3-16 梁在斜裂缝出现前后的应力状态怎样?有什么变化?

3-17 钢筋混凝土梁产生斜裂缝后,梁中纵向受力钢筋的应力发生了什么变化?为什么会发生这样的变化?什么叫应力重分布现象?

3-18 剪跨比的定义是什么?为什么说剪跨比是影响梁受剪承载力最主要的因素之一?

3-19 有腹筋梁斜裂缝出现后,其传力过程和无腹筋梁有什么区别?腹筋对提高受剪承载力的作用有哪些?

3-20 钢筋混凝土梁的斜截面破坏形态有几种?设计中如何防止发生?

3-21 影响钢筋混凝土梁斜截面受剪承载力的主要因素有哪些？各有什么样的影响？

3-22 为什么设计厚度不大的普通板时，一般不需要进行抗剪计算且配置腹筋？

3-23 梁的斜截面受剪承载力计算公式有什么限制条件？其意义是什么？

3-24 在哪些情况下会发生斜截面受弯破坏？采用哪些措施能防止这种破坏？如何理解这些措施的目的和作用？如何理解钢筋的充分利用点和理论切断点？它们和斜截面抗弯承载力有什么关系？

3-25 什么是抵抗弯矩图（材料图）？如何画？有什么理论上和实际上的意义？它与弯矩图、弯矩包络图有什么区别？

3-26 在梁的中间支座附近，既需要将纵向受拉钢筋弯起来抗剪同时抗弯时，在构造上应满足哪些要求？如两者不能同时满足，怎样解决？

3-27 何谓截断钢筋的延伸长度？如何确定？

3-28 钢筋伸入支座的锚固长度有哪些要求？

3-29 箍筋和弯起钢筋间距为什么要加以限制而不能过大？

习题

判断选择题

3-30 混凝土保护层厚度是指（　　）。

A. 箍筋的中心到截面边缘的距离

B. 纵向受力钢筋的中心到截面边缘的距离

C. 箍筋的外边缘到截面边缘的距离

D. 纵向受力钢筋外边缘到截面边缘的距离

3-31 梁下部钢筋净距应满足下列哪项要求？（　　）（d 为纵向受力钢筋直径）

A. $\geq d$ 且 ≥ 25 mm　　　　　　　　B. $\geq 1.5d$ 且 ≥ 20 mm

C. $\geq 1.5d$ 且 ≥ 25 mm　　　　　　　D. $\geq d$ 且 ≥ 20 mm

3-32 对于板内受力钢筋的间距，下面哪项是错误的？（　　）

A. 间距 $s \geq 70$ mm

B. 当板厚 $h < 150$ mm 时，间距不应大于 200 mm

C. 当板厚 $h > 150$ mm 时，间距不应大于 $1.5h$，且不应大于 300 mm

D. 当板厚 $h > 150$ mm 时，间距不应大于 $1.5h$，且不应大于 250 mm

3-33 梁在正截面破坏时，具有如下的破坏特征：破坏首先从受拉区开始，受拉钢筋首先屈服，直到受压区边缘混凝土达到极限压应变，受压区混凝土被压碎。这样的梁称为（　　）。

A. 少筋梁　　　　B. 适筋梁　　　　C. 超筋梁　　　　D. 部分超筋梁

3-34 简支梁下部的纵向受力钢筋承受何种应力（承受向下荷载）？（　　）

A. 剪应力　　　　B. 拉应力　　　　C. 压应力　　　　D. 拉应力和压应力

3-35 当采用强度等级 400 MPa 及以上钢筋时，混凝土强度等级不应低于（　　）。

A. C35　　　　　B. C15　　　　　C. C20　　　　　D. C25

3-36 当采用 C25 混凝土和 Ⅲ 级钢筋时，受拉钢筋的基本锚固长度 l_{ab} 为（　　）。

A. $30d$　　　　　B. $35d$　　　　　C. $40d$　　　　　D. $45d$

3-37 对于钢筋混凝土梁来说,当钢筋和混凝土之间的黏结力不足时,如果不改变钢筋截面面积的大小而使它们之间的黏结力达到要求,以下这些方法,哪项最为适当?(   )
A. 增加受压钢筋的截面　　　　　　　　B. 增加受拉钢筋的周长
C. 加大箍筋的密度　　　　　　　　　　D. 采用高强度钢筋

3-38 钢筋和混凝土之间的黏结力是保证钢筋和混凝土共同工作的重要条件之一,下列影响黏结力的因素中哪一个是不正确的?(   )
A. 混凝土强度　　　　　　　　　　　　B. 钢筋保护层厚度
C. 钢筋的含碳量　　　　　　　　　　　D. 钢筋外形与净距

3-39 与素混凝土梁相比,钢筋混凝土梁承载能力(   )。
A. 不变　　　B. 提高　　　C. 下降　　　D. 难以确定

3-40 当采用钢筋混凝土构件时,要求混凝土强度等级不宜低于(   )。
A. C25　　　B. C15　　　C. C20　　　D. C30

3-41 钢筋混凝土梁在正常使用荷载下,(   )。
A. 通常是带裂缝工作的
B. 一旦出现裂缝,沿全长混凝土与钢筋间的黏结力消失殆尽
C. 一旦出现裂缝,裂缝贯通全截面
D. 不会出现裂缝

3-42 下列不属于受弯构件正截面破坏类型的是(   )。
A. 适筋破坏　　B. 超筋破坏　　C. 少筋破坏　　D. 部分超配筋破坏

3-43 下列各条因素中,哪一项与梁的斜截面抗剪承载力无关?(   )
A. 构件截面尺寸　　B. 混凝土强度　　C. 纵筋配筋率　　D. 纵筋的强度

3-44 钢筋混凝土适筋梁受荷工作的(   )阶段的受力状态是受弯构件正截面承载力计算的主要依据。
A. Ⅰ　　　B. Ⅱ　　　C. $Ⅱ_a$　　　D. $Ⅲ_a$

3-45 少筋梁的正截面承载力取决于(   )。
A. 混凝土的抗压强度　　　　　　　　　B. 混凝土的抗拉强度
C. 钢筋的抗拉强度及配筋率　　　　　　D. 钢筋的抗压强度及配筋率

3-46 超筋梁的正截面承载力取决于(   )。
A. 混凝土的抗压强度　　　　　　　　　B. 混凝土的抗拉强度
C. 钢筋的强度及其配筋率　　　　　　　D. 钢筋的强度及其配箍率

3-47 对于在室内正常工作的梁,混凝土强度等级为C25时,其受力钢筋的最小保护层厚度为(   )。
A. 15 mm　　B. 20 mm　　C. 25 mm　　D. 30 mm

3-48 四根材料和截面面积相同而截面形状不同的混凝土梁,其抗弯能力最强的是(   )。
A. 圆形截面　　　　　　　　　　　　　B. 正方形面
C. 宽高比为0.5的矩形截面　　　　　　D. 宽高比为2.0的矩形截面

3-49 在钢筋混凝土梁上使用箍筋的主要目的是什么?(   )
A. 提高混凝土的强度　　　　　　　　　B. 弥补纵筋配筋量的不足
C. 承担弯矩　　　　　　　　　　　　　D. 抵抗剪力

3-50 在下列影响梁抗剪承载力的因素中,哪一个因素影响最小?(   )
A. 截面尺寸　　　　　　　　　　　　　B. 混凝土强度

C. 配筋率 D. 配箍率

3-51 下列受弯构件斜截面破坏中的( )属于脆性破坏。
A. 剪压破坏 B. 斜压破坏 C. 斜拉破坏 D. 三者均是

3-52 单向板中需配置一定数量的分布钢筋,对于其作用,下列哪项是错误的?( )
A. 将荷载均匀分散到受力筋上
B. 承担由混凝土收缩和温度变化产生的拉应力
C. 防止构件开裂
D. 固定受力钢筋位置

3-53 钢筋混凝土单向板中,分布钢筋的面积和间距应满足如下哪一条件?( )
A. 截面面积不宜小于受力钢筋面积的10%,且间距不宜大于300 mm
B. 截面面积不宜小于受力钢筋面积的10%,且间距不宜大于250 mm
C. 截面面积不宜小于受力钢筋面积的15%,且间距不宜大于300 mm
D. 截面面积不宜小于受力钢筋面积的15%,且间距不宜大于250 mm

3-54 计算矩形截面梁的正截面受弯承载力时,应采用混凝土的下列哪一种强度?( )
A. 弯曲抗压强度 B. 轴心抗压强度
C. 立方体抗压强度 D. 轴心抗拉强度

3-55 钢筋混凝土梁正截面受弯承载力计算时,应控制其配筋率不小于受拉钢筋的最小配筋率,否则有下列哪种严重后果?( )
A. 达到承载能力时,将发生脆性破坏 B. 裂缝宽度显著加大
C. 可能出现斜拉破坏 D. 梁受剪承载力显著降低

3-56 计算矩形梁斜截面受剪承载力时,应采用下列混凝土的哪一种强度?( )
A. 立方体抗压强度 B. 轴心抗压强度
C. 弯曲抗压强度 D. 轴心抗拉强度

3-57 在一根普通钢筋混凝土梁中,以下哪一个不是决定斜截面抗剪承载能力的因素?( )
A. 混凝土和钢筋的强度等级 B. 截面尺寸
C. 纵向钢筋 D. 箍筋肢数

3-58 钢筋混凝土梁必须对下列四种内容的哪些内容进行计算?( )
Ⅰ 正截面受弯承载力 Ⅱ 正截面受剪承载力
Ⅲ 斜截面受弯承载力 Ⅳ 斜截面受剪承载力
A. Ⅰ、Ⅱ B. Ⅰ、Ⅳ
C. Ⅰ、Ⅱ、Ⅲ D. Ⅰ、Ⅱ、Ⅲ、Ⅳ

3-59 配筋率适中($\rho_{min} \leq \rho \leq \rho_{max}$)的钢筋混凝土梁,正截面受弯破坏时具有下述何种特征?( )
A. 延性破坏 B. 脆性破坏
C. 有时延性破坏,有时脆性破坏 D. 破坏时导致斜截面受弯破坏

计算题

3-60 已知矩形截面梁尺寸 $b \times h = 200 \text{ mm} \times 500 \text{ mm}$,承受弯矩设计值 $M = 90 \text{ kN} \cdot \text{m}$,采用混凝土强度等级 C25,HRB400 级钢筋,环境类别为一类。求所需受拉钢筋截面面积,并绘制截面配筋图。

3-61 已知矩形截面梁尺寸 $b \times h = 250 \text{ mm} \times 500 \text{ mm}$,纵向受拉钢筋为 4⏀25 的 HRB400 级钢筋,混凝土强度等级为 C30,取 $a = 40 \text{ mm}$,试确定该梁所能承受的弯矩设计值 M。

3-62　某楼面大梁计算跨度为 6.6 m，弯矩设计值 $M=163$ kN·m，试计算下面 5 种情况的 A_s（习题 3-62 表），并进行讨论。

习题 3-62 表

项目	梁宽 b/mm	梁高 h/mm	混凝土强度等级	钢筋级别	钢筋面积 A_s/mm²
1	200	550	C25	HRB400	
2	200	550	C30	HRB400	
3	200	550	C25	HRB500	
4	200	650	C25	HRB400	
5	250	550	C25	HRB400	

（1）提高混凝土的强度等级对配筋量的影响；
（2）提高钢筋级别对配筋量的影响；
（3）加大截面高度对配筋量的影响；
（4）加大截面宽度对配筋量的影响。

3-63　计算习题 3-63 表所示钢筋混凝土矩形截面梁能承受的最大弯矩设计值，并对计算结果进行讨论。

习题 3-63 表

项目	截面尺寸 $(b\times h)$/(mm²)	混凝土强度等级	钢筋级别	配置钢筋	最大弯矩设计值 M/(kN·m)
1	200×500	C25	HRB400	3⊕20	
2	200×500	C25	HRB400	6⊕20	
3	200×500	C25	HRB500	3⊕20	
4	200×500	C30	HRB400	3⊕20	
5	200×600	C25	HRB400	3⊕20	
6	300×500	C25	HRB400	3⊕20	

3-64　已知矩形梁截面尺寸 $b\times h=250$ mm×500 mm，$a=a'=40$ mm。该梁在不同荷载组合下受到变号弯矩作用，其设计值分别为 $M=-100$ kN·m，$M=+160$ kN·m。采用 C30 级混凝土，HRB400 级钢筋。试求：
（1）按单筋矩形截面计算在 $M=-100$ kN·m 作用下，梁顶面需配置的受拉钢筋 A_s'；
（2）按单筋矩形截面计算在 $M=+160$ kN·m 作用下，梁底面需配置的受拉钢筋 A_s；
（3）将在 $M=-100$ kN·m 作用下梁顶面配置的受拉钢筋 A_s' 作为受压钢筋，按双筋矩形截面计算在 $M=+160$ kN·m 作用下梁底部需配置的受拉钢筋面积 A_s；
（4）比较（2）和（3）的总配筋面积。

3-65 某矩形截面简支梁,计算跨度 $l_0 = 5.7$ m,$b = 200$ mm,$h = 500$ mm,混凝土强度等级 C25,配有受压钢筋 2 根直径 18 mm、受拉钢筋 3 根直径 22 mm 和 2 根直径 18 mm 的 HRB400 级钢筋。求该梁所能承受的均布活荷载标准值(钢筋混凝土密度为 25 kN/m³,恒荷载分项系数为 1.2,活荷载分项系数 1.4)。

3-66 已知一倒 T 形截面梁,$b \times h = 200$ mm $\times 500$ mm,$h_f = 150$ mm,$b_f = 300$ mm,采用 C30 混凝土,配置纵向受拉钢筋 4⊕20,受压钢筋 2⊕20,求该梁能承受的最大设计弯矩。

3-67 现浇混凝土肋梁楼盖的 T 形截面次梁,跨度 6 m,梁间距 2.4 m,现浇板厚 80 mm,混凝土强度等级为 C25,采用 HRB400 级钢筋,跨中截面承受弯矩设计值 $M = 270$ kN·m。试确定该梁跨中截面尺寸及受拉钢筋截面积 A_s,选配钢筋,并绘制截面配筋图。

3-68 某 T 形截面梁,$b_f' = 400$ mm,$h_f' = 100$ mm,$b = 200$ mm,$h = 600$ mm,采用 C25 混凝土,HRB400 级钢筋,试计算以下情况该梁的配筋(取 $a = 60$ mm)。
(1)承受弯矩设计值 $M = 150$ kN·m;
(2)承受弯矩设计值 $M = 280$ kN·m;
(3)承受弯矩设计值 $M = 400$ kN·m。

3-69 钢筋混凝土矩形截面的简支梁,环境类别一类,截面尺寸为 $b \times h = 200$ mm $\times 500$ mm,承受均布荷载,箍筋采用 HRB335 级,混凝土采用 C30。(1)当支座处剪力设计值为 $V = 140$ kN,试确定箍筋的直径和间距。(2)当支座处剪力设计值为 $V = 14$ kN 和 $V = 680$ kN 时,如何处理?

3-70 一钢筋混凝土简支梁,截面形式为 T 形截面,尺寸如习题 3-70 图所示,承受均布荷载设计值为 $q = 42$ kN/m,集中荷载设计值 $F = 80$ kN,箍筋采用 HRB335 级,混凝土采用 C30,试确定箍筋的直径和间距,并画出配筋示意图。

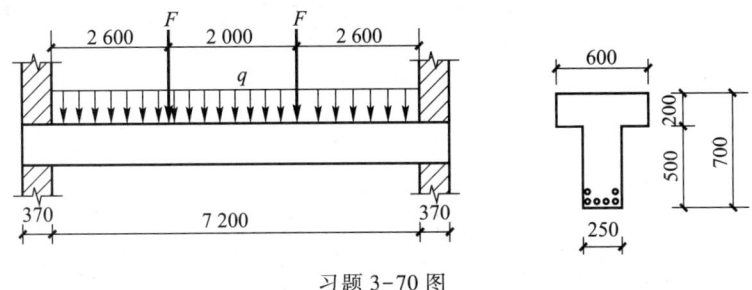

习题 3-70 图

3-71 如习题 3-71 图所示钢筋混凝土矩形截面简支梁,$b \times h = 250$ mm $\times 500$ mm,荷载设计值 $P = 150$ kN,$q = 12$ kN/m,纵筋采用 HRB500 级钢筋,箍筋采用 HRB335 级钢筋,混凝土采用 C30,试求(1)确定纵向受力钢筋;(2)如果采用配置箍筋和弯起钢筋受剪,试确定箍筋和弯起钢筋,并画出配筋图。

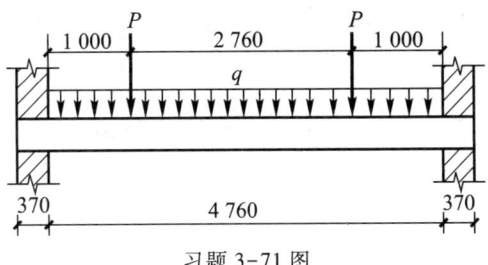

习题 3-71 图

3-72 已知某钢筋混凝土矩形截面简支梁,计算跨度 $l_0=6$ m,净跨 $l_n=5.76$ m,截面尺寸 $b×h=250$ mm× 650 mm,采用 C30 混凝土,纵筋采用 HRB400 级,箍筋采用 HPB300 级,已知梁的纵向受力钢筋为 4⌶22,试求:当采用 Φ8@200 双肢箍时,梁能承受的均布荷载设计值 $(q+g)$。

3-73 一钢筋混凝土矩形截面伸臂梁,计算简图及承受荷载设计值(包括自重)如习题 3-73 图所示,截面尺寸 $b×h=250$ mm×650mm,采用 C30 混凝土,箍筋和纵筋分别采用 HRB335 级和 HRB400 级,若利用梁底纵筋弯起承受剪力,试设计此梁并画出梁的配筋图及抵抗弯矩图。

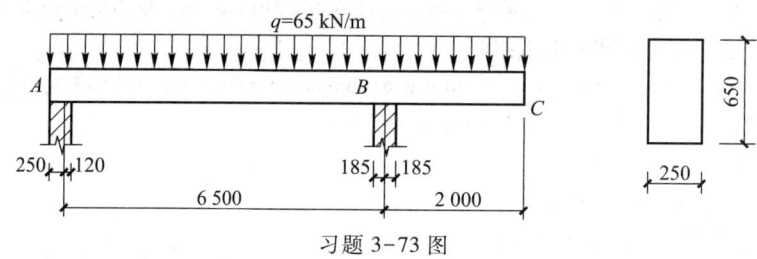

习题 3-73 图

4 钢筋混凝土受压构件

4.1 钢筋混凝土受压构件概述

受压构件是工程结构中最基本和最常见的构件之一,主要以承受轴向压力为主,通常还有弯矩和剪力作用。如图 4-1-1 所示,框架结构房屋的柱、单层厂房柱及屋架的受压腹杆等均为受压构件。

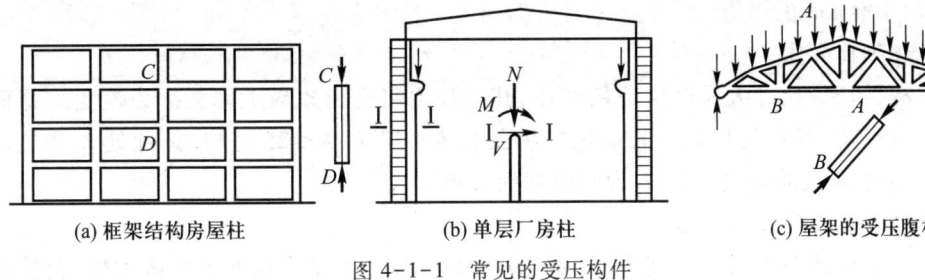

图 4-1-1 常见的受压构件

根据轴向压力的作用点与截面重心的相对位置不同,受压构件又可分为轴心受压构件、单向偏心受压构件及双向偏心受压构件,如图 4-1-2。

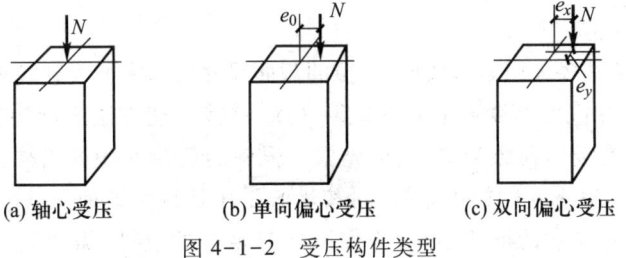

图 4-1-2 受压构件类型

钢筋混凝土受压构件通常配有纵向受力钢筋和箍筋。在轴心受压构件中,纵向受力钢筋的主要作用是帮助混凝土受压,箍筋的主要作用是防止纵向受力钢筋压屈,并与纵向受力钢筋形成骨架以便施工;在偏心受压构件中,纵向受力钢筋的主要作用是:一部分纵向受力钢筋帮助混凝土受压,另一部分纵向受力钢筋抵抗由偏心压力产生的弯矩,箍筋的主要作用是抵抗剪力。

4.2 钢筋混凝土受压构件截面形式和一般构造规定

4.2.1 钢筋混凝土受压构件的截面形式

轴心受压构件的截面多采用方形或矩形,有时也采用圆形或多边形。偏心受压构件一般为矩形截面,矩形截面长边与弯矩作用方向平行。为了节约混凝土和减轻柱的自重,特别是在装配式柱中,较大尺寸的柱常常采用工字形截面。拱结构的肋则多做成T形截面。采用离心法制造的柱、桩、电杆以及烟囱、水塔支筒等常用环形截面。

4.2.2 钢筋混凝土受压构件的构造规定

1. 截面尺寸

(1) 模数要求

柱截面尺寸宜符合模数要求,柱截面尺寸在 800 mm 及以下的,取 50 mm 的倍数,800 mm 以上的,取 100 mm 的倍数。

(2) 长细比要求

受压构件长细比过大易产生失稳破坏,其承载力将会出现较大降低。为避免失稳破坏带来的不利影响,常将受压构件长细比控制在 $l_0/b \leq 30$、$l_0/h \leq 25$ 范围内(此处 l_0 为柱的计算长度,b 为矩形截面短边边长,h 为矩形截面长边边长)。

(3) 最小截面尺寸的要求

一般方形柱的截面尺寸不宜小于 300 mm×300 mm。工字形截面若翼缘太薄,会使构件过早出现裂缝,同时靠近柱底处的混凝土容易在生产过程中碰坏,影响柱的承载力和使用年限,故翼缘厚度不宜小于 120 mm,腹板厚度不宜小于 100 mm,抗震区使用工字形截面柱时,其腹板宜再加厚些。

(4) 截面尺寸估算

钢筋混凝土框架柱多采用矩形截面,初拟的截面尺寸可参考同类建筑或近似取 $h = (1/20 \sim 1/15)H$,H 为层高;柱截面宽度可取 $b = (2/3 \sim 1)h$,并按下述方法进行初步估算:

当框架柱以承受竖向荷载为主时,可先据一根柱的负荷面积算出柱轴力,考虑到弯矩影响,将柱轴力乘以 1.2~1.4 的放大系数,再按轴心受压计算柱截面尺寸。

对于有抗震设防要求的框架结构,为保证柱有足够的延性,需要限制柱的轴压比,柱截面面积应满足下式要求:

$$A \geq \frac{N}{\mu f_c} \tag{4-2-1}$$

式中 A——柱的全截面面积;

N——柱的轴压力;

μ——柱轴压比限值,见表 4-2-1;
f_c——混凝土轴心抗压强度设计值。

有抗震设防要求的框架柱截面高度和宽度一般不宜小于 400 mm。为避免发生剪切破坏,柱净高与截面长边之比宜大于 4。

表 4-2-1 柱轴压比限值

类别	抗震等级			
	一	二	三	四
框架柱	0.65	0.75	0.85	0.90

2. 柱的配筋

柱中一般配置纵向受力钢筋、纵向构造钢筋和箍筋。

(1) 纵向受力钢筋

纵向受力钢筋宜采用 HRB400、HRB500、HRBF400、HRBF500 钢筋。

轴心受压构件的纵向受力钢筋应沿截面的四周均匀放置,方形和矩形截面柱中纵向受力钢筋不得小于 4 根,圆柱中纵筋根数不宜小于 8 根,且不应小于 6 根,偏心受压构件的纵向受力钢筋应放置在偏心方向截面的两边,见图 4-2-1。

受压构件纵向受力钢筋的配筋率不应小于表 4-2-2 规定;从经济、施工以及受力性能等方面来考虑,全部纵筋配筋率不宜超过 5%。

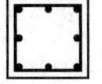
(a) 轴心受压

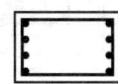
(b) 偏心受压

图 4-2-1 受压构件截面纵向受力钢筋形式

表 4-2-2 纵向受力钢筋的最小配筋百分率 ρ_{min} %

受力类型		最小配筋百分率
受压构件	全部纵向钢筋 强度级别 500 N/mm²	0.50
	全部纵向钢筋 强度级别 400 N/mm²	0.55
	全部纵向钢筋 强度级别 300 N/mm²、335 N/mm²	0.60
	一侧纵向钢筋	0.20

注:1. 受压构件全部纵向钢筋最小配筋百分率,当采用 C60 及以上强度等级的混凝土时,应按表中规定增加 0.10;
2. 受压构件的全部纵向钢筋和一侧纵向钢筋的配筋率应按构件的全截面面积计算;
3. 当钢筋沿构件截面周边布置时,"一侧纵向钢筋"系指沿受力方向两个对边中一边布置的纵向钢筋。

纵向受力钢筋直径不宜小于 12 mm,通常在 16~32 mm 范围内选用。为了减小钢筋在施工时可能产生的纵向弯曲,宜采用较粗的钢筋。纵筋净距不应小于 50 mm。在水平位置上浇注的预制柱,其纵筋最小净距可减小,但不应小于 30 mm 和 1.5d(d 为钢筋的最大直径)。在偏心受压柱中,垂直于弯矩作用平面的侧面上的纵向受力钢筋以及轴心受压柱中各边的纵向受力钢筋,其间距不宜大于 300 mm。

纵筋的连接接头宜设置在受力较小处。钢筋的接头可采用机械连接接头,也可采用焊接接头和搭接接头。但对于直径大于 25 mm 的受拉钢筋和直径大于 28 mm 的受压钢筋,不宜采用绑扎的搭接接头。

（2）箍筋

箍筋宜采用 HRB400 和 HPB300 钢筋;也可采用 HRB335、HRBF400 钢筋。

为防止纵筋压曲,柱中箍筋须做成封闭式;其间距不应大于 $15d$（d 为纵筋最小直径）,且不应大于 400 mm,也不大于构件截面的短边尺寸。箍筋直径不应小于 $d/4$（d 为纵筋最大直径）,且不应小于 6 mm。当柱中全部纵向受力钢筋的配筋率超过 3% 时,箍筋直径不应小于 8 mm,其间距不应大于 $10d$（d 为纵筋最小直径）,且不应大于 200 mm。箍筋末端应做成 135°弯钩,且弯钩末端平直段长度不应小于箍筋直径的 10 倍。当截面短边尺寸大于 400 mm 且各边纵筋多于 3 根时,或当截面短边尺寸不大于 400 mm 但各边纵筋多于 4 根时,应设置复合箍筋,见图 4-2-2。

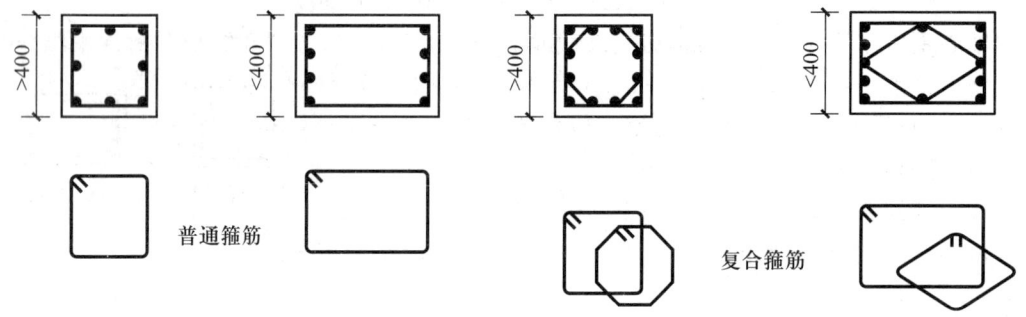

图 4-2-2 方形及矩形截面柱的箍筋形式

纵向钢筋搭接长度范围内,当搭接钢筋的保护层厚度不大于 5 倍搭接钢筋直径时,搭接长度范围内应配置箍筋,箍筋直径不应小于 0.25 倍搭接钢筋直径,间距不应大于 5 倍搭接钢筋直径,且不应大于 100 mm;当搭接的受压钢筋直径大于 25 mm 时,应在搭接接头两个端面外 100 mm 范围内各设置两根箍筋。

截面形状复杂的构件,不可采用具有内折角的箍筋,避免产生向外的拉力,致使折角处的混凝土破损,见图 4-2-3。

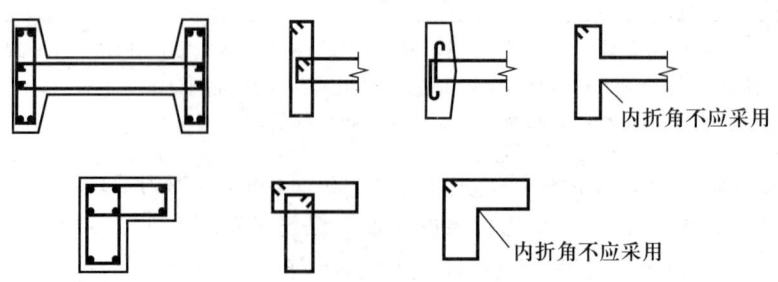

图 4-2-3 I 形及 L 形截面柱的箍筋形式

（3）纵向构造钢筋

当受压构件截面高度 $h>600$ mm 时,在其侧面应设置直径为 10~16 mm 的纵向构造钢筋,并相应地设置附加箍筋或拉筋。

3. 混凝土强度等级和保护层厚度

由于混凝土强度等级对受压构件的承载能力影响较大,故为了减小构件的截面尺寸,节省钢材,宜采用强度等级较高的混凝土。一般采用 C25、C30、C35、C40,对于高层建筑的底层柱,必要时可采用更高强度等级的混凝土。

设计使用年限为 50 年的混凝土受压构件,其保护层厚度应符合表 3-2-2 的规定。设计使用年限为 100 年的混凝土结构,其最外层钢筋的混凝土保护层厚度应不小于表 3-2-2 数值的 1.4 倍。

4.3 钢筋混凝土轴心受压构件的承载力计算

4.3.1 概述

纵向压力作用线与构件截面形心线重合的构件称为轴心受压构件,如图 4-3-1b 所示。在实际结构中,由于材料本身的不均匀性、施工的尺寸误差以及荷载作用位置的偏差等原因,很难使纵向力作用线与截面形心线完全重合,故理想的轴心受压构件几乎是不存在的。设计上通常把偏心距很小的构件近似按轴心受压构件计算,如屋架中的受压腹杆、以承受恒载为主的等跨多层房屋内柱等,如图 4-3-1a、c 所示。

轴心受压柱按箍筋作用及配置方式不同又可分为普通箍筋柱和螺旋箍筋柱,如图 4-3-2 所示。

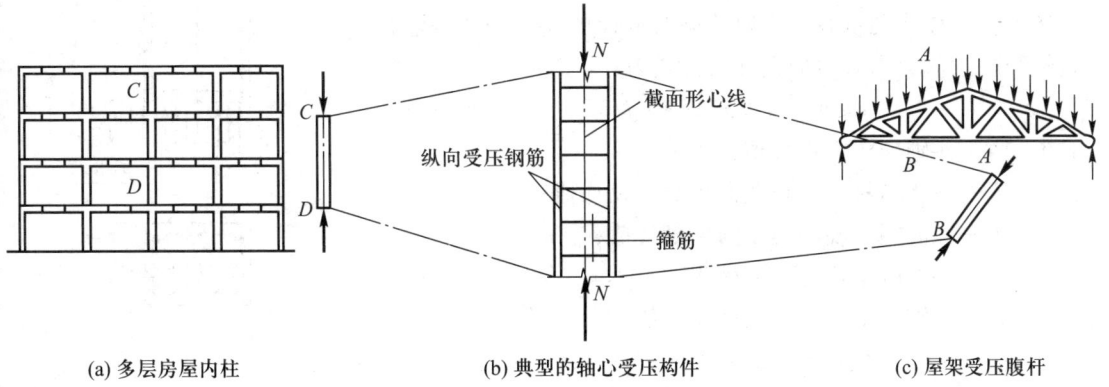

(a) 多层房屋内柱　　(b) 典型的轴心受压构件　　(c) 屋架受压腹杆

图 4-3-1　实际结构中的钢筋混凝土轴心受压构件

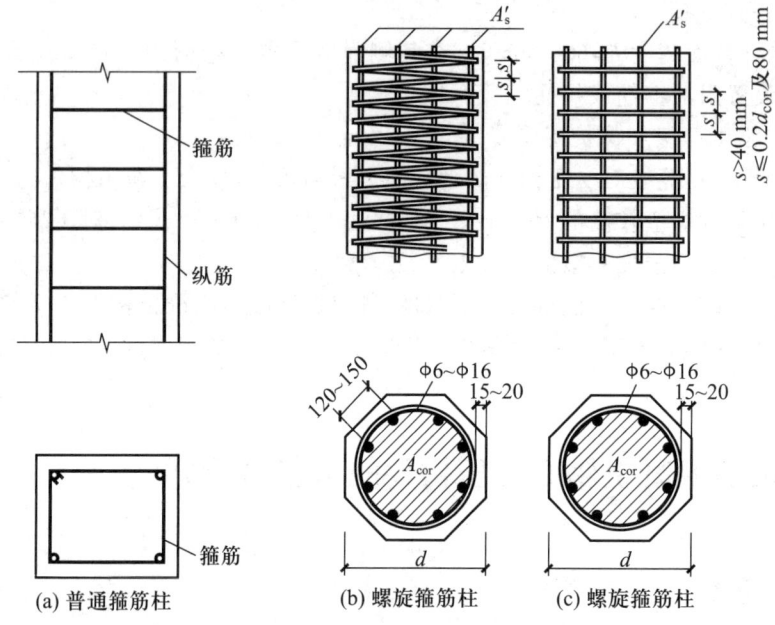

图 4-3-2　普通箍筋柱和螺旋箍筋柱

4.3.2　普通箍筋柱轴心受压时正截面承载力计算

1. 基本公式

在轴心压力 N 作用下,构件截面处在均匀受压的状态。当轴向压力增大,使构件截面上的钢筋达到屈服强度,混凝土达到抗压强度时,构件达到了承载力极限状态。图 4-3-3 为普通箍筋柱达到承载力极限状态时截面的应力图式,故普通箍筋柱正截面承载力的设计表达式为:

$$N \leqslant N_u = 0.9\varphi(Af_c + A'_s f'_y) \quad (4\text{-}3\text{-}1)$$

式中　N——轴向压力设计值;
　　　N_u——普通箍筋柱正截面承载力设计值;
　　　f_c——混凝土轴心抗压强度设计值;
　　　A——混凝土构件截面面积;
　　　f'_y——纵向钢筋抗压强度设计值;
　　　A'_s——全部纵向钢筋的截面面积;
　　　φ——钢筋混凝土构件稳定系数,按表 4-3-1 取值。

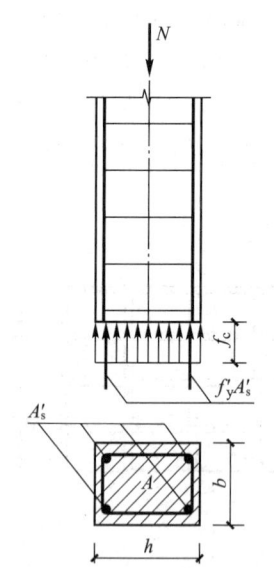

图 4-3-3　普通箍筋柱达到承载力极限状态时截面的应力图式

表 4-3-1　钢筋混凝土轴心受压构件稳定系数 φ

l_0/b	≤8	10	12	14	16	18	20	22	24	26	28
l_0/d	≤7	8.5	10.5	12	14	15.5	17	19	21	22.5	24
l_0/i	≤28	35	42	48	55	62	69	76	83	90	97
φ	1.00	0.98	0.95	0.92	0.87	0.81	0.75	0.70	0.65	0.60	0.56
l_0/b	30	32	34	36	38	40	42	44	46	48	50
l_0/d	26	28	29.5	31	33	34.5	36.5	38	40	41.5	43
l_0/i	104	111	118	125	132	139	146	153	160	167	174
φ	0.52	0.48	0.44	0.40	0.36	0.32	0.29	0.26	0.23	0.21	0.19

注：l_0 为构件的计算长度，b 为矩形截面的短边尺寸，d 为圆形截面的直径，i 为截面的最小回转半径。

2. 设计方法

轴心受压构件的设计问题可分为截面设计和截面复核两类。

（1）截面设计

一般已知轴心压力设计值（N），材料强度设计值（f_c、f'_y），构件的实际长度和支承情况（l_0），要求确定构件截面面积（A 或 $b\times h$）及纵向受压钢筋面积（A'_s）。

由式（4-3-1）知，仅有一个公式需求解三个未知量（φ、A、A'_s），无确定解，故必须增加或假设一些已知条件。一般可以先选定一个合适的配筋率 ρ'（即 A'_s/A），通常可取 ρ' 为 1.0%～1.5%，再假定 $\varphi=1.0$，然后代入式（4-3-1）求解 A。根据 A 来选定实际的构件截面尺寸（$b\times h$）。由长细比 l_0/b 查表 4-3-1 确定 φ，再代入式（4-3-1）求实际的 A'_s。当然，最后还应检查是否满足最小配筋率要求。

（2）截面复核

截面复核比较简单，只需将有关数据代入式（4-3-1），如果式（4-3-1）成立，则满足承载力要求。

例 4-1　某钢筋混凝土轴心受压柱，计算长度 $l_0=4.9$ m，承受轴向力设计值 $N=1\,580$ kN，采用 C25 级混凝土和 HRB400 级钢筋，求柱截面尺寸（$b\times h$）及纵筋截面面积（A'_s）。

解： ① 估算截面尺寸

假定 $\rho'=\dfrac{A'_s}{A}=1\%$，$\varphi=1.0$，代入式（4-3-1）得：

$$A \geqslant \frac{N}{0.9\varphi(f_c+\rho' f'_y)} = \frac{1\,580\times 10^3}{0.9\times 1.0\times(11.9+0.01\times 360)}\ \text{mm}^2 = 113\,262\ \text{mm}^2$$

$b=h=\sqrt{A}=336.54$ mm

实取 $b=h=350$ mm，$A=122\,500$ mm²。

② 求稳定系数

$\dfrac{l_0}{b}=\dfrac{4\,900}{350}=14$，查表 4-3-1 得 $\varphi=0.92$。

③ 求纵筋面积

由式(4-3-1)得：

$$A'_s \geq \frac{\frac{N}{0.9\varphi} - f_c A}{f'_y} = \frac{\frac{1\,580 \times 10^3}{0.9 \times 0.92} - 11.9 \times 350 \times 350}{360} \text{ mm}^2 = 1\,251 \text{ mm}^2$$

④ 验算配筋率

总配筋率 $5\% > \rho' = \frac{1\,251}{350 \times 350} \times 100\% = 1.02\% > \rho'_{min} = 0.55\%$ 可以

实选 4Φ20 钢筋，($A'_s = 1\,256 \text{ mm}^2$)

一侧配筋率 $\rho' = \frac{628}{350 \times 350} = 0.513\% > \rho'_{min} = 0.2\%$ 可以。

4.3.3 螺旋箍筋柱轴心受压时正截面承载力计算

与普通箍筋柱一样，在轴心压力 N 作用下，构件截面亦处在均匀受压的状态。由于这种柱的箍筋间距很密，能够有效地约束混凝土受压后的横向变形，使箍筋内部的核芯混凝土处于三向受压状态，从而提高了核芯部分混凝土的抗压强度。当螺旋箍筋达到屈服强度时，构件达到了承载力极限状态。此时混凝土应力达到三向受压时的抗压强度设计值 f_{cc}，钢筋应力为 f'_y，应力图式如图 4-3-4 所示。

这时，螺旋箍筋柱正截面承载力为：

$$N_u = A_{cor} f_{cc} + A'_s f'_y \tag{4-3-2}$$

式中 f_{cc}——约束混凝土的轴心抗压强度设计值，$f_{cc} = f_c + 4\sigma_c$；

f_c——混凝土轴心抗压强度设计值；

σ_c——混凝土的径向压应力，$\sigma_c = \frac{2f_{yv}A_{ss1}}{sd_{cor}}$；

A_{ss1}——螺旋箍筋的截面面积；

d_{cor}——核芯混凝土截面的直径；

s——螺旋箍筋的间距；

A_{cor}——核芯混凝土截面面积。

写成承载力设计表达式为：

$$N \leq N_u = 0.9(f_c A_{cor} + 2\alpha f_{yv} A_{ss0} + f'_y A'_s) \tag{4-3-3}$$

式中 N——轴向压力设计值；

0.9——可靠度调整系数；

f_{yv}——螺旋箍筋的抗拉强度设计值；

A_{ss0}——螺旋箍筋的换算截面面积，$A_{ss0} = \frac{\pi d_{cor} A_{ss1}}{s}$；

α——螺旋箍筋对混凝土约束的折减系数：当混凝

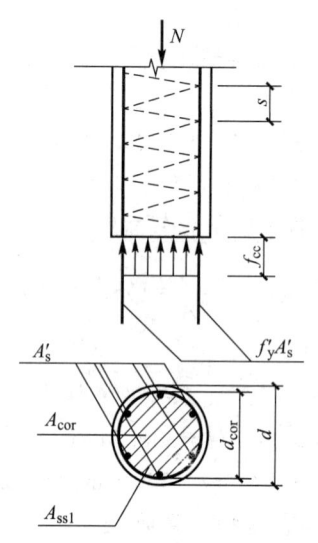

图 4-3-4 螺旋箍筋柱达到承载力极限状态时截面的应力图式

土强度等级不大于 C50 时,取 1.0,当混凝土强度等级为 C80 时,取 0.85,其间按直线内插法确定。

应用式(4-3-3)可计算螺旋箍筋柱的纵筋面积和箍筋用量。应用时要注意以下几个问题:

① 为了保证混凝土保护层在使用荷载下不剥落,按式(4-3-3)算得的构件受压承载力不应比按式(4-3-1)算得的大 50%。

② 长细比较大时,构件破坏时实际处于偏心受压状态,截面不是全部受压,螺旋箍筋的约束作用得不到有效发挥。因此,当 $l_0/d>12$ 时,不考虑螺旋箍筋的约束作用。

③ 螺旋箍筋配置得较少时,很难保证它对混凝土发挥有效的约束作用。因此,当螺旋箍筋的换算截面面积 A_{ss0} 小于纵向钢筋的全部截面面积的 25% 时,不考虑螺旋箍筋的约束作用。

④ 按式(4-3-3)算得的构件受压承载力不应小于按式(4-3-1)算得的受压承载力。

例 4-2 某展示厅内一根钢筋混凝土柱,按建筑设计要求截面为圆形,直径不大于 600 mm。该柱承受的轴心压力设计值 $N=9\,000$ kN,柱的计算长度 $l_0=6.6$ m,混凝土强度等级为 C30,纵筋用 HRB400 级钢筋,箍筋用 HRB335 级钢筋。试进行该柱的设计。

解: ① 按普通箍筋柱设计

由 $l_0/d=6\,600/600=11$,查表 4-3-1 得 $\varphi=0.94$,代入式(4-3-1)得:

$$A'_s=\frac{1}{f'_y}\left(\frac{N}{0.9\varphi}-f_cA\right)=\frac{1}{360}\left(\frac{9\,000\times10^3}{0.9\times0.94}-14.3\times\frac{\pi\times600^2}{4}\right)\text{mm}^2=18\,325\text{ mm}^2$$

$$\rho'=\frac{A'_s}{A}=\frac{18\,325}{\frac{\pi\times600^2}{4}}=6.5\%$$

由于配筋率太大,且长细比又满足 $l_0/d<12$ 的要求,故考虑按螺旋箍筋柱设计。

② 按螺旋箍筋柱设计

假定纵筋配筋率 $\rho'=4\%$,则 $A'_s=0.04\times\frac{\pi\times600^2}{4}$ mm² $=11\,304$ mm²,选 23Φ25,$A'_s=11\,290.7$ mm²。取混凝土保护层为 20 mm,则 $d_{cor}=(600-30\times2)$ mm $=540$ mm,$A_{cor}=\frac{\pi d_{cor}^2}{4}=\frac{\pi\times540^2}{4}$ mm² $=228\,906$ mm²。混凝土 C30<C50,$\alpha=1.0$。由式(4-3-3)得:

$$A_{ss0}=\frac{\frac{N}{0.9}-(f_cA_{cor}+f'_yA'_s)}{2\alpha f_{yv}}=\frac{\frac{9\,000\times10^3}{0.9}-(14.3\times228\,906+360\times11\,290.7)}{2\times1.0\times300}\text{ mm}^2$$

$$=4\,437\text{ mm}^2$$

$A_{ss0}=4\,437$ mm² $>0.25A'_s=2\,822.7$ mm²,可以。

假定螺旋箍筋直径 $d=12$ mm，则 $A_{ss1}=113.1$ mm^2，

$$s=\frac{\pi d_{cor}A_{ss1}}{A_{ss0}}=\frac{3.14\times 540\times 113.1}{4\ 434}\text{ mm}=43.3\text{ mm}$$

实取螺旋箍筋为 ⌀12@40。箍筋直径和间距均满足构造要求。

按式（4-3-1）求普通箍筋柱的承载力为

$$N_u=0.9\varphi(f_cA+f'_yA'_s)=0.9\times 0.94\times\left[14.3\times\left(\frac{\pi\times 600^2}{4}-11\ 290.7\right)+360\times 11\ 290.7\right]\text{ N}$$
$$=6\ 720.9\times 10^3\text{ N}$$

$1.5\times 6\ 720.9$ kN $=10\ 081.35$ kN$>9\ 000$ kN，可以。

4.4 钢筋混凝土偏心受压构件的承载力计算

4-4：视频 界限破坏

4-5：讲课视频 偏心受压构件

4.4.1 概述

工程中偏心受压构件应用颇为广泛，如常见的多高层框架柱、单层刚架柱、单层厂房排架柱；大量的实体剪力墙和联肢剪力墙中的相当一部分墙肢；水塔、烟囱的筒壁和屋架、托架的上弦杆以及某些受压腹杆等等均为偏心受压构件。

偏心受压构件大部分只考虑轴向压力 N 沿截面一个主轴方向的偏心作用，即按单向偏心受压进行截面设计。离偏心压力 N 较近一侧的纵向钢筋受压，其截面面积用 A'_s 表示；而另一侧的纵向钢筋则随轴向压力 N 偏心距的大小可能受拉也可能受压，其截面面积用 A_s 表示。

4.4.2 钢筋混凝土偏心受压构件的受力性能

钢筋混凝土偏心受压构件正截面的受力特点和破坏特征与轴向压力偏心距大小、纵向钢筋的数量、钢筋强度和混凝土强度等因素有关，一般可分为大偏心受压破坏和小偏心受压破坏两类。

1. 大偏心受压破坏（受拉破坏）

当构件截面中轴向压力的偏心距较大，而且没有配置过多的受拉钢筋时，就将发生这种类型的破坏。这类构件由于 e_0 较大，即弯矩 M 的影响较为显著，它具有与适筋受弯构件类似的受力特点。在偏心距较大的轴向压力 N 作用下，截面远离纵向偏心力一侧受拉。当 N 增大到一定程度时，受拉边缘混凝土将达到极限拉应变，出现垂直于构件轴线的裂缝。这些裂缝将随着荷载的增大而不断加宽并向受压一侧发展，裂缝截面中的拉力将全部转由受拉钢筋承担。随着荷载的增大，受拉钢筋将首先屈服。随着钢筋屈服后的塑性伸长，裂缝将明显加宽并进一步向受压一侧延伸，从而使受压区面积减小，受压边缘的压应变逐步增大。最后当受压边缘混凝土达到其极限压应变 ε_{cu} 时，受压区混凝土被压碎而导致构件的最终破坏。这类构件的混凝土压碎区一般都不太长，破坏时受拉区形成一条较宽的主裂缝。试验所得的典型破坏状况示于图 4-4-1a。只要受压区相对高度不致过小，混凝土保护层不是太

厚,即受压钢筋不是过分靠近中和轴,而且受压钢筋的强度也不是太高,则在混凝土开始压碎时,受压钢筋应力一般都能达到屈服强度。

大偏心受压关键的破坏特征是受拉钢筋首先屈服,然后受压钢筋一般也能达到屈服,最后由于受压区混凝土压碎而导致构件破坏,这种破坏形态在破坏前有明显的预兆,属于塑性破坏。所以这类破坏也称为受拉破坏。破坏阶段截面中的应变及应力分布图形如图 4-4-2a 所示。

2. 小偏心受压破坏(受压破坏)

若构件截面中轴向压力的偏心距较小或虽然偏心距较大,但配置过多的受拉钢筋时,构件就会发生这类型的破坏。此时,截面可能处于大部分受压而少部分受拉状态。当荷载增加到一定程度时,受拉边缘混凝土将达到其极限拉应变,从而沿构件受拉边将出现一

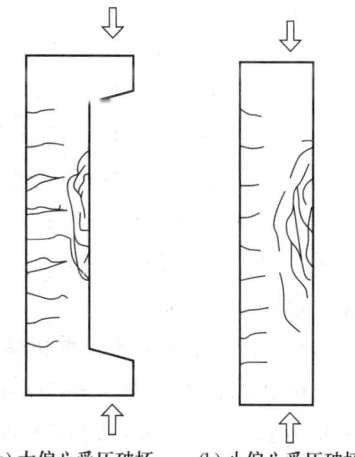

(a) 大偏心受压破坏　　(b) 小偏心受压破坏

图 4-4-1　偏心受压构件的破坏

些垂直于构件轴线的裂缝。在构件破坏时,中和轴距受拉钢筋较近,钢筋中的拉应力较小,受拉钢筋达不到屈服强度,因此也不可能形成明显的主拉裂缝。构件的破坏是由受压区混凝土的压碎所引起的,而且压碎区的长度往往较大。当柱内配置的箍筋较少时,还可能于混凝土压碎前在受压区内出现较长的纵向裂缝。在混凝土压碎时,受压一侧的纵向钢筋只要强度不是过高,其压应力一般都能达到屈服强度。这种情况下的构件典型破坏状况示于图 4-4-1b。破坏阶段截面中的应变及应力分布图形则如图 4-4-2b 所示。这里需要注意的

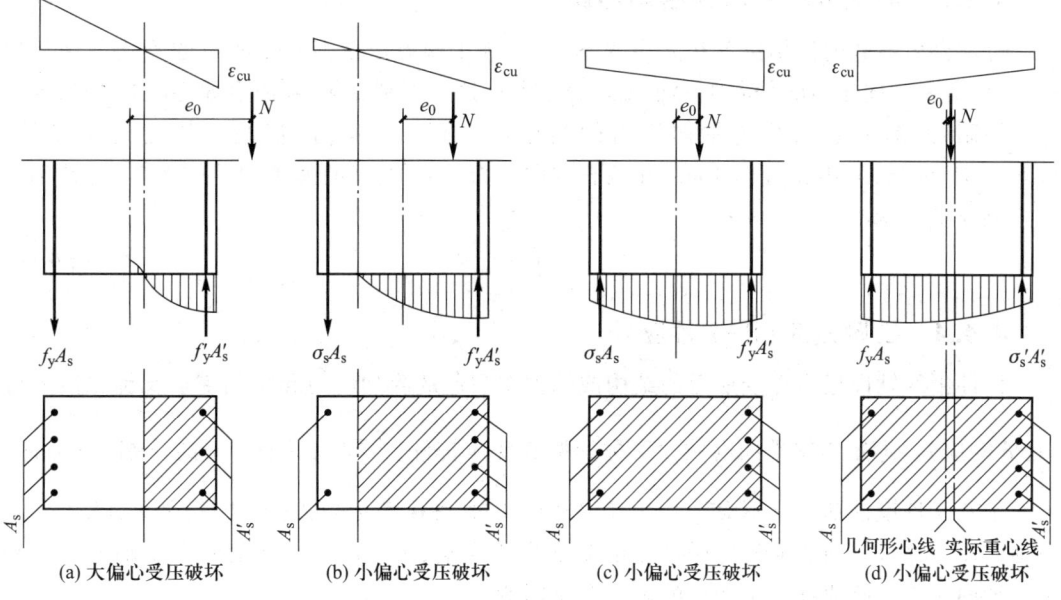

(a) 大偏心受压破坏　　(b) 小偏心受压破坏　　(c) 小偏心受压破坏　　(d) 小偏心受压破坏

图 4-4-2　偏心受压构件破坏时截面中的应变及应力分布图

4.4　钢筋混凝土偏心受压构件的承载力计算

是，由于受拉钢筋中的应力没有达到屈服强度，因此在截面应力分布图形中其拉应力只能用 σ_s 来表示。

当轴向压力的偏心距很小时，也发生小偏心受压破坏。此时，构件截面将全部受压，只不过一侧压应变较大，另一侧压应变较小。这类构件的压应变较小一侧在整个受力过程中自然也就不会出现与构件轴线垂直的裂缝。构件的破坏是由压应变较大一侧的混凝土压碎所引起的。在混凝土压碎时，接近纵向偏心力一侧的纵向钢筋只要强度不是过高，其压应力一般均能达到屈服强度。这种受压情况破坏阶段截面中的应变及应力分布图形如图 4-4-2c 所示。由于受压较小一侧的钢筋压应力通常也达不到屈服强度，故在应力分布图形中它的应力也用 σ_s' 表示。

此外，小偏心受压的一种特殊情况是：当轴向压力的偏心距很小，而远离纵向偏心压力一侧的钢筋配置得过少，靠近纵向偏心压力一侧的钢筋配置较多时，截面的实际重心和构件的几何形心不重合，重心轴向纵向偏心压力方向偏移，且越过纵向压力作用线。此时，破坏阶段截面中的应变和应力分布图形如图 4-4-2d 所示。可见远离纵向偏心压力一侧的混凝土的压应力反而大，出现远离纵向偏心压力一侧边缘混凝土的应变先达到极限压应变，混凝土被压碎，导致构件破坏的现象。由于压应力较小一侧钢筋的应力通常也达不到屈服强度，故在截面应力分布图形中其应力只能用 σ_s' 来表示。

综上所述，小偏心受压破坏所共有的关键性破坏特征是：构件的破坏是由受压区混凝土的压碎所引起的。构件在破坏前变形不会急剧增长，但受压区垂直裂缝不断发展，破坏时没有明显预兆，属脆性破坏。

4.4.3 附加偏心距和初始偏心距

考虑到由荷载的作用位置和大小的不定性、施工误差以及混凝土质量的不均匀性等原因，有可能使轴向压力的偏心距大于 e_0。为了考虑这一不利影响，在原有偏心距 e_0 的情况下增加一附加偏心距 e_a，作为轴向压力的初始偏心距 e_i。我国《混凝土结构设计规范》（GB 50010—2010）中，e_a 取 20 mm 和偏心方向截面尺寸的 1/30 两者中的较大值，初始偏心距 e_i 按下式计算：

$$e_i = e_0 + e_a \tag{4-4-1}$$

4.4.4 二阶效应（$P\text{-}\delta$ 效应）

构件中的轴向压力在变形后的结构或构件中引起的附加内力和附加变形称为二阶效应（$P\text{-}\delta$ 效应）。弯矩作用平面内截面对称的偏心受压构件，当同一主轴方向的杆端弯矩比 $\dfrac{M_1}{M_2}$ 不大于 0.9 且设计轴压比不大于 0.9 时，若构件的长细比满足公式（4-4-2）的要求，可不考虑轴向压力在该方向挠曲杆件中产生的附加弯矩影响；否则应按截面的两个主轴方向分别考虑轴向压力在挠曲杆件中产生的附加弯矩影响。

$$l_c/i \leqslant 34 - 12(M_1/M_2) \tag{4-4-2}$$

式中 M_1、M_2——分别为偏心受压构件两端截面按结构分析确定的对同一主轴的组合弯矩设计值,绝对值较大端为 M_2,绝对值较小端为 M_1,当构件按单曲率弯曲时,M_1/M_2 取正值,否则取负值;

l_c——构件的计算长度,可近似取偏心受压构件相应主轴方向上下支撑点之间的距离;

i——偏心方向的截面回转半径。

除排架结构柱外的其他偏心受压构件,考虑轴向压力在挠曲杆件中产生的二阶效应后,控制截面弯矩设计值应按下列公式计算:

$$M = C_m \eta_{ns} M_2 \tag{4-4-3}$$

$$C_m = 0.7 + 0.3 \frac{M_1}{M_2} \tag{4-4-4}$$

$$\eta_{ns} = 1 + \frac{1}{1\,300(M_2/N + e_a)/h_0} \left(\frac{l_c}{h}\right)^2 \zeta_c \tag{4-4-5}$$

$$\zeta_c = \frac{0.5 f_c A}{N} \tag{4-4-6}$$

当 $C_m \eta_{ns}$ 小于 1.0 时取 1.0;对剪力墙肢类及核心筒墙肢类构件,可取 $C_m \eta_{ns}$ 等于 1.0。

式中 C_m——构件端截面偏心距调节系数,当小于 0.7 时取 0.7;

η_{ns}——弯矩增大系数;

N——与弯矩设计值 M_2 相应的轴向压力设计值;

e_a——附加偏心距;

ζ_c——截面曲率修正系数,当计算值大于 1.0 时取 1.0;

h——截面高度;对环形截面,取外直径;对圆形截面,取直径;

h_0——截面有效高度;对环形截面,取 $h_0 = r_2 + r_s$;对圆形截面,取 $h_0 = r + r_s$;此处,r、r_2 和 r_s 按《混凝土结构设计规范》附录 E 第 E.0.3 条和第 E.0.4 条计算;

A——构件截面面积。

排架结构柱的二阶效应应按《混凝土结构设计规范》附录 B 第 B.0.4 条的规定计算。

4.4.5 大小偏心受压界限

受弯构件正截面承载力计算的基本假定同样也适用于偏心受压构件正截面承载力的计算。与受弯构件相似,利用平截面假定和规定了受压区边缘极限应变的数值后,就可以求得偏心受压构件正截面在各种破坏情况下,沿截面高度的平均应变分布,见图 4-4-3。

在图 4-4-3 中,ε_{cu} 表示受压区边缘混凝土极限应变值;ε_y 表示受拉纵筋在屈服点时的应变值;ε'_y 表示受压纵筋屈服时的应变值,$\varepsilon'_y = f'_y/E_s$;$x_{cb}$ 表示界限状态时截面受压区的实际高度。从图 4-4-3 可看出,当受压区太小,混凝土达到极限应变值时,受压纵筋的应变很小,

4-6:讲课视频 大小偏心

以致达不到屈服强度。当受压区达到 x_{cb} 时,混凝土和受拉纵筋分别达到极限压应变值和屈服点应变值即为界限破坏形态。相应于界限破坏形态的相对受压区高度 ξ_b 与受弯构件相同。

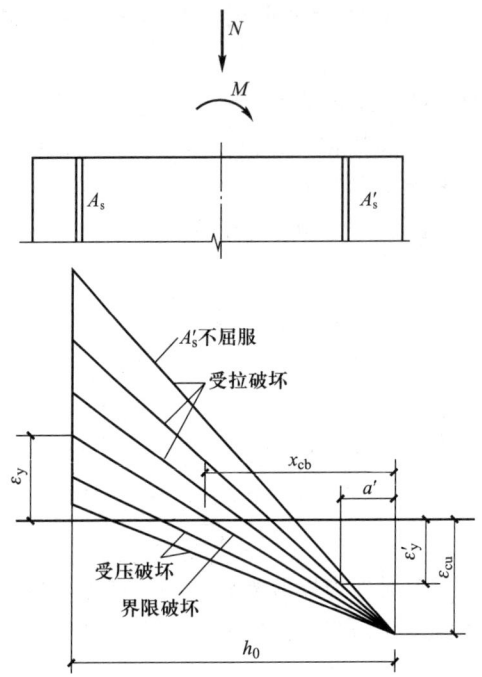

图 4-4-3 偏心受压构件正截面破坏时应变分布

当 $\xi \leqslant \xi_b$ 时为大偏心受压破坏形态,$\xi > \xi_b$ 时为小偏心受压破坏形态。

4.4.6 矩形截面偏心受压构件正截面承载力计算

1. 基本计算公式及适用条件

(1) 大偏心受压

大偏心受压破坏时,承载能力极限状态下截面的实际应力图如图 4-4-4a 所示。与受弯构件的处理方法相同,将受压区混凝土曲线应力图用等效矩形应力分布图来代替,应力值为 $\alpha_1 f_c$,受压区高度为 x,则大偏心受压破坏的截面计算图如图 4-4-4b 所示。

由轴向力合力为零和各力对受拉钢筋合力点的力矩为零两个平衡条件得:

$$N_u = \alpha_1 f_c bx + f_y' A_s' - f_y A_s \tag{4-4-7}$$

$$N_u e = \alpha_1 f_c bx \left(h_0 - \frac{x}{2} \right) + f_y' A_s' (h_0 - a') \tag{4-4-8}$$

式中　N_u——偏心受压承载力设计值;
　　　α_1——系数,当混凝土强度等级不大于 C50 时,取 1.0;混凝土强度等级为 C80 时,取 0.94;其间按线性内插法确定;

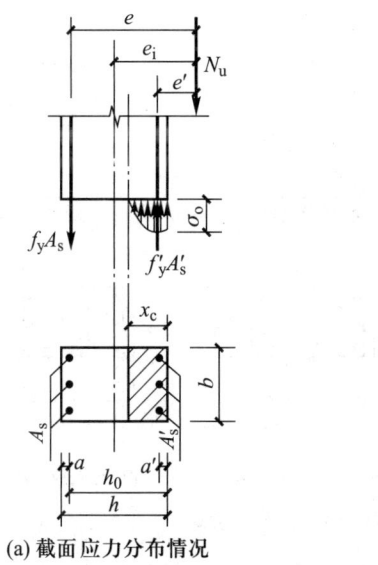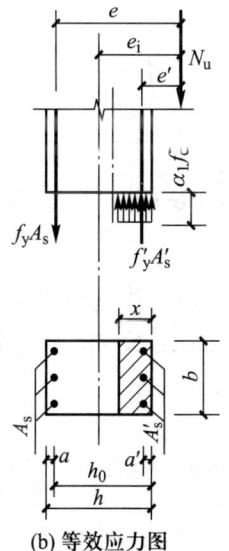

(a) 截面应力分布情况　　　　(b) 等效应力图

图 4-4-4　大偏心受压

x——受压区计算高度；

e——轴向力作用点到受拉钢筋 A_s 合力点之间的距离；

$$e = e_i + \frac{h}{2} - a \qquad (4-4-9)$$

$$e_i = e_0 + e_a$$

e_0——轴向压力对截面重心的偏心距，取为 M/N，当需要考虑二阶效应时，M 按式 (4-4-3) 确定。

适用条件：

① 为保证为大偏心受压破坏，亦即破坏时受拉钢筋应力先达到屈服强度，必须满足 $x \leq \xi_b h_0$（或 $\xi \leq \xi_b$）；

② 为了保证构件破坏时，受压钢筋应力能达到抗压强度设计值 f'_y，应满足 $x \geq 2a'$。

(2) 小偏心受压

小偏心受压破坏时，承载能力极限状态下截面的应力图形如图 4-4-5a、b 所示。受压区的混凝土曲线应力图仍然用等效矩形应力图来代替，如图 4-4-5c 所示。

根据力的平衡条件及力矩平衡条件得：

$$N_u = \alpha_1 f_c b x + f'_y A'_s - \sigma_s A_s \qquad (4-4-10)$$

$$N_u e = \alpha_1 f_c b x \left(h_0 - \frac{x}{2} \right) + f'_y A'_s (h_0 - a') \qquad (4-4-11)$$

式中　σ_s——钢筋 A_s 的应力值，$\sigma_s = \dfrac{\xi - \beta_1}{\xi_b - \beta_1} f_y$，应满足 $-f'_y \leq \sigma_s < f_y$；

e——轴向力作用点到受拉钢筋合力点之间的距离；

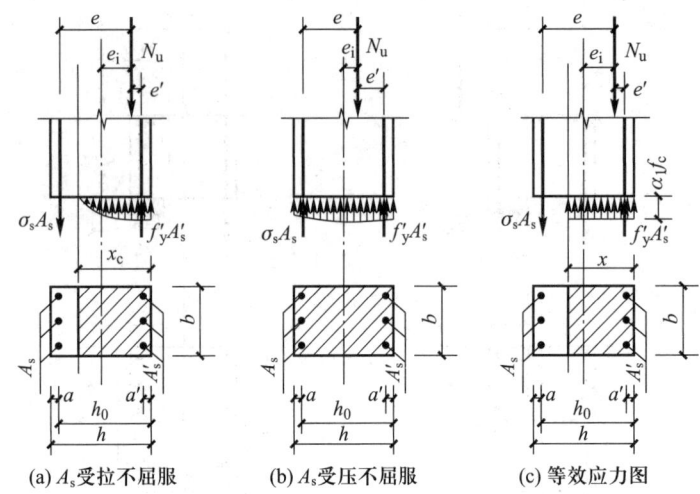

(a) A_s 受拉不屈服　　(b) A_s 受压不屈服　　(c) 等效应力图

图 4-4-5 小偏心受压

$$e = e_i + \frac{h}{2} - a$$

对于小偏心受压破坏,当偏心距很小时,若 A_s 配置不足,或附加偏心距 e_a 与荷载偏心距 e_0 相反,则可能出现远离轴向压力的一侧混凝土首先达到受压破坏的情况(图 4-4-2d)。因此,为避免发生这种破坏,《混凝土结构设计规范》(GB 50010—2010)规定:当 $N > f_c b h$ 时,尚应按下列公式进行验算:

$$Ne' \leq f_c b h \left(h_0' - \frac{h}{2} \right) + f_y' A_s (h_0' - a) \tag{4-4-12}$$

$$e' = \frac{h}{2} - a' - (e_0 - e_a) \tag{4-4-13}$$

式中　h_0'——钢筋 A_s' 合力点至离轴向压力较远一侧边缘的距离,即 $h_0' = h - a'$。

2. 非对称配筋矩形截面偏心受压构件正截面承载力计算方法

(1) 截面设计

此时,截面尺寸($b \times h$)、材料强度(f_c, f_y, f_y')、构件长细比(l_c/h)以及内力设计值 N 和 M 均已知,求纵向钢筋截面面积。求解时可先算出偏心距 e_i,再初步判断构件的偏心类型:当 $e_i > 0.3 h_0$ 时,先按大偏心受压计算,求出钢筋截面面积和 x 后,若 $\xi \leq \xi_b$,说明原假定大偏心受压是正确的,否则需按小偏心受压重新计算;若 $e_i \leq 0.3 h_0$,则按小偏心受压设计。在所有情况下,A_s 和 A_s' 均需满足最小配筋率要求,同时,$(A_s + A_s')$ 不宜大于 $5\% bh$。

① 大偏心受压

令 $N = N_u$,由式(4-4-7)和式(4-4-8)可得大偏心受压构件设计基本公式如下:

$$N = \alpha_1 f_c b x + f_y' A_s' - f_y A_s \tag{4-4-14}$$

$$Ne = \alpha_1 f_c b x \left(h_0 - \frac{x}{2} \right) + f_y' A_s' (h_0 - a') \tag{4-4-15}$$

式中
$$e = e_i + \frac{h}{2} - a$$

与双筋受弯构件一样,以上两个基本公式的适用条件为:
$$2a' \leq x \leq \xi_b h_0$$

若 $x < 2a'$,则近似取 $x = 2a'$,对 A_s' 合力重心取矩,得此时唯一的计算公式:

$$Ne' = f_y A_s (h_0 - a') \tag{4-4-16}$$

式中
$$e' = e_i - \frac{h}{2} + a' \tag{4-4-17}$$

a. 第一种情况:求 A_s 和 A_s'。

此时,有 A_s、A_s' 和 x 三个未知数而只有式(4-4-14)和式(4-4-15)两个基本方程,因而无唯一解。与双筋受弯构件类似,为使总钢筋面积($A_s + A_s'$)最小,应取 $x = \xi_b h_0$,将其代入式(4-4-15),则得计算 A_s' 的公式:

$$A_s' = \frac{Ne - \alpha_1 f_c b h_0^2 \xi_b (1 - 0.5\xi_b)}{f_y'(h_0 - a')} \tag{4-4-18}$$

若算得的 $A_s' \geq \rho_{min} bh = 0.002bh$,则将 A_s' 值和 $x = \xi_b h_0$ 代入式(4-4-14),便可由下式求出 A_s:

$$A_s = \frac{\alpha_1 f_c b \xi_b h_0 + f_y' A_s' - N}{f_y} \tag{4-4-19}$$

若算得的 $A_s' < \rho_{min} bh = 0.002bh$,应取 $A_s' = \rho_{min} bh = 0.002bh$,按 A_s' 已知的第二种情况计算。

b. 第二种情况:已知 A_s',求 A_s。

此类问题往往是因为承受变号弯矩或如上所述需要满足 A_s' 最小配筋率等构造要求,必须配置截面面积为 A_s' 的钢筋,然后求 A_s 的截面面积。这时,$x \neq \xi_b h_0$,故不能用公式(4-4-19)来计算 A_s。据(4-4-14)和(4-4-15)两个基本公式可解出 A_s 与 x 两个未知数,有唯一解。先由(4-4-15)式解二次方程求 x,x 有两个根,找出其中一个根是真实的 x 值,也可按下式直接算出 x:

$$x = h_0 - \sqrt{h_0^2 - \frac{2[Ne - f_y' A_s'(h_0 - a')]}{\alpha_1 f_c b}} \tag{4-4-20}$$

若 $2a' \leq x \leq \xi_b h_0$,则将 x 代入(4-4-14)式得:

$$A_s = \frac{\alpha_1 f_c bx + f_y' A_s' - N}{f_y} \tag{4-4-21}$$

若 $x > \xi_b h_0$,说明原 A_s' 过少,应按 A_s 和 A_s' 均未知的第一种情况重算。

若 $x < 2a'$,则据(4-4-16)式有:

$$A_s = \frac{Ne'}{f_y(h_0 - a')} \tag{4-4-22}$$

式中
$$e' = e_i - \frac{h}{2} + a'$$

② 小偏心受压

当 $e_i \leq 0.3h_0$ 时,应按小偏心受压进行设计,将(4-4-10)和(4-4-11)式写成设计公式:

$$N = \alpha_1 f_c bx + f_y' A_s' - \sigma_s A_s = \alpha_1 f_c b\xi h_0 + f_y' A_s' - \sigma_s A_s \quad (4\text{-}4\text{-}23)$$

$$Ne = \alpha_1 f_c bx\left(h_0 - \frac{x}{2}\right) + f_y' A_s'(h_0 - a') = \alpha_1 f_c bh_0^2 \xi(1 - 0.5\xi) + f_y' A_s'(h_0 - a') \quad (4\text{-}4\text{-}24)$$

其中,$\sigma_s = \dfrac{\xi - \beta_1}{\xi_b - \beta_1} f_y$,应满足 $-f_y' \leq \sigma_s < f_y$

$$e = e_i + \frac{h}{2} - a$$

式(4-4-23)和式(4-4-24)两个基本方程有 A_s、A_s' 及 ξ 三个未知数,故无唯一解。对于小偏心受压,$\xi > \xi_b$,$\sigma_s < f_y$,A_s 未达到受拉屈服;由 σ_s 的表达式知,若 A_s 的应力 σ_s 达到 $-f_y'$,且 $f_y' = f_y$ 时,其相对受压区高度 $\xi_{cy} = 2\beta_1 - \xi_b$。若 $\xi < \xi_{cy}$,$\sigma_s > -f_y'$,则 A_s 未达到受压屈服。可见,当 $\xi_b < \xi < \xi_{cy}$ 时,A_s 无论是受拉还是受压,无论配筋多少,都不能达到屈服。因而可取 $A_s = \rho_{min} bh = 0.002bh$,这样算得的总用钢量($A_s + A_s'$)一般为最少。

此外,当 $N > f_c bh$ 时,为使 A_s 配置不致过少,据(4-4-12)式得 A_s 应满足:

$$A_s \geq \frac{Ne' - f_c bh\left(h_0' - \dfrac{h}{2}\right)}{f_y'(h_0' - a)} \quad (4\text{-}4\text{-}25)$$

式中 e' 由式(4-4-13)算得。

综上所述,当 $N > f_c bh$ 时,A_s 应取 $0.002bh$ 和按式(4-4-25)算得的两数值中之大者。

A_s 确定后,代入式(4-4-23)和式(4-4-24),解二元二次方程组,就可求出 ξ 和 A_s' 的唯一解。

据算出的 ξ 值,可分为以下三种情况:

a. 若 $\xi < \xi_{cy}$,则所得的 A_s' 值即为所求受压钢筋面积;

b. 若 $h/h_0 > \xi > \xi_{cy}$,此时 $\sigma_s = -f_y'$,式(4-4-23)和式(4-4-24)转化为

$$N = \alpha_1 f_c b\xi h_0 + f_y' A_s' + f_y' A_s \quad (4\text{-}4\text{-}23a)$$

$$Ne = \alpha_1 f_c bh_0^2 \xi(1 - 0.5\xi) + f_y' A_s'(h_0 - a') \quad (4\text{-}4\text{-}24a)$$

将 A_s 值代入以上两式,重新求解 ξ 和 A_s';

c. 若 $\xi > h/h_0$,此时为全截面受压,应取 $x = h$,同时取混凝土应力图形系数 $\alpha_1 = 1$,代入式(4-4-24)直接解得:

$$A_s' = \frac{Ne - f_c bh(h_0 - 0.5h)}{f_y'(h_0 - a')} \quad (4\text{-}4\text{-}26)$$

那么,A_s 值为

$$A_s = \frac{N - \alpha_1 f_c bh - f_y' A_s'}{f_y} \quad (4\text{-}4\text{-}27)$$

设计小偏心受压构件时,还应注意须满足 $A'_s \geqslant 0.002bh$ 的要求。

例 4-3 某钢筋混凝土偏心受压柱,截面尺寸 $b = 350$ mm,$h = 500$ mm,计算长度 $l_c = 4.2$ m,柱上下截面的内力设计值分别为 $N_1 = 1\ 140$ kN、$M_1 = 240$ kN·m,$N_2 = 1\ 200$ kN,$M_2 = 250$ kN·m,柱挠曲变形为双曲率。混凝土采用 C30,纵筋采用 HRB400 级钢筋。求钢筋截面面积 A_s 和 A'_s。

解:① 判别是否要考虑二阶效应

$$M_1/M_2 = -240/250 = -0.96 < 0.9$$

$$\frac{N}{f_c A} = \frac{1\ 200 \times 10^3}{14.3 \times 350 \times 500} = 0.48 < 0.9$$

$$\frac{l_c}{i} = l_c \Big/ \sqrt{\frac{I}{A}} = l_c \Big/ \sqrt{\frac{h}{\sqrt{12}}} = \sqrt{12} \frac{l_c}{h} = \sqrt{12} \times \frac{4\ 200}{500} = 29.1$$

$$34 - 12\left(\frac{M_1}{M_2}\right) = 34 + 12 \times 0.96 = 45.52$$

$$l_c/i < 34 - 12(M_1/M_2)$$

故不需要考虑二阶效应影响。

② 判别大小偏心

取 $a = a' = 40$ mm,$h_0 = (500-40)$ mm $= 460$ mm

$$e_0 = \frac{M}{N} = \frac{250 \times 10^6}{1\ 200 \times 10^3} \text{ mm} = 208 \text{ mm}$$

$$e_a = 20 \text{ mm} > h/30 = 500/30 \text{ mm} = 16.67 \text{ mm}$$

$$e_i = e_0 + e_a = (208 + 20) \text{ mm} = 228 \text{ mm}$$

$$e_i = 228 \text{ mm} > 0.3 h_0 = 138 \text{ mm}$$

先按大偏心受压计算。

③ 配筋计算

根据已知条件知:$\xi_b = 0.518$,$\alpha_1 = 1.0$

$$e = e_i + \frac{h}{2} - a = \left(228 + \frac{500}{2} - 40\right) \text{ mm} = 438 \text{ mm}$$

$$A'_s = \frac{Ne - \alpha_1 f_c b h_0^2 \xi_b (1 - 0.5 \xi_b)}{f'_y (h_0 - a')}$$

$$= \frac{1\ 200 \times 10^3 \times 438 - 1.0 \times 14.3 \times 350 \times 460^2 \times 0.518 \times (1 - 0.5 \times 0.518)}{360 \times (460 - 40)} \text{ mm}^2$$

$$= 787.65 \text{ mm}^2$$

$$A'_s > 0.002bh = 0.002 \times 350 \times 500 \text{ mm}^2 = 350 \text{ mm}^2$$

$$A_s = \frac{\alpha_1 f_c b h_0 \xi_b + f'_y A'_s - N}{f_y}$$

$$= \frac{1.0\times14.3\times350\times460\times0.518+360\times787.65-1\,200\times10^3}{360}\,\text{mm}^2$$

$$= 767.07\,\text{mm}^2$$

$$A_s > 0.002bh = 0.002\times350\times500 = 350\,\text{mm}^2$$

选配 3 ⊕ 18 受拉钢筋($A_s = 763\,\text{mm}^2$)

选配 2 ⊕ 20+1 ⊕ 18 受压钢筋($A'_s = 883\,\text{mm}^2$)

$0.55\% < (A_s + A'_s)/A = (763+883)/(350\times500) = 0.94\% < 5\%$,满足要求。

例 4-4 基本数据同例 4-3,但在受压区配置了 3 ⊕ 22 钢筋($A'_s = 1\,140\,\text{mm}^2$)。求所需的受拉钢筋 A_s。

解:①、② 同例 4-3,先按大偏心受压进行计算

③ 配筋计算

将 $A'_s = 1\,140\,\text{mm}^2$ 代入基本公式

$$Ne = \alpha_1 f_c bx(h_0-0.5x) + f'_y A'_s(h_0-a')$$

得 $\quad 1\,200\times10^3\times438 = 1.0\times14.3\times350x(460-0.5x) + 360\times1\,140\times(460-40)$

整理得 $\quad x^2 - 920x + 141\,151.65 = 0$

$$x = \frac{920\pm\sqrt{920^2 - 4\times141\,151.65}}{2}\,\text{mm} = 194.58\,\text{mm}(x = 725.42\,\text{mm} \text{ 不合理,舍去})$$

$x = 194.58\,\text{mm} < \xi_b h_0 = 238.28\,\text{mm}$,说明确属大偏心受压

又 $x > 2a' = 80\,\text{mm}$

$$A_s = \frac{\alpha_1 f_c bx + f'_y A'_s - N}{f_y} = \frac{1.0\times14.3\times350\times194.58+360\times1\,140-1\,200\times10^3}{360}\,\text{mm}^2$$

$$= 511.87\,\text{mm}^2$$

$$A_s = 511.87\,\text{mm}^2 > \rho_{\min}bh = 350\,\text{mm}^2$$

选配 3 ⊕ 16 受拉钢筋($A_s = 603\,\text{mm}^2$)

$0.55\% < (A_s + A'_s)/A = (603+1\,140)/(350\times500) = 0.996\% < 5\%$,满足要求。

例 4-5 某钢筋混凝土偏心受压柱,截面尺寸 $b = 400\,\text{mm}$,$h = 500\,\text{mm}$,计算长度为 $l_c = 3.0\,\text{m}$,两端截面的组合弯矩设计值分别为 $M_1 = 135\,\text{kN}\cdot\text{m}$,$M_2 = 150\,\text{kN}\cdot\text{m}$,柱挠曲变形为双曲率,与 M_2 相应的轴力设计值 $N = 2\,500\,\text{kN}$。混凝土采用 C30,纵筋采用 HRB400 级钢筋。求钢筋截面面积 A_s 和 A'_s。

解:① 判别是否要考虑二阶效应

$$M_1/M_2 = -135/150 = -0.9 < 0.9$$

$$\frac{N}{f_c A} = \frac{2\,500\times10^3}{14.3\times400\times500} = 0.874 < 0.9$$

$$\frac{l_c}{i} = l_c \bigg/ \sqrt{\frac{I}{A}} = l_c \bigg/ \frac{h}{\sqrt{12}} = \sqrt{12}\frac{l_c}{h} = \sqrt{12}\times\frac{3\,000}{500} = 20.784$$

$$34-12\left(\frac{M_1}{M_2}\right) = 34+12\times0.9 = 44.8$$

$$l_c/i < 34-12\left(\frac{M_1}{M_2}\right)$$

故不需考虑二阶效应影响。

② 判别大小偏心

取 $a = a' = 40$ mm, $h_0 = (500-40)$ mm $= 460$ mm

$$e_0 = \frac{M}{N} = \frac{150\times10^6}{2\,500\times10^3} \text{ mm} = 60 \text{ mm}$$

$$e_a = 20 \text{ mm} > h/30 = 500/30 \text{ mm} = 16.67 \text{ mm}$$

$$e_i = e_0 + e_a = (60+20) \text{ mm} = 80 \text{ mm} < 0.3h_0 = 138 \text{ mm}$$

属小偏心受压。

③ 配筋计算

根据已知条件,有 $\xi_b = 0.518, \alpha_1 = 1.0, \beta_1 = 0.8, 2\beta_1-\xi_b = 1.082$

由于 $N = 2\,500$ kN $< f_c bh = 14.3\times400\times500$ N $= 2\,860\,000$ N $= 2\,860$ kN

所以,取 $A_s = \rho_{min}bh = 0.002\times400\times500$ mm^2 $= 400$ mm^2

$$e = e_i + h/2 - a = (80+250-40) \text{ mm} = 290 \text{ mm}$$

将 A_s 代入式(4-4-23)、式(4-4-24)

$$N = \alpha_1 f_c bx + f'_y A'_s - \sigma_s A_s$$
$$Ne = \alpha_1 f_c bx(h_0-0.5x) + f'_y A'_s(h_0-a')$$

及 $\sigma_s = \frac{\xi-\beta_1}{\xi_b-\beta_1}f_y$ 得

$$2\,500\times10^3 = 1.0\times14.3\times400x + 360A'_s - \sigma_s\times400$$

$$2\,500\times10^3\times290 = 1.0\times14.3\times400x(460-0.5x) + 360A'_s(460-40)$$

$$\sigma_s = \frac{x/460-0.8}{0.518-0.8}\times360$$

解得 $x = 379.25$ mm,$\xi = 0.8245$

因 $\xi_b < \xi < 2\beta_1-\xi_b$,故

$$A'_s = \frac{2\,500\times10^3\times290 - 1.0\times14.3\times400\times379.25\times(460-0.5\times379.25)}{360\times(460-40)} \text{ mm}^2$$

$$= 915.83 \text{ mm}^2$$

$$A'_s > \rho_{min}bh = 0.002\times400\times500 \text{ mm}^2 = 400 \text{ mm}^2$$

选配 3⊥14 的受拉钢筋($A_s = 461$ mm^2)

选配 3⊥20 受压钢筋($A'_s = 942$ mm^2)

$0.55\% < (A_s+A'_s)/A = (461+942)/(400\times500) = 0.7\% < 5\%$,满足要求。

(2) 截面复核

截面复核问题一般是已知截面尺寸 $b×h$，配筋 A_s 和 A'_s，混凝土强度等级与钢筋品种，构件长细比 l_c/h，轴向力设计值 N 及偏心距 e_0，验算截面是否能承受此 N 值；或已知 N 值时，求所能承受的弯矩设计值 M。

① 已知 N，求 M

可先假设为大偏心受压，则由(4-4-14)式算得 x 值，即：

$$x = \frac{N - f'_y A'_s + f_y A_s}{\alpha_1 f_c b} \quad (4-4-28)$$

若 $x \leq \xi_b h_0$，为大偏心受压，此时的截面复核方法为：将 x 代入式(4-4-15)求出 e，由式(4-4-9)算 e_i，从而易得 e_0 值，则所能承受的弯矩设计值 $M = Ne_0$。

若 $x > \xi_b h_0$，按小偏心受压进行截面复核：由式(4-4-23)和 $\sigma_s = \frac{\xi - \beta_1}{\xi_b - \beta_1} f_y$ 求 ξ，将 ξ 代入式(4-4-24)式算得 e，亦按式(4-4-9)式求出 e_i，然后求 e_0，则所能承受的弯矩设计值 $M = Ne_0$。

② 已知 e_0，求 N

亦先假定为大偏心受压，据图 4-4-4b，对 N 作用点取矩得：

$$\alpha_1 f_c bx(e_i - 0.5h + 0.5x) = f_y A_s(e_i + 0.5h - a) - f'_y A'_s(e_i - 0.5h + a') \quad (4-4-29)$$

按上式求出 x。若 $x \leq \xi_b h_0$，为大偏心受压，将 x 等数据代入式(4-4-14)便可算得 N。若 $x > \xi_b h_0$，则为小偏心受压，将式(4-4-29)的 f_y 改为 σ_s 得：

$$\alpha_1 f_c bx(e_i - 0.5h + 0.5x) = \sigma_s A_s(e_i + 0.5h - a) - f'_y A'_s(e_i - 0.5h + a') \quad (4-4-30)$$

将 $\sigma_s = \frac{\xi - \beta_1}{\xi_b - \beta_1} f_y$ 代入式(4-4-30)即可求出 x 及 ξ，然后将 x 或 ξ 代入式(4-4-24)可求解 N。

例 4-6 某钢筋混凝土矩形截面偏心受压柱，截面尺寸 $b = 400$ mm，$h = 500$ mm，取 $a = a' = 45$ mm，柱的计算长度 $l_c = 3.75$ m，轴向力设计值 $N = 500$ kN。配有 4$\underline{\Phi}$22($A_s = 1\ 520$ mm^2)的受拉钢筋及 3$\underline{\Phi}$20($A'_s = 942$ mm^2)的受压钢筋。混凝土采用 C25，求截面在 h 方向能承受的弯矩设计值 M。

解：① 判别大小偏心

先假设为大偏心受压，将已知数据代入

$$N = \alpha_1 f_c bx + f'_y A'_s - f_y A_s \quad 得$$

$$x = \frac{N - f'_y A'_s + f_y A_s}{\alpha_1 f_c b} = \frac{500 \times 10^3 - 360 \times 942 + 360 \times 1\ 520}{1.0 \times 11.9 \times 400} \text{ mm} = 148.76 \text{ mm}$$

$$x < \xi_b h_0 = 0.518 \times 455 \text{ mm} = 235.69 \text{ mm}$$

为大偏心受压。

② 求偏心距 e_0

因为 $x > 2a' = 90$ mm，故据

$$Ne = \alpha_1 f_c bx\left(h_0 - \frac{x}{2}\right) + f'_y A'_s(h_0 - a') \quad 得$$

$$e = \frac{\alpha_1 f_c bx\left(h_0 - \frac{x}{2}\right) + f'_y A'_s (h_0 - a')}{N}$$

$$= \frac{1.0 \times 11.9 \times 400 \times 148.76 \times (455 - 148.76/2) + 360 \times 942 \times (455 - 45)}{500 \times 10^3} \text{ mm} = 817.11 \text{ mm}$$

$$\frac{h}{30} = \frac{500}{30} = 16.67 \text{ mm} < 20 \text{ mm}, \text{取 } e_a = 20 \text{ mm}$$

由 $$e = e_i + \frac{h}{2} - a$$

得 $$e_i = 817.11 - 250 + 45 = 612.11 \text{ mm}$$
$$e_0 = e_i - e_a = 612.11 - 20 = 592.11 \text{ mm}$$

③ 求弯矩设计值 M

$$M = Ne_0 = 500 \times 10^3 \times 592.11 = 296.055 \times 10^6 \text{ N} \cdot \text{mm} = 296.055 \text{ kN} \cdot \text{m}$$

故截面在 h 方向能承受的弯矩设计值 M 为 296.055 kN·m。

例 4-7 某钢筋混凝土矩形截面偏心受压柱,截面尺寸 b = 400 mm, h = 500 mm,取 $a = a'$ = 40 mm,柱的计算长度 l_c = 3.75 m,混凝土强度等级为 C30。配有 3⌀20(A_s = 942 mm²) 的受拉钢筋及 5⌀25(A'_s = 2 454 mm²) 的受压钢筋。轴向力的偏心距 e_0 = 80 mm,求截面能承受的轴向力设计值 N。

解:① 判别大小偏心

$$e_0 = 80 \text{ mm}, \frac{h}{30} = \frac{500}{30} = 16.67 \text{ mm} < 20 \text{ mm}, \text{取 } e_a = 20 \text{ mm}$$

$$e_i = e_0 + e_a = (80 + 20) \text{ mm} = 100 \text{ mm}$$

把已知数据代入式(4-4-29)

$$\alpha_1 f_c bx(e_i - 0.5h + 0.5x) = f_y A_s(e_i + 0.5h - a) - f'_y A'_s(e_i - 0.5h + a') \quad 得$$

$$1.0 \times 14.3 \times 400 x (100 - 250 + 0.5x) = 360 \times 942 \times (100 + 250 - 40) - 360 \times 2\ 454 \times (100 - 250 + 40)$$

解得 x = 455.35 mm

$x > \xi_b h_0 = 0.518 \times 460 \text{ mm} = 238.28 \text{ mm}$,故为小偏心受压。

② 求轴向力设计值 N

把已知数据及 $\sigma_s = \frac{\xi - \beta_1}{\xi_b - \beta_1} f_y$ 代入式(4-4-30)

$$\alpha_1 f_c bx(e_i - 0.5h + 0.5x) = \sigma_s A_s(e_i + 0.5h - a) - f'_y A'_s(e_i - 0.5h + a') \quad 得$$

$$1.0 \times 14.3 \times 400 x (100 - 250 + 0.5x) = \frac{x/460 - 0.8}{0.518 - 0.8} \times 360 \times 942 \times (100 + 250 - 40) - 360 \times 2\ 454 \times (100 - 250 + 40)$$

解得 x = 380.24 mm, ξ = 0.827。

因 ξ_b = 0.518 < ξ = 0.827 < ξ_{cy} = 1.082,将 x 代入式(4-4-24)得

$$N = \frac{\alpha_1 f_c bx(h_0-0.5x)+f_y'A_s'(h_0-a')}{e}$$

$$=\frac{1.0\times14.3\times400\times380.24\times(460-0.5\times380.24)+2\ 454\times360\times(460-40)}{100+250-40}\text{N}$$

$$=3\ 090\ 407.9\ \text{N} = 3\ 090.4\ \text{kN}$$

故该柱所能承受的轴向力设计值为 3 090.4 kN。

3. 对称配筋矩形截面偏心受压构件正截面承载力计算

4-8：讲课视频 对称配筋

实际工程中,偏心受压构件截面在各种不同内力组合下,可能承受方向相反的弯矩,当两个方向的弯矩相差不大,或即使相差较大,但按对称配筋设计算得的纵向钢筋总用量比按不对称配筋设计增加不多时,均宜采用对称配筋($A_s = A_s'$)。装配式柱为避免吊装出错,一般采用对称配筋。

(1) 截面设计

① 判别大小偏心类型

对称配筋时,$A_s = A_s'$,$f_y = f_y'$,代入式(4-4-14)得:

$$x = \frac{N}{\alpha_1 f_c b} \tag{4-4-31}$$

当 $x \leq \xi_b h_0$ 时,按大偏心受压构件计算;

当 $x > \xi_b h_0$ 时,按小偏心受压构件计算。

大小偏心受压构件的设计,A_s 和 A_s' 都必须满足最小配筋率的要求。

② 大偏心受压

若 $2a' \leq x \leq \xi_b h_0$,则将 x 代入式(4-4-15)式得:

$$A_s = A_s' = \frac{Ne - \alpha_1 f_c bx(h_0-0.5x)}{f_y'(h_0-a')} \tag{4-4-32}$$

式中

$$e = e_i + \frac{h}{2} - a$$

若 $x < 2a'$,取 $x = 2a'$,对受压钢筋合力作用点取矩,得:

$$A_s = A_s' = \frac{Ne'}{f_y(h_0-a')} \tag{4-4-33}$$

式中

$$e' = e_i - \frac{h}{2} + a'$$

③ 小偏心受压

对于小偏心受压破坏,将 $A_s = A_s'$,$f_y = f_y'$ 及 $\sigma_s = \frac{\xi - \beta_1}{\xi_b - \beta_1} f_y$ 代入式(4-4-23)、式(4-4-24)得:

$$N = \alpha_1 f_c bx + f_y A_s - \frac{\frac{x}{h_0} - \beta_1}{\xi_b - \beta_1} f_y A_s \tag{4-4-34}$$

$$Ne = \alpha_1 f_c bx\left(h_0 - \frac{x}{2}\right) + f_y A_s(h_0 - a') \quad (4\text{-}4\text{-}35)$$

由式(4-4-34)和式(4-4-35)知,求 x 需求解三次方程,计算复杂。可改用下述近似计算公式求解 ξ:

$$\xi = \frac{N - \xi_b \alpha_1 f_c b h_0}{\dfrac{Ne - 0.43\alpha_1 f_c b h_0^2}{(\beta_1 - \xi_b)(h_0 - a')} + \alpha_1 f_c b h_0} + \xi_b \quad (4\text{-}4\text{-}36)$$

将 ξ 代入式(4-4-24)即可得:

$$A_s = A_s' = \frac{Ne - \alpha_1 f_c b h_0^2 \xi(1 - 0.5\xi)}{f_y'(h_0 - a')} \quad (4\text{-}4\text{-}37)$$

例 4-8 某矩形截面钢筋混凝土柱,截面尺寸 $b = 400$ mm,$h = 600$ mm,柱的计算长度 $l_c = 4.8$ m,$a = a' = 40$ mm。柱上、下控制截面上的内力设计值分别为:$N_1 = 1\ 000$ kN,$M_1 = 405$ kN·m,$N_2 = 1\ 030$ kN,$M_2 = 425$ kN·m,柱挠曲变形为双曲率。混凝土采用 C25,纵筋采用 HRB500 级钢筋。采用对称配筋,求钢筋截面积 A_s 和 A_s'。

解: ① 判别是否要考虑二阶效应

$$M_1/M_2 = -405/425 = -0.95 < 0.9$$

$$\frac{N}{f_c A} = \frac{1\ 030 \times 10^3}{11.9 \times 400 \times 600} = 0.36 < 0.9$$

$$\frac{l_c}{i} = \sqrt{12}\,\frac{l_c}{h} = \sqrt{12} \times \frac{4\ 800}{600} = 27.71$$

$$34 - 12\left(\frac{M_1}{M_2}\right) = 34 + 12 \times 0.95 = 45.4$$

$$\frac{l_c}{i} < 34 - 12\left(\frac{M_1}{M_2}\right)$$

故不要考虑二阶效应影响。

② 判别大小偏心

$$x = \frac{N}{\alpha_1 f_c b} = \frac{1\ 030 \times 10^3}{1.0 \times 11.9 \times 400} = 216.4\ \text{mm}$$

$x < \xi_b h_0 = 0.482 \times 560 = 269.92$ mm,故为大偏心受压。

③ 配筋计算

$$e_0 = \frac{M}{N} = \frac{425 \times 10^6}{1\ 030 \times 10^3}\ \text{mm} = 412.62\ \text{mm}$$

$$e_a = h/30 = 600/30\ \text{mm} = 20\ \text{mm}$$

$$e_i = e_0 + e_a = (412.62 + 20)\ \text{mm} = 432.62\ \text{mm}$$

$$e = e_i + h/2 - a = 432.62 + 300 - 40 = 692.62\ \text{mm}$$

因 $x > 2a' = 80$ mm,

$$A_s = A'_s = \frac{Ne - \alpha_1 f_c bx(h_0 - 0.5x)}{f'_y(h_0 - a')}$$

得

$$A_s = A'_s = \frac{1\,030 \times 10^3 \times 692.62 - 1.0 \times 11.9 \times 400 \times 216.4 \times \left(560 - \frac{216.4}{2}\right)}{435 \times (560 - 40)}\,\text{mm}^2 = 1\,096.4\,\text{mm}^2$$

$$A_s = A'_s > 0.002bh = 0.002 \times 400 \times 600\,\text{mm}^2 = 480\,\text{mm}^2$$

A_s 和 A'_s 均选 2 Φ 22+2 Φ 16($A_s = A'_s = (760 + 402)\,\text{mm}^2 = 1\,162\,\text{mm}^2$)。

$$0.5\% < \frac{A_s + A'_s}{A} = \frac{2 \times 1\,162}{400 \times 600} = 0.97\% < 5\%,\text{满足要求}。$$

例 4-9 某矩形截面钢筋混凝土柱,截面尺寸 $b = 400$ mm,$h = 500$ mm,柱的计算长度 $l_c = 3.5$ m,$a = a' = 40$ mm。柱上、下控制截面上的内力设计值分别为:$N_1 = 2\,500$ kN,$M_1 = 75$ kN·m,$N_2 = 2\,550$ kN,$M_2 = 78$ kN·m,柱挠曲变形为双曲率。混凝土采用 C30,纵筋采用 HRB400 级钢筋。采用对称配筋,求钢筋 A_s 和 A'_s。

解:① 判别是否要考虑二阶效应

$$M_1/M_2 = -75/78 = -0.96 < 0.9$$

$$\frac{N}{f_c A} = \frac{2\,550 \times 10^3}{14.3 \times 400 \times 500} = 0.89 < 0.9$$

$$\frac{l_c}{i} = \sqrt{12}\,\frac{l_c}{h} = \sqrt{12} \times \frac{3\,500}{500} = 24.25$$

$$34 - 12\left(\frac{M_1}{M_2}\right) = 34 + 12 \times 0.96 = 45.52$$

$$\frac{l_c}{i} < 34 - 12\left(\frac{M_1}{M_2}\right)$$

故不要考虑二阶效应影响。

② 判别大小偏心

$$x = \frac{N}{\alpha_1 f_c b} = \frac{2\,550 \times 10^3}{1.0 \times 14.3 \times 400}\,\text{mm} = 445.8\,\text{mm}$$

$x > \xi_b h_0 = 0.518 \times 460\,\text{mm} = 238.28\,\text{mm}$,故为小偏心受压。

③ 配筋计算

$$e_0 = \frac{M}{N} = \frac{78 \times 10^6}{2\,550 \times 10^3} = 30.59\,\text{mm}$$

$$e_a = 20\,\text{mm} > h/30 = 500/30 = 16.67\,\text{mm}$$

$$e_i = e_0 + e_a = (30.59 + 20)\,\text{mm} = 50.59\,\text{mm}$$

$$e = e_i + \frac{h}{2} - a = (50.59 + 250 - 40)\,\text{mm} = 260.59\,\text{mm}$$

$$\xi = \frac{N-\xi_b\alpha_1 f_c bh_0}{\frac{Ne-0.43\alpha_1 f_c bh_0^2}{(\beta_1-\xi_b)(h_0-a')}+\alpha_1 f_c bh_0}+\xi_b$$

$$= \frac{2\,550\times10^3-0.518\times1.0\times14.3\times400\times460}{\frac{2\,550\times10^3\times260.59-0.43\times1.0\times14.3\times400\times460^2}{(0.8-0.518)\times(460-40)}+1.0\times14.3\times400\times460}+0.518$$

$$= 0.827$$

$0.518 = \xi_b < \xi < 2\beta_1-\xi_b = 1.082$

$$A_s = A_s' = \frac{Ne-\alpha_1 f_c bh_0^2\xi(1-0.5\xi)}{f_y'(h_0-a')}$$

$$= \frac{2\,550\times10^3\times260.59-1.0\times14.3\times400\times460^2\times0.827\times(1-0.5\times0.827)}{360\times(460-40)}\,\text{mm}^2$$

$$= 512\,\text{mm}^2$$

$A_s = A_s' > 0.002bh = 0.002\times400\times500\,\text{mm}^2 = 400\,\text{mm}^2$

$\dfrac{A_s+A_s'}{A} = \dfrac{2\times512}{400\times500}\times100\% = 0.512\% < 0.55\%$,不满足要求;

取 $A_s = A_s' = 550\,\text{mm}^2$,

$\dfrac{A_s+A_s'}{A} = \dfrac{2\times550}{400\times500}\times100\% = 0.55\%$,满足要求。

(2)截面复核

对称配筋与非对称配筋截面复核方法基本相同,计算时在有关公式中取 $A_s = A_s'$, $f_y = f_y'$ 即可。此外,在复核小偏心受压构件时,因采用了对称配筋,故仅须考虑靠近轴向压力一侧的混凝土先破坏的情况。

4. 偏心受压构件的 N_u-M_u 相关曲线

对于给定截面尺寸、材料强度等级和配筋的偏心受压构件,达到正截面承载力极限状态时,其抗压承载力 N_u 和抗弯承载力 M_u 是相互关联的,可用一条 N_u-M_u 相关曲线表示。由大小偏心受压构件正截面承载力计算公式可分别推导出截面中 N_u 与 M_u 之间的关系式均为二次函数。如图 4-4-6 所示。

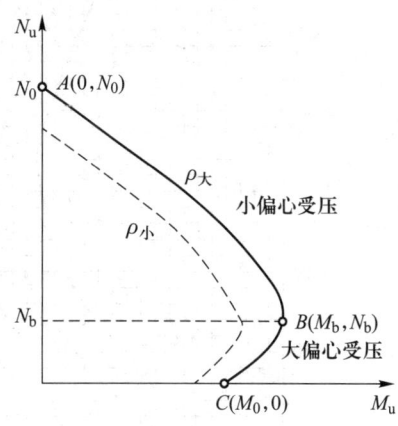

图 4-4-6 偏心受压构件的 N_u-M_u 相关曲线

N_u-M_u 相关曲线上的任一点代表截面处于正截面承载能力极限状态时的一种抗力组合。若一组内力 (M,N) 在曲线内侧,说明截面尚未达到承载力极限状态,是安全的;若 (M,N) 在曲线外侧,则表明截面承载力不足。由图 4-4-6 还可见,在大偏心受压情况下,若截面所承受的弯矩值不变,则轴向力愈小,需要纵向受力筋的量愈多,相反,在小偏心受压情况下,若截面所承受的弯矩值不变,则轴向力愈大,需要纵向受力筋的量愈多。

应用 N_u-M_u 相关方程,可以对特定的截面尺寸、特定的混凝土强度等级和特定的钢筋类别的偏心受压构件,预先绘制出一系列图表,设计时可直接查用。图 4-4-7 所示为以截面

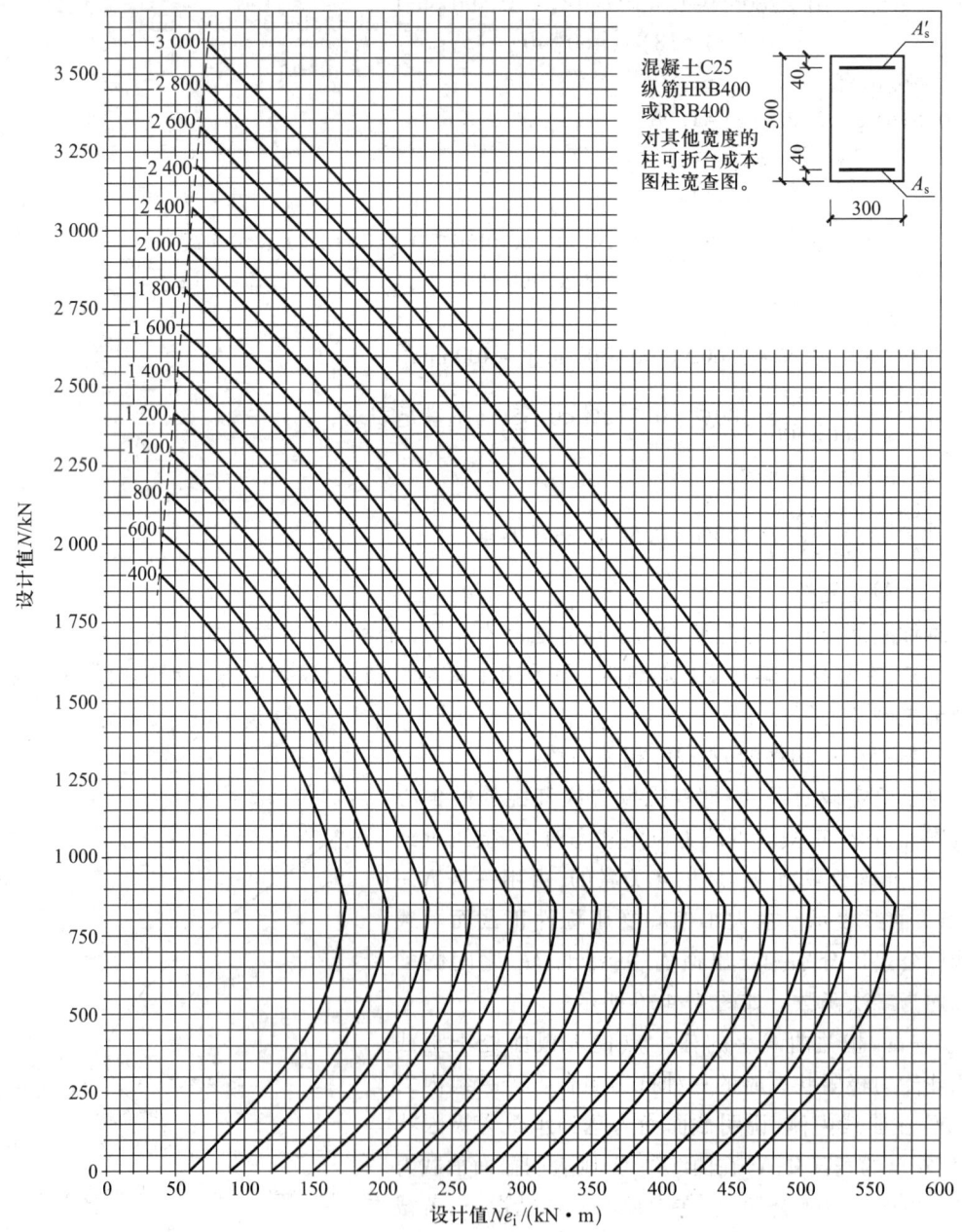

图 4-4-7　对称配筋时的 N_u-M_u 相关曲线

尺寸 $b \times h = 300 \text{ mm} \times 500 \text{ mm}$、混凝土强度等级 C25、钢筋 HRB400 级钢绘制的对称配筋矩形截面偏心受压构件正截面承载力计算图表。设计时，先计算 e_i 值，然后查与设计条件相应的图表，由 N 和 Ne_i 值便可查出所需的 A_s 和 A'_s。

5. 偏心受压构件斜截面承载力计算

一般情况下偏心受压构件的剪力值相对较小，可不进行斜截面承载力的验算；但对于有较大水平力作用的框架柱，有横向力作用的桁架上弦压杆等，剪力影响较大，必须进行斜截面受剪承载力计算。

试验表明，轴向压力对构件抗剪起有利作用，主要是因为轴向压力的存在不仅能阻滞斜裂缝的出现和开展，而且能增加混凝土剪压区的高度，使剪压区的面积相对增大，从而提高了剪压区混凝土的抗剪能力。

轴向压力对构件抗剪承载力的有利作用是有限度的，图 4-4-8 为一组构件的试验结果。在轴压比 N/f_cbh 较小时，构件的抗剪承载力随轴压比的增大而提高，当轴压比 $N/f_cbh = 0.3 \sim 0.5$ 时，抗剪承载力达到最大值。若再增大轴压力，则构件抗剪承载力反而会随着轴压力的增大而降低，并转变为带有斜裂缝的小偏心受压正截面破坏。

据图 4-4-8 和图 4-4-9 所示的试验结果，并考虑一般偏心受压框架柱两端在节点处是有约束的，故在轴向压力作用下的偏心受压构件受剪承载力，采用在无轴力受弯构件连续梁受剪承载力公式的基础上增加一项附加受剪承载力的办法，来考虑轴向压力对构件受剪承载力的有利影响。矩形截面偏心受压构件的受剪承载力计算公式为：

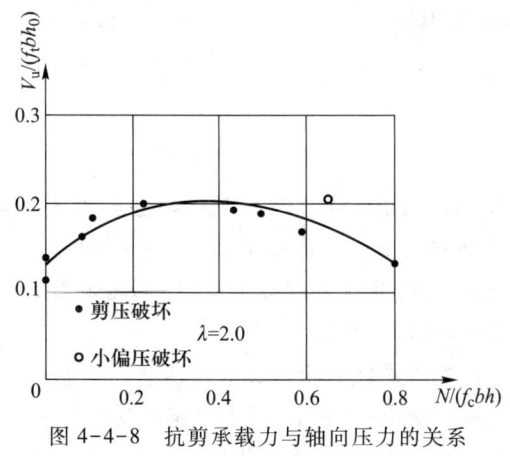

图 4-4-8 抗剪承载力与轴向压力的关系

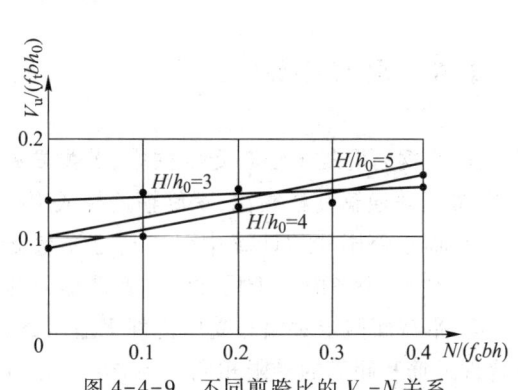

图 4-4-9 不同剪跨比的 V_u–N 关系

$$V \leqslant \frac{1.75}{\lambda+1} f_t b h_0 + f_{yv} \frac{A_{sv}}{s} h_0 + 0.07N \quad (4\text{-}4\text{-}38)$$

式中 λ——偏心受压构件计算截面的剪跨比，取为 $M/(Vh_0)$；

N——与剪力设计值 V 相应的轴向压力设计值，当 $N > 0.3 f_c A$ 时，取 $N = 0.3 f_c A$，A 为构件截面面积。

计算截面的剪跨比应按下列规定取用：

① 对框架柱,当其反弯点在层高范围内时,取 $\lambda = H_n/(2h_0)$;当 $\lambda < 1$ 时,取 $\lambda = 1$;当 $\lambda > 3$ 时,取 $\lambda = 3$,此处 H_n 为柱净高。

② 对其他偏心受压构件,当承受均布荷载时,取 $\lambda = 1.5$;当承受集中荷载时(包括作用有多种荷载,其集中荷载对支座截面或节点边缘所产生的剪力值占总剪力值的 75% 以上的情况),取 $\lambda = a/h_0$;当 $\lambda < 1.5$ 时,取 $\lambda = 1.5$;当 $\lambda > 3$ 时,取 $\lambda = 3$,此处 a 为集中荷载到支座或节点边缘的距离。

与受弯构件类似,为防止斜压破坏,《混凝土结构设计规范》(GB 50010—2010)规定矩形截面框架柱的截面必须满足下列条件:

当 $h_w/b \leq 4$ 时

$$V \leq 0.25\beta_c f_c b h_0 \qquad (4\text{-}4\text{-}39)$$

当 $h_w/b \geq 6$ 时

$$V \leq 0.2\beta_c f_c b h_0 \qquad (4\text{-}4\text{-}40)$$

当 $4 < h_w/b < 6$ 时,按线性内插法确定。

式中 β_c ——混凝土强度影响系数:当混凝土强度等级不超过 C50 时,取 $\beta_c = 1.0$;当混凝土强度等级为 C80 时取 $\beta_c = 0.8$;其间按线性内插法确定。

h_w ——截面的腹板高度,取值同受弯构件。

此外,当符合下面公式要求时,则可不进行斜截面受剪承载力计算,而仅需按构造要求配置箍筋。

$$V \leq \frac{1.75}{\lambda + 1.0} f_t b h_0 + 0.07N \qquad (4\text{-}4\text{-}41)$$

4.5 本章小结

① 在钢筋混凝土轴心受压柱中,若配置螺旋箍或焊接环箍,因其对核心混凝土的约束作用,故与普通箍筋柱相比,螺旋箍筋柱或焊接环筋柱的承载力提高了。

② 轴心受压柱的计算中引入稳定系数 φ 表示长柱承载力的降低程度;对偏心受压长柱,则由 $C_m \eta_{ns}$ 来考虑由于构件纵向弯曲引起的二阶弯矩的影响。

③ 平截面假定对偏心受压构件仍适用,故偏心受压构件的相对界限受压区高度 ξ_b 与受弯构件适筋和超筋的界限相同。当 $\xi \leq \xi_b$ 时为大偏心受压;当 $\xi > \xi_b$ 时为小偏心受压。

④ 由于大偏心受压和双筋受弯构件截面的破坏形态及其特征相同,因而不对称配筋大偏心受压构件正截面承载力计算的基本公式、适用条件和计算方法都与双筋受弯构件类似。

⑤ 偏心受压构件的计算较复杂,计算的要点一是掌握计算简图、基本公式和适用条件与补充条件,二是在计算过程中随时注意是否符合适用条件和补充条件以及处理方法。

思考题

4-1 试说明轴心受压普通箍筋柱和螺旋箍筋柱的区别。

4-2 怎样确定轴心受压和偏心受压的计算长度？

4-3 试分析偏心受压柱的两种破坏形态。形成这两种破坏形态的条件各是什么？

4-4 什么情况下采用e_i与$0.3h_0$的大小关系来判别大小偏心受压？为什么说这只是一个近似判别方法？

4-5 非对称配筋矩形截面偏心受压构件的截面配筋计算中，若$e_i>0.3h_0$，需求A_s和A'_s，应如何计算？

4-6 非对称配筋矩形截面偏心受压构件的截面配筋计算中，若$e_i>0.3h_0$，已知A'_s求A_s，如果计算得$x<2a'$，说明什么问题？应如何处理？

4-7 计算非对称配筋矩形截面偏心受压构件时，若$e_i \leq 0.3h_0$，为什么需先确定离轴向压力较远一侧的钢筋面积A_s？又为什么A_s的确定与A'_s及ξ无关？

4-8 非对称配筋矩形截面偏心受压构件如何进行承载力复核？

4-9 对称配筋矩形截面大偏心受压构件正截面承载力如何计算？

4-10 对称配筋矩形截面小偏心受压构件求ξ的近似公式是如何导出的？

4-11 对称配筋矩形截面偏心受压构件如何进行承载力复核？

4-12 如何推导出对称配筋矩形截面偏心受压构件的N_u-M_u相关曲线？该曲线可说明哪些问题？

4-13 如何计算偏心受压构件的斜截面受剪承载力？

习题

1. 概念选择题

4-14 以下是有关钢筋混凝土柱的叙述，哪个是错误的？（   ）

A. 钢筋混凝土柱是典型的受压构件，其截面上一般作用有轴力N和弯矩M

B. 钢筋混凝土柱的长细比一般控制在$l_0/b \leq 30$或$l_0/d \leq 25$，（b为矩形截面短边，d为圆形截面直径）

C. 纵向受力钢筋直径不宜小于12 mm，而且根数不得少于4根

D. 箍筋间距不宜大于400 mm，而且不应大于柱截面的短边尺寸

4-15 受压构件的长细比不宜过大，一般应控制$l_0/b \leq 30$，其目的在于（   ）。

A. 防止受拉区产生水平裂缝　　　　　　　B. 防止正截面受压破坏

C. 防止斜截面受剪破坏　　　　　　　　　D. 防止侧向挠度过大使承载力降低过多

4-16 钢筋混凝土构件中，偏心受压构件的一侧的受压钢筋最小配筋率为（   ）。

A. 0.4%　　　　　　B. 0.25%　　　　　　C. 0.2%　　　　　　D. 0.15%

4-17 大偏心受压的钢筋混凝土柱，其破坏特征是下列哪一种？（   ）

A. 截面一侧的混凝土先压碎

B. 全截面混凝土压碎

C. 截面一侧的受拉钢筋先屈服

D. 截面一侧的混凝土先压碎，同时受压钢筋也达到强度设计值

4-18　一环形杆受均匀向心压力作用如习题4-18图所示，杆中哪些内力不为零？（　　）

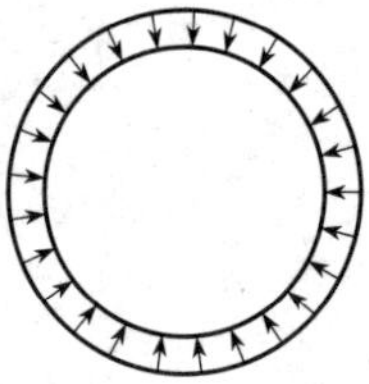

　　A. 弯矩和轴力　　　　　　　　　　B. 弯矩和剪力

　　C. 只有弯矩　　　　　　　　　　　D. 只有轴力

习题4-18图

4-19　计算单向偏心受压柱正截面受压承载力时，应采用混凝土的哪一种强度？

　　A. 立方体抗压强度　　　　　　　　B. 轴心抗压强度

　　C. 弯曲抗压强度　　　　　　　　　D. 视压力偏心距的大小确定

4-20　钢筋混凝土轴心受压短柱的承载力取决于（　　）。

　　A. 混凝土强度　　　　　　　　　　B. 箍筋

　　C. 纵向钢筋　　　　　　　　　　　D. 混凝土强度和纵向钢筋

4-21　螺旋箍筋对钢筋混凝土轴心受压短柱的明显约束作用（　　）。

　　A. 是在构件开始受荷时　　　　　　B. 是在构件破坏时

　　C. 是在纵向钢筋屈服后　　　　　　D. 是在螺旋箍筋屈服时

4-22　小偏心受压构件在破坏时，离纵向力较远一侧的纵向受力钢筋（　　）。

　　A. 受拉屈服

　　B. 受压屈服

　　C. 可能受拉，也可能受压，受拉时不屈服，受压时可能屈服也可能不屈服

　　D. 可能受拉，也可能受压，但无论受拉还是受压，钢筋都能屈服

4-23　采用热轧钢筋对称配筋的矩形截面大偏心受压构件，截面混凝土受压区高度（或相对受压区高度）（　　）。

　　A. 与钢筋面积有关　　　　　　　　B. 与钢筋强度有关

　　C. 与钢筋面积和强度有关　　　　　D. 与钢筋面积和强度无关

4-24　小偏心受压构件的破坏特征之一是在破坏时（　　）。

　　A. 截面裂通　　　　　　　　　　　B. 截面虽不裂通但整个截面受拉

　　C. 存在的混凝土受压区被压碎　　　D. 两侧钢筋均受压屈服

4-25　大偏心受压构件的破坏特征之一是（　　）。

　　A. 离纵向力较近一侧的受力钢筋首先受拉屈服　　B. 离纵向力较近一侧的受力钢筋首先受压屈服

　　C. 离纵向力较远一侧的受力钢筋首先受拉屈服　　D. 离纵向力较远一侧的受力钢筋首先受压屈服

4-26　大偏心受压构件在破坏时（　　）。

　　A. 截面裂通　　　　　　　　　　　B. 截面虽不裂通但整个截面受拉

　　C. 整个截面都受压　　　　　　　　D. 截面部分受压

4-27　钢筋混凝土偏心受压构件中，其大小偏心受压的根本区别是（　　）。

　　A. 截面破坏时，受拉钢筋是否受拉屈服

　　B. 截面破坏时，受压钢筋是否受压屈服

　　C. 偏心距的大小

　　D. 受压一侧混凝土在破坏时是否达到极限压应变值

4-28　大偏心受压构件的判别条件是（　　）。

A. $\xi \leq \xi_b$ B. $e_0 < 0.3h_0$ C. $\xi > \xi_b$ D. $e_i \geq 0.3h_0$

4-29 对于小偏心受压构件，（　　）。

A. M 不变时，N 越大越危险 B. M 不变时，N 越小越危险

C. N 不变时，M 越小越危险 D. M 小变且 N 不变时，长细比小越危险

4-30 轴向压力 N 对抗剪承载力 V_u 的影响是：（　　）。

A. 不论 N 的大小，均可提高 V_u B. 不论 N 的大小，均会降低 V_u

C. N 适当时，提高 V_u；N 太大时，降低 V_u D. N 大时，提高 V_u；N 小时，降低 V_u

4-31 偏心受压构件一侧的纵向受力钢筋最小配筋率为 0.2%，对某工字形对称配筋截面，其截面尺寸为 $b \times h = 150 \text{ mm} \times 800 \text{ mm}$，$b'_f = b_f = 500 \text{ mm}$，$h'_f = 120 \text{ mm}$，则其一侧的最小配筋面积是（　　）。

A. 408 mm² B. 368 mm² C. 240 mm² D. 228 mm²

2. 计算题

4-32 已知某多层现浇钢筋混凝土框架结构，首层柱计算长度 $l_0 = 5.6$ m，中柱承受的轴向力设计值 $N = 1\,900$ kN，截面尺寸 $b = h = 400$ mm。混凝土强度等级为 C25，钢筋为 HRB400 级钢筋。求所需纵向钢筋面积 A'_s。

4-33 已知现浇钢筋混凝土轴心受压柱，截面尺寸为 $b = h = 300$ mm，计算长度 $l_0 = 4.8$ m，混凝土强度等级为 C30，配有 4⌀25 的纵向受力钢筋。求该柱所能承受的最大轴向力设计值。

4-34 已知圆形截面现浇钢筋混凝土柱，因使用要求，其直径不能超过 400 mm。承受轴心压力设计值 $N = 3\,300$ kN，计算长度 $l_0 = 4.2$ m。混凝土强度等级为 C25，纵向受力钢筋采用 HRB400 级钢筋，箍筋采用 HPB300 级钢筋。试设计该柱。

4-35 某矩形截面钢筋混凝土偏心受压柱，其截面尺寸为 $b = 400$ mm，$h = 500$ mm，$a = a' = 45$ mm，计算长度 $l_c = 3.9$ m。混凝土强度等级为 C25，纵向受力钢筋采用 HRB400 级钢筋。承受的轴向压力设计值 $N = 800$ kN，柱两端弯矩设计值分别为 $M_1 = 240$ kN·m 和 $M_2 = 280$ kN·m，构件双曲率弯曲。

（1）计算当采用非对称配筋时的 A_s 和 A'_s；

（2）如果受压钢筋已配置了 3⌀18 钢筋，计算 A_s；

（3）计算当采用对称配筋时的 A_s 和 A'_s；

（4）比较上述三种情况的钢筋用量。

4-36 矩形截面偏心受压柱，$b = 400$ mm，$h = 600$ mm，轴向力设计值 $N = 3\,000$ kN，柱两端弯矩设计值分别为 $M_1 = 150$ kN·m 和 $M_2 = 180$ kN·m，构件单曲率弯曲，混凝土强度等级 C30，纵向受力钢筋用 HRB400 钢筋，构件的计算长度 $l_c = 4.8$ m。求纵向受力钢筋数量，并绘制配筋图。

4-37 已知数据同问题 4-36，采用对称配筋，求所需的 A_s 和 A'_s，并比较钢筋用量。

4-38 已知某矩形截面偏心受压柱，截面尺寸 $b = 350$ mm，$h = 500$ mm，$a = a' = 40$ mm。混凝土强度等级为 C30，纵向受力钢筋采用 HRB400 级钢筋，A'_s 为 4⌀20，A_s 为 2⌀12+1⌀14，计算长度 $l_c = 4\,000$ mm。若作用的轴向力设计值 $N = 1\,826$ kN，求截面在 h 方向所能承受的弯矩设计值 M。

4-39 矩形截面偏心受压柱的截面尺寸为 $b = 300$ mm，$h = 400$ mm，柱的计算长度 $l_c = 2\,800$ mm，取 $a = a' = 40$ mm。混凝土强度等级为 C30，用 HRB400 级钢筋配筋，A'_s 为 4⌀20，A_s 为 4⌀22。轴向力的偏心距 $e_0 = 588$ mm。求截面所能承受的轴向力设计值 N。

5 预应力混凝土的基本知识

5.1 预应力混凝土概述

5-1:规范预应力混凝土结构构件

5.1.1 预应力混凝土的原理

混凝土的极限拉应变很小,受拉容易开裂,导致构件在正常使用条件下刚度下降,变形较大,使普通钢筋混凝土构件适用范围受到限制。为了控制构件的裂缝和变形,可采取加大构件的截面尺寸、增加钢筋用量、应用高强混凝土和高强钢筋等措施。但一般来讲,采用增加截面尺寸和用钢量的方法不经济,当荷载及跨度较大时甚至会很笨重;提高混凝土的强度等级,对混凝土的抗拉强度提高得很小,对构件抗裂性和刚度的改善效果也不明显;如果提高钢筋的强度,则钢筋达到屈服强度时的拉应变很大,约在 2×10^{-3} 以上,与混凝土的极限拉应变相差悬殊;对不允许开裂的构件,使用时受拉钢筋的应力只能为 $20 \sim 30 \text{ N/mm}^2$ 左右。因此,在普通钢筋混凝土结构中,高强混凝土和高强钢筋是不能充分发挥作用的。

"预应力混凝土结构"较好地改善了混凝土易开裂、变形大、不能充分利用高强材料的问题。在混凝土构件受荷前,预先对混凝土受拉区施加压应力的结构称为"预应力混凝土结构"。现以预应力混凝土简支梁的受力情况为例,说明预应力的基本原理。如图 5-1-1 所示,在荷载作用之前,预先在梁的受拉区施加一对大小相等,方向相反的偏心预压力 N,使梁截面下边缘混凝土产生预压应力 σ_c(图 5-1-1a),当外荷载作用时,截面下边缘将产生拉应力 σ_t(图 5-1-1b),最后的应力分布为上述两种情况的叠加,梁的下边缘应力可能是数值很小的拉应力(图 5-1-1c),也可能是压应力。也就是说,由于预压应力 σ_c 的作用,可部分抵消或全部抵消外荷载所引起的拉应力 σ_t,因而延缓了混凝土构件的开裂或者使构件不开裂。

预应力钢筋混凝土结构与普通钢筋混凝土结构相比,其主要优点是:

① 不会过早地出现裂缝,抗裂性好。

② 可合理地利用高强钢材和混凝土,与钢筋混凝土相比,可节约钢材 30%~50%,减轻结构自重达 30% 左右,且跨度越大越经济。

③ 由于抗裂性能好,提高了结构的刚度和耐久性,加之反拱作用,减少了结构及构件的变形。

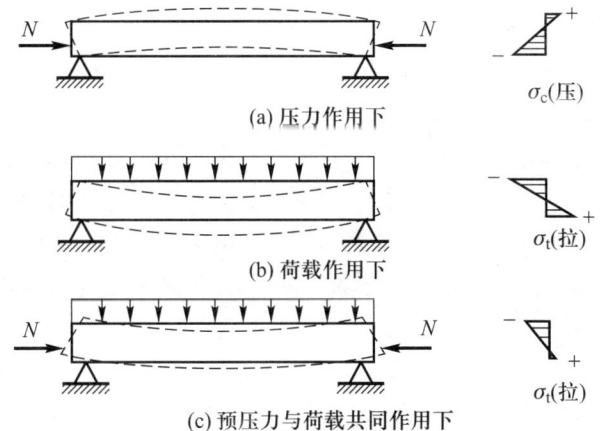

图 5-1-1 预应力梁工作原理(图中叠加的应力分布未考虑钢筋应力)

④ 扩大了混凝土结构的应用范围。

⑤ 通过预加应力,使结构经受了一次检验。从某种意义上讲,预应力混凝土可称为事先检验过的结构。

⑥ 预加应力还可作为土木工程结构施工中的一种拼装手段和加固措施。

随着土木工程中混凝土强度等级的不断提高,高强钢筋的进一步使用,预应力混凝土目前已广泛应用于大跨度建筑结构、公路路面及桥梁、铁路、海洋、水利、机场、核电站等工程之中。例如,广州新电视塔、广州市亚运会的体育场馆、日新月异的众多公路大桥、核电站的反应堆保护壳、上海市的东方明珠电视塔、遍及沿海地区的高层建筑、大跨建筑以及量大面广的工业建筑的吊车梁,屋面梁等都采用了现代预应力混凝土技术。

5.1.2 预应力混凝土的分类

根据制作、设计和施工的特点,预应力混凝土分为不同的类型。

1. 先张法预应力混凝土和后张法预应力混凝土

先张法是制作预应力混凝土构件时,先张拉预应力钢筋后浇灌混凝土的一种方法;后张法是先浇灌混凝土,待混凝土达到规定的强度后再张拉预应力钢筋的一种施加预应力方法。

2. 全预应力混凝土和部分预应力混凝土

全预应力是在使用荷载作用下,构件截面混凝土不出现拉应力,即为全截面受压;部分预应力是在使用荷载作用下,构件截面混凝土允许出现拉应力或开裂,即只有部分截面受压。

3. 有黏结预应力混凝土与无黏结预应力混凝土

有黏结预应力是指沿预应力筋全长其周围均与混凝土黏结、握裹在一起的预应力混凝土结构;无黏结预应力是指预应力筋伸缩、滑动自由,不与周围混凝土黏结的预应力混凝土结构。

5-2:视频 现浇连续梁预应力先张法施工

5.1.3 施加预应力的方法

施加预应力的方法基本上有两种:先张法和后张法。

1. 先张法

在浇筑混凝土前先张拉预应力钢筋的方法称为先张法。其主要工序如图 5-1-2 所示,具体过程为:① 在台座或钢模上张拉预应力钢筋至预定控制应力或伸长值后,将预应力钢筋用夹具固定于台座或钢模上;② 支模板、绑扎非预应力钢筋、浇灌混凝土;③ 待混凝土达到预定强度后,切断或放松预应力钢筋,预应力钢筋回缩使混凝土受到挤压,产生预应力。

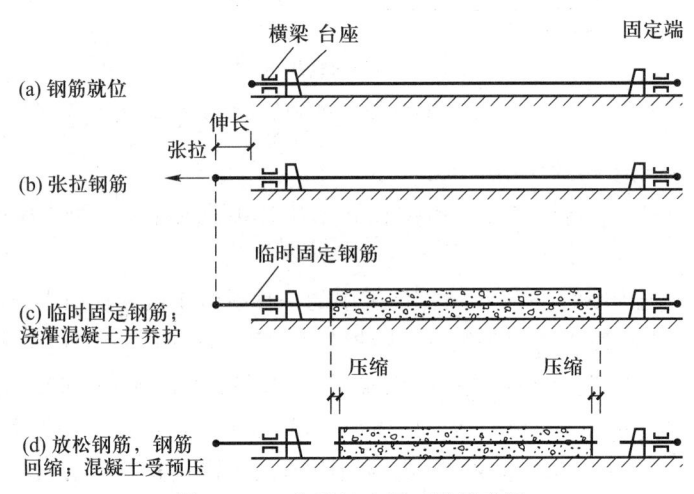

图 5-1-2 先张法主要工序示意图

制作先张法预应力构件一般需要台座、千斤顶、传力架和锚具等设备,台座承受张拉力的反力,长度较大,要求具有足够的强度和刚度,且不滑移,不倾覆。千斤顶和传力架随构件的形式,尺寸及张拉力大小的不同而有多种类型。

先张法中应用的锚具又称工具锚具或夹具,其作用是在张拉端夹住钢筋进行张拉或在两端临时固定钢筋,可以重复使用,这种锚具的种类较多。

2. 后张法

5-3:视频 预应力后张法

在混凝土结硬后的构件上直接张拉预应力钢筋的方法称为后张法。其主要工序如图 5-1-3 所示,具体过程为:① 浇注混凝土构件,并在构件中预留孔道;② 待混凝土达到预定强度后,将预应力钢筋穿入预留孔道,安装固定端锚具,并以构件为支承用千斤顶张拉钢筋,同时挤压混凝土,张拉到预定控制应力后,用锚具将张拉端预应力钢筋锚固,使混凝土受到预压应力;③ 用压力泵将高压水泥浆灌入预留孔道,使预应力钢筋与孔道产生黏结力。后张法不需专门的台座或定型钢模,因而比较灵活。它适用于现场生产制作的中、大型构件,或对工厂预制的小型构件在现场拼装。后张法需要锚具,在构件中要预留孔道,施工较麻烦,成本较高。

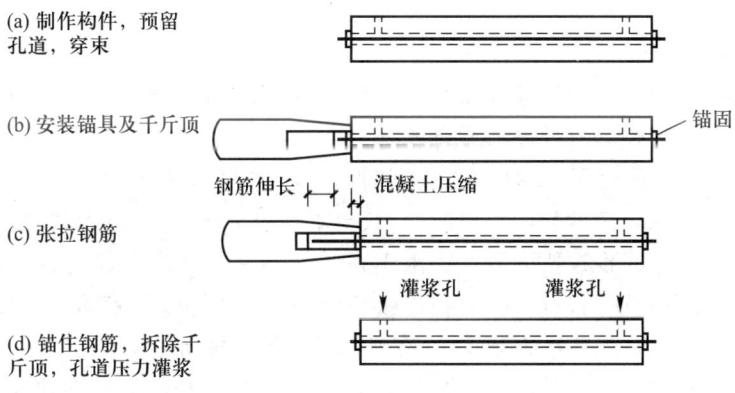

图 5-1-3 后张法主要工序示意图

5.2 预应力混凝土构件的截面形式及构造规定

5.2.1 预应力混凝土构件的截面形状

1. 轴心受拉构件——如屋架下弦杆,适宜做成方形或矩形截面。因为这种截面能较容易地使预应力筋的合力通过截面形心。

2. 受弯构件——如各种梁,当跨度较小或荷载较小时,为了便于制作,常采用矩形截面;但当跨度较大或荷载较大时,宜采用 T 形或非对称 I 字形截面。因为这种截面形心偏上,可以增加预应力筋到截面形心的距离,从而可以平衡一部分外荷载的反向内力,达到提高构件的抗裂度和截面刚度的目的,在提高截面承载力方面也较为有利。重吨位吊车梁、大跨度屋顶大梁(12 m 以上)、公路铁路桥的大梁等,多采用腹板相对较薄的非对称 I 字形截面或箱形截面。

5.2.2 预应力混凝土构件的构造规定

1. 截面尺寸

由于预应力混凝土构件有较大的抗裂度和刚度,其截面尺寸比相同受力情况的普通钢筋混凝土构件要小一些。预应力混凝土梁的截面尺寸一般可作如下估计:

梁高 $h = \left(\dfrac{1}{25} \sim \dfrac{1}{15}\right) l$,也可取普通混凝土梁高的 70%;

梁腹宽 $b = \left(\dfrac{1}{15} \sim \dfrac{1}{8}\right) h$;

翼缘板宽 $b_f = \left(\dfrac{1}{3} \sim \dfrac{1}{2}\right) h$,翼缘板厚 $h_f = \left(\dfrac{1}{10} \sim \dfrac{1}{6}\right) h$

2. 钢筋

（1）钢筋质量要求

与普通混凝土构件不同，钢筋在预应力构件中，从构件制作开始，到构件破坏为止，始终处于高应力状态，故对钢筋有较高的质量要求。

① 高强度。为了使混凝土构件在发生弹性回缩、收缩及徐变后，其内部仍能建立较高的预压应力，就需采用较高的初始张拉应力，故要求预应力钢筋具有较高的抗拉强度。

② 与混凝土间有足够的黏结强度。由于在受力传递长度内钢筋与混凝土间的黏结力是先张法构件建立预压应力的前提，故在先张法构件中必须保证两者间有足够的黏结强度。

③ 良好的加工性能。良好的可焊性、冷镦性及热镦性能等。

④ 具有一定的塑性。为了避免构件发生脆性破坏，要求预应力筋在拉断时具有一定的延伸率，当构件处于低温环境和冲击荷载条件下，此点更为重要。一般说来，要求最大力下的总伸长率≥3.5%。

（2）常用的预应力钢筋种类

常用的预应力钢筋有：中强度预应力钢丝、消除应力钢丝、钢绞线和预应力螺纹钢筋等。

① 中高强钢丝。中高强钢丝是采用优质碳素钢盘条，经过几次冷拔后得到。中强度钢丝的强度为 $800 \sim 1\,270\ \text{N/mm}^2$，消除应力钢丝的强度为 $1\,470 \sim 1\,860\ \text{N/mm}^2$，钢丝直径为 $5 \sim 9\ \text{mm}$。为增加与混凝土的黏结强度，钢丝表面可采用"刻痕"或"压波"。钢丝经冷拔后，存在较大的内应力，一般都需要采用低温回火处理来消除内应力。经这样处理的钢丝称为消除应力钢丝，其比例极限、条件屈服强度和弹性模量均比消除应力前有所提高，塑性也有所改善。

② 钢绞线。钢绞线是用 3 股或 7 股高强钢丝扭结而成的一种高强预应力钢筋，其中以 7 股钢绞线应用最多。7 股钢绞线的公称直径为 $9.5 \sim 21.6\ \text{mm}$，强度可高达 $1\,860\ \text{N/mm}^2$。3 股钢绞线用途不广，仅用于某些先张法构件。

③ 预应力螺纹钢筋。是一种热轧成带有不连续的外螺纹的直条钢筋，在钢筋的任意截面处，均可以用带有匹配性状的内螺纹连接器或锚具进行连接或锚固。直径为 $18 \sim 50\ \text{mm}$，强度可达 $980 \sim 1\,230\ \text{N/mm}^2$。

④ 无黏结预应力束。无黏结预应力束是由 $7\phi5$ 和 $7\phi4$ 钢丝束、油脂涂料层和包裹层组成。油脂涂料使预应力束与其周围混凝土隔离，减少摩擦损失，防止预应力束锈蚀。护套包裹层的作用是保护油脂涂料及隔离预应力束和混凝土，应有一定的强度以防止施工中破损及一定的耐腐蚀性。目前多采用低密度聚乙烯与油脂涂料一同在预应力筋上挤出形成无黏结预应力束的生产工艺。

（3）预应力钢筋的配筋形式

选用预应力钢筋时所采用的配筋形式大体有：

① 钢弦（图 5-2-1a）——细钢丝平行排成行列，好像琴弦一样，适用于先张法直线配筋。

② 平行钢丝束或钢筋束（图 5-2-1b）——由多根平行的束组成，适用于后张法直线或曲线配筋。

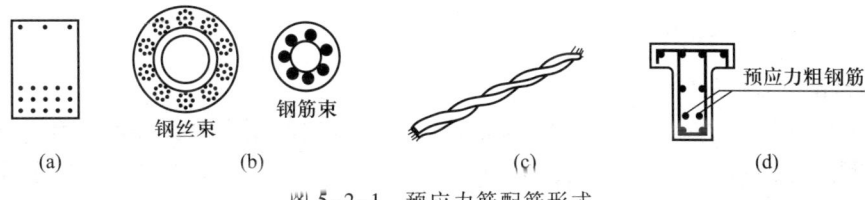

图 5-2-1 预应力筋配筋形式

③ 钢绞线(图 5-2-1c)——由多股(例如 3 股或 7 股)钢丝绞合而成,比钢筋柔软,适用于先、后张法,直线或曲线配筋均可。

④ 粗钢筋(图 5-2-1d)——适用于先、后张法,但应采用变形钢筋,不得采用光圆钢筋。

3. 混凝土

预应力混凝土构件对混凝土的基本要求是:

① 高强度。预应力混凝土必须具有较高的抗压强度,这样才能承受大吨位的预应力,有效地减小构件的截面尺寸,减轻构件自重,节约材料。对于先张法构件,高强度的混凝土具有较高的黏结强度,可减小端部应力传递长度,故在预应力混凝土构件中,混凝土强度等级不宜低于 C40,且不应低于 C30。

② 收缩、徐变小。这样可以减少由于收缩、徐变引起的预应力损失。

③ 快硬、早强。这样可尽早地施加预应力,以提高台座、模具、夹具的周转率,加快施工进度,降低管理费用。

5.3 预应力混凝土构件设计的一般规定

5.3.1 张拉控制应力

张拉控制应力是指张拉钢筋时,张拉设备(如千斤顶上油压表)所指示出的总张拉力除以预应力钢筋截面面积得出的应力值,以 σ_{con} 表示。从存在预应力损失的角度看,预应力筋的张拉力愈大,预应力的效果愈好。但是,如果张拉力大到使预应力筋进入屈服阶段而产生塑性变形,就反而达不到预期的预应力效果。因此,预应力筋张拉时需限制张拉控制应力 σ_{con},《混凝土结构设计规范》规定 σ_{con} 应符合下列规定:且不宜小于 $0.4 f_{ptk}$:

中强度预应力钢丝:$\sigma_{con} \leqslant 0.7 f_{ptk}$

消除应力钢丝、钢绞线:$\sigma_{con} \leqslant 0.75 f_{ptk}$

预应力螺纹钢筋:$\sigma_{con} \leqslant 0.85 f_{pyk}$

式中,f_{ptk} 为预应力钢筋的极限强度标准值;f_{pyk} 为预应力螺纹钢筋的屈服强度标准值。

消除应力钢丝、钢绞线、中强度预应力钢丝的张拉控制应力不应小于 $0.4 f_{ptk}$,预应力螺纹钢筋的张拉控制应力不应小于 $0.5 f_{pyk}$。

施加预应力时,构件的混凝土抗压强度应经计算确定,但不宜低于设计的混凝土强度等级值的 75%。

5.3.2 预应力损失 σ_l

1. 引起预应力损失的原因

通过张拉钢筋建立的预应力并不全部有效,实际有效的预应力受各种因素影响有所降低。这种预应力的降低称作预应力损失,它表现为由各种因素造成的预应力筋的预拉应力减小。这些因素有:

① 由张拉端锚具变形和钢筋内缩引起的预应力损失 σ_{l1},约占总损失的 5%~10%;

② 由预应力筋与孔道壁之间摩擦引起的预应力损失 σ_{l2},约占总损失的 5%~15%;

③ 由混凝土加热养护时,受张拉的钢筋与承受拉力的设备之间温差引起的预应力损失 σ_{l3},约占总损失的 20%;

④ 由预应力钢筋的应力松弛引起的预应力损失 σ_{l4},约占总损失的 15%;

⑤ 由混凝土收缩和徐变引起的预应力损失 σ_{l5},约占总损失的 50%~60%。

⑥ 用螺旋式预应力钢筋作配筋的环形构件,当直径 $d \leqslant 3$ m 时,由于混凝土的局部挤压引起的预应力损失 σ_{l6},$\sigma_{l6} = 30 \text{ N/mm}^2$。

一般情况下预应力损失总值 σ_l 大约可达 200~250 N/mm²,其中大部分由混凝土的徐变引起。

2. 预应力损失的组合

上述各项预应力损失对先张法和后张法构件各不相同,其出现的先后也有差别,为了计算方便,预应力混凝土构件各阶段的预应力损失值需按表 5-3-1 的规定进行组合。

表 5-3-1 各阶段预应力损失值的组合

预应力损失值的组合	先张法构件	后张法构件
混凝土预压前(第一批)的损失 σ_{lI}	$\sigma_{l1}+\sigma_{l2}+\sigma_{l3}+\sigma_{l4}$	$\sigma_{l1}+\sigma_{l2}$
混凝土预压后(第二批)的损失 σ_{lII}	σ_{l5}	$\sigma_{l4}+\sigma_{l5}+\sigma_{l6}$

注:先张法构件由于钢筋应力松弛引起的损失值 σ_{l4} 在第一批和第二批损失中所占的比例,如需区分,可根据实际情况确定。

《混凝土结构设计规范》要求按上述规定计算得到的预应力总损失值应不小于下列数值:

先张法构件:100 N/mm²

后张法构件:80 N/mm²

3. 减少预应力损失的措施

预应力损失越大,预应力的效果越差。针对预应力损失产生的原因,在设计和施工时都必须采取措施。例如,选择变形和钢筋内缩小的夹具和锚具;减少垫板数量;对预应力钢筋进行超张拉;加热养护时进行两阶段升温;选择级配好的集料、强度较高的混凝土和高标号水泥;降低水泥用量;减少水灰比等。

5.4 预应力混凝土构件设计的一般原理

5.4.1 计算内容

1. 使用阶段验算

预应力混凝土结构构件使用阶段的计算包括承载力极限状态的计算和正常使用极限状态的验算。具体有:

① 承载力计算。对预应力轴心受拉构件,应进行正截面受拉承载力计算;对预应力受弯构件,应进行正截面受弯承载力和斜截面受剪承载力计算。

② 裂缝控制验算。对于正常使用阶段不允许开裂的构件,应进行抗裂验算;对允许开裂的构件,进行裂缝宽度验算。

③ 变形验算。对预应力受弯构件,应进行挠度验算。

2. 施工阶段验算

预应力混凝土构件在制作、运输和安装等施工过程中,应对其承载力和抗裂性进行验算。

5.4.2 预应力混凝土轴心受拉构件的计算和验算

预应力混凝土轴心受拉构件从张拉钢筋开始直到构件破坏为止,可分为两个阶段:施工阶段和使用阶段。每个阶段又包括若干个受力过程。在开裂以前,它的受力特性类似于弹性材料。应力可按建筑力学的方法分析;在开裂以后和破坏阶段,建筑力学的公式不再适用。

1. 应力分析

受施工工艺、截面几何特征等因素影响,先张法构件和后张法构件截面应力表达有所区别。下面分先张法和后张法两种情况来讨论。

图 5-4-1 表示预应力混凝土轴心受拉构件各阶段的应力变化计算图式。在图 5-4-1(a)所示的构件截面中,A_p、A_s 分别为预应力钢筋及非预应力钢筋截面面积,A_n 为混凝土的净截面面积。

(1) 先张法

① 预加应力阶段(施工阶段)

放松预应力筋前,完成了第一批损失 σ_{lI},钢筋应力为 $\sigma_{con}-\sigma_{lI}$,混凝土尚未受力,$\sigma_c=0$。混凝土达到规定的强度后,放松钢筋,依靠钢筋与混凝土的黏结力,钢筋回缩产生压应力为 σ_{pcI}。由于钢筋与混凝土的变形必须协调,钢筋的拉应力相应减少 $\alpha_E\sigma_{pcI}$ 即

$$\sigma_{peI} = (\sigma_{con}-\sigma_{lI})-\alpha_E\sigma_{pcI} \tag{5-4-1}$$

式中 α_E——预应力钢筋弹性模量与混凝土弹性模量之比,其值为 $\alpha_E=E_s/E_c$。

同理非预应力钢筋产生的压力为:

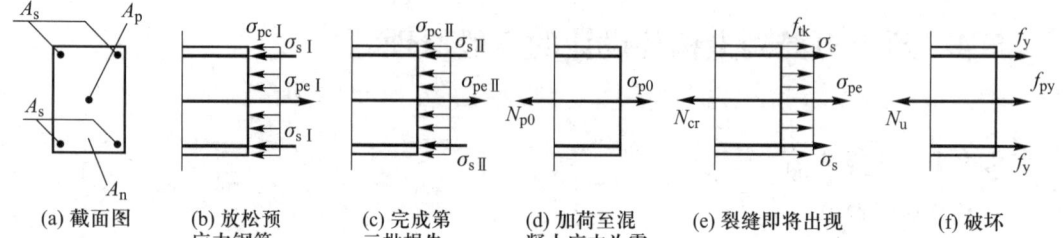

(a) 截面图　(b) 放松预应力钢筋　(c) 完成第二批损失　(d) 加荷至混凝土应力为零　(e) 裂缝即将出现　(f) 破坏

图 5-4-1　预应力混凝土轴心受拉构件各阶段的受力示意图

$$\sigma_{sI} = \alpha_{Es}\sigma_{pcI} \tag{5-4-2}$$

式中　α_{Es}——非预应力钢筋弹性模量与混凝土弹性模量之比。

混凝土的压应力 σ_{pcI}，可按平衡条件求出

$$\sigma_{sI}A_s + \sigma_{pcI}A_c = \sigma_{peI}A_p \tag{5-4-3}$$

式中　A_c、A_p、A_s——分别为混凝土，预应力和非预应力钢筋的截面面积。

将式(5-4-1)、(5-4-2)代入式(5-4-3)得：

$$\sigma_{pcI} = \frac{(\sigma_{con} - \sigma_{lI})A_p}{A_c + \alpha_E A_p + \alpha_{Es} A_s} = \frac{(\sigma_{con} - \sigma_{lI})A_p}{A_0} \tag{5-4-4}$$

式中，A_0 为混凝土的换算截面面积，即包括混凝土全部截面面积以及全部纵向预应力和非预应力钢筋截面面积换算成混凝土的截面面积：

$$A_0 = A_c + \alpha_E A_p + \alpha_{Es} A_s \tag{5-4-5}$$

随着钢筋完成第二批预应力损失，预应力钢筋的总应力损失值为：$\sigma_l = \sigma_{lI} + \sigma_{lII}$，则类似地根据平衡条件可求出：

$$\sigma_{pcII} = \frac{(\sigma_{con} - \sigma_l)A_p - \sigma_{l5}A_s}{A_c + \alpha_E A_p + \alpha_{Es} A_s} = \frac{(\sigma_{con} - \sigma_l)A_p - \sigma_{l5}A_s}{A_0} \tag{5-4-6}$$

σ_{pcII} 是完成全部损失后，混凝土所受的预压应力，故称为预应力混凝土中所建立的有效预应力。

② 使用阶段

外荷载作用下随着轴向力逐渐增大，混凝土预压应力逐渐减小至零，再变为拉应力；当混凝土拉应力超过混凝土抗拉强度后，构件开裂；开裂后裂缝截面处的拉力全部由钢筋承担，裂缝逐渐发展；当钢筋达到屈服强度时，构件达到承载力极限状态。

（2）后张法

① 预加应力阶段（施工阶段）

张拉预应力钢筋并将钢筋锚固在构件上，即完成第一批应力损失 $\sigma_{lI} = \sigma_{l1} + \sigma_{l2}$。此时，预应力钢筋和非预应力钢筋应力分别为

$$\sigma_{peI} = \sigma_{con} - \sigma_{lI} \tag{5-4-7}$$

$$\sigma_{sI} = \alpha_{Es}\sigma_{pcI} \tag{5-4-8}$$

混凝土的预压应力可由平衡条件求出

$$\sigma_{pcI} = \frac{(\sigma_{con}-\sigma_{lI})A_p}{A_c+\alpha_{Es}A_s} = \frac{(\sigma_{con}-\sigma_{lI})A_p}{A_n} \tag{5-4-9}$$

式中，A_n 为混凝土的净截面面积，即包括扣除孔道等削弱部分以外的混凝土截面面积和非预应力钢筋截面面积换算成混凝土的面积：

$$A_n = A_c + \alpha_{Es}A_s \tag{5-4-10}$$

完成第二批损失后，类似有 $\sigma_l = \sigma_{lI} + \sigma_{lII}$，混凝土的预应力可由平衡条件求出：

$$\sigma_{pcII} = \frac{(\sigma_{con}-\sigma_l)A_p - \sigma_{l5}A_s}{A_c+\alpha_{Es}A_s} = \frac{(\sigma_{con}-\sigma_l)A_p - \sigma_{l5}A_s}{A_n} \tag{5-4-11}$$

② 使用阶段

与先张法构件相同，开裂前的计算也与先张法构件一样，并且采用换算截面面积 A_0（推导过程略）。

2. 正截面受拉承载力

根据构件破坏时的受力状态可知，预应力混凝土构件与同截面同材料的普通钢筋混凝土构件具有相同的承载力 N_u，即预加应力不会提高或降低构件的承载力 N_u。

根据各阶段应力分析，当构件加荷至破坏时，全部外加荷载均由预应力钢筋和非预应力钢筋承受，其正截面的承载力可按下式计算：

$$\gamma_0 N \leq f_{py}A_p + f_y A_s \tag{5-4-12}$$

式中 f_{py}、f_y——预应力钢筋、非预应力钢筋的抗拉强度设计值；
A_p、A_s——预应力钢筋、非预应力钢筋的截面面积；
N——轴向拉力设计值；
γ_0——结构重要性系数。

3. 使用阶段抗裂及裂缝宽度验算

（1）抗裂验算，按下列公式计算。

① 一级：严格要求不出现裂缝的构件

在荷载效应的标准组合下应符合下列规定：

$$\sigma_{ck} - \sigma_{pcII} \leq 0 \tag{5-4-13}$$

② 二级：一般要求不出现裂缝的构件

在荷载效应的标准组合下应符合下列规定：

$$\sigma_{ck} - \sigma_{pcII} \leq f_{tk} \tag{5-4-14}$$

式中 σ_{ck}——在荷载的标准组合下抗裂验算边缘的混凝土法向应力，$\sigma_{ck} = N_k/A_0$；
N_k——按荷载标准组合计算的轴向力值；
A_0——混凝土的换算截面面积 $A_0 = A_c + \alpha_E A_p + \alpha_{Es}A_s$；
σ_{pcII}——扣除全部预应力损失后在抗裂验算边缘混凝土的预压应力，按式（5-4-6）和式（5-4-11）计算；

（2）裂缝宽度验算。

对在使用阶段允许出现裂缝的预应力混凝土轴心受拉构件称为三级构件，应验算其裂缝宽度,此处从略。

4. 施工阶段验算

对先张法生产的预应力钢筋混凝土轴心受拉构件,一般只需对放松钢筋时构件的承载力进行验算。对后张法生产的预应力混凝土轴心受拉构件,除对张拉钢筋时构件的承载力进行验算外,还应对构件端部锚固区混凝土进行局部受压承载力验算。

例 5-1 某后张法 24 m 跨度预应力混凝土拱形屋架下弦杆如图 5-4-2 所示,σ_{l1} = 40.63 N/mm², σ_{l2} = 43.34 N/mm², σ_{l4} = 116.1 N/mm², σ_{l5} = 153.3 N/mm²,其余设计条件见表 5-4-1。试对该下弦杆进行使用阶段承载力计算、抗裂验算。

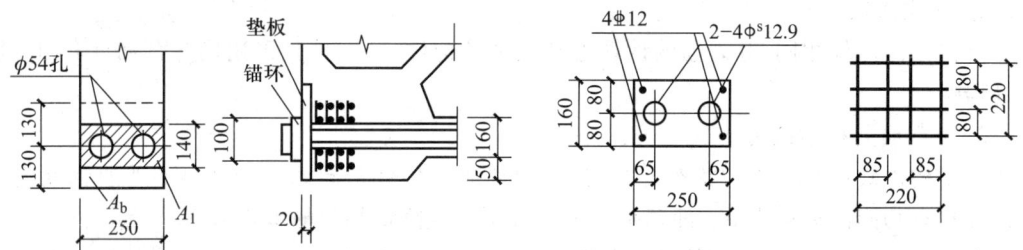

图 5-4-2 例 5-1 预应力混凝土拱形屋架端部构造图

表 5-4-1 例 5-1 题设计条件

材料	混凝土	预应力钢筋	非预应力钢筋
品种和强度等级	C40	1×3 钢绞线(Φˢ12.9)	HRB400
截面/mm²	250×160 孔道 2Φ54	85.4	A_s = 452
材料强度/(N/mm²)	f_{ck} = 26.8 f_c = 19.1 f_t = 1.71 f_{tk} = 2.39	f_{py} = 1 320 f_{ptk} = 1 860	f_y = 360
弹性模量/(N/mm²)	3.25×10⁴	1.95×10⁵	2.0×10⁵
张拉控制应力/(N/mm²)	σ_{con} = 0.75 f_{ptk} = 0.75×1 860 = 1 395		
张拉时混凝土立方体强度和抗压强度设计值/(N/mm²)	f'_{cu} = 40 f'_c = 19.1 f'_{tk} = 2.39		
下弦拉力/kN	永久荷载标准值产生的轴力 N_{Gk} = 400 kN,可变荷载标准值产生的轴力 N_{Qk} = 170 kN,可变荷载组合值系数 ψ_c = 0.7		
裂缝控制等级	二级		
结构重要性系数	使用阶段 γ_0 = 1.1, 施工阶段 γ_0 = 1.0		

解: ① 使用阶段承载力计算

轴力设计值

$$N = \gamma_0(1.2N_{Gk} + 1.4N_{Qk}) = 1.1 \times (1.2 \times 400 + 1.4 \times 170) \text{ kN} = 789.8 \text{ kN}$$

$$N = \gamma_0(1.35N_{Gk} + 0.7 \times 1.4N_{Qk}) = 1.1 \times (1.35 \times 400 + 0.7 \times 1.4 \times 170) \text{ kN} = 777.3 \text{ kN}$$

取 $N = 789.8$ kN

由

$$N \leq N_u = f_{py}A_p + f_y A_s$$

即

$$A_p \geq \frac{N - f_y A_s}{f_{py}} = \frac{789.8 \times 10^3 - 360 \times 452}{1\,320} \text{ mm}^2 = 475 \text{ mm}^2$$

选 2 束 4Φ^s12.9 钢绞线，$A_p = 683.2$ mm²。

② 截面几何特征计算

$$A_c = \left(250 \times 160 - 2 \times \frac{\pi}{4} \times 54^2 - 452\right) \text{ mm}^2 = 34\,970 \text{ mm}^2$$

预应力钢筋

$$\alpha_E = E_s/E_c = 1.95 \times 10^5/(3.25 \times 10^4) = 6.0$$

非预应力钢筋

$$\alpha_{Es} = \frac{E_s}{E_c} = \frac{2.0 \times 10^5}{3.25 \times 10^4} = 6.154$$

$$A_n = A_c + \alpha_{Es}A_s = (34\,970 + 6.154 \times 452) \text{ mm}^2 = 37\,752 \text{ mm}^2$$

③ 混凝土有效预压应力计算

a. 预应力损失

第一批预应力损失

$$\sigma_{l\mathrm{I}} = \sigma_{l1} + \sigma_{l2} = (40.63 + 43.34) \text{ N/mm}^2 = 83.97 \text{ N/mm}^2$$

$$\sigma_{pc\mathrm{I}} = \frac{(\sigma_{con} - \sigma_{l\mathrm{I}})A_p}{A_n} = \frac{(1\,395 - 83.97) \times 683.2}{37\,752} \text{ N/mm}^2 = 23.73 \text{ N/mm}^2$$

第二批预应力损失

$$\sigma_{l\mathrm{II}} = \sigma_{l4} + \sigma_{l5} = (116.1 + 153.3) \text{ N/mm}^2 = 269.4 \text{ N/mm}^2$$

总损失：

$$\sigma_l = \sigma_{l\mathrm{I}} + \sigma_{l\mathrm{II}} = (83.97 + 269.4) \text{ N/mm}^2 = 353.37 \text{ N/mm}^2 > 80 \text{ N/mm}^2$$

b. 混凝土有效预应力：

$$\sigma_{pc\mathrm{II}} = \frac{(\sigma_{con} - \sigma_l)A_p - \sigma_{l5}A_s}{A_n} = \frac{(1\,395 - 353.37) \times 683.2 - 153.3 \times 452}{37\,752} \text{ N/mm}^2 = 17.01 \text{ N/mm}^2$$

④ 抗裂验算

在荷载标准组合下：

$$N_k = N_{Gk} + N_{Qk} = (400 + 170) \text{ kN} = 570 \text{ kN}$$

$$A_0 = A_n + \alpha_E A_p = (37\,752 + 6 \times 683.2) \text{ mm}^2 = 41\,851.2 \text{ mm}^2$$

$$\sigma_{ck} = N_k/A_0 = 570 \times 10^3/41\,851.2 \text{ N/mm}^2 = 13.62 \text{ N/mm}^2$$
$$\sigma_{ck} - \sigma_{pcII} = (13.62 - 17.01) \text{ N/mm}^2 = -3.39 \text{ N/mm}^2 \leqslant f_{tk} = 2.39 \text{ N/mm}^2$$

满足要求。

5.4.3 预应力混凝土受弯构件

预应力混凝土受弯构件计算的基本原理与预应力轴心受拉构件相同,开裂前采用换算截面(使用阶段及先张法构件施工阶段)或净截面(后张法构件的施工阶段),用建筑力学方法计算截面应力,开裂后的计算与钢筋混凝土受弯构件类似。

5.5 部分预应力混凝土的概念

5.5.1 基本概念

预应力混凝土构件,根据工作性能不同,可按表5-5-1进行分类。

表5-5-1中的严格要求不出现裂缝的构件,称为"全预应力混凝土构件"。表5-5-1中的钢筋混凝土构件称为"无预应力混凝土构件"。介于两者之间的构件称为"部分预应力混凝土构件"。三者之间的关系可用图5-5-1所示三类构件的 M-f 线加以说明。

表5-5-1 预应力混凝土构件分类

分类		预应力度	裂缝控制等级	构件受拉边缘混凝土应力	变形曲线
全预应力混凝土构件		$\lambda > 1$	一级——严格要求不出现裂缝的构件	按荷载标准组合,受拉边缘计算时不出现拉力,即 $\sigma_{ck} - \sigma_{pc} \leqslant 0$	图5-5-1曲线①及以上
部分预应力混凝土构件(广义)	A类:有限预应力混凝土构件	$1 > \lambda > 0$	二级——一般要求不出现裂缝的构件	按荷载标准组合计算时,控制拉应力在一定范围内,即 $\sigma_{ck} - \sigma_{pc} \leqslant f_{tk}$	图5-5-1曲线②和①之间
	B类:部分预应力混凝土构件(狭义)		三级——允许出现裂缝的构件	最大裂缝宽度按荷载标准组合并考虑长期作用影响的效应进行计算,并不大于允许值,即 $w_{max} \leqslant [w_{lim}]$,$[w_{lim}]$——裂缝宽度允许值,见《混凝土结构设计规范》第3.4.5。	图5-5-1曲线②和③之间
钢筋混凝土构件		$\lambda = 0$		最大裂缝宽度按荷载准永久组合并考虑长期作用影响的效应进行计算,并不大于允许值,即 $w_{max} \leqslant w_{lim}$,$w_{lim}$ 取值同上。	图5-5-1曲线③

从构件的承载力来看,这三类构件(全预应力、部分预应力、普通混凝土)基本相同。

从使用荷载下构件的刚度和抗裂性来看,曲线①即全预应力构件最好,曲线②即部分预应力构件次之,曲线③即普通混凝土构件最差。但事物总是一分为二的,全预应力构件也存在有以下缺点:

① 反拱长期不断发展。这主要是对活荷载考虑不全面,预压应力取值过大引起的。在恒载小,活载大的结构中经常发生,结果导致反拱不断发展,甚至影响正常使用。

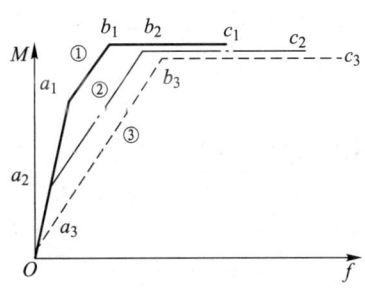

图 5-5-1　三类构件的 $M—f$ 曲线

② 施工难度大,费用高。主要是全部纵向钢筋均需施加预应力,这会带来一系列问题,诸如张拉控制应力过大,张拉设备和锚夹具要求较高,需配置 A'_p 等。

③ 工程实际中,发现不少"全预应力"结构存在非荷载裂缝,有的甚至还比较严重。这主要是因为没有足够的非预应力钢筋来抵抗由温差、收缩、徐变、约束变形等局部次应力的影响。

采用部分预应力混凝土,可以部分或全部克服上述缺点,收到良好的技术经济效果。近20年来部分预应力混凝土在土木工程中发展迅速,本书仅就其基本思路加以阐述。

5.5.2　预应力度及分类

预应力度的定义为

1. 受弯构件

$$\lambda = \frac{M_0}{M}$$

式中　M_0——消压弯矩;

　　　M——使用荷载短期效应组合下弯矩设计值。

2. 轴拉构件

$$\lambda = \frac{N_0}{N}$$

式中　N_0——消压轴力;

　　　N——使用荷载短期效应组合下轴向拉力设计值。

当 $\lambda > 1$ 时,称为全预应力混凝土;当 $1 > \lambda > 0$ 时,称为部分预应力混凝土;当 $\lambda = 0$ 时,即为普通混凝土。

除上述表达方式外,目前国内外还有其他许多方法,例如强度比表达法等。

5.5.3　施加部分预应力的方法

施加部分预应力,常用下列几种方法:

① 按承载力要求配出全部预应力钢筋,对这些钢筋全部以较低的张拉力进行张拉,张拉力的大小由构件的使用要求(抗裂及裂缝宽度)确定。

② 按承载力要求配出全部预应力钢筋,但仅按使用要求张拉其中部分钢筋,其余不张拉。这样可加快施工进度及节约部分锚具等。

③ 按使用要求配置预应力钢筋,按承载力要求配置其余所需的非预应力钢筋。

上述三种方法比较起来,以第三种最好。因为这种方法配置的预应力钢筋可满足预期的抗裂、变形和大部分承载力要求,而以非预应钢筋来补充极限承载力的要求,并加强预应力钢筋不易达到的部位,设计人员可根据不同的使用要求,选择适当的预应力和非预应力钢筋,以达到不同极限状态下安全度相均衡的目的,并使构件具有较大的变形性能和较高的延性,以满足结构的抗震要求。

非预应力钢筋的布置,可根据使用和构造要求,放在不同的部位,以发挥其加强作用。例如,可在跨中预拉区承受由预应力引起的拉力,在支座承受由预应力引起的拉力,并承担由温差、徐变和收缩引起的次生应力等。

5.5.4 部分预应力设计计算简介

1. 部分预应力混凝土与其他混凝土构件计算内容基本相同,包括下述内容:

① 承载能力极限状态计算。包括正截面与斜截面承载力计算。

② 正常使用极限状态计算。包括正、斜截面抗裂,裂缝宽度和变形的验算。

③ 施工阶段验算。包括运输、吊装和制作等阶段的验算。

④ 对承受重复荷载的构件,必要时需进行疲劳强度验算。

2. 截面设计方法

部分预应力混凝土的设计有三种不同的方法,简述如下:

(1) 以承载能力极限状态为基础的方法

这种方法首先假定截面尺寸,根据承载力要求选择钢筋面积,最后验算使用阶段的构件性能,具体步骤为

① 按普通混凝土要求的高跨比与预应力混凝土要求的高跨比取中间情况来假定截面尺寸;

② 按照正截面承载力要求确定所需要受拉钢筋数量 A(假定均为预应力钢筋);

③ 按照抗裂要求确定所需的预应力度,根据预应力度计算所需的预应力钢筋 A_p;

④ 确定非预应力钢筋的截面积 A_s;

⑤ 调整 A_p 与 A_s 的比例,重新计算一次,并同时满足其他各阶段要求。

(2) 以正常使用极限状态为基础的方法

这种方法首先根据抗裂性等使用阶段要求来选择预应力钢筋,然后按承载力要求确定非预应力钢筋,具体步骤是

① 根据高跨比及荷载情况,假定截面尺寸。

② 按构件抗裂要求,选择预应力筋 A_p:

a. 求出 σ_{pc};

b. 由式 $\sigma_{pc} = \dfrac{N_p}{A_n} + \dfrac{N_p e_{pn}}{I_n} y_n$，可求出所需施加的预应力 N_p；

c. 由式 $A_p = \dfrac{N_p}{(0.7 \sim 0.8)\sigma_{con}}$，可求出预应力钢筋面积 A_p，式中 0.7~0.8 为考虑预应力损失的系数。

③ 根据承载力要求，可求出非预应力钢筋 A_s；由已知 M、A_p，求 A_s。

④ 根据已求出的 A_p、A_s 重新准确计算使用性能和承载力(包括预应力损失)是否满足要求。

(3) 以结构优化为基础的方法

这种方法是在大量计算的基础上，选择一个合适的 λ 值，使其既满足承载力要求，又满足使用性要求。这种方法需要大量的结构计算。

目前，通常采用方法二来进行截面设计。

5.6 本章小结

对构件施加预应力，可以提高构件的抗裂度和刚度，改善构件正常使用阶段的性能，从而在本质上克服了钢筋混凝土构件的缺点，并为使用高强钢材和高强混凝土创造了条件。

在预应力混凝土构件开裂前，构件基本上处于弹性工作阶段，其应力分析基于建筑力学的概念进行。

预应力损失是预应力混凝土构件的特有现象，它将导致预应力效果降低，先张法和后张法的预应力损失项和出现预应力损失的阶段有所差别，减少预应力损失是提高预应力效果的重要途径。

预应力混凝土轴心受拉构件的应力分析和计算内容是预应力混凝土构件分析和计算的基础，读者应能对其有效应力、抗裂度和承载能力等进行一般计算。

思考题

5-1 钢筋混凝土构件有哪些缺点？其根本原因何在？

5-2 预应力混凝土构件有哪些受力特征？

5-3 预应力是如何施加的？先张法构件和后张法构件的预应力是如何传递给混凝土的？

5-4 预应力混凝土构件对材料有何要求？

5-5 何谓张拉控制应力？

5-6 预应力损失有哪几种？先张法构件和后张法构件的预应力损失各是如何组合的？

5-7 如何采取措施减少预应力损失？

5-8 预应力混凝土构件应进行哪些计算和验算？

习题

5-9 预应力混凝土构件是在构件承受使用荷载之前,预先对构件(　　)。
A. 受拉区施加压应力
B. 受压区施加拉应力
C. 受拉区施加拉应力
D. 受压区施加压应力

5-10 预应力混凝土构件中的预应力钢筋(　　)。
A. 必须是高强度钢筋
B. 必须是未经冷拉的热轧钢筋
C. 必须是光面钢筋
D. 必须是 HPB300 级钢筋

5-11 预应力钢筋的张拉控制应力 σ_{con} 是指(　　)。
A. 扣除第一批预应力损失后的钢筋应力
B. 扣除全部预应力损失后的钢筋应力
C. 张拉预应力钢筋时,张拉机具所指示的总张拉力除以预应力钢筋面积的值
D. 固定预应力钢筋后的钢筋应力值

5-12 先张法构件的预应力损失 σ_l 的计算值(　　)。
A. 不应大于 80 N/mm^2
B. 不应小于 80 N/mm^2
C. 不应大于 100 N/mm^2
D. 不应小于 100 N/mm^2

5-13 后张法预应力混凝土构件,混凝土获得预应力的途径是(　　)。
A. 依靠钢筋与混凝土的黏结力
B. 依靠锚具挤压混凝土
C. 依靠台座
D. 依靠非预应力钢筋阻止混凝土的压缩

5-14 预应力损失 σ_{l3} 发生在(　　)。
A. 先张法构件自然养护时
B. 后张法构件加热养护时
C. 后张法构件自然养护时
D. 先张法构件加热养护且预应力钢筋和承受拉力的设备之间有温差时

5-15 对预应力混凝土轴心受拉构件,裂缝控制等级为一级的要求是(　　)。
A. $\dfrac{N}{A_0} \leq f_{tk}$
B. $\dfrac{N_k}{A_n} \leq \sigma_{pcⅡ}$
C. $\dfrac{N_k}{A_0} \leq \sigma_{pcⅡ}$
D. $\dfrac{N_q}{A_0} \leq f_{tk}$

其中 $\sigma_{pcⅡ}$ 为混凝土有效预压应力,f_{tk} 为混凝土抗拉强度标准值。

5-16 下列有关预应力混凝土的叙述中,其中不正确的是(　　)。
A. 先张法靠钢筋与混凝土黏结力传递预应力
B. 后张法靠锚固施加预应力
C. 先张法适合于预制厂生产制作中、小型构件
D. 无黏结预应力采用先张法

5-17 预制厂中用台座生产工艺制作的预应力圆孔板(　　)。
A. 预应力钢筋属于无黏结的,为先张法工艺生产
B. 预应力钢筋属于有黏结的,为先张法工艺生产
C. 预应力钢筋属于无黏结的,为后张法工艺生产
D. 预应力钢筋属于有黏结的,为后张法工艺生产

6 混凝土结构正常使用极限状态验算

6.1 混凝土结构正常使用极限状态验算概述

设计混凝土结构时,对所有的受力构件都要进行承载能力计算,因为构件可能由于强度破坏或失稳等原因而到达承载能力极限状态。此外,结构还可能由于裂缝宽度、变形过大,影响适用性和耐久性而到达正常使用极限状态。所以,为使结构的使用性能满足要求,根据结构的使用条件还要对某些构件的裂缝宽度和变形进行控制验算。例如:裂缝宽度过大会影响结构物的观瞻,引起使用者的不安,还可能使钢筋产生锈蚀,影响结构的耐久性。又如:楼盖梁、板变形过大会影响支承在其上面的仪器,尤其是精密仪器的正常使用和引起非结构构件(如粉刷、吊顶和隔墙)的破坏,吊车梁的挠度过大,会妨碍吊车正常运行。

裂缝宽度和变形的验算应按下列规定进行:

1. 裂缝宽度验算:钢筋混凝土构件的最大裂缝宽度可按荷载效应准永久组合并考虑长期作用影响的效应计算,预应力混凝土构件的最大裂缝宽度可按荷载效应标准组合并考虑长期作用影响的效应计算。最大裂缝宽度 w_{max} 应符合下列规定:

$$w_{max} \leqslant w_{lim}$$

《混凝土结构设计规范》规定的最大裂缝宽度值 w_{lim} 见表 6-1-1。

2. 变形验算:钢筋混凝土受弯构件的最大挠度可按荷载效应准永久组合并考虑长期作用影响的效应计算,预应力混凝土受弯构件的最大挠度可按荷载效应标准组合并考虑长期作用影响的效应计算。受弯构件的最大挠度 f 不应超过规定的挠度限值 f_{lim},即

$$f \leqslant f_{lim}$$

《混凝土结构设计规范》规定的挠度限值 f_{lim} 见表 6-1-2。

本章主要介绍普通混凝土构件的裂缝宽度和挠度验算及预应力混凝土构件的裂缝宽度验算,预应力混凝土构件的挠度验算见《混凝土结构设计规范》。

表 6-1-1　结构构件的裂缝宽度限值 w_{lim}

环境类别	钢筋混凝土结构		预应力混凝土结构	
	裂缝控制等级	w_{lim}/mm	裂缝控制等级	w_{lim}/mm
一	三级	0.30(0.40)	三级	0.20
二 a		0.20		0.10
二 b			二级	—
三 a、三 b			一级	—

注：1. 对处于年平均相对湿度小于60%地区一类环境下的受弯构件，其最大裂缝宽度限值可采用括号内的数值。
2. 在一类环境下，对钢筋混凝土屋架、托架及需作疲劳验算的吊车梁，其最大裂缝宽度限值应取为 0.20 mm；对钢筋混凝土屋面梁和托梁，其最大裂缝宽度限值应取为 0.30 mm。
3. 在一类环境下，对预应力混凝土屋架、托架及双向板体系，应按二级裂缝控制等级进行验算；对一类环境下的预应力混凝土屋面梁、托梁、单向屋面板和楼板，按表中二 a 环境的要求进行验算；在一类和二 a 类环境下需作疲劳验算的预应力混凝土吊车梁，应按裂缝控制等级不低于二级的构件进行验算。
4. 表中规定的预应力混凝土构件的裂缝控制等级和最大裂缝宽度限值仅适用于正截面的验算；预应力混凝土构件的斜截面裂缝控制验算应符合本规范第 7 章的有关规定。
5. 对于烟囱、筒仓、处于液体压力下的结构构件及电视塔等各种高耸结构，其裂缝控制要求应符合专门标准的有关规定。
6. 对于处于四、五类环境下的结构构件，其裂缝控制要求应符合专门标准的有关规定。
7. 表中的最大裂缝宽度限值为用于验算荷载作用引起的最大裂缝宽度。

表 6-1-2　受弯构件的挠度限值 f_{lim}

构件类型		挠度限值
吊车梁	手动吊车	$l_0/500$
	电动吊车	$l_0/600$
屋盖、楼盖及楼梯构件	当 $l_0<7$ m 时	$l_0/200(l_0/250)$
	当 $7\ m\leq l_0\leq 9\ m$ 时	$l_0/250(l_0/300)$
	当 $l_0>9$ m 时	$l_0/300(l_0/400)$

注：1. 表中 l_0 为构件的计算跨度；计算悬臂构件的挠度限值时，其计算跨度 l_0 按实际悬臂长度的 2 倍取用。
2. 表中括号内的数值适用于使用上对挠度有较高要求的构件。
3. 如果构件制作时预先起拱，且使用上也允许，则在验算挠度时，可将计算所得的挠度值减去起拱值；对预应力混凝土构件，尚可减去预加力所产生的反拱值。
4. 构件制作时的起拱值和预加力所产生的反拱值，不宜超过构件在相应荷载组合作用下的计算挠度值。

6.2 产生裂缝原因及其控制措施

视频 6-1
各种裂缝

6.2.1 产生裂缝原因

混凝土结构中存在拉应力是产生裂缝的必要条件。除荷载作用外,结构的不均匀沉降、收缩、温度变化,以及在混凝土凝结、硬化阶段等也都会引起拉应力,从而产生裂缝。现对产生裂缝的各种原因及其裂缝形态简述如下。

1. 材料方面引起裂缝的原因

(1) 水泥方面的原因

① 异常凝结和异常膨胀:受风化的水泥,其品质很不安定。混凝土浇筑后,在达到一定强度以前,在凝结硬化阶段会产生短小的不规则裂缝。随着水泥品质的改善,这种裂缝目前较少见到。

② 水泥水化热:由于水泥的水化反应,浇筑混凝土后,在初期凝结和硬化阶段,温度上升。其次,在实际结构中,内部产生蓄热的同时,构件表面还产生放热,使得构件温度经上升后再下降。

水化热引起的裂缝可分为以下两种情况。

a. 大体积混凝土:构件的最小尺寸大于 800 mm 时,通常可认为是大体积混凝土。由于上述各种因素,对于大体积混凝土,内部温度较大,构件外周温度较低,内外温差很大,引起内外混凝土膨胀变形差异。内部混凝土膨胀受到外部混凝土的变形约束,使构件表面产生裂缝。

b. 结构构件间的相互影响:大型构件与小尺寸构件共同组成的结构(如基础梁与薄墙板、大尺寸梁与薄楼板等),以及梁柱框架结构中均可能因温差的影响产生裂缝。这种裂缝是由于先浇筑已凝结硬化的混凝土结构构件对后浇筑混凝土构件的温度变形产生约束引起的。后浇筑部分越大,其影响就越显著。但在实际工程中,由于混凝土在凝结硬化阶段因模板的刚性约束,使后浇混凝土的温度变形有所减小,构件间的相互影响程度有所缓和。

(2) 集料方面的原因

① 集料中的泥分:细集料中含有较多的泥分时,使混凝土的干燥收缩量增大。此外,泥分的存在也使水泥与粗集料的黏结强度降低。因此泥分较多的混凝土,由于干燥收缩会产生网状裂缝。

② 碱集料反应:集料中碱含量较高时,因吸收周围的水分产生化学反应使集料膨胀,产生龟裂状裂缝。当构件在某个方向受到约束时,裂缝会沿约束方向产生。

③ 混凝土的下沉和泌水:混凝土浇筑后,在凝结过程中会产生下沉和泌水。混凝土中水量越多,保水性越差,其下沉量就越大。当混凝土下沉受到钢筋或周围混凝土的约束时会产生裂缝。

2. 施工原因引起的裂缝

（1）混合材料不均匀

由于搅拌不均匀,材料的膨胀和收缩的差异,引起局部的一些裂缝。

（2）长时间搅拌

混凝土运输时间过长,长时间搅拌突然停止后很快硬化产生异常凝结,引起网状裂缝。

（3）浇筑速度过快

当构件高度较大时,如果一次快速浇筑混凝土,因下部混凝土尚未充分硬化,则会产生下沉,引起裂缝。

（4）交接缝

浇筑先后时差过长,先浇筑的混凝土已硬化,导致交接缝混凝土不连续,这是结构产生裂缝的起始位置,将成为结构承载力和耐久性的缺陷。

（5）模板外鼓

由于模板隔挡设置不当,导致墙、柱、梁的模板产生外鼓,使得硬化但未达到强度的混凝土产生移动而引起裂缝。梁因模板外鼓产生裂缝。

（6）支撑下沉

由于模板支撑设置不当,支撑沉降产生过大变形而引起裂缝。

（7）初期快速干燥

由于风、高温以及夏季阳光直射和浇水不足等原因,导致混凝土表面失去养护水分,因快速干燥而使得混凝土在凝结结束时产生裂缝。裂缝的形状比混凝土泌水沉降裂缝更细,且呈无方向性的龟甲状,裂缝深度也较浅。

（8）模板拆除过早

拆模后,因混凝土的干燥速度加快,加之构件干燥收缩产生的约束作用引起拉应力,在混凝土抗拉强度不足时产生裂缝。这种裂缝与干燥裂缝有所不同,而与荷载和强制变形下的裂缝情况类似。

3. 温度变化和收缩作用引起的裂缝

如现浇框架梁、板和桥面结构,由于其温度和收缩变形受到刚度较大构件的约束而开裂。混凝土烟囱、核反应堆容器等承受高温的结构,也会发生温差裂缝。实践表明,公路箱形梁桥的横向温差应力较大,如在横向没有施加预应力和设置足够的温度钢筋,势必导致顶板混凝土开裂（图 6-2-1）,且随时间而发展。当现浇屋面混凝土结构上部因低温或干燥而收缩时,会发生中部或角部裂缝等。

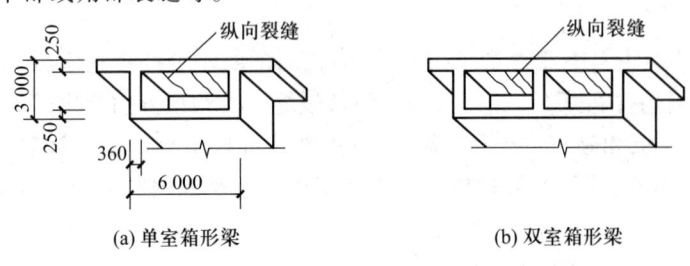

图 6-2-1　公路箱形梁桥顶板的纵向温度裂缝

4. 不均匀沉降产生裂缝

超静定结构下的地基沉降不均匀时,结构构件受到强迫变形可能开裂,在房屋建筑结构中这种情况较为常见。随着不均匀沉降的发展,裂缝将进一步扩大。

5. 冻融引起的裂缝

冻融循环作用、混凝土中碱—集料反应、盐类和酸类物质侵蚀等都能引起混凝土结构构件开裂。碱—集料反应是指混凝土组成材料中的碱和碱活性集料在混凝土浇筑后的反应,当反应物积累到一定程度时吸水膨胀而使混凝土开裂。

6. 荷载作用引起的裂缝

构件在荷载作用下都可能发生裂缝,受力状态不同(如受弯、受剪、受扭或弯剪扭组合作用、局部荷载作用等等),其裂缝形状和分布也不同,前述各有关章节中已予说明。计算静力荷载作用下的裂缝是本章讨论的主要内容。

6.2.2 裂缝控制及裂缝宽度计算

1. 裂缝控制的目的和要求

(1) 裂缝控制的目的

混凝土的抗拉强度远低于抗压强度,构件在不大的拉应力下就可能开裂。例如钢筋混凝土受弯构件,在使用状态下受拉区出现裂缝是正常现象,是不可避免的。总的来说,对裂缝进行控制的目的之一,是为了保证结构的耐久性。因为裂缝过宽时气体和水分、化学介质会侵入裂缝,引起钢筋锈蚀,不仅削弱了钢筋的受力面积,还会因钢筋体积的膨胀,引起保护层剥落,产生长期危害,影响结构的使用寿命。近年来高强钢筋的采用逐渐广泛,构件中钢筋应力相应提高、应变增大,裂缝必然随之加宽,钢筋锈蚀的后果也随之严重。各种工程结构设计规范规定,对钢筋混凝土构件的横向裂缝须进行宽度验算。而对于如水池等有专门要求的结构,要通过设计计算保证它们不开裂。实际上,从结构耐久性的角度看,保证混凝土的密实性和必要的保护层厚度和质量,要比控制结构表面的横向裂缝宽度重要得多。采用高性能混凝土和施加预应力有利于改善构件的抗裂性能。

另一方面,多年来的试验研究也表明,横向裂缝处钢筋锈蚀的程度、范围及发展情况,并不像通常所设想的那么严重,其发展的速度甚至锈蚀与否和构件表面的裂缝宽度并不呈平行关系。所以,在一定的条件下,控制裂缝宽度的理由更多的是考虑到对建筑物观瞻、对人的心理感受和使用者不安程度的影响。有专题研究为此对公众的反应作过调查,发现大多数人对于宽度超过 0.3 mm 的裂缝感到明显的心理压力。

(2) 裂缝控制的等级和要求

构件裂缝控制等级的划分,主要根据结构的功能要求、环境条件对钢筋的腐蚀影响、钢筋种类对腐蚀的敏感性、荷载作用的时间等因素来考虑。

混凝土结构构件的正截面裂缝控制等级划分为三级。

一级——严格要求不出现裂缝的构件。按荷载效应标准组合计算时,构件受拉边缘混凝土不应产生拉应力。

二级——一般要求不出现裂缝的构件。按荷载效应标准组合计算时,构件受拉边缘混凝土拉应力不应大于混凝土轴心抗拉强度标准值。

三级——允许出现裂缝的构件,按荷载效应准永久组合(普通混凝土构件)或标准组合(预应力混凝土构件)并考虑长期作用影响计算时,构件的最大裂缝宽度不应超过《混凝土结构设计规范》规定的最大裂缝宽度值 $w_{\lim}$,见表6-1-1。

对预应力混凝土构件,根据其工作条件、钢筋种类,分别进行一级或二级或三级裂缝控制验算。钢筋混凝土构件是允许出现裂缝的构件,应按三级裂缝控制要求验算。

2. 裂缝控制措施

避免或减少收缩裂缝发生的主要措施:
① 控制混凝土配合比、砂率、集料、水胶比、水泥用量、掺合料(粉煤灰硅粉);
② 加强混凝土的养护;
③ 适当提高配筋率,采用变形钢筋;
④ 设置减少沉降影响的后浇带;
⑤ 设置减少温度及收缩影响的后浇带;
⑥ 减少约束;
⑦ 使用纤维混凝土(钢纤维、聚丙烯纤维);
⑧ 施加预应力。

3. 荷载作用引起的裂缝宽度计算

(1)裂缝开展机理的分析

目前主要有两种关于裂缝开展的理论。

① 黏结滑移理论

6-2:讲课视频 裂缝开裂宽度的计算

认为裂缝开展是由于钢筋和混凝土之间的黏结滑移,混凝土收缩造成的,如图6-2-2a所示。平均裂缝间距 l_m 和平均裂缝宽度 w_m 随钢筋直径 d 与配筋率 ρ 比值的增大而增大,随着钢筋与混凝土的黏结强度增大而减小。对受弯构件和偏压构件,最大裂缝宽度 w_{max} 与平均裂缝宽度的比值为1.66;对轴拉构件和偏拉构件,$w_{max}/w_m = 1.9$;在荷载的长期作用下,由于混凝土徐变和收缩的影响,裂缝宽度还要增加约50%。

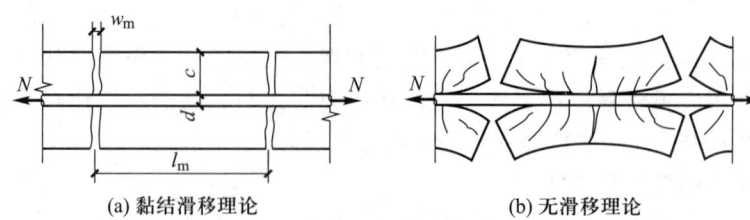

(a) 黏结滑移理论　　　　　　(b) 无滑移理论

图 6-2-2　轴心受拉构件裂缝开展机理

② 无滑移理论

试验表明,裂缝出现后钢筋与混凝土的黏结强度并未完全破坏;由于钢筋对混凝土回缩的约束,钢筋处的裂缝宽度仅为构件表面的1/3~1/7,如图6-2-2b 所示。对变形钢筋可假定钢筋与混凝土无滑移,表面裂缝由应变梯度造成,故 w_m 与保护层厚度 c 成正比,$w_{max} \approx 2w_m$。

(2) 裂缝宽度计算基本公式

在试验研究基础上,综合裂缝开展理论,同时考虑 d/ρ_{te} 和 c 等因素和裂缝宽度分布的不均匀性和荷载长期作用的影响,《混凝土结构设计规范》采用 w_m 乘以放大系数的方法确定 w_{max}。规定在矩形、T 形、倒 T 形和 I 字形截面的钢筋混凝土或预应力混凝土构件中,按荷载效应的准永久组合或荷载效应的标准组合并考虑长期作用影响的最大裂缝宽度可按下式计算:

$$w_{max} = \alpha_{cr} \psi \frac{\sigma_s}{E_s} \left(1.9 c_s + 0.08 \frac{d_{eq}}{\rho_{te}} \right) \quad (6-2-1)$$

$$\psi = 1.1 - 0.65 \frac{f_{tk}}{\sigma_s \rho_{te}} \quad (6-2-2)$$

$$d_{eq} = \frac{\sum n_i d_i^2}{\sum n_i \nu_i d_i} \quad (6-2-3)$$

$$\rho_{te} = \frac{A_s + A_p}{A_{te}} \quad (6-2-4)$$

式中 α_{cr}——构件受力特征系数,见表 6-2-1。

ψ——裂缝间纵向受拉钢筋应变不均匀系数,当 $\psi<0.2$ 时,取 $\psi=0.2$;当 $\psi>1.0$ 时,取 $\psi=1.0$;对直接承受重复荷载的构件,取 $\psi=1.0$。

σ_s——按荷载准永久组合计算的钢筋混凝土构件纵向受拉普通钢筋应力或按标准组合计算的预应力混凝土构件纵向受拉钢筋等效应力。

f_{tk}——混凝土轴心抗拉强度标准值。

E_s——钢筋的弹性模量。

c_s——最外层纵向受拉钢筋外边缘至受拉区底边的距离,当 $c_s<20$ mm 时,取 $c_s=20$ mm;当 $c_s>65$ mm 时,取 $c_s=65$ mm。

d_{eq}——受拉区纵向钢筋的等效直径,对无黏结后张构件,仅为受拉区纵向受拉普通钢筋的等效直径,mm。

d_i——受拉区第 i 种纵向钢筋的公称直径;对于有黏结预应力钢绞线束的直径取为 $\sqrt{n_1} d_{p1}$,其中 d_{p1} 为单根钢绞线的公称直径,n_1 为单束钢绞线根数。

n_i——受拉区第 i 种纵向钢筋的根数;对于有黏结预应力钢绞线,取为钢绞线束数。

ν_i——受拉区第 i 种纵向钢筋的相对黏结特性系数,按表 6-2-2 取值。

ρ_{te}——按有效受拉混凝土截面面积计算的纵向受拉钢筋配筋率;对无黏结后张构件,仅取纵向受拉普通钢筋计算配筋率;当 $\rho_{te}<0.01$ 时,取 $\rho_{te}=0.01$。

A_{te}——有效受拉混凝土截面面积。对轴心受拉构件,取构件截面面积;对受弯、偏心受压和偏心受拉构件,取 $A_{te}=0.5bh+(b_f-b)h_f$,此处 b_f、h_f 为受拉翼缘的宽度和高度。

A_s——受拉区纵向普通钢筋截面面积。

A_p——受拉区纵向预应力筋截面面积。

表 6-2-1　构件受力特征系数 α_{cr}

类型	α_{cr}	
	钢筋混凝土构件	预应力混凝土构件
受弯、偏心受压	1.9	1.5
偏心受拉	2.4	—
轴心受拉	2.7	2.2

表 6-2-2　钢筋的相对黏结特性系数 v_i

钢筋类别	钢筋		先张法预应力筋			后张法预应力筋		
	光面钢筋	带肋钢筋	带肋钢筋	螺旋肋钢丝	钢绞线	带肋钢筋	钢绞线	光面钢丝
v_i	0.7	1.0	1.0	0.8	0.6	0.8	0.5	0.4

注：对环氧树脂涂层带肋钢筋，其相对黏结特性系数应按表中系数的 0.8 倍取用。

钢筋混凝土构件受拉区纵向普通钢筋的应力按下式计算：

对轴心受拉构件

$$\sigma_{sq} = \frac{N_q}{A_s} \quad (6\text{-}2\text{-}5)$$

对偏心受拉构件

$$\sigma_{sq} = \frac{N_q e'}{A_s (h_0 - a')} \quad (6\text{-}2\text{-}6)$$

对受弯构件

$$\sigma_{sq} = \frac{M_q}{0.87 h_0 A_s} \quad (6\text{-}2\text{-}7)$$

对偏心受压构件

$$\sigma_{sq} = \frac{N_q (e - z)}{A_s z} \quad (6\text{-}2\text{-}8)$$

$$z = \left[0.87 - 0.12 (1 - \gamma_f') \left(\frac{h_0}{e} \right)^2 \right] h_0 \quad (6\text{-}2\text{-}9)$$

$$e = \eta_s e_0 + y_s \quad (6\text{-}2\text{-}10)$$

$$\eta_s = 1 + \frac{1}{4\,000 e_0 / h_0} \left(\frac{l_0}{h} \right)^2 \quad (6\text{-}2\text{-}11)$$

$$\gamma_f' = \frac{(b_f' - b) h_f'}{b h_0} \quad (6\text{-}2\text{-}12)$$

式中　N_q、M_q——按荷载准永久组合计算的轴向力值、弯矩值。

　　　　A_s——受拉区纵向普通钢筋截面面积：对轴心受拉构件，取全部纵向普通钢筋截面面积；对偏心受拉构件，取受拉较大边的纵向普通钢筋截面面积；对受弯、偏心受压构件，取受拉区纵向普通钢筋截面面积。

　　　　e'——轴向拉力作用点至受压区或受拉较小边纵向普通钢筋合力点的距离。

e——轴向压力作用点至纵向受拉普通钢筋合力点的距离。

e_0——荷载准永久组合下的初始偏心距,取为 M_q/N_q。

z——纵向受拉普通钢筋合力点至截面受压区合力点的距离且不大于 $0.87h_0$。

η_s——使用阶段的轴向压力偏心距增大系数,当 $l_0/h \leqslant 14$ 时,取 $\eta_s=1.0$。

y_s——截面重心至纵向受拉普通钢筋合力点的距离。

γ'_f——受压翼缘截面面积与腹板有效截面面积的比值。

b'_f、h'_f——分别为受压翼缘的宽度和高度,在式(6-2-12)中,当 h'_f 大于 $0.2h_0$ 时,取 $0.2h_0$。

预应力混凝土构件受拉区纵向钢筋的等效应力:

对轴心受拉构件
$$\sigma_{sk}=\frac{N_k-N_{p0}}{A_p+A_s} \quad (6-2-13)$$

对受弯构件
$$\sigma_{sk}=\frac{M_k-N_{p0}(z-e_p)}{(\alpha_1 A_p+A_s)z} \quad (6-2-14)$$

$$e=e_p+\frac{M_k}{N_{p0}} \quad (6-2-15)$$

$$e_p=y_{ps}-e_{p0} \quad (6-2-16)$$

式中 A_p——受拉区纵向预应力钢筋截面面积,对轴心受拉构件,取全部纵向预应力钢筋截面面积;对受弯构件,取受拉区纵向预应力钢筋截面面积。

N_{p0}——计算截面上混凝土法向预应力等于零时的预加力。

N_k、M_k——按荷载标准组合计算的轴向力值、弯矩值。

z——受拉区纵向普通钢筋和预应力筋合力点至截面受压区合力点的距离,按式(6-2-9)计算,其中 e 按式(6-2-15)计算。

α_1——无黏结预应力筋的等效折减系数,取 α_1 为 0.3;对灌浆的后张预应力筋,取 α_1 为 1.0。

e_p——计算截面上混凝土法向预应力等于零时的预加力 N_{p0} 的作用点至受拉区纵向预应力筋和普通钢筋合力点的距离。

y_{ps}——受拉区纵向预应力筋和普通钢筋合力点的偏心距。

e_{p0}——计算截面上混凝土法向预应力等于零时的预加力 N_{p0} 作用点的偏心距。

(3)裂缝宽度计算步骤

已知:结构的环境类别、构件种类和配筋;混凝土强度等级和钢筋级别;荷载效应准永久组合内力或荷载标准组合内力。要求:验算该构件最大裂缝宽度是否满足裂缝宽度限值。

① 由《混凝土结构设计规范》(GB 50010—2010)查 f_{tk}、E_s,确定 h_0;

② 计算 d_{eq};

③ 计算 ρ_{te}、σ_s 和 ψ;

④ 计算 w_{max},判断是否满足要求限值,不满足采取措施处理。

(4)减小裂缝宽度的主要措施

① 增加纵向受拉钢筋面积,将使 σ_s 减小,ψ 减小,ρ_{te} 增大,从而使 w_{max} 减小;

② 在纵向受拉钢筋面积不变的条件下,采用小直径钢筋,将使 w_{max} 减小;
③ 构件采用变形钢筋时,w_{max} 可减小;
④ 提高混凝土强度等级,f_{tk} 增大,ψ 减小,可使 w_{max} 减小。

例 6-1 简支矩形截面梁的截面尺寸 $b \times h = 200 \text{ mm} \times 500 \text{ mm}$,混凝土强度等级为 C25,配置 HRB400 级钢筋 4⌀14,Φ8@200 箍筋,混凝土保护层厚度 $c = 25 \text{ mm}$,按荷载效应的准永久组合计算的跨中弯矩值 $M_q = 52.5 \text{ kN·m}$,最大裂缝宽度限值 $w_{lim} = 0.3 \text{ mm}$,试验算其最大裂缝宽度是否符合要求。

解:$f_{tk} = 1.78 \text{ N/mm}^2$ $E_s = 2.0 \times 10^5 \text{ N/mm}^2$

$$h_0 = [500-(25+8+14/2)] \text{ mm} = 460 \text{ mm} \quad A_s = 615 \text{ mm}^2$$

$$\rho_{te} = \frac{A_s}{0.5bh} = \frac{615}{0.5 \times 200 \times 500} = 0.0123 > 0.01$$

$$\sigma_{sq} = \frac{M_q}{0.87 h_0 A_s} = \frac{52.5 \times 10^6}{0.87 \times 460 \times 615} \text{ N/mm}^2 = 213.3 \text{ N/mm}^2$$

$$\psi = 1.1 - \frac{0.65 \times 1.78}{0.0123 \times 213.3} = 0.659$$

$$c_s = (25+8) \text{ mm} = 33 \text{ mm}$$

$$w_{max} = 1.9\psi \frac{\sigma_{sq}}{E_s}\left(1.9 c_s + 0.08 \frac{d_{eq}}{\rho_{te}}\right)$$

$$= 1.9 \times 0.659 \times \frac{213.3}{2.0 \times 10^5} \times \left(1.9 \times 33 + 0.08 \times \frac{14}{0.0123}\right) \text{ mm}$$

$$= 0.205 \text{ mm} < 0.3 \text{ mm}$$

满足要求。

6.3 变形验算

本节仅介绍钢筋混凝土受弯构件的变形验算,有关预应力混凝土受弯构件的变形验算,可参阅《混凝土结构设计规范》。

6.3.1 变形控制要求

结构构件的变形超过规定的限值,将不能正常使用,引进非结构构件(如隔墙)的裂缝或损坏,影响美观并给人以不安全感,故应对结构构件变形进行控制。

对于钢筋混凝土受弯构件,《混凝土结构设计规范》规定按荷载效应标准组合,并考虑长期作用影响计算的最大挠度 f 不应超过规定的挠度限值 f_{lim},即

$$f \leqslant f_{lim} \tag{6-3-1}$$

受弯构件挠度限值按表 6-3-1 确定。

表 6-3-1　受弯构件挠度限值　　　　　　　　　　　　　　mm

构件类型		挠度限值
吊车梁	手动吊车	$l_0/500$
	电动吊车	$l_0/600$
屋盖、楼盖楼梯构件	当 $l_0<7$ m 时	$l_0/200(l_0/250)$
	当 $7\text{ m}\leqslant l_0\leqslant 9\text{ m}$ 时	$l_0/250(l_0/300)$
	当 $l_0>9$ m 时	$l_0/300(l_0/400)$

注：1. 表中 l_0 为构件的计算跨度，计算悬臂构件的挠度限值时，其计算跨度 l_0 按实际悬臂长度的 2 倍取用。
　　2. 表中括号内的数值适合于使用上对挠度有较高要求的构件。
　　3. 如果构件制作时预先起拱，且使用也允许，则在验算挠度时，可将计算所得的挠度值减去起拱值；对预应力混凝土构件，尚可减去预加力所产生的反拱值；
　　4. 构件制作时的起拱值和预加力所产生的反拱值，不宜超过构件在荷载效应的准永久组合作用下的计算挠度值。
　　5. 当挠度限值不满足混凝土构件的使用功能和外观要求时，设计可对挠度限值进行调整。

6.3.2　钢筋混凝土受弯构件的挠度计算

1. 钢筋混凝土受弯构件抗弯刚度

（1）钢筋混凝土受弯构件抗弯刚度的概念

由材料力学可知，简支梁跨中挠度计算的一般形式可表示为

均布荷载：$f=\dfrac{5}{384}\dfrac{ql^4}{EI}=\dfrac{5}{48}\dfrac{Ml^2}{EI}$

集中荷载：$f=\dfrac{1}{48}\dfrac{Pl^3}{EI}=\dfrac{1}{12}\dfrac{Ml^2}{EI}$

即挠度计算公式可表达为

$$f=S\dfrac{M}{EI}l^2=S\phi l^2$$

式中　S——与荷载形式和支承条件等有关的荷载效应系数；
　　　M——跨中最大弯矩；
　　　EI——截面抗弯刚度；
　　　ϕ——截面曲率。

截面抗弯刚度 EI 与截面曲率 ϕ 的关系为

$$\phi=\dfrac{M}{EI}\rightarrow EI=\dfrac{M}{\phi}\rightarrow M=EI\phi \qquad (6-3-2)$$

由上式可见，截面抗弯刚度 EI 体现了截面抵抗弯曲变形的能力，同时也反映了截面弯矩与曲率之间的物理关系，对于弹性匀质材料截面，EI 为常数，$M-\phi$ 关系为直线。由于混凝土的开裂、弹塑性应力-应变关系和钢筋屈服等的影响，钢筋混凝土适筋梁的 $M-\phi$ 关系不再是直线，而是随弯矩的增大，截面曲率呈曲线变化。对于任一给定的弯矩 M，截面

抗弯刚度为 M-ϕ 关系曲线上对应该弯矩点与原点连线倾角的正切,为区别弹性抗弯刚度,记为 B_s。

（2）钢筋混凝土受弯构件抗弯刚度的特点

钢筋混凝土梁的截面抗弯刚度 B_s 随弯矩的变化而变化,具有以下特点:

① 在开裂前的第Ⅰ阶段,当弯矩很小时,梁基本处于弹性工作阶段,M-ϕ 曲线的斜率接近换算截面抗弯刚度 $E_c I_0$。达到开裂弯矩 M_{cr} 时,由于受拉区混凝土有一定的塑性变形,截面抗弯刚度略有降低,约为 $0.85 E_c I_0$。

② 开裂后进入第Ⅱ阶段,M-ϕ 曲线发生显著转折,曲率 ϕ 增加较快,抗弯刚度明显降低,且随着弯矩的增加,抗弯刚度不断降低。

③ 钢筋屈服后进入第Ⅲ阶段,M-ϕ 曲线出现第二个转折,弯矩 M 增加很少,而曲率 ϕ 激增,抗弯刚度急剧降低。

2. 短期刚度的计算

（1）计算基本假定

正常使用阶段,弯矩 M_q 一般处于第Ⅱ阶段,因此抗弯刚度计算需要研究构件带裂缝的工作情况。试验表明,钢筋混凝土梁纯弯段达到开裂弯矩 M_{cr} 后,分为裂缝出现阶段和裂缝稳定开展阶段。弯矩 M_q 通常处于裂缝稳定开展阶段,该阶段裂缝基本等间距分布,钢筋和混凝土的应变分布具有以下特征:

① 钢筋应变 ε_s 沿梁轴线方向呈波浪形变化,裂缝截面处的 ε_s 较大,裂缝中间截面 ε_s 较小。

② 受压边缘混凝土的应变 ε_c 沿梁轴线方向的分布与钢筋应变分布类似,也呈波浪形分布,但变化幅度要小得多。

③ 截面的中和轴高度和曲率沿梁轴线方向也呈波浪形变化,因此截面抗弯刚度沿梁轴线方向也是变化的。由实测可知,平均应变沿截面高度的分布符合平截面假定。

（2）基本计算公式

根据截面变形的几何关系、材料的物理关系和截面受力的平衡关系,在实验研究的基础上,《混凝土结构设计规范》提出了在荷载效应的准永久组合作用下,钢筋混凝土受弯构件的短期刚度可按以下公式计算:

$$B_s = \frac{E_s A_s h_0^2}{1.15\psi + 0.2 + \dfrac{6\alpha_E \rho}{1+3.5\gamma_f'}} \tag{6-3-3}$$

$$\psi = 1.1 - 0.65 \frac{f_{tk}}{\sigma_{sq} \rho_{te}} \tag{6-3-4}$$

$$\sigma_{sq} = \frac{M_q}{0.87 h_0 A_s} \tag{6-3-5}$$

$$\rho_{te} = \frac{A_s}{A_{te}} \tag{6-3-6}$$

$$\gamma'_f = \frac{(b'_f - b)h'_f}{bh_0} \tag{6-3-7}$$

式中 α_E——钢筋与混凝土的弹性模量比,$\alpha_E = E_s/E_c$;

E_c——混凝土的弹性模量;

ρ——受拉钢筋的配筋率,$\rho = A_s/bh_0$;

ρ_{te}——按有效受拉混凝土截面面积计算的纵向受拉钢筋配筋率;

γ'_f——受拉翼缘截面面积与腹板有效截面面积之比;

b'_f、h'_f——分别为受压翼缘的宽度和高度,当 $h'_f > 0.2h_0$ 时,取 $h'_f = 0.2h_0$;

其他符号意义同裂缝宽度验算公式。

3. 长期荷载作用下的抗弯刚度

在长期荷载作用下,混凝土的徐变会使梁的挠度随时间增长。此外,钢筋与混凝土间黏结滑移徐变、混凝土收缩等也会导致梁的挠度增大,而受压钢筋有利于减小徐变变形。根据长期试验观测结果,《混凝土结构设计规范》给出长期挠度 f_l 与短期挠度 f_s 的比值 $\theta = f_l/f_s$ 按下式计算:

$$\theta = 2.0 - 0.4\frac{\rho'}{\rho} \tag{6-3-8}$$

式中,ρ'、ρ 分别为受压钢筋和受拉钢筋的配筋率,$\rho' = A'_s/(bh_0)$,$\rho = A_s/(bh_0)$。对于翼缘位于受拉区的倒 T 形截面,θ 应增大 20%。

钢筋混凝土矩形、T 形、倒 T 形和 I 形截面受弯构件,考虑荷载长期作用影响的刚度 B 可按下式计算:

$$B = \frac{B_s}{\theta} \tag{6-3-9}$$

4. 受弯构件的挠度变形验算

(1) 构件刚度取值原则

受弯构件沿跨度方向弯矩是变化的,裂缝出现情况沿跨度也不相同,故 B 和 B_s 沿跨度也是不同的。为简化计算,并与挠度实测结果相符合,《混凝土结构设计规范》(GB 50010—2010)规定:

① 在等截面构件中,可假定各同号弯矩区段内的刚度相等,并取用该区段内最大弯矩处的刚度(即最小刚度)。这一计算原则通常称为最小刚度原则。

② 当计算跨度内的支座截面刚度不大于跨中截面刚度的两倍或不小于跨中截面刚度的二分之一时,该跨也可按等刚度构件进行计算,其构件刚度可取跨中最大弯矩截面的刚度。

(2) 挠度计算公式

① 挠度计算的一般公式

受弯构件的挠度,可根据构件的刚度 B 用建筑力学的方法计算。对于受弯构件,忽略剪力和轴力的影响,挠度计算的一般公式为:

$$f = \sum \int \frac{\overline{M}_i M_q}{B} dx \tag{6-3-10}$$

式中 $\overline{M}_i$——沿位移点方向作用单位力在构件中产生的弯矩。

② 悬臂梁和简支梁的挠度计算公式

a. 一端固定的悬臂梁端部作用集中力 F（图 6-3-1a）：

$$f = \frac{Fl_0^3}{3B} \tag{6-3-11}$$

b. 一端固定的悬臂梁作用均布荷载 p（图 6-3-1b）：

$$f = \frac{pl_0^4}{8B} \tag{6-3-12}$$

c. 简支梁跨中作用集中力 F（图 6-3-1c）：

$$f = \frac{Fl_0^3}{48B} \tag{6-3-13}$$

d. 简支梁作用均布荷载 p（图 6-3-1d）：

$$f = \frac{5pl_0^4}{384B} \tag{6-3-14}$$

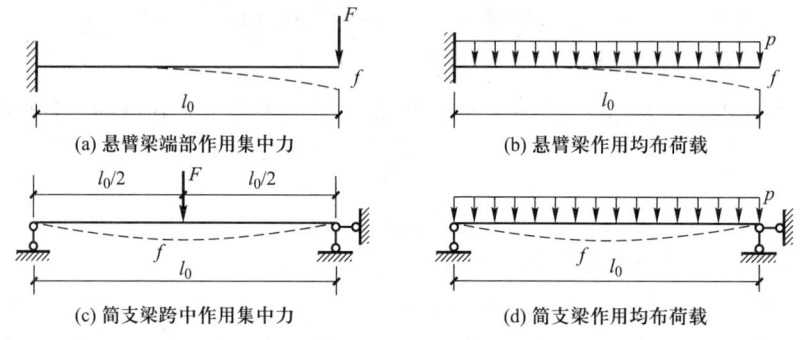

图 6-3-1 4 个基本的静定梁

可采用简洁的方法记住以上 4 个挠度计算公式：只需要按顺序记住 4 个梁最大挠度公式的形式，并记住一个电话号码：38485384，即可用 1 分钟左右时间记住这 4 个公式。

其他梁的挠度计算公式可从《建筑结构静力计算手册》中查到。

（3）计算步骤

已知：受弯构件支承条件，荷载效应的准永久组合值，计算跨度、截面尺寸和配筋，混凝土强度等级和钢筋级别。要求：验算受弯构件的挠度是否满足要求。

① 由《混凝土结构设计规范》查 f_{tk}、E_s、E_c，计算 α_E，确定 h_0，计算 M_q；

② 计算 ρ、ρ'、ρ_{te}、γ_f'、σ_{sq} 和 ψ；

③ 计算 B_s；

④ 计算 θ 和 B；

⑤ 由挠度公式计算 f，判断是否满足要求限值。

当不能满足挠度限值要求时,从短期及长期刚度公式可知,有效的措施是增加截面高度;当设计上构件截面尺寸不能加大时,可考虑增加纵向受拉钢筋截面面积或提高混凝土强度等级;对某些构件还可以充分利用纵向受压钢筋对长期刚度的有利影响,在构件受压区配置一定数量的受压钢筋。此外,采用预应力混凝土构件也是提高受弯构件刚度的有效措施。

例 6-2 简支矩形截面梁的截面尺寸 $b \times h = 250 \text{ mm} \times 600 \text{ mm}$,混凝土强度等级为 C30,配置 4⊈18 纵向受拉钢筋,Φ8@200 箍筋,混凝土保护层 $c = 20$ mm,承受均布荷载,按荷载效应的准永久组合计算的跨中弯矩值 $M_q = 80$ kN·m,梁的计算跨度 $l_0 = 6.5$ m,挠度限值为 $l_0/250$。试验算挠度是否符合要求。

解: $f_{tk} = 2.01 \text{ N/mm}^2$ $E_s = 2.0 \times 10^5 \text{ N/mm}^2$

$$E_c = 3.0 \times 10^4 \text{ N/mm}^2 \quad \alpha_E = E_s/E_c = 2.0 \times 10^5/(3.0 \times 10^4) = 6.67$$

$$h_0 = (600-20-8-18/2) \text{ mm} = 563 \text{ mm}$$

$$A_s = 1\,017 \text{ mm}^2 \quad \rho = A_s/bh_0 = 1\,017/(250 \times 563) = 0.007\,23$$

$$\rho_{te} = \frac{A_s}{0.5bh} = \frac{1\,017}{0.5 \times 250 \times 600} = 0.013\,6$$

$$\sigma_{sq} = \frac{M_q}{0.87h_0 A_s} = \frac{80 \times 10^6}{0.87 \times 563 \times 1\,017} \text{ N/mm}^2 = 160.6 \text{ N/mm}^2$$

$$\psi = 1.1 - 0.65 \frac{f_{tk}}{\sigma_{sq}\rho_{te}} = 1.1 - 0.65 \times \frac{2.01}{160.6 \times 0.013\,6} = 0.502$$

$$B_s = \frac{E_s A_s h_0^2}{1.15\psi + 0.2 + 6\alpha_E \rho}$$

$$= \frac{2.0 \times 10^5 \times 1\,017 \times 563^2}{1.15 \times 0.502 + 0.2 + 6 \times 6.67 \times 0.007\,23} \text{ N·mm}^2 = 6.04 \times 10^{13} \text{ N·mm}^2$$

$$\theta = 2.0$$

$$B = \frac{B_s}{\theta} = \frac{6.04 \times 10^{13}}{2} \text{ N·mm}^2 = 3.02 \times 10^{13} \text{ N·mm}^2$$

$$f = \frac{5}{48} \frac{M_q l_0^2}{B} = \frac{5}{48} \times \frac{80 \times 10^6 \times 6\,500^2}{3.02 \times 10^{13}} \text{ mm} = 11.66 \text{ mm} < \frac{l_0}{250} = 26 \text{ mm}$$

满足要求。

6.4 混凝土结构的耐久性

6.4.1 研究混凝土耐久性的重要性

混凝土结构应能在自然和人为环境的化学和物理作用下,满足在规定的设计使用年限内不出现无法接受的承载力减小、使用功能降低和不能接受的外观破损等的耐久性要求。

耐久性是指结构或构件在预定设计使用年限内，在正常维护条件下，不需要进行大修即可满足正常使用和安全功能要求的能力。对于一般建筑结构，设计使用年限为50年，重要的建筑物可取100年。近年来，随着建筑市场化的发展，业主也可以对建筑的设计使用年限提出更高的要求。对于其他土木工程结构，根据其功能要求，设计使用年限也有差别，如重要桥梁工程一般要求在100年以上。

世界上经济发达国家的工程建设大体上经历了三个阶段，即大规模建设，新建与改建、维修并重，重点转向既有建筑物和结构物的维修改造。目前经济发达国家处于第三阶段，结构因耐久性不足而失效，或为保证继续正常使用而付出巨大的维修代价，这使得耐久性问题变得十分重要。我国20世纪50年代开始大规模建设的工程项目，由于当时经济基础薄弱，材料标准和设计标准都较低，除一些重要的工程项目目前需要继续维持其使用外，其他大部分工程已达到其设计使用年限。我国真正进入大规模建设是在改革开放以后，因此国外发达国家在耐久性上所遇到的问题应引起我国工程技术人员的足够重视，避免重蹈发达国家的覆辙，对国家经济建设造成巨大浪费。

6.4.2 影响结构耐久性的因素

结构耐久性是指一个构件、一个结构系统或一幢建筑物在一定时期内维持其适用性的能力，也就是说，耐久性能良好的结构在其使用期限内，应当能够承受住所有可能的荷载和环境作用，而且不会发生过度的腐蚀、损坏或破坏。由此可知，混凝土结构的耐久性是由混凝土、钢筋材料本身特性和所处使用环境的侵蚀性两方面共同决定的。

影响混凝土结构耐久性的内在机理是气体、水化学反应中的溶解物有害物质在混凝土孔隙和裂缝中的迁移，迁移过程导致混凝土产生物理和化学方面的劣化和钢筋锈蚀的劣化，其结果将使结构承载力下降、刚度降低和开裂以及外观损伤，影响结构的使用效果。

影响水、气、溶解物在孔隙中迁移速度、范围和结果的内在条件是混凝土的孔结构和裂缝形态；影响迁移的外部因素是结构设计所选用的结构形式和构造，混凝土和钢筋材料的性质和质量，施工操作质量的优劣，温湿养护条件和使用环境等。

图6-4-1给出影响混凝土结构耐久性的原因、内在条件、影响的范围及其后果。对混凝土结构耐久性造成潜在损害的原因是多方面的：

① 设计构造上的原因：钢筋的混凝土保护层厚度太小，钢筋的间距太大，沉降缝构造不正确，构件开孔洞的洞边配筋不当，隔热层、分隔层、防滑层处理不当等；

② 材料质量不合格：使用的水泥品种不当，如用矿渣水泥、加超量的粉煤灰、集料颗粒级配不当，外加剂使用不当等；

③ 施工质量低劣：支模不当，水灰比过大，使用含有氯离子的早强剂，海水搅拌混凝土，浇捣不密实，养护不当，快速冷却或干燥，温度太低等；

④ 环境中各种介质的侵蚀：CO_2、SO_2、H_2SO_3气体的侵蚀，有侵蚀性的水、硫酸盐及碱溶液的侵蚀等。

钢筋混凝土结构是由混凝土和钢筋两种材料组成，其性能的劣化包括混凝土材料劣化

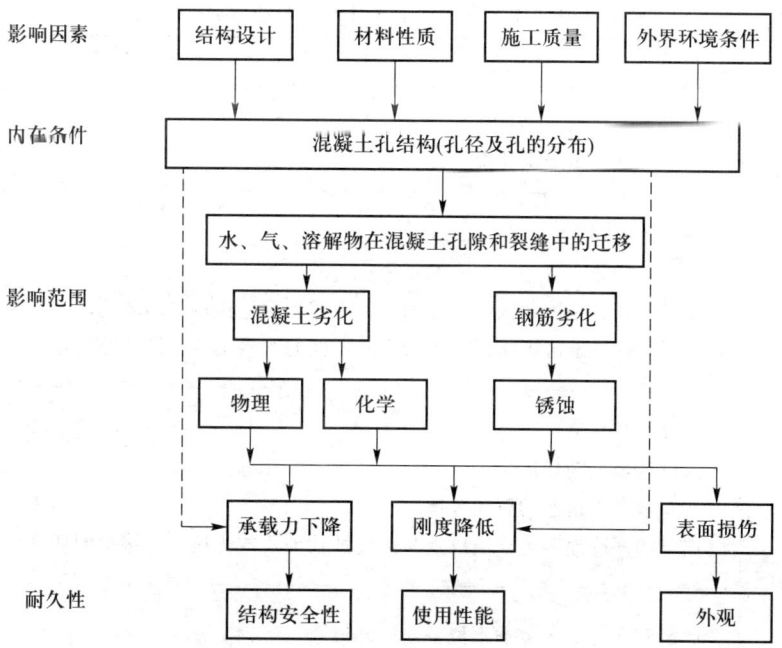

图 6-4-1 影响混凝土结构耐久性的因素

和钢筋材料劣化以及两种材料之间黏结性能的破坏。混凝土材料的劣化可能是受物理作用引起或受化学作用引起。物理作用包括有① 冻融循环破坏:过冷的水在混凝土中迁移引起水压力以及水结冰产生体积膨胀,对混凝土孔壁产生拉应力造成内部开裂;② 混凝土磨损破坏:如路面、水工结构等受到车辆、行人及水流夹带泥沙的磨损,使混凝土表面粗集料突出,影响使用效果。化学作用是环境中有些侵蚀物质与混凝土中反应物质相遇产生化学反应,从其破坏机理来分,有些属于溶解性侵蚀,淡水将混凝土中氢氧化钙溶解,形成易溶的碳酸氢钙 $Ca(HCO_3)_2$。铵盐侵蚀时生成 $CaCl_2$ 溶于水可离析;有些属于膨胀性侵蚀:含有硫酸盐的水与水泥石的氢氧化钙及水化铝酸钙发生化学反应,产生石膏和硫铝酸钙产生体积膨胀。侵蚀物质从环境迁移到混凝土中能否与混凝土中反应物质反应,取决于混凝土是否存在气态或液态的水。升温作用能加快反应速度,高温可以提高分子和离子的迁移率,反应加快,导致破坏速度加快。

6.4.3 结构工作环境类别

混凝土结构的耐久性与结构工作的环境有密切关系。同一结构在强腐蚀环境中要比一般大气环境中的使用寿命短。对于不同环境,设计人员可以采取不同措施来保证结构的使用寿命。如在恶劣环境下,一味增加混凝土保护层的厚度是不经济的,效果也不一定好。可采用在构件表面涂防护层的办法。

《混凝土结构设计规范》在耐久性设计中的环境类别划分见表 6-4-1。

表 6-4-1　环境类别和耐久性作用等级(环境等级)

环境类别	条件
一	室内干燥环境； 无侵蚀性静水浸没环境
二 a	室内潮湿环境； 非严寒和非寒冷地区的露天环境； 非严寒和非寒冷地区与无侵蚀性的水或土壤直接接触的环境； 严寒和寒冷地区冰冻线以下与无侵蚀性的水或土壤直接接触的环境
二 b	干湿交替环境； 水位频繁变动环境； 严寒和寒冷地区的露天环境； 严寒和寒冷地区冰冻线以上与无侵蚀性的水或土壤直接接触的环境
三 a	严寒和寒冷地区冬季水位变动区环境； 受除冰盐影响环境； 海风环境
三 b	盐渍土环境； 受除冰盐作用环境； 海岸环境
四	海水环境
五	受人为或自然的侵蚀性物质影响的环境

注：1. 室内潮湿环境是指构件表面经常处于结露或湿润状态的环境；
2. 严寒和寒冷地区的划分应符合现行国家标准《民用建筑热工设计规范》(GB 50176—2016)的有关规定；
3. 海岸环境和海风环境宜根据当地情况，考虑主导风向及结构所处迎风、背风部位等因素的影响，由调查研究和工程经验确定；
4. 受除冰盐影响环境是指受到除冰盐盐雾影响的环境；受除冰盐作用环境是指被除冰盐溶液溅射的环境以及使用除冰盐地区的洗车房、停车楼等建筑；
5. 暴露的环境是指混凝土结构表面所处的环境。

6.4.4　耐久性极限状态

混凝土结构的耐久性极限状态是指经过一定使用年限后，结构或结构的某一部分达到或超过某种特定状态，以致结构不能满足预定功能的要求。但经过简单修补、维修，费用不大,可恢复使用要求的情况,可以认为没有超过耐久性极限状态,只有当严重超出正常维修费允许范围时,结构的使用寿命才终止。

以下一些状态可认为是达到耐久性极限状态:

① 对于不允许钢筋锈蚀的构件和环境,混凝土保护层完全碳化,即钢筋脱钝的时间。不允许钢筋锈蚀的构件和环境有:预应力混凝土构件,低温环境,反复荷载作用,塑性铰区,采用钢丝作主要受力钢筋的构件,重要的、有纪念性的工程结构或建筑物。

② 钢筋锈蚀后截面损失率达到某一值,如1%~5%,可依耐久性等级而定。该极限状态可为一般混凝土结构采用,因为钢筋从脱钝到丧失承载力还有相当长的时间,钢筋截面损失1%~5%对结构承载力的影响还不是很严重。

③ 结构或构件的可靠指标降低到某一允许值。随着时间的推移,因荷载的作用、环境变化引起的材料老化、损伤,结构材料的性能逐渐下降,结构可靠度随时间逐渐降低,失效概率逐渐增大。当可靠指标降低到不可接受的程度时,则认为达到了耐久性极限状态。但结构经过维修,其可靠度将提高。

④ 徐变位移达到某一限值。徐变是混凝土的一项性质,有些结构甚至是重大结构因徐变过大而发生破坏,这也可认为是一种耐久性破坏。

以上是针对正常大气环境下工作的结构,对于在恶劣环境中工作的结构,应按特殊情况考虑。

6.4.5 保证耐久性的措施

目前对结构耐久性的研究尚不够,关于耐久性的设计方法也不完善。《混凝土结构设计规范》对耐久性主要采取以下措施予以保证:

(1) 最小保护层厚度

保护层厚度是防止钢筋锈蚀的第一道防线。为保证耐久性和钢筋的黏结力,对一、二、三类环境的一般建筑结构(设计使用年限为50年),《混凝土结构设计规范》规定了最小混凝土保护层厚度,见表3-2-2。对四、五类环境的建筑结构,应按专门规定考虑。当对结构设计使用年限有更高要求时(100年),混凝土保护层厚度应将表3-2-2的数值乘以1.4或采用表面防护、定期维修等措施。

(2) 混凝土的要求

影响耐久性的另一个重要方面是混凝土的密实性,因为密实性好对延缓混凝土的碳化和钢筋锈蚀有很大作用。提高混凝土密实性的主要措施是减小水灰比和保证水泥用量。此外,若混凝土中氯离子含量过大,则会对钢筋锈蚀有恶劣影响。混凝土中的碱含量过大会产生碱集料反应,引起混凝土开裂,对耐久性也产生不利影响。《混凝土结构设计规范》对混凝土的耐久性要求见表6-4-2。

表 6-4-2　结构混凝土材料的耐久性基本要求

环境等级	最大水胶比	最低强度等级	最大氯离子含量/%	最大碱含量/kg/m³
一	0.60	C20	0.30	不限制
二 a	0.55	C25	0.20	3.0
二 b	0.50(0.55)	C30(C25)	0.15	
三 a	0.45(0.50)	C35(C30)	0.15	
三 b	0.40	C40	0.10	

注：1. 氯离子含量系指其占胶凝材料总量的百分比；
2. 预应力构件混凝土中的最大氯离子含量为 0.06%；其最低混凝土强度等级宜按表中的规定提高两个等级；
3. 素混凝土构件的水胶比及最低强度等级的要求可适当放松；
4. 有可靠工程经验时，二类环境中的最低混凝土强度等级可降低一个等级；
5. 处于严寒和寒冷地区二 b、三 a 类环境中的混凝土应使用引气剂，并可采用括号中的有关参数；
6. 当使用非碱活性集料时，对混凝土中的碱含量可不作限制。

此外，对处于严寒及寒冷地区湿润环境中的混凝土，应满足抗冻的有关要求。有抗渗要求的混凝土结构，其抗渗等级应符合有关规定的要求。

(3) 裂缝控制

裂缝的出现加快了混凝土的碳化，也是使钢筋开始锈蚀的主要条件。为保证混凝土结构的耐久性，必须对裂缝进行控制。《混凝土结构设计规范》根据结构构件所处的环境类别、钢筋种类对锈蚀的敏感性，以及荷载的作用时间，将裂缝控制分为三个等级。

(4) 其他措施

对于结构中使用环境较差的构件，宜设计成可更换或易更换的构件。

对于暴露在侵蚀性环境中的结构和构件，宜采用带肋环氧涂层钢筋，预应力钢筋应有防护措施。采用有利于提高耐久性的高强混凝土。

6.5　本章小结

(1) 裂缝和变形验算的目的是保证构件进入正常使用极限状态的概率足够小，以满足适用性和耐久性的要求。与承载力极限状态的要求相比，这一验算的重要性位居第二。故可按荷载短期效应组合计算的内力进行验算，但要考虑荷载长期效应组合的影响。

(2) 钢筋混凝土结构构件除荷载裂缝外，还存在不少变形裂缝，如温度收缩裂缝、碳化锈蚀膨胀裂缝等，对此应引起重视。应从结构构造（如设置伸缩缝、足够的混凝土保护层厚度）和施工质量（如保证混凝土的密实性和良好的养护）等方面采取措施，避免出现各种有害的非荷载裂缝。

(3) 由于混凝土的非均质性及其抗拉强度的离散性，荷载裂缝的出现和开展均带有随机性,裂缝的间距和宽度则具有不均匀性。但在裂缝出现的过程中存在裂缝基本稳定的阶段,随着荷载的增加,裂缝不会无限加密,因而有平均裂缝间距、平均裂缝宽度以及最大裂缝宽度,在裂缝宽度计算中引入荷载短期效应裂缝扩大系数。

(4) 构件截面抗弯刚度不仅随弯矩增大而减小,同时也随荷载持续作用而减小。前者是混凝土裂缝的出现和开展以及存在塑性变形的结果;后者则是受压区混凝土收缩、徐变以及受拉区混凝土的应力松弛和钢筋与混凝土之间黏结滑移徐变使钢筋应变增加的缘故。因此,在裂缝宽度计算中引入荷载长期效应裂缝扩大系数;在挠度计算中引入短期刚度和长期刚度的概念。

(5) 系数 ψ 是在裂缝宽度和挠度计算中描述裂缝之间钢筋应变(应力)分布不均匀性的参数,其物理意义是反映裂缝之间的混凝土协助钢筋抗拉工作的程度。当截面尺寸、配筋及材料级别一定时,它主要与内力大小有关,其值在 $0.2 \sim 1.0$ 之间变化。ψ 愈小(钢筋应变愈不均匀),裂缝之间的混凝土协助钢筋抗拉的作用愈大;反之则愈小。

(6) 提高构件截面刚度的有效措施是增加截面高度;减小裂缝宽度的有效措施是增加用钢量和采用直径较细的钢筋。因此,在设计中常用控制跨高比来满足变形要求;用控制钢筋的应力和直径来满足裂缝宽度的要求。

(7) 对于钢筋和混凝土均采用较高强度等级且负荷较大的大跨度简支和悬臂构件,往往需要按计算控制构件的挠度。此时,可根据最小刚度原则(即假定同号弯矩区段各截面抗弯刚度均近似等于该区段内弯矩最大处的截面抗弯刚度)按建筑力学的公式进行计算。

思考题

6-1 验算钢筋混凝土受弯构件变形和裂缝宽度的目的是什么?验算时,为什么要考虑荷载长期效应的影响?

6-2 什么是荷载标准组合和荷载准永久组合?

6-3 试说明建立受弯构件抗弯刚度计算公式的基本思路,与线弹性梁抗弯刚度的公式建立有何异同之处?正常使用阶段钢筋混凝土的受力特点反映在哪些方面?

6-4 影响受弯构件长期挠度的因素有哪些?如何计算长期挠度?

6-5 何谓"最小刚度原则"?

6-6 影响裂缝间距的因素有哪些?

6-7 如何合理配筋能更有效地控制裂缝宽度?除荷载外,还有哪些引起裂缝的原因?防止和控制裂缝的措施有哪些?

6-8 影响结构耐久性的因素有哪些?《混凝土结构设计规范》采用了哪些措施来保证结构的耐久性?

6-9 在结构设计时应如何考虑保证混凝土结构的耐久性?

6-10 设计结构构件时,为什么要控制裂缝宽度和变形?

习题

6-11 按荷载短期效应组合计算时,构件受拉边缘混凝土不应产生拉应力的构件的裂缝控制等级为( )。

A. 一级 B. 二级 C. 三级 D. 四级

6-12 提高受弯构件截面刚度最有效的方法是( )。

A. 提高混凝土强度等级 B. 提高截面配筋率
C. 提高截面高度 D. 提高钢筋级别

6-13 与普通钢筋混凝土受弯构件相比,预应力混凝土受弯构件有如下特点,其中哪一个是错误的?( )

A. 正截面抗弯承载力大大提高 B. 构件开裂荷载明显提高
C. 外荷作用下构件的挠度减小 D. 构件在使用阶段刚度比普通构件明显提高

6-14 下列措施中,哪一条减小受弯构件挠度的措施是错误的?( )

A. 提高混凝土强度等级 B. 增大构件跨度
C. 增大截面高度 D. 增大钢筋用量

6-15 一根钢筋混凝土简支梁的跨度、最大挠度和一根同样使用条件下的钢筋混凝土的悬臂梁的挑出长度、最大挠度分别相等,如果简支梁符合正常使用极限状态的最低要求,则悬臂梁( )。

A. 也符合最低要求 B. 符合要求
C. 不符合要求 D. 不能肯定

6-16 减小钢筋混凝土构件裂缝宽度的措施有若干条,下列哪一条是不正确的?( )

A. 增大裂缝间距 B. 增加钢筋用量
C. 增大截面尺寸 D. 采用直径较细的钢筋

6-17 钢筋混凝土楼盖的梁出现裂缝是( )。

A. 不允许的 B. 允许,但应满足构件变形的要求
C. 允许,但应满足裂缝宽度的要求 D. 允许,但应满足裂缝开展深度的要求

6-18 在钢筋混凝土构件挠度计算时,《混凝土结构设计规范》建议:可取同号弯矩区段内的( )进行计算。

A. 弯矩最小截面的刚度 B. 弯矩最大截面的刚度
C. 最大刚度 D. 平均刚度

6-19 钢筋混凝土梁的裂缝控制要求为:( )。

A. 一般要求不出现裂缝 B. 裂缝宽度要求≤0.1 mm
C. 裂缝宽度要求≤0.2 mm D. 裂缝宽度允许值根据使用条件确定

6-20 某简支预制槽形板如习题 6-20 图所示,计算跨度 $l_0 = 6.0$ m,混凝土为 C30,纵筋为 HRB400 级钢筋。作用均布恒载标准值 $g_k = 2.0$ kN/m,均布活载标准值 $q_k = 2.0$ kN/m,准永久值系数 $\psi_q = 0.5$。试计算板的挠度和最大裂缝宽度。

6-21 一承受均布荷载的 T 形截面简支梁（习题 6-21 图），计算跨度 $l_0 = 6$ m。混凝土强度等级 C30，配置带肋钢筋，受拉区为 6⊕25（$A_s = 2\,945$ mm²），受压区为 2⊕20（$A_s' = 628$ mm²）。承受按荷载标准组合计算的弯矩值 $M_k = 315.5$ kN·m，按荷载准永久组合计算的弯矩值 $M_q = 301.5$ kN·m。试验算此梁的裂缝宽度是否满足要求？

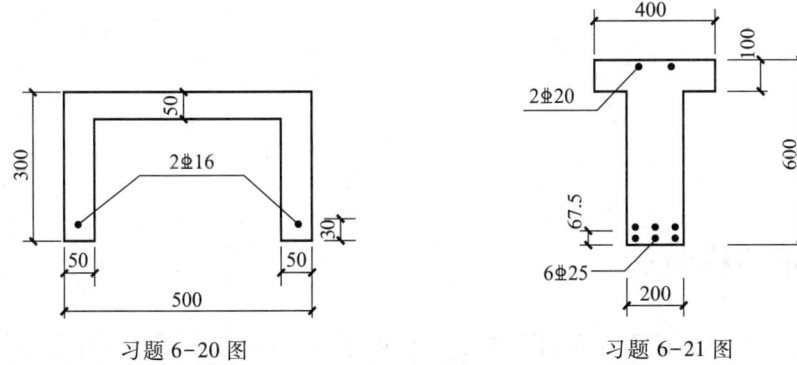

习题 6-20 图　　　　　　习题 6-21 图

6-22 试验算习题 6-22 梁的最大挠度是否满足挠度限值 $l_0/200$ 的要求？

6-23 某悬臂板如习题 6-23 图所示，计算跨度 $l_0 = 3$ m，板厚 $h = 200$ mm。混凝土等级 C30，配置钢筋⊕16@200。承受 $q_k = 38.25$ kN/m。试验算此板的最大挠度。

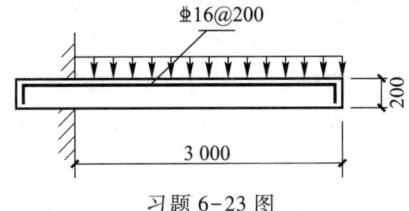

习题 6-23 图

7 钢结构的强度和稳定性

7-1：规范钢结构设计规定

7-2：PPT 钢结构的特点

7.1 钢结构概述

钢结构主要是由钢材作为受力骨架的结构体系,在工业与民用建筑中已被广泛采用。随着钢铁工业的发展,中国建筑用钢政策由早期限制使用转变为积极推广应用,建筑钢结构迎来了快速发展的时机。

7.1.1 钢结构的特点

1. 强重比大

钢材具有强度高、相对重量轻的特点,以其作为受力骨架可大大减轻结构的自重,减小地基基础的荷载,降低建筑地基基础的工程造价。因此,钢结构特别适用于大跨、高耸结构和承受荷载较大的结构,具有节能环保的优势。

钢结构设计时根据强度计算所需的构件截面尺寸往往较小,而按照稳定条件计算所需的构件截面通常较大。钢结构设计常由稳定条件控制,使材料强度常常不能得到充分发挥。

2. 延性和韧性好

通常钢结构构件破坏前有比较明显的变形,不会因超载而突然断裂,表现出良好的延性和抗震性能,应用于结构承重构件,可降低局部高峰应力,使应力分布趋于平缓。

建筑用钢材具有较好的韧性,因此钢结构在动力荷载下表现出良好的工作性能,适于建造地震区的建筑结构。

3. 材质均匀

通过冶炼和轧制过程,钢材内部结构组织比较均匀,表现出良好的各向同性特点,较为符合力学计算中理想的弹性-塑性体假定。因此,计算上不定性较小,计算结果比较可靠。

4. 便于工业化制作

在工厂利用各种型钢制作钢结构构件,易于保证其准确度和精密度。钢构件采用现代物流配送技术运输至施工现场后,可用机械化施工方式进行安装和连接(图7-1-1),施工灵活、方便、简单、工期短,且易于加固、改建、拆迁和重复利用,可以大大减少建筑垃圾,更加绿色环保。

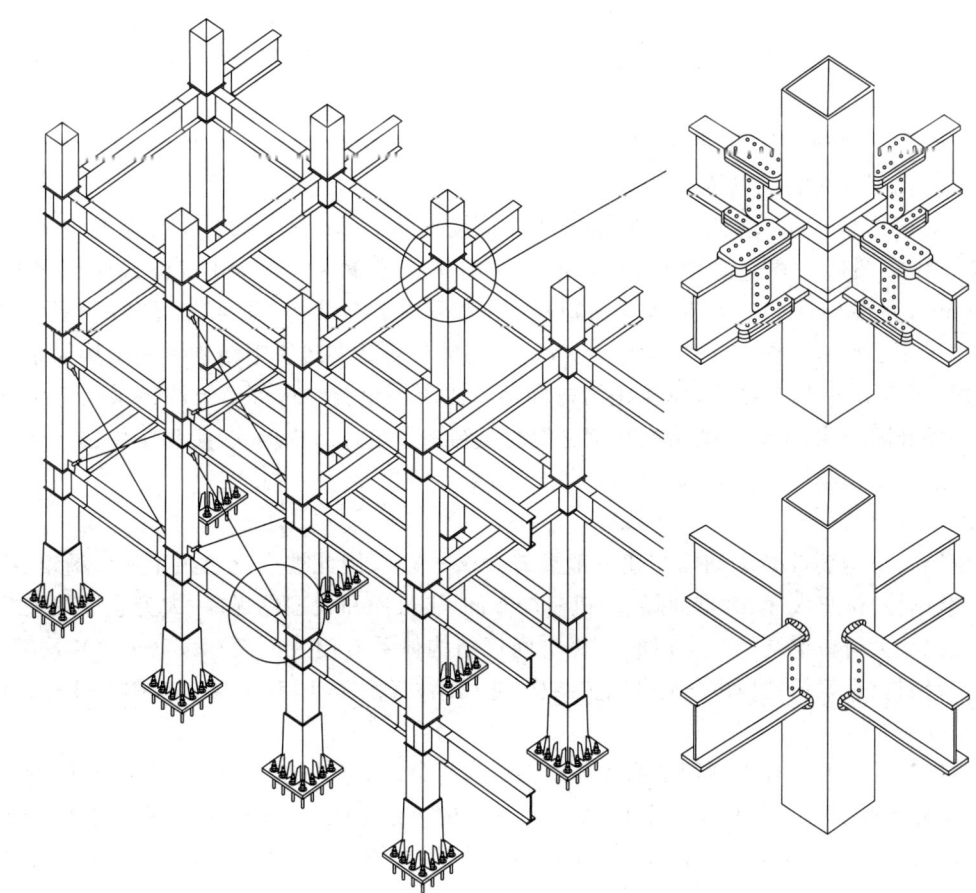

图 7-1-1 钢结构的构造形式

5. 密闭性好

钢材及其连接(特别是焊接)的水密性和气密性均较好,适于制作诸如高压容器、油罐、气柜、管道等要求密闭性的板壳结构。

6. 容易锈蚀

由于钢材容易锈蚀,对钢结构必须采用防锈蚀措施,特别是对于薄壁构件。钢结构常采用涂油漆防锈,在涂油漆前应彻底除锈,油漆质量和涂层厚度均应符合要求。在设计中,应考虑避免结构受潮、漏雨,尽量避免构造上出现难于检修的死角。在有较强腐蚀性介质的环境中不宜采用钢结构。

7. 耐热不耐火

当温度控制在200℃以内时,钢材的强度和弹性模量等一般无明显下降。当温度超过200℃后,钢材材质会出现较大变化,强度和弹性模量开始逐步降低,还伴随出现蓝脆和徐变等现象。当温度达600℃时,钢材的强度和弹性模量不到常温时的1/3。因此,钢材表面必须采取防火隔热保护措施。

8. 在低温或其他条件下易发生脆性断裂

钢结构在低温或其他条件下,容易发生脆性断裂,设计时应特别注意这一点。

7.1.2 钢结构的主要应用

7-3：PPT 钢结构的应用

1. 多高层及超高层建筑

为减轻结构重量、增大建筑空间、加快建设速度,中国尊(528 m)、上海中心大厦(632 m)、广州周大福金融中心(530 m)、深圳平安金融中心(660 m)、武汉绿地中心(636 m)、高银金融117大厦(597 m)设计中均采用了钢结构,迪拜塔(828 m)在601 m以上也采用了纯钢结构。如图7-1-2所示,多高层及超高层建筑钢结构常用结构体系有框架结构、支撑结构、巨型结构、模块化结构和钢与混凝土组合结构等。天津市采用方钢管混凝土柱大开间结构、钢骨桁架结构和钢管混凝土结构等组合结构形式,启动了中国多层住宅和小高层住宅钢结构工程的试点。

2. 大跨结构

钢结构与钢筋混凝土结构相比一般要轻30%～50%,因此被广泛应用于体育场馆、会展中心、航站楼、候车大厅、大型商场、飞机装配车间、飞机库和大型储煤库、大型仓库等大跨建筑结构以及大跨桥梁结构。常用的大跨空间钢结构体系有门式刚架(图7-1-3)、网架、网壳、桁架结构、悬索结构(图7-1-4)、膜结构、张弦结构(图7-1-5)、拱结构(图7-1-6)等。

3. 工业厂房

钢结构工业厂房有重型钢结构和轻型钢结构两类。冶金厂房的平炉、转炉车间、混铁炉车间、初轧车间、锻压车间、铸钢车间,重型机械厂的铸钢车间、水压机车间、锻压车间等由于承受较大的动荷载,常采用如图7-1-7a所示的重型钢结构。仓库和轻型工业厂房等结构由于承受的荷载相对较小,常采用冷弯薄壁型钢或轻型钢管建造成,如图7-1-7b、c所示的轻型钢结构。目前,轻型钢结构已经成为中国各类钢结构建筑中发展最快的一种结构形式,被推广用于体育场馆、商业建筑、旅馆、办公室、低层住宅楼及别墅等项目。

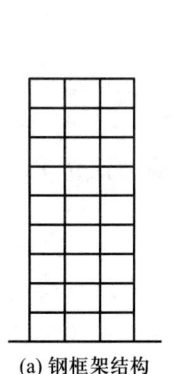
(a) 钢框架结构

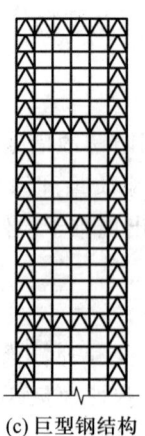
(b) 钢支撑结构

(c) 巨型钢结构   (d) 钢模块化结构

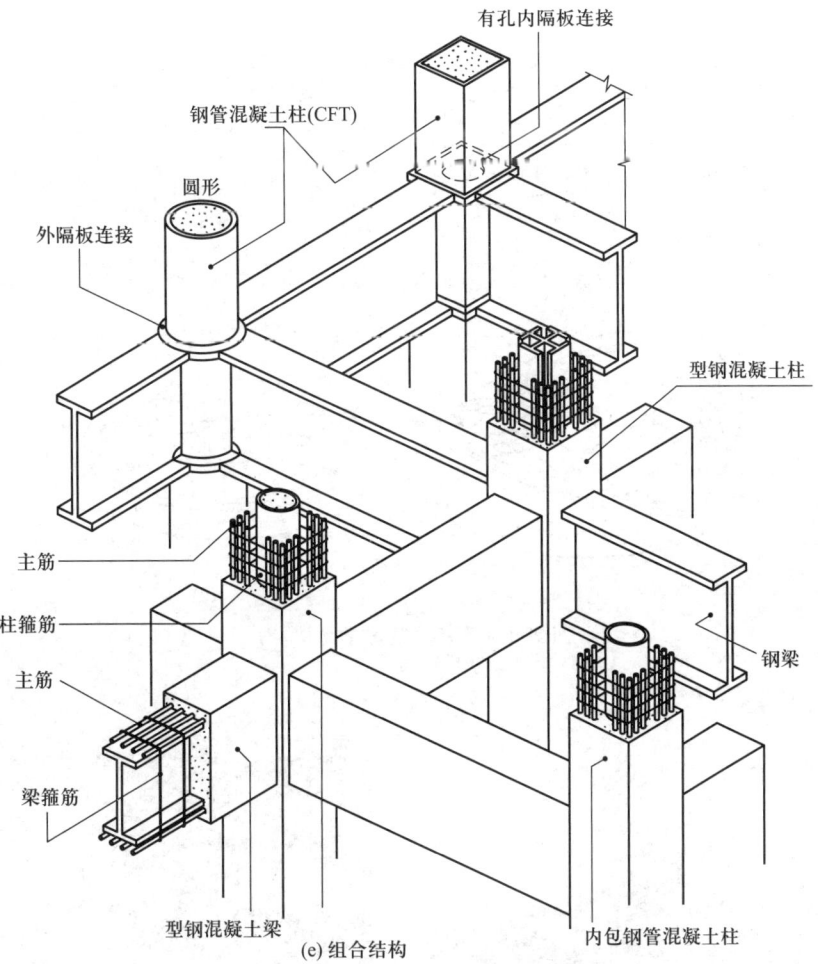

图 7-1-2 多高层及超高层建筑常用钢结构体系

图 7-1-3 门式刚架结构(鸟巢)

7.1 钢结构概述 ·169·

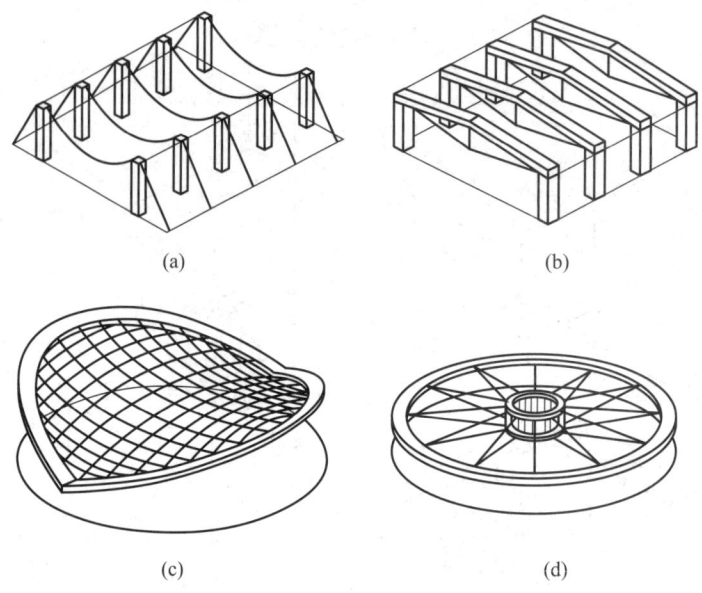

图 7-1-4 常见的悬索结构形式

图 7-1-5 张弦桁架结构（广东科学中心）

图 7-1-6 钢桁系杆拱结构体系（广州新光大桥）

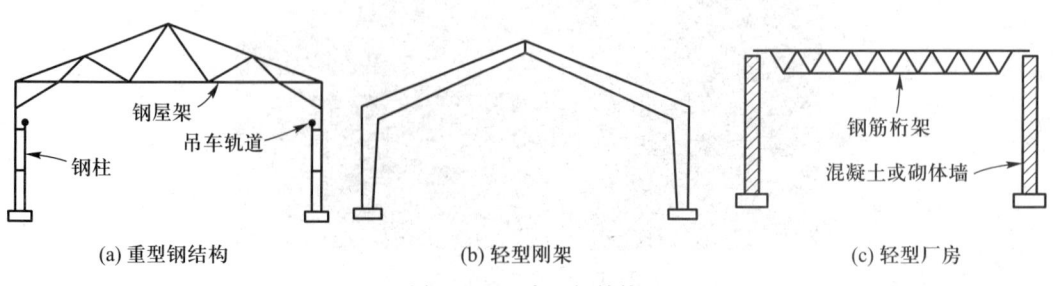

图 7-1-7 房屋钢结构

4. 特种结构

具有特种用途的工程结构也较多采用钢结构。如电视塔(图7-1-8)、无线电天线桅杆、广播发射桅杆、微波塔、输电塔、钻井塔、环境大气监测塔等高耸结构;海上采油平台、井架、栈桥和管道支架等海洋工程结构;油库、油罐、煤气库、高炉、热风炉、漏斗、烟囱、水塔等管道结构和容器结构;塔式起重机、履带式起重机的吊臂,龙门起重机、桥式吊车等特种设备;建筑施工的临时生产生活用房、试验塔结构(图7-1-9)以及临时展览及演出的场馆(图7-1-10)等。

图 7-1-8 高耸钢结构(河南广播电视塔)

图 7-1-9 试验塔结构(万科试验塔)

图 7-1-10 可移动式看台

7.1.3 钢结构的发展

1. 材料的性能不断改进

从材料的角度来看,最初钢结构多由铸铁、锻铁等脆性材料建造而成,现代钢结构则多采用碳素钢、低合金钢等钢材建造。近年来,钢材的品种和强度等级不断提高,防火和防锈等性能指标也不断改进。随着不锈钢、耐火耐候钢等材料技术的发展,钢结构的应用范围也进一步扩大。

2. 连接形式不断变化和改进

在生铁和熟铁时代,钢结构的连接是使用销钉;19世纪初采用铆钉连接;20世纪初出现了焊接连接,后来又发展了普通螺栓连接,现代钢结构的连接又增加了高强度螺栓连接。近年来,新型高效的焊接工艺、焊接切割设备、焊接材料、防腐防火技术以及新材料等获得了快速发展,为钢结构及其部品部件的高效、高质量制作创造了良好条件。

3. 钢产量大幅度提高

1949年中国钢产量只有十几万吨,远不能满足国民经济快速发展的需要,导致钢结构一度在中国推广应用受到限制。随着钢铁工业的技术水平和装配水平不断提高,中国1996年钢产量突破1亿吨,已经成为世界最大的产钢国。钢铁制品的质量也跃居世界前列,自主生产的H型钢的最大截面已达700 mm,年产能力可达140万吨,轻钢结构用的彩色钢板年生产能力已达70~90万吨,冷弯型钢年生产能力约120万吨,为中国钢结构的推广应用奠定了基础。

4. 应用领域和形式不断推陈出新

早期钢结构主要应用在桥梁、塔等结构中,现在其应用已扩大到工业厂房、民用建筑、水工结构、体育场馆、博览中心、高炉结构、储液库、储气库、海上采油平台等各种结构形式。近年来,钢结构的形式不断推陈出新,预应力钢结构、张弦结构、悬索结构、斜拉网架及斜拉网壳结构、索拱结构等钢结构形式得以广泛应用。

进入20世纪后,中国城镇建设迅猛发展,建筑节能、高效、环保与产业化成为国民经济新增长点。为解决传统建筑业工业化水平低、部品化率低以及用材档次低、寿命低、能耗高等问题,以工业化钢结构为主的结构新体系已经成为钢结构发展和应用的热点。

7.1.4 钢结构计算方法

7-5:PPT
钢结构
计算方法

钢结构采用以概率理论为基础的极限状态设计方法,以可靠指标度量结构构件的可靠度,采用分项系数的设计表达式进行设计计算。对安全等级为一级、二级、三级的钢结构构件,其结构重要性系数可分别取不小于1.1、1.0、0.9。一般的工业和民用建筑钢结构的安全等级可取为二级,特殊建筑钢结构的安全等级可根据具体情况,按《建筑结构可靠度设计统一标准》进行确定。

钢结构设计应根据使用过程中可能同时出现的荷载,按承载能力极限状态和正常使用极限状态分别进行荷载组合,并应取各自的最不利的组合进行设计。

1. 承载能力极限状态

承载能力极限状态包括:构件或连接的强度破坏、脆性断裂,因过度变形而不适用于继续承载,结构或构件丧失稳定,结构转变为机动体系和结构倾覆。

按承载能力极限状态设计钢结构时,应考虑荷载效应的基本组合,必要时尚应考虑荷载效应的偶然组合。对永久荷载应采用标准值作为代表值,对可变荷载应按规定的荷载组合采用荷载的组合值或标准值作为其荷载代表值,可变荷载的组合值应为可变荷载的标准值乘以荷载组合值系数。对偶然荷载应按建筑结构使用的特点确定其代表值。计算结构或构件的强度、稳定性以及连接的强度时,应采用荷载设计值(荷载标准值乘以荷载分项系数);计算疲劳时,应采用荷载标准值。

对于直接承受动力荷载的结构,在计算强度和稳定性时,动力荷载设计值应乘以动力系数;在计算疲劳和变形时,动力荷载标准值不乘动力系数。

计算吊车梁或吊车桁架及其制动结构的疲劳和挠度时,起重机荷载应按作用在跨间内荷载效应最大的一台起重机确定。

2. 正常使用极限状态

正常使用极限状态包括:影响结构、构件或非结构构件正常使用或外观的变形,影响正常使用的振动,影响正常使用或耐久性能的局部损坏。

按正常使用极限状态设计钢结构时,应考虑荷载效应的标准组合,对钢与混凝土组合梁,尚应考虑准永久组合。对永久荷载应采用标准值作为代表值;对可变荷载按标准组合设计时应采用荷载的组合值或标准值作为其荷载代表值,按准永久组合设计时应采用准永久值作为其荷载代表值。可变荷载准永久值,应为可变荷载标准值乘以准永久值系数。

钢结构一般受力构件及其连接材料应符合表 7-1-1 要求。

表 7-1-1 钢结构一般受力构件及其连接材料要求

结构类型	钢材类型		尺寸要求
普通钢结构	钢板		厚度≥5 mm
	钢管		厚度≥3 mm
	角钢	焊接结构	截面尺寸≥L45×4 或 L56×36×4
		螺栓连接或铆钉连接的结构	截面尺寸≥L50×5
轻型钢结构	钢板		厚度≥4 mm
	圆钢	屋架	直径≥12 mm
		檩条或拉条	直径≥8 mm
		支撑	直径≥16 mm
	角钢		截面尺寸≥L45×4 或 L56×36×4

钢结构的基本构件主要有受弯构件、轴心受力构件、拉弯构件和压弯构件等。

7.2 钢结构受弯构件

7.2.1 钢结构受弯构件截面形式

钢受弯构件主要承受横向荷载作用,也称为钢梁,是建筑结构中应用广泛的一种构件。

7-6:PPT 受弯构件计算

钢梁按材料和制作方法不同,可分为型钢梁和组合梁。

型钢梁通常采用热轧工字钢和槽钢(图 7-2-1a、b)等截面,荷载和跨度较小时,也可采用冷弯薄壁型钢(图 7-2-1c、d),具有加工简单、成本较低等特点,但截面尺寸受到规格的限制,截面较薄,对防腐要求较高,一般用于小型受弯构件。

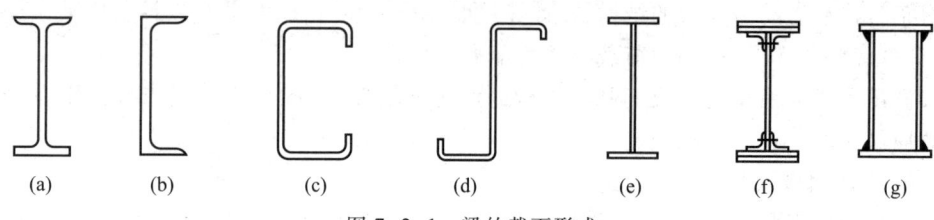

图 7-2-1 梁的截面形式

组合梁由钢板、型钢用焊缝或铆钉或螺栓连接而成,常用于荷载和跨度较大、而采用型钢梁不能满足受力要求的情况。其截面组织灵活,可使材料在截面上分布更为合理。图 7-2-1e 所示三块钢板焊成的工字形组合梁构造简单、制作方便,应用最为广泛。承受动荷载的梁,如钢材不满足焊接结构要求时,可采用铆接或高强度螺栓连接(图 7-2-1f)。当梁的荷载很大而其截面高度受到限制,或抗扭要求较高时,可采用箱形截面(图 7-2-1g)。

梁按其弯曲变形情况不同,分为仅在一个主平面内受弯的单向弯曲梁和在两个主平面内受弯的双向弯曲梁。工程中大多数受弯构件是单向弯曲梁,而屋面檩条和吊车梁等是双向弯曲梁。

7.2.2 梁格布置

梁格是由许多梁排列而成的平面体系,例如楼盖和工作平台等。梁格上的荷载一般由铺板传给次梁,再由次梁传给主梁,然后传到柱或墙,最后传给基础和地基。

根据梁的排列方式,梁格可分成下列三种典型的形式:

(1)简式梁格

只有主梁,适用于梁跨度较小的情况,如图 7-2-2a 所示。

(2)普通式梁格

有次梁和主梁,次梁支承在主梁上,如图 7-2-2b 所示。

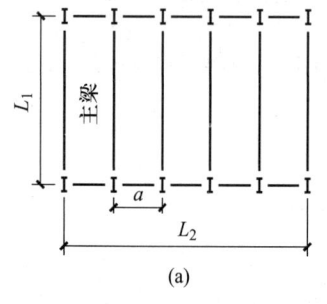 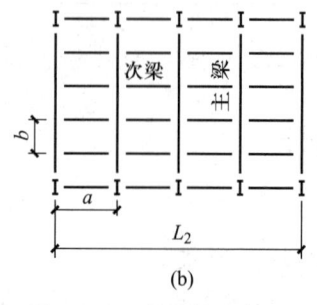

图 7-2-2 梁格的形式

(3) 复合梁格

除主梁和纵向次梁外,还有支承在纵向次梁上的横向次梁,如图 7-2-2c 所示。

梁格铺板可采用钢筋混凝土或钢板,目前大多采用钢筋混凝土板。铺板宜与梁牢固连接,使两者共同工作,分担梁的受力,节约钢材,并增强梁的整体稳定性。

7.2.3 截面设计

受弯构件的截面设计包括强度、刚度、整体稳定和局部稳定四个方面内容。

1. 强度验算

钢梁的强度验算包括弯曲正应力、剪应力、局部压应力和折算应力验算。通常情况下,钢梁的截面由抗弯强度和抗剪强度确定。均布荷载作用下两端简支的受弯构件的内力与截面应力分布可由图 7-2-3 确定。

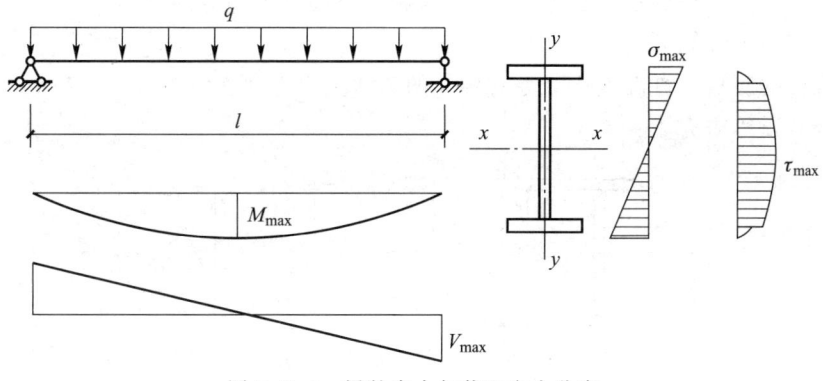

图 7-2-3 梁的内力与截面应力分布

(1) 弯曲正应力计算

梁的弯曲正应力按式(7-2-1)计算:

$$\frac{M_x}{\gamma_x W_{nx}}+\frac{M_y}{\gamma_y W_{ny}}\leqslant f \tag{7-2-1}$$

式中 M_x、M_y——绕 x 轴和 y 轴的弯矩设计值;

W_{nx}、W_{ny}——对 x 轴和 y 轴的净截面抵抗矩;

γ_x、γ_y——截面塑性发展系数;

f——钢材的抗弯强度设计值。

(2) 剪应力计算

梁的剪应力按式(7-2-2)计算:

$$\tau=\frac{VS}{It_w}\leqslant f_v \tag{7-2-2}$$

式中 V——计算截面沿腹板平面作用的剪力设计值;

S——计算剪应力处以上毛截面对中和轴的面积矩;

I——毛截面惯性矩；
t_w——腹板厚度；
f_v——钢材的抗剪强度设计值。

（3）局部压应力计算

梁的局部压应力按式(7-2-3)计算：

$$\sigma_c = \frac{\psi F}{t_w l_z} \leqslant f \qquad (7-2-3)$$

式中　F——集中荷载，对动力荷载应考虑动力系数；
　　　ψ——集中荷载增大系数；对重级工作制吊车梁，$\psi=1.35$，对其他梁，$\psi=1.0$；
　　　l_z——集中荷载在腹板计算高度上边缘的假定分布长度，$l_z=a+2h_y$；
　　　a——集中荷载沿梁跨度方向的支承长度，对吊车梁可取为50 mm；
　　　h_y——自吊车梁轨顶或其他梁顶面至腹板计算高度上边缘的距离。

（4）折算应力计算

在组合梁的腹板计算高度边缘处有较大的弯曲正应力和剪应力（图7-2-4）。应按复杂应力状态计算折算应力。

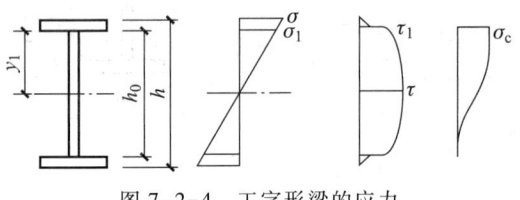

图 7-2-4　工字形梁的应力

梁的折算应力按式(7-2-4)计算：

$$\sqrt{\sigma^2 + \sigma_c^2 - \sigma\sigma_c + 3\tau^2} \leqslant \beta_1 f \qquad (7-2-4)$$

式中　σ、τ、σ_c——腹板计算高度边缘同一点上同时产生的正应力、剪应力和局部压应力；
　　　β_1——计算折算应力的强度设计值增大系数，当 σ 与 σ_c 异号时，取 $\beta_1=1.2$；当 σ 与 σ_c 同号时或 $\sigma_c=0$ 时，取 $\beta_1=1.1$。

2. 刚度验算

钢梁的刚度一般用梁跨中挠度来衡量，变形过大会影响正常使用，同时也给人带来不安全感。

钢梁的刚度应满足式(7-2-5)：

$$w \leqslant [w] \qquad (7-2-5)$$

式中　w——梁的最大挠度，可按材料力学计算杆件挠度的方法计算；
　　　$[w]$——梁的容许挠度。

3. 整体稳定

如图7-2-5所示，当受压翼缘的弯曲应力达到某一值后，钢梁在最大刚度平面内整体弯曲（绕 x 轴弯曲），同时还伴随着绕梁轴线的扭转，最后使梁迅速丧失承载力，这种现象称作梁丧失整体稳定。梁出现整体稳定破坏时的荷载一般低于强度破坏时的荷载,且失稳破坏是突然发生的,没有前兆,危害性大。

钢梁的整体稳定按式(7-2-6)验算。

$$\frac{M_{max}}{\varphi_b W_x} \leq f \qquad (7-2-6)$$

式中 M_{max}——绕 x 轴作用的最大弯矩设计值;

W_x——按受压翼缘确定的梁毛截面抵抗矩;

φ_b——梁的整体稳定系数。

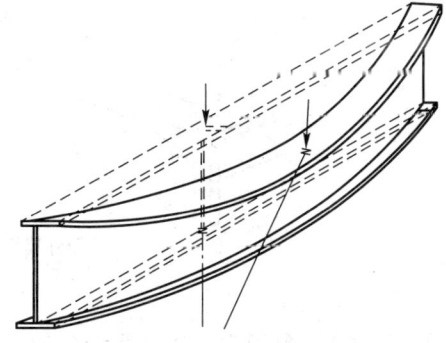

图 7-2-5 梁的整体失稳

钢梁的整体稳定与其侧向刚度、受压翼缘的自由长度等因素有关。加大侧向刚度(如加大受压翼缘宽度)或减小受压翼缘自由长度(如在受压翼缘平面内设置支承)都可以提高钢梁的整体稳定性。

当满足下列条件之一者,可以不计算钢梁的整体稳定性:

① 有铺板(含各种钢筋混凝土板和钢板)密铺在梁的受压翼缘上并与其牢固连接,能阻止梁受压翼缘的侧向位移时;

② 工字形截面简支梁受压翼缘的自由长度 l_1 与其宽度 b_1 之比不超过表 7-2-1 所规定的数值时。

表 7-2-1 工字形截面简支梁不需计算整体稳定性的最大 l_1/b_1 值

钢号	跨中无侧向支承点的梁		跨中有侧向支承点的梁,不论荷载作用在何处
	荷载作用在上翼缘	荷载作用在下翼缘	
Q235 钢	13	20	16
16Mn 钢、16Mnq 钢	11	17	13
15MnV 钢、15MnVq 钢	10	16	12

注:1. 其他钢号的梁不需计算整体稳定性的最大 l_1/b_1 值,应取 Q235 钢的数值乘以 $\sqrt{235/f_y}$;

2. 梁的支座处,应采取构造措施以防止梁端截面的扭转。

4. 局部稳定

当钢梁的腹板或受压翼缘过薄时,腹板或受压翼缘在尚未达到强度限值或丧失整体稳定之前,就可能发生局部的波曲或屈曲而偏离其正常位置,这种现象称钢梁的局部失稳现象,如图 7-2-6 所示。钢梁的局部失稳会使钢梁的整体稳定进一步恶化,必须避免。

钢梁翼缘的局部稳定可由限制其受压翼缘外伸部分的宽厚比不超过规定限值来满足。《钢结构设计规范》(GB 50017—2003)规定:工字形、H 形组合截面梁,为了保证翼缘的局部稳定,应满足:

$$\frac{b_1}{t} \leq 15\sqrt{\frac{235}{f_y}} \qquad (7-2-7)$$

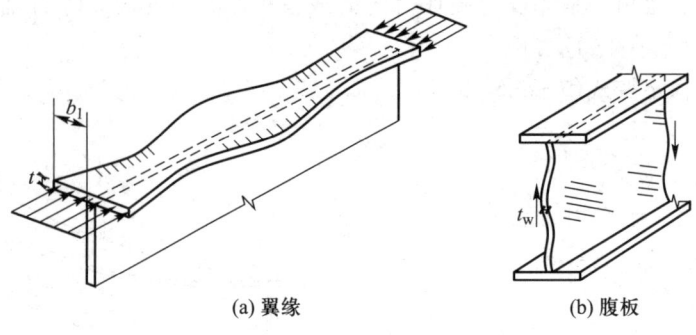

图 7-2-6 梁的局部失稳

式中 b_1、t——分别为受压翼缘的外伸宽度和厚度。

为保证钢梁腹板的局部稳定,若 h_0 为腹板的计算高度,t_w 为腹板的厚度,应按下列要求在腹板上配置加劲肋(图7-2-7):

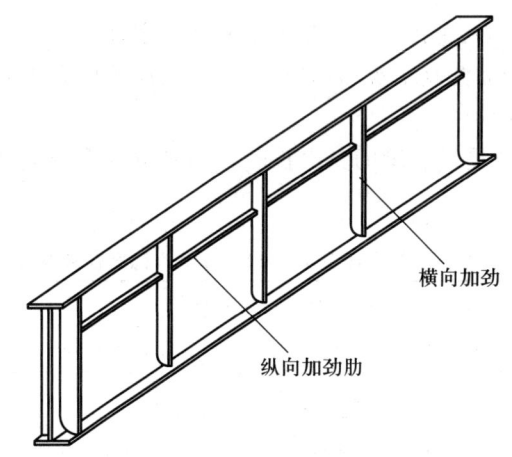

图 7-2-7 采用加劲肋的梁

① 当 $h_0/t_w \leqslant 80\sqrt{235/f_y}$ 时,对局部压应力 $\sigma_0 \neq 0$ 的梁,宜按构造设置横向加劲肋;但对无局部压应力(即 $\sigma_0 = 0$)的梁,可不设置加劲肋;

② 当 $80\sqrt{235/f_y} < h_0/t_w \leqslant 170\sqrt{235/f_y}$ 时,应设置横向加劲肋,并应按《钢结构设计规范》的规定进行计算(对无局部压应力的梁,当 $h_0/t_w \leqslant 100\sqrt{235/f_y}$ 时,可不计算);

③ 当 $h_0/t_w > 170\sqrt{235/f_y}$ 时,应配置横向加劲肋和在受压区配置纵向加劲肋,必要时尚应在受压区配置短加劲肋,并均应按《钢结构设计规范》的规定进行计算;

④ 梁的支座处和上翼缘受有较大固定集中荷载处,宜设置支承加劲肋,并应按《钢结构设计规范》的规定进行计算。

例 7-1 如图 7-2-8 所示的楼盖钢工作平台梁格。已知承受均布永久荷载标准值(不包括梁自重)1.5 kN/m²,活荷载标准值 8 kN/m²。试按两种支承情况分别选择次梁截面:

① 平台铺板与次梁连牢;② 平台铺板与次梁连接不能得到保证。次梁跨度为 5 m,间距为 2.5 m,钢材为 Q235。

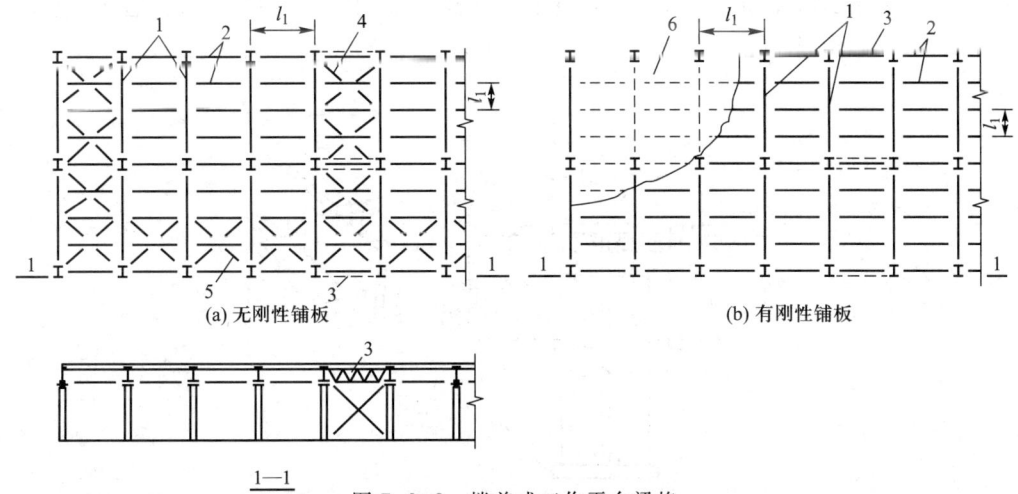

图 7-2-8 楼盖或工作平台梁格
1—主梁;2—次梁;3—垂直支撑;4—横向支撑;5—纵向支撑;6—刚性铺板

解: ① 次梁荷载设计值

假设次梁自重为 0.5 kN/m。

可变荷载效应控制的组合,永久荷载分项系数为 1.2,工业厂房活荷载>4 kN/m² 分项系数为 1.3,则

$$M_x = \gamma_0 \left(\gamma_G M_{GK} + \gamma_{Q1} M_{Q1K} + \sum_{i=2}^{n} \gamma_{Qi} \psi_{ci} M_{QiK} \right)$$
$$= 1.0 \times [1.2 \times (0.5 + 1.5 \times 2.5) + 1.3 \times 8 \times 2.5] \times 5^2/8 \text{ kN} \cdot \text{m}$$
$$= 97.2 \text{ kN} \cdot \text{m}$$

永久荷载效应控制的组合,永久荷载分项系数为 1.35,工业厂房活荷载>4 kN/m² 分项系数为 1.3,则

$$M_x = \gamma_0 \left(\gamma_G M_{GK} + \sum_{i=1}^{n} \gamma_{Qi} \psi_{ci} M_{QiK} \right)$$
$$= 1.0 \times [1.35 \times (0.5 + 1.5 \times 2.5) + 1.3 \times 0.7 \times 8 \times 2.5] \times 5^2/8 \text{ kN} \cdot \text{m}$$
$$= 74.8 \text{ kN} \cdot \text{m}$$

故最大弯矩设计值为

$$M_x = 97.2 \text{ kN} \cdot \text{m}$$

② 平台铺板与次梁连牢,钢梁整体稳定性得到保证

根据抗弯强度选择截面,需要的截面模量为

$$W_{nx} = \frac{M_x}{\gamma_x f} = \frac{97.2 \times 10^6}{1.05 \times 215} \text{ mm}^3 = 431 \times 10^3 \text{ mm}^3$$

选用 HN298×149×5.5×8。其中,W_x = 433 cm³,自重 = 32.6 kg/m。

跨中无孔眼削弱,此 W_x 大于需要的 431 cm³,梁的抗弯强度满足要求。由于 H 型钢的腹板较厚,一般不必验算抗剪强度。将次梁连于主梁的加劲肋上(图 7-2-9),也不必验算次梁支座处的局部承压强度。型钢自重 32.6 kg/m = 0.326 kN/m,小于假设自重,不必重新计算。

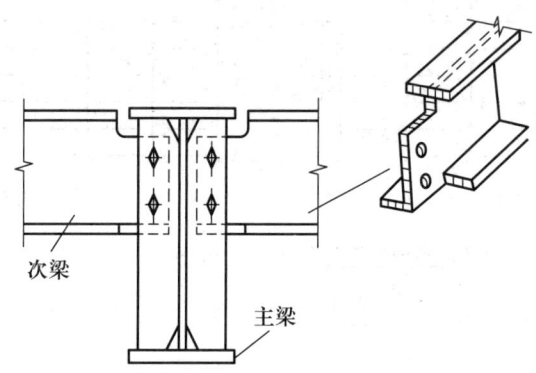

图 7-2-9 次梁连于主梁的加劲肋上

③ 平台铺板与次梁连接不可靠,只能按次梁两端有侧向支承的情况选择截面。

假设次梁自重为 0.5 kN/m。根据次梁的跨度(5 m)、荷载类型及作用位置(均布荷载、作用于上翼缘),参考普通工字钢简支梁的整体稳定系数,取 φ_b = 0.73。

由于 φ_b = 0.73,需要修正:

$$\varphi_b' = 1.07 - 0.282/0.73 = 0.68$$

由式 $\dfrac{M_x}{\varphi_b W_x} \leqslant f$ 得所需的截面模量为

$$W_x = \frac{M_x}{\varphi_b' f} = \frac{97.2 \times 10^6}{0.68 \times 215} \text{ mm}^3 = 665 \times 10^3 \text{ mm}^3$$

选用 HN350×175×7×11,W_x = 782 cm³;自重 = 50 kg/m = 0.49 kN/m(与假设相符)。另外,截面的 i_y = 3.93 cm,A = 63.66 cm²。

上述选用的 H 型钢时,φ_b 是参考普通工字钢的,故需要验算 H 型钢梁的整体稳定性。

应按式 $\xi = \dfrac{l_1 t_1}{b_1 h} = \dfrac{5\,000 \times 11}{175 \times 350} = 0.898$ 计算 H 型钢梁的 φ_b:

$$\varphi_b = \beta_b \frac{4\,320}{\lambda_y^2} \cdot \frac{A \cdot h}{W_x} \left[\sqrt{1 + \left(\frac{\lambda_y t_1}{4.4h}\right)^2} + \eta_b \right] \frac{235}{f_y}$$

梁整体稳定等效弯矩系数:

$$\beta_b = 0.69 + 0.13\xi = 0.69 + 0.13 \times 0.898 = 0.807$$

$$\lambda_y = \frac{l_1}{i_y} = \frac{500}{3.93} = 127, \eta_b = 0$$

$$\varphi_b = \beta_b \frac{4\,320}{\lambda_y^2} \cdot \frac{Ah}{W_x} \sqrt{1 + \left(\frac{\lambda_y t_1}{4.4h}\right)^2}$$

$$= 0.807 \times \frac{4\,320}{127^2} \times \frac{63.66 \times 35}{782} \sqrt{1 + \left(\frac{127 \times 1.1}{4.4 \times 35}\right)^2}$$

$$= 0.83$$

$$\varphi_b' = 1.07 - 0.282/0.83 = 0.73$$

$$\frac{M_x}{\varphi_b' W_x} = \frac{97.2 \times 10^6}{0.73 \times 782 \times 10^3} = 170 \text{ N/mm}^2 < f = 215 \text{ N/mm}^2$$

整体稳定满足要求。

次梁兼作平面支撑桁架的横向腹杆,按受压构件验算其长细比:

$\lambda_y = 127 < [\lambda] = 200$,满足要求。$\lambda_x$ 更小。

其他验算从略。

例 7-2 在例 7-1 中,按平台铺板与次梁连牢考虑,次梁选用型钢 HN298×149×5.5×8。跨度为 5 m,间距为 2.5 m,钢材为 Q235。均布永久荷载(不包括梁自重)为 1.5 kN/m²,均布活荷载为 8 kN/m²。试验算次梁的挠度。

解: ① 型钢 HN298×149×5.5×8:

$$W_x = 433 \text{ cm}^3, I_x = 6\,460 \text{ cm}^4,\text{自重} = 32.6 \text{ kg/m}。$$

次梁永久荷载与可变荷载的标准组合值为

$$q_k = [(1.5 \times 2.5 + 0.326) + 8 \times 2.5] \text{ kN/m} = 24.076 \text{ kN/m}$$

次梁可变荷载标准值为

$$q_{lk} = 8 \times 2.5 = 20.0 \text{ kN/m}$$

② 荷载标准组合作用下的挠度:

$$\frac{v_T}{l} = \frac{5}{384} \frac{q_k l^3}{EI_x} = \frac{5}{384} \cdot \frac{24.076 \times 5\,000^3}{2.06 \times 10^5 \times 6\,460 \times 10^4} = \frac{1}{340}$$

$$< \frac{[v_T]}{l} = \frac{1}{300}$$

③ 在可变荷载标准值作用下:

$$\frac{v_Q}{l} = \frac{1}{340} \cdot \frac{20.0}{24.076} = \frac{1}{409} < \frac{[v_Q]}{l} = \frac{1}{400}$$

满足要求。

7.3 钢结构轴心受力构件

7.3.1 钢结构轴心受力构件的截面形式

轴心受力构件包括轴心受拉构件和轴心受压构件。在钢结构中,屋架、托架、塔架和网架等各种类型的平面或空间桁架以及支撑系统,通常为轴心受拉和轴心受压构件。工作平台、多层和高层房屋骨架的柱、承受梁或桁架传来的荷载、当荷载为对称布置且不考虑水平荷载时,属于轴心受压柱。钢柱通常由柱头、柱身和柱脚三部分组成(图7-3-1)。

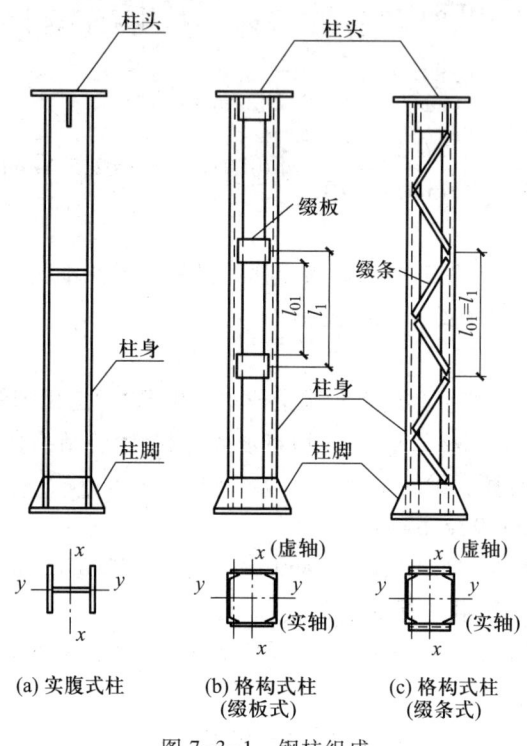

图 7-3-1 钢柱组成

轴心受力构件的常用截面形式有实腹式和格构式两大类。一般轴压构件主要由稳定控制,因此应尽量采用截面开展,宽而薄的截面,以增大构件的回转半径。

实腹式构件可采用单个热轧型钢截面(图7-3-2a)、型钢和钢板组成的组合截面(图7-3-2b)和双角钢组合截面(图7-3-2c),在轻钢结构中也可采用冷弯薄壁型钢截面(图7-3-2d)。

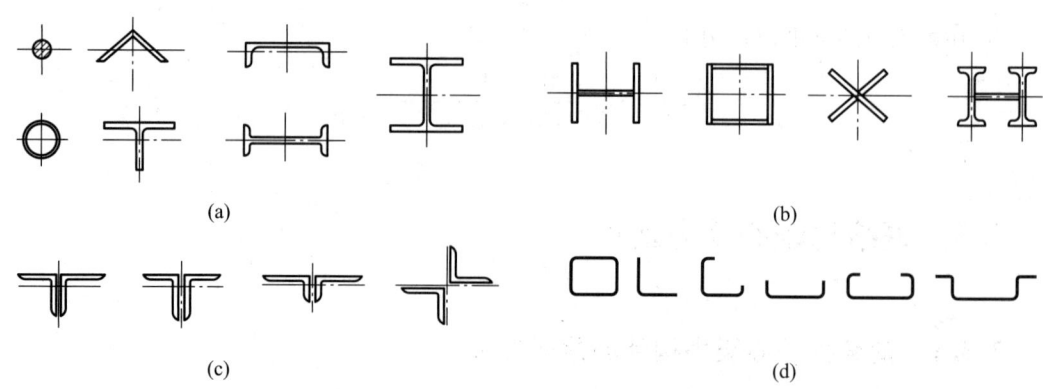

图 7-3-2 实腹式构件的截面形式

对于长度相对很大而压力较小的压杆,强度很容易满足,但稳定性要求较高,为了节约钢材,通常在两个方向都组成格构式(图7-3-3)。轴心受压格构式压杆通常由两个肢件组成,肢件通常用槽钢或工字钢,也有用角钢、圆钢或方钢的。肢件与肢件间隔开一定距离以增加整个压杆的惯性矩和回转半径,用缀材把它们连接起来,组合成为一个整体的受压构件。

缀材有缀条和缀板两种。缀条一般使用单角钢组成的斜杆,也有在斜杆间再用水平杆的。肢件与缀条组成桁架的形式,而肢件与缀板则组成框架的形式,在横向剪力作用下,桁架的变形小于框架。缀条柱应用较广泛,受力性能较好。

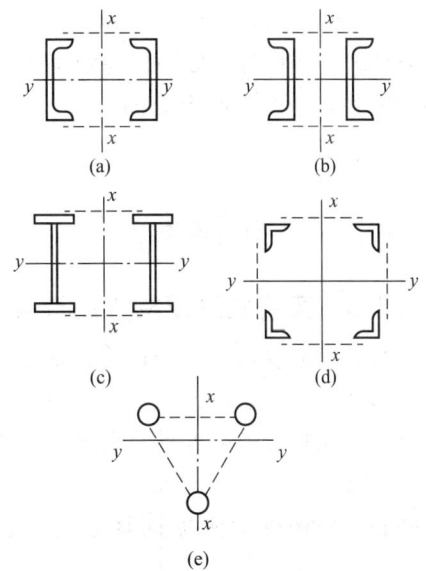

图 7-3-3 格构式构件的常用截面形式

7.3.2 钢结构轴心受拉构件的计算

设计轴心受拉构件时,根据结构的用途、构件受力大小和材料供应情况选用合理的截面形式。轴心受拉构件的计算包括强度和刚度两方面的内容。

1. 强度

除摩擦型高强螺栓连接处外,轴心受拉构件的强度按式(7-3-1)计算。

$$\sigma = \frac{N}{A_n} \leqslant f \tag{7-3-1}$$

式中 N——轴向拉力设计值;

A_n——构件净截面面积;

f——钢材抗拉强度设计值。

摩擦型高强螺栓连接处的强度应按式(7-3-2)和式(7-3-3)计算。

$$\sigma = \left(1 - 0.5\frac{n_1}{n}\right)\frac{N}{A_n} \leqslant f \tag{7-3-2}$$

$$\sigma = \frac{N}{A} \leqslant f \tag{7-3-3}$$

式中 n——在节点或拼接处,构件一端连接的高强螺栓数量;

n_1——所计算截面(最外列螺栓处)上的高强螺栓数量;

A——构件的毛截面面积。

2. 刚度

轴心受拉构件的刚度通常用长细比来衡量,长细比是构件的计算长度 l_0 与构件截面回

转半径 i 的比值,即 $\lambda = l_0/i$。λ 越小,构件刚度越大,反之刚度越小。

λ 过大会使构件在使用过程中由于自重发生挠曲,在动荷载作用下容易产生振动,在运输和安装过程中容易产生弯曲。因此设计时应使构件最大长细比不超过规定的容许长细比,即

$$\lambda \leqslant [\lambda] \tag{7-3-4}$$

式中　$[\lambda]$——构件容许长细比。

7.3.3　实腹式受压构件的计算

实腹式轴心受压构件的计算包括强度、刚度、整体稳定和局部稳定四个方面的内容。

1. 强度

轴心受压构件的强度计算公式同轴心受拉构件一样,按式(7-3-1)计算。

2. 刚度

轴心受压构件的刚度同轴心受拉构件一样采用长细比衡量,但对容许长细比有不同规定。

3. 整体稳定

如图 7-3-4 所示,轴心受压构件的整体失稳破坏形式有弯曲失稳、扭转失稳和弯扭失稳等。轴心受压构件的整体失稳与截面形式密切相关,也与构件的长细比 λ 有关。

轴心受压构件的整体稳定按式(7-3-5)计算。

$$\frac{N}{\varphi A} \leqslant f \tag{7-3-5}$$

式中　A——构件毛截面面积;
　　　φ——轴心受压构件稳定系数。

根据稳定理论分析和试验研究,构件稳定系数 φ 值主要取决于柱的长细比 λ,此外,实际构件的初弯曲、制作误差、荷载作用的初始偏心以及轧制、切割和焊接后的残余应力等因素都将降低 φ 值。据此,应按各种不同形式、尺寸和

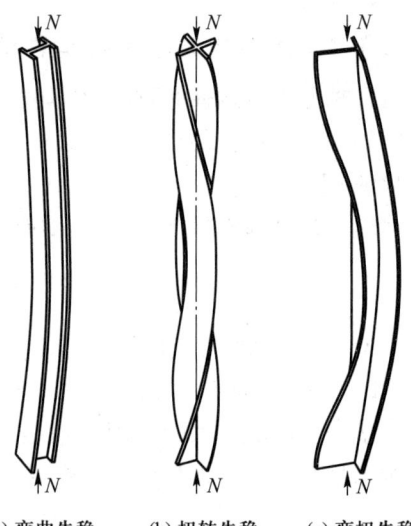

(a) 弯曲失稳　　(b) 扭转失稳　　(c) 弯扭失稳

图 7-3-4　轴心受压构件的整体失稳

加工条件的截面分别计算 a、b、c 三类构件的长细比 λ 与稳定系数 φ 值的关系。a 类截面构件的整体稳定性能较好,c 类的最差。

4. 局部稳定

对实腹式组合截面的轴心受压构件的局部稳定采取限制板件宽(高)厚比来保证。对于工程中常用的工字形组合截面轴心受压构件,翼缘板和腹板的局部稳定按式(7-3-6)和式(7-3-7)计算。

翼缘板：

$$\frac{b}{t} \leq (10+0.1\lambda)\sqrt{\frac{235}{f_y}} \qquad (7\text{-}3\text{-}6)$$

腹板：

$$\frac{h_0}{t_w} \leq (25+0.5\lambda)\sqrt{\frac{235}{f_y}} \qquad (7\text{-}3\text{-}7)$$

式中 b——翼缘板的外伸宽度；

t——翼缘板的外伸厚度；

h_0——腹板的高度；

t_w——腹板的厚度；

f_y——钢材的屈服点；

λ——构件两方向长细比的较大值。当 $\lambda<30$ 时，取 $\lambda=30$；当 $\lambda>100$ 时，取 $\lambda=100$。

工字钢、槽钢等型钢因翼缘板和腹板均较厚，局部稳定性均能满足要求，不必计算。

例 7-3 试验算轴心受压构件的承载力和刚度，焊接组合工字形截面如图 7-3-5 所示，该轴心受压构件承受的轴心压力设计值 $N=2\,000$ kN，轴心受压构件的计算长度 $l_{0x}=6$ m，$l_{0y}=3$ m。钢材采用 Q345 钢，焊接组合工字形截面翼缘板边为火焰切割边，截面无削弱。

解：① 截面几何特性

$$A = 2 \times 250 \times 12 + 250 \times 8 = 8\,000 \text{ mm}^2$$

$$I_x = \frac{1}{12}(250 \times 274^3 - 242 \times 250^3) \text{ mm}^4 = 11\,345 \times 10^4 \text{ mm}^4$$

$$I_y = \frac{1}{12}(2 \times 250^3 \times 12 + 250 \times 8^3) \text{ mm}^4 = 3\,126 \times 10^4 \text{ mm}^4$$

$$i_x = \sqrt{\frac{I_x}{A}} = \sqrt{\frac{11\,345 \times 10^4}{8\,000}} \text{ mm} = 119.1 \text{ mm}$$

$$i_y = \sqrt{\frac{I_y}{A}} = \sqrt{\frac{3\,126 \times 10^4}{8\,000}} \text{ mm} = 62.5 \text{ mm}$$

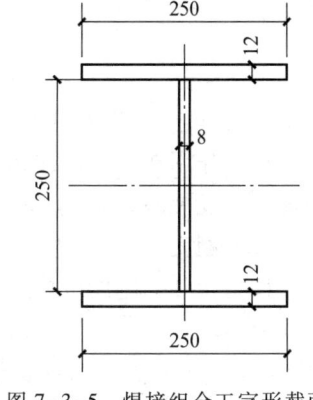

图 7-3-5 焊接组合工字形截面

② 轴心受压构件的承载力和刚度验算

$$\lambda_x = \frac{l_{0x}}{i_x} = \frac{6\,000}{119.1} = 50.4 < [\lambda] = 150$$

$$\lambda_y = \frac{l_{0y}}{i_y} = \frac{3\,000}{62.5} = 48.0 < [\lambda] = 150,$$

刚度满足要求。因截面无削弱，故不必验算强度。

焊接组合工字形截面翼缘板边为火焰切割边，对 x 轴和 y 轴的稳定性均属 b 类。φ 值由长细比 $\lambda_x=50.4$，查附表得 $\varphi=0.802$。代入式(7-3-5)，得

$$\frac{N}{\varphi_{\min}A} = \frac{2\,000\times10^3}{0.802\times80\times10^2}\ \text{N/mm}^2 = 311.7\ \text{N/mm}^2 < f = 315\ \text{N/mm}^2$$

整体稳定满足要求。

7.4 钢结构拉弯和压弯构件

7-11:PPT
拉弯与压
弯构件概述

7.4.1 钢结构拉弯构件

1. 拉弯构件截面形式

拉弯构件指同时承受轴向拉力和弯矩的构件。在桁架中,承受节间荷载的杆件常存在拉弯构件。当拉力较大而弯矩较小时,拉弯构件采用的截面形式与轴心受拉构件的相同;当拉力较小而弯矩较大时,应采用在弯矩作用平面内截面高度较大的截面形式。

2. 拉弯构件的计算

拉弯构件通常只需进行强度和刚度计算,但当拉力较小而弯矩很大时尚应按受弯构件的要求对拉弯构件进行整体稳定性和局部稳定性计算。

(1) 强度

弯矩作用在主平面内,且承受静力荷载或间接承受动力荷载的拉弯构件强度按式(7-4-1)计算。

$$\frac{N}{A_n} \pm \frac{M_x}{\gamma_x W_{nx}} \pm \frac{M_y}{\gamma_y W_{ny}} \leqslant f \qquad (7\text{-}4\text{-}1)$$

式中 γ_x、γ_y——截面塑性发展系数。

弯矩作用在主平面内,且直接承受动力荷载的拉弯构件强度仍按公式(7-4-1)计算,但截面塑性发展系数 γ_x、γ_y 均为 1.0。

(2) 刚度

拉弯构件的刚度应按式(7-4-2)计算。

$$\lambda \leqslant [\lambda] \qquad (7\text{-}4\text{-}2)$$

式中 $[\lambda]$——构件容许长细比。

7.4.2 钢结构压弯构件

1. 压弯构件的应用和截面形式

压弯构件指同时承受轴向压力和弯矩的构件。在桁架中,承受节间荷载的杆件也常存在压弯构件。当压力较大而弯矩较小时,压弯构件采用的截面形式与轴心受压构件的相同;当压力较小而弯矩较大时,应采用在弯矩作用平面内截面高度较大的截面形式。

2. 压弯构件的计算

压弯构件需要进行强度、刚度、整体稳定和局部稳定计算。

(1) 强度

7-12:PPT
拉弯与压
弯构件强度

压弯构件的强度同拉弯构件一样按式(7-4-1)计算。
(2) 刚度
压弯构件的刚度计算与轴心受压构件相同,容许长细比也相同。
(3) 整体稳定
应进行弯矩作用平面内的稳定性计算和弯矩作用平面外的稳定性计算。
(4) 局部稳定
压弯构件的局部稳定包括翼缘板的局部稳定和腹板的局部稳定。
翼缘板的局部稳定按下式计算。

7-13: PPT 拉弯与压弯构件稳定

$$\frac{b}{t} \leqslant 15\sqrt{\frac{235}{f_y}} \tag{7-4-3}$$

式中　b——受压翼缘自由外伸宽度,对焊接结构,取腹板边至翼缘板(肢)边缘的距离;对轧制构件,取内圆弧起点至翼缘板(肢)边缘的距离;
　　　t——受压翼缘厚度。

腹板的局部稳定对工字形截面应符合下列要求。

当 $0 \leqslant \alpha_0 \leqslant 1.6$ 时

$$\frac{h_0}{t_w} \leqslant (16\alpha_0 + 0.5\lambda + 25)\sqrt{\frac{235}{f_y}} \tag{7-4-4}$$

当 $1.6 < \alpha_0 \leqslant 2.0$ 时

$$\frac{h_0}{t_w} \leqslant (48\alpha_0 + 0.5\lambda - 26.2)\sqrt{\frac{235}{f_y}} \tag{7-4-5}$$

式中　$\alpha_0 = \dfrac{\sigma_{\max} - \sigma_{\min}}{\sigma_{\max}}$;

　　　$\sigma_{\max}$——腹板计算高度边缘的最大压应力,计算时不考虑构件的稳定系数;
　　　$\sigma_{\min}$——腹板计算高度另一边缘相应的应力,压应力取正值,拉应力取负值;
　　　λ——构件在弯矩作用平面内的长细比,当 $\lambda < 30$ 时,取 $\lambda = 30$,当 $\lambda > 100$ 时,取 $\lambda = 100$。

例 7-4　一承受静力荷载的拉弯构件,已知 $N = 1\,200$ kN,$M = 125$ kN·m。截面采用轧制工字钢 I45a,材料为 Q235 钢,截面无削弱。验算该构件的强度。

解:轧制工字钢 I45a,截面积 $A = 102$ cm²,
　　　　　　$W_n = 1\,433$ cm³,$f = 205$ N/mm²,$\gamma_x = 1.05$。
验算强度:

$$\frac{N}{A_n} + \frac{M_x}{\gamma_x W_{nx}} = \left(\frac{1\,200 \times 10^3}{102 \times 10^2} + \frac{125 \times 10^6}{1.05 \times 1\,433 \times 10^3}\right) \text{N/mm}^2 = 201 \text{ N/mm}^2$$

$$< f = 205 \text{ N/mm}^2$$

构件的强度满足要求。

例 7-5 如图 7-3-6 所示为 Q345 钢焊接工字形压弯构件,两端铰支,跨中有侧向支承,截面无削弱。翼缘为焰切边,轴心压力设计值 $N=800$ kN,两端弯矩设计值 $M=600$ kN·m,绕截面强轴作用,方向如图所示。不计构件自重,验算此压弯构件的承载力。

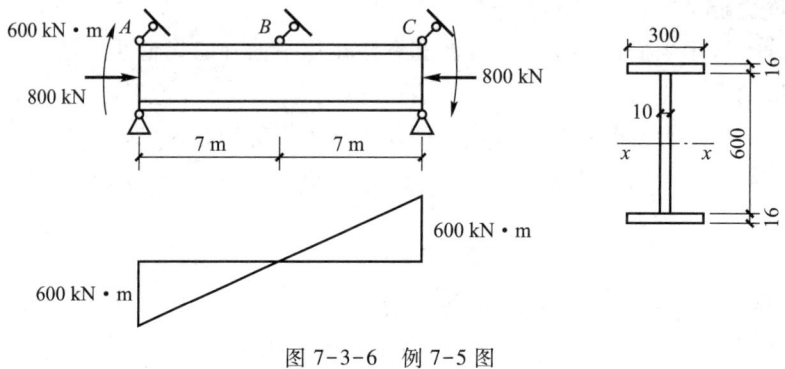

图 7-3-6 例 7-5 图

解: ① 截面几何特性

$$A = (2 \times 30 \times 1.6 + 60 \times 1) \text{ cm}^2 = 156 \text{ cm}^2$$

$$I_x = \left(2 \times 30 \times 1.6 \times 30.8^2 + \frac{1}{12} \times 1 \times 60^3\right) \text{ cm}^4 = 109\ 069 \text{ cm}^4$$

$$I_y = 2 \times \frac{1}{12} \times 1.6 \times 30^3 \text{ cm}^4 = 7\ 200 \text{ cm}^4$$

$$W_x = \frac{I_x}{h/2} = \frac{109\ 069}{31.6} \text{ cm}^3 = 3\ 452 \text{ cm}^3$$

$$i_y = \sqrt{I_y/A} = \sqrt{7\ 200/156} \text{ cm} = 6.79 \text{ cm}$$

$$i_x = \sqrt{I_x/A} = \sqrt{109\ 069/156} \text{ cm} = 26.4 \text{ cm}$$

② 强度验算

$$\frac{b}{t} = \frac{150-5}{16} = 9.1 < 13\sqrt{235/345} = 10.7$$

$$\gamma_x = 1.05$$

$$\frac{N}{A_n} + \frac{M_x}{\gamma_x W_{nx}} = \left(\frac{800 \times 10^3}{15\ 600} + \frac{600 \times 10^6}{1.05 \times 3\ 452\ 000}\right) \text{N/mm}^2$$

$$= 216.8 \text{ N/mm}^2 < 310 \text{ N/mm}^2$$

③ 弯矩作用平面内的稳定验算

$$\lambda_x = l/i_x = 1\ 400/26.4 = 53$$

由 λ_x、$f_y=345$、b 类截面,查得 $\varphi_x=0.784$。

$$\beta_{mx} = 0.65 - 0.35 \frac{M_2}{M_1} = 0.65 - 0.35 \times \frac{600}{600} = 0.3$$

$$N'_{Ex} = \frac{\pi^2 EA}{1.1\lambda_x^2} = \frac{3.14^2 \times 206\,000 \times 15\,600}{1.1 \times 53^2}\,\text{kN} = 10\,254\,\text{kN}$$

$$\frac{N}{\varphi_x A} + \frac{\beta_{mx} M_x}{\gamma_x W_{1x}(1-0.8N/N'_{Ex})}$$

$$= \left[\frac{800 \times 10^3}{0.784 \times 15\,600} + \frac{0.3 \times 600 \times 10^6}{1.05 \times 3\,452\,000 \times (1-0.8 \times 800/10\,254)}\right]\,\text{N/mm}^2$$

$$= 118.4\,\text{N/mm}^2 < 310\,\text{N/mm}^2$$

④ 弯矩作用平面外的稳定验算

所计算构件段为 AB 段(或 BC 段)。

$$\lambda_y = l_1/i_y = 700/6.79 = 103$$

按 $\lambda_y\sqrt{345/235} = 125$、b 类截面,查得:$\varphi_y = 0.411$

$$\varphi_b = 1.07 - \frac{\lambda_y^2}{44\,000} \cdot \frac{f_y}{235} = 1.07 - \frac{103^2}{44\,000} \times \frac{345}{235} = 0.716$$

$$\eta = 1.0$$

$$\beta_{tx} = 0.65 - 0.35\frac{M_2}{M_1} = 0.65 - 0.35 \times \frac{0}{600} = 0.65$$

$$\frac{N}{\varphi_y A} + \eta\frac{\beta_{tx} M_x}{\varphi_b W_x} = \left[\frac{800 \times 10^3}{0.411 \times 15\,600} + 1 \times \frac{0.65 \times 600 \times 10^6}{0.716 \times 3\,452 \times 10^3}\right]\,\text{N/mm}^2$$

$$= 283\,\text{N/mm}^2 < f = 310\,\text{N/mm}^2$$

由以上计算可知,此压弯构件是由弯矩作用平面外的稳定控制设计的。

⑤ 局部稳定验算

翼缘:

$$b/t = \frac{150-5}{16} = 9.1 < 13\sqrt{235/345} = 10.7$$

腹板:

$$\sigma_{max} = \frac{N}{A} + \frac{M_x y_1}{I_x} = \left(\frac{800 \times 10^3}{15\,600} + \frac{600 \times 10^6 \times 300}{109\,069 \times 10^4}\right)\,\text{N/mm}^2$$

$$= 216.3\,\text{N/mm}^2$$

$$\sigma_{min} = \frac{N}{A} - \frac{M_x y_1}{I_x} = \left(\frac{800 \times 10^3}{15\,600} - \frac{600 \times 10^6 \times 300}{109\,069 \times 10^4}\right)\,\text{N/mm}^2$$

$$= -113.8\,\text{N/mm}^2$$

$$\alpha_0 = \frac{\sigma_{max} - \sigma_{min}}{\sigma_{max}} = \frac{216.3 - (-113.8)}{216.3} = 1.53 < 1.6$$

$$\lambda = \lambda_x = 53$$

$$\frac{h_w}{t_w} = \frac{600}{10} = 60 \leqslant (16\alpha_0 + 0.5\lambda + 25)\sqrt{\frac{235}{f_y}}$$

$$= (16\times1.53+0.5\times53+25)\sqrt{\frac{235}{345}} = 62.7$$

此压弯构件的承载力满足要求。

7.5 本章小结

(1) 受力构件采用型钢、钢板等加工制造而成的结构称为钢结构。其主要特点有:强度高,相对重量轻;塑性、韧性好;材质均匀,比较符合力学计算假定;制作简单、精准度较高、施工速度快;密闭性较好;容易锈蚀;耐热但不耐火;在低温或其他条件下可能发生脆性断裂。

(2) 钢结构的类型:房屋钢结构,大跨空间钢结构,多层、高层、超高层建筑钢结构,高耸钢结构,桥梁钢结构,钢与混凝土组合结构,海上采油平台、井架、栈桥和管道支架,可拆卸或拆迁的钢结构,板壳钢结构等。

(3) 钢结构的发展过程主要可归纳为:材料的性能和连接形式不断变化和改进,钢产量大幅度提高,钢结构应用领域不断扩大、结构形式推陈出新,钢结构设计规范多次更新等方面。

(4) 钢结构采用以概率理论为基础的极限状态设计方法,以可靠指标度量结构构件的可靠度,采用分项系数的设计表达式进行设计计算。设计应按承载能力极限状态和正常使用极限状态进行设计。

(5) 受弯构件是用以承受横向荷载的构件,也称之为梁,钢梁在工业与民用建筑结构中应用广泛。梁按其弯曲变形情况不同,分为单向弯曲梁和双向弯曲梁(也称斜弯曲梁)。

(6) 梁格是由许多梁排列而成的平面体系。根据梁的排列方式,梁格可分成下列三种典型的形式:简式梁格,普通式梁格,复合梁格。

(7) 钢梁的截面验算包括强度、刚度、整体稳定性和局部稳定性四个方面内容的验算。

① 强度验算包括弯曲正应力、剪应力、局部压应力和折算应力验算,梁的截面通常由抗弯强度(弯曲正应力)和抗剪强度(剪应力)确定。

② 刚度常用变形(即挠度)来衡量,应满足 $w \leq [w]$。

③ 整体稳定按公式 $\dfrac{M_{max}}{\varphi_b W_x} \leq f$ 验算。

④ 翼缘的局部稳定由限制其受压翼缘外伸部分的宽厚比不超过规定限值来满足要求。

(8) 轴心受力构件包括轴心受拉构件和轴心受压构件,其常用截面形式有实腹式和格构式两大类。

(9) 轴心受拉构件的计算包括强度和刚度两方面的内容。

① 轴心受拉构件的强度除摩擦型高强螺栓连接处外按公式 $\sigma = \dfrac{N}{A_n} \leq f$ 计算。摩擦型高

强螺栓连接处的强度应按公式 $\sigma = \left(1-0.5\dfrac{n_1}{n}\right)\dfrac{N}{A_n} \leq f$ 和 $\sigma = \dfrac{N}{A} \leq f$ 计算。

② 轴心受拉构件的刚度通常用长细比来衡量，设计时应使构件最大长细比不超过规定的容许长细比，即 $\lambda \leq [\lambda]$。

（10）实腹式轴心受压构件的计算包括强度、刚度、整体稳定和局部稳定四个方面的内容。

① 强度、刚度计算公式可参照轴心受拉构件。

② 轴心受压构件的整体稳定按公式 $\dfrac{N}{\varphi A} \leq f$ 计算。

③ 对实腹式组合截面的轴心受压构件的局部稳定采取限制板件宽（高）厚比的办法来保证。对于工程中常用的工字形组合截面轴心受压构件，翼缘板和腹板的局部稳定计算按公式 $\dfrac{b}{t} \leq (10+0.1\lambda)\sqrt{\dfrac{235}{f_y}}$ 和公式 $\dfrac{h_0}{t_w} \leq (25+0.5\lambda)\sqrt{\dfrac{235}{f_y}}$ 计算。

（11）拉弯构件指同时承受轴向拉力和弯矩的构件。拉弯构件通常只需进行强度和刚度计算，但当拉力较小而弯矩很大时应按受弯构件的要求对拉弯构件进行整体稳定性和局部稳定性计算。

（12）压弯构件指同时承受轴向压力和弯矩的构件。压弯构件需要进行强度、刚度、整体稳定和局部稳定计算。

思考题

7-1 钢结构的主要特点有哪些？

7-2 钢结构可分为哪几种类型？

7-3 钢结构的发展过程主要可归纳为几步？并详细说明。

7-4 梁按其弯曲变形情况不同，可分为哪些类型？根据梁的排列方式，梁格可分成哪三种典型的形式？

7-5 梁的截面验算包括哪些方面的内容？

7-6 轴心受力构件包括哪两种？其常用截面形式有哪两大类？

7-7 轴心受拉构件的计算包括哪些方面的内容？

7-8 实腹式轴心受压构件的计算包括哪些方面的内容？

7-9 说明拉弯构件和压弯构件的概念。其计算通常包括哪些方面的内容？

习题

选择题

7-10 钢结构的主要缺点之一是（　　）。

A. 脆性大　　　　　　B. 不耐热　　　　　　C. 不耐火、易腐蚀　　　　D. 价格高

7-11　下面关于钢结构的主要优点哪个是错误的？（　　）
A. 轻质高强　　　　　　　　　　　　B. 耐热、耐火
C. 施工方便,施工周期短　　　　　　D. 塑性、韧性好

7-12　大跨度结构应优先选用钢结构,其主要原因为(　　)。
A. 钢材的轻质高强,即钢材的质量与强度之比小于混凝土等其他材料
B. 钢结构具有良好的装配性
C. 钢结构施工方便,施工周期短
D. 钢材接近各向均质体,力学计算结果与实际结果最符合

7-13　钢结构对钢材的要求为强度高,塑性、韧性好,良好的加工性能。因此钢结构设计规范推荐采用(　　)种钢。
A. Q235,16Mn,20Mnsi　　　　　　　B. 20Mnbb,15MnV,25Mnsi
C. 40St$_2$MnV,16Mn,15 MnV　　　　D. Q235,16Mn,16Mnq,15MnV,15MnVq

7-14　下列哪项含量增高,则钢材强度提高,但钢材的塑性、韧性、冷弯性能、可焊性抗锈性降低？(　　)
A. 硫　　　　　　　　B. 磷　　　　　　　　C. 碳　　　　　　　　D. 硅

7-15　在钢材的化学组成中,下列(　　)元素使钢材热脆。
A. S、P、O、N　　　B. S、O　　　　　　C. S、P　　　　　　D. N、P

7-16　建筑钢结构用钢材,按含碳量分应属于(　　)。
A. 各种含碳量的钢材　　　　　　　　B. 低碳钢
C. 高碳钢　　　　　　　　　　　　　D. 中碳钢

7-17　起重量50 t的中级工作制处于-18℃地区的露天料场的钢吊车梁,宜采用下列(　　)种钢。
A. Q235-A　　　　　　　　　　　　B. Q235B·F
C. Q235-C　　　　　　　　　　　　D. Q235-D

7-18　有四种厚度不同的Q345钢钢板,其中(　　)种厚度的钢板强度设计值最低。
A. 12 mm　　　　　　B. 45 mm　　　　　　C. 26 mm　　　　　　D. 30 mm

7-19　承重结构用钢材应保证的基本力学内容为(　　)。
A. 抗拉强度、伸长率、冷弯性能
B. 抗拉强度、屈服强度、伸长率、冷弯性能
C. 屈服强度、伸长率、冷弯性能
D. 屈服强度、伸长率、冷弯性能、冲击韧性试验

7-20　钢结构选材时,两项保证是指(　　)。
A. 抗拉强度,拉伸率(伸长率)　　　　B. 伸长率、屈服点
C. 屈服点、冷弯性能　　　　　　　　D. 常温冲击韧性、负温冲击韧性

7-21　工字钢I 20数字表示(　　)。
A. 工字钢截面高度20 mm　　　　　　B. 工字钢截面高度200 mm
C. 工字钢截面宽度200 mm　　　　　　D. 工字钢截面宽度20 mm

7-22　钢材Q235、Q345、Q390是根据材料的(　　)命名。
A. 屈服点　　　　　B. 设计强度　　　　C. 标准强度　　　　D. 极限强度

7-23　在构件发生断裂破坏前,有明显预兆的破坏是(　　)的典型破坏特征。
A. 脆性破坏　　　　B. 塑性破坏　　　　C. 强度破坏　　　　D. 失稳破坏

7-24 钢结构的表面长期受辐射热达( )时,应采取有效的隔热措施。
A. 100℃以上　　　　　B. 150℃以上　　　　　C. 200℃以上　　　　　D. 6℃以上

7-25 型钢中的H型钢和工字钢相比( )。
A. 两者所用的钢材不同　　　　　　　　B. 前者的翼缘相对较宽
C. 前者的强度相对较高　　　　　　　　D. 两者的翼缘都较大

7-26 下列因素中的( )与钢构件发生脆性破坏无直接关系。
A. 钢材屈服点的大小　　　　　　　　　B. 负温度
C. 应力集中　　　　　　　　　　　　　D. 钢材的含碳量

7-27 钢材的力学性能指标,最基本、最主要的是( )时的力学性能指标。
A. 承受剪切　　　　　　　　　　　　　B. 承受弯曲
C. 单向拉伸　　　　　　　　　　　　　D. 三向和双向受力

7-28 钢梁的最小高度是由( )控制。
A. 强度　　　　　　B. 刚度　　　　　　C. 建筑要求　　　　　　D. 整体稳定

7-29 为了提高梁的整体稳定性,( )是最经济有效的办法。
A. 增大截面
B. 增加侧向支撑点
C. 设置横向加劲肋
D. 改变荷载的作用位置

7-30 梁的支承加劲肋应设置在( )。
A. 剪应力最大的区段
B. 弯曲应力最大的区段
C. 上翼缘或下翼缘有固定集中荷载的作用部位
D. 吊车轮压所产生的局部压应力较大处

7-31 梁截面的高度确定应考虑三种参考高度:(1)由( )确定的最大高度;(2)由( )确定的最小高度;(3)由经济条件确定的经济高度。
A. 建筑高度　　刚度　　　　　　　　　B. 刚度　　建筑高度
C. 强度　　　　刚度　　　　　　　　　D. 稳定　　刚度

7-32 对长细比很大的轴压构件,提高其整体稳定性最有效的措施是( )。
A. 提高钢材的强度　　　　　　　　　　B. 增大支座约束
C. 增大回转半径　　　　　　　　　　　D. 增大截面面积

计算题

7-33 某屋架下弦轴心受拉杆采用双角钢 2L100×80×8,长肢相并组成的T形截面,两角钢间的填板厚度为 6 m;轴心受拉杆两端为铰接,轴心受压构件长度 10 m;钢材为 Q235B 钢;承受轴心拉力设计值为 580 kN。试验算此轴心受拉杆是否安全。

7-34 如图所示,已知某轴心受压构件采用焊接工字形截面:翼缘板为 2-12×250,腹板为 1-10×300;计算长度 $L_{0x} = 3.0$ m,$L_{0y} = 1.5$ m,钢材采用 Q345。验算此柱的局部稳定是否满足《钢结构设计规范》的要求。

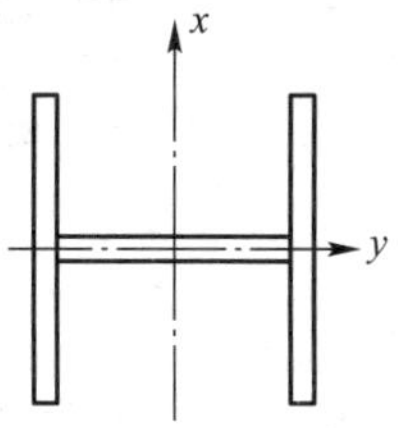

习题 7-34 图　某焊接工字形截面

7-35 如图所示简单支撑梁。均布活荷载设计值 45 kN/m,荷载分项系数为 1.4。采用 Q235 钢,不考虑塑性发展,密铺板与梁上翼缘牢固连接。验算梁的弯曲正应力强度和梁的刚度;判断是否需要梁的整体稳定验算。

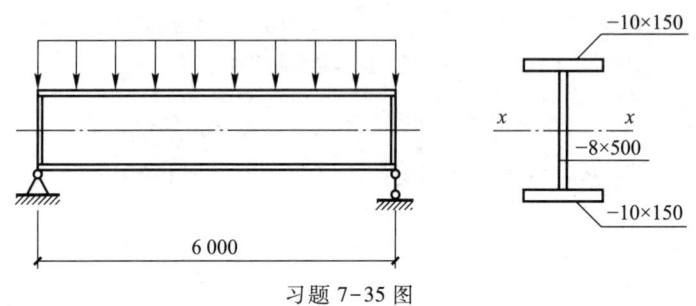

习题 7-35 图

7-36 如图所示为一工字形简支梁。承受次梁传来的集中荷载 $P = 250$ kN(设计值),不考虑主梁自重。荷载作用点设置横向加劲肋,次梁作为主梁的侧向支承。钢材采用 Q235F 钢。验算腹板的局部稳定,计算横向加劲肋的间距。

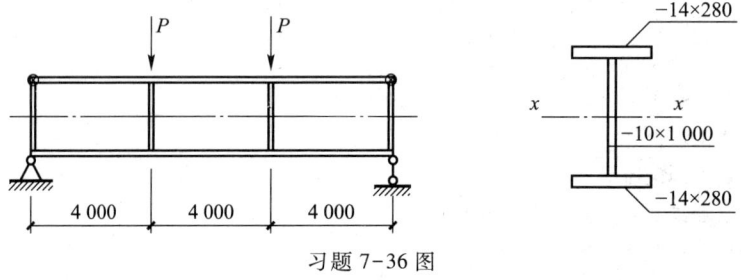

习题 7-36 图

7-37 有一两端铰接长度为 4 m 的偏心受压柱,截面为 HN400×200×8×13,材料为 Q235 钢,压力设计值 500 kN,两端偏心距相同,为 20 cm。试验其承载力。

7-38 如图所示为一两端铰接焊接工字形截面压弯构件,材料为 Q235 钢,承受轴心压力设计值 $N = 800$ kN,已知截面 $I_x = 32\,997$ cm^4,$A = 84.8$ cm^2,b 类截面。试由弯矩作用平面内的稳定性确定该杆能承受多大的弯矩 M?

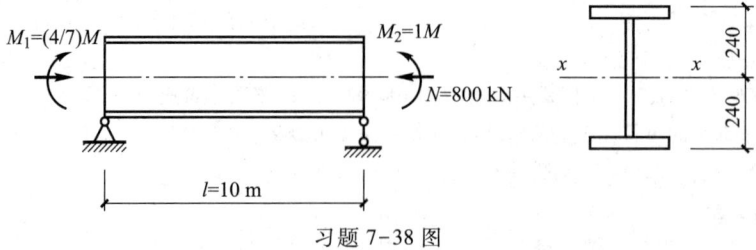

习题 7-38 图

7-39 如图所示为 Q235 钢焰切边工字形截面柱,两端铰接,截面无削弱,承受轴心压力设计值 $N = 900$ kN,跨中集中力设计值 $F = 100$ kN。(1) 验算平面内稳定性;(2) 根据平面外稳定性不低于平面内稳定性的原则确定此柱需要设置几道侧向支撑。

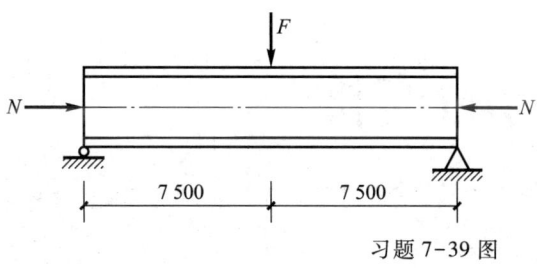 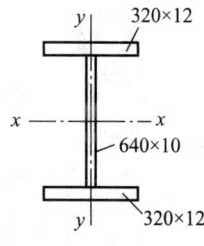

习题 7-39 图

8 钢结构的连接

8-1:PPT
钢结构的连接方法

8.1 钢结构的连接方法

钢结构的连接方法主要有焊接连接、铆钉连接和螺栓连接等形式,如图 8-1-1 所示。

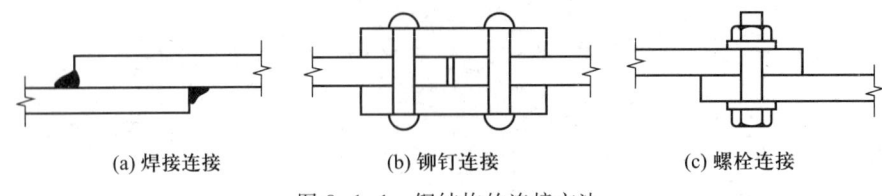

(a) 焊接连接　　　　(b) 铆钉连接　　　　(c) 螺栓连接

图 8-1-1　钢结构的连接方法

8.1.1 焊接连接

近年来,钢结构在工业建筑和民用建筑等领域均得到持续发展,全钢结构、劲性混凝土结构(也称为钢骨混凝土)和钢管混凝土建筑结构均得以成功应用。钢结构较多使用大断面热轧型钢或厚钢板、超厚钢板焊接组合型钢制造安装,存在大量复杂焊接节点,焊接技术为其制作和安装发挥了重要作用。由于钢板厚度大、型材断面大、材料碳当量高、强度高,节点形状复杂,焊接拘束度大,应力高,目前已发展出了大量的焊接工艺,但现场施工难度大。

金属材料焊接方法主要有熔焊、压焊和钎焊。熔焊是以高温集中热源加热待连接金属,使之局部熔化、冷却后形成牢固连接的过程,是目前建筑钢结构制造和安装主要采用的方法。根据加热能源的不同,熔焊可分为:电弧焊、电渣焊、气焊、等离子焊、电子束焊、激光焊等。根据焊接过程的自动进行程度不同,熔焊还可分为:手工焊和半自动焊、自动焊。钢结构制作和安装中广泛使用电弧焊。手工电弧焊是依靠人工移动焊条实现电弧前移完成连续的焊接,焊接的必需条件为焊条、焊接电源及其附件如电缆、电焊钳等。

焊条型号根据熔敷金属的力学性能、药皮类型、焊接部位和使用电流种类进行划分,其表示方法通常为字母 E 后连续排列四个数字。E 表示焊条,第一、二位表示熔敷金属抗拉强度最小值,第三位表示焊条适用的焊接位置,第四位与前位数字组合表示焊接电流种类及药皮类型。另外,有些特殊焊条在后面附加后缀字母表示特殊成分或性能规定。

焊条型号选用时应综合考虑以下因素:

① 焊条或焊丝的型号和性能应与相应母材的性能相适应,其熔敷金属的力学性能不应低于相应母材标准的下限值;

② 对直接承受动力荷载或需要验算疲劳的结构,以及低温环境下工作的厚板结构,宜采用低氢型焊条,以提高接头抗冷裂性能;

③ 如接头由不同强度的钢材组成,则按强度较低的钢材选用焊条;

④ 大型结构,可选用熔敷速度较高的铁粉焊条。

8.1.2 铆钉连接

铆钉连接是将一端带有预制钉头的铆钉,插入被连接构件的钉孔中,利用铆钉或压铆机将另一端压成封闭钉头而成。铆钉连接因费钢费工,劳动条件差,成本高,现已很少采用。但因铆钉连接的塑性和韧性好,传力可靠,质量易于检查,所以在某些重型和经常受动力荷载作用的结构中,有时仍采用铆钉连接。

8.1.3 螺栓连接

螺栓作为钢结构主要连接紧固件,通常用于钢结构中构件间的连接、固定、定位等。螺栓连接可分为普通螺栓连接和高强度螺栓连接。普通螺栓连接即将普通螺栓、螺母、垫圈机械地和连接件连接在一起形成的一种连接形式,荷载通过螺栓杆受剪、连接板孔壁承压来传递。高强度螺栓按极限状态设计准则可分为摩擦型、摩擦-承压型、承压型和张拉型等几种类型,其中摩擦型连接是目前使用较广泛的连接形式。摩擦型连接接头处用高强度螺栓紧固,使连接板夹紧,利用由此产生于连接板层之间摩擦面的摩擦力来传递荷载(图8-1-2)。

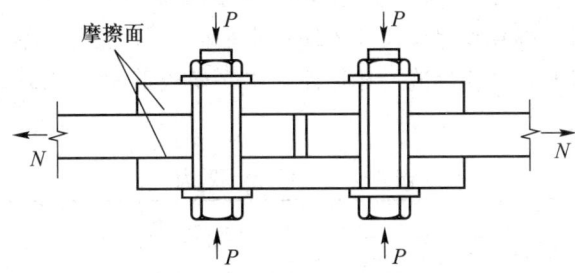

图 8-1-2 高强度螺栓连接

螺栓按照性能等级分 3.6、4.6、4.8、5.6、5.8、6.8、8.8、9.8、10.9、12.9 十个等级,其中 8.8 级以上螺栓材质为低碳合金钢或中碳钢并经热处理,通称为高强度螺栓,8.8 级以下(不含 8.8 级)通称普通螺栓。

螺栓性能等级标号由两部分数字组成,分别表示螺栓的公称抗拉强度和材质的屈强比。例如性能等级9.8级的螺栓含义为:9 表示螺栓材质公称抗拉强度(N/mm^2)的1/100,8 表示屈强比的10倍。

普通螺栓按照制作精度分为 A、B、C 三级，其中 A、B 级为精制螺栓，C 级为粗制螺栓。钢结构用螺栓除特殊注明外，一般采用普通粗制 C 级螺栓。高强度螺栓从外形上可分为大六角头和扭剪型两种。

8.2 焊接连接的构造和计算

8-2：PPT
钢结构
焊接方法
与形式

8.2.1 连接形式和焊缝形式

连接形式有对接、搭接和 T 形连接三种基本形式。

焊缝形式有对接焊缝和角焊缝两种。对接焊缝指焊缝金属填充在由被连接板件构成的坡口内，成为被连接板件截面的组成部分。角焊缝指焊缝金属填充在由被连接板件构成的直角或斜角区域内。板件构成为直角时称为直角角焊缝；为锐角或钝角时称为斜角角焊缝。直角角焊缝最常用。

由对接焊缝构成的对接，构件位于同一平面，截面无显著变化，传力直接，应力集中小，钢板和焊条用量省。但要求构件平直，板较厚时(≥10 mm)还要对板的焊接边缘进行坡口加工，故较费工。角焊缝连接，由于板件相叠，截面突变，应力集中较大且较费料，但施工简便，因而应用较普遍。T 形连接板件相互垂直，一般采用角焊缝，直接承受动力荷载时应采用对接焊缝。

8.2.2 焊缝代号

钢结构图纸中用焊缝代号标注焊缝形式、尺寸和辅助要求。焊缝代号由引出线、图形符号和辅助符号三部分组成。图形符号表示焊缝剖面的基本形式。当引出线的箭头指向焊缝所在的一面时，应将图形符号和焊缝尺寸等注在水平横线的上面；当箭头指向对应焊缝所在的另一面时，则应将图形符号和焊缝尺寸标注在水平横线下面。表 8-2-1 给出了几个常用的焊缝代号标注方法。

表 8-2-1 焊 缝 代 号

	角焊缝				对接焊缝	塞焊缝	三面围焊
	单面焊缝	双面焊缝	安装焊缝	相同焊缝			
形式							
标注方法							

8.2.3 对接焊缝的构造和计算

（1）对接焊缝的构造

① 对接焊缝的坡口形式，应根据板厚和施工条件按现行标准《气焊、焊条电弧焊、气体保护焊和高能束焊的推荐坡口》和《埋弧焊的推荐坡口》的要求选用。

② 在对接焊缝的拼接处：当焊件的宽度不同或厚度相差 4 mm 以上时，应分别在宽度方向或厚度方向从一侧或两侧做成坡度不大于 1/4 的斜角（图 8-2-1）。

③ 对接焊缝的起点和终点，常因不能熔透而出现凹形焊口，为避免其受力而出现裂纹及应力集中，对于重要的连接，焊接时应采用引弧板，将焊缝两端引至引弧板上，然后再将多余的部分割除。

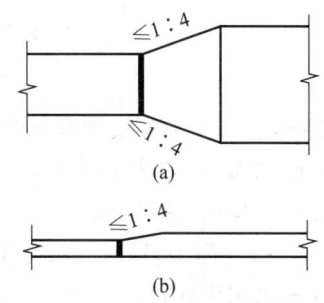

图 8-2-1 对接焊缝的拼接处构造要求

（2）对接焊缝的计算

① 对接焊缝的强度

《钢结构工程施工及验收规范》对焊缝的质量检验标准分成三级：一、二级要求焊缝不但要通过外观检查，同时要通过 X 光或 γ 射线的一、二级检验标准；三级则只要求通过外观检查。能通过一、二级检验标准的焊缝，其质量为一、二级，焊缝的抗拉强度设计值与焊件的抗拉强度设计值相同；未通过一、二级检验标准或只通过外观检查的对接焊缝，其质量均属于三级，焊缝的抗拉强度设计值为焊件强度设计值的 0.85 倍。当对接焊缝承受压力或剪力时，焊缝中的缺陷对强度无明显影响。因此，对接焊缝的抗压和抗剪强度设计值均与焊件的抗压和抗剪强度设计值相同。

② 对接焊缝的计算

对接焊缝截面上的应力分布与焊件截面上的应力分布相同，按力学中计算杆件截面应力的方法计算焊缝截面的应力，并保证不超过焊缝的强度设计值。

对接焊缝在轴向力（拉力或压力）作用下（图 8-2-2a），假设焊缝截面上的应力是均匀分布的，按式（8-2-1）计算：

$$\sigma = \frac{N}{l_w t} \leq f_t^w 或 f_c^w \tag{8-2-1}$$

式中 N——轴心拉力或压力设计值；

l_w——焊件计算长度，取等于焊件宽度，当未采用引弧板时取焊件宽度减去 10 mm；

t——对接接头中较薄焊件厚度（T 形接头中为腹板厚度）；

f_t^w、f_c^w——分别为对接焊缝的抗拉、抗压强度设计值。

当承受轴心力的焊件用斜对接焊缝时（图 8-2-2b），若焊缝与作用力间的夹角符合 $\tan\theta \leq 1.5$ 时，其强度可不计算。

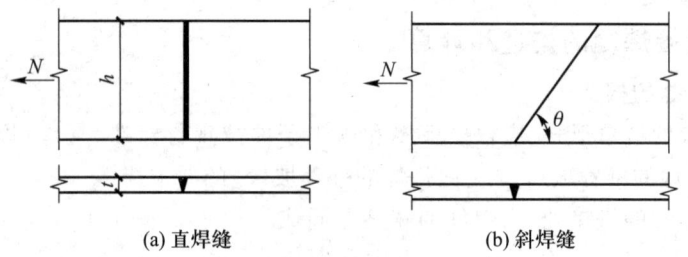

(a) 直焊缝　　　　　　　(b) 斜焊缝

图 8-2-2　对接焊缝的计算

例 8-1　一钢板对接焊缝连接,钢板宽 $b=400$ mm,厚 $t=16$ mm,受轴心拉力(图 8-2-3)。轴心拉力设计值 1 500 kN。计算此对接焊缝。

已知:钢材为 Q235,手工焊,E43 型焊条,三级检验标准,施焊时采用引弧板。

解:由附录查得三级对接焊缝抗拉强度设计值 $f_t^w = 185$ N/mm²。

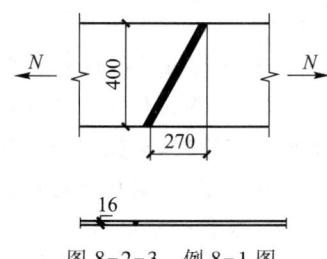

图 8-2-3　例 8-1 图

① 直对接焊缝

有引弧板,取焊缝计算长度 $l_w = 400$ mm。焊缝正应力为

$$\sigma = \frac{N}{l_w t} = \frac{1\,500 \times 10^3}{400 \times 16} \text{ N/mm}^2 = 234.4 \text{ N/mm}^2 > f_t^w = 185 \text{ N/mm}^2$$

直对接焊缝强度不满足要求,改用斜对接焊缝。

② 斜对接焊缝

取板对接边的截割斜度为 1.5:1,则

$$\sin\theta = \frac{1.5}{\sqrt{1^2+1.5^2}} = 0.832\,1, \quad \cos\theta = \frac{1.0}{\sqrt{1^2+1.5^2}} = 0.554\,7$$

斜焊缝长度为 $l_w' = \dfrac{a}{\sin\theta}$,斜焊缝的法向分力为 $N' = N\sin\theta$。所以斜焊缝上的正应力为

$$\sigma = \frac{N\sin\theta}{(l_w/\sin\theta) \cdot t} = \frac{N\sin^2\theta}{l_w \cdot t} = \frac{1\,500\times10^3 \times 0.832\,1^2}{400 \times 16} \text{ N/mm}^2$$

$$= 162.3 \text{ N/mm}^2 < f_t^w = 185 \text{ N/mm}^2$$

满足要求。

斜焊缝的切向分力为 $N'' = N\cos\theta$。所以斜焊缝上的剪应力为

$$\tau = \frac{N\cos\theta}{(l_w/\sin\theta) \cdot t} = \frac{N\cos\theta\sin\theta}{l_w \cdot t}$$

$$= \frac{1\,500\times10^3 \times 0.554\,7 \times 0.832\,1}{400 \times 16} \text{ N/mm}^2$$

$$= 108.2 \text{ N/mm}^2 < f_v^w = 120 \text{ N/mm}^2$$

满足要求。

按照 $\tan\theta \leqslant 1.5$ 原则布置斜焊缝(图 8-2-2b),强度能满足要求,不必计算。

8.2.4 直角角焊缝的构造和计算

(1) 角焊缝的构造

直角角焊缝是钢结构中最常用的角焊缝。这里主要讲述直角角焊缝的构造和计算。

① 焊脚尺寸

直角角焊缝中最常用的是普通式(图 8-2-4a),其他如平坡凸型(图 8-2-4b)、凹面形(图 8-2-4c)主要是为了改变受力状态,减小应力集中,一般多用于直接承受动力荷载的结构构件的连接中。角焊缝的焊脚尺寸是指角焊缝较小的直角边长度,用 h_f 表示(图 8-2-4),与 h_f 成45°的焊缝长度称为角焊缝的有效高度,亦即角焊缝的计算高度,用 h_e 表示,$h_e = \cos 45° \times h_f \approx 0.7 h_f$。

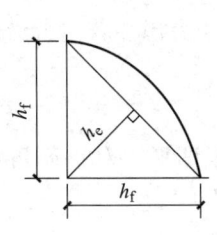
(a)
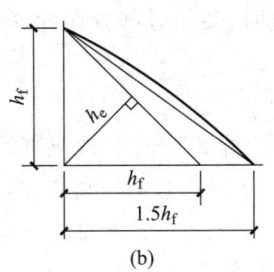
(b)
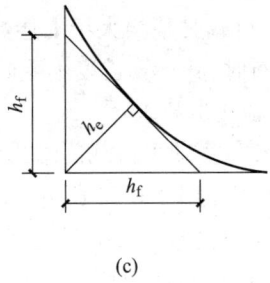
(c)

图 8-2-4 直角角焊缝截面

角焊缝最小焊脚尺寸 h_f 取 $1.5\sqrt{t}$(t 为较厚焊件的厚度,单位 mm)。但对于自动焊,最小焊脚尺寸可减小 1 mm;对 T 形连接的单面角焊缝应增加 1 mm。当焊件厚度等于或小于 4 mm 时,最小焊脚尺寸应与焊件厚度相同。

角焊缝的最大焊脚尺寸 h_f 不宜大于较薄焊件厚度的 1.2 倍(钢管结构除外),但板件(厚度为 t)边缘的角焊缝最大焊脚尺寸应符合以下要求:当 $t \leqslant 6$ mm 时,$h_f \leqslant t$;当 $t > 6$ mm 时,$h_f \leqslant t - (1 \sim 2 \text{ mm})$。

圆孔或槽孔内的角焊缝焊脚尺寸尚不宜大于圆孔直径或槽孔短径的 1/3。

角焊缝的两焊脚尺寸一般为相等。当焊件的厚度相差较大,且等焊脚尺寸不能符合上述要求时,与较薄焊件接触的焊脚边应符合第二项的要求;与较厚焊件接触的焊脚边应符合第一项的要求。

② 角焊缝计算长度

角焊缝计算长度 l_0 取其实际长度减去引弧(5 mm)和灭弧(5 mm)的影响。

角焊缝按外力作用方向分为平行于外力作用方向的侧面角焊缝和垂直于外力作用方向的正面角焊缝或称端焊缝(图 8-2-5)。

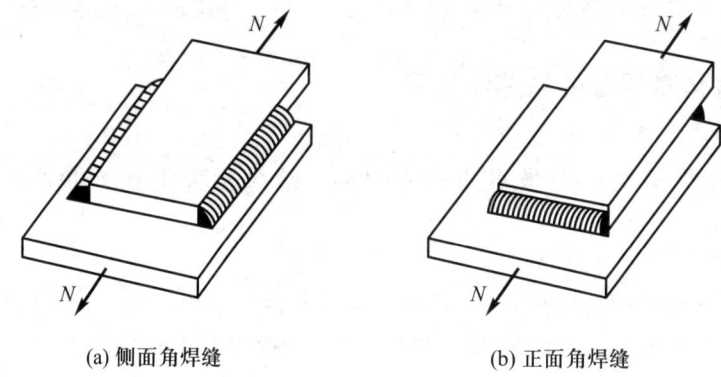

(a) 侧面角焊缝　　　　　　(b) 正面角焊缝

图 8-2-5　角焊缝的类型

侧面角焊缝或正面角焊缝的计算长度不得小于 $8h_f$ 和 40 mm。

侧面角焊缝的计算长度不宜大于 $60h_f$（承受静力荷载或间接承受动力荷载时）或 $40h_f$（承受动力荷载时）；当大于上述数值时，其超过部分在计算中不予考虑。若内力沿侧面角焊缝全长分布时，其计算长度不受此限制。

③ 其他构造要求

在直接承受动力荷载的结构中，角焊缝表面应做成直线形或凹形。对正面角焊缝焊脚尺寸的比例宜为 1∶1.5（长边顺内力方向），对侧面角焊缝可为 1∶1。

当板件的端部仅采用两侧面角焊缝时，每条侧面角焊缝长度不宜小于侧面角焊缝之间的距离；同时两侧面角焊缝之间的距离不宜大于 16 t（当 t>12 mm）或 190 mm（当 t≤12 mm），t 为较薄焊件厚度。

在次要构件或次要焊缝连接中，可采用断续角焊缝。断续角焊缝之间的净距不应大于 15 t（对受压构件）或 30 t（对受拉构件），t 为较薄焊件的厚度。

在搭接连接中，搭接长度不得小于焊件较小厚度的 5 倍，并不得小于 25 mm。

杆件与节点板的连接焊缝一般宜采用两面侧焊（图 8-2-6a），也可采用三面围焊（图 8-2-6b）；对角钢杆件还可采用 L 形围焊（图 8-2-6c）。所有围焊的转角处必须连续施焊。

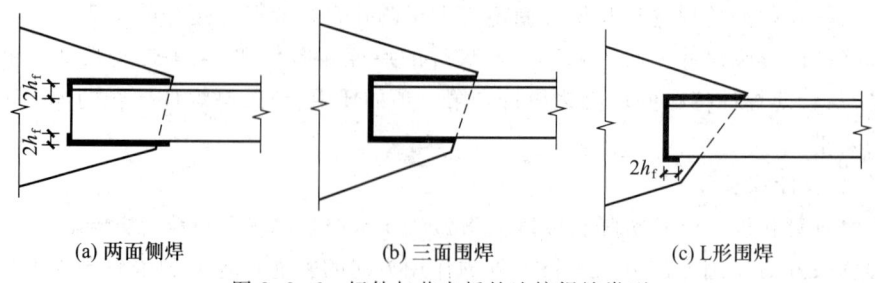

(a) 两面侧焊　　　　　(b) 三面围焊　　　　　(c) L形围焊

图 8-2-6　杆件与节点板的连接焊缝类型

当角焊缝的端部在杆件转角处作长度为 $2h_f$ 的绕角焊时,转角处必须连续施焊(图 8-2-6 a,c)。

(2) 角焊缝的计算

直角角焊缝的强度应按下列公式计算。

在通过焊缝形心的拉力、压力或剪力作用下:

当力垂直于焊缝长度方向时,

$$\sigma_f = \frac{N}{h_e l_w} \leqslant \beta_f f_f^w \tag{8-2-2}$$

当力平行于焊缝长度方向时,

$$\tau_f = \frac{N}{h_e l_w} \leqslant f_f^w \tag{8-2-3}$$

在其他力或各种力综合作用下,σ_f 和 τ_f 共同作用处:

$$\sqrt{\left(\frac{\sigma_f}{\beta_f}\right)^2 + \tau_f^2} \leqslant f_f^w \tag{8-2-4}$$

式中 σ_f——按焊缝有效截面($h_e l_w$)计算;

τ_f——按焊缝有效截面计算,沿焊缝长度方向的剪应力;

h_e——角焊缝的有效厚度,对直角角焊缝等于 $0.7h_f$,h_f 为较小焊脚尺寸;

l_w——角焊缝的计算长度,对每条焊缝取其实际长度减去 10 mm;

f_f^w——角焊缝的强度设计值,见附表。

β_f——正面角焊缝的强度设计值增大系数:对承受静力荷载和间接承受动力荷载的结构,$\beta_f = 1.22$;对直接承受动力荷载的结构,$\beta_f = 1.0$。

例 8-2 如图 8-2-7 所示。采用拼接盖板的对接连接,被连接钢板厚 $t_1 = 20$ mm,拼接盖板厚 $t_2 = 14$ mm,如果该盖板承受静态轴心力,问所承受的轴心力为多少。钢材为 Q235,手工焊,焊条为 E43 型。

解:① 确定焊脚尺寸 h_f

拼接盖板边缘为形成角焊缝的侧边。拼接盖板厚度 14 mm>6 mm,所以最大焊脚尺寸为:

$$h_{fmax} = t_2 - (1 \sim 2) \text{ mm} = (14-2) \text{ mm} = 12 \text{ mm}$$

因 $t_1 = 20$ mm>$t_2 = 14$ mm,所以最小焊脚尺寸为:

$$h_{fmin} = 1.5\sqrt{t_1} = 1.5 \times \sqrt{20} \text{ mm} = 6.7 \text{ mm}$$

综合最大及最小焊脚尺寸,取焊脚尺寸 $h_f = 10$ mm。

② 采用两侧面角焊缝连接的承载力

如图 8-2-7a 所示设置两侧面角焊缝,查附录得角焊缝强度设计值:$f_f^w = 160$ N/mm^2,

由 $\dfrac{N}{0.7 \sum h_f l_w} \leqslant f_f^w$,得:

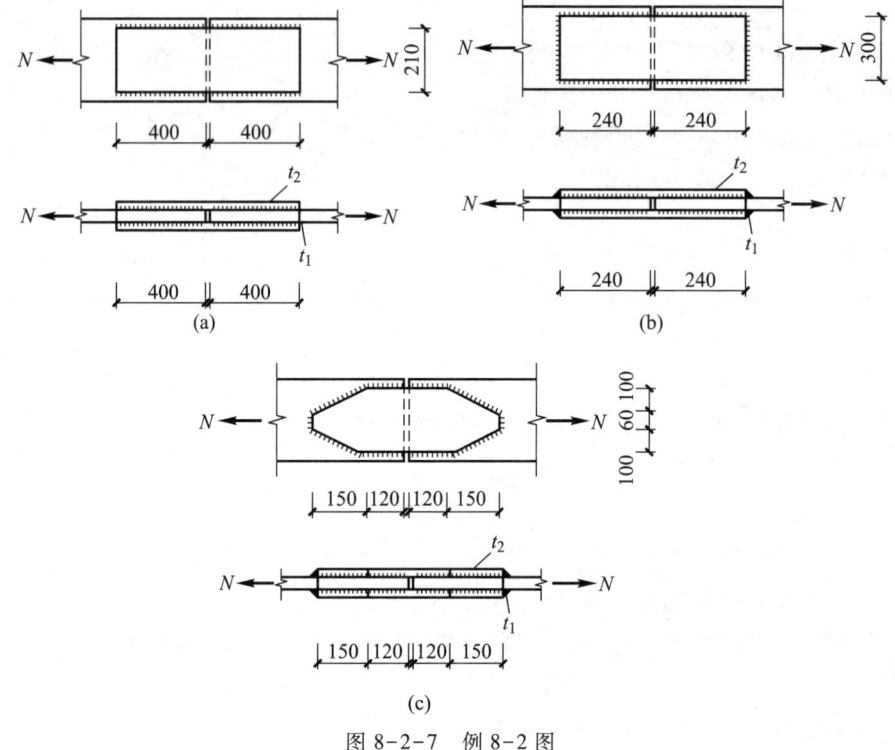

图 8-2-7 例 8-2 图

$$N = (0.7\sum h_f l_w)f_f^w = (0.7\times10\times(400-20)\times4\times160)\text{ N}$$
$$= 1\,702.4\text{ kN}$$

③ 采用三面围焊角焊缝的承载力

如图 8-2-7b 所示设置三面围焊角焊缝,拼接盖板宽为 300 mm,则正面角焊缝长为 300 mm。

由 $\dfrac{N_1}{0.7\sum h_f l_w}\leq\beta_f f_f^w$,得正面角焊缝的承载力 N_1 为

$$N_1 = (0.7\sum h_f l_w)\beta_f f_f^w = (0.7\times10\times300\times2\times1.22\times160)\text{ N}$$
$$= 819.84\text{ kN}$$

侧面角焊缝的承载力 N_2 为

$$N_2 = (0.7\sum h_f l_w)f_f^w = (0.7\times10\times(240-10)\times4\times160)\text{ N}$$
$$= 1\,030.4\text{ kN}$$

所以三面围焊角焊缝的承载力为

$$N = N_1+N_2 = 1\,850.24\text{ kN}$$

④ 采用菱形拼接盖板角焊缝连接的承载力

如图 8-2-7c 所示设置菱形拼接盖板角焊缝,得正面角焊缝的承载力 N_1 为

$$N_1 = (0.7 \sum h_f l_w)\beta_f f_f^w = (0.7\times10\times60\times2\times1.22\times160)\text{ N}$$
$$= 163.97 \text{ kN}$$

侧面角焊缝的承载力 N_2 为
$$N_2 = (0.7 \sum h_f l_w)f_f^w = (0.7\times10\times(120-10)\times4\times160)\text{ N}$$
$$= 492.80 \text{ kN}$$

斜向角焊缝的承载力 N_3 为

设斜焊缝与轴心力的夹角为 θ,则有
$$\sin\theta = \frac{100}{\sqrt{100^2+150^2}} = 0.5547$$

则 $\beta_{f\theta} = \dfrac{1}{\sqrt{1-\dfrac{1}{3}\sin^2\theta}} = 1.0556$,有

$$N_3 = (0.7 \sum h_f l_w)\beta_{f\theta}f_f^w$$
$$= (0.7\times10\times\sqrt{100^2+150^2}\times4\times1.06\times160)\text{ N}$$
$$= 856.10 \text{ kN}$$

则采用菱形盖板拼接时焊缝的承载力为
$$N = N_1+N_2+N_3 = (163.97+492.80+856.10)\text{ kN}$$
$$= 1512.87 \text{ kN}$$

8.3 螺栓连接构造和计算

8.3.1 螺栓连接的构造

每一杆件在节点上以及拼接接头的一端,永久性的螺栓数量不宜少于两个。对组合构件的缀条,其端部连接可采用一个螺栓。

高强度螺栓孔应采用钻成孔。摩擦型高强度螺栓的孔径比螺栓公称直径大 1.5~2.0 mm;承压型高强度螺栓的孔径比螺栓公称直径大 1.0~1.5 mm。

在高强度螺栓连接范围内,构件接触面的处理方法应在施工图中说明。

螺栓的距离应符合表 8-3-1 的要求。

C 级螺栓宜用于沿其杆轴方向受拉的连接,在下列情况下可用于受剪连接:
① 承受静力荷载或间接承受动力荷载结构中的次要连接。
② 不承受动力荷载的可拆卸结构的连接。
③ 临时固定构件用的安装连接。

对直接承受动力荷载的普通螺栓连接应采用双螺帽或其他能防止螺帽松动的有效措施。

8-5:PPT 钢结构螺栓连接的构造

8-6:PPT 钢结构普通螺栓

表 8-3-1 螺栓距离要求

名称	位置和方向			最大容许距离（取两者的较小值）	最小容许距离
中心间距	任意方向	外排		$8d_0$ 或 $12t$	$3d_0$
		中间排	构件受压力	$12d_0$ 或 $18t$	
			构件受拉力	$16d_0$ 或 $24t$	
中心至构件边缘距离	垂直内力方向	顺内力方向		$4d_0$ 或 $8t$	$2d_0$
		切割边			$1.5d_0$
		轧制边	高强度螺栓		
			其他螺栓		$1.2d_0$

注：1. d_0 为螺栓的孔径，t 为外层较薄板件的厚度。
   2. 钢板边缘与刚性构件（如角钢、槽钢等）相连的螺栓的最大间距，可按中间排的数量采用。

当型钢构件的拼接采用高强度螺栓连接时，其拼接件宜采用钢板。

8.3.2 螺栓连接的计算

（1）普通螺栓

① 受剪连接

每个普通螺栓的承载力设计值应取受剪和承压承载力设计值中的较小值：

受剪承载力设计值：

$$N_v^b = n_v \frac{\pi d^2}{4} f_v^b \tag{8-3-1}$$

承压承载力设计值：

$$N_c^b = d \cdot \sum t \cdot f_c^b \tag{8-3-2}$$

式中　n_v——受剪面数目；
　　　d——螺栓杆直径；
　　　$\sum t$——在同一受力方向的承压构件的较小总厚度；
　　　f_v^b——螺栓的抗剪强度设计值；
　　　f_c^b——螺栓的承压强度设计值。

② 受拉连接

每个普通螺栓的承载力设计值应按式（8-3-3）计算。

$$N_t^b = \frac{\pi d_e^2}{4} f_t^b \tag{8-3-3}$$

式中　d_e——普通螺栓在螺纹处的有效直径；
　　　f_t^b——普通螺栓的抗拉强度设计值。

③ 同时承受剪力和杆轴方向拉力的普通螺栓

应按式(8-3-4)、式(8-3-5)计算。

$$\sqrt{\left(\frac{N_v}{N_v^b}\right)^2+\left(\frac{N_t}{N_t^b}\right)^2} \leqslant 1 \quad (8-3-4)$$

$$N_v \leqslant N_c^b \quad (8-3-5)$$

式中 N_v、N_t——每个普通螺栓所承受的剪力和拉力；

N_v^b、N_t^b、N_c^b——每个普通螺栓的受剪、受拉和承压承载力设计值。

（2）高强度螺栓摩擦型连接

① 抗剪连接

每个摩擦型高强度螺栓的承载力设计值按式(8-3-6)计算。

$$N_v^b = 0.9 n_f \mu P \quad (8-3-6)$$

式中 n_f——传力摩擦面数目；

μ——摩擦面的抗滑移系数，按表8-3-2取值；

P——每个高强度螺栓的预拉力，按表8-3-3取值。

表8-3-2 摩擦面的抗滑移系数 μ

在连接处构件接触面的处理方法	构件的钢号		
	Q235钢	Q345钢、Q390钢	Q420钢
喷砂(丸)后无机富锌漆	0.45	0.50	0.50
喷砂(丸)后生赤锈	0.35	0.40	0.40
喷砂(丸)	0.45	0.55	0.55
钢丝刷清除浮锈或未经处理的干净轧制表面	0.30	0.35	0.35

表8-3-3 每个高强度螺栓的预拉力 P

螺栓的性能等级	螺栓公称直径/mm					
	M16	M20	M22	M24	M27	M30
8.8级	80	125	150	175	230	280
10.9级	100	155	190	225	290	355

② 杆轴方向的受拉连接

每个摩擦型高强度螺栓的抗拉承载力设计值取 $N_t^b = 0.8P$。

③ 同时承受摩擦面间的剪切和螺栓杆轴方向的外拉力

当高强度螺栓摩擦型连接同时承受摩擦面间的剪力和螺栓杆轴方向的外拉力时，其承载力应按式(8-3-7)计算：

$$\frac{N_v}{N_v^b} + \frac{N_t}{N_t^b} \leq 1 \tag{8-3-7}$$

式中　N_v、N_t——某个高强度螺栓所承受的剪力和拉力；

　　　N_v^b、N_t^b——一个高强度螺栓的受剪、受拉承载力设计值。

(3)承压型高强度螺栓

承压型高强度螺栓的预拉力 P 和连接处构件接触面的处理方法应与摩擦型高强度螺栓相同。承压型高强度螺栓仅用于承受静力荷载和间接承受动力荷载中的连接。

① 抗剪连接

每个承压型高强度螺栓的承载力设计值的计算方法与普通螺栓相同，但当剪切面在螺纹处时，其受剪承载力设计值应按螺纹处的有效面积进行计算。

② 杆轴方向的受拉连接

每个承压型高强度螺栓的承载力设计值，$N_t^b = 0.8P$。

③ 同时承受剪力和杆轴方向拉力的连接

应按式(8-3-8)、式(8-3-9)计算。

$$\sqrt{\left(\frac{N_v}{N_v^b}\right)^2 + \left(\frac{N_t}{N_t^b}\right)^2} \leq 1 \tag{8-3-8}$$

$$N_v \leq N_c^b/1.2 \tag{8-3-9}$$

式中　N_v、N_t——每个承压型高强度螺栓所承受的剪力和拉力；

　　　N_v^b、N_t^b、N_c^b——每个承压型高强度螺栓的受剪、受拉和承压承载力设计值。

在抗剪连接中以及同时承受剪力和杆轴方向拉力的连接中，承压型高强度螺栓的受剪承载力设计值不得大于按摩擦型连接计算的1.3倍。

(4)其他要求

① 在构件的节点处或拼接接头的一端，当螺栓沿受力方向的连接长度 l_1 大于 $15d_0$（d_0 为孔径）时，应将螺栓的承载力设计值乘以折减系数 $\left(1.1 - \dfrac{l_1}{150d_0}\right)$。当 l_1 大于 $60d_0$ 时，折减系数为 0.7。

② 下列情况的连接中，螺栓的数目应增加。

一个构件借助填板或其他中间板件与另一构件连接的螺栓（摩擦型高强度螺栓除外），应按计算增加 10%；搭接或用拼接板的单面连接，传递轴心力，因偏心引起连接部位发生弯曲，螺栓（摩擦型高强度螺栓除外）数目应按计算增加 10%；在构件的端部连接中，当利用短角钢连接型钢（角钢或槽钢）的外伸肢以缩短连接长度时，在短角钢两肢中的一肢上，所用的螺栓数目应增加 50%。

例 8-3　试设计一 C 级普通螺栓的钢板拼接。钢板截面——18×400，钢材 Q235-A。轴心拉力设计值 $N = 1\,120$ kN。

解：① 确定连接盖板截面

采用双盖板，截面尺寸按 9×400，与被连接钢板截面面积相等，钢材亦为 Q235-A。

② 计算需要的螺栓数目和布置螺栓

试选 M22 螺栓。单个受剪螺栓的抗剪和承压承载力设计值为

$$N_v^b = n_v \frac{\pi d^2}{4} f_v^b = 2 \times \frac{\pi \times 22^2}{4} \times 140 \text{ N} = 106.4 \text{ kN}$$

$$N_c^b = d \sum t f_c^b = 22 \times 18 \times 305 \text{ N} = 120.8 \text{ kN}$$

故取 $N_{min}^b = 106.4$ kN。连接一侧螺栓需要的数目为

$$n = \frac{N}{N_{min}^b} = \frac{1\ 120}{106.4} \text{个} = 10.5 \text{个，取 } n = 12 \text{个。}$$

采用并列布置，如图 8-3-1 所示。连接盖板尺寸为—9×400×530。中距、端距、边距均符合螺栓的容许距离要求。

③ 验算被连接钢板的净截面强度

被连接钢板 I-I 截面受力最大，连接盖板则是 Ⅲ-Ⅲ 截面受力最大。但两者截面面积相等，故可只验算被连接钢板 I-I 的净截面强度。设孔径为 $d_0 = 24$ mm。

$$A_n^I = (b - n_1 d_0) t = (40 - 4 \times 2.4) \times 1.8 \text{ cm}^2 = 54.72 \text{ cm}^2$$

$$\sigma = \frac{N}{A_n^I} = \frac{1\ 120 \times 10^3}{54.72 \times 10^2} \text{ N/mm}^2 = 204.7 \text{ N/mm}^2$$

$$< f = 205 \text{ N/mm}^2 \quad （满足）$$

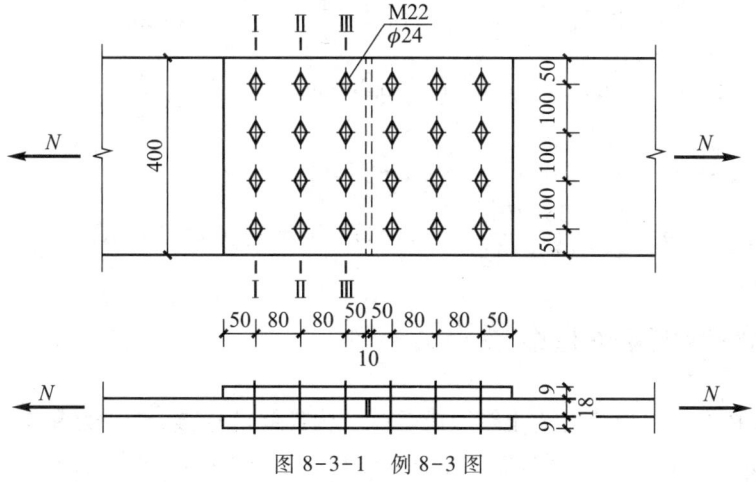

图 8-3-1 例 8-3 图

例 8-4 如图所示为一高强度螺栓群摩擦型连接。钢板尺寸如图所示，钢材为 Q235-A，螺栓为 8.8 级、M20，螺栓孔径 $d_0 = 21.5$ mm。摩擦面为喷砂后生赤锈。连接承受永久荷载标准值 $P_{GK} = 35$ kN，可变荷载标准值 $P_{QK} = 210$ kN。试设计此螺栓连接。

解:① 螺栓数目的计算与布置

由表 8-3-3,查得高强度螺栓预拉力设计值 $P=125$ kN。由表 8-3-2,查得抗滑移系数 $\mu=0.45$。

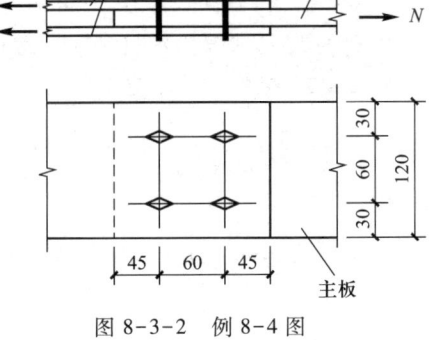

图 8-3-2 例 8-4 图

单个螺栓抗剪承载力设计值为:

$$N_v^b = 0.9 n_f \mu P = 0.9 \times 2 \times 0.45 \times 125 \text{ kN} = 101.3 \text{ kN}$$

连接承受的轴心荷载设计值为

$$N = (1.2 \times 35 + 1.4 \times 210) \text{ kN} = 336 \text{ kN}$$

需要高强螺栓的数目为

$$n = \frac{N}{N_v^b} = \frac{336}{101.3} = 3.32, \text{取 } n=4$$

排列螺栓如图 8-3-2 所示,取边距为 $1.5d_0 \approx 30$ mm,螺栓距 $3d_0 \approx 60$ mm,端距 $2d_0 \approx 45$ mm。

② 连接板件强度验算

因两盖板厚度之和与主板厚度相等,故只需验算主板的强度。

主板的净截面面积:

$$a_n = A - 2d_0 t = (120 \times 16 - 2 \times 21.5 \times 16) \text{ mm}^2 = 1\,232 \text{ mm}^2$$

$$n = 4, \quad n_1 = 2$$

净截面强度验算:

$$\sigma = \left(1 - 0.5 \frac{n_1}{n}\right) \frac{N}{A_n} = \left(1 - 0.5 \times \frac{2}{4}\right) \times \frac{336 \times 10^3}{1\,232} \text{ N/mm}^2$$

$$= 204.5 \text{ N/mm}^2 < f = 215 \text{ N/mm}^2$$

满足要求。

毛截面强度验算:

$$\sigma = \frac{N}{A} = \frac{336 \times 10^3}{120 \times 16} \text{ N/mm}^2 = 175 \text{ N/mm}^2 < f, \text{满足要求}。$$

8.4 钢结构构件的连接构造

8-8:PPT
构件连接

单个构件必须通过相互连接才能形成整体。构件间的连接,按传力和变形情况可分为铰接、刚接和介于二者之间的半刚接三种基本类型。半刚接在设计中采用较少,故这里仅讲述铰接和刚接的构造。

8.4.1 次梁与主梁的连接

(1) 次梁与主梁铰接

次梁与主梁铰接从构造上可分为两类:一类如图 8-4-1a 所示的叠接,即次梁直接放在主梁上,并用焊缝或螺栓连接。叠接需要的结构高度大,所以应用常受到限制。另一类是如图 8-4-1b、c 所示主梁与次梁的侧向连接。这种连接可以减小梁格的结构高度,并增加梁格刚度,应用较多。图 8-4-1b 为次梁借助于连接角钢与主梁连接,连接角钢与次梁采用螺栓和安装焊缝相连。图 8-4-1c 的构造是将次梁用螺栓或安装焊缝连接于主梁的加劲肋上。

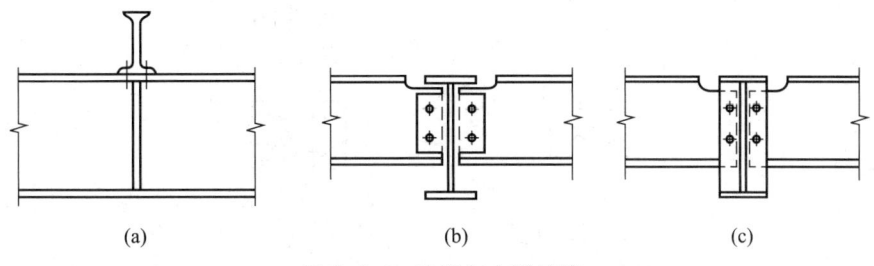

图 8-4-1 次梁与主梁铰接

（2）次梁与主梁刚接

次梁与主梁刚接可采用图 8-4-2 所示的构造,这种连接的实质是把相邻次梁连接或支承于主梁上的连续梁。为了承受次梁端部的弯矩,在次梁上翼缘处设置连接盖板,盖板与次梁上翼缘用焊缝连接。次梁下翼缘与支托顶板也用焊缝连接。

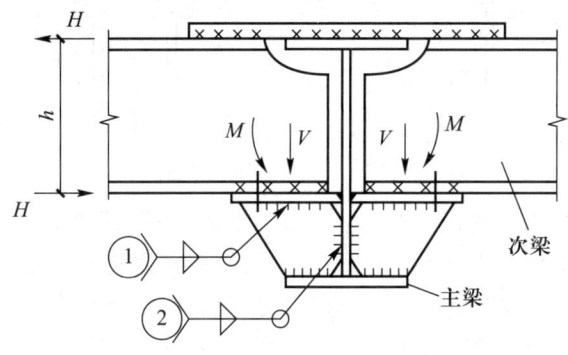

图 8-4-2 次梁与主梁刚接

8.4.2 梁与柱的连接

（1）梁与柱的铰接

梁与柱的铰接有两种构造形式:一种是将梁直接放在柱顶上(图 8-4-3);另一种是将梁与柱的侧面连接(图 8-4-4)。

图 8-4-3 是梁支承于柱顶的铰接构造,梁的反力通过柱的顶板传给柱,顶板一般取 16~20 mm 厚,与柱焊接;梁与顶板用普通螺栓连接。在图 8-4-3a 中,梁支承于加劲肋,加劲肋对准柱的翼缘,相邻梁之间留一空隙,以便安装时有调节余地。最后用夹板和构造螺栓相连。这种连接形式传力明确,构造简单,但当两相邻梁反力不等时将引起柱的偏心受压。

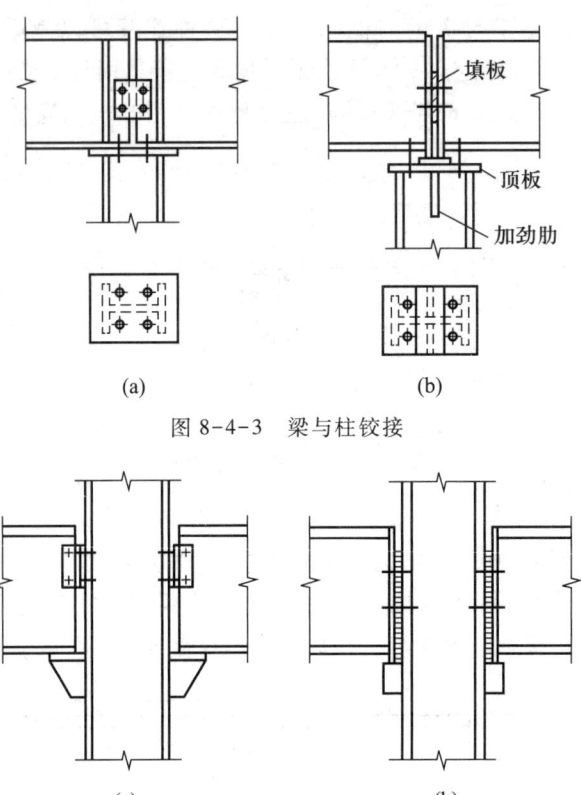

图 8-4-3 梁与柱铰接

图 8-4-4 梁与柱侧相连

图 8-4-3b 中,梁的反力通过突缘加劲肋作用于柱轴线附近,即使两相邻梁反力不等,柱仍接近轴心受压。突缘加劲肋底部应刨平顶紧于柱顶板;在柱顶板下应设置加劲肋;两相邻梁间应留一些空隙便于安装时调节,最后嵌入合适的垫板并用螺栓相连。

图 8-4-4 是梁与柱侧相连,常用于多层框架中,图 8-4-4a 适用于梁反力较小的情况,梁直接放置在柱的牛腿上,用普通螺栓相连;梁与柱侧间留一空隙,用角钢和构造螺栓相连。图 8-4-4b 作法适用于梁反力较大情况,梁的反力由端加劲肋传给支托;支托采用厚钢板或加劲后的角钢与柱侧用焊缝相连;梁与柱侧仍留一空隙,安装后用垫板和螺栓相连。

(2) 梁与柱的刚接

刚接要求不仅能传递反力且能有效地传递弯矩。图 8-4-5 是梁与柱刚接的一种构造形式。这里,梁端弯矩由焊于柱翼缘的上下水平连接板传递,梁端剪力由连接于梁腹板的垂直肋板传递。为保证柱腹板不致压坏或局部失稳以及柱翼缘板受拉发生局部弯曲,通常设置水平加劲肋。

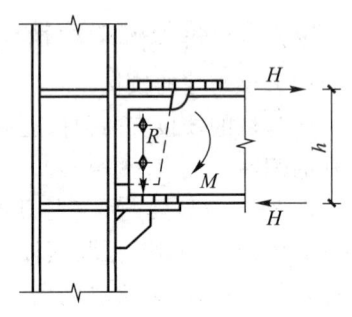

图 8-4-5 梁与柱的刚接

8.4.3 柱脚

柱脚的作用是把柱下端固定并将其内力传给基础。由于混凝土的强度远低于钢材的强度,所以必须把柱的底部放大,以增加其与基础顶部的接触面积。

(1) 铰接柱脚

铰接柱脚主要传递轴心压力。因此,轴心受压柱脚一般都做成铰接。当柱轴压力较小时,可采用图 8-4-6a 的构造形式,柱通过焊缝将压力传给底板,由底板再传给基础。当柱轴压力较大时,为增加底板的刚度又不使底板太厚以及减小柱端与底板间连接焊缝的长度,通常采用图 8-4-6b、c、d 的构造形式,在柱端和底板间增设一些中间传力零件,如靴梁、隔板和肋板等。图 8-4-6b 所示加肋板的柱脚,此时底板宜做成正方形;图 8-4-6c 所示加隔板的柱脚,底板常做成长方形。图 8-4-6d 为格构式轴心受压柱的柱脚。柱脚通常采用埋设于基础的锚栓来固定。铰接柱脚沿轴线设置 2~4 个紧固于底板上的锚栓,锚栓直径 20~30 mm,底板孔径应比锚栓直径大 1~1.5 倍,待柱就位并调整到设计位置后,再用垫板套住锚栓并与底板焊牢。

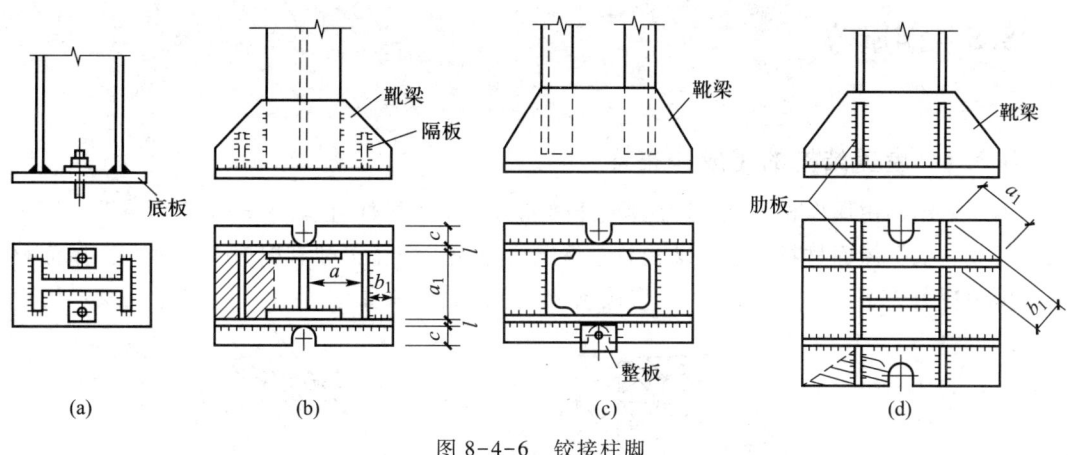

图 8-4-6 铰接柱脚

(2) 刚接柱脚

图 8-4-7 是常见的刚接柱脚,一般用于压弯柱。图 8-4-7a 是整体式柱脚,用于实腹柱和肢件间距较小的格构柱。当肢件间距较大时,为节省钢材,多采用分离式柱脚(图 8-4-7b)。

刚接柱脚能够传递轴力、剪力和弯矩。剪力主要由底板与基础顶面间摩擦传递。在弯矩作用下,若底板范围内产生拉力,则由锚栓承受,故锚栓须经过计算确定。锚栓不宜固定在底板上,而应采用图 8-4-7 所示的构造,在靴梁两侧焊接两块间距较小的肋板,锚栓固定在肋板上面的水平板上。为方便安装,锚栓不宜穿过底板。

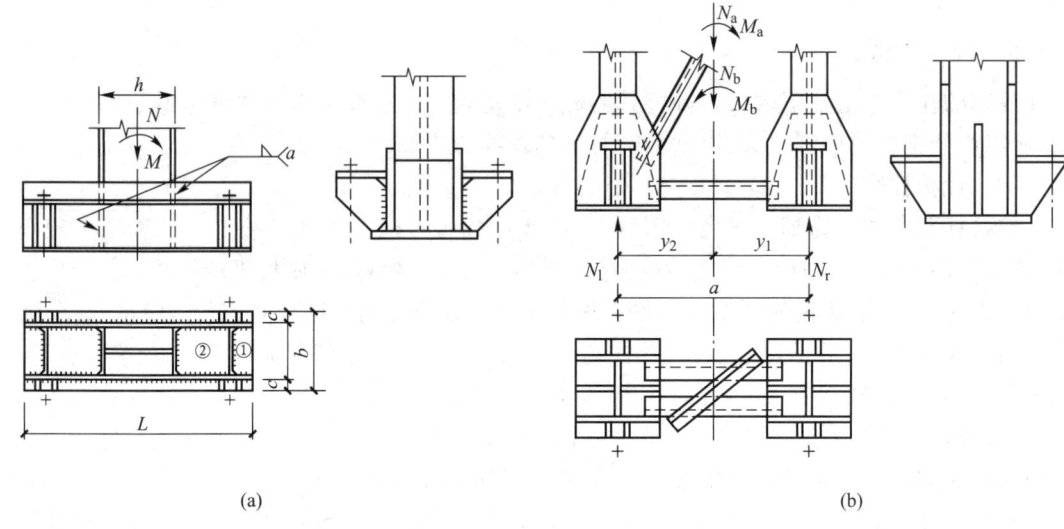

图 8-4-7 刚接柱脚

8.5 钢屋盖

8.5.1 屋盖结构的组成和布置

钢屋盖结构由屋面材料、檩条、屋架、托架和天窗架等构件组成,图 8-5-1 为典型钢屋盖结构组成。根据屋面材料和屋面结构布置情况可分为无檩屋盖和有檩屋盖两种。当屋面材料采用预应力大型屋面板时,不需设置檩条,称为无檩屋盖如图 8-5-1b;当屋面材料为石

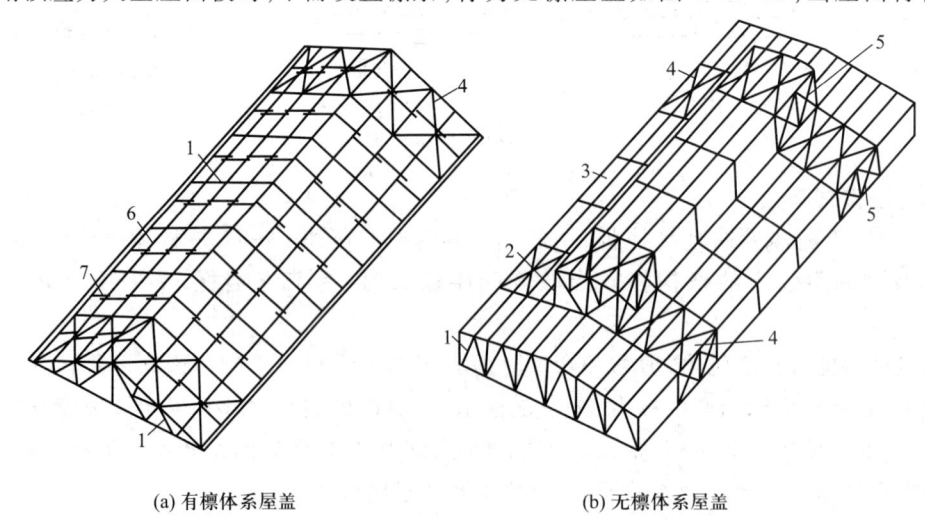

(a) 有檩体系屋盖 (b) 无檩体系屋盖

图 8-5-1 钢屋盖结构组成

1—屋架;2—天窗架;3—大型屋面板;4—上弦横向水平支撑;5—垂直支撑;6—檩条;7—拉条

棉瓦、波形钢板、石棉瓦等时，需设置檩条，这种体系称为有檩屋盖如图 8-5-1a。无檩屋盖构件种类少、安装速度快、刚度大且便于作保温，因而在工业厂房中应用普遍，但屋面板自重较大。有檩屋盖屋面材料自重轻、材料省，但屋面刚度差。

屋架的跨度和间距取决于柱网布置，而柱网布置则根据建筑物工艺要求和经济合理等各方面因素而定。无檩屋盖因受大型屋面板尺寸的限制，屋架跨度一般取 3 m 的倍数，常用的有 15 m、18 m……36 m 等，屋架间距为 6 m（大型屋面板尺寸一般为 1.5 m×6 m）。当柱距超过屋面板长度时，就必须在柱间设置托架，以支承中间屋架。有檩屋盖的屋架间距和跨度较灵活，不受屋面材料的限制。有檩屋盖比较经济的屋架间距为 4~6 m。

为满足采光和通风等要求，屋盖上通常需设天窗。

8.5.2 钢屋架形式

常用的钢屋架形式主要有三角形、梯形或矩形等，具体形式可根据房屋功能、建筑造型和屋面材料的排水要求等确定。三角形屋架用于屋面坡度较大的屋盖结构，当屋面材料为石棉瓦时，要求屋架的高跨比为 1/6~1/4，屋架与柱的连接通常为铰接。梯形屋架一般用于屋面坡度较小的屋架，与柱的连接可做成铰接，也可做成刚接。矩形屋架杆件类型少，能符合标准化、工业化制造的要求，一般用于托架或支撑体系。

8-9：PPT 钢结构钢屋盖的形式

8.5.3 屋盖支撑

钢结构屋盖体系的支撑包括上弦横向水平支撑、下弦水平支撑、下弦纵向水平支撑、竖向支撑和系杆等。

无论是有檩屋盖体系还是无檩屋盖体系都必须设置上弦水平支撑，支撑应设置在房屋两端的第一或第二开间。当设置在第二开间时，必须用刚性系杆将端屋架与横向水平支撑桁架的节点连接。当无端屋架时，应采用刚性系杆与山墙的抗风柱连接牢固。下弦横向水平支撑通常与上弦横向水平支撑再加竖向支撑一起增加房屋结构的空间整体性。在有悬挂吊车的屋盖、有桥式吊车或有振动设备的工业房屋或跨度较大的一般房屋中，必须设置下弦横向水平支撑。在有桥式吊车的单层工业厂房中，除上、下弦横向水平支撑外，还应布置下弦纵向水平支撑。在梯形屋架两端必须设置竖向支撑。此外，在屋架的跨中，根据屋架的跨度大小，设置一至两道竖向支撑有利于在空间稳定体中起横隔作用，并有利于施工的安装稳定。柔性系杆用于中间屋架与两端空间稳定体有关节点的连接，它只承受拉力。

8-10：PPT 钢结构钢屋盖的支撑

8.6 钢结构的涂装

8.6.1 防腐涂装

钢结构在常温大气环境中使用，钢材受大气中水分、氧气和其他污染物的作用而被腐蚀。大气的相对湿度和污染物的含量是影响钢材腐蚀程度的重要因素。常温下，当相对湿度达到60%～70%及以上时,钢材的腐蚀会明显加快。根据钢铁腐蚀的电化学原理,为防止电解质溶液在金属表面沉降和凝结,防止各种腐蚀性介质的污染等,通常采用在钢结构表面涂刷防腐涂料形成防护层。

防腐涂料一般由不挥发组分和挥发组分(稀释剂)两部分组成。涂刷在钢结构表面后,挥发组分逐渐挥发,留下不挥发组分干结成膜。涂料产品中,不同类别的品种,各有其特定的优缺点。在涂装设计时,必须根据不同的品种,合理地选择适当的涂料品种。

在涂装前必须对钢材表面进行处理,除去油脂、灰尘和化学药品等污染物并进行除锈。污染物的清除可采用的方法有有机溶剂清洗法、化学除油法、电化学除油法、乳化除油法和超声波除有法等。铁锈的清除可采用的方法有手工除锈法、动力工具除锈法、喷射或抛射除锈法和酸洗除锈法等。

8.6.2 防火涂装

未加防火保护的钢结构在火灾温度的作用下,只需十几分钟,自身温度就可达540℃,钢材的机械力学性能都迅速下降,当钢材温度达到600℃时,其强度几乎为零。未加防火保护的钢结构构件的耐火极限为0.25小时,无法满足《建筑设计防火规范》(GB 50016—2014)和《石油化工企业设计防火规范》(GB 50160—2008)等的耐火极限要求,因此必须对钢结构进行防火保护。防火保护的方法为喷涂防火涂料。

防火涂料的防火原理为:

① 涂层对钢材起屏蔽作用,隔离火焰,使钢构件不至于直接暴露在火焰或高温中;

② 涂层吸热后,部分物质分解出水蒸气或其他不燃气体,起到消耗热量,降低火焰温度和燃烧速度,稀释氧气的作用;

③ 涂层本身多孔轻质或受热膨胀后形成炭化泡沫层,热导率均在 $0.233\ W/(m \cdot K)$ 以下,阻止热量迅速向钢材传递,推迟钢材受热温升到极限温度的时间。

钢结构防火涂料按所用黏结剂不同分为有机和无机两大类。按涂层厚度分为 B 类(薄涂型)和 H 类(厚涂型)。

防火涂料必须根据有关规范对钢结构耐火极限的要求,并根据标准耐火实验数据设计规定的涂层厚度。

8.7 本章小结

(1) 钢结构的连接方法主要有焊接连接、螺栓连接和铆钉连接。

① 金属焊接方法主要的种类为熔焊、压焊和钎焊。

② 铆钉连接是将一端带有预制钉头的铆钉,插入被连接构件的钉孔中,利用铆钉或压铆机将另一端压成封闭钉头而成。

③ 螺栓作为钢结构主要连接紧固件,通常用于钢结构中构件间的连接、固定、定位等。螺栓连接可分为普通螺栓连接和高强度螺栓连接。

(2) 连接形式有对接、搭接和T形连接三种基本形式。焊缝形式有对接焊缝和角焊缝两种。

(3) 钢结构图纸中用焊缝代号标注焊缝形式、尺寸和辅助要求。焊缝代号由引出线、图形符号和辅助符号三部分组成。

(4) 对接焊缝的构造:注意在坡口形式,拼接处,起点和终点等方面的构造。

(5) 对接焊缝截面上的应力分布与焊件截面上的应力分布相同,按力学中计算杆件截面应力的方法计算焊缝截面的应力,并保证不超过焊缝的强度设计值。

(6) 直角角焊缝是钢结构中最常用的角焊缝,角焊缝的焊脚尺寸是指角焊缝的直角边。

(7) 在通过焊缝形心的拉力、压力或剪力作用下:

当力垂直于焊缝长度方向时,$\sigma_f = \dfrac{N}{h_e l_w} \leqslant \beta_f f_f^w$

当力平行于焊缝长度方向时,$\tau_f = \dfrac{N}{h_e l_w} \leqslant f_f^w$

(8) 在普通螺栓受剪的连接中,每个普通螺栓的承载力设计值应取受剪和承压承载力设计值中的较小值:

受剪承载力设计值:$N_v^b = n_v \dfrac{\pi d^2}{4} f_v^b$

承压承载力设计值:$N_c^b = d \cdot \sum t \cdot f_c^b$

(9) 在普通螺栓的受拉连接中,每个普通螺栓的承载力设计值应按公式 $N_t^b = \dfrac{\pi d_e^2}{4} f_t^b$ 计算。

(10) 高强螺栓连接分为摩擦型高强度螺栓连接和承压型高强度螺栓连接。

(11) 次梁与主梁铰接从构造上可分为两类:叠接和侧向连接。次梁与主梁刚接的实质是把相邻次梁连接或支承于主梁上的连续梁。

(12) 梁与柱的铰接有两种构造形式:一种是将梁直接放在柱顶上;另一种是将梁与柱的侧面连接。梁与柱刚接的构造要求不仅能传递反力且能有效地传递弯矩。

(13) 铰接柱脚主要传递轴心压力;刚接柱脚一般用于压弯柱。

(14) 钢屋盖结构由屋面材料、檩条、屋架、托架和天窗架等构件组成,根据屋面材料和屋面结构布置情况可分为无檩屋盖和有檩屋盖两种。

(15) 钢屋架的形式可采用三角形、梯形或矩形等。

(16) 钢结构屋盖体系的支撑包括上弦横向水平支撑、下弦水平支撑、下弦纵向水平支撑、竖向支撑和系杆等。

(17) 钢结构的涂装包括防腐涂装和防火涂装。

思考题

8-1 钢结构的连接方法主要有哪些?

8-2 钢结构连接形式有哪几种基本形式,焊缝形式有哪两种?

8-3 对接焊缝的构造要注意哪些方面?

8-4 钢结构中最常用的焊缝是哪种,其焊脚尺寸是怎样计算的?

8-5 直角角焊缝的强度计算?

8-6 在普通螺栓受剪的连接中,每个普通螺栓的承载力设计值应怎么取?

8-7 在普通螺栓的受拉连接中,每个普通螺栓的承载力设计值应怎么取?

8-8 摩擦型高强度螺栓和承压型高强度螺栓的相关计算规定有哪些?

8-9 次梁与主梁铰接从构造上可分为哪两类,次梁与主梁刚接的实质是什么?

8-10 梁与柱的铰接有哪两种构造形式,梁与柱的刚接的构造要求有哪些?

8-11 铰接柱脚和刚接柱脚一般有什么作用?

8-12 钢屋盖结构由哪些构件组成,根据屋面材料和屋面结构布置情况可分为哪两种?

8-13 钢屋架的形式可采用哪些?

8-14 钢结构屋盖体系的支撑包括哪些?

8-15 钢结构的涂装方式主要包括哪两种?

习题

选择题

8-16 摩擦型与承压型高强螺栓连接的主要区别为(　　)。

A. 构件接触面处理方法不同

B. 高强螺栓材料不同

C. 施加的预加拉力值不同

D. 外力克服构件间摩擦阻力后为承压型高强螺栓,否则为摩擦型高强螺栓

8-17 承压型高强螺栓可用于(　　)。

A. 直接承受动力荷载的结构

B. 承受反复荷载作用的结构

C. 承受静力荷载或间接动力荷载的结构

D. 薄壁型钢结构

8-18 应力集中现象使构件(　　)。

A. 承载力降低　　　　　　　　　　B. 承载力提高

C. 塑性降低,脆性增加　　　　　　D. 截面面积减少

8-19 设工字形截面钢梁的截面面积和截面高度固定不变,下列四种截面设计中,(　　)为抗剪承载能力最大。

A. 翼缘宽度确定后,腹板厚度尽可能薄

B. 翼缘厚度确定后,翼缘宽度尽可能薄

C. 翼缘厚度确定后,腹板宽度尽可能大

D. 翼缘宽度确定后,翼缘厚度尽可能厚

8-20 不对称工字形截面梁的截面形状如习题 8-20 图所示,在弯矩作用下,应力绝对值最大的部位

为( )。

A. 点 3 处 B. 点 2 处
C. 点 4 处 D. 点 1 处

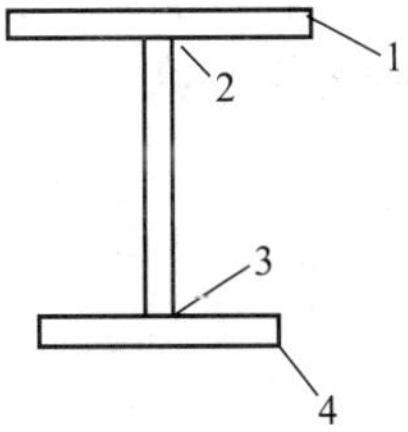

8-21 钢结构屋架结构中,主要受力杆件的允许长细比为( )。

A. 受拉杆(无吊车)350,受压杆 150
B. 受拉杆(无吊车)250,受压杆 200
C. 受拉杆(无吊车)300,受压杆 150
D. 受拉杆(无吊车)350,受压杆 250

习题 8-20 图

8-22 轴心受压的钢柱脚中,锚栓的受力性质是( )。

A. 拉力 B. 压力
C. 剪力 D. 不受力

8-23 钢结构构件表现防腐,下述哪一种说法是正确的?( )

A. 重要结构应刷防腐涂料 B. 一般结构可不刷防腐涂料
C. 宜刷防腐涂料 D. 应刷防腐涂料

8-24 梯形钢屋架受压杆件,其合理截面形式,应使所选的截面尽量满足( )的要求。

A. 计算长度相等 B. 等刚度
C. 等强度 D. 等稳定

8-25 对于受弯构件截面形式以( )钢截面较为经济合理;而柱子则以( )钢截面较为经济合理。

A. H形   H形 B. 工字形   槽钢
C. 工字形   H形 D. H形   工字形

8-26 屋架下弦纵向水平支撑一般布置在屋架的( )。

A. 端竖杆处 B. 下弦中间
C. 下弦端节间 D. 斜腹杆处

8-27 屋架中杆力较小的腹杆,其截面通常按( )。

A. 容许长细比选择 B. 构造要求决定
C. 变形要求决定 D. 局部稳定决定

8-28 梯形屋架的端斜杆和受较大节间荷载作用的屋架上弦杆的合理截面形式是两个( )。

A. 等肢角钢相连 B. 不等肢角钢相连
C. 不等肢角钢长肢相连 D. 等肢角钢十字相连

8-29 梯形屋架下弦杆常用截面形式是两个( )。

A. 不等边角钢短边相连,短边尖向下
B. 不等边角钢短边相连,短边尖向上
C. 不等边角钢长边相连,长边尖向下
D. 等边角钢相连

8-30 三角形钢屋架的高度一般取( )。

A. 高跨比为:1/6~1/4 B. 高跨比为:1/6~1/4
C. 高跨比为:1/14~1/10 D. 高跨比为:1/12~1/10

计算题

8-31 习题 8-31 图为一用 M20 的 C 级普通螺栓的钢板拼接,钢材为 Q235-A,$d_0 = 22$ mm。试计算此拼接能承受的最大轴心力设计值。

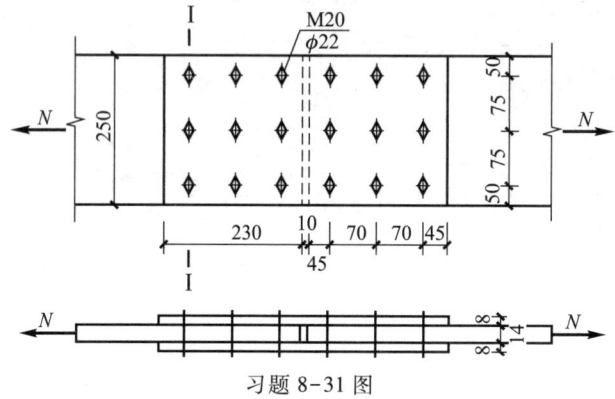

习题 8-31 图

8-32 试计算习题 8-32 图所示连接中 C 级普通螺栓的强度。荷载设计值 $F = 45$ kN,螺栓 M20,钢材 Q235。

8-33 习题 8-33 图表示一钢牛腿,由两钢板分别连接于工字形截面柱的两翼缘板外侧组成。钢板厚 $t = 16$ mm,柱翼缘板厚 $t_f = 18$ mm。采用普通 A 级螺栓连接,螺栓直径 $d = 22$ mm,孔径 $d_0 = 22.5$ mm,性能等级为 5.6 级,钢材为 Q235。牛腿承受竖向荷载标准值 $P_k = 400$ kN,其中永久荷载为 20%,可变荷载为 80%;与柱腹板中心的偏心距 $e = 250$ mm。螺栓竖向中心距 $p = 70$ mm。求每块钢板与柱翼缘板的每列连接螺栓数目 n,并进行连接的强度验算。

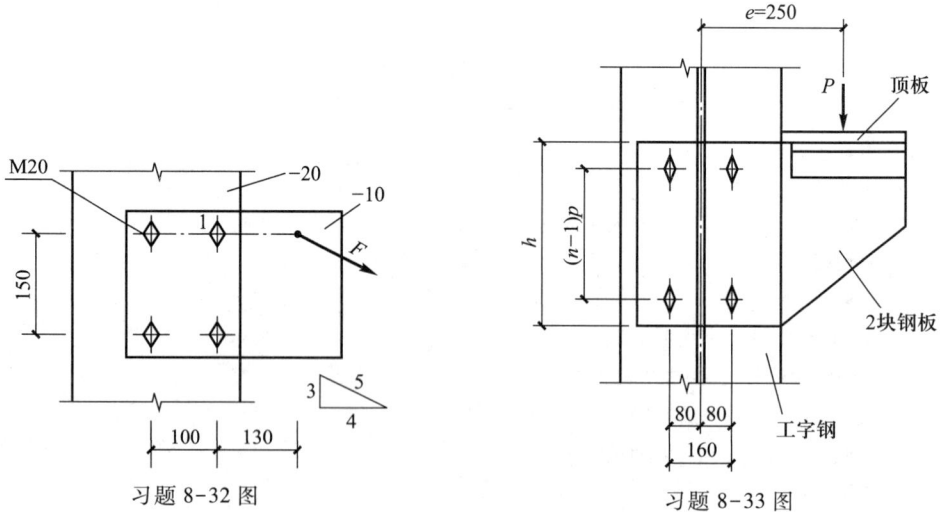

习题 8-32 图 习题 8-33 图

8-34 习题 8-34 图表示一轴心受拉构件与工字形截面柱翼缘板的螺栓连接。轴心受拉构件中的轴心拉力标准值 $N_k = 400$ kN,全部由可变荷载产生。受拉构件的轴线通过与柱翼缘板连接的螺栓群的形心。螺栓为 C 级普通螺栓,杆径 $d = 22$ mm,孔径 $d_0 = 23.5$ mm。连接板厚 20 mm,柱翼缘板厚 16 mm,钢材为 Q235。两列螺栓每列有 n 个螺栓,螺栓竖向中心距 $p = 70$ mm。试求每列所需的螺栓数目。

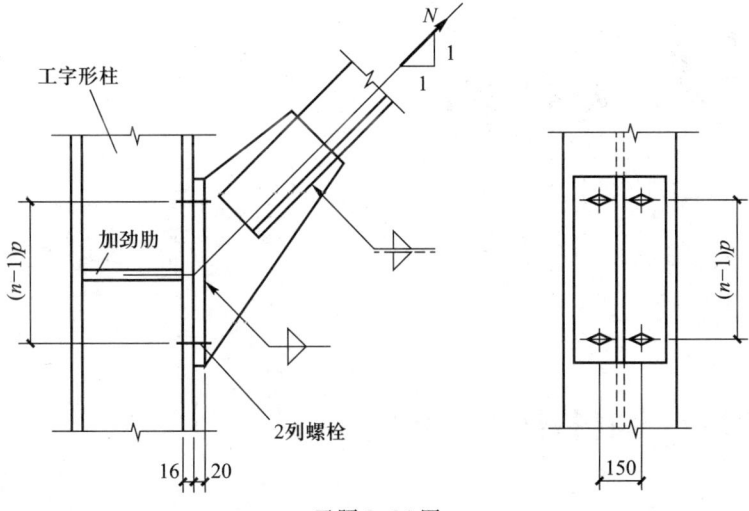

习题 8-34 图

8-35 钢屋架下弦端节点与工字形截面钢柱的翼缘板连接如习题 8-35 图所示。屋架的下弦杆和端斜杆分别与节点板相焊接,节点板又以两条竖向角焊缝与端板 T 形连接。端板下端刨平顶紧支承于预先焊在柱翼缘板上的托板顶端,屋架端斜杆内力的竖向分力将由端面承压传给托板而后传给柱身。端板用两列 C 级普通螺栓与柱翼缘板相连以承受屋架端节点传来的水平分力 H,今采用螺栓 M24 并排列如图所示。已知下弦杆轴心拉力设计值 $T=420$ kN,端斜杆轴心压力设计值 $C=480$ kN,端斜杆轴线与水平线夹角 $\theta=60°$。端板厚度 $t=20$ mm。钢材为 Q235。试验算此螺栓连接的强度。

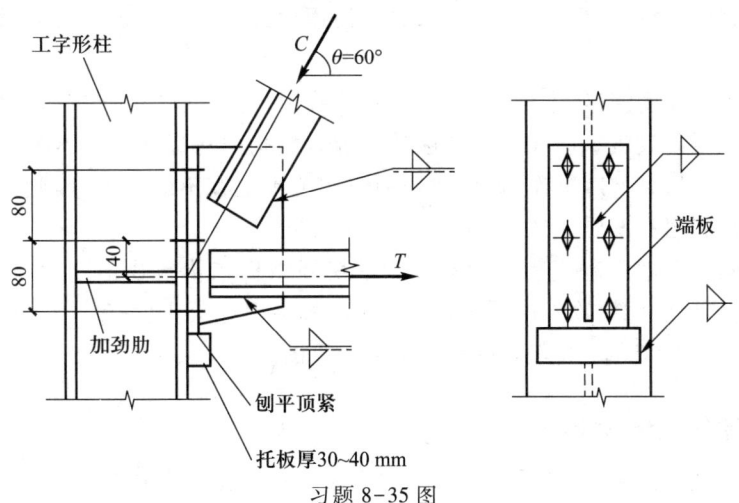

习题 8-35 图

9 木结构

9.1 建筑用木材特性

9-1：规范 木结构 设计规范

9-2：视频 木结构 安装

9.1.1 木材的特点及适用范围

木材是一种天然的建筑材料,具有分布普遍、易于取材、加工方便、质轻高强等特点,所以很早就被广泛地用于建造房屋和桥梁。但由于存在各向异性、天然尺寸受限制、易腐、易蛀、易裂和翘曲、缺陷(木节、裂缝、斜纹等)缺点,木材在建筑行业的使用受到限制。建筑结构用的承重木材要求树干长、纹理直、木节少、扭纹少,能耐腐蚀和虫蛀,易干燥,开裂少,具有较好的力学性能,便于加工。因此,木结构要求选择合适的树种,采用合理的结构形式和节点连接形式,施工时严格保证施工质量,并在使用中经常注意维护,以保证结构具有足够的可靠性和耐久性。

由于木材生长速度缓慢,木材资源有限,因此我国目前在大、中城市的建设对采用天然木建造结构采取限制政策。但在木材产区砖木混合结构的房屋还比较常见。近年来,胶合木结构正积极开展研究推广工作,速生树种的应用范围也在不断扩大,因此,木结构在一定范围内仍将获得利用和发展。

承重木结构应在正常温度和湿度环境中的房屋结构和构筑物中使用。凡处于下列生产、使用条件的房屋和构筑物不应采用木结构:① 极易引起火灾的;② 受生产性高温影响,木材表面温度高于50℃的;③ 经常受潮且不易通风的。

9.1.2 建筑用木材种类

建筑用木材可分为两类:针叶材和阔叶材。针叶材一般用于主要承重构件,阔叶材一般用于重要的木制连接件。

9.1.3 建筑用木材的分类

建筑用木材根据材料的截面形状的不同,可分为原木、方木和板材三种。原木又称圆木,可分为整原木和半原木。原木梢部直径为梢径,原木直径以梢径来度量。方材指截面宽度与厚度之比小于3的木材又称为方材,常用厚度为60~240 mm。板材指截面宽度与厚度之比大于3的木材,常用厚度为15~80 mm。

9.2 木材的力学性能及计算

9.2.1 木材的受拉力学性能及计算

木材在受拉破坏前变形很小,没有显著的塑性变形,属于脆性破坏。木材顺纹抗拉强度高,而横纹抗拉强度仅为顺纹抗拉强度的1/14~1/10。故木受拉构件不得采用垂直木纹方向承受拉力,且拉杆要使用I等材。

轴心受拉木构件承载力按式(9-2-1)计算。

$$\frac{N}{A_n} \leqslant f_t \tag{9-2-1}$$

式中 N——轴向拉力设计值;

A_n——受拉构件的净截面面积,应将分布在15 cm长度上的缺孔投影在同一截面上;

f_t——木材的顺纹抗拉强度设计值。

例9-1 已知某有缺孔及螺栓孔的红皮云杉木轴心受拉构件轴心拉力设计值为 $N=82$ kN,其孔洞尺寸见图9-2-1。试验算其承载能力。

解:查附表23得 $f_t = 8.0$ N/mm²,

截面两侧削损 $2 \times 20 \times 180$ mm² = 7 200 mm²;

螺栓孔削损 $3 \times 16 \times (120 - 2 \times 20)$ mm² = 3 840 mm²;

$A_n = (180 \times 120 - 7\,200 - 3\,840)$ mm² = 10 560 mm²;

$\sigma_t = N/A_n = 82\,000/10\,560$ N/mm² = 7.8 N/mm² < f_t = 8.0 N/mm²

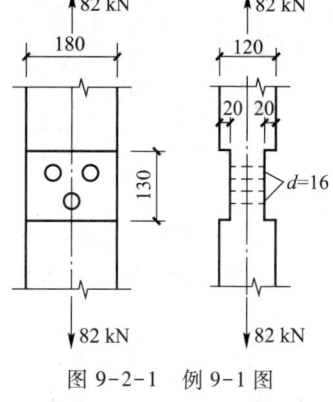

图9-2-1 例9-1图

9.2.2 木材顺纹受压力学性能及计算

木材受压时具有较好的塑性变形,它可以使应力集中逐渐趋于缓和,所以局部削弱的影响比受拉时小得多。木节对受压强度的影响也较小,斜纹和裂缝等缺陷和疵病也较受拉时的影响缓和,所以木材的受压工作要比受拉工作可靠得多。轴心受压构件承载力按公式(9-2-2)计算。

$$\frac{N}{A_n} \leqslant f_c \tag{9-2-2}$$

式中 N——轴向压力设计值;

A_n——受压构件的净截面面积;

f_c——木材的顺纹抗压强度设计值。

轴心受压构件稳定性按式(9-2-3)计算。

$$\frac{N}{\varphi A_0} \leq f_c \tag{9-2-3}$$

式中　N——轴向压力设计值；

　　　A_0——受压构件的计算面积；

　　　f_c——木材的顺纹抗拉强度设计值；

　　　φ——轴心受压构件稳定系数，按下列条件确定。

① 树种强度等级为 TC17、TC15 及 TB20：

当 $\lambda \leq 75$ 时：

$$\varphi = \frac{1}{1+\left(\dfrac{\lambda}{80}\right)^2} \tag{9-2-4a}$$

当 $\lambda > 75$ 时：

$$\varphi = 3\,000/\lambda^2 \tag{9-2-4b}$$

② 树种强度等级为 TC13、TC11 及 TB15：

当 $\lambda \leq 91$ 时：

$$\varphi = \frac{1}{1+\left(\dfrac{\lambda}{65}\right)^2} \tag{9-2-5a}$$

当 $\lambda > 91$ 时：

$$\varphi = 2\,800/\lambda^2 \tag{9-2-5b}$$

式中　λ——构件的最大长细比。

轴心受压构件刚度验算按式(9-2-6)计算。

$$\lambda \leq [\lambda] \tag{9-2-6}$$

式中　$[\lambda]$——受压构件容许长细比。

例 9-2　已知某杉原木轴心受压柱长 3.2 m，两端铰接，柱中点有一个 $d=16$ mm 的螺栓孔，承受的轴心压力设计值为 59 kN。试选择原木直径。

解：选择柱截面时，一般的方法是先根据经验假定构件截面尺寸（或直径），然后验算所假定的截面。如第一次选择的截面不合适，再调整截面进行第二次验算，一般调整 1~2 次即可。

① 查附表 23 得，$f_c = 10$ N/mm²，圆木顺纹抗压强度提高 15%。

② 选用梢径为 120 mm 的原木，则构件中点直径为 $d = [120+(3\,200/2) \times (0.9/100)]$ mm = 134.4 mm。

③ 强度验算

$$A_n = (\pi \times 134.4^2/4 - 16 \times 134.4)\ \text{mm}^2 = 12\,029\ \text{mm}^2$$

$$\sigma_n = N/A_n = 59\,000/12\,029\ \text{N/mm}^2 = 4.9\ \text{N/mm}^2 < 1.15 \times 10\ \text{N/mm}^2 = 11.5\ \text{N/mm}^2$$

④ 稳定验算

$$A = (\pi \times 134.4^2/4) \text{ mm}^2 = 14\ 180 \text{ mm}^2$$
$$i = \sqrt{I/A} = \sqrt{4\pi d^4/64\pi d^2} = 0.25d = 33.6 \text{ mm}$$
$$\lambda = l_0/i = 3\ 200/33.6 = 95 < [\lambda] = 120$$

树强度等级为 TC13,且 $\lambda > 91$,故:
$$\varphi = 2\ 800/\lambda^2 = 2\ 800/95^2 = 0.31$$
$$N/\varphi A_0 = 59\ 000/(0.31 \times 14\ 200) \text{ N/mm}^2 = 13.4 \text{ N/mm}^2 > 1.15f_c = 11.5 \text{ N/mm}^2$$

重选梢径为 130 mm,中点直径为 144.4 mm,$A = 16\ 377 \text{ mm}^2$,$i = 36.1$,$\lambda = 88.6$,查《规范》得 $\varphi = 0.35$,则有:
$$N/\varphi A_0 = 59\ 000/(0.35 \times 16\ 377) \text{ N/mm}^2 = 10.3 \text{ N/mm}^2 < 1.15f_c = 11.5 \text{ N/mm}^2$$

满足要求。

9.2.3 木材受弯力学性能及计算

在实际工程中,受弯构件可分为单向弯曲构件和双向弯曲构件。弯曲构件应进行承载能力极限状态下计算和正常使用状态下的验算。

单向受弯构件抗弯强度按公式(9-2-7)计算。

$$\frac{M}{W_n} \leq f_m \qquad (9\text{-}2\text{-}7)$$

单向受弯构件抗剪强度按公式(9-2-8)计算。

$$\frac{VS}{Ib} \leq f_v \qquad (9\text{-}2\text{-}8)$$

式中 M——弯矩设计值;

W_n——构件的净截面抵抗矩;

f_m——木材抗弯强度设计值;

V——剪力设计值;

I——构件毛截面抵抗矩;

S——剪切面以上的毛截面面积对中和轴的面积矩;

b——截面的宽度;

f_v——木材顺纹抗剪强度设计值。

单向受弯构件挠度按式(9-2-9)计算。

$$w \leq [w] \qquad (9\text{-}2\text{-}9)$$

式中 w——构件按荷载短期效应组合计算的挠度;

$[w]$——受弯构件的容许挠度。

例 9-3 已知某红松方木简支梁,跨度为 $l = 3.2$ m,承受分布永久荷载(包括自重)标准值为 3.5 kN/m,分布可变荷载标准值为 1.2 kN/m。试选择梁的截面尺寸。

解:查附表 23 得,$f_m = 13 \text{ N/mm}^2$,$E = 9\ 000 \text{ N/mm}^2$

① 截面选择

可变荷载起控制作用的效应：

荷载分项系数 $\gamma_G = 1.2, \gamma_Q = 1.4$

$$M = (g_d + q_d)l^2/8 = (1.2 \times 3.5 + 1.4 \times 1.2) \times 3.2^2/8 \text{ kN} \cdot \text{m} = 7.53 \text{ kN} \cdot \text{m}$$

永久荷载起控制作用的效应：

荷载分项系数 $\gamma_G = 1.35, \gamma_Q = 1.4$，组合值系数 $\psi_c = 0.7$。

$$M = (g_d + \psi_c q_d)l^2/8 = (1.35 \times 3.5 + 1.4 \times 0.7 \times 1.2) \times 3.2^2/8 \text{ kN} \cdot \text{m} = 7.55 \text{ kN} \cdot \text{m}$$

故：

$$M = 7.55 \text{ kN} \cdot \text{m}$$

$$W = M/f_m = 7.55 \times 10^6/13 \text{ mm}^3 = 5.81 \times 10^5 \text{ mm}^3$$

选梁的截面为 120×180 mm^2，则

$$W = bh^2/6 = 120 \times 180^2/6 \text{ mm}^3 = 6.48 \times 10^5 \text{ mm}^3$$

② 挠度验算

$$I = bh^3/12 = 120 \times 180^3/12 \text{ mm}^4 = 5.83 \times 10^7 \text{ mm}^4$$

$$\frac{\omega}{l} = \frac{5}{384} \frac{(g_k + q_k)}{EI} l^3 = \frac{5}{384} \times \frac{(3.5 + 1.2) \times 3\,200^3}{9 \times 10^3 \times 5.83 \times 10^7} = \frac{1}{262} < \frac{1}{250}$$

9.2.4 木材的受剪力学性能

木材的受剪可分为截纹受剪、顺纹受剪和横纹受剪（图9-2-2），均属于脆性破坏。截纹受剪是指剪切面垂直于木纹，木材对这种剪切的抵抗能力很大，一般不会发生这种破坏。顺纹受剪是指作用力与木板平行。横纹受剪是指作用力与木纹垂直。横纹剪切强度约为顺纹剪切强度的一半，而截纹剪切则为顺纹剪切强度的8倍。木结构中通常多用顺纹受剪。

图9-2-2 木材的受剪

9.2.5 影响木材力学性能的因素

木材是由管状细胞组成的天然有机材料，它的力学性能受着许多因素的影响。

（1）木材的缺陷

天然生长的木材不可避免地会存在一些缺陷，对木材影响最大的缺陷是腐朽、虫蛀，这是任何等级的木材绝对不允许的；此外，对木材影响较大的缺陷有木节、斜纹、裂缝以及髓心。

木材材质按缺陷的多少和大小，以及承重结构的受力要求，分为Ⅰ、Ⅱ、Ⅲ三个等级（Ⅰ级最好，Ⅲ级最差）。承重结构构件按受力方式及受力重要性分为三类：受拉或拉弯构件材质等级选用Ⅰ级；受弯或压弯构件材质等级选用Ⅲ级；受压构件及次要受弯构件（如吊顶小龙骨）材质等级选用Ⅲ级。

（2）含水率

木材的含水率对木材强度有很大影响,木材强度一般随含水率的增加而降低,当含水率达到纤维饱和点时,含水率再增加,木材强度也不再降低。含水率对受压、受弯、受剪及承压强度影响较大,而对受拉强度影响较小。

按含水率的大小,木材可分为干材(含水率≤18%)、半干材(含水率=18%~25%)和湿材(含水率>25%)。在制作构件时,木材的含水率应符合下列要求:

① 对原木或方木结构不应大于25%;
② 对板材结构及受拉构件的连接板不应大于18%;
③ 对于木制连接件不应大于15%;
④ 对于胶合木结构不应大于15%,且同一构件木板间的含水率差别不应大于5%。

（3）木纹斜度

木材是一种各向异性的材料,不同方向的受力性能相差很大,同一木材的顺纹强度最高,横纹强度最低。图9-2-3给出了斜纹对木材抗压、抗拉和抗弯强度的影响结果。

此外,木材的力学性能还与受荷载作用时间、温度的高低、湿度等因素的影响有关。受荷载作用随时间的增长,木材的强度和刚度下降。温度升高、湿度增大,木材的强度和刚度下降。

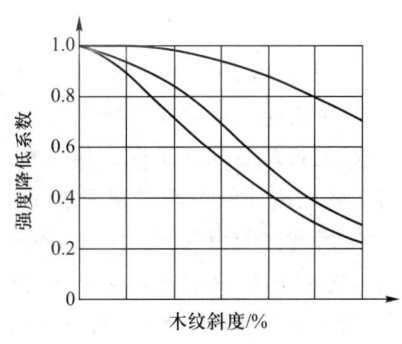

图9-2-3 木纹对木材强度的影响

9.3 木构件的连接

9-3:电子相册 木结构连接

9.3.1 齿连接

齿连接可分为单齿连接(图9-3-1)和双齿连接(图9-3-2)的形式。

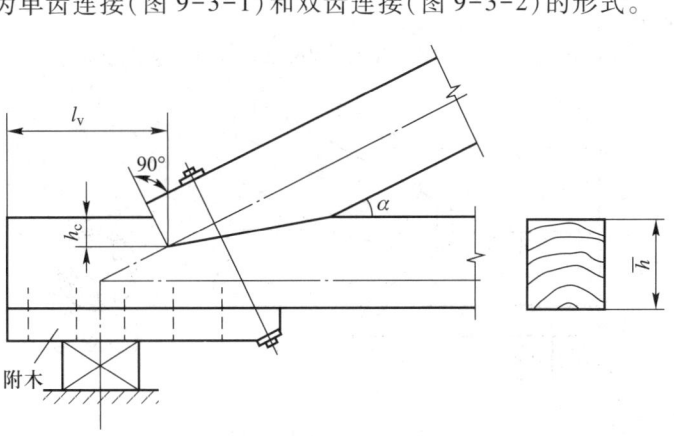

图9-3-1 单齿连接

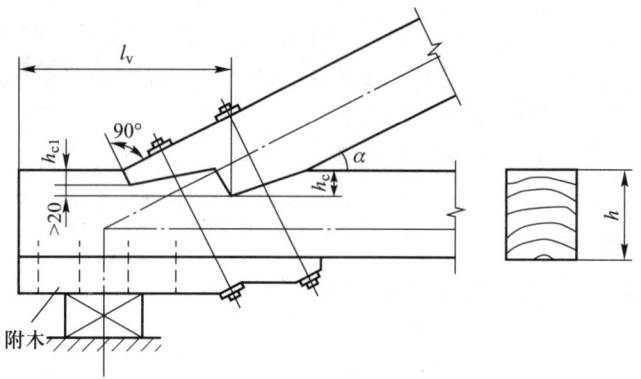

图 9-3-2 双齿连接

① 齿连接的承压面,应与所连接的压杆轴线垂直。

② 单齿连接应使压杆轴线通过承压面中心。

③ 上弦轴线及支座反力作用线宜与下弦净截面的中心线交汇于一点;当采用原木时,可与下弦毛截面的中心线交汇于一点。

④ 齿连接的齿深,对于方木不应小于 20 mm;对于原木不应小于 30 mm。桁架支座节点齿深不应大于 $h/3$(h 为齿深方向的构件截面高度);中间节点的齿深不应大于 $h/4$。双齿连接中,第二齿的齿深 h_c 应比第一齿的齿深 h_{c1} 至少大 20 mm。单齿和双齿第一齿的剪面长度不应小于 4.5 倍齿深。当采用湿材制作时,木桁架支座节点齿连接的剪面长度应比计算值加长 50 mm。

⑤ 桁架支座节点采用齿连接时,必须设置保险螺栓。保险螺栓应与上弦轴线垂直。

例 9-4 图 9-3-3 所示杉木原木桁架支座节点,上弦承受轴心压力为 $N = 70$ kN,上弦大头直径 216 mm;下弦大头直径 220 mm,上下弦夹角为 26°34′。当 $d = 220$ mm,$h_c = 70$ mm 时,$A' = 10\ 400$ mm^2,$b_v = 205$ mm,试验算承载能力。

解: ① 承压验算

$$A_c = A'/\cos \alpha = 10\ 400/0.894 \text{ mm}^2 = 11\ 633 \text{ mm}^2,$$

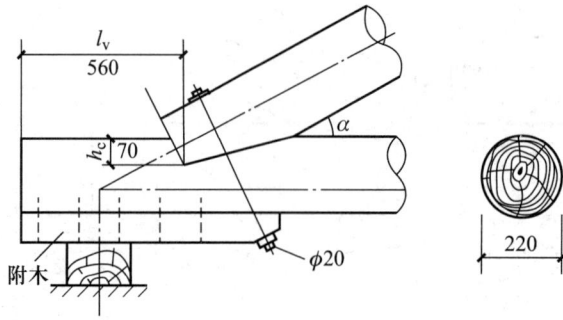

图 9-3-3 例 9-4 图

$$f_{c\alpha} = \frac{f_c}{1+(f_c/f_{c,90}-1)\left[(\alpha-10°)/80°\right]\sin\alpha} = \frac{10}{1+(10/2.7-1)(16.6°/80°)\times 0.448} \text{ N/mm}^2$$
$$= 8 \text{ N/mm}^2$$
$$\sigma_c = N/A_c = 70\,000/11\,633 \text{ N/mm}^2 = 6 \text{ N/mm}^2 < f_{c\alpha}$$

② 抗剪验算

$l_v = 8h_c = 8\times 70 \text{ mm} = 560 \text{ mm}$

查《规范》,$\psi_v = 0.64$

$V = N\cos\alpha = 70\,000\times 0.894 \text{ N} = 62\,580 \text{ N}$

$\tau = V/l_v b_v = 62\,580/(560\times 205) \text{ N/mm}^2 = 0.55 \text{ N/mm}^2 < \psi_v b_v = 0.64\times 1.2 \text{ N/mm}^2 = 0.77 \text{ N/mm}^2$

③ 保险螺栓验算

查《钢结构规范》,$f_t^b = 170 \text{ N/mm}^2$

$N_b = N\tan(60°-\alpha) = 70\,000\times\tan(60°-26°34') \text{ N} = 46\,214 \text{ N}$

$A_n = N_b/1.25f_t^b = 46\,214/(1.25\times 170) \text{ mm}^2 = 217 \text{ mm}^2$

选 1 Φ 20,$A_n = 218 \text{ mm}^2$。

满足要求。

9.3.2 螺栓连接和钉连接

根据穿过被连接构件间剪面数目可分为单剪连接和双剪连接。在螺栓连接和钉连接中,连接木构件的最小厚度应符合表 9-3-1 的要求。

表 9-3-1 螺栓连接和钉连接中木构件的最小厚度

连接形式	螺栓连接		钉连接
	$d < 18$ mm	$d \geq 18$ mm	
双剪连接	$c \geq 5d$ $a \geq 2.5d$	$c \geq 5d$ $a \geq 4d$	$c \geq 8d$ $a \geq 4d$
单剪连接	$c \geq 7d$ $a \geq 2.5d$	$c \geq 7d$ $a \geq 4a$	$c \geq 10d$ $a \geq 4d$

a——边部构件的厚度或单剪连接中较薄构件的厚度;

c——中部构件的厚度或单剪连接中较厚构件的厚度;

d——螺栓或钉的直径。

例 9-5 某屋架下弦杆的截面尺寸为 $120\times 200 \text{ mm}^2$,木料为马尾松,下弦接头处承受的轴向拉力为 $N = 90 \text{ kN}$。试进行该屋架下弦接头设计。

解:屋架下弦用双剪连接。

螺栓直径
$$d_c/5 = 120/5 \text{ mm} = 24 \text{ mm},取 d = 20 \text{ mm}。$$

木夹板厚
$$a \geqslant 4d = 4 \times 20 \text{ mm} = 80 \text{ mm}$$

$$f_c = 12 \text{ N/mm}^2$$

取 $a/d = 4$,查规范得 $k_v = 6.1$

$$N_v = k_v d^2 \sqrt{f_c} = 6.1 \times 20^2 \times \sqrt{12} \text{ N} = 8\,452 \text{ N}$$

螺栓数目

每个螺栓有两个剪切面,则

$$n = N/2N_v = 90\,000/(2 \times 8\,452)个 = 5.3 个$$

螺栓布置见图 9-3-4。

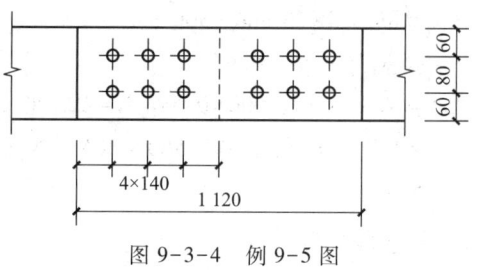

图 9-3-4 例 9-5 图

9.4 木结构防火、防腐、防虫的措施

9.4.1 木结构的防火

为了防止木结构遭受火灾的危害,在设计上除应遵守国家现行《建筑设计防火规范》(GB 50016—2014)的规定外,尚应采取下列构造措施:

① 在有火源的房屋内,须设置防止火焰、火星及辐射热危害的防火措施(如防火隔墙、防火幕、石棉隔板等),使木结构与火源隔开,被隔开的木结构仍应具有通风条件,不得将结构包裹在防火层内。

② 当房屋中有采暖或炊事的砖烟囱时,与木结构相邻部位的烟囱壁厚应加厚至240 mm。烟囱外表面与木结构之间的净距,不应小于下列规定:对于砖或混凝土烟囱,120 mm。对于金属烟囱,240 mm。当烟囱穿过木屋盖的吊顶时,在烟囱周围 500 mm 范围内,不得采用可燃材料作保温层。

③ 当房屋有采暖管道通过木构件时,其管壁表面应与木构件保持不小于 50 mm 的净距(若采暖管道的温度超过 100℃时,此净距尚应适当加大)或用非燃烧材料隔热。

④ 木屋盖吊顶内的电线,应采用金属管配线,或使用带金属保护层的绝缘导线。白炽灯、卤钨灯、荧光高汞灯及其镇流器等不应直接安装在木构件上。

⑤ 有可能遭受火灾危害的木结构,宜采用刨光的方木(包括胶合木)或原木制作;木屋盖的吊顶及木隔墙等应采用抹灰或设置水泥石棉板、石膏板等防火措施;保温和隔声材料宜用非燃烧材料(如矿棉、炉渣等)制作。

对有可能遭受火灾危害的建筑物以及对防火要求较高的木结构,除应在构造上采取防火措施外,尚宜用防火涂料进行处理。承重木结构使用的防火涂料,应是对人畜无毒,且经消防部门鉴定合格、批准生产的产品。

9.4.2 木结构的防腐与防虫

为防止木结构受潮而引起木材腐朽,设计时必须从构造上采取下列防潮和通风措施:

① 应在桁架和大梁支座下面设置防潮层,在柱下设置柱墩,并严禁将木柱直接埋入土中。

② 为保证木结构有适当的通风条件,不应将桁架支座节点或木构件封闭在墙、保温层或其他通风不良的环境中。

③ 为防止木材表面产生水汽凝结,当室内外温差很大时,房屋的围护结构(包括保温吊顶),应采用有效的保温和隔汽措施。

对下列情况,除从结构上采取通风防潮措施外,尚应采用药剂处理。

① 露天结构;
② 内排水桁架的支座节点处;
③ 檩条、搁栅等木构件直接与砌体接触的部位;
④ 在白蚁容易繁殖的潮湿环境附近使用木构件;
⑤ 虫害严重地区使用马尾松、云南松以及新利用树种中易遭虫害的木材;
⑥ 在主要承重结构中使用不耐腐的树种木材。

木构件的机械加工应在药剂处理前进行。局部修整时,必须对木材暴露表面涂刷足够的药剂。

9.5 本章小结

木材比其他的建材如,砌块、混凝土或钢筋都轻,易于运输,可以在现场操作,减少现场工人和起重设备的数量。木结构做填充墙,建筑物的自重降低了,对地基的要求也就相应降低了。采用木结构墙体或屋架,不仅降低了地基上的成本投入,也节约了钢筋、混凝土等资源。精心设计和建造的现代木结构建筑,能够面对各种挑战,是现代建筑形式中最经久耐用的结构形式之一,能历经数代而状态良好,包括在多雨、潮湿,以及白蚁高发地区。

随着新的建筑方法和技术的不断更新,利用混凝土结构作基础以及木结构作为顶层的混合结构已经成为一种新的流行发展趋势。利用这种混合结构可以建造多层的建筑,但同样保持木结构的灵活性和节能效果。目前这种新技术已在国内引起了广泛关注。由于木结构是最节能的建筑系统,利用混合木结构建筑技术做旧公房改造可以节省大量能源——对于建设资源节约型、环境友好型建筑起到积极的作用。

思考题

9-1 简述木结构所用木材的分类。

9-2 木结构的主要连接方式有哪几种?
9-3 木结构的防腐措施有哪些?
9-4 影响木材的力学性能的因素有哪些?
9-5 木结构的受拉、受压、受弯、受剪力如何计算?

习题

9-6 标注原木直径时,应以下列何项为准?( )
A. 大头直径   B. 中间直径
C. 距大头 1/3 处直径   D. 小头直径

9-7 关于承重木结构用胶的下列叙述,何项错误?( )
A. 应保证胶合强度不低于木材顺纹抗剪强度
B. 应保证胶合件的长细比
C. 应保证胶连接的耐水性的耐久性
D. 当有出厂质量证明文件时,使用前可不再检验其胶结能力

9-8 当木桁架支座节点采用齿连接时,下列做法何项正确?( )
A. 必须设置保险螺栓   B. 双齿连接时,可采用一个保险螺栓
C. 考虑保险螺栓与齿共同工作   D. 保险螺栓应与下弦杆垂直

9-9 当木结构处于下列何种情况时,不能保证木材可以避免腐朽?( )
A. 具有良好通风的环境   B. 含水率≤20%的环境
C. 含水率在 40%~70%的环境   D. 长期浸泡在水中

9-10 木材的缺陷、疵病对下列哪种强度影响最大?( )
A. 抗弯强度   B. 抗剪强度   C. 抗压强度   D. 抗拉强度

9-11 由于木材不等向性的影响,当含水率变化时,各个方向引起的干缩变形不同。若 ε_l 为顺纹方向干缩率,ε_t 为弦向干缩率,ε_r 为径向干缩率,则下列关系何项正确?( )
A. $\varepsilon_l > \varepsilon_r > \varepsilon_t$ B. $\varepsilon_l < \varepsilon_r < \varepsilon_t$ C. $\varepsilon_r > \varepsilon_l > \varepsilon_t$ D. $\varepsilon_r < \varepsilon_l < \varepsilon_t$

9-12 在现场制作原木或方木结构构件时,木材含水率不应大于下列何项数值?( )
A. 25%   B. 18%   C. 15%   D. 10%

9-13 普通木结构的受弯或压弯构件可选用何种材质等级的木材?( )
A. Ⅲa 级   B. Ⅲa 级或Ⅱa 级   C. Ⅱa 级   D. Ⅰa 级

9-14 木材抗拉强度具有明显的方向性,关于木材抗拉强度的下列判断中何项正确?( )
A. 横纹强度最高,顺纹强度最低,斜纹强度介于两者之间
B. 顺纹强度最高,斜纹强度最低,横纹强度介于两者之间
C. 斜纹强度最高,横纹强度最低,顺纹强度介于两者之间
D. 顺纹强度最高,横纹强度最低,斜纹强度介于两者之间

9-15 对于采用云南松原木下弦的木桁架,其跨度不宜大于下列何项数值?( )
A. 12 m   B. 15 m   C. 18 m   D. 21 m

9-16 为减少屋架的可见挠度,木桁架应有多大的起拱(l_0 为跨度)?( )

A. $\dfrac{l_0}{300}$ B. $\dfrac{l_0}{250}$ C. $\dfrac{l_0}{200}$ D. $\dfrac{l_0}{150}$

9-17 如习题 9-17 图所示一原木屋架下弦接头节点（该建筑设计使用年限为 50 年），其木材顺纹承压强度设计值 $f_c = 12\ \text{N/mm}^2$，该杆轴向力设计值 $P = 81\ \text{kN}$，采用钢夹板连接，螺栓连接承载力计算系数 $k_v = 7.5$，木材斜纹承压降低系数 $\psi_a = 1$。试确定连接所需 $\phi 20$ 螺栓数应为下列何项数值？

A. $n = 4$　　B. $n = 6$　　C. $n = 8$　　D. $n = 10$

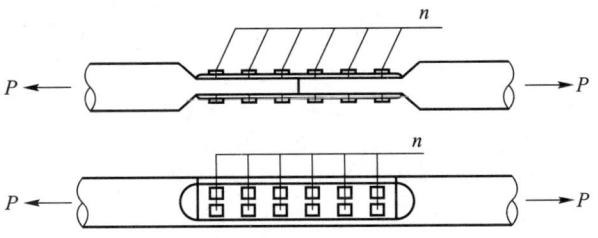

习题 9-17 图　原木屋架下弦接头节点

9-18 某露天环境下工地采用直径 $d = 150\ \text{mm}$（小头）的杉木杆作混凝土梁底模立柱（有切削加工），柱高 2.4 m，两端铰支。试问该立柱能承受施工荷载（主要是活载）的轴压力（kN）与下列何项数值接近？（　　）

A. 109.0　　B. 130.9　　C. 145.4　　D. 209.9

9-19 有一用于设计使用年限为 50 年的木结构，建筑中的冷杉方木压弯构件，截面尺寸为 120×150 mm，无缺口，两端铰支，$l_0 = 2.31\ \text{m}$。承受内力设计值：轴压力 $N = 454\ \text{kN}$，截面长边方向弯矩 $M_x = 2.5\ \text{kN·m}$，如习题 9-19 图所示。试验算此构件的承载能力能否满足要求。

9-20 如习题 9-20 图所示原木屋架，设计使用年限为 50 年，选用红皮云杉 TC13 B 制作。斜杆 D_3 原木梢径 $d = 100\ \text{mm}$，其杆长 $l = 2\ 828\ \text{mm}$。D_3 杆轴心压设计值（恒载）$N = 18.86\ \text{kN}$，当按强度验算时，求斜杆 D_3 的轴压承载力是多少？

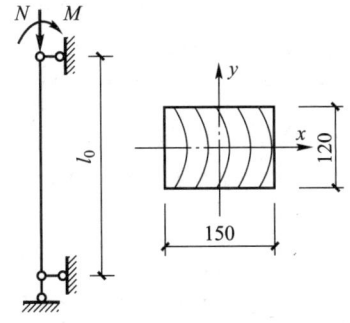

习题 9-19 图　方木压弯构件计算简图

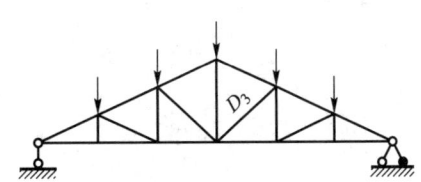

习题 9-20 图　原木屋架

9-21 同上题，在荷载效应的基本组合下，D_3 杆轴心压力设计值 $N = -25.98\ \text{kN}$，当按稳定验算时，求斜杆 D_3 的轴压承载力是多少？

10 砌体结构

10.1 概述

10-1:规范
砌体结构设计规范

砌体结构是由砖、砌块及石用砂浆砌筑的结构,在我国有着悠久的历史。秦朝建造的万里长城,在砌体结构史上写下了光辉的一页;隋朝李春建造的河北赵县安济桥是世界上最早的一座空腹式石拱桥;明代建造的南京灵谷寺无梁殿后走廊,采用砖砌穹窿结构,使抗拉承载力低的砌体结构跨越了较大的空间。新中国成立以后,我国采用了一些砌体结构新材料、新结构和新技术,建造了大量的多层住宅、办公楼等民用建筑和中、小型单层工业厂房、多层轻工业厂房以及影剧院、食堂、仓库等建筑。此外,还可用砖石材料建造各种构筑物,如烟囱、拱桥等。

1. 砌体结构优缺点

优点:① 可就地取材;② 耐久、防火、隔热、保温性能好、宜满足建筑功能要求;③ 施工工序单一、方便;④ 造价较低。

缺点:① 自重大;② 砌筑工作量大,且为手工操作,工人劳动强度大,施工进度较慢;③ 抗震性能差;④ 破坏耕地。

2. 砌体结构适用范围

砌体材料抗压承载力较高,适用于受压构件,如较低的办公楼、教学楼、试验楼,多层住宅、旅馆,工业厂房、框架结构的填充墙等。工业建筑中的一些构筑也可采用砌体结构。

10.2 砌体力学性能

10.2.1 砌体的受力性能和计算指标

(1) 砌体受压性能分析

砖砌体轴心受压时,从加载至破坏,可分为三个阶段。

第一阶段:从开始加载到出现第一条裂缝(图10-2-1a),其压力为破坏时压力的50%~70%;

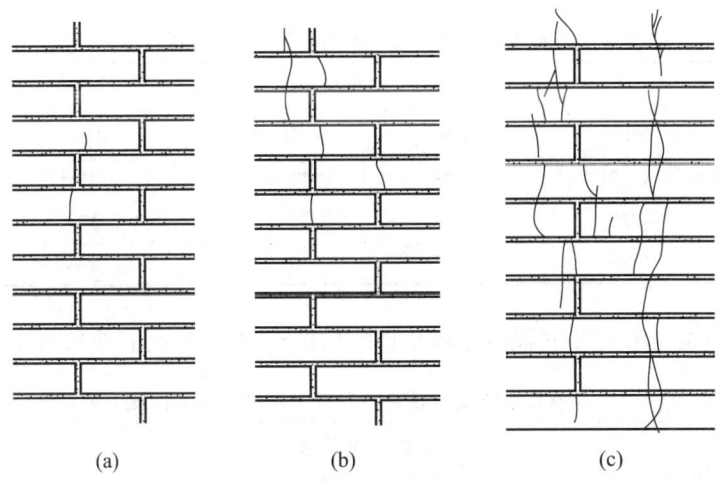

(a)　　　　　(b)　　　　　(c)

图 10-2-1　砖砌体受压破坏情况

第二阶段:随着压力增加,单块砖内的裂缝不断发展,并沿竖向延伸到若干皮砖,同时产生新的裂缝(图 10-2-1b)。此时,即使压力不再增加,裂缝仍会继续开展。砌体已处于临界破坏状态,其压力为破坏时压力的 80%~90%;

第三阶段:压力继续增加,裂缝加长加宽,使砌体形成若干小柱体,砖被压碎或小柱体失稳,整个砌体也随之破坏(图 10-2-1c)。此时,以破坏时的压力除以砌体横截面面积所得应力称为砌体的抗压极限强度。

（2）砌体的计算指标

《砌体结构设计规范》规定,龄期为 28d 的以毛截面计算的各类砌体抗压强度设计值,当施工质量控制等级为 B 级时,应根据块体和砂浆的强度等级分别按下列规定采用:

① 烧结普通砖和烧结多孔砖砌体的抗压强度设计值,应按表 10-2-1 采用。

表 10-2-1　烧结普通砖和烧结多孔砖砌体的抗压强度设计值　　　　MPa

砖强度等级	砂浆强度等级					砂浆强度
	M15	M10	M7.5	M5	M2.5	0
MU30	3.94	3.27	2.93	2.59	2.26	1.15
MU25	3.60	2.98	2.68	2.37	2.06	1.05
MU20	3.22	2.67	2.39	2.12	1.84	0.94
MU15	2.79	2.31	2.07	1.83	1.60	0.82
MU10	—	1.89	1.69	1.50	1.30	0.67

② 蒸压灰砂砖、蒸压粉煤灰砖砌体的抗压强度设计值,应按表10-2-2采用。

表10-2-2 蒸压灰砂砖、蒸压粉煤灰砖砌体的抗压强度设计值　　MPa

砖强度等级	砂浆强度等级				砂浆强度
	M15	M10	M7.5	M5	0
MU25	3.60	2.98	2.68	2.37	1.05
MU20	3.22	2.67	2.39	2.12	0.94
MU15	2.79	2.31	2.07	1.83	0.82

③ 单排孔混凝土和轻集料混凝土砌块砌体的抗压强度设计值,应按表10-2-3采用。

表10-2-3　单排孔混凝土和轻集料混凝土砌块砌体的抗压强度设计值　　MPa

砌块强度等级	砂浆强度等级					砂浆强度
	Mb20	Mb15	Mb10	Mb7.5	Mb5	0
MU20	6.30	5.68	4.95	4.44	3.94	2.33
MU15	—	4.61	4.02	3.61	3.20	1.89
MU10	—	—	2.79	2.50	2.22	1.31
MU7.5	—	—	—	1.93	1.71	1.01
MU5	—	—	—	—	1.19	0.70

注:1. 对错孔砌筑的砌体,应按表中数值乘以0.8;
　　2. 对独立柱或厚度为双排组砌的砌块砌体,应按表中数值乘以0.7;
　　3. 对T形截面砌体,应按表中数值乘以0.85;
　　4. 表中轻集料混凝土砌块为煤矸石和水泥煤渣混凝土砌块。

④ 单排孔混凝土砌块对孔砌筑时,灌孔砌体的抗压强度设计值应按下列公式计算:

$$f_g = f + 0.6\alpha f_c \quad (10-2-1)$$

$$\alpha = \delta \rho \quad (10-2-2)$$

式中　f_g——灌孔砌体的抗压强度设计值,且不应大于未灌孔砌体抗压强度设计值的2倍,MPa;

　　　f——未灌孔砌体的抗压强度设计值,应按表10-2-3采用,MPa;

　　　f_c——灌孔混凝土的轴心抗压强度设计值,MPa;

　　　α——砌块砌体中灌孔混凝土面积和砌体毛面积的比值;

　　　δ——混凝土砌块的孔洞率;

　　　ρ——混凝土砌块砌体的灌孔率,系截面灌孔混凝土面积和截面孔洞面积的比值,ρ不应小于33%。

砌块砌体的灌孔混凝土强度等级不应低于Cb20,也不宜低于1.5倍的块体强度等级。

⑤ 孔洞率不大于35%的双排孔或多排孔轻集料混凝土砌块砌体的抗压强度设计值,应按表10-2-4采用。

表 10-2-4　轻集料混凝土砌块砌体的抗压强度设计值　　　　MPa

砌块强度等级	砂浆强度等级			砂浆强度
	Mb10	Mb7.5	Mb5	0
MU10	3.08	2.76	2.45	1.44
MU7.5	—	2.13	1.88	1.12
MU5	—	—	1.31	0.78
MU3.5	—	—	0.95	0.56

注：1. 表中的砌块为火山渣、浮石和陶粒轻集料混凝土砌块；
　　2. 对厚度方向为双排组砌的轻集料混凝土砌块砌体的抗压强度设计值，应按表中数值乘以 0.8。

⑥ 块体高度为 180~350 mm 的毛料石砌体的抗压强度设计值，应按表 10-2-5 采用。

表 10-2-5　毛料石砌体的抗压强度设计值　　　　MPa

毛料石强度等级	砂浆强度等级			砂浆强度
	M7.5	M5	M2.5	0
MU100	5.42	4.80	4.18	2.13
MU80	4.85	4.29	3.73	1.91
MU60	4.20	3.71	3.23	1.65
MU50	3.83	3.39	2.95	1.51
MU40	3.43	3.04	2.64	1.35
MU30	2.97	2.63	2.29	1.17
MU20	2.42	2.15	1.87	0.95

注：对下列各类料石砌体，应按表中数值分别乘以系数：细料石砌体，1.5；粗料石砌体，1.2；干砌勾缝石砌体，0.8。

⑦ 毛石砌体的抗压强度设计值，应按表 10-2-6 采用。

表 10-2-6　毛石砌体的抗压强度设计值　　　　MPa

毛石强度等级	砂浆强度等级			砂浆强度
	M7.5	M5	M2.5	0
MU100	1.27	1.12	0.98	0.34
MU80	1.13	1.00	0.87	0.30
MU60	0.98	0.87	0.76	0.26
MU5	0.90	0.80	0.69	0.23
MU40	0.80	0.71	0.62	0.21
MU30	0.69	0.61	0.53	0.18
MU20	0.56	0.51	0.44	0.15

(3)砌体的受拉、受弯和受剪

① 砌体轴心受拉。

根据拉力作用方向,有三种破坏形态(图 10-2-2)。当轴心拉力与砌体水平灰缝平行时,砌体可能沿齿缝 1—1 截面破坏(图 10-2-2a),也可能沿块体和竖向灰缝 2—2 截面破坏(图 10-2-2b);当轴心拉力与砌体水平灰缝垂直时,砌体沿通缝 3—3 截面破坏(图 10-2-2c)。

当块材强度较高而砂浆强度较低时,砌体沿齿缝受拉破坏;当块材强度较低而砂浆强度较高时,砌体受拉破坏可能通过块体和竖向灰缝连成的截面发生。

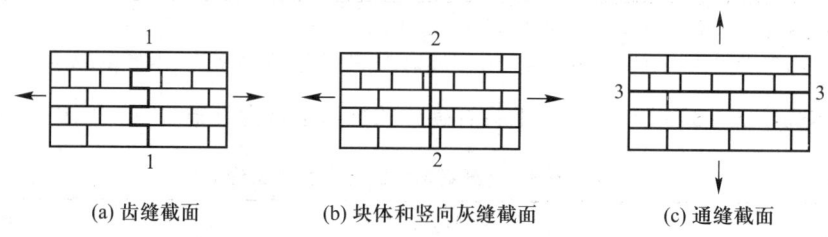

(a) 齿缝截面　　　(b) 块体和竖向灰缝截面　　　(c) 通缝截面

图 10-2-2　砌体轴心受拉破坏形态

② 砌体弯曲受拉。

砌体弯曲受拉时,有三种破坏形态(图 10-2-3)。即砌体沿齿缝破坏;沿块体和竖向灰缝破坏;沿通缝破坏。

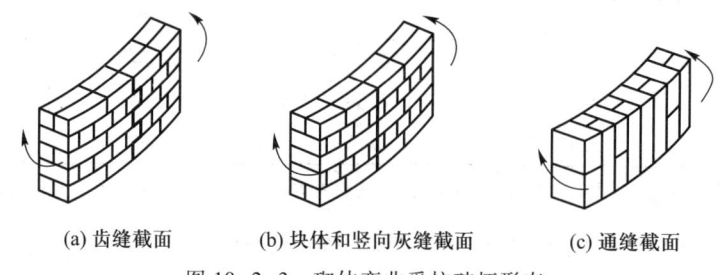

(a) 齿缝截面　　　(b) 块体和竖向灰缝截面　　　(c) 通缝截面

图 10-2-3　砌体弯曲受拉破坏形态

③ 砌体受剪。

砌体受剪破坏时,有三种破坏形态(图 10-2-4)。即沿通缝剪切破坏;沿齿缝剪切破坏;沿阶梯形缝剪切破坏。

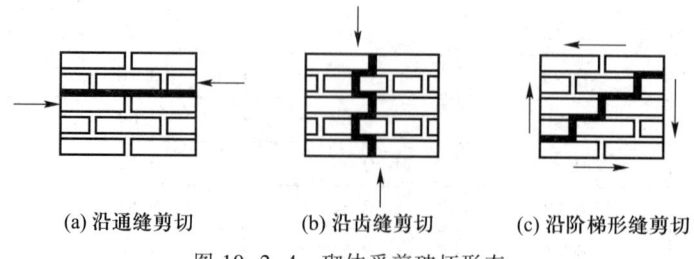

(a) 沿通缝剪切　　　(b) 沿齿缝剪切　　　(c) 沿阶梯形缝剪切

图 10-2-4　砌体受剪破坏形态

④ 轴心抗拉强度设计值、弯曲抗拉强度设计值和抗剪强度设计值。

龄期为 28 d 的以毛截面计算的各类砌体轴心抗拉强度设计值、弯曲抗拉强度设计值和抗剪强度设计值,当施工质量控制等级为 B 级时,应按表 10-2-7 采用。

表 10-2-7　沿砌体灰缝截面破坏时砌体的轴心抗拉强度设计值、弯曲抗拉强度设计值和抗剪强度设计值　　　MPa

强度类别	破坏特征及砌体种类		砂浆强度等级			
			≥M10	M7.5	M5	M2.5
轴心抗拉	沿齿缝	烧结普通砖、烧结多孔砖	0.19	0.16	0.13	0.09
		混凝土普通砖、混凝土多孔砖	0.19	0.16	0.13	—
		蒸压灰砂普通砖、蒸压粉煤灰普通砖	0.12	0.10	0.08	—
		混凝土和轻集料混凝土砌块	0.09	0.08	0.07	—
		毛石	—	0.07	0.06	0.04
弯曲抗拉	沿齿缝	烧结普通砖、烧结多孔砖	0.33	0.29	0.23	0.17
		混凝土普通砖、混凝土多孔砖	0.33	0.29	0.23	—
		蒸压灰砂普通砖、蒸压粉煤灰普通砖	0.24	0.20	0.16	—
		混凝土和轻集料混凝土砌块	0.11	0.09	0.08	—
		毛石	—	0.11	0.09	0.07
	沿通缝	烧结普通砖、烧结多孔砖	0.17	0.14	0.11	0.08
		混凝土普通砖、混凝土多孔砖	0.17	0.14	0.11	—
		蒸压灰砂普通砖、蒸压粉煤灰普通砖	0.12	0.10	0.08	—
		混凝土和轻集料混凝土砌块	0.08	0.06	0.05	—
抗剪	烧结普通砖、烧结多孔砖		0.17	0.14	0.11	0.08
	混凝土普通砖、混凝土多孔砖		0.17	0.14	0.11	—
	蒸压灰砂普通砖、蒸压粉煤灰普通砖		0.12	0.10	0.08	—
	混凝土和轻集料混凝土砌块		0.09	0.08	0.06	—
	毛石		—	0.19	0.16	0.11

注:1. 对于用形状规则的块体砌筑的砌体,当搭接长度与块体高度的比值小于 1 时,其轴心抗拉强度设计值 f_t 和弯曲抗拉强度设计值 f_{tm} 应按表中数值乘以搭接长度与块体高度比值后采用;
2. 表中数值是依据普通砂浆砌筑的砌体确定,采用经研究性试验且通过技术鉴定的专用砂浆砌筑的蒸压灰砂普通砖、蒸压粉煤灰普通砖砌体,其抗剪强度设计值按相应普通砂浆强度等级砌筑的烧结普通砖砌体采用;
3. 对混凝土普通砖、混凝土多孔砖、混凝土和轻集料混凝土砌块砌体,表中的砂浆强度等级分别为:≥Mb10、Mb7.5 及 Mb5。

单排孔混凝土砌块对孔砌筑时,灌孔砌体的抗剪强度设计值f_{vg},应按式(10-2-3)计算:

$$f_{vg} = 0.2 f_g^{0.55} \qquad (10\text{-}2\text{-}3)$$

式中 f_g——灌孔砌体的抗压强度设计值,MPa。

10.2.2 强度调整系数 γ_a

考虑不同因素对砌体强度的影响,在设计时对下列情况的各种砌体,其砌体强度设计值应乘以调整系数 γ_a:

(1) 对无筋砌体构件,其截面面积小于 0.3 m² 时,γ_a 为其截面面积加 0.7。对配筋砌体构件,当其中砌体截面面积小于 0.2 m² 时,γ_a 为其截面面积加 0.8。构件截面面积以 m² 计;

(2) 当砌体用强度等级小于 M5.0 的水泥砂浆砌筑时,对抗压强度设计值(表 10-2-1~表 10-2-6),γ_a 为 0.9;对轴心抗拉强度设计值、弯曲抗拉强度设计值和抗剪强度设计值(表 10-2-7),γ_a 为 0.8;

(3) 当验算施工中房屋的构件时,γ_a 为 1.1。

10.3 砌体结构静力计算方案

10.3.1 砌体结构房屋静力计算的三种方案

对砌体结构房屋,根据其空间工作性能,可将房屋的静力计算分为三种方案,下面以单层房屋为例。

(1) 刚性方案

房屋空间刚度大,在荷载作用下墙柱内力可按顶端具有不动铰支承的竖向结构计算。

(2) 刚弹性方案

在荷载作用下,墙柱内力可考虑空间工作性能影响系数,按顶端为弹性支承的平面排架计算。

(3) 弹性方案

在荷载作用下,由于空间刚度很差,墙柱内力按有侧移的平面排架计算。

规范将房屋按屋盖或楼盖的平面刚度分为三种类型,并按房屋横墙间距确定静力计算方案,见表 10-3-1。

表 10-3-1 房屋的静力计算方案

	屋盖或楼盖类别	刚性方案	刚弹性方案	弹性方案
1	整体式、装配整体和装配式无檩体系钢筋混凝土屋盖或钢筋混凝土楼盖	$s<32$	$32 \leqslant s \leqslant 72$	$s>72$

续表

	屋盖或楼盖类别	刚性方案	刚弹性方案	弹性方案
2	装配式有檩体系钢筋混凝土屋盖、轻钢屋盖和有密铺望板的木屋盖或木楼盖	$s<20$	$20\leqslant s\leqslant 48$	$s>48$
3	瓦材屋面的木屋盖和轻钢屋盖	$s<16$	$16\leqslant s\leqslant 36$	$s>36$

注:1. 表中 s 为房屋横墙间距,其长度单位为 m;
  2. 当屋盖、楼盖类别不同或横墙间距不同时,计算上柔下刚多层房屋时,顶层可按单层房屋计算,其空间性能影响系数可根据屋盖类别按表 10-3-2 确定;
  3. 对无山墙或伸缩缝处无横墙的房屋,应按弹性方案考虑。

10.3.2 三种方案的简要

(1) 刚性和刚弹性方案房屋的横墙应符合下列要求
① 横墙中开有洞口时,洞口的水平截面面积不应超过横墙截面面积的 50%;
② 横墙厚度不宜小于 180 mm;
③ 单层房屋的横墙长度不宜小于其高度,多层房屋的横墙长度不宜小于 $H/2$(H 为横墙总高度)。

(2) 弹性方案房屋的静力计算
弹性方案房屋的静力计算,可按屋架或大梁与墙(柱)铰接,不考虑空间工作的平面排架或框架计算。

(3) 刚弹性方案房屋的静力计算
刚弹性方案房屋的静力计算,可按屋架或大梁与墙(柱)铰接,并考虑空间工作的平面排架或框架计算。房屋各层的空间性能影响系数,可按表 10-3-2 采用。

表 10-3-2 房屋各层的空间性能影响系数

屋盖或楼盖类别	横墙间距 s/m														
	16	20	24	28	32	36	40	44	48	52	56	60	64	68	72
1	—	—	—	—	0.33	0.39	0.45	0.50	0.55	0.60	0.64	0.68	0.71	0.74	0.77
2	—	0.35	0.45	0.54	0.61	0.68	0.73	0.78	0.82	—	—	—	—	—	—
3	0.37	0.49	0.60	0.68	0.75	0.81	—	—	—	—	—	—	—	—	—

(4) 刚性方案房屋的静力计算

① 单层房屋:在荷载作用下,墙、柱可视为上端不动铰支承于屋盖,下端嵌固于基础顶面的竖向构件。

② 多层房屋:在竖向荷载作用下,墙、柱在每层高度范围内,可近似地视作两端铰支的竖向构件;在水平荷载作用下,墙、柱可视为竖向连续梁。

③ 对本层的竖向荷载,应考虑对墙、柱的实际偏心影响。

④ 对于梁跨度大于 9 m 的墙承重的多层房屋,除按上述方法计算墙体承载力外,宜再按梁两端固结计算梁端弯矩,再将其乘以修正系数。

10.4 无筋砌体构件的承载力计算

10.4.1 砌体受压承载力计算

(1) 受压构件的承载力计算公式

受压构件的承载力应按式(10-4-1)计算:

$$N \leqslant \varphi f A \tag{10-4-1}$$

式中 N——轴向力设计值,N;

φ——高厚比 β 和轴向力的偏心距 e 对受压构件承载力的影响系数;

f——砌体的抗压强度设计值,MPa;

A——截面面积,对各类砌体均应按毛截面计算;对带壁柱墙,应考虑翼缘的影响,mm^2。

注:对矩形截面构件,当轴向力偏心方向的截面边长大于另一方向的边长时,除按偏心受压计算外,还应对较小边长方向,按轴心受压进行验算。

(2) 受压构件的计算高度 H_0

受压构件的计算高度 H_0,应根据房屋类别和构件支承条件等按表 10-4-1 采用。

(3) 高度 H 的确定

构件高度 H 应按下列规定采用:

① 在房屋底层,为楼板顶面到构件下端支点的距离。下端支点的位置,可取在基础顶面。当埋置较深且有刚性地坪时,可取室外地面下 500 mm 处;

② 在房屋其他层次,为楼板或其他水平支点间的距离;

③ 对于无壁柱的山墙,可取层高加山墙尖高度的 1/2;对于带壁柱的山墙可取壁柱处的山墙高度。

表 10-4-1 受压构件的计算高度 H_0

房屋类别			柱		带壁柱墙或周边拉结的墙		
			排架方向	垂直排架方向	$s>2H$	$2H \geqslant s>H$	$s \leqslant H$
有吊车的单层房屋	变截面柱上段	弹性方案	$2.5H_u$	$1.25H_u$	$2.5H_u$		
		刚性、刚弹性方案	$2.0H_u$	$1.25H_u$	$2.0H_u$		
	变截面柱下段		$1.0H_l$	$0.8H_l$	$1.0H_l$		
无吊车的单层和多层房屋	单跨	弹性方案	$1.5H$	$1.0H$	$1.5H$		
		刚弹性方案	$1.2H$	$1.0H$	$1.2H$		
	两跨或两跨以上	弹性方案	$1.25H$	$1.0H$	$1.25H$		
		刚弹性方案	$1.10H$	$1.0H$	$1.1H$		
	刚性方案		$1.0H$	$1.0H$	$1.0H$	$0.4s+0.2H$	$0.6s$

注:1. 表中 H_u 为变截面柱的上段高度;H_l 为变截面柱的下段高度;
   2. 对于上端为自由端的构件,$H_0=2H$;
   3. 独立砖柱,当无柱间支撑时,柱在垂直排架方向的 H_0 应按表中数值乘以 1.25 后采用;
   4. s 为房屋横墙间距;
   5. 自承重墙的计算高度应根据周边支承或拉接条件确定。

10.4.2 砌体局部受压承载力计算

(1)砌体截面局部受压

砌体截面中受局部均匀压力时的承载力应按式(10-4-2)计算:

$$N_1 \leqslant \gamma f A_1 \quad (10\text{-}4\text{-}2)$$

$$\gamma = 1+0.35\sqrt{\frac{A_0}{A_1}-1} \quad (10\text{-}4\text{-}3)$$

式中 N_1——局部受压面积上的轴向力设计值,N;
      γ——砌体局部抗压强度提高系数;
      f——砌体的抗压强度设计值,可不考虑强度调整系数 γ_a 的影响,MPa;
      A_1——局部受压面积,mm²;

A_0——影响砌体局部抗压强度的计算面积,mm^2。

计算所得 γ 值,尚应符合下列规定:

在图 10-4-1a 的情况下,$\gamma \leqslant 2.5$;

在图 10-4-1b 的情况下,$\gamma \leqslant 2.0$;

在图 10-4-1c 的情况下,$\gamma \leqslant 1.5$;

在图 10-4-1d 的情况下,$\gamma \leqslant 1.25$;

对多孔砖砌体和按规范要求灌孔的砌块砌体,在图 10-4-1a、图 10-4-1b 的情况下,尚应符合 $\gamma \leqslant 1.5$。未灌孔混凝土砌块砌体,$\gamma = 1.0$。

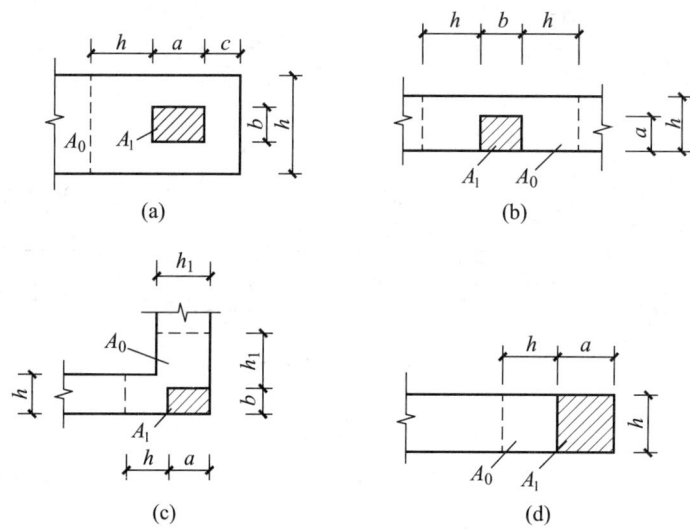

图 10-4-1 不同局压部位的 A_0 取值

(2)梁端支承处局部受压

梁端支承处砌体的局部受压承载力应按式(10-4-4)计算:

$$\psi N_0 + N_1 \leqslant \eta \gamma f A_1 \qquad (10\text{-}4\text{-}4)$$

$$\psi = 1.5 - 0.5 \frac{A_0}{A_1} \qquad (10\text{-}4\text{-}5)$$

$$N_0 = \sigma_0 A_1 \qquad (10\text{-}4\text{-}6)$$

$$A_1 = a_0 b \qquad (10\text{-}4\text{-}7)$$

$$a_0 = 10 \sqrt{\frac{h_c}{f}} \qquad (10\text{-}4\text{-}8)$$

式中 ψ——上部荷载的折减系数,当 A_0/A_1 大于等于 3 时,应取 ψ 等于 0;

N_0——局部受压面积内上部轴向力设计值,N;

N_1——梁端支承压力设计值,N;

σ_0——上部平均压应力设计值,N/mm^2;

η——梁端底面压应力图形的完整系数,可取 0.7,对于过梁和墙梁可取 1.0;

a_0——梁端有效支承长度,mm,当 a_0 大于 a 时,应取 a_0 等于 a;

a——梁端实际支承长度,mm;

b——梁的截面宽度,mm;

h_c——梁的截面高度,mm;

f——砌体的抗压强度设计值,MPa。

当梁端局部受压承载力不满足要求时,可以通过在梁端加钢筋混凝土垫块(预制刚性垫块、与梁端现浇成整体的垫块),或将梁端放在钢筋混凝土垫梁(如圈梁)上来解决。

刚性垫块的构造应符合下列规定:

① 刚性垫块的高度不宜小于 180 mm,自梁边算起的垫块挑出长度不宜大于垫块高度 t_b;

② 在带壁柱墙的壁柱内设刚性垫块时,其计算面积应取壁柱范围内的面积,而不应计算翼缘部分,同时壁柱上垫块伸入翼墙内的长度不应小于 120 mm;

③ 当现浇垫块与梁端整体浇筑时,垫块可在梁高范围内设置。

10.4.3 砌体受拉、受弯及受剪承载力计算

(1) 轴心受拉构件

轴心受拉构件的承载力应按式(10-4-9)计算:

$$N_t \leqslant f_t A \tag{10-4-9}$$

式中 N_t——轴心拉力设计值,N;

f_t——砌体的轴心抗拉强度设计值,MPa。

(2) 受弯构件

受弯构件的受弯承载力应按式(10-4-10)计算:

$$M \leqslant f_{tm} W \tag{10-4-10}$$

式中 M——弯矩设计值,kN·m;

f_{tm}——砌体弯曲抗拉强度设计值,MPa;

W——截面抵抗矩,mm³。

受弯构件的受剪承载力应按式(10-4-11)计算:

$$V \leqslant f_v bz \tag{10-4-11}$$

$$z = I/S \tag{10-4-12}$$

式中 V——剪力设计值,N;

f_v——砌体的抗剪强度设计值,N/mm²;

b——截面宽度,mm;

z——内力臂,当截面为矩形时取 $z = 2h/3$,mm;

I——截面惯性矩,mm⁴;

S——截面面积矩,mm^3；

h——截面高度,mm。

(3) 受剪构件

沿通缝或沿阶梯形截面破坏时受剪构件的承载力应按式(10-4-13)计算：

$$V \leqslant (f_v + \alpha\mu\sigma_0)A \quad (10\text{-}4\text{-}13)$$

当 $\gamma_G = 1.2$ 时,$\mu = 0.26 - 0.082\dfrac{\sigma_0}{f}$（轴压比$\dfrac{\sigma_0}{f} \leqslant 0.8$） $\quad (10\text{-}4\text{-}14)$

当 $\gamma_G = 1.35$ 时,$\mu = 0.23 - 0.065\dfrac{\sigma_0}{f}$（轴压比$\dfrac{\sigma_0}{f} \leqslant 0.8$） $\quad (10\text{-}4\text{-}15)$

式中 V——截面剪力设计值,N；

A——水平截面面积,mm^2；

f_v——砌体抗剪强度设计值,对灌孔的混凝土砌体砌块取 f_{vg},N/mm^2；

α——修正系数。当 $\gamma_G = 1.2$ 时,砖(含多孔砖)砌体取 0.60,混凝土砌块砌体取 0.64；当 $\gamma_G = 1.35$ 时,砖(含多孔砖)砌体取 0.64,混凝土砌块砌体取 0.66；

μ——剪压复合受力影响系数；

σ_0——永久荷载设计值产生的水平截面平均压应力,其值不应大于 $0.8f$,N/mm^2；

f——砌体的抗压强度设计值,N/mm^2。

10.5 砌体结构构造要求

10.5.1 墙、柱的允许高厚比

混合结构房屋中的墙体是受压构件,除了满足承载力要求外,还必须保证其稳定性。《砌体结构设计规范》中规定用验算墙、柱高厚比的方法进行墙、柱稳定性的验算。高厚比系指墙、柱的计算高度(H_0)和墙厚或边长(h)的比值 H_0/h。

墙、柱的高厚比应按式(10-5-1)验算：

$$\beta = \dfrac{H_0}{h} \leqslant \mu_1\mu_2[\beta] \quad (10\text{-}5\text{-}1)$$

式中 H_0——墙、柱的计算高度,应按表 10-4-1 采用,mm；

h——墙厚或矩形柱与 H_0 相对应的边长,mm；

μ_1——自承重墙允许高厚比的修正系数；

μ_2——有门窗洞口墙允许高厚比的修正系数；

$[\beta]$——墙、柱的允许高厚比,应按表 10-5-1 采用。

注：1. 当与墙连接的相邻两横墙间的距离 $s \leqslant \mu_1\mu_2[\beta]h$ 时,墙的高度可不受此限制；

2. 变截面柱的高厚比可按上、下截面分别验算,验算上柱的高厚比时,墙、柱的允许高厚比可按表 10-5-1 的数值乘以 1.3 后采用。

表 10-5-1　墙、柱的允许高厚比 [β] 值

砌体类别	砂浆强度等级	墙	柱
无筋砌体	M2.5	22	15
	M5.0 或 Mb5.0、Ms5.0	24	16
	≥M7.5 或 Mb7.5、Ms7.5	26	17
配筋砌块砌体	—	30	21

注：1. 毛石墙、柱的允许高厚比应按表中数值降低 20%；
　　2. 带有混凝土或砂浆面层的组合砖砌体构件的允许高厚比，可按表中数值提高 20%，但不得大于 28；
　　3. 验算施工阶段砂浆尚未硬化的新砌砌体构件高厚比时，允许高厚比对墙取 14，对柱取 11。

10.5.2　一般构造要求

1. 预制钢筋混凝土板在混凝土圈梁上的支承长度不应小于 80 mm，板端伸出的钢筋应与圈梁可靠连接，且同时浇筑；预制钢筋混凝土板在墙上的支承长度不应小于 100 mm，并应按下列方法进行连接：

（1）板支承于内墙时，板端钢筋伸出长度不应小于 70 mm，且与支座处沿墙配置的纵筋绑扎，用强度等级不低于 C25 的混凝土浇筑成板带；

（2）板支承于外墙时，板端钢筋伸出长度不应小于 100 mm，且与支座处沿墙配置的纵筋绑扎，用强度等级不低于 C25 的混凝土浇筑成板带；

（3）预制钢筋混凝土板与现浇板对接时，预制板端钢筋应伸入现浇板中进行连接后，再浇筑现浇板。

2. 墙体转角处和纵横墙交接处应沿竖向每隔 400~500 mm 设拉结钢筋，其数量为每 120 mm 墙厚不少于 1 根直径 6 mm 的钢筋；或采用焊接钢筋网片，埋入长度从墙的转角或交接处算起，对实心砖墙每边不小于 500 mm，对多孔砖墙和砌块墙不小于 700 mm。

3. 填充墙、隔墙应分别采取措施与周边主体结构构件可靠连接，连接构造和嵌缝材料应能满足传力、变形、耐久和防护要求。

4. 在砌体中留槽洞及埋设管道时，应遵守下列规定：

（1）不应在截面长边小于 500 mm 的承重墙体、独立柱内埋设管线；

（2）不宜在墙体中穿行暗线或预留、开凿沟槽，当无法避免时应采取必要的措施或按削弱后的截面验算墙体的承载力。

注：对受力较小或未灌孔的砌块砌体，允许在墙体的竖向孔洞中设置管线。

5. 承重的独立砖柱截面尺寸不应小于 240 mm×370 mm。毛石墙的厚度不宜小于 350 mm，毛料石柱较小边长不宜小于 400 mm。

注：当有振动荷载时，墙、柱不宜采用毛石砌体。

6. 支承在墙、柱上的吊车梁、屋架及跨度大于或等于下列数值的预制梁的端部，应采用锚固件与墙、柱上的垫块锚固：

(1) 对砖砌体为 9 m；
(2) 对砌块和料石砌体为 7.2 m。

7. 跨度大于 6 m 的屋架和跨度大于下列数值的梁，应在支承处砌体上设置混凝土或钢筋混凝土垫块；当墙中设有圈梁时，垫块与圈梁宜浇成整体。
(1) 对砖砌体为 4.8 m；
(2) 对砌块和料石砌体为 4.2 m；
(3) 对毛石砌体为 3.9 m。

8. 当梁跨度大于或等于下列数值时，其支承处宜加设壁柱，或采取其他加强措施：
(1) 对 240 mm 厚的砖墙为 6 m；对 180 mm 厚的砖墙为 4.8 m；
(2) 对砌块、料石墙为 4.8 m。

9. 山墙处的壁柱或构造柱宜砌至山墙顶部，且屋面构件应与山墙可靠拉结。

10. 砌块砌体应分皮错缝搭砌，上下皮搭砌长度不应小于 90 mm。当搭砌长度不满足上述要求时，应在水平灰缝内设置不小于 2 根直径不小于 4 mm 的焊接钢筋网片（横向钢筋的间距不应大于 200 mm，网片每端应伸出该垂直缝不小于 300 mm）。

10.5.3 防止或减轻墙体开裂的主要措施

为了防止或减轻房屋在正常使用条件下，由温差和砌体干缩引起的墙体竖向裂缝，应在墙体中设置伸缩缝。伸缩缝应设置在因温度和收缩变形引起应力集中、砌体产生裂缝可能性最大的地方。伸缩缝的间距可按表 10-5-2 采用。

表 10-5-2　砌体房屋伸缩缝的最大间距　　　　　　　　　　　　　　　m

屋盖或楼盖类别		间距
整体式或装配整体式钢筋混凝土结构	有保温层或隔热层的屋盖、楼盖	50
	无保温层或隔热层的屋盖	40
装配式无檩体系钢筋混凝土结构	有保温层或隔热层的屋盖、楼盖	60
	无保温层或隔热层的屋盖	50
装配式有檩体系钢筋混凝土结构	有保温层或隔热层的屋盖	75
	无保温层或隔热层的屋盖	60
瓦材屋盖、木屋盖或楼盖、轻钢屋盖		100

10.6　砌体结构构造要求圈梁、过梁、墙梁及挑梁

10.6.1　圈梁

在砌体结构房屋中设置圈梁可以增强房屋的整体性和空间刚度，防止由于地基不均匀

沉降或较大振动荷载等对房屋引起的不利影响。以设置在基础顶面部位和檐口部位的圈梁对抵抗不均匀沉降作用最为有效。当房屋中部沉降较两端为大时,位于基础顶面部位的圈梁作用大;当房屋两端沉降较中部为大时,则位于檐口部位的圈梁作用大。

10.6.2 过梁

（1）适用范围

过梁是指门窗洞口上用以承受上部墙体及楼（屋）盖传来荷载的梁,其作用是将这些荷载传给门窗间墙。过梁的形式有钢筋混凝土过梁和砖砌过梁。其中砖砌过梁包括钢筋砖过梁及砖砌平拱过梁等。

对于有较大振动荷载或可能产生不均匀沉降的房屋,应采用混凝土过梁。砖砌过梁的跨度,对于钢筋砖过梁不应超过 1.5 m,对于砖砌平拱过梁不宜超过 1.2 m。

（2）过梁上的荷载

过梁上的荷载包括梁、板荷载及墙体荷载。过梁上的荷载按下列规定采用：

① 梁板荷载。

对于砖砌体和砌块砌体,当梁、板下的墙体高度 $h_w < l_n$ 时（l_n 为过梁的净跨）,可按梁、板传来的荷载采用。当梁、板下的墙体高度 $h_w \geq l_n$ 时,可不考虑梁、板荷载。

② 墙体荷载。

对于砖砌体,当过梁上的墙体高度 $h_w < l_n/3$ 时,应按墙体的均布自重采用。当墙体高度 $h_w \geq l_n/3$ 时,墙体荷载应按高度为 $l_n/3$ 的墙体的均布自重采用。对于砌块砌体,当过梁上的墙体高度 $h_w < l_n/2$ 时,应按墙体的均布自重采用。当墙体高度 $h_w \geq l_n/2$ 时,墙体荷载应按高度为 $l_n/2$ 的墙体的均布自重采用。

（3）过梁的构造要求

① 钢筋混凝土过梁端部的支承长度,不宜小于 240 mm；

② 砖砌过梁截面计算高度内的砂浆强度等级不宜低于 M5；

③ 砖砌平拱用竖砖砌筑部分的高度不应小于 240 mm；

④ 钢筋砖过梁底面砂浆层处的钢筋,其直径不应小于 5 mm,间距不宜大于 120 mm,钢筋伸入支座砌体内的长度不宜小于 240 mm,砂浆层的厚度不宜小于 30 mm。

10.6.3 墙梁

（1）适用范围

墙梁广泛应用于工业建筑的围护结构之中,如基础梁、连系梁等。民用建筑中,如上层为旅馆,下层为饭店的饭店-旅馆建筑；下层为商场,上层为住宅的底商-住宅建筑中,均可采用墙梁结构解决上层小房间、底层大空间的矛盾。

（2）墙梁的构造要求

① 材料：托梁和框支柱的混凝土强度等级不应低于 C30；承重墙梁的块体强度等级不应低于 MU10,计算高度范围内墙体的砂浆强度等级不应低于 Mb10。

② 墙体:框支墙梁的上部砌体房屋,以及设有承重的简支墙梁或连续墙梁的房屋,应满足刚性方案房屋的要求;墙梁的计算高度范围内的墙体厚度,对砖砌体不应小于 240 mm,对混凝土砌块砌体不应小于 190 mm;墙梁洞口上方应设置混凝土过梁,其支承长度不应小于 240 mm;洞口范围内不应施加集中荷载;承重墙梁的支座处应设置落地翼墙,翼墙厚度,对砖砌体不应小于 240 mm,对混凝土砌块砌体不应小于 190 mm,翼墙宽度不应小于墙梁墙体厚度的 3 倍,并与墙梁墙体同时砌筑。当不能设置翼墙时,应设置落地且上、下贯通的混凝土构造柱;当墙梁墙体在靠近支座 1/3 跨度范围内开洞时,支座处应设置落地且上、下贯通的混凝土构造柱,并应与每层圈梁连接;墙梁计算高度范围内的墙体,每天可砌高度不应超过 1.5 m,否则,应加设临时支撑。

③ 托梁:托梁两侧各两个开间的楼盖应采用现浇混凝土楼盖,楼板厚度不宜小于 120 mm,当楼板厚度大于 150 mm 时,宜采用双层双向钢筋网,楼板上应少开洞,洞口尺寸大于 800 mm 时应设洞口边梁;托梁每跨底部的纵向受力钢筋应通长设置,不得在跨中弯起或截断。钢筋接长应采用机械连接或焊接;托梁跨中截面纵向受力钢筋总配筋率不应小于 0.6%;托梁上部通长布置的纵向钢筋面积与跨中下部纵向钢筋面积之比值不应小于 0.4;连续墙梁或多跨框支墙梁的托梁支座上部附加纵向钢筋从支座边缘算起每边延伸不少于 $l_0/4$;承重墙梁的托梁在砌体墙、柱上的支承长度不应小于 350 mm。纵向受力钢筋伸入支座的长度应符合受拉钢筋的锚固要求;当托梁高度 $h_b \geqslant 450$ mm 时,应沿梁高设置通长水平腰筋,直径不应小于 12 mm,间距不应大于 200 mm;对于洞口偏置的墙梁,其托梁的箍筋加密区范围应延到洞口外,距洞边的距离大于等于托梁截面高度 h_b,箍筋直径不应小于 8 mm,间距不应大于 100 mm。

10.6.4 挑梁

砌体墙中的挑梁设计应进行抗倾覆验算、挑梁抗弯、抗剪承载力计算及挑梁下砌体局部受压承载力验算。挑梁的抗倾覆验算应按式(10-6-1)进行。挑梁抗弯、抗剪承载力计算应符合现行国家标准《混凝土结构设计规范》的有关规定。

$$M_{ov} \leqslant M_r \tag{10-6-1}$$

式中 M_{ov}——挑梁的荷载设计值对计算倾覆点产生的倾覆力矩;

M_r——挑梁的抗倾覆力矩设计值。

挑梁应满足下列构造措施:

① 纵向受力钢筋至少应有 1/2 的钢筋面积伸入梁尾端,且不少于 2φ12。其余钢筋伸入支座的长度不应小于 $2l_1/3$;

② 挑梁埋入砌体长度 l_1 与挑出长度 l 之比宜大于 1.2;当挑梁上无砌体时,l_1 与 l 之比宜大于 2。

10.7 本章小结

砌体是由块体和砂浆砌筑而成的,主要用于承受压力。砌体的抗压强度设计值 f 主要与砂浆强度等级及块体强度等级有关。

砌体结构房屋中,可将房屋的静力计算分为刚性方案、刚弹性方案和弹性方案。

在截面尺寸和砌体材料强度等级一定的条件下,影响砌体受压构件承载力的主要因素是构件的高厚比和轴向力的偏心距。它们对承载力的影响,可统一用受压构件承载力影响系数 φ 考虑。

砌体的局部受压分为局部均匀受压(如柱下局部受压)和局部非均匀受压(如梁端下砌体局部受压)。由于力的扩散作用和未直接参加受压的砌体的约束作用,局部受压强度高于全截面受压时的强度。此外,砌体还会受拉应力、弯曲应力和剪应力的作用。读者应对砌体结构进行综合分析。

思考题

10-1 砌体结构有何优缺点?主要应用范围如何?

10-2 砌中的砂浆起哪些作用?

10-3 砌体的种类有哪些?

10-4 砖砌体受压破坏分哪三个受力阶段?在轴心受压时,单砖和砂浆各处于何种受力状态?

10-5 砌体的静力计算分为哪几种方案?

10-6 砌体受压构件承载力计算公式中,系数 φ 的意义是什么?

10-7 圈梁、过梁、墙梁和挑梁的适用范围是什么?

习题

10-8 下面关于砂浆强度等级为 0 的说法哪些是正确的?(　　)

① 施工阶段尚未凝结的砂浆;

② 抗压强度为零的砂浆;

③ 用冻结法施工解冻阶段的砂浆;

④ 抗压强度很小接近零的砂浆。

A. ①、③　　　　　B. ①、②　　　　　C. ②、④　　　　　D. ②

10-9 下列哪项措施不能提高砌体受压构件的承载力?(　　)

A. 提高构件的高厚比　　　　　　　B. 提高块体和砂浆的强度等级

C. 增大构件截面尺寸　　　　　　　D. 减小构件轴向力偏心距

10-10 承重的独立砖柱的最小截面尺寸为(　　)。

A. 240 mm×240 mm　　　　　　　B. 370 mm×370 mm

C. 240 mm×370 mm　　　　　　　D. 370 mm×490 mm

10-11 砌体沿齿缝截面破坏时的抗压强度,主要是由(　　)决定的。

A. 砂浆和块体的强度　　　　　　　　B. 砌筑质量
C. 砂浆强度　　　　　　　　　　　　D. 块体强度

10-12　对于有抗震设防要求的砖砌体结构房屋,砖砌体的砂浆强度等级(　　)。
A. 不宜低于 M2.5　　　　　　　　　B. 不宜低于 M5
C. 不宜低于 M7.5　　　　　　　　　D. 不宜低于 M10

10-13　对于非抗震房屋预制钢筋混凝土板的支承长度,在墙上不宜小于(　　),在钢筋混凝土圈梁上不宜小于(　　)。
A. 100 mm,120 mm　　　　　　　　B. 120 mm,100 mm
C. 100 mm,80 mm　　　　　　　　　D. 120 mm,80 mm

10-14　小型空心砌块砌体上下皮的搭接长度不得小于(　　)。
A. 100 mm　　B. 60 mm　　C. 120 mm　　D. 90 mm

10-15　钢筋混凝土过梁的支承长度不宜小于(　　)。
A. 120 mm　　B. 180 mm　　C. 240 mm　　D. 370 mm

10-16　在确定砌体受压构件的影响系数时,对于混凝土小型空心砌块砌体的高厚比应乘以折减系数(　　)。
A. 1.1　　B. 1.0　　C. 1.4　　D. 1.2

10-17　五层及五层以上房屋的外墙,潮湿房间的外墙,以及受振动或层高大于 6 m 的墙、柱所用材料的最低强度等级为(　　)。
A. 砖采用 MU10,砂浆采用 M5
B. 砖采用 MU10,砂浆采用 M2.5
C. 砖采用 MU7.5,砂浆采用 M2.5
D. 砖采用 MU15,砂浆采用 M7.5

10-18　对于支承于砖砌体上的梁,当其跨度大于(　　)时,其支承面下的砌体应设置混凝土或钢筋混凝土垫块。
A. 6 m　　B. 4.8 m　　C. 4.2 m　　D. 3.9 m

10-19　作为判断刚性和刚弹性方案房屋的横墙,对于单层房屋其长度不宜小于其高度的(　　)。
A. $\frac{1}{2}$ 倍　　B. 1 倍　　C. 1.5 倍　　D. 2.0 倍

10-20　普通黏土烧结砖的强度等级是根据其哪种强度划分的？(　　)
A. 抗压强度　　　　　　　　　　　　B. 抗拉强度
C. 抗弯强度　　　　　　　　　　　　D. 抗压强度与抗折强度

10-21　砂浆强度等级是用边长为(　　)的立方体标准试块,在温度为 15~25℃ 环境下硬化,龄期为 28 d 的极限抗压强度平均值确定的。
A. 70 mm　　B. 100 mm　　C. 70.7 mm　　D. 80 mm

10-22　采用 MU10 红砖及 M2.5 混合砂浆砌筑的砖砌体抗压强度设计值最可能是下列哪一个强度值？(　　)
A. 1.38 kN/mm²　　B. 1.30 N/mm²　　C. 1.38 kN/m²　　D. 1.38 kPa

10-23　刚性和刚弹性方案房屋的横墙中有洞口时,洞口的水平截面面积不应超过横墙截面面积的多少？(　　)
A. 30%　　B. 50%　　C. 70%　　D. 35%

10-24. 对于砌体结构现浇钢筋混凝土楼、屋盖房屋,设置顶层圈梁,主要是在下列哪一种情况发生时起作用?(　　)

　　A. 发生温度变化时

　　B. 发生地震时

　　C. 在房屋中部发生比两端大的沉降时

　　D. 在房屋两端发生比中部大的沉降时

10-25　作为判断刚性与刚弹性方案房屋的横墙,其厚度不宜小于(　　)。

　　A. 120 mm　　　　　B. 240 mm　　　　　C. 180 mm　　　　　D. 370 mm

10-26　当所设计的无洞墙体高厚比不满足要求时,可采取的措施为(　　)。

　　A. 提高砂浆的强度等级

　　B. 减小作用于墙体上的荷载

　　C. 提高块体的强度等级

　　D. 在墙上开洞

10-27　砌体墙、柱的允许高厚比主要与(　　)因素有关。

　　A. 块体的强度等级

　　B. 砂浆的强度等级

　　C. 墙、柱所受荷载的大小

　　D. 墙体的长度

10-28　某窗间墙截面尺寸为 1 600 mm×240 mm,采用 M5 混合浆砌筑(f=1.50 N/mm^2)、MU10 砖。墙上支承有 250 mm×600 mm 的钢筋混凝土梁,如习题 10-28 图所示,梁上荷载设计值产生的支承压力为 N_1 = 60 kN。上部荷载设计值产生的轴向压力设计值为 N_0 = 260 kN。试验算梁端支承处砌体的局部受压承载力。

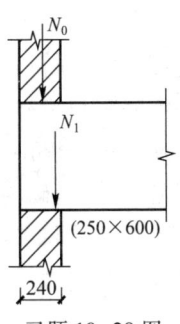

习题 10-28 图

11 地基与基础的基础知识

11.1 基本规定

11.1.1 概述

11-1:PPT
建筑地基基础概述

基础是将结构所承受的各种作用传递到地基上的结构组成部分,是房屋不可缺少的重要组成部分。没有一个牢靠的基础,就不能有一个完好的上部建筑。因此,为了保证房屋的安全和必要的使用年限,基础应当具备足够的强度和稳定性。地基是支承基础的土体或岩体,地基虽不是房屋的组成部分,但是它的好坏却直接影响整个房屋的安全和使用。

地基基础工程在建筑工程中占着很大的比重,一般而言,基础工程造价占建筑物总造价的 10%~20%,施工工期占 25%~35%。

11-2:PPT
地基处理目的

地基基础设计分为地基设计和基础设计两部分,地基设计包括地基承载力计算和地基沉降验算,通过承载力计算以确定基础埋置深度和基础底面尺寸,用沉降验算以控制建筑物的沉降不超过规范规定的允许值。承载力计算和沉降验算所用的地基土工程性质指标由工程勘察报告提供,荷载由上部结构设计计算的结果确定。基础设计的内容包括基础的选型、构造设计、基础内力计算和钢筋混凝土的配筋。无论是地基设计或基础设计都要考虑场地的工程地质和水文地质条件,同时还要考虑上部结构的特点、建筑物使用上的要求和施工条件等因素,由此可见,地基处理和基础设计对房屋是否安全耐久和经济具有十分重要的意义。

11.1.2 术语

地基承载力特征值:指由载荷试验测定的地基土压力变形曲线线性变形段内规定的变形所对应的压力值,其最大值为比例界限值。

重力密度(重度):单位体积岩土所承受的重力,为岩土的密度与重力加速度的乘积。

岩体结构面:岩体内开裂的和易开裂的面,如层面、节理、断层、片理等又称不连续构造面。

标准冻深:在地面平坦、裸露、城市之外的空旷场地中不少于 10 年的实测最大冻深的平均值。

地基变形允许值:为保证建筑物正常使用而确定的变形控制值。

土岩组合地基:在建筑地基的主要受力层范围内,有下卧基岩表面坡度较大的地基;或石芽密布并有出露的地基;或大块孤石或个别石芽出露的地基。

地基处理:指为提高地基承载力,或改善其变形性质或渗透性质而采取的工程措施。

复合地基:部分土体被增强或被置换,而形成的由地基土和增强体共同承担荷载的人工地基。

扩展基础:为扩散上部结构传来的荷载,使作用在基底的压应力满足地基承载力的设计要求,且基础内部的应力满足材料强度的设计要求,通过向侧边扩展一定底面积的基础。

无筋扩展基础:由砖、毛石、混凝土或毛石混凝土、灰土和三合土等材料组成的,且不需配置钢筋的墙下条形基础或柱下独立基础。

桩基础:由设置于岩土中的桩和连接于桩顶端的承台组成的基础。

支挡结构:使岩土边坡保持稳定、控制位移、主要承受侧向荷载而建造的结构物。

11.1.3 基本规定

1. 设计等级

根据地基复杂程度、建筑物规模和功能特征以及由于地基问题可能造成建筑物破坏或影响正常使用的程度将地基基础设计分为三个设计等级,设计时应根据具体情况,按表11-1-1选用。

表 11-1-1 地基基础设计等级

设计等级	建筑和地基类型
甲级	重要的工业与民用建筑物 30层以上的高层建筑 体型复杂,层数相差超过10层的高低层连成一体建筑物 大面积的多层地下建筑物(如地下车库、商场、运动场等) 对地基变形有特殊要求的建筑物 复杂地质条件下的坡上建筑物(包括高边坡) 对原有工程影响较大的新建建筑物 场地和地基条件复杂的一般建筑物 位于复杂地质条件及软土地区的二层及二层以上地下室的基坑工程 开挖深度大于15 m的基坑工程 周边环境条件复杂、环境保护要求高的基坑工程
乙级	除甲级丙级以外的工业与民用建筑物 除甲级、丙级以外的基坑工程
丙级	场地和地基条件简单,荷载分布均匀的七层及七层以下民用建筑及一般工业建筑次要的轻型建筑物 非软土地区且场地地质条件简单、基坑周边环境条件简单、环境保护要求不高且开挖深度小于5.0 m的基坑工程

2. 相关规定

根据建筑物地基基础设计等级及长期荷载作用下地基变形对上部结构的影响程度,地基基础设计应符合下列规定:

① 所有建筑物的地基计算均应满足承载力计算的有关规定。

② 设计等级为甲级、乙级的建筑物应按地基变形设计。

③ 表 11-1-2 所列范围内设计等级为丙级的建筑物可不作变形验算。如有下列情况之一时仍应作变形验算:a. 地基承载力特征值小于 130 kPa 且体型复杂的建筑;b. 在基础上及其附近有地面堆载或相邻基础荷载差异较大,可能引起地基产生过大的不均匀沉降时;c. 软弱地基上的建筑物存在偏心荷载时;d. 相邻建筑距离过近,可能发生倾斜时;e. 地基内有厚度较大或厚薄不均的填土,其自重固结未完成时。

④ 对经常受水平荷载作用的高层建筑、高耸结构和挡土墙等,以及建造在斜坡上或边坡附近的建筑物和构筑物,尚应验算其稳定性。

⑤ 基坑工程应进行稳定性验算。

⑥ 建筑地下室或地下构筑物存在上浮问题时,尚应进行抗浮验算。

表 11-1-2 可不作地基变形计算设计等级为丙级的建筑物范围

地基主要受力层情况	地基承载力特征值 f_{aK}/kPa			$80 \leq f_{aK} < 100$	$100 \leq f_{aK} < 130$	$130 \leq f_{aK} < 160$	$160 \leq f_{aK} < 200$	$200 \leq f_{aK} < 300$
	各土层坡度/%			≤5	≤10	≤10	≤10	≤10
建筑类型	砌体承重结构、框架结构/层			≤5	≤5	≤6	≤6	≤7
	单层排架结构(6 m柱距)	单跨	吊车额定起重量/t	10~15	15~20	20~30	30~50	50~100
			厂房跨度/m	≤18	≤24	≤30	≤30	≤30
		多跨	吊车额定起重量/t	5~10	10~15	15~20	20~30	30~75
			厂房跨度/m	≤18	≤24	≤30	≤30	≤30
建筑类型	烟囱		高度/m	≤40	≤50	≤75		≤100
	水塔		高度/m	≤20	≤30	≤30		≤30
			容积/m³	50~100	100~200	200~300	300~500	500~1 000

注:1. 地基主要受力层系指条形基础底面下深度为 3b(b 为基础底面宽度),独立基础下为 1.5b,且厚度均不小于 5 m 的范围(二层以下一般的民用建筑除外);

2. 地基主要受力层中如有承载力特征值小于 130 kPa 的土层,表中砌体承重结构的设计,应符合《建筑地基基础设计规范》第 7 章的有关要求;

3. 表中砌体承重结构和框架结构均指民用建筑,对于工业建筑可按厂房高度、荷载情况折合成与其相当的民用建筑层数;

4. 表中吊车额定起重量、烟囱高度和水塔容积的数值系指最大值。

3. 岩土工程勘察

地基基础设计前应进行岩土工程勘察,并应符合下列规定。

(1)岩土工程勘察报告应提供下列资料。

① 有无影响建筑场地稳定性的不良地质作用,评价其危害程度。

② 建筑物范围内的地层结构及其均匀性,各岩土层的物理力学性质指标,以及对建筑材料的腐蚀性。

③ 地下水埋藏情况、类型和水位变化幅度及规律,以及对建筑材料的腐蚀性。

④ 在抗震设防区应划分场地类别,并对饱和砂土及粉土进行液化判别。

⑤ 对可供采用的地基基础设计方案进行论证分析,提出经济合理、技术先进的设计方案建议,提供与设计要求相对应的地基承载力及变形计算参数,并对设计与施工应注意的问题提出建议。

⑥ 当工程需要时,尚应提供:深基坑开挖的边坡稳定计算和支护设计所需的岩土技术参数,论证其对周边环境的影响;基坑施工降水的有关技术参数及地下水控制方法的建议;用于计算地下水浮力的设防水位。

(2)地基评价宜采用钻探取样、室内土工试验、触探,并结合其他原位测试方法进行。设计等级为甲级的建筑物应提供载荷试验指标、抗剪强度指标、变形参数指标和触探资料;设计等级为乙级的建筑物应提供抗剪强度指标、变形参数指标和触探资料;设计等级为丙级的建筑物应提供触探及必要的钻探和土工试验资料。

(3)地基均应进行施工验槽。当地基条件与原勘察报告不符时,应进行施工勘察。

11.2 天然地基

11.2.1 地基土的工程性质

在一般情况下,土是由三部分组成的,即固体的颗粒、水和空气,而这三部分之间的比例不是固定不变的,当气温升高时,土内一部分水蒸发,而使土内空气增加。土中颗粒、水和空气相互间的比例不同,便反映着土处于各种不同的状态:干燥或潮湿,疏松或紧密。这对于评定土的物理和力学性质有很重要的意义。因此,为了研究土的物理力学性质,主要是确定土的三个组成部分之间的相互比例关系。

为了便于说明,取一个单元体表示土的三个组成部分,如图 11-2-1 所示,其符号表示如下:

(1)天然土的重力密度 γ:土在天然状态下单位体积的重量。

$$\gamma = g/V \tag{11-2-1}$$

土的天然重度随着土的颗粒组成、孔隙多少和水分含量的不同而变化,一般土的天然重度为每立方米 16~22 kN。重度较轻,则表示土质孔隙较多,土不紧密,较松散,因而承载力相对较低,反之,则承载力就高。

(2)含水量:土中水的重量与颗粒重量之比的百分率。

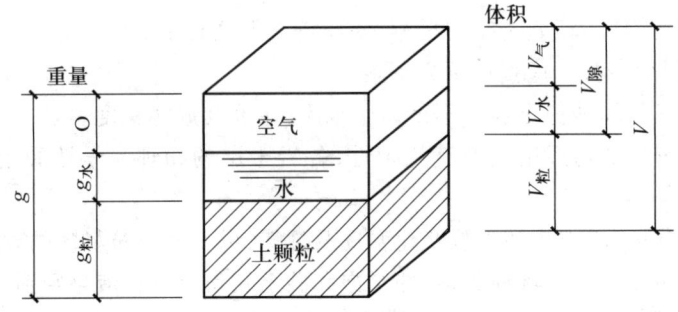

图 11-2-1　土的组成示意图

V—单元土的总体积；$V_气$—单元土中空气的体积；$V_粒$—单元土中颗粒的体积；$V_隙$—单元土中孔隙的体积；$V_水$—单元土中水所占的体积；g—单元土的总重量；$g_粒$—单元土中颗粒的重量；$g_水$—单元土中水的重量

$$W = g_水 / g_粒 \times 100\% \tag{11-2-2}$$

土的天然含水量表示土的天然湿度。天然含水量越大，说明土越湿；如果是黏性土，土越湿，其工程性质就越差，反之，则工程性质较好。

(3) 土粒比重 G：土颗粒的重度与 4℃水的重力密度（γ_w）之比。

$$G = g_粒 / (V_粒 \cdot \gamma_w) \tag{11-2-3}$$

一般土粒比重为 2.65～2.70，比值变化不大，在计算中影响甚小，故一般按 2.70 计。$\gamma_w = 0.01 \text{ N/cm}^3$。故土颗粒的重力密度等于 $G \cdot \gamma_w = 0.026\ 5 \sim 0.027 \text{ N/cm}^3$。

上面三个物理指标是直接用实验方法测定的，如果已知这三个指标，就可以用公式计算出下面几个物理指标。

(4) 干重度 γ_d：单位体积内颗粒的重量。

$$\gamma_d = g_粒 / V \tag{11-2-4}$$

如已知土的天然重度 γ 和含水量 W，也可以按下式算出干重度，即：

$$\gamma_d = \frac{\gamma}{1+\omega} \tag{11-2-5}$$

土的干重度是衡量土质量的一种指标，其数值越大，表示颗粒所占比例越大，则孔隙的体积就相对地较小，说明土就越密实。干重度能够较好地反映填土的密实程度，所以一般把干重度用来衡量填土和人工压实土的质量。

(5) 孔隙率 n：在土的总体中，孔隙体积所占的百分率。

$$n = \frac{V_隙}{V} \times 100\% \tag{11-2-6}$$

(6) 孔隙比 e：土中孔隙体积与颗粒体积之比。

$$e = V_隙 / V_粒 \tag{11-2-7}$$

土的孔隙比同样反映土的密实程度，孔隙比越大，说明土越松散；孔隙比越小，说明土越密实。

(7) 饱和度 S_r：土中水的体积与孔隙体积的比，以百分数计。

$$S_r = V_水 / V_隙 \times 100\% \qquad (11\text{-}2\text{-}8)$$

饱和度是衡量地基土潮湿程度的一个指标。在基础工程设计中，对基础选用材料和砂浆等级根据地基土潮湿程度予以选用，饱和度与地基土的潮湿程度的关系如下：

当 $S_r < 50\%$ 为稍潮湿的
$50\% < S_r \leq 80\%$ 为很潮湿的
$S_r > 80\%$ 为饱和的

当土中孔隙内完全被水充满，即 $S_r = 1$，此时土的重力密度应为饱和重力密度 γ_{sat}。

$$\gamma_{sat} = \frac{V_隙 \cdot \gamma_w + g_粒}{V} = \frac{V_隙 \cdot \gamma_w + V_粒 \cdot G \cdot \gamma_w}{V} \; (\text{kN/m}^3) \qquad (11\text{-}2\text{-}9)$$

式中 γ_w——水的重力密度，可取 10 kN/m³（0.01 N/cm³）。

对处于地下水位以下的饱和土（$S_r = 1$），受到水的浮力，因此它的重力密度为浮重力密度 γ'。

$$\gamma' = \gamma_{sat} - 10 \approx \frac{G-1 \cdot \gamma_w V_粒}{V} \qquad (11\text{-}2\text{-}10)$$

(8) 塑限、液限、塑性和液性指数等指标。

所谓塑限（ω_P）是指土由固体状态变到塑性状态时的分界含水量。一般用搓条法来测定。

液限（ω_L）是指土由塑性状态转变到流动状态时的分界含水量。一般以锥式液限仪测定。

液限与塑限之差，我们称之为塑性指数（I_P）。即 $I_P = \omega_L - \omega_P$。塑性指数反映了土颗粒表面积的大小和黏土矿物亲水性综合影响，它是进行黏性土分类的重要指标。如果土中黏粒含量愈多，土粒的比表面积愈大，那么这种土的塑性指数就愈大。这表示土处于塑性状态的含水量变化范围就愈大。

土中的含水量随周围条件的变化而变化。对于同一种土，由于含水量的不同，它可以分别处于固体状态、塑性状态或流动状态。液性指数是判别黏性土软硬程度（或稀稠程度）的一个指标，其值按下式计算：

$$I_L = \frac{\omega - \omega_P}{I_P} \qquad (11\text{-}2\text{-}11)$$

在一般情况下，处于硬塑或坚硬状态的土具有较高的承载力，处于软塑或流塑状态的土具有较低的承载力，建造在这种土上的房屋，其沉降往往很大，且长期不易稳定。

(9) 土的压缩系数和压缩模量。

土的压缩曲线如图 11-2-2 所示。

$$\alpha = \frac{e_1 - e_2}{p_2 - p_1} \qquad (11\text{-}2\text{-}12)$$

$$E_s = \frac{1 + e_0}{\alpha} \qquad (11\text{-}2\text{-}13)$$

式中 α——压缩系数,MPa^{-1};
E_s——压缩模量,MPa;
p_1——地基某深处土中(竖向)自重应力,是指土中某点的"原始压力",MPa;
p_2——地基某深处土中(竖向)自重压力与(竖向)附加应力之和,是指土中某点的"总和压力",MPa;
e_0——相应于 p_1、p_2 作用下压缩稳定后的孔隙比。

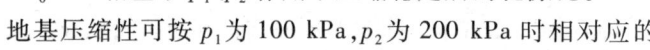

图 11-2-2 土的压缩曲线

地基压缩性可按 p_1 为 100 kPa,p_2 为 200 kPa 时相对应的压缩系数值 α_{1-2} 划分为低、中、高压缩性,并应按以下规定进行评价:

① 当 $\alpha_{1-2} < 0.1/MPa$ 时,为低压缩性;
② 当 $0.1/MPa \leq \alpha_{1-2} < 0.5/MPa$ 时,为中压缩性;
③ 当 $\alpha_{1-2} \geq 0.5/MPa$ 时,为高压缩性。

通过上面介绍,我们对一般土最基本的物理力学指标,诸如天然土(γ)的轻重、孔隙比(e)的大小、压缩系数(α)的压缩程度、压缩模量(E_s)大小等,有一个初步了解,对地基土的好坏可以作出简单评价。由饱和度(S_r)的多少,能判断地基土的潮湿程度,可确定基础设计选用什么材料。由塑性指数(I_P)和液性指数(I_L)的范围,能判定黏性土的属性和坚硬程度。但仅仅了解上面一些地基土的物理指标还很不全面,尚需通过各种指标的综合分析,定出各类土的类别,才能确定地基土的承载能力,这是房屋设计的主要内容,地基承载力计算必要的依据。

11.2.2 土的工程分类

作为建筑地基的岩土可分为岩石、碎石土、砂土、粉土、黏性土和人工填土。

(1) 根据岩石的坚硬程度,岩石可按表 11-2-1 分为坚硬岩、较硬岩、较软岩、软岩和极软岩。

表 11-2-1 岩石坚硬程度的划分

坚硬程度类别	坚硬岩	较硬岩	较软岩	软岩	极软岩
饱和单轴抗压强度标准值 f_{tk}/MPa	$f_{tk} > 60$	$60 \geq f_{tk} > 30$	$30 \geq f_{tk} > 15$	$15 \geq f_{tk} > 5$	$f_{tk} \leq 5$

(2) 根据岩石的风化程度,岩石可分为未风化、微风化、中等风化、强风化和全风化。

(3) 根据岩体完整程度,岩石可按表 11-2-2 分为完整、较完整、较破碎、破碎和极破碎。

表 11-2-2 岩体完整程度划分

完整程度等级	完整	较完整	较破碎	破碎	极破碎
完整性指数	>0.75	0.55~0.75	0.35~0.55	0.15~0.35	<0.15

（4）碎石土为粒径大于 2 mm 的颗粒含量超过全重 50% 的土。碎石土可按表 11-2-3 分为漂石、块石、卵石、碎石、圆砾和角砾。

表 11-2-3　碎石土的分类

土的名称	颗粒形状	粒组含量
漂石 块石	圆形及亚圆形为主 棱角形为主	粒径大于 200 mm 的颗粒含量超过全重 50%
卵石 碎石	圆形及亚圆形为主 棱角形为主	粒径大于 20 mm 的颗粒含量超过全重 50%
圆砾 角砾	圆形及亚圆形为主 棱角形为主	粒径大于 2 mm 的颗粒含量超过全重 50%

注：分类时应根据粒组含量栏从上到下以最先符合者确定。

（5）碎石土的密实度可按表 11-2-4 分为松散、稍密、中密、密实。

表 11-2-4　碎石土的密实度

重型圆锥动力触探 锤击数 $N_{63.5}$	密实度	重型圆锥动力触探 锤击数 $N_{63.5}$	密实度
$N_{63.5} \leqslant 5$	松散	$10 < N_{63.5} \leqslant 20$	中密
$5 < N_{63.5} \leqslant 10$	稍密	$N_{63.5} > 20$	密实

注　1. 本表适用于平均粒径小于等于 50 mm 且最大粒径不超过 10 mm 的卵石、碎石、圆砾、角砾。对于平均粒径大于 50 mm 或最大粒径大于 100 mm 的碎石土，可按《建筑地基基础设计规范》附录 B 鉴别其密实度。
　　2. 表内 $N_{63.5}$ 为经综合修正后的平均值。

（6）砂土为粒径大于 2 mm 的颗粒含量不超过全重 50%、粒径大于 0.075 mm 的颗粒含量超过全重 50% 的土。砂土可按表 11-2-5 分为砾砂、粗砂、中砂、细砂和粉砂。

表 11-2-5　砂土的分类

土的名称	粒组含量
砾砂	粒径大于 2 mm 的颗粒含量占全重 25%~50%
粗砂	粒径大于 0.5 mm 的颗粒含量超过全重 50%
中砂	粒径大于 0.25 mm 的颗粒含量超过全重 50%
细砂	粒径大于 0.075 mm 的颗粒含量超过全重 85%
粉砂	粒径大于 0.075 mm 的颗粒含量超过全重 50%

注：分类时应根据粒组含量栏从上到下以最先符合者确定。

(7) 砂土的密实度可按表 11-2-6 分为松散、稍密、中密、密实。

表 11-2-6 砂土的密实度

标准贯入试验锤击数 N	密实度
$N \leqslant 10$	松散
$10 < N \leqslant 15$	稍密
$15 < N \leqslant 30$	中密
$N > 30$	密实

注：当用静力触探探头阻力判定砂土的密实度时，可根据当地经验确定。

(8) 黏性土为塑性指数 I_P 大于 10 的土，可按表 11-2-7 分为黏土、粉质黏土。

表 11-2-7 黏性土的分类

塑性指数 I_P	土的名称
$I_P > 17$	黏土
$10 < I_P \leqslant 17$	粉质黏土

注：塑性指数由相应于 76 g 圆锥体沉入土样中深度为 10 mm 时测定的液限计算而得。

(9) 黏性土的状态可按表 11-2-8 分为坚硬、硬塑、可塑、软塑、流塑。

表 11-2-8 黏性土的状态

液性指数 I_L	状态	液性指数 I_L	状态
$I_L \leqslant 0$	坚硬	$0.75 < I_L \leqslant 1$	软塑
$0 < I_L \leqslant 0.25$	硬塑	$I_L > 1$	流塑
$0.25 < I_L \leqslant 0.75$	可塑		

注：当用静力触探探头阻力判定黏性土的状态时，可根据当地经验确定。

(10) 粉土为介于砂土与黏性土之间，塑性指数 $I_P \leqslant 10$，且粒径大于 0.075 mm 的颗粒含量不超过全重 50% 的土。

(11) 淤泥为在静水或缓慢的流水环境中沉积，并经生物化学作用形成，其天然含水量大于液限、天然孔隙比大于或等于 1.5 的黏性土。当天然含水量大于液限而天然孔隙比小于 1.5 但大于或等于 1.0 的黏性土或粉土为淤泥质土。

(12) 人工填土根据其组成和成因，可分为素填土、压实填土、杂填土、冲填土。

(13) 素填土为由碎石土、砂土、粉土、黏性土等组成的填土。经过压实或夯实的素填土为压实填土。杂填土为含有建筑垃圾、工业废料、生活垃圾等杂物的填土。冲填土为由水力冲填泥砂形成的填土。

(14) 膨胀土为土中黏粒成分主要由亲水性矿物组成，同时具有显著的吸水膨胀和失水收缩特性,其自由膨胀率大于或等于40%的黏性土。

(15) 湿陷性土为在一定压力下浸水后产生附加沉降,其湿陷系数大于或等于0.015的土。

11.2.3 基础埋置深度

(1) 基础的埋置深度应按下列条件确定。

① 建筑物的用途,有无地下室、设备基础和地下设施,基础的形式和构造;
② 作用在地基上的荷载大小和性质;
③ 工程地质和水文地质条件;
④ 相邻建筑物的基础埋深;
⑤ 地基土冻胀和融陷的影响。

在满足地基稳定和变形要求的前提下,当上层地基的承载力大于下层土时,宜利用上层土作持力层。除岩石地基外,基础埋深不宜小于 0.5 m。

高层建筑基础的埋置深度应满足地基承载力、变形和稳定性要求。在抗震设防区,除岩石地基外,天然地基上的箱形和筏形基础其埋置深度不宜小于建筑物高度的1/15;桩箱或桩筏基础的埋置深度(不计桩长)不宜小于建筑物高度的1/18。位于岩石地基上的高层建筑,其基础埋深应满足抗滑稳定性要求。

基础宜埋置在地下水位以上,当必须埋在地下水位以下时,应采取地基土在施工时不受扰动的措施。

当存在相邻建筑物时,新建建筑物的基础埋深不宜大于原有建筑基础。当埋深大于原有建筑基础时,两基础间应保持一定净距,其数值应根据建筑荷载大小、基础形式和土质情况确定。

(2) 确定基础埋深应考虑地基的冻胀性。

在冻胀、强冻胀、特强冻胀地基上应采用下列防冻害措施:

① 对在地下水位以上的基础,基础侧面应回填不冻胀的中、粗砂,其厚度不应小于20 cm。对在地下水位以下的基础,可采用桩基础、保温性基础、自锚式基础(冻土层下有扩大板或扩底短桩),也可将独立基础或条形基础做成正梯形的斜面基础。

② 宜选择地势高、地下水位低、地表排水良好的建筑场地。对低洼场地,使室外地坪至少高出自然地面 300~500 mm,其范围不宜小于建筑四周向外各一倍冻结深度距离的范围。

③ 应做好排水措施,施工和使用期间防止水浸入建筑地基。在山区应设截水沟或在建筑物下设置暗沟,以排走地表水和潜水。

④ 在强冻胀性和特强冻胀性地基上,其基础结构应设置钢筋混凝土圈梁和基础梁,并控制建筑的长高比。

⑤ 当独立基础联系梁下或桩基础承台下有冻土时,应在梁或承台下留有相当于该土层冻胀量的空隙。

⑥ 外门斗、室外台阶和散水坡等部位宜与主体结构断开,散水坡分段不宜超过1.5 m,坡度不宜小于3%,其下宜填入非冻胀性材料。

⑦ 对跨年度施工的建筑,入冬前应对地基采取相应的防护措施;按采暖设计的建筑物,当冬季不能正常采暖,也应对地基采取保温措施。

11.2.4 地基承载力计算

基础底面的压力应符合式(11-2-14)要求:

(1) 当轴心荷载作用时

$$p_k \leq f_a \tag{11-2-14}$$

式中 p_k——相应于作用的标准组合时,基础底面处的平均压力值,kPa;
f_a——修正后的地基承载力特征值,kPa。

(2) 当偏心荷载作用时,除符合式(11-2-14)要求外,尚应符合式(11-2-15)要求:

$$p_{kmax} \leq 1.2 f_a \tag{11-2-15}$$

式中 p_{kmax}——相应于作用的标准组合时,基础底面边缘的最大压力值,kPa。

基础底面的压力可按下列公式确定:

(1) 当轴心荷载作用时

$$p_k = \frac{F_k + G_k}{A} \tag{11-2-16}$$

式中 F_k——相应于作用的标准组合时,上部结构传至基础顶面的竖向力值,kN;
G_k——基础自重和基础上的土重,kN;
A——基础底面面积,m²。

(2) 当偏心荷载作用时

$$p_{kmax} = \frac{F_k + G_k}{A} + \frac{M_k}{W} \tag{11-2-17}$$

$$p_{kmin} = \frac{F_k + G_k}{A} - \frac{M_k}{W} \tag{11-2-18}$$

式中 M_k——相应于作用的标准组合时,作用于基础底面的力矩值,kN·m;
W——基础底面的抵抗矩,m³;
p_{kmin}——相应于作用的标准组合时,基础底面边缘的最小压力值,kPa。

当基础底面形状为矩形且偏心距 $e > b/6$ 时(图11-2-3) p_{kmax} 应按下式计算:

$$p_{kmax} = \frac{2(F_k + G_k)}{3al} \tag{11-2-19}$$

式中 l——垂直于力矩作用方向的基础底面边长,m;
a——合力作用点至基础底面最大压力边缘的距离,m。

地基承载力特征值可由载荷试验或其他原位测试、公式计算,并结合工程实践经验等方法综合确定。

当基础宽度大于 3 m 或埋置深度大于 0.5 m 时，从载荷试验或其他原位测试、经验值等方法确定的地基承载力特征值，尚应按下式修正：

$$f_a = f_{ak} + \eta_b \gamma (b-3) + \eta_d \gamma_m (d-0.5) \quad (11-2-20)$$

式中 f_a——修正后的地基承载力特征值，kPa；

f_{ak}——地基承载力特征值，kPa；

η_b、η_d——基础宽度和埋深的地基承载力修正系数，按基底下土的类别查表 11-2-9；

γ——基础底面以下土的重度，地下水位以下取浮重度，kN/m³；

b——基础底面宽度，m。当基宽小于 3 m 按 3 m 取值，大于 6 m 按 6 m 取值；

γ_m——基础底面以上土的加权平均重度，位于地下水位以下的土层取有效重度，kN/m³；

d——基础埋置深度，m。一般自室外地面标高算起。在填方整平地区，可自填土地面标高算起，但填土在上部结构施工后完成时，应从天然地面标高算起。对于地下室，当采用箱形基础或筏基时，基础埋置深度自室外地面标高算起；当采用独立基础或条形基础时，应从室内地面标高算起。

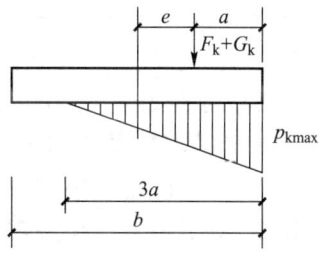

图 11-2-3　偏心荷载（$e>b/6$）下基底压力计算示意

注：b—力矩作用方向基础底面边长

表 11-2-9　承载力修正系数

土的类别		η_b	η_d
淤泥和淤泥质土		0	1.0
人工填土 e 或 I_L 大于等于 0.85 的黏性土		0	1.0
红黏土	含水比 $a_w > 0.8$	0	1.2
	含水比 $a_w \leq 0.8$	0.15	1.4
大面积压实填土	压实系数大于 0.95、黏粒含量 ≥10% 的粉土	0	1.5
	最大干密度大于 2.1 t/m³ 的级配砂石	0	2.0
粉土	黏粒含量 ≥10% 的粉土	0.3	1.5
	黏粒含量 <10% 的粉土	0.5	2.0
e 及 I_L 均小于 0.85 的黏性土		0.3	1.6
粉砂、细砂（不包括很湿与饱和时的稍密状态）		2.0	3.0
中砂、粗砂、砾砂和碎石土		3.0	4.4

注：1. 强风化和全风化的岩石，可参照所风化成的相应土类取值，其他状态下的岩石不修正；
　　2. 地基承载力特征值按规范附录 D 深层平板载荷试验确定时 η_d 取 0；
　　3. 含水比是指土的天然含水量与液限的比值；
　　4. 大面积压实填土是指填土范围大于两倍基础宽度的填土。

11.2.5 地基变形验算

建筑物的地基变形计算值,不应大于地基变形允许值。地基变形特征可分为沉降量、沉降差、倾斜、局部倾斜。在计算地基变形时,应符合下列规定:

① 由于建筑地基不均匀、荷载差异较大、体型复杂等因素引起的地基变形,对于砌体承重结构,应由局部倾斜值控制;对于框架结构和单层排架结构,应由相邻柱基的沉降差控制;对于多层或高层建筑和高耸结构,应由倾斜值控制;必要时尚应控制平均沉降量。

② 在必要情况下,需要分别预估建筑物在施工期间和使用期间的地基变形值,以便预留建筑物有关部分之间的净空,选择连接方法和施工顺序。

计算地基变形时,地基内的应力分布,可采用各向同性均质线性变形体理论。计算地基变形时,应考虑相邻荷载的影响,其值可按应力叠加原理,采用角点法计算。当建筑物地下室基础埋置较深时,需要考虑开挖基坑地基土的回弹。在同一整体大面积基础上建有多栋高层和低层建筑,应该按照上部结构、基础与地基的共同作用进行变形计算。

11-3:PPT 地基处理方法选择

11.3 人工地基

随着我国国民经济的高速发展和我国基础建设的蓬勃兴起,建设用地日益紧张,许多工程不得不建造在过去被认为不适合建筑需要的场地上。同时,随着目前工程建设中大型、重型、高层及超高层建筑和有特殊要求的建(构)筑物的日渐增多,也对地基提出了新的更高的要求。因此,对于那些土质软弱、不能满足建(构)筑物强度或变形要求,或者由于动力荷载作用(如地震作用)而可能产生液化、失稳和震陷等灾害,或者由于吸水而会沉陷及由于吸水而膨胀失水而下陷的场地必须进行人工加固处理。这种对不良场地进行补强加固的过程称为地基处理。经人工加固处理过的地基称为人工地基。

地基处理是一门既古老又年轻的学科,地基处理的方法也多种多样。按照地基处理的机理进行分类如表11-3-1:

表11-3-1 常见地基处理方法及适用范围

11-4:PPT 排水固结

分类	方法	加固原理	使用范围
排水固结法	加载预压法	通过在软土上预先堆置相当于建筑物重量的荷载,以达到预先完成或大部分完成地基沉降,并通过地基土的固结以提高地基承载力	淤泥、淤泥质土、冲填土等饱和黏性土及杂填土,对于厚的泥炭层应慎重对待。为缩短固结时间,常设置砂井或塑料排水板,对黏土层较薄或千层土,也可单独采用堆载。该法需要较长的时间。最大加固深度为20 m(具有竖向排水通道)

续表

分类	方法	加固原理	使用范围
排水固结法	超载预压法	通过在软土上预先堆置超过建筑物永久重量的荷载，以预先完成软土次固结的大部分	同上，能使软土的次固结得到有效的消除
	真空预压法	通过在软土地基上铺设砂垫层，并设置竖向排水通道（砂井，塑料排水板），再在其上覆盖不透气的薄膜形成一密封层。然后用真空泵抽气，使排水通道保持较高的真空度，在土的孔隙水中产生负的孔隙水压力，孔隙水逐渐被吸出，从而使土体达到固结	软黏土、冲填土地基。一般能形成 78~92 kPa 的等效荷载，与堆载预压法联合使用，可产生 130 kPa 的等效荷载。加固深度一般不超过 20 m
	电渗排水法	通过向土中插入的金属电流通以直流电，使土中水流由正极区域流向负极区域，使正极区域土体由于水流排出而固结	饱和低黏性土、砂土。在碳酸钙组成的土、某些工业废料及石灰中，水流可能出现由负极向正极流动
	降低水位法	通过从与透水层连接的排水井中抽水，降低地下水位以增加土的自重应力，从而达到预压的目的	渗透系数至少大于 10^{-6} m/s 的砂性土或千层土及下卧层有透水层的软土。由于使土体孔隙水压力降低而固结，土体不会产生剪切破坏，是一种临时性加固措施
灌入固化物法	深层搅拌法（湿法）	利用水泥浆等材料作为固化剂，通过特制的深层搅拌机在地基深部就地将软土和固化剂强制拌和，使软土硬结而提高地基承载力	淤泥、淤泥质土、含水量较高地基承载力不大于 120 kPa 的黏性土、粉土等软土地基。在有较厚泥炭土层的软土地基上，宜通过试验确定其适用性，并可适量添加磷石膏以提高搅拌桩桩身强度。当地下水中含有大量硫酸盐时，宜采用抗硫酸盐水泥，防止硫酸盐的侵蚀。冬季施工应注意负温对处理效果的影响。适合于 7 层以下的民用与工业建筑
	高压喷射注浆法	利用钻机把带有喷嘴的注浆管钻到预定深度的土层，将浆液以高压冲切土体，使土体与浆液搅拌混合，并按一	淤泥、淤泥质土、黏性土、粉土、黄土、砂土、人工填土和碎石土等地基。对于湿陷性黄土以及土中含有较多的大粒径块石、坚硬黏性土、大量植物根茎或过多有机质时，应根据现场试验结果确定其适用程度。

11-5：PPT
高压喷射注浆

续表

分类	方法	加固原理	使用范围
灌入固化物法	高压喷射注浆法	定的浆土比例和质量重新排列,在土中形成一个固化体	对地下水流速过大和涌水工程以及对水泥有严重侵蚀的地基,应慎重使用。尤其适用于既有建筑的地基加固
	渗入性灌浆	在不使地层结构受到扰动和破坏的压力作用下,使浆液渗入到土层孔隙和裂隙中,凝固、硬化、从而加强地基土强度	用普通水泥配制的灌浆材料适用于渗透系数 $k>10^{-3}$ m/s 的土。用超细水泥($d_{50}=3\sim4$ μm)配制的灌浆材料适用于 $k=10^{-1}\sim10^{-2}$ m/s 的土。黏土水泥灌浆适用于渗透系数 $k>10^{-4}$ m/s 的土。化学灌浆适合于渗透系数 $k>10^{-6}$ m/s 的土层
	压密灌浆法	通过钻孔,将压浆管放入到预定深度的土层,向土中压入用高黏滞性土、水泥和水调成的浆液,在压浆点周围形成灯泡形空间。因浆液的挤压作用产生上抬力,从而引起地层局部隆起,以此纠正建筑物的倾斜	软弱黏性土,具有大孔隙或孔穴的地基土、中砂、湿陷性黄土。常用以调整既有建筑物的不均匀沉降
	劈裂灌浆法	在较高的灌浆压力作用下,使浓浆克服土体的初始应力和抗拉强度,在土体内产生水力劈裂和置换作用,形成交叉的结石网格,形成较高强度的空间性刚性骨架。在水力劈裂过程中,土体中自由水和毛细水被排走,表面水被吸收,土体发生固化和化学硬化作用,使土体再次得以加固	粉土、软黏土,处理效果难以预测
	电化学灌浆法	通过电化学作用,促使在通电区域内含水量降低,形成渗浆"通道",并同时向土中灌注浆液,使之在"通道"上与土粒胶结成具有一定力学强度的加固体	饱和黏土、粉质黏土。若灌浆材料为胶体时,仅适于渗透系数 $k>10^{-3}$ m/s 的净砂。不适合于电导性土。处理效果难以预测
热力学法	热加固法	通过带孔的管,将热空气与燃料的混合压缩气体压入土中,使细颗粒土得到加热,土的强度得到提高,压缩性降低,并可消除黏土层的膨胀性	渗透性大的无黏性土或含有大量石膏(含量超过30%)的软黏性土。此外也可用于消除湿陷性黄土的湿陷性

续表

分类	方法	加固原理	使用范围
热力学法	冷冻结法	通过人工制冷,使地基土温度降低到冰点以下,使土中孔隙水冻结,以提高土的强度和降低压缩性	各种类型土,遇到地下水流很大时,冷冻结法效果不好。对于双循环制冷($MgCl_2$和$CaCl_2$为制冷剂),地下水流在$0.05\sim0.1$ h/m时,就会产生困难。是一种临时性加固措施
加筋法	加筋土	通过拉结挡土墙的带状拉筋与填土的摩擦力来平衡或减小作用于挡土墙的土压力	人工填土、砂土的路堤、挡墙、桥台、水坝
	土工织物	利用土工织物的高强度、韧性等力学性能,以扩散土中应力,增大土体的刚度或抗拉强度,与土体构成各种复合土工结构	砂土、黏性土和软土的加固,或用作反滤,排水和隔离的材料
	树根桩	通过就地灌注的小直径灌注桩($\phi 75\sim 250$ mm),使之与土体构成复合地基,借以提高地基承载力,增加地基的稳定性和减少沉降	各类土。主要用于既有建筑物的加固及稳定土坡、支挡结构物
	锚固法	通过锚固在边坡或地基岩层或土层中受拉杆件的锚固力,承受由于土压力、水压力或风力所施加于结构的推力,维持结构的稳定	可靠锚固的土层或岩层。对软弱黏土宜通过重复高压灌浆或采用多段扩体或端头扩体以提高锚固段锚固力。对液限$w_L>50\%$的黏性土,相对密度$D_r<0.3$的松散砂土及有机质含量较高的土层,均不得作为永久性锚固(>2年)地层
置换法	粉体喷射法	利用生石灰或水泥等粉体材料作为固化剂,通过特制的深层搅拌机在地基深部就地将软土和固化剂强制拌和,利用固化剂与软土产生的一系列物理—化学反应,形成坚硬的拌和土体,以置换部分软弱土体,形成复合地基	同深层搅拌法。但对于含水量较小的黏性土,处理效果欠佳。与深层搅拌法(湿法)相比,在固化过程中,粉体材料能吸收周围土体更多的水分,使土体固结。适合于七层以下的工业与民用建筑。对高层建筑宜试验论证
	振冲置换法	利用振冲器或沉桩机,在软弱黏土地基中成孔,再在孔内分批填入碎石等坚硬材料,制成桩体,与原地基土构	不排水剪切强度20 kPa$\leqslant c_u \leqslant 50$ kPa的饱和软黏土、饱和黄土和冲填土。对不排水剪切强度$c_u<20$ kPa的地基,应慎重对待

11-6:PPT 置换法

续表

分类	方法	加固原理	使用范围
置换法	振冲置换法	成复合地基,从而提高地基承载力	能使天然地基承载力提高 20%~60%
	CFG 桩	利用振动打桩机击沉 $\phi 300 \sim 400$ mm 的桩管,在管内边振边填入碎石、粉煤灰、水泥和水按一定比例的配合材料,形成半刚性的桩体,与原地基形成复合地基,从而提高地基承载力	淤泥、淤泥质土、杂填土、饱和和非饱和的黏性土、粉土。能使天然地基承载力提高 70%以上
	钢渣桩	用振动打桩成孔灌注工艺将废钢渣分批投入并振密直至成桩,与原地基土一起形成复合地基,以提高地基承载力	淤泥、淤泥质土、饱和及非饱和的黏性土、粉土。适合于七层以下的工业与民用建筑
	石灰桩	利用打桩机成孔过程中,沉管对土体的挤密作用和新鲜的生石灰成桩时对桩周土体的脱水挤密作用使周围土体固结,同时由于一系列的物理—化学反应、桩身与桩周土硬壳层组成变形模量较大的桩体,以置换部分软土,同原地基土形成复合地基,从而提高了地基承载力	渗透系数适中的软黏土、杂填土、膨胀土、红黏土、湿陷性黄土。不适合地下水位以下的渗透系数较大的土层。当渗透系数太小时,软土脱水加固效果不好、对浓酸碱侵蚀的土层宜慎重使用。一般适用于七层以下的工业与民用建筑
	二土桩	以部分粉煤灰代替石灰,利用沉桩过程中对土体的挤密作用和离子交换、胶凝、碳化作用,形成较大强度的桩体,以置换部分软土,提高地基承载力	同上。与石灰桩相比,二灰桩的吸水胀发作用较小
	强夯置换	利用数吨或数十吨的重锤从十数米的高空落下,在夯出的直壁夯坑中,倒入置换材料,并连续夯击,逐渐形成直径约 2 m 的碎石桩体,与周围土体形成复合地基	饱和软黏土,一般适合于 3~6 m 的浅层处理
	换土回填	将软弱土层挖除,回填性质较好的材料,分层夯实,形成坚硬的垫层,利用垫层本身的高强度和低压缩性,以及扩散附加应力的性能,减少沉降,提高地基承载力	淤泥、淤泥质土、湿陷性黄土、素填土、杂填土地基及暗沟、暗塘等浅层处理,最大深度为 3 m

续表

分类	方法	加固原理	使用范围
置换法	低强度水泥砂石桩	用振动打桩成孔灌注工艺,将以砂石为主、掺入少量水泥、粉煤灰等其他工业废料注入土中,形成低强度的水泥砂石桩,与原地基土一起组成复合地基,共同承担上部结构传来的荷载	淤泥、淤泥质土、饱和及非饱和的黏性土、杂填土、粉土地基
	钢筋混凝土疏桩	采用较大桩距(一般大于 5~6 倍桩径)布置的钢筋混凝土小直径摩擦群桩,使之与承台底土共同承担上部结构的荷载	淤泥、淤泥质土、杂填土、饱和及非饱和的黏性土
	褥垫	在同一建筑中,如遇到软硬相差较大的地基时,在较硬的部分铺设一定厚度的土料,形成具有一定压缩性的垫层,使整个建筑物的变形相适应	一部分为岩石或孤石,另一部分为一般土
	砂桩	用水力振冲器或沉桩机成孔,填以砂料,使之置换部分软弱黏土并使土中水分逐步排出而固结,从而提高地基承载力	软弱黏性土,但宜慎重,且需要较长的时间,对不排水剪切强度 C_u<15 MPa 的软土,应采用袋装砂桩
挤密法	平板振动法	由电动机带动两个偏心块以相同速度反向转动而产生很大的垂直振动力,使土层夯实	无黏性土或黏粒含量少,透水性较好的松散的杂填土,仅限于表层处理
	机械碾压法	通过压路机、推土机、羊足碾等其他压实机械来压实地基表层土体	软土、湿陷性黄土、膨胀土和季节性冻土,仅限于表层处理
	重锤夯实法	利用 1.5~3.0 t 的重锤,从 2.5~4.5 m 的高度自由下落的冲击能来夯实土体	地下水位以上的稍湿的黏性土、砂土湿陷性黄土、杂填土和分层填土,仅限于浅层处理
	夯坑基础	利用 5~10 t 的锥形夯锤,从 6~7 m 高处落下所夯出的夯坑为基槽,直接浇灌混凝土建筑基础。由于夯击使下部土体得以夯实,侧壁得以挤密,从而提高了地基承载力,减小了压缩沉降	软黏土、非饱和的黏性土、无黏性土松散的杂填土、湿陷性黄土。在饱和的黏性土中,宜在夯击时不断加入石碴或煤渣等

续表

分类	方法	加固原理	使用范围
挤密法	强夯挤密法	利用 80~300 kN 的重锤从 8~20 m 的高处落下的冲击能,以夯击地基土,在地基土中产生冲击波和很大的动应力,使地基土得到密实	碎石土、砂土、杂填土、素填土、湿陷性黄土和低饱和度的粉土与黏性土,对于高饱和度的粉土与黏性土,在经试验论证后,才可使用,且宜设置竖向排水通道。最大处深度达 40 m。强夯的震动可能会对周围环境造成不良影响
	振冲法	利用振冲器的水平振动力使饱和的无黏性土和砂质粉土液化,颗粒重新排列而密实。如在振冲同时填入砂、石等其他材料,对土层还具有挤密作用	不添加砂、石材料的振冲致密法一般宜用于 0.75 mm 以上颗粒占土体 20% 以上的砂土。添加砂、石材料的振冲致密法宜用于颗粒小于 0.005 mm 的黏粒含量不超过 10% 的粉土和砂土
	爆破挤密法	利用炸药爆炸所产生的强大的冲击波使地基土挤密或使饱和的松砂发生液化,颗粒重新排列而趋于密实	饱和的松砂($D_r<0.5$)、非饱和疏松的湿陷性黄土和粉土。但对中密(相对密度 $D_r>0.6$)以上的砂土,不宜采用该法。爆破力对周围建筑物可能产生破坏,处理后土质不均
	干振碎石桩	利用干法振动成孔器成孔,使土体在成孔和填石成桩过程中被挤向周围土体,从而使桩周土体得以挤密,同时挤密的桩周土和碎石桩共同构成复合地基	松散的(轻便触探试验锤击数 $N_{10}\leq25$)非饱和黏性土、杂填土、松散的素填土,二级以上的非自重湿陷性黄土。适用于 7 层以下的工业与民用建筑
	沉管挤密碎石桩	利用成孔过程中沉管对土的横向挤密及振密作用,使土体向桩周挤压,桩周土体得以挤密,同时分层填入并夯实碎石,形成碎石桩,使得桩与土共同组成复合地基	松散的非饱和黏性土、杂填土、湿陷性黄土、疏松的砂性土。对饱和软黏土,宜慎重使用
	土桩与灰土桩	利用在成孔过程中,沉管对土的横向挤压作用,使孔内的土挤向周围,使得桩间土得以挤密。再将准备好的素土或灰土分层填入桩孔内,分层捣实形成桩体与桩周土共同组成复合地基	地下水位以上的湿陷性黄土、素土、杂填土,但当含水量大于 23% 及饱和度超过 0.65 时,挤密效果较差。该法不适用于地下水位以下的土层

续表

分类	方法	加固原理	使用范围
挤密法	碴土桩	利用成孔过程中的横向水平力挤密，使土体向桩周挤密。挤密的桩间土同由碎石、碎瓦等建筑垃圾及其他工业废料构成的桩体共同构成复合地基，以承担上部荷载	杂填土、湿陷性黄土、软土、粉土及酸碱腐蚀环境的土层，常用于处理7层以下的工业与民用建筑
	沉管砂桩	利用成孔过程中沉管对土的横向挤密或兼有振密作用，使得桩周土体得以密实。夯填的砂体与挤密的桩间土共同构成复合地基	松散的砂土、砂质粉土、非饱和的黏性土、杂填土、素填土。不适合于饱和的黏性土

11-7：PPT 大面积围海造陆软基处理技术

11.4 基础选择的基本原则

基础的形式有无筋扩展基础、扩展基础、柱下条形基础、筏形基础、箱形基础和桩基础。基础形式应根据场地地质条件、上部结构类型、上部荷载大小和使用功能要求等，经技术、经济比较后进行选择。

11-8：电子相册 基础样式

11.4.1 无筋扩展基础

无筋扩展基础即刚性基础，它是由砖、毛石、混凝土或毛石混凝土、灰土和三合土等材料组成的墙下条形基础或柱下独立基础。无筋扩展基础适用于多层民用建筑和轻型厂房。由于无筋扩展基础的材料具有较高的抗压性能，但其抗拉、抗剪强度都不高，因此设计时必须使基础主要承受压力，并保证在基础内产生的拉应力和剪应力不超过材料强度的设计值。因此规范通过限制基础台阶的宽度与高度之比（如图11-4-1）不超过相应的允许值（如表11-4-1）来实现以上设计原则。

11-9：PPT 基础特性

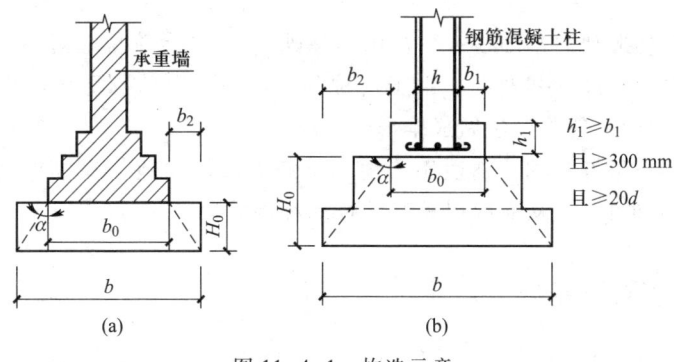

图 11-4-1 构造示意

d—柱中纵向钢筋直径

表 11-4-1 无筋扩展基础台阶宽高比允许值

基础材料	质量要求	台阶宽高比允许值		
		$p_k \leqslant 100$	$100 < p_k \leqslant 200$	$200 < p_k \leqslant 300$
混凝土基础	C15 混凝土	1∶1.00	1∶1.00	1∶1.25
毛石混凝土基础	C15 混凝土	1∶1.00	1∶1.25	1∶1.50
砖基础	砖不低于 MU10 砂浆不低于 M5	1∶1.50	1∶1.50	1∶1.50
毛石基础	砂浆不低于 M5	1∶1.25	1∶1.50	—
灰土基础	体积比为 3∶7 或 2∶8 的灰土,其最小密度:粉土 1.55 t/m³ 粉质黏土 1.50 t/m³ 黏土 1.45 t/m³	1∶1.25	1∶1.50	—
三合土基础	体积比 1∶2∶4~1∶3∶6(石灰∶砂∶集料),每层约虚铺 220 mm 夯至 150 mm	1∶1.50	1∶1.20	—

注:1. p_k 为作用的标准组合时基础底面处的平均压力值,kPa;
　　2. 阶梯形毛石基础的每阶伸出宽度,不宜大于 200 mm;
　　3. 当基础由不同材料叠合组成时,应对接触部分作抗压验算;
　　4. 混凝土基础单侧扩展范围内基础底面处的平均压力值超过 300 kPa 时,尚应进行抗剪验算;对基底反力集中于立柱附近的岩石地基,应进行局部受压承载力验算。

11.4.2 扩展基础

扩展基础系指柱下钢筋混凝土独立基础和墙下钢筋混凝土条形基础。

钢筋混凝土独立基础的形式主要有现浇柱锥形基础、现浇柱阶梯形基础、预制柱杯形基础和高杯口基础等。

钢筋混凝土阶梯形独立基础是一种常用的基础形式,其台阶尺寸可不受刚性角限制,而根据计算确定它的台阶高度和宽度。由于这种基础的每个台阶都需要制作模板,木材用料较多,所以实际工程中一般将台阶做成锥形。

墙下钢筋混凝土条形基础特别适用于地基承载力较低而地下水位较高的情况,它可以减少基础的埋深,降低自重,从而取得较好的技术经济效果。

11.4.3 柱下条形基础

当上部结构荷载较大、地基土的承载力较低时,采用一般的基础形式往往不能满足地基变形和强度的要求,为增加基础的刚度,防止由于过大的不均匀沉降引起上部结构的开裂和损坏,常采用柱下条形基础或交叉条形基础。

柱下条形基础梁的高度宜为柱距的 1/8~1/4,翼板厚度不应小于 200 mm。当翼板厚度大于 250 mm 时,宜采用变厚度翼板,其顶面坡度宜小于或等于 1:3。条形基础的端部宜向外伸出,其长度宜为第一跨距的 0.25 倍。在现浇柱与条形基础梁的交接处,其平面尺寸不应小于图 11-4-2 的规定。

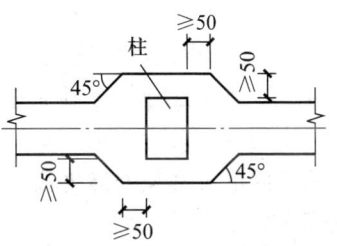

图 11-4-2 现浇柱与条形基础梁的交接处平面尺寸

11.4.4 筏形基础

当上部荷载较大,地基承载力较低,采用一般基础不能满足要求时,可将基础扩大成支承整个建筑物结构的大钢筋混凝土板,即称为筏形基础或称为片筏基础。筏形基础不仅能减少地基土的单位面积压力、提高地基承载力,还能增强基础的整体刚度,调整不均匀沉降,故在多层和高层建筑中被广泛使用。

筏形基础常做成一块等厚度的钢筋混凝土板,称为平板式筏形基础,适用于柱荷载不大、柱间距较小且等柱距的情况,当荷载较大时,可以加大柱下的板厚,如柱荷载太大且不均匀,柱距又较大时,将产生较大的弯曲应力,可沿柱轴线纵横向设置肋梁,就成为梁板式筏形基础,肋梁设在板下使地坪自然形成,且较经济,但施工不方便。肋梁也可设在板的上方,施工方便,但需要架空地坪。

筏形基础的平面尺寸,应根据地基土的承载力、上部结构的布置及荷载分布等因素按规范有关规定确定。对单幢建筑物在地基土比较均匀的条件下,基底平面形心宜与结构竖向永久荷载重心重合。当不能重合时,在荷载效应准永久组合下偏心距 e 宜符合式(11-4-1)要求:

$$e \leqslant 0.1W/A \quad (11\text{-}4\text{-}1)$$

式中 W——与偏心距方向一致的基础底面边缘抵抗矩,m^3;
　　　A——基础底面积,m^2。

筏形基础厚度应根据抗冲切、抗剪切要求确定。一般不小于柱网较大跨度的 1/20,并不得小于 200 mm。也可根据楼层层数,按每层 50 mm 确定。对于有肋梁的筏基,板厚可取 200~300 mm。对高层建筑的筏基,可采用厚筏板,厚度可为 1~3 m。当筏板的厚度大于 2 000 mm 时,宜在板厚中间部位设置直径不小于 12 mm,间距不大于 300 mm 的双向钢筋网。

采用筏形基础的地下室,地下室钢筋混凝土外墙厚度不应小于 250 mm,内墙厚度不应小于 200 mm。墙的截面设计除满足承载力要求外,尚应考虑变形、抗裂及防渗等要求。墙体内应设置双面钢筋,钢筋不宜采用光面圆钢筋,水平钢筋的直径不应小于 12 mm,竖向钢筋的直径不应小于 10 mm,间距不应大于 200 mm。

高层建筑筏形基础与裙房基础之间的构造应符合下列要求:

(1) 当高层建筑与相连的裙房之间设置沉降缝时,高层建筑的基础埋深应大于裙房基础的埋深至少 2 m。地面以下沉降缝的缝隙处应用粗砂填实(图 11-4-3a)。

（2）当高层建筑与相连的裙房之间不设置沉降缝时，宜在裙房一侧设置用于控制沉降差的后浇带，当沉降实测值和计算确定的后期沉降差满足设计要求后，方可进行后浇带混凝土浇筑。当高层建筑基础面积满足地基承载力和变形要求时，后浇带宜设在与高层建筑相邻裙房的第一跨内。当需要满足高层建筑地基承载力、降低高层建筑沉降量、减小高层建筑与裙房间的沉降差而增大高层建筑基础面积时，后浇带可设在距主楼边柱的第二跨内，此时应满足以下条件：

① 地基土质较均匀；
② 裙房结构刚度较好且基础以上的地下室和裙房结构层数不少于两层；
③ 后浇带一侧与主楼连接的裙房基础底板厚度与高层建筑的基础底板厚度相同（图 11-4-3b）。

（3）当高层建筑与相连的裙房之间不设沉降缝和后浇带时，高层建筑及与其紧邻一跨裙房的筏板应采用相同厚度，裙房筏板的厚度宜从第二跨裙房开始逐渐变化，应同时满足主、裙楼基础整体性和基础板的变形要求；应进行地基变形和基础内力的验算，验算时应分析地基与结构间变形的相互影响，并采取有效措施防止产生有不利影响的差异沉降。

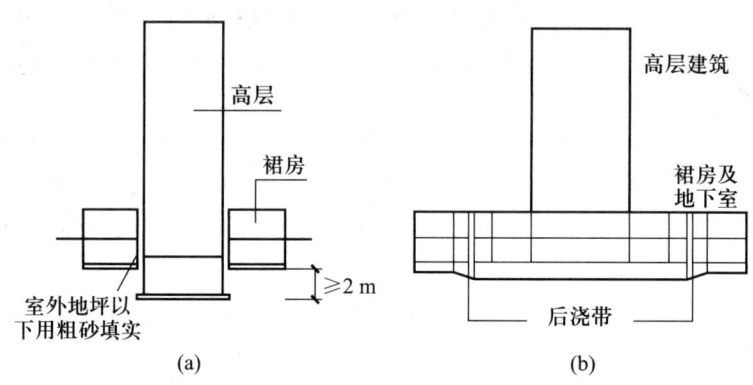

图 11-4-3 高层建筑与裙房间的沉降缝、后浇带处理示意图

11.4.5 箱形基础

箱形基础是由顶板、底板、外墙和内墙组成的空间整体结构，一般由钢筋混凝土建造，空间部分可结合建筑使用功能设计成地下室，是多层和高层建筑中广泛采用的一种基础形式。

箱型基础具有以下特点：

① 有很大的刚度和整体性，因而能有效地调整基础的不均匀沉降，常用于上部荷载较大、地基软弱且分布不均的情况，当地基特别软弱且复杂时，可采用箱基下设桩基的方案。

② 有较好的抗震效果，因为箱形基础将上部结构较好地嵌固于基础，基础埋置得又较

深,因而可降低建筑物的重心,从而增加建筑物的整体性。在地震区,对抗震、人防和地下室有要求的高层建筑,宜采用箱形基础。

③ 有较好的补偿性,箱形基础的埋置深度一般较大,基础底面处的土自重应力和水压力在很大程度上补偿了由于建筑物自重和荷载产生的基底压力。如果箱形基础有足够埋深,使得基底土自重应力等于基底接触压力,从理论上讲,基底附加压力等于零,在地基中不会产生附加应力,因而也不会产生地基沉降,也不存在地基承载力问题,按照这种概念进行地基基础设计的称为补偿性设计。但在施工过程中,由于基坑开挖解除了土自重,使坑底发生回弹,当建造上部结构和基础时,土体会因再度受压而发生沉降,在这一过程中,地基中的应力发生一系列变化,因此,实际上不存在那种全部引起沉降和强度问题的理想情况,但如果能精心设计、合理施工,就能有效发挥箱基的补偿作用。

箱形和筏形基础作为高层建筑的基础,其埋置深度需根据抗倾覆和抗滑移的要求经计算确定。根据经验,在抗震设防区,除岩石地基外,天然土质地基上的箱基和筏基,其埋深不宜小于建筑物高度的 1/15。当桩与箱基底板或筏板固接时,桩箱或桩筏基础的埋置深度(不计桩长)不宜小于建筑高度的 1/18。

11.4.6 桩基础

桩是一种人为在地基中设置的柱形构件。单根或数根桩与连接桩顶的承台一起构成了桩基础。桩基础的作用是将上部结构的荷载通过上部软弱层或易压缩层传给深层强度高、压缩性小的土层或岩层。在土木建筑领域,桩主要靠桩侧摩阻力和桩端阻力的发挥承担竖向荷载。由于桩基具有适应性强、容易满足各种建筑的要求、便于机械施工等优点,在土木工程各个领域得到了广泛应用。

11-10:PPT 预制桩施工

(1) 桩的分类
① 按桩的性状和竖向受力情况可分为摩擦型桩和端承型桩;
② 按使用功能分为竖向抗压桩、竖向抗拔桩、水平受荷桩和复合受荷桩;
③ 按桩身材料分为钢筋混凝土桩、钢桩、组合材料桩和木桩等;
④ 按成桩方式和工艺可分为挤土桩、部分挤土桩和非挤土桩;
⑤ 按桩径大小可分为小桩、中等直径桩和大直径桩;
⑥ 按桩的施工方法可分为灌注桩和预制桩。

11-11:PPT 灌注桩施工

(2) 桩和桩基的构造要求
① 摩擦型桩的中心距不宜小于桩身直径的 3 倍;扩底灌注桩的中心距不宜小于扩底直径的 1.5 倍,当扩底直径大于 2 m 时,桩端净距不宜小于 1 m。在确定桩距时尚应考虑施工工艺中挤土等效应对邻近桩的影响。
② 扩底灌注桩的扩底直径,不应大于桩身直径的 3 倍。
③ 桩底进入持力层的深度,宜为桩身直径的 1~3 倍。在确定桩底进入持力层深度时,尚应考虑特殊土、岩溶以及震陷液化等影响。嵌岩灌注桩周边嵌入完整和较完整的未风化、

微风化、中风化硬质岩体的最小深度,不宜小于 0.5 m。

④ 布置桩位时宜使桩基承载力合力点与竖向永久荷载合力作用点重合。

(3) 群桩中单桩承载力设计

① 轴心竖向荷载作用下

相应于作用的标准组合时,轴心竖向力作用下,任一单桩的竖向力 Q_k 为

$$Q_k = \frac{F_k + G_k}{n} \quad (11\text{-}4\text{-}2)$$

式中 F_k——相应于作用的标准组合时,作用于桩基承台顶面的竖向力,kN;

G_k——桩基承台自重及承台上土自重标准值,kN;

n——桩基中的桩数。

单桩承载力计算应符合下列表达式:

$$Q_k \leqslant R_a \quad (11\text{-}4\text{-}3)$$

式中 R_a——单桩竖向承载力特征值,kN。应通过单桩竖向静载荷试验确定。

② 偏心竖向荷载作用下

相应于作用的标准组合时偏心竖向力作用下,任一单桩的竖向力 Q_k 为

$$Q_k = \frac{F_k + G_k}{n} \pm \frac{M_{xk} y_i}{\sum y_i^2} \pm \frac{M_{yk} x_i}{\sum x_i^2} \quad (11\text{-}4\text{-}4)$$

式中 M_{xk}、M_{yk}——相应于作用的标准组合时,作用于承台底面通过桩群形心的 x、y 轴的力矩,kN·m;

x_i、y_i——桩 i 至桩群形心的 y、x 轴线的距离,m。

单桩承载力除满足式(11-4-3)外,尚应满足下列要求:

$$Q_{ik,\max} \leqslant 1.2 R_a \quad (11\text{-}4\text{-}5)$$

式中 Q_{ik}——相应于作用的标准组合时,偏心竖向力作用下第 i 根桩的竖向力,kN。

③ 水平荷载作用下

水平力作用下,相应于作用的标准组合时,作用于任一单桩的水平力 H_{ik} 为

$$H_{ik} = \frac{H_k}{n} \quad (11\text{-}4\text{-}6)$$

式中 H_k——相应于作用的标准组合时,作用于承台底面的水平力,kN。

单桩承载力计算应符合式(11-4-7):

$$H_{ik} \leqslant R_{Ha} \quad (11\text{-}4\text{-}7)$$

式中 R_{Ha}——单桩水平承载力特征值,取决于桩的材料强度、截面刚度、入土深度、土质条件、桩顶水平位移允许值和桩顶嵌固情况等因素,应通过现场水平载荷试验确定。

例 11-1 某四层砌体结构的住宅,承重墙下为条形基础,上部建筑物作用于基础的荷载为 120 kN/m,基础的平均重度为 20 kN/m³。地基土表层为粉土,厚度为 1 m,重度为 17.5 kN/m³;第二层为淤泥,厚 15 m,重度为 17.8 N/m³,地基承载力特征值 f_{ak} = 50 kPa,

承载力修正系列 $\eta_b=0, \eta_d=1.0$；第三层为密实的砂砾石。地下水距地表为 1 m。因为地基土软弱，不能承受建筑物的荷载，试设计砂垫层。

解：① 砂垫层材料采用粗砂，要求压实系数 $\lambda_0=0.95$，承载力特征值 f_{ak} 取 50 kPa。

② 考虑淤泥质土软弱，基础宜浅埋，基础埋深定为
$$d=1.0 \text{ m}$$

③ 计算墙基的宽度
$$b \geqslant \frac{F_k}{f_{ak}-20d} = \frac{120}{150-20\times1.0}\text{m}=0.92\text{ m},\text{取 } b=1.2\text{ m}。$$

④ 设计粗砂垫层厚度为
$$z=1.5\text{ m}, z/b=1.5/1.2=1.25$$

⑤ 垫层底面土的自重应力
$$P_{cz}=\gamma_1 h_1+\gamma_2(d+z-h_1)=[17.5\times1.0+1.5\times(17.8-10)]\text{kPa}=29.2\text{ kPa}$$

⑥ 垫层底面的附加应力
采用简化计算法，附加应力扩散角 θ 采用 $30°$。
砂垫层底面的附加应力为：
$$p_z=\frac{b(p_k-p_c)}{b+2z\tan\theta}=\frac{1.2\times102.5}{1.2+2\times1.5\times\tan 30°}\text{kPa}=42.0\text{ kPa}$$

$$p_0=p_k-p_c=\frac{F_k+G_k}{b}-\gamma_1 d=\left(\frac{120+20\times1.0\times1.2}{1.2}-17.5\times1.0\right)\text{kPa}=102.5\text{ kPa}$$

⑦ 下卧层淤泥修正后的地基承载力特征值
$$f_{az}=f_{ak}+\eta_b\gamma_m(D-0.5\text{ m})=[50+1.0\times11.7\times(2.5-0.5)]\text{kPa}=73.4\text{ kPa}$$

式中　f_{ak}——地基承载力特征值，取 50 kPa；

γ_m——软弱下卧层顶面以上土的加权平均重度，$\gamma_m=\dfrac{1.0\times17.5+1.5\times(17.8-10)}{2.5}\text{kN/m}^3=$ 11.7 kN/m^3；

D——垫层底面埋深，$D=d+z=(1.0+1.5)\text{m}=2.5\text{ m}$。

⑧ 验算垫层下卧层的强度
$$p_z+p_{cz}=(42.0+29.2)\text{kPa}=71.2\text{ kPa}<f_{az}=73.4\text{ kPa}$$

满足要求。

⑨ 确定砂垫层的底宽 b'
按扩散角计算：
$$b'=b+2z\tan\theta=(1.2+2\times1.5\times\tan 30°)\text{m}=2.93\text{ m}$$

取 $b'=3$ m
绘制砂垫层剖面图，如图 11-4-4 所示。

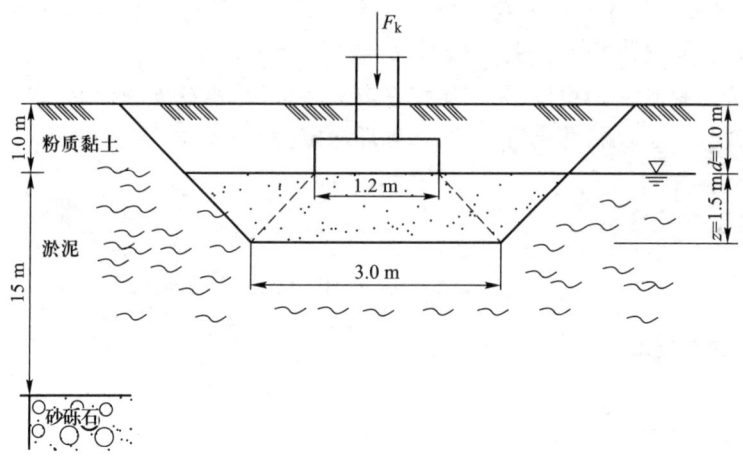

图 11-4-4　砂垫层剖面图

11.5　本章小结

地基基础工程是土木工程中最为突出且难度最大的一个分支,由于勘察、设计、施工不当或环境及使用情况改变,都将增加工程处理的难度。如果处理不好的话,轻则看到种种缺陷,重则发生各种破坏,甚至出现局部或整体倒塌的重大事故。所以,学好地基基础工程是从事土木行业必需的一项基本要求。

思考题

11-1　何谓"场地""地基"及"基础"？三者有什么关系？

11-2　建筑物地基一般会面临哪些问题？

11-3　简述地基处理方法的分类？

11-4　地基处理的施工管理与监测方法有哪些内容？

习题

选择题

11-5　单层排架结构柱基,要进行地基变形计算时,应验算(　　)。

A. 沉降量、倾斜　　　　　　　　　　B. 相邻桩基沉降差

C. 倾斜　　　　　　　　　　　　　　D. 沉降量、相邻桩基沉降差

11-6 地质报告中用于表示地基承载力标准值的符号是( )。
A. R　　　　　B. f_k　　　　　C. f　　　　　D. P

11-7 地基持力层是指( )。
A. 岩石层　　　　　　　　　　B. 基础下面较深的土层
C. 基础下面的土层　　　　　　D. 砂土层

11-8 当新建筑与原建筑相邻时,且新建筑的基础深于原建筑基础时,基础间净距一般为两基础底面高差的( )。
A. 0.5 倍　　　B. 2~3 倍　　　C. 1~2 倍　　　D. 3 倍以上

11-9 无黏性土,随着孔隙比的增大,它的工程特性是趋向于( )。
A. 不变　　　B. 密实　　　C. 松散　　　D. 无法确定

11-10 某一种土,若其塑性指数 I_p 大于 17,则该土为( )。
A. 粉土　　　B. 粉质黏土　　　C. 粉砂　　　D. 黏土

11-11 对土体产生浮力作用的土中水是( )。
A. 化学结合水　　　B. 表面结合水　　　C. 毛细水　　　D. 重力水

11-12 基坑开挖时,易出现流砂现象的是( )。
A. 粉砂　　　B. 黏土　　　C. 粉质黏土　　　D. 粗砂

11-13 地基中,地下水位的变化,会导致地基中土的自重应力( )。
A. 增加　　　B. 减小　　　C. 不变　　　D. 可能增大,也可能减小

11-14 土的压缩主要是( )。
A. 孔隙体积的减小　　　B. 土中水的压缩　　　C. 土中气的压缩　　　D. 土颗粒的压缩

11-15 在同样的荷载条件下,夹有许多薄粉砂的黏土层的固结过程,比纯土层的固结过程( )。
A. 慢　　　B. 相同　　　C. 快　　　D. 无法比较

11-16 标准贯入试验所用锤重及落距为( )。
A. 10 kg,50 cm　　　B. 25 kg,50 cm　　　C. 36.5 kg,76 cm　　　D. 63.5 kg,76 cm

11-17 以下是关于地基的论述,哪个是不正确的?( )
A. 黏土层在长期承受压力的情况,容易产生密实沉降
B. 粉砂的粒径比细砂小,比黏土大
C. 密实砾砂层的地耐力比黏土层大
D. 一般情况下,根据标准贯入试验得到的 N 值越大的地基,它的支承力越小

11-18 在有关地基和基础的以下记述当中,哪个是不正确的?( )
A. 采用浅基础,不论埋深多少,地基支承力都是一样的。
B. 基础梁在刚性大的情况下,可以增加建筑物的整体性,从而有效地防止不均匀沉降
C. 水分饱和的细砂层,地震时常发生喷砂及液化现象
D. 对一个建筑物来说,原则上不采用不同结构的基础

11-19 以下是关于基础和地基的说法,其中哪个是不正确的?( )
A. 密实的砾砂地基的允许承载力要比黏土地基大
B. 黏土层在长期压力的作用下,容易沉降、密实
C. 为了减少不均匀沉降,基础梁的刚度应该大些
D. 一个建筑物地基深度不同,与此相应采用不同的基础形式

11-20 桩身负摩阻力出现时,桩的轴向承载力将( )。

A. 减小　　　　　　B. 增加　　　　　　C. 不变　　　　　　D. 无法确定

11-21　下列地基土中,哪一种可用振冲置换法处理?（　　）。
A. 不排水,抗剪强度大于 20 kPa 的黏性土　　B. 不排水,抗剪强度小于 20 kPa 的粉土
C. 松散的砂土　　　　　　　　　　　　　　D. 密实的砂土

11-22　在预估一般建筑物在施工期间和使用期间地基变形值之比时,可以认为砂土地基上的比黏性土地基上的（　　）。
A. 小　　　　　　　　　　　　　　　　　　B. 大
C. 按黏性土的压缩性而定　　　　　　　　　D. 按砂土的密实度而定

11-23　强夯法用于饱和黏性土地基处理,属于（　　）。
A. 浅层处理　　　　B. 振动置换　　　　C. 深层动力固结　　　　D. 振动密实

11-24　重锤夯实法,用于地基处理,属于（　　）。
A. 深层动力固结　　B. 浅层置换　　　　C. 深层挤密　　　　　　D. 浅层压实

11-25　粉体喷射搅拌时,主要用于处理（　　）。
A. 密实、中密的砂土地基　　　　　　　　　B. 坚硬、硬塑的黏性土、粉土地基
C. 含水量低的松砂地基　　　　　　　　　　D. 含水量高的软土地基

11-26　地基损坏造成建筑物破坏,按后果的严重性将建筑物分为三个安全等级,其中,二级指的是（　　）。
A. 次要建筑物　　　　　　　　　　　　　　B. 一般的工业与民用建筑
C. 重要的工业与民用建筑　　　　　　　　　D. 20 层以上的高层建筑

11-27　对经常受水平载荷作用及建造在斜坡上的一级建筑物,地基设计计算应满足（　　）。
A. 地基的强度　　　　　　　　　　　　　　B. 地基的变形条件
C. 地基的稳定性条件　　　　　　　　　　　D. 都要满足

11-28　建筑物、构筑物地基基础方案选择中,优先考虑的是（　　）。
A. 深基础　　　　　　　　　　　　　　　　B. 天然地基上的浅基础
C. 人工地基上的浅基础　　　　　　　　　　D. 深浅联合基础

11-29　深层搅拌法,主要适用于处理（　　）。
A. 杂填土　　　　　B. 黏性土　　　　　C. 砂土　　　　　　　　D. 淤泥

11-30　地基承载力的确定,目前认为最可靠的方法是（　　）。
A. 现行规范提供的数据　　　　　　　　　　B. 现场静载荷试验
C. 地区的经验数据　　　　　　　　　　　　D. 理论公式计算

11-31　建筑基础中的（　　）必须满足基础台阶宽高比的要求。
A. 钢筋混凝土条形基础　　　　　　　　　　B. 钢筋混凝土独立基础
C. 柱下桩基础　　　　　　　　　　　　　　D. 砖石及混凝土基础

11-32　建筑物安全等级为一级的建筑物,地基设计应满足（　　）。
A. 持力层承载力要求　　　　　　　　　　　B. 软弱下卧层的承载力要求
C. 地基变形要求　　　　　　　　　　　　　D. 都要满足

11-33　砂土中,粒径大于 0.5 mm 的颗粒超过全重的 50% 的为（　　）。
A. 中砂　　　　　　B. 粗砂　　　　　　C. 砾砂　　　　　　　　D. 细砂

11-34　采用天然地基(非岩石)时,考虑地震的高层建筑基础埋深不小于建筑物高度的（　　）。
A. 1/8　　　　　　　B. 1/10　　　　　　C. 1/12　　　　　　　　D. 1/25

11-35 地基承载力修正的根据是( )。
A. 建筑物的使用功能 B. 建筑物的高度
C. 基础的类型 D. 基础的宽度和深度

11-36 下列关于天然地基上箱基的叙述,( )不恰当。
A. 箱基是指形成箱形地下室的基础
B. 箱基自身的刚度影响基底压力的分布
C. 纵横隔墙应有一定的数量
D. 箱基平面形心应尽量与长期荷载重心靠近

11-37 地基土的冻胀性类别可分为:不冻胀,弱冻胀,冻胀和强冻胀四类,碎石土属于( )。
A. 不冻胀 B. 弱冻胀
C. 冻胀 D. 按冻结期间的地下水位定

11-38 地基土按冻胀分类,细砂属于( )。
A. 不冻胀土 B. 弱冻胀土 C. 冻胀土 D. 强冻胀土

11-39 中压缩黏性土地基在建筑物的施工期间沉降量可完成最终沉降量的( )。
A. 10%~20% B. 20%~50% C. 50%~80% D. 90%以上

11-40 偏心受压基础除满足 $P \leqslant f$ 外,还应满足如下哪项要求?( )
A. $P_{max} \leqslant f$ B. $P_{max} \leqslant 1.4f$ C. $P_{max} \geqslant f$ D. $P_{max} \leqslant 1.2f$

11-41 确定房屋沉降缝的宽度应根据( )。
A. 房屋的高度或层数 B. 结构类型 C. 地基土的压缩性 D. 基础形式

11-42 在设计柱下条形基础的基础梁最小宽度时,下列何者是正确的?( )
A. 梁宽应等于柱截面的相应尺寸
B. 梁宽应大于柱截面宽高尺寸中的小值
C. 梁宽应大于柱截面的相应尺寸
D. 由基础梁截面强度计算确定,且不小于柱截面的相应尺寸

11-43 《建筑抗震设计规范》规定:同一结构单元不宜部分采用天然地基部分采用桩基。试问,如不可避免则宜( )。
A. 设防震缝 B. 设沉降缝 C. 设伸缩缝 D. 设条形基础

11-44 要求作用于地基的荷载不超过地基的承载力是为了( )。
A. 防止基础破坏 B. 抗震要求 C. 防止地基破坏 D. 防止冻胀

11-45 要求作用于地基的荷载不超过地基的承载力是为了( )。
A. 防止基础破坏 B. 抗震要求 C. 防止地基破坏 D. 防止冻胀

11-46 刚性砖基础的台阶宽高之比最大允许值为( )。
A. 1:0.8 B. 1:3.0 C. 1:2.0 D. 1:1.5

11-47 毛石基础当 $200 \text{ kPa} < P \leqslant 300 \text{ kPa}$ 时,台阶宽度与高度之比允许值应为( )。
A. 1:3 B. 1:1.25 C. 1:2 D. 1:1.5

11-48 除淤泥和淤泥质土外,相同地基上的基础,当宽度相同时,则埋深愈大,地基的承载力( )。
A. 愈大 B. 愈小
C. 与埋深无关 D. 按不同土的类别而定

11-49 框架结构相邻柱基沉降差在中低压缩性土中允许值为( )。
A. 0.008l B. 0.004l C. 0.003l D. 0.002l

11-50 五层以上的建筑物设置沉降缝的最小宽度为下列数值中的哪一项？（　　）
A. 60 mm　　　　　　B. 70 mm　　　　　　C. 80~100 mm　　　　D. 不小于 120 mm

11-51 下列土料准备作为挡土墙墙后的填土，指出以下何项选择正确？（　　）
（Ⅰ）黏性土；（Ⅱ）掺入适量块石的黏土；（Ⅲ）碎石、砾石、粗砂；（Ⅳ）淤泥质土
A. Ⅰ、Ⅲ　　　　　　B. Ⅱ、Ⅲ　　　　　　C. Ⅰ、Ⅲ、Ⅳ　　　　D. Ⅱ、Ⅲ

11-52 重力式挡土墙保持稳定是靠（　　）。
A. 墙背与土的摩擦力　　　　　　　　　B. 墙的自重
C. 墙后底板自重　　　　　　　　　　　D. 墙后底板上面的土重

11-53 采用换土垫层法加固厚度较大的软弱地基，其主要作用是（　　）。
A. 应力扩散　　　　　　　　　　　　　B. 调整基底应力
C. 改善变形条件　　　　　　　　　　　D. 增强地基刚度

11-54 扩展基础的配筋应按（　　）确定。
A. 计算　　　　　　　　　　　　　　　B. 构造要求
C. 经验　　　　　　　　　　　　　　　D. 计算并满足构造要求

11-55 建筑物的基础埋深与下列所述各项因素中的哪项因素无关？（　　）
A. 作用在地基上的荷载大小和性质
B. 结构形式
C. 工程地质和水文地质条件
D. 相邻建筑物的基础埋深

11-56 桩基础用的桩，按其受力情况可分为摩擦桩和端承桩两种，摩擦桩是指（　　）。
A. 桩上的荷载全部由桩侧摩擦力承受
B. 桩上的荷载由桩侧摩擦力和桩端阻力共同承受
C. 不要求清除桩端虚土的灌注桩
D. 桩端为锥形的预制桩

11-57 端承桩的受力特性为（　　）。
A. 荷载由桩端阻力和桩侧阻力共同承担
B. 荷载主要由桩端阻力承担
C. 荷载主要由桩侧摩阻力承担
D. 荷载主要由桩侧摩阻力承担并考虑部分桩端阻力

11-58 两个埋深和底面压力均相同的独立基础，在相同的非岩石类地基土情况下，基础面积大的沉降量比基础面积小的要（　　）。
A. 大　　　　　　　　B. 小　　　　　　　　C. 相等　　　　　　　D. 按不同的土类别而定

11-59 安全等级为一级的建筑物采用桩基时，单桩的承载力标准值，应通过现场静荷载试验确定。根据下列何者决定同一条件的试桩数量是正确的？（　　）
A. 总桩数的 0.5%
B. 应不少于 2 根，并不宜少于总桩数的 0.5%
C. 总桩数的 1%
D. 应不少于 3 根，并不宜少于总桩数的 1%

11-60 土的天然重度与承载力的关系是（　　）。
A. 天然重度越大承载力越小　　　　　　B. 天然重度与承载力无关

C. 天然重度越大承载力越大 D. 天然重度对承载力影响不大

计算题

11-61 某砌体结构办公楼,承重墙下为条形基础,宽 1.2 m,埋深 1 m,承重墙传至基础荷载 F_k = 180 kN/m,地表为 1.5 m 厚的杂填土,γ = 16 kN/m³,γ_{sat} = 17 kN/m³;下层为淤泥层,γ_{sat} = 19 kN/m³,f_{ak} = 70 kPa,地下水距地表深 1 m,试设计基础垫层。(砂垫层 f = 190 kPa)

11-62 某中学一幢教学楼,采用砌体结构条形基础。作用在基础顶面竖向荷载为 f_k = 130 kN/m。地基土层情况:表层为素填土,γ_1 = 17.5 kN/m³,层厚 h_1 = 1.30 m;第二层为淤泥质土,f_{ak} = 75 kPa,ω = 47.5%,γ_2 = 17.8 kN/m³,层厚 h_2 = 6.50 m,承载力修正系数 η_b = 0,η_d = 1.0。地下水位深 1.30 m。设计此教学楼的砂垫层。

12 建筑抗震基本知识

12.1 建筑抗震概述

12-1：规范 GB 50011—2010（2016 年版）建筑抗震设计规范

地震是一种自然现象，由于地球内部在运动过程中，始终存在巨大的能量，而组成地壳的岩层在巨大的能量作用下，也不停地连续变动，不断地发生褶皱、断裂和错动（图 12-1-1），使岩层处于复杂的地应力作用之下。地壳运动使地壳某些部位的地应力不断加强，当弹性应力的积聚超过岩石的强度极限时，岩层就会发生突然断裂和猛烈错动，释放出巨大能量，其中大部分以波的形式传到地面，引起地面振动，形成地震。这种由地球构造运动所引起的地震称为构造地震。除此以外，火山爆发、水库蓄水和溶洞塌陷都可能导致地面发生程度不同的振动，但相对而言，构造地震发生次数多、震源较浅、活动频繁、延续时间长、影响范围广，给人类带来的损失最严重，是抗震研究主要对象。

12-2：PPT 地震危害

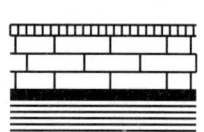
(a) 岩层原始状态

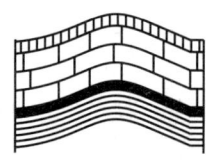
(b) 受力后发生变形

(c) 岩层断裂产生震动

图 12-1-1 构造地震形成示意图

12-3：图片 世界的地震带

世界上有两条主要的地震带：环太平洋地震带与欧亚地震带，如图 12-1-2 所示。环太平洋地震带基本上是太平洋沿岸大陆海岸线的连线，从南美洲的西海岸向北，到北美洲的西海岸的北端，再向西穿过阿留申群岛，到俄罗斯的堪察加半岛折向千岛群岛，沿日本列岛，地震带在此分为两支，一支沿琉球群岛南下，经过我国台湾省，到菲律宾、印度尼西亚；另一支转向马里亚纳群岛至新几内亚，两支汇合后，经所罗门到汤加，突然转向新西兰。全世界 75% 左右的地震发生于这一地震地带。欧亚地震带是东西走向的地震带，西端从大西洋上的亚速尔岛起，向东途经意大利、希腊、土耳其、伊朗、印度，再进入我国西部与西南地区，向南经过缅甸与印度尼西亚，最后与环太平洋地震带的新几内亚相接。全世界 22% 左右的地震发生于这一地震地带。

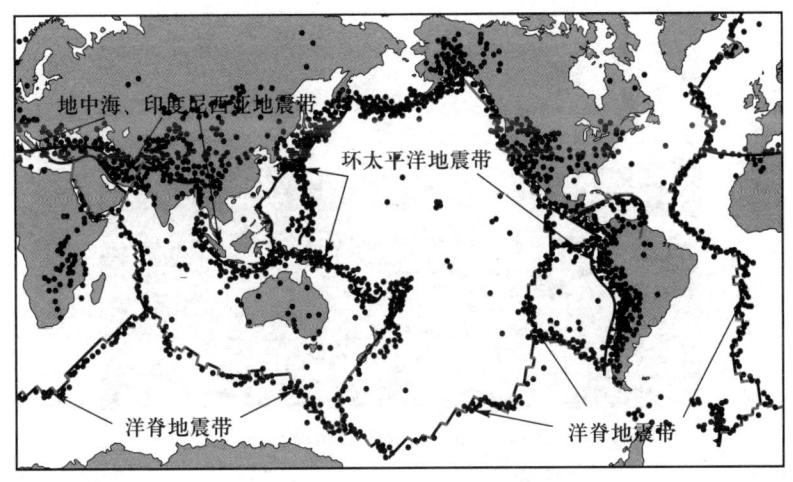

图 12-1-2　全球两大地震带分布图

随每次地震强烈程度的不同,释放出能量的大小是不同的,所引起的地震灾害也是不同的。强地震将会引起建筑物的严重破坏,甚至倒塌,同时造成严重的人身伤亡。另外由地震引起的次生灾害(火灾、水灾、海啸、爆炸、放射性物质污染和有毒气体扩散等)往往要比地震本身带来的直接灾害还要大,例如 1923 年日本的关东大地震(震级 8.2 级,震中烈度 11 度),震中地区房屋倒塌达 50%~80%,距震中 90 km 的东京房屋倒塌 13 万幢。而由于水源断绝、火灾蔓延,大火又烧毁房屋 45 万幢。我国是世界上多地震国家之一。自 20 世纪以来的 100 多年内,共发生破坏性地震 2 600 余次,其中 6 级以上破坏性地震 500 余次,平均每年 5.4 次,8 级以上的地震 9 次。在 20 世纪六七十年代,我国河北邢台、云南通海、四川甘孜、辽宁海城和河北唐山地区所发生的几次地震都属于能造成严重破坏的强烈地震,其中 1976 年唐山 7.8 级地震,使 24.2 万余人丧生。此后,我国的地震活动经历了 10 多年相对平静的阶段,接着又进入了一个新的活跃期,近年以来 5 级以上地震的次数已大大高于 20 世纪以来年平均发震次数。2008 年 5 月 12 日 14 时 28 分,发生的汶川地震是中华人民共和国自新中国成立以来影响最大的一次地震,震级达 8 级,极震区烈度 11 度,直接严重受灾地区达 10 万平方公里。这次地震危害极大,共遇难 69 227 人,受伤 374 643 人,失踪 17 923 人,直接经济损失达 8 452 亿元(图 12-1-3)。

2010 年 1 月 12 日加勒比岛国海地发生里氏 7.3 级地震,首都太子港及全国大部分地区受灾情况严重,大片建筑物倒塌,通信全部中断,电力供应和饮用水保障处于极端困难之中。这场海地自 1770 年以来最严重的大地震,包括总统府和联合国维和部队驻地在内的数百栋建筑坍塌。据初步估计,此次大地震将为海地带来多达 300 万难民。震中离海地首都太子港 15 公里(图 12-1-4)。

2011 年 3 月 11 日,日本宫城县以东太平洋海域发生里氏 9.0 级大地震,地震引发海啸并导致日本福岛县第一核电站爆炸后释放大量核辐射造成重大二次灾害。日本官方统计遇难人数 11 232 人,失踪人数 16 361 人,共计 27 593 人,超过 38 万人离家避难。这次 9.0 级强

12.1　建筑抗震概述

图 12-1-3　地震后的北川县城

图 12-1-4　遭地震破坏的海地总统府

震或会致保险损失金额高达近 350 亿美元，成为史上代价最昂贵灾难，这还未计入海啸造成的损失。美国 AIR 全球风险评估公司估计，本次大地震给日本造成的损失可能在 145 亿至 346 亿美元之间（图 12-1-5）。

图 12-1-5　日本 311 大地震引发的海啸

北京时间2013年4月20日8时02分四川省雅安市芦山县发生了7.0级地震。震源深度13公里。震中芦山县龙门乡99%以上房屋垮塌,卫生院、住院部停止工作,停水停电。此次地震共发生余震4 045次,3级以上余震103次,最大余震5.7级。受灾人口152万,受灾面积12 500平方公里(图12-1-6)。

图12-1-6 雅安地震被破坏的民居

2017年9月7日深夜,墨西哥恰帕斯州托纳拉西南137公里处海域发生8.2级地震,震源深度19公里,并引发海啸。据墨西哥民防机构消息称,这是1985年导致数千人死亡的强震以来,墨西哥遭遇的最强烈地震。据统计,墨西哥9.7地震已造成248人罹难,超过一半的遇难者死于首都墨西哥城(图12-1-7)。

图12-1-7 墨西哥地震倒塌的房屋

为了最大限度地减轻地震灾害,搞好新建工程的抗震设计是一项重要的根本性的减灾措施。掌握建筑工程抗震设计的基本知识和方法,对从事土木建筑工程及相关行业的工作人员是十分重要的。

12-4:PPT
地震波

12.2 地震波、地震震级与地震烈度

12.2.1 地震波

地震时,地下岩体断裂、错动而释放能量和产生振动,并以波的形式从震源向外传播,这就是地震波。地下岩层断裂错动发生的地方称为震源。震源正上方的地面称为震中。从震中到震源的垂直距离称为震源深度。地面上其他地点到震中的距离称为震中距。震中邻近的地区称为震中区(图12-2-1)。

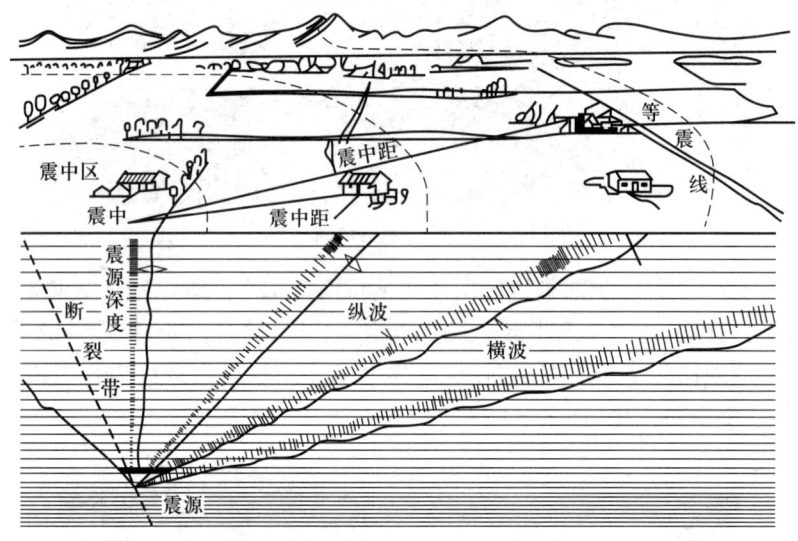

图 12-2-1 震源、震中和震中距

地震波有两种表现形式:体波和面波。其中,在地球内部传播的波称为体波,沿地球表面传播的波叫作面波。体波包含 P 波和 S 波。P 波通常又称为纵波或压缩波,它的传播方向与本身的振动方向一致。S 波又称为横波或剪切波,它的传播方向垂直于振动方向(图12-2-2)。纵波一般周期较短,振幅较小,在地面引起上下颠簸运动。横波一般周期较长,振幅较大,引起地面水平方向的运动。面波是体波在地层自由表面或界面多次反射和折射后形成的,主要有瑞利波和乐夫波两种形式。瑞利波传播时,质点在波的前进方向与地表法向组成的平面内做逆向的椭圆运动,这种运动形式被认为是形成地面晃动的主要原因。乐夫波传播时,质点在与波的前进方向垂直的水平方向运动,在地面上表现为蛇形运动(图12-2-3)。面波周期长,振幅大。由于面波比体波衰减慢,故能传播到很远的地方。

地震波的传播速度,以纵波最快、横波次之,面波最慢。所以,在地震发生的中心地区,人们的感觉是先上下颠簸,后左右摇晃。当横波或面波到达时,地面振动最为猛烈,产生的破坏作用也大。在离震中较远的地方,由于地震波在传播过程中逐渐衰减,地面振动减弱,破坏作用也逐渐减轻。

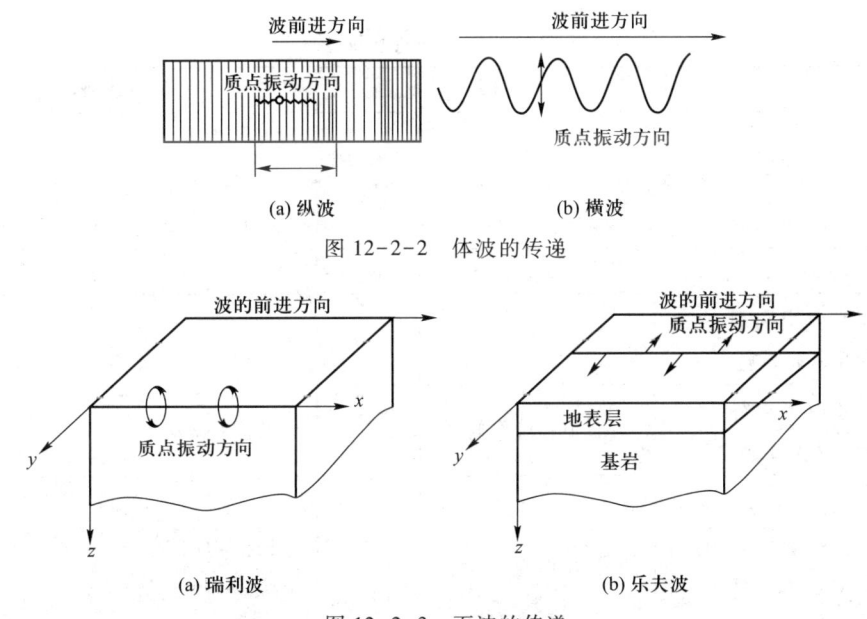

图 12-2-2 体波的传递

图 12-2-3 面波的传递

12.2.2 地震震级与地震烈度

(1) 地震震级

地震震级是表示地震本身大小的一种度量,是衡量一次地震释放能量大小的尺度。其数值是根据地震仪记录到的地震波图确定的。地震震级通常用里氏震级 M 表示,按式(12-2-1)计算:

$$M = \log A + R(\Delta) \tag{12-2-1}$$

式中 A——地震记录图上量得的最大水平位移,μm;

Δ——震中距,km;

$R(\Delta)$——地方性震级的量规函数,取值见附表 27。

震级 M 与震源释放能量 E(单位为 10^{-7} J)之间的关系为

$$\log E = 1.5M + 11.8 \tag{12-2-2}$$

以上关系表明,震级每增加一级,地震所释放出的能量约增加 30 倍。大于 2.5 级的浅震,在震中附近地区的人就有感觉,叫作有感地震;5 级以上的地震会造成明显的破坏,叫作破坏性地震。世界上已记录到的最大地震的震级为 9.5 级。

(2) 地震烈度

地震烈度是指某一区域的地表和各类建筑物遭受某一次地震影响的强弱程度。一次地震,表示地震大小的震级只有一个。然而,由于同一次地震对不同地点的影响不一样,随着距离震中的远近会出现多种不同的烈度。一般来说,距离震中近,烈度就高;距离震中越远,烈度也越低。为评定地震烈度而建立起来的标准叫地震烈度表。不同国家所规定的地震烈度表往往是不同的,我国规定的地震烈度表如表 12-2-1 所示。

表 12-2-1　中国地震烈度表

地震烈度	人的感觉	房屋震害 类型	房屋震害 震害现象	平均震害指数	其他震害现象	水平向地震动参数 峰值加速度/(m/s²)	水平向地震动参数 峰值速度/(m/s)
Ⅰ	无感						
Ⅱ	室内个别静止中人有感觉						
Ⅲ	室内少数静止中人有感觉		门、窗轻微作响		悬挂物微动		
Ⅳ	室内多数人、室外少数人有感觉,少数人梦中惊醒		门、窗作响		悬挂物明显摆动,器皿作响		
Ⅴ	室内绝大多数、室外多数人有感觉,多数人梦中惊醒		门窗、屋顶、屋架颤动作响,灰土掉落,个别房屋墙体抹灰出现微细裂缝,个别屋顶烟囱掉砖		悬挂物大幅晃动,不稳定器物摇动或翻倒	0.31(0.22~0.44)	0.03(0.02~0.04)
Ⅵ	多数人站立不稳,少数人惊逃户外	A	少数中等破坏,多数轻微破坏和/或基本完好	0.00~0.11	家具和物品移动;河岸和松软土出现裂缝,饱和砂层出现喷砂冒水;个别独立砖烟囱轻度裂缝	0.63(0.45~0.89)	0.06(0.05~0.09)
Ⅵ		B	个别中等破坏,少数轻微破坏,多数基本完好				
Ⅵ		C	个别轻微破坏,大多数基本完好	0.00~0.08			
Ⅶ	大多数人惊逃户外,骑自行车的人有感觉,行驶中的汽车驾乘人员有感觉	A	少数毁坏和/或严重破坏,多数中等和/或轻微破坏	0.09~0.31	物体从架子上掉落;河岸出现塌方;饱和砂层常见喷砂冒水,松软土地上地裂缝较多;	1.25(0.90~1.77)	0.13(0.10~0.18)
Ⅶ		B	少数中等破坏,多数轻微破坏和/或基本完好				

续表

地震烈度	人的感觉	房屋震害 类型	房屋震害 震害现象	平均震害指数	其他震害现象	水平向地震动参数 峰值加速度/(m/s²)	水平向地震动参数 峰值速度/(m/s)
VII		C	少数中等和/或轻微破坏,多数基本完好	0.07~0.22	大多数独立砖烟囱中等破坏	1.25 (0.90~1.77)	0.13 (0.10~0.18)
VIII	多数人摇晃颠簸,行走困难	A	少数毁坏,多数严重和/或中等破坏	0.29~0.51	干硬土上出现裂缝;饱和砂层绝大多数喷砂冒水;大多数独立砖烟囱严重破坏	2.50 (1.78~3.53)	0.25 (0.19~0.35)
VIII	多数人摇晃颠簸,行走困难	B	个别毁坏,少数严重破坏,多数中等和/或轻微破坏		干硬土上出现裂缝;饱和砂层绝大多数喷砂冒水;大多数独立砖烟囱严重破坏	2.50 (1.78~3.53)	0.25 (0.19~0.35)
VIII	多数人摇晃颠簸,行走困难	C	少数严重和/或中等破坏,多数轻微破坏	0.20~0.40	干硬土上出现裂缝;饱和砂层绝大多数喷砂冒水;大多数独立砖烟囱严重破坏	2.50 (1.78~3.53)	0.25 (0.19~0.35)
IX	行动的人摔倒	A	多数严重破坏或/和毁坏	0.49~0.71	干硬土上多处出现裂缝;可见基岩裂缝、错动,滑坡、坍方常见;独立砖烟囱多数倒塌	5.00 (3.54~7.07)	0.50 (0.36~0.71)
IX	行动的人摔倒	B	少数毁坏,多数严重和/或中等破坏		干硬土上多处出现裂缝;可见基岩裂缝、错动,滑坡、坍方常见;独立砖烟囱多数倒塌	5.00 (3.54~7.07)	0.50 (0.36~0.71)
IX	行动的人摔倒	C	少数毁坏和/或严重破坏,多数中等和/或轻微破坏	0.38~0.60	干硬土上多处出现裂缝;可见基岩裂缝、错动,滑坡、坍方常见;独立砖烟囱多数倒塌	5.00 (3.54~7.07)	0.50 (0.36~0.71)
X	骑自行车的人会摔倒,处不稳状态的人会摔离原地,有抛起感	A	绝大多数毁坏	0.69~0.91	山崩和地震断裂出现;基岩上拱桥破坏;大多数独立砖烟囱从根部破坏或倒毁	10.00 (7.08~14.14)	1.00 (0.72~1.41)
X	骑自行车的人会摔倒,处不稳状态的人会摔离原地,有抛起感	B	大多数毁坏		山崩和地震断裂出现;基岩上拱桥破坏;大多数独立砖烟囱从根部破坏或倒毁	10.00 (7.08~14.14)	1.00 (0.72~1.41)
X	骑自行车的人会摔倒,处不稳状态的人会摔离原地,有抛起感	C	多数毁坏和/或严重破坏	0.58~0.80	山崩和地震断裂出现;基岩上拱桥破坏;大多数独立砖烟囱从根部破坏或倒毁	10.00 (7.08~14.14)	1.00 (0.72~1.41)
XI	—	A	绝大多数毁坏	0.89~1.00	地震断裂延续很长;大量山崩滑坡	—	—
XI	—	B	绝大多数毁坏		地震断裂延续很长;大量山崩滑坡	—	—
XI	—	C	绝大多数毁坏	0.78~1.00	地震断裂延续很长;大量山崩滑坡	—	—

续表

地震烈度	人的感觉	房屋震害			其他震害现象	水平向地震动参数	
		类型	震害现象	平均震害指数		峰值加速度 /(m/s²)	峰值速度 /(m/s)
XII	—	A B C	几乎全部毁坏	1.00	地面剧裂变化,山河改观	—	—

注:表中给出的"峰值加速度"和"峰值速度"是参考值,括弧内给出的是变动范围。

在工程抗震设防中,与地震烈度密切相关的是基本烈度,所谓基本烈度是指一个地区在一定时期(我国取 50 年)内在一般场地条件下按一定的超越概率(我国取 10%)可能遭遇到的地震烈度值。它是一个地区进行抗震设防的依据。

12.3 工程抗震设防

12-5:PPT 抗震设防

12.3.1 抗震设防的目的和要求

工程抗震设防的基本目的是在一定的经济条件下,最大限度地限制和减轻建筑物的地震破坏,保障人民生命财产的安全。为了实现这一目的,近年来,许多国家的抗震设计规范都趋向于以"小震不坏、中震可修、大震不倒"作为建筑抗震设计的基本准则。

我国对小震、中震、大震规定了具体的概率水准。根据对我国主要地震区的地震危险性分析结果,认为我国地震烈度的概率分布基本上符合于极值Ⅲ型分布,地震烈度的概率密度函数曲线的基本形状如图 12-3-1 所示。

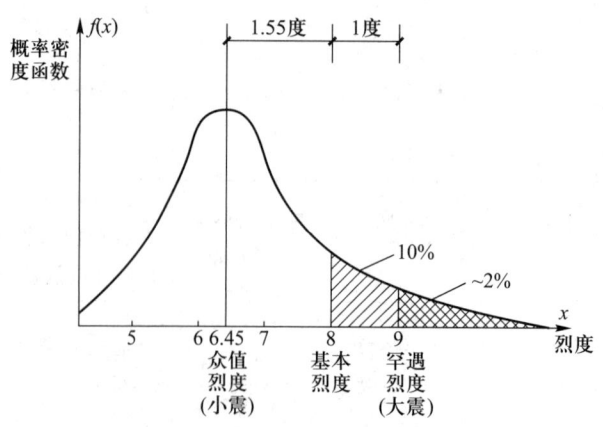

图 12-3-1 地震烈度的概率密度分布函数

从概率意义上说,小震就是发生机会较多的地震。根据分析,当分析年限取为50年时,上述概率密度曲线的峰值烈度所对应的被超越概率为63.2%,因此,可以将这一峰值烈度定义为小震烈度,又称多遇地震烈度。全国地震区划图所规定的各地的基本烈度,可取为中震对应的烈度。它在50年内的超越概率一般为10%。大震是罕遇的地震,它所对应的地震烈度在50年内超越概率为2%左右,这个烈度又可称为罕遇地震烈度。通过对我国45个城镇的地震危险性分析结果的统计分析得到:基本烈度较多遇烈度约高1.55度,而较罕遇烈度约低1度。

根据前述设计准则,我国《建筑抗震设计规范》(GB 50011—2010)(2016年版)明确提出三水准抗震设防要求:

第一水准:当遭受低于本地区抗震设防烈度的多遇地震影响时,建筑物一般不受损坏或不需修理仍可继续使用,即小震不坏;

第二水准:当遭受相当于本地区抗震设防烈度的地震影响时,建筑物可能损坏,但经一般修理即可恢复正常使用,即中震可修;

第三水准:当遭受高于本地区抗震设防烈度的罕遇地震影响时,建筑物不致倒塌或发生危及生命安全的严重破坏,即大震不倒。

一般情况下,上述抗震设防烈度采用基本烈度,但对经过抗震设防区划工作并经主管部门批准的城市,按批准的抗震设防区划确立抗震设防烈度或设计地震动参数。同时,在这些规定中,还给出了所在城市的设计地震分组。一般而言,同等烈度、不同震中距时的不同建筑,其震害是有差异的。震中距较远、震级较大的地震对自振周期长的高柔结构的破坏比同样烈度但震中距较近、震级较小情况下的破坏要严重。为了反映上述宏观现象,将同等烈度粗略地按震中距划分为若干区域以示区别,这是必要的。因此,抗震规范给出了设计地震分组划分。这一划分使对地震作用的计算更为细致。

12-6:图片 中国地震动峰值加速度区划图

《建筑抗震设计规范》规定抗震设防烈度为6度及以上地区的建筑必须进行抗震设计,我国城镇抗震设防烈度、设计基本地震加速度和设计地震分组见规范附录A。值得注意的是,汶川地震后,规范对相关地区县级及县级以上城镇的中心地区建筑工程抗震设计时所采用的抗震设防烈度、设计基本地震加速度值和所属的设计地震分组加以调整。

12-7:规范 规范附录A我国主要城镇抗震设防烈度、设计基本地震加速度和设计地震分组

12.3.2 抗震设计方法

在进行建筑抗震设计时,原则上应满足上述三水准的抗震设防要求。我国《建筑抗震设计规范》采用了简化的两阶段设计方法。

第一阶段设计:按多遇地震烈度对应的地震作用效应和其他荷载效应的组合验算结构构件的承载能力和结构的弹性变形。

第二阶段设计:按罕遇地震烈度对应的地震作用效应验算结构的弹塑性变形。

第一阶段的设计,保证了第一水准的承载力要求和变形要求。第二阶段的设计,则旨在保证结构满足第三水准的抗震设防要求。对如何保证第二水准的抗震设防要求,目前一般

认为,良好的抗震构造措施有助于第二水准要求的实现。

12.3.3 建筑物重要性分类与设防标准

对于不同使用性质的建筑物,地震破坏所造成后果的严重性是不一样的。因此,对于不同用途建筑物的抗震设防,不宜采用同一标准,而应根据其破坏后果加以区别对待。为此,我国《建筑工程抗震设防分类标准》(GB 50223—2008)将建筑物按其用途的重要性分为四类:

(1) 特殊设防类:指使用上有特殊设施,涉及国家公共安全的重大建筑工程和地震时可能发生严重次生灾害等特别重大灾害后果,需要进行特殊设防的建筑。简称甲类。

(2) 重点设防类:指地震时使用功能不能中断或需尽快恢复的生命线相关建筑,以及地震时可能导致大量人员伤亡等重大灾害后果,需要提高设防标准的建筑。简称乙类。

(3) 标准设防类:指大量的除 1、2、4 款以外按标准要求进行设防的建筑。简称丙类。

(4) 适度设防类:指使用上人员稀少且震损不致产生次生灾害,允许在一定条件下适度降低要求的建筑。简称丁类。

对各类建筑抗震设防标准的具体规定为:甲类建筑在 6~8 度设防区应按设防烈度提高一度计算地震作用和采取抗震构造措施,当为 9 度区时,应做专门研究。乙类建筑按设防烈度进行抗震计算,但在抗震构造措施上提高一度考虑。丙类建筑的抗震计算与构造措施均按设防烈度考虑。丁类建筑按设防烈度进行抗震计算,但其抗震构造措施可适当降低要求(设防烈度为 6 度时不再降低)。

12.3.4 建筑抗震概念设计

12-8:PPT 抗震概念设计

一般说来,建筑抗震设计包括三个层次的内容与要求:概念设计、抗震计算与构造措施。概念设计在总体上把握抗震设计的基本原则;抗震计算为建筑抗震设计提供定量手段;构造措施则可以在保证结构整体性、加强局部薄弱环节等意义上保证抗震计算结果的有效性。抗震设计上述三个层次的内容是一个不可割裂的整体,忽略任何一部分,都可能造成抗震设计的失败。这里,先讨论抗震概念设计的问题。

抗震概念设计的总体要求可概括为:注意场地选择、把握建筑体型,利用结构延性,设置多道防线,重视非结构因素,采用结构控制新技术等。

1. 注意场地选择

建筑场地的地质条件与地形地貌对建筑物震害有显著影响,这已为大量的震害实例所证实。从建筑抗震概念设计角度考察,首先应注意场地的选择。简单地说,地震区的建筑宜选择有利地段、避开不利地段、不在危险地段进行工程建设。各类地段划分见表 12-3-1。

表 12-3-1　有利、不利和危险地段的划分

地段类别	地质、地形、地貌
有利地段	稳定基岩,坚硬土,开阔、平坦、密实、均匀的中硬土等
一般地段	不属于有利、不利和危险地段
不利地段	软弱土,液化土,条状突出的山嘴,高耸孤立的山丘,陡坡、陡坎,河岸和边坡的边缘,平面分布上成因、岩性、状态明显不均匀的土层(含古河道、疏松的断层破碎带、暗埋的塘浜沟谷和半填半挖地基),高含水量的可塑黄土,地表存在结构性裂缝等
危险地段	地震时可能发生滑坡、崩塌、地陷、地裂、泥石流等及发震断裂带上可能发生地表位错的部位

同一结构单元不宜设置在性质截然不同的地基土上,也不宜部分采用天然地基,部分采用桩基。当地基有软弱黏土、可液化土、新近填土或严重不均匀土时,应采取地基处理措施加强基础的整体性和刚性,以防止地震引起的动态和永久的不均匀变形。在地基稳定的条件下,还应考虑结构与地基的动力性能,力求避免共振的影响。

2. 把握建筑体形

建筑物平、立面布置的基本原则是:对称、规则、质量与刚度变化均匀。结构对称,有利于减轻结构的地震扭转效应。而形状规则的建筑物,在地震时结构各部分的振动易于协调一致,应力集中现象较少,因而有利于抗震。建筑结构平面凹凸不规则情况如图 12-3-2 所示。

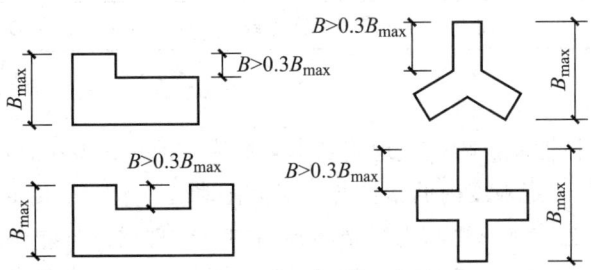

图 12-3-2　建筑结构平面的凹角不规则示例图

质量与刚度变化均匀有两方面的含义:其一是在结构平面方向,应尽量使结构刚度中心与质量中心相一致,否则,扭转效应将使远离刚度中心的构件产生较严重的震害;其二是指结构立面,沿结构高度方向,结构质量与刚度不宜有悬殊的变化,竖向抗侧力构件的截面尺寸和材料强度宜自下而上逐渐减小。地震震害实例和大量理论分析均表明:结构刚度有突然削弱的薄弱层,在地震中会造成变形集中,从而加速结构的倒塌破坏过程。而结构上部刚度较小时,会形成地震反应的鞭梢效应,即变形在结构顶部集中的现象。表 12-3-2 和表 12-3-3 分别列举了平面不规则和竖向不规则的建筑类型。对于因建筑或工艺要求形成

12.3　工程抗震设防

的体型复杂的结构物,可以设置抗震缝,将结构物分成规则的结构单元。但对高层建筑要注意使设缝后形成的结构单元的自振周期避开场地土的卓越周期。对于不宜设置抗震缝的体型复杂的建筑,则应进行较精细的结构抗震分析。

表 12-3-2 平面不规则的类型

不规则类型	定义和参考指标
扭转不规则	在具有偶然偏心的规定水平力作用下,楼层两端抗侧力构件弹性水平位移(或层间位移)的最大值与平均值的比值大于 1.2
凹凸不规则	平面凹进的尺寸,大于相应投影方向总尺寸的 30%
楼板局部不连续	楼板的尺寸和平面刚度急剧变化,例如,有效楼板宽度小于该层楼板典型宽度的 50%,或开洞面积大于该层楼面面积的 30%,或较大的楼层错层

表 12-3-3 竖向不规则的类型

不规则类型	定义和参考指标
侧向刚度不规则	该层的侧向刚度小于相邻上一层的 70%,或小于其上相邻三个楼层侧向刚度平均值的 80%;除顶层和出屋面小建筑外,局部收进的水平向尺寸大于相邻下一层的 25%
竖向抗侧力构件不连续	竖向抗侧力构件(柱、抗震墙、抗震支撑)的内力由水平转换构件(梁、桁架等)向下传递
楼层承载力突变	抗侧力结构的层间受剪承载力小于相邻上一楼层的 80%

3. 利用结构延性

仅利用结构的弹性性能抗御强烈地震是不明智的。正确的做法是同时利用结构弹塑性阶段的性能,通过结构一定限度内的塑性变形来消耗地震时输入结构的能量。在设计中,可以通过各种各样的构造措施和耗能手段来增强结构与构件的延性。例如,对于钢筋混凝土结构,可以采用强剪弱弯、强节点弱构件的设计策略促使梁以受弯曲形式产生较大变形;对于砌体结构,可以采用墙体配筋、构造柱-圈梁体系等措施增加结构的延性。

4. 设置多道防线

在建筑的抗震设计中,有意识地使结构具有多道抗震防线,是抗震概念设计的一个重要组成部分。

多道抗震防线的概念可以从以下事例得到说明:强梁弱柱型的框架结构在底层柱的上下端出现塑性铰,将迅速导致结构的倒塌。而强柱弱梁型的框架结构,则需要全部梁端出现塑性铰并迫使结构底部也出现屈服变形时,结构才会破坏。显然,后者至少存在两道抗震防线,一是从弹性到部分梁出现塑性铰,二是从梁塑性铰发生较大转动到柱根破坏。在两道防线之间,大量地震输入能量被结构的弹塑性变形所消耗。因此,所谓多道抗震防线,是指在一个抗震结构体系中,一部分延性好的构件在地震作用下,首先达到屈服,充分发挥其吸收和耗散地震能量的作用,即担负起第一道抗震防线的作用,其他构件则在第一道抗震防线屈服后才依次屈服,从而形成第二、第三或更多道抗震防线,这样的结构体系对保证结构的抗震安全性是非常有效的。在建筑抗震设计中,可以利用多种手段实现设置多道防线的目的,例如:有目的地设置人工塑性铰、利用框架的填充墙、设置耗能元件或耗能装置等,在延性框架中,框架梁是第一道抗震防线,框架柱是第二道抗震防线;对耗能减震结构,耗能减震装置是第一道抗震防线,主体结构是第二道抗震防线等。

5. 注意非结构因素

非结构因素含义较为宽泛,其中最主要的是非结构构件的处理。一些非结构构件(如玻璃幕墙、吊顶、室内设备等)在地震中往往会先期破坏。因此,在结构抗震概念设计中,应特别注意非结构构件与主体结构之间要有可靠的连接或锚固。同时,对一些可能对主体结构振动造成影响的非结构构件,如围护墙、隔墙等,应注意分析或估计其对主体结构可能带来的影响,并采取相应的抗震措施。

6. 采用结构控制新技术

隔震或耗能减震结构因其具有减震机理明确,减震效果显著,安全可靠,经济合理,技术先进,适用范围广等特点,已逐步在现代抗震结构中得到应用。隔震体系是通过延长结构的自振周期来减小结构的水平地震作用,而耗能减震体系是通过耗能器增加结构阻尼来减小结构在地震作用下的位移。因此选用隔震与耗能减震新技术,需根据建筑抗震设防类别、设防烈度、场地条件、结构方案及使用条件等,对结构体系进行技术、经济可行性的综合对比分析后确定。

12-9:PPT实例讲解低烈度区大型公共建筑减隔震设计

过去应对地震采用的设计手段和方法主要是抗震。一般采取的结构体系有:混凝土框架、钢框架、框架-剪力墙、钢框架-支撑(普通支撑)等结构体系。现在应对地震可以采用的设计手段和方法为消能减震,可采用的结构体系有:隔震结构(上部为普通结构)、有 RBR (BRW 或其他消能器)支撑的钢筋混凝土框架和钢框架等减震结构体系。

例如广东科学中心(图12-3-3、图12-3-4)因功能需求对其 E 区进行隔震设计,且其隔

图 12-3-3　广东科学中心 E 区振动台模拟实验

图12-3-4　广东科学中心E区隔震支座

震设计作为广东科学中心展项的一部分。隔震设计目标为：在遭受设防烈度地震时，结构为弹性变形，展项、设备不受损伤；在遭受罕遇地震时，结构基本完好，不丧失使用功能；隔震设计时，E区抗震设防目标比其他部分有了显著提高。见图12-3-3和图12-3-4。

还有前面提及的四川省雅安市芦山县发生的7.0级地震。距离震中十余公里的芦山县城，当时地震烈度等级介于8、9度之间，设计为抗震设防烈度7度的芦山县人民医院新门诊综合楼却几乎毫发未伤，玻璃没碎，墙没裂缝，只脱落了少量的乳胶漆。造就"楼坚强"的关键就是大楼地基与地面建筑之间那83个橡胶隔震支座（图12-3-5）。具体而言，橡胶隔震技术就是在建筑物的上部结构（地面建筑）和下部结构（基础）之间，设置一层水平较柔的橡胶隔震支座，以隔离或耗散地震从下而上输入的能量，从而确保建筑结构在地震作用下的安全。一旦地震发生，隔震结构会使建筑物的变形集中在隔震层，阻止地震波能量从下往上传播，使上部结构的层间基本不会产生相对变形，从而保护地面建筑结构基本不被破坏。

近几年，中国工程院院士周福霖所领导的团队致力"层间隔震"和"三维隔震"新技术体系的理论研究和工程应用，成果被用在国内多项工程。其中，世界上面积最大的"层间隔震"住宅群——28栋9层的北京通惠家园，房屋抗震安全性提高4倍，这项创新成果获2010年国家科技进步二等奖。

新建成的全国第四大飞机场——昆明新机场，意识到了防震的重要性。周福霖团队为整个昆明新机场航站楼铺设了隔震垫，达50万平方米。这种技术在大跨复杂结构中的应用，使昆明新机场航站楼成为目前世界上最大的单体隔震建筑。

广州大学土木工程学院周福霖团队在我国开发的隔震新技术还将迎接新的挑战——北京正在筹建中的新国际机场，已经决定在世界面积最大的候机楼下面全部铺设隔震设施。

图12-3-5　芦山人民医院橡胶隔震支座模型

12.4 结构地震反应分析与地震作用计算

地震时,地面上原来静止的结构物因地面运动而产生强迫振动。因此,结构地震反应是一种动力反应,其大小(或振动幅值)不仅与地面运动有关,还与结构动力特性(自振周期、振型和阻尼)有关,一般需采用结构动力学方法进行分析。

结构工程中"作用"一词,指能引起结构内力、变形等反应的各种因素。按引起结构反应的方式不同,"作用"可分为直接作用与间接作用。各种荷载(如重力、风载、土压力等)为直接作用,而各种非荷载作用(如温度、基础沉降)为间接作用。结构地震反应是地震动通过结构惯性引起的,因此地震作用为间接作用,而不称为荷载。但工程上有时将地震作用等效为某种形式的荷载作用,称为等效地震荷载。

12.4.1 结构动力计算简图及体系自由度

进行结构地震反应分析的第一步,就是确定结构动力计算简图。

结构动力计算的关键是结构惯性的模拟,由于结构的惯性是结构质量引起的,因此结构动力计算简图的核心内容是结构质量的描述。

描述结构质量的方法有两种,一种是连续化描述(分布质量),另一种是集中化描述(集中质量)。如采用连续化方法描述结构的质量,结构的运动方程将为偏微分方程的形式,而一般情况下偏微分方程的求解和实际应用不方便。因此,工程上常采用集中化方法描述结构的质量,以此确定结构动力计算简图。

采用集中质量方法确定结构动力计算简图时,需先定出结构质量集中位置。可取结构各区域主要质量的质心为质量集中位置,将该区域主要质量集中在该点上,忽略其他次要质量或将次要质量合并到相邻主要质量的质点上去。例如,水塔、单层房屋(图 12-4-1)等,可在其主要质量标高处选取一计算点,如水塔的水箱、单层房屋的屋盖,将水箱、屋盖的全部质量以及塔身、墙体的部分质量集中到该点;将塔身、房屋墙柱视为水平或竖向恢复力杆件,从

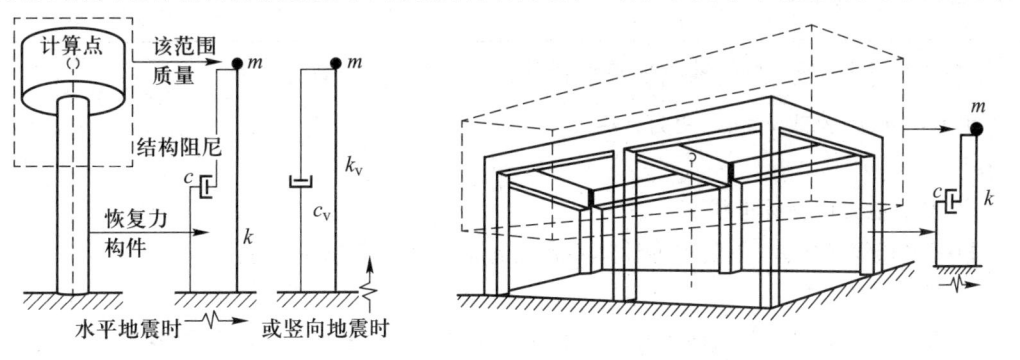

(a) 水塔动力模型 (b) 单层房屋模型

图 12-4-1 单自由度体系的计算模型

而形成单质点集中质量模型。在水平或竖向地震作用下,可选取沿水平或竖向地震方向的自由度,当只考虑弹性反应时,则为单自由度弹性体系,其只有一个变量和一个振动方程。

12.4.2 单自由度弹性体系的地震作用

1. 重力荷载代表值

地震作用计算,实际上就是利用牛顿第二定律进行惯性力的计算,其公式为:

$$F = ma \tag{12-4-1}$$

式中 F 为惯性力,m 和 a 分别为质点的质量和加速度,质点的重力荷载 $G = mg$,g 为重力加速度,$g = 9.81 \text{ m/s}^2$。《建筑抗震设计规范》规定,计算水平地震作用时,结构重力荷载应采用重力荷载代表值 G_E,是指地震作用下计算有关效应标准值时,永久性结构和构配件、非结构构件和固定设备等的自重标准值 G_k 加上各可变荷载组合值:

$$G_E = G_k + \sum_i \psi_{Qi} Q_{ki} \tag{12-4-2}$$

式中 Q_{ki}——第 i 个可变荷载的标准值;

ψ_{Qi}——第 i 个可变荷载的抗震设计组合值系数。按表 12-4-1 采用。

表 12-4-1 组合值系数

	可变荷载的种类	抗震设计的组合值系数 ψ_{Qi}
楼面活荷载	按等效均布荷载计算的藏书库、档案库	0.8
	按等效均布荷载计算的其他民用建筑	0.5
	按实际情况计算的楼面活荷载	1.0
屋面可变荷载	屋面活荷载	不计入
	屋面积灰荷载	0.5
	雪荷载	0.5
吊车悬吊物的可变吊重	硬钩吊车	0.3
	软钩吊车	不计入

注:硬钩吊车吊重较大时,抗震设计的组合值系数应按实际情况采用。

由 $G_E = m_E g$,公式 $F = ma$ 变为:

$$F = m_E a \tag{12-4-3}$$

2. 水平地震作用标准值 F_{Ek}

根据牛顿第二定律,单质点弹性体系水平地震作用标准值 F_{Ek} 为:

$$F_{Ek} = m_E S_a \tag{12-4-4}$$

S_a 为质点的最大地震反应加速度。研究表明,质点的最大地震反应加速度不仅与地震地面运动有关,而且与结构本身特性有关。设地震时地面运动最大加速度为 $|\ddot{x}_g(t)|_{max}$,则称该值与重力加速度之比 $k = |\ddot{x}_g(t)|_{max}/g$ 为地震系数,同时将质点的最大地震反应加速度

与重力加速度之比 $\alpha = S_a/g$ 称为地震影响系数。地震系数和地震影响系数在一定程度上可作为衡量地震地面运动和质点的最大地震反应的指标。动力系数 β 是指质点的最大地震反应加速度 S_a 与地震动加速度峰值 $|\ddot{x}_g(t)|_{max}$ 的比值,是结构地震反应以 $|\ddot{x}_g(t)|_{max}$ 为规格化的反应量,反映了结构振动对地震动的动力放大或缩小特性。上述三者关系为:

$$\alpha = k\beta \tag{12-4-5}$$

根据地震影响系数的定义,单质点弹性体系水平地震作用标准值 F_{Ek} 可写为:

$$F_{EK} = m_E S_a = m_E g \frac{S_a}{g} = G_E \alpha \tag{12-4-6}$$

根据场地类别和震中距离(地震分组)、地震设防烈度、结构自振周期和阻尼比等,给出的水平地震影响系数 α 曲线,如图 12-4-2 所示。

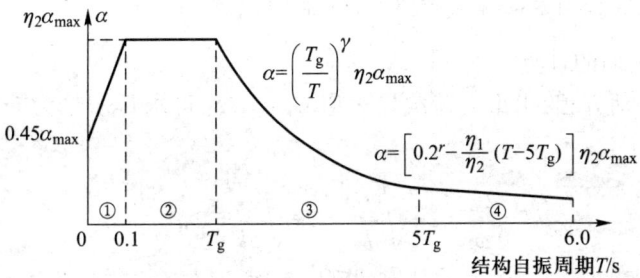

图 12-4-2 地震影响系数 α 曲线

该曲线也称为抗震设计反应谱。图中, T 为结构自振周期; T_g 为场地特征周期,由场地类别和震中距离确定; α_{max} 为水平地震影响系数最大值,与地震设防烈度有关; γ 为曲线下降段衰减指数, η_1 为直线下降段斜率调整系数, η_2 为结构阻尼调整系数,当结构阻尼比 $\zeta = 0.05$(钢筋混凝土及砌体结构阻尼比)时, $\gamma = 0.9$, $\eta_1 = 0.02$, $\eta_2 = 1.0$。此时,曲线分为四个区段:

(1) 直线上升段①:指 $T = 0 \sim 0.1$ s 区段, $T = 0$ 时, $\alpha|_{T=0} = 0.45\alpha_{max}$。
(2) 水平平台段②:指 $T = 0.1$ s $\sim T_g$ 区段,取 $\alpha = \eta_2 \alpha_{max}$。其中阻尼调整系数 η_2 为

$$\eta_2 = 1 + \frac{0.05 - \xi}{0.08 + 1.6\xi}, \text{且 } \eta_2 \geq 0.55$$

(3) 曲线下降段③:指自振周期 $T = T_g \sim 5T_g$ 区段,取 $\alpha = \left(\frac{T_g}{T}\right)^{\gamma} \eta_2 \alpha_{max}$。

其中曲线下降段衰减指数 γ 为:

$$\gamma = 0.9 + \frac{0.05 - \xi}{0.3 + 6\xi}$$

(4) 直线下降段④:指 $T = 5T_g \sim 6$ s 区段,取 $\alpha = \left[0.2^{\gamma} - \frac{\eta_1}{\eta_2}(T - 5T_g)\right] \eta_2 \alpha_{max}$。

其中直线下降段斜率 η_1 为:

$$\eta_1 = 0.02 + \frac{0.05-\xi}{4+32\xi}, \text{且 } \eta_1 \geq 0$$

对周期 $T>6$ s 的建筑结构,其地震影响系数应做专门研究。已编制抗震设防区划的地区,允许按批准的设计地震动参数计算地震影响系数。

各设防烈度下水平地震影响系数最大值 α_{max} 应根据表 12-4-2 确定。

表 12-4-2　水平地震影响系数最大值

地震影响	6 度	7 度	8 度	9 度
多遇地震	0.04	0.08(0.12)	0.16(0.24)	0.32
罕遇地震	0.28	0.5(0.72)	0.9(1.2)	1.4

注:括号内数值分别用于设计基本地震加速度为 0.15 g 和 0.30 g 的地区。

3. 结构自振周期的计算

根据结构的振动方程,由重力荷载代表值 $G_E = m_E g$,可求得质量为 m_E 的单质点自振周期(单位为 s)为:

$$T = \frac{2\pi}{\omega} = 2\pi\sqrt{\frac{m_E}{k}} = 2\pi\sqrt{\frac{G_E}{gk}} = 2\pi\sqrt{\frac{G_E}{g}\delta} \quad (12\text{-}4\text{-}7)$$

其中 ω 为结构自振圆频率;k 为单质点体系的刚度系数,即在质点产生单位水平位移时施加在质点上的水平力;$\delta = 1/k$ 为单质点体系的柔度系数,即单位水平力作用下质点产生的侧移值。

4. 场地特征周期 T_g 的确定

建筑场地类别是场地条件的基本表征,不同场地上的地震动,对建筑物的震害明显不同,场地土对建筑物的震害的影响,主要与场地的坚硬程度、土层组成等有关,软弱场地上的建筑物震害一般重于坚硬场地。根据土层的剪切波速 v_s 大小,场地土可分为岩石($v_s>800$ m/s)、坚硬土或软质岩石(800 m/s $\geq v_s \geq$ 500 m/s)、中硬土(500 m/s $\geq v_s >$ 250 m/s)、中软土(250 m/s $\geq v_s >$ 150 m/s)、软弱土($v_s \leq$ 150 m/s)五种类型。通过总结国内外对场地划分的经验以及对震害的总结、理论分析和实际勘察资料,我国《建筑抗震设计规范》指出:建筑场地类别应根据土层等效剪切波速和场地覆盖层厚度划分为 5 个不同的类别,见表 12-4-3。

表 12-4-3　各类建筑场地的覆盖层厚度　　　　　　　　m

岩石的剪切波速或土的等效剪切波速/(m/s)	场地类别				
	I_0 类	I_1 类	II 类	III 类	IV 类
$v_s > 800$	0				
$800 \geq v_s > 500$		0			
$500 \geq v_{se} > 250$			<5	≥ 5	
$250 \geq v_{se} > 150$			<3	3~50	>50
$v_{se} \leq 150$			<3	3~15	15~80	>80

表中 v_{se} 为等效剪切波速,这是因为在实际工程中,地基只有单一性质场地土的情况是很少见的,并且地表土层的组成也比较复杂,所以,场地土类别的划分大多采用土层等效剪切波速 v_{se} 来划分,其中 v_{se} 应按式(12-4-8)确定:

$$v_{se} = \frac{d_0}{\sum_{i=1}^{n} \frac{d_i}{v_{si}}} \qquad (12\text{-}4\text{-}8)$$

式中　d_0——计算深度,取覆盖层厚度和 20 m 两者中的较小者,m;

　　　d_i——计算深度范围内第 i 层土的厚度,m;

　　　n——计算深度范围内土层的分层数;

　　　v_{si}——计算深度范围内第 i 层土层的剪切波速,m/s。宜用现场实测数据。

场地的特征周期 T_g 一般与场地的自振周期相近,在相同的地震波作用下,不同的场地,由于特征周期不同,场地的地震反应也不同,从而导致其上建筑物震害不同,在抗震设计中,建筑物自振周期应尽量避开场地的特征周期以避免共振现象。

场地的特征周期 T_g 与场地类别和设计地震分组(震中距)有关,如表 12-4-4 所示。

表 12-4-4　特征周期 T_g　　　　　　　　　　s

设计地震分组	场地类别				
	I_0	I_1	II	III	IV
第一组	0.20	0.25	0.35	0.45	0.65
第二组	0.25	0.30	0.40	0.55	0.75
第三组	0.30	0.35	0.45	0.65	0.90

例 12-1　已知一单层框架结构,结构阻尼比为 0.05,集中在屋盖处的重力荷载代表值为 1 500 kN。框架水平刚度 $k=1.5\times10^7$ N/m,框架结构位于III类场地、设计地震分组为第二组,设防烈度为 8 度,设计基本地震加速度为 $0.2g$,试计算多遇地震影响下水平地震作用标准值。

解：① 求结构自振周期 T

$$T = 2\pi\sqrt{\frac{m_E}{k}} = 2\pi\sqrt{\frac{G_E}{kg}} = 6.283 \times \sqrt{\frac{1\,500\times10^3}{1.5\times10^7\times9.81}}\,\text{s} = 0.634\,\text{s}$$

② 计算地震影响系数 α

8 度且基本地震加速度为 $0.2\,g$ 时,查表 12-4-2 得多遇地震 $\alpha_{max}=0.16$;III类场地、地震分组二组时,查表得 $T_g=0.55$ s。由于 $T_g<T<5T_g$

则

$$\alpha = \left(\frac{T_g}{T}\right)^{0.9}\alpha_{max} = \left(\frac{0.55}{0.634}\right)^{0.9}\times 0.16 = 0.141$$

③ 计算多遇地震影响下水平地震作用标准值 F_{Ek}

$$F_{Ek}=\alpha G_E=0.141\times 1\,500\text{ kN}=211.5\text{ kN}$$

12.4.3 多自由度弹性体系的地震作用

在实际的建筑结构抗震设计中,除了少数结构可以简化为单质点体系外,大量的多层工业与民用建筑、多跨不等高单层工业厂房等都应简化为多质点体系来分析。如图12-4-3所示,通常将楼面的使用荷载以及上、下两相邻层(i和$i+1$层)之间的结构自重(即图中的阴影部分)集中于第i层的楼面标高处,形成一个多质点体系,各质点由无质量的弹性直杆联系并支承于地面上。

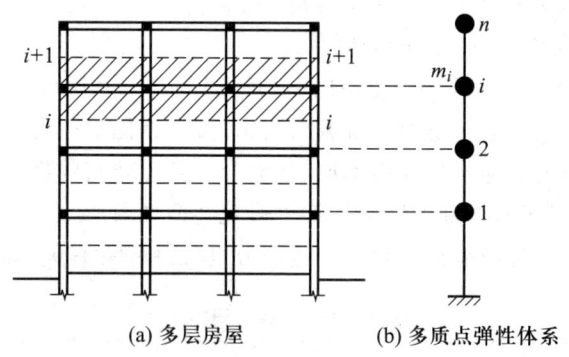

(a) 多层房屋　　(b) 多质点弹性体系

图 12-4-3　多自由度弹性体系的计算模型

1. 多质点体系的自振周期和振型

对于n个质点的弹性体系,有n个自振周期及相应的n个振型。最大自振周期T_1和相应的最小自振频率ω_1分别称为基本周期和基本频率,以后的$T_2,T_3,\cdots,T_n$(或$\omega_2,\omega_3,\cdots,\omega_n$)分别称为第二、第三、$\cdots$,第$n$自振周期(或第二、第三、$\cdots$,第$n$自振频率)。相应地,对应于$T_1$或$\omega_1$的振型称为基本振型$\{X\}_1$,其他振型分别称为第二振型$\{X\}_2$,第三振型$\{X\}_3,\cdots$,第$n$振型$\{X\}_n$,统称为较高振型。对$n$个质点的弹性体系,每一振型为一个$n$维向量。

振型描述的是振动过程中各质点的相对位置。当依某一振型振动时,各质点的相对位置保持一定的比值。结构总的地震反应由各振型振动叠加而成。一般条件下,振型越高,阻尼造成的相应于该振型的振动衰减越快,因此通常只考虑较低的几个振型,如图12-4-4所示。

2. 多质点弹性体系的地震作用计算

多自由度体系地震作用计算方法主要有时程分析法、振型分解反应谱法和底部剪力法。在用时程分析法计算时,选用实际的地震记录时程$\ddot{x}_g(t)$(图12-4-5),直接基于运动微分方程进行积分计算,数值积分时,要将时间变量离散为有限个相等或不等的时段,相应地,地震动输入和地震反应分别在各离散时间点取值。根据结构在地震作用下的初值条件,由0时刻开始直至地震动结束,求出地震过程中各离散时刻点的地震反应值,并进而求得结构地震反应最大值。《建筑抗震设计规范》规定,特别不规则的建筑、甲类建筑和较高的高层建筑,

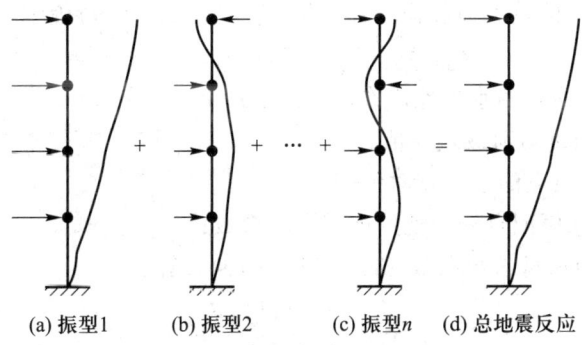

图 12-4-4 多质点体系振型分解示意图

应采用弹性时程分析法作为补充方法进行多遇地震下的计算。当取三组加速度时程曲线输入时，计算结果宜取时程法的包络值和振型分解反应谱法的较大值；当取七组及七组以上的时程曲线时，计算结果可取时程法的平均值和振型分解反应谱法的较大值。由于地震动时程 $\ddot{x}_g(t)$ 极不规则，无法求得被积函数的原函数，时程分析法全部计算必须由电算完成。因此本书重点介绍振型分解反应谱法和底部剪力法。

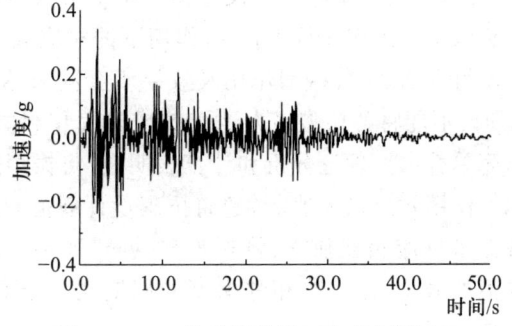

图 12-4-5 某地震强震加速度实测记录

（1）振型分解反应谱法

如前所述，对大量的多层工业与民用建筑，通常简化为多质点弹性体系来分析。用振型分解反应谱法计算多自由度弹性体系的地震作用时，首先需要知道各个振型及其对应的自振周期，这些都是由求解多质点弹性体系的自由振动微分方程组而得到的，对于有 n 个自由度弹性体系，自由振动微分方程的个数亦为 n。然后利用体系各个振型有关性质将地震作用下多质点弹性体系强迫振动的微分方程组化为 n 个与各振型相应的独立单质点体系强迫振动的微分方程，求解微分方程可得每个振型情形下各质点的水平地震作用标准值，如图 12-4-6 所示：

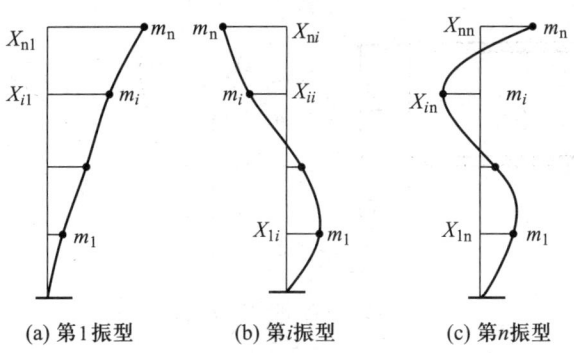

图 12-4-6 多质点体系振型示意图

例如,j 振型 i 质点的最大地震作用标准值,应按式(12-4-9)确定:

$$F_{ij} = \alpha_j G_i \gamma_j X_{ij} \quad (i=1,2,\cdots n, j=1,2,\cdots,m) \tag{12-4-9}$$

式中 F_{ij}——j 振型 i 质点的水平地震作用标准值;

G_i——i 质点的重力荷载代表值;

X_{ij}——j 振型 i 质点的水平相对位移;

α_j——相应于 j 振型自振周期的地震影响系数;

γ_j——j 振型的振型参与系数,按式(12-4-10)计算:

$$\gamma_j = \frac{\{X\}_j^T [M] \{R\}}{\{X\}_j^T [M] \{X\}_j} \tag{12-4-10}$$

$\{X\}_j = [X_{1j} \quad X_{2j} \quad \cdots \quad X_{nj}]^T$, $[M] = \mathrm{diag}(m_1, m_2, \cdots, m_i, m_n)$, $\{R\} = [1, 1, \cdots 1]^T$。

这样,按振型分解和反应谱理论求得振型最大地震作用标准值 F_{ij} 后,就可按照一般力学方法求得地震作用标准值 F_{ij} 作用下的相应效应 S_j。另一方面,由于结构反应是由各振型的振动组合而成,各振型作用及效果不会同时达到最大值 F_{ij}、S_j,因而求地震作用效应最大值 S_{Ek} 时,不能将各振型最大地震效应作简单代数叠加组合;也不能将各振型效应的绝对最大值简单叠加。理论分析和计算表明,若将振型效应 S_j 采用适当方法组合,可得出符合实际的地震作用效应最大值。《建筑抗震设计规范》中,对于水平地震作用下多自由度体系,假定各振型反应相互独立,将振型效应 S_j 采用平方和开平方法则进行组合,求得地震作用标准值的效应 S_{Ek}。当相邻振型的周期比小于 0.85 时,可按式(12-4-11)确定水平地震作用效应。

$$S_{Ek} = \sqrt{\sum_{j=1}^{n_1} S_j^2} \tag{12-4-11}$$

式中 S_j——j 振型的水平地震作用标准值的效应;

n_1——振型组合时考虑的振型数,一般可只取前 2 个或前 3 个振型;当体系基本自振周期 T_1 大于 1.5 s 或房屋高宽比 H/B 大于 5 时,应适当增加振型个数。

例 12-2 二质点体系如图 12-4-7 所示,各质点的重力荷载代表值分别为 $G_1 = 600$ kN,$G_2 = 500$ kN,层高如图所示。该结构建造在设防烈度为 8 度、场地土特征周期 $T_g = 0.25$ s 的

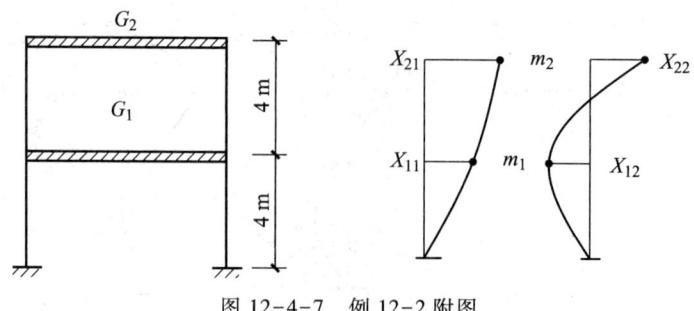

图 12-4-7 例 12-2 附图

场地上,其水平地震影响系数最大值 $\alpha_{\max} = 0.16$(多遇地震)。已知结构的阻尼比为 0.05,主振型和自振周期分别为

$$\{X\}_1 = \begin{Bmatrix} X_{11} \\ X_{21} \end{Bmatrix} = \begin{Bmatrix} 0.488 \\ 1.000 \end{Bmatrix} \qquad \{X\}_2 = \begin{Bmatrix} X_{12} \\ X_{22} \end{Bmatrix} = \begin{Bmatrix} -1.710 \\ 1.000 \end{Bmatrix}$$

$$T_1 = 0.358 \text{ s} \qquad T_2 = 0.156 \text{ s}$$

要求:用振型分解反应谱法计算结构在多遇地震作用下各层的层间地震剪力 V_i。

解:由已知条件得 $\alpha_{\max} = 0.16, T_g = 0.25 \text{ s}, [M] = \text{diag}(m_1, m_2) = \begin{bmatrix} \dfrac{G_1}{g} & 0 \\ 0 & \dfrac{G_2}{g} \end{bmatrix}$

① 对第一振型,由于 $T_g < T_1 < 5T_g$,有

$$\alpha_1 = \left(\frac{T_g}{T_1}\right)^\gamma \eta \alpha_{\max} = \left(\frac{0.25}{0.358}\right)^{0.9} \times 1.0 \times 0.16 = 0.116$$

$$\gamma_1 = \frac{\{X\}_1^\text{T}[M]\{R\}}{\{X\}_1^\text{T}[M]\{X\}_1} = 1.233$$

$$F_{11} = \alpha_1 G_1 \gamma_1 X_{11} = 41.88 \text{ kN}$$

$$F_{21} = \alpha_1 G_2 \gamma_1 X_{21} = 71.514 \text{ kN}$$

相应剪力值为

$$V_{21} = F_{21} = 71.514 \text{ kN}$$

$$V_{11} = F_{21} + F_{11} = 71.514 \text{ kN} + 41.88 \text{ kN} = 113.394 \text{ kN}$$

② 对第二振型,由于 $0.1 < T_2 < T_g$,有 $\alpha_2 = \eta \alpha_{\max} = 0.16$

$$\gamma_2 = \frac{\{X\}_2^\text{T}[M]\{R\}}{\{X\}_2^\text{T}[M]\{X\}_2} = -0.233$$

$$F_{12} = \alpha_2 G_1 \gamma_2 X_{12} = 38.25 \text{ kN} \qquad F_{22} = \alpha_2 G_2 \gamma_2 X_{22} = -18.64 \text{ kN}$$

相应剪力值为

$$V_{22} = F_{22} = -18.64 \text{ kN}$$

$$V_{12} = F_{12} + F_{22} = 38.25 \text{ kN} - 18.64 \text{ kN} = 19.61 \text{ kN}$$

③ 最后求层间地震剪力标准值

第二层层间剪力:

$$V_2 = \sqrt{V_{21}^2 + V_{22}^2} = \sqrt{F_{21}^2 + F_{22}^2} = 73.90 \text{ kN}$$

第一层层间剪力:

$$V_1 = \sqrt{V_{11}^2 + V_{12}^2} = \sqrt{(F_{11} + F_{21})^2 + (F_{12} + F_{22})^2} = 115.077 \text{ kN}$$

(2) 底部剪力法

振型分解反应谱法具有较好精度,可用于计算一般结构的地震作用效应,缺点是计算较繁琐。当结构高度较低且平立面规则时,还可基于振型分解反应谱法,采用更简便的底部剪

力法计算。

底部剪力法是在振型分解反应谱法基础上的进一步简化,其基本思想为:① 较一般振型分解反应谱法考虑更少的振型,一般只考虑前两个振型,乃至只考虑基本振型;② 对所考虑的振型,先求基本振型或前2个振型的总水平地震作用标准值 F_{Ek1}、F_{Ek2};③ 直接假定振型形状,然后根据振型形状将振型总水平地震作用分配到各质点得到等效侧力;④ 求结构在振型等效侧力下的内力变形效应 S_{Ek},若考虑两个振型,应将振型效应进行组合。

只考虑基本振型效应的底部剪力法应符合以下要求。

① 基本计算公式

假定多自由度结构体系高度较低且规则,即符合下述条件:

结构总高度不超过 40 m,从而基本周期超过 T_g 不致过大;

结构的质量、刚度沿高度布置比较均匀,且质量和刚度在平面内对称,水平地震下的扭转效应可忽略不计;

结构水平侧移以剪切型变形为主。此时,高宽比 H/B 也不致过大,弯曲或弯剪型水平侧移变形较小,基本振型由下而上接近斜直线。

对于多自由度体系,当结构以剪切型为主时,基本振型由下而上接近斜直线(图 12-4-8),从而基本振型 $\{X\}_1^T = \{X_{11} X_{21} \cdots X_{i1} \cdots X_{n1}\}^T$ 中各元素为

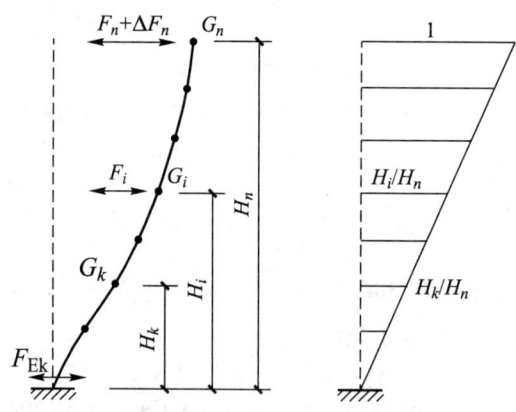

(a) 水平地震作用计算简图   (b) 基本振型形状假定

图 12-4-8 结构水平地震作用计算

$$X_{i1} = H_i/H_n \quad (i=1,2,3,\cdots,n) \tag{12-4-12}$$

而各质点上的等效水平地震作用 F_i 根据振型分解反应谱法也相应地近似取基本振型的地震作用 F_{i1},即 i 质点的水平地震作用标准值为

$$F_i \approx F_{i1} = G_i \gamma_1 \alpha_1 X_{i1} = G_i \gamma_1 \alpha_1 H_i/H_n (i=1,2,3,\cdots,n) \tag{12-4-13}$$

式中 α_1——相应于结构基本周期的水平地震影响系数;

F_i——质点 i 的水平地震作用标准值;

G_i——集中于质点 i 的重力荷载代表值;

H_i、H_n——分别为质点 i、n 的计算高度。

$$\gamma_1 = \frac{\{X\}_1^T [M] \{R\}}{\{X\}_1^T [M] \{X\}_1} \qquad (12\text{-}4\text{-}14)$$

式中 $[M] = \mathrm{diag}(m_1, m_2, \cdots, m_i, m_n)$,$\{R\} = [1, 1, \cdots 1]^T$。

结构受到总水平地震作用标准值 F_{Ek} 为

$$\sum_{k=1}^{n} F_k = \sum_{k=1}^{n} F_{k1} = \sum_{k=1}^{n} G_k \gamma_1 \alpha_1 H_k / H_n = \frac{\gamma_1 \alpha_1}{H_n} \left(\sum_{k=1}^{n} G_k H_k \right) = F_{Ek} \qquad (12\text{-}4\text{-}15)$$

i 质点的水平地震作用标准值与结构受到总水平地震作用标准值之比为

$$\frac{F_i}{F_{Ek}} = \frac{G_i \gamma_1 \alpha_1 H_i / H_n}{\dfrac{\gamma_1 \alpha_1}{H_n} \left(\sum\limits_{k=1}^{n} G_k H_k \right)} = \frac{G_i H_i}{\sum\limits_{k=1}^{n} G_k H_k} \qquad (12\text{-}4\text{-}16)$$

所以

$$F_i = \frac{G_i H_i}{\sum\limits_{k=1}^{n} G_k H_k} F_{Ek} \qquad (12\text{-}4\text{-}17)$$

$$F_{Ek} = \frac{\gamma_1 \alpha_1}{H_n} \left(\sum_{k=1}^{n} G_k H_k \right) = \alpha_1 \frac{\gamma_1}{H_n} \frac{\sum\limits_{k=1}^{n} G_k H_k}{\sum\limits_{k=1}^{n} G_k} \sum_{k=1}^{n} G_k = \alpha_1 \eta \sum_{k=1}^{n} G_k \qquad (12\text{-}4\text{-}18)$$

式中 F_{Ek}——结构受到总水平地震作用标准值。$\eta = \dfrac{\gamma_1}{H_n} \dfrac{\sum\limits_{k=1}^{n} G_k H_k}{\sum\limits_{k=1}^{n} G_k}$,对单质点体系,$\eta = 1.0$;有

足够多质点时,$\eta = 0.75$。考虑到 G_i、H_i 的变化,对多自由度体系,η 取介于 $0.75 \sim 1.0$ 间的值 0.85,从而:

$$F_{Ek} = \alpha_1 0.85 \sum_{k=1}^{n} G_k = \alpha_1 G_{eq} \qquad (12\text{-}4\text{-}19)$$

式中 G_{eq}——结构等效总重力荷载,单质点应取总重力荷载代表值,多质点可取总重力荷载代表值的 85%。

② 结构基本周期 T_1 相对于 T_g 较大(即 $T_1 > 1.4 T_g$)时的分配

计算表明,当 T_1 相对于 T_g 较大时,若仍按式(12-4-17)分配,所得层间剪力 V_i 在结构上部往往偏小,产生误差。分析认为,T_1 较大时结构弯剪变形比例增大,基本振型形状仍采用斜直线时误差较大,使振型位移下部偏大、上部偏小;另一方面,当 T_1 相对于 T_g 较大时,相应于基本振型的 $\alpha_1(T_1)$ 小于高振型的 $\alpha_j(T_j)$,高振型对结构反应产生一定影响,且其影响一般在结构上部。

为此,《建筑抗震设计规范》规定,$T_1 > 1.4T_g$ 时,F_{Ek} 仍按式(12-4-19)计算;但在质点地震作用分配时,应在主体结构的顶部质点处附加一定的地震作用 ΔF_n 进行修正。公式如下:

$$\Delta F_n = \delta_n F_{Ek} \tag{12-4-20}$$

$$F_i = \frac{G_i H_i}{\sum G_k H_k} F_{Ek}(1-\delta_n) \tag{12-4-21}$$

$$F_n^r = F_n + \Delta F_n \tag{12-4-22}$$

式中 ΔF_n——顶部附加水平地震作用;

F_n^r——主体结构顶部修正的水平地震作用标准值;

δ_n——顶部附加水平地震作用系数,对多高层钢筋混凝土或钢结构房屋结构按表 12-4-5 采用,其他房屋可采用 0。

表 12-4-5 顶部附加水平地震作用系数

T_g/s	$T_1 > 1.4T_g$	$T_1 \leq 1.4T_g$
≤0.35	$0.08T_1 + 0.07$	0
0.35~0.55	$0.08T_1 + 0.01$	
>0.55	$0.08T_1 - 0.02$	

注:T_1 为结构基本自振周期。

例 12-3 试用底部剪力法计算例 12-2 结构在多遇地震作用下各层的层间地震剪力 V_i。

解:① 求解结构总水平地震作用标准值

由例题 12-2 知,$\alpha_{max} = 0.16$,$T_g = 0.25$ s,$\alpha_1 = 0.116$。

$$F_{Ek} = \alpha_1 G_{eq} = \alpha_1 \times 0.85 \times (G_1 + G_2) = 0.116 \times 0.85 \times (600+500) \text{kN} = 108.46 \text{ kN}$$

② 计算各质点的水平地震作用标准值

由于 $T_1 = 0.358$ s $> 1.4T_g = 1.4 \times 0.25 = 0.35$ s,周期较大,故可知:

$$\delta_n = 0.08T_1 + 0.07 = 0.0986$$

$$\Delta F_n = \delta_n F_{Ek} = 0.0986 \times 108.46 \text{ kN} = 10.69 \text{ kN}$$

$$F_1 = \frac{G_1 H_1}{\sum G_k H_k} F_{Ek}(1-\delta_n) = \frac{600 \times 4}{600 \times 4 + 500 \times 8} \times 108.46 \times (1-0.0986) \text{kN} = 36.66 \text{ kN}$$

$$F_2 = \frac{G_2 H_2}{\sum G_k H_k} F_{Ek}(1-\delta_n) = \frac{500 \times 8}{600 \times 4 + 500 \times 8} \times 108.46 \times (1-0.0986) \text{kN} = 61.10 \text{ kN}$$

③ 计算第一、第二层间地震剪力标准值

$$V_1 = F_1 + F_2 + \Delta F_n = (36.66 + 61.10 + 10.69) \text{kN} = 108.45 \text{ kN}$$

$$V_2 = F_2 + \Delta F_n = (61.10 + 10.69) \text{kN} = 71.79 \text{ kN}$$

比较例题 12-2 和 12-3 的结果,两种算法结果基本一致,满足工程要求。

12.5 多自由度体系自振周期的计算

采用底部剪力法时需求得结构的基本周期 T_1，采用振型分解反应谱法时需求得前几个自振周期 T_j 及相应振型 X_j。当自由度数目 $n \geq 3$ 时，若手算求自振特性就会感到困难，因而一般采用近似手算法或计算机数值法计算。

12.5.1 能量法

能量法的依据是能量守恒定律，即无阻尼体系自由振动时无能量消耗，其动能与变形势能之和在任何时刻为恒定的，如图 12-5-1 所示。

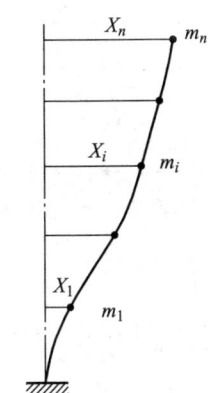 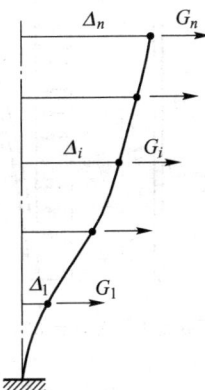

(a) 第一振型形状　　　　　　(b) 求基本周期时第一振型的选取

图 12-5-1　多自由度体系自振周期计算的能量法

当位移为 0 时，变形势能等于 0，但速度 $\{\dot{x}(t)\}$ 最大，动能 T 最大。体系总能量为

$$E = T_{\max} = \frac{1}{2}\omega_1^2 \{X\}_1^{\mathrm{T}}[M]\{X\}_1 = \frac{1}{2}\omega_1^2 \sum_{k=1}^{n} m_k X_k^2 \tag{12-5-1}$$

当各质点速度 $\{\dot{x}(t)\} = 0$ 时，动能等于 0，而位移 $\{x(t)\}$ 和势能 U 最大。体系总能量为

$$E = U_{\max} = \frac{1}{2}\sum_{k=1}^{n} G_k X_k^2 \tag{12-5-2}$$

根据能量守恒原理，有

$$T_{\max} = U_{\max} \tag{12-5-3}$$

注意到 $G_k = m_k g$，$T_1 = 2\pi/\omega_1$，则有

$$T_1 = 2\pi \sqrt{\sum_{k=1}^{n} G_k X_k^2 \Big/ g \sum_{k=1}^{n} G_k X_k} = 2\sqrt{\sum_{k=1}^{n} G_k X_k^2 \Big/ \sum_{k=1}^{n} G_k X_k} \tag{12-5-4}$$

式中　X_k——将各质点的重力荷载代表值 G_k 作为水平力作用在各质点处所引起的质点 k 的水平位移，X_k 的单位为 m 时，对应 T_1 的单位为 s。

上述能量法的主要优点是，能提供计算简单、结果可靠的基本自振周期，选取任何合理的振型形状都能得到较满意的结果。因此可适用于一般结构基本周期的计算。

12.5.2 顶点位移法计算基本周期 T_1

顶点位移法是基于质量均匀分布的等截面悬臂直杆的基本自振周期 T_1 表达式,并用重力荷载代表值作为水平荷载所产生的顶点水平位移 Δ_n 为基本量来表示 T_1,将此表达式推广到计算质量和刚度沿高度分布均匀的结构基本周期。

考察质量均匀分布的等截面悬臂直杆如图 12-5-2 所示。当悬臂杆的变形为弯曲变形时,其水平振动的基本周期为

$$T_1 = 1.78\sqrt{\overline{m}H^4/(EI)} \quad (12-5-5)$$

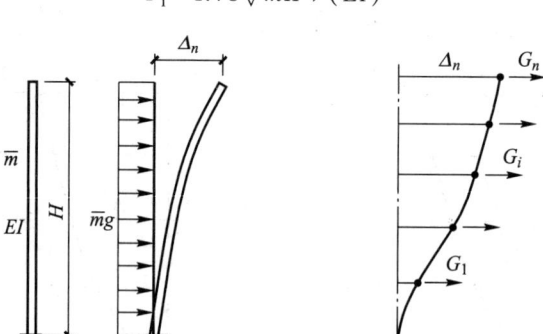

(a) 等截面质量均匀分布的悬臂直杆　　(b) 质量和刚度沿高度分布较均匀的多高层结构

图 12-5-2　多高层结构自振周期计算的顶点位移法

式中　$\overline{m}$——悬臂杆沿高度单位长度的质量;
　　　H——悬臂杆的总高度;
　　　EI——悬臂杆的截面抗弯刚度。

将沿高度分布的重力荷载 $\overline{m}g$ 作为水平分布荷载作用在悬臂杆上,则顶点位移 u_n 为

$$u_n = \overline{m}gH^4/(8EI) \quad (12-5-6)$$

代入式(12-5-5),并注意到 $g = 9.81 \text{ m/s}^2$,得

$$T_1 = 1.6\sqrt{u_n} \quad (12-5-7)$$

式中　u_n——将沿高度分布的重力荷载作为水平分布力作用在悬臂杆时的顶点位移,u_n 单位为 m 时,对应 T_1 单位为 s。

同理,对于质量均匀分布的等截面悬臂直杆,当其变形为剪切变形时,基本周期为

$$T_1 = 1.8\sqrt{u_n} \quad (12-5-8)$$

对于质量均匀分布的等截面悬臂杆,当变形为弯曲和剪切变形组成时,基本周期为

$$T_1 = 1.7\sqrt{u_n} \quad (12-5-9)$$

对质量、刚度沿高度分布较均匀的较高的多高层框架、框架-抗震墙和抗震墙结构,可视为质量均布的等截面悬臂杆,变形一般由弯曲和剪切变形组成,基本周期按式(12-5-9)计

算,式中 u_n 表示将结构各层重力荷载 G_i 作为水平力作用时的顶点位移(图 12-5-2)。

上述顶点位移法适用于质量和刚度沿高度分布较均匀的较高的多高层结构体系,以及质量和刚度沿高度分布较均匀的连续分布质量体系。

例 12-4 两层框架结构,各层重力荷载代表值 $G_1 = G_2 = 1\,500$ kN,层高 $H_1 = H_2 = 4$ m,各层层间刚度为 $K_1 = K_2 = 3.0 \times 10^7$ N/m。试分别用能量法、顶点位移法计算此二层结构的基本周期。

解:① 用能量法计算基本周期

已知各质点的重力荷载代表值 $G_1 = G_2 = 1\,500$ kN,将其作为水平力分别作用在各质点处,所产生的层间相对水平位移 $\Delta u_i (i = 1, 2)$(单位取 m)

$$\Delta u_1 = (G_1 + G_2)/K_1 = (1\,500 + 1\,500) \times 10^3 / 3.0 \times 10^7 \text{ m} = 0.1 \text{ m}$$

$$\Delta u_2 = G_2/K_2 = 1\,500 \times 10^3 / 3.0 \times 10^7 \text{ m} = 0.05 \text{ m}$$

从而第一、第二层质点水平位移分别为

$$u_1 = \Delta u_1 = 0.1 \text{ m}, u_2 = \Delta u_1 + \Delta u_2 = (0.1 + 0.05) \text{ m} = 0.15 \text{ m}$$

$$T_1 = 2 \times \sqrt{\frac{1\,500 \times 0.1^2 + 1\,500 \times 0.15^2}{1\,500 \times 0.1 + 1\,500 \times 0.15}} \text{ s} = 0.72 \text{ s}$$

② 顶点位移法

$$T_1 = 1.7\sqrt{u_2} = 1.7 \times \sqrt{0.15} = 0.66 \text{ s}$$

一般而言,对质量分布不均匀结构,顶点位移法结果与精确解的误差较能量法的计算结果大。

12.6 结构抗震极限状态计算

地震作用、重力荷载代表值、风荷载及其他荷载效应计算后,还要进行抗震承载能力和正常使用的极限状态计算,以确定构件截面、配筋或验算是否满足有关要求。

地震时并非仅地震一种作用,结构一般要同时承受两种以上的作用。因此,抗震极限状态计算前,需将地震作用与重力荷载及其他可变荷载下的内力和变形组合叠加,得到地震组合的内力或应力设计值及变形标准值。在结构抗震承载力极限状态计算中需采用基本组合或偶然组合,而正常使用极限状态计算中可采用标准组合。

抗震极限状态计算采用两阶段法:第一阶段按多遇地震和其他荷载效应的基本组合进行抗震承载力极限状态计算,并按标准组合进行弹性变形正常使用极限状态计算;第二阶段按罕遇地震和其他荷载效应的偶然组合进行抗震承载能力(一般用变形指标)极限状态计算。

12.6.1 多遇地震下截面抗震承载力极限状态计算

考虑多遇地震组合时,要求结构构件基本处于弹性工作状态。抗震计算中,应满足基本组合的承载能力极限状态要求以及标准组合的正常使用极限状态设计要求。其中,结构分析以线弹性理论为主,截面抗震承载力设计值需参照静力设计规范的有关方法和指标。

当烈度较低时地震作用较小,不起控制作用。为此,抗震规范对抗震承载力计算作了以下规定:6度时不规则建筑、建造于Ⅳ类场地上的较高的高层建筑,7度及以上地区的建筑结构(生土房屋和木结构房屋除外),应进行多遇地震下的截面抗震承载力计算。隔震结构的截面抗震承载力应符合有关专门规定。其他建筑(6度时建造于Ⅰ、Ⅱ、Ⅲ类场地上的建筑,6度建造于Ⅳ类场地上层数较少的建筑,以及各烈度时的生土、木结构房屋等),允许不进行截面抗震验算,但应符合有关的抗震措施要求。

1. 抗震设防区结构应按有、无地震参与组合的两种情况计算

抗震设防区的结构,应按无地震组合和有地震组合计算。若地震作用较小或构件地震内力较小时,有地震组合的抗震计算则可能不起控制作用,而是无地震组合的静力计算起控制作用。对于无地震的组合,同时出现的有永久荷载、楼屋面活荷载、风荷载及其他可变作用等。荷载效应基本组合按两种情况确定:一是由永久荷载效应控制时的组合,二是由可变荷载效应控制时的组合。

对于有地震的组合,与地震同时出现的有永久和可变重力荷载、风荷载等。前两者均为重力荷载,为方便计算,将可变重力荷载标准值乘以组合值系数,与永久自重荷载标准值相加,构成重力荷载代表值,求其共同作用效应。然后再与地震作用和风荷载效应等组合。

2. 建筑结构多遇地震下作用效应的基本组合及抗震承载力设计表达式

根据抗震可靠度理论对可靠指标的分析校准,构件截面抗震承载力极限状态计算时,应采用基本组合设计值 S_E,并按下列极限状态设计表达式计算:

$$S_E \leq R/\gamma_{RE} \tag{12-6-1}$$

$$S_E = \gamma_G S_{GE} + \gamma_{Eh} S_{Ehk} + \gamma_{Ev} S_{Evk} + \gamma_w \psi_w S_{wk} \tag{12-6-2}$$

式中 S_E——结构构件有地震组合时各种作用效应基本组合的设计值;

R——结构构件截面的承载力设计值,按本书有关章节的公式计算;

γ_{RE}——构件截面的承载力抗震调整系数,除另有规定者外,应按表12-6-1采用;

γ_{Eh}、γ_{Ev}——分别为水平、竖向地震作用的分项系数,应按表12-6-2采用;

γ_G——重力荷载分项系数,一般情况应取 1.2,当重力荷载效应对抗震承载力有利时不应大于 1.0;

γ_w——风荷载分项系数,应采用 1.4;

S_{GE}——重力荷载代表值的效应,但有吊车时,尚应包括悬吊物重力标准值的效应;

S_{Ehk}、S_{Evk}——分别为水平和竖向地震作用标准值的效应,尚应乘以有关调整系数;

S_{wk}——风荷载标准值的效应;

ψ_w——风荷载与地震作用组合值系数,风荷载起控制作用的高层建筑(如 60 m 以上)采用 0.2,一般取 0。风荷载起控制作用是指其产生的总剪力及倾覆力矩与地震作用下相当。注意区分风荷载与其他静力荷载效应的组合值系数为 0.6。

极限状态设计计算表达式中的有关参量说明如下:

表 12-6-1 承载力抗震调整系数

材料	结构构件	受力状态	γ_{RE}
钢	柱、梁、支撑、节点板件、螺栓、焊缝柱、支撑	强度	0.75
		稳定	0.80
砌体	两端均有构造柱、芯柱的抗震墙	受剪	0.9
	其他抗震墙	受剪	1.0
混凝土	梁	受弯	0.75
	轴压比小于 0.15 的柱	偏压	0.75
	轴压比不小于 0.15 的柱	偏压	0.80
	抗震墙	偏压	0.85
	各类构件	受剪、偏拉	0.85

注:当基本组合中仅计算竖向地震作用时,各类构件的承载力抗震调整系数均宜采用 1.0。

表 12-6-2 地震作用分项系数

地震作用	γ_{Eh}	γ_{Ev}
仅计算水平地震作用	1.3	0
仅计算竖向地震作用	0	1.3
同时计算水平与竖向地震作用(水平地震为主)	1.3	0.5
同时计算水平与竖向地震作用(竖向地震为主)	0.5	1.3

(1) 结构构件的承载力设计值与承载力抗震调整系数按后面章节中各类结构的有关公式计算承载力设计值 R 时,针对 R 的不同计算公式,采用承载力抗震调整系数 γ_{RE} 进行调整,以得到抗震承载力设计值,并考虑了下列有关因素:① 瞬时动力作用下材料强度比静力下高;② 根据延性或脆性破坏形态,调整抗震可靠指标,且抗震可靠指标较静力荷载下低;③ 地震反复循环作用对脆性破坏形态不利等。γ_{RE} 的值介于 0.75~1.0 之间,因而采用承载力抗震调整系数 γ_{RE} 调整后,抗震承载力 $R_E = R/\gamma_{RE}$ 一般不小于上述计算值 R。

(2) 各种作用的组合值系数

表 12-4-1 的可变荷载组合值系数,虽然是用于计算重力荷载代表值并按其进行地震作用计算的,但在进行各重力荷载效应的组合时,其中的可变重力荷载效应一般仍可采用表 12-4-1 的组合值系数(但吊车悬吊物重力除外,其组合值系数采用 1.0),故又将各重力荷载效应的组合称为重力荷载代表值的效应。这样,在组合式(12-6-2)中,仅出现风荷载的组合值系数,而将可变重力荷载效应的组合值与恒荷载标准值的效应合并成为重力荷载代表值的效应。

(3) 地震作用标准值效应的调整

考虑到抗震计算模型的简化及强震下弹塑性与弹性内力分布的差异等,对水平或竖向地震作用效应乘以相应的调整系数或增大系数,例如突出屋面小结构、底部框架-抗震墙砖房的底部楼层、厂房高低跨交接处、梁柱及抗震墙底部加强部位的剪力增大系数等。

(4) 地震作用分项系数

多遇地震作用为可变作用而非偶然作用,因而需确定其分项系数。根据《建筑结构可靠度设计统一标准》的原则,水平地震作用的分项系数 γ_{Eh} 确定为 1.3。而竖向地震作用分项系数 γ_{Ev} 参考了水平地震作用同样取 1.3。当同时考虑水平与竖向地震时,由于二者峰值加速度一般不在同一时刻,结构反应的最大值也不同时发生,当水平地震作用起控制作用时,竖向地震作用约为其最大值的 40%,故 $\gamma_{Eh}=1.3$,而 $\gamma_{Ev}=0.4\times1.3\approx0.5$。

此外表达式中未引入重要性系数,抗震结构重要性是通过区分抗震设防分类考虑的。

12.6.2 多遇地震下结构弹性变形极限状态抗震验算

1. 验算目的与范围

由于将多遇地震作为可变作用,故应进行正常使用极限状态验算,目的是保证工程非结构构件(包括围护墙、隔墙、内外装修、附属机电设备等)没有过重破坏,不丧失正常使用功能,减少修复费用,实现第一水准设防要求。为此,《建筑抗震设计规范》规定,除砌体结构外,各类钢筋混凝土结构和钢结构都要求进行弹性变形验算。

2. 弹性变形验算表达式

弹性变形标准值 Δu_e 采用地震作用与其他荷载效应的标准组合计算,在式(12-6-2)中,各作用的分项系数均取 1.0,并按下列极限状态设计表达式计算:

$$\Delta u_e / h \leq [\theta_e] \qquad (12\text{-}6\text{-}3)$$

式中 Δu_e——多遇地震作用标准值产生的楼层内最大的弹性层间位移;

h——计算楼层的层高;

$[\theta_e]$——弹性层间位移角的限值,按表 12-6-3 采用。表中限值是依据国内外试验研究和分析,按钢筋混凝土构件(框架柱或抗震墙等)开裂时的层间位移角作为结构弹性层间位移角限值;钢结构的位移角限值是参考国内外有关规范给出的。

表 12-6-3 弹性层间位移角限值

结构类型	$[\theta_e]$
钢筋框架结构	1/550
钢筋混凝土框架-抗震墙、板柱-抗震墙、框架-核心筒	1/800
钢筋混凝土抗震墙、筒中筒	1/1 000
钢筋混凝土框支层	1/1 000
多、高层钢结构	1/250

计算 Δu_e 时注意:① 钢筋混凝土构件一般可取弹性刚度 $E_c I_0$,当局部变形较大时,可适当考虑截面开裂引起的刚度折减,如取 $0.85 E_c I_0$。② 以弯曲变形为主的高层结构(例如超过 150 m 或高宽比大于 6)应扣除整体弯曲变形(包括局部弯曲及刚体转动引起的层间位

移),若未扣除时,位移角限值可有所放宽;③ 可计入扭转及重力 P-Δ 效应引起的位移。

12.6.3 罕遇地震下结构弹塑性变形的承载能力极限状态抗震验算

罕遇地震下允许进入弹塑性状态,进行承载能力计算时一般采用弹塑性变形指标。

1. 弹塑性变形验算目的与范围

结构弹塑性变形验算目的是防止罕遇地震下主体结构由于弹塑性变形过大而遭受严重破坏或倒塌。为此《建筑抗震设计规范》规定,除砌体结构外,钢筋混凝土结构、钢结构及隔震消能设计结构,应进行罕遇地震下变形验算,分严格要求的、稍有选择的、不作验算的三种。

其中,严格要求验算的结构有:① 钢筋混凝土结构:包括 7~9 度时楼层屈服强度系数小于 0.5 的框架结构、8 度 Ⅲ 类和 Ⅳ 类场地及 9 度时的单层排架厂房的横向排架柱、甲类建筑和乙类 9 度时的建筑高度大于 150 m 的钢筋混凝土结构;② 钢结构包括高度大于 150 m 的各类高层钢结构、甲类建筑和乙类 9 度时的建筑;③ 所有采用隔震、消能减震设计的结构。

可根据情况验算的有:① 钢筋混凝土结构:包括底部框架-抗震墙砖房的底部、板柱-抗震墙结构、竖向不规则且较高的高层建筑、乙类 8 度和乙类 7 度 Ⅲ、Ⅳ 类场地的建筑;② 钢结构:高度不大于 150 m 的各类钢结构、乙类 8 度和乙类 7 度 Ⅲ、Ⅳ 类场地的建筑。

2. 弹塑性变形验算表达式

罕遇地震下结构进入弹塑性变形状态。根据震害和试验分析,提出以梁、柱和墙等构件或节点达到极限变形时的层间位移角,作为罕遇地震下弹塑性层间位移角限值的依据。

罕遇地震下的变形计算,属于偶然作用下的承载能力极限状态验算。应采用罕遇地震与其他荷载效应的偶然组合,各作用代表值的效应不乘分项系数。极限状态设计式为

$$\Delta u_p / h \leq [\theta_p] \quad (12\text{-}6\text{-}4)$$

式中 Δu_p——罕遇地震作用组合下的弹塑性层间位移;

h——薄弱层楼层的层高或单层厂房的上柱高度;

$[\theta_p]$——弹塑性层间位移角限值,按表 12-6-4 采用。其中对钢筋混凝土框架结构,当轴压比小于 0.4 时可提高 10%,当框架柱全高的箍筋构造比最小配箍特征值大 30% 时可提高 20%,但二者累计不超过 25%。

表 12-6-4 弹塑性层间位移角限值

结构类型	$[\theta_e]$
单层钢筋混凝土柱排架	1/30
钢筋混凝土框架	1/50
底部框架砌体房屋中的框架-抗震墙	1/100
钢筋混凝土框架-抗震墙、板柱-抗震墙、框架-核心筒	1/100
钢筋混凝土抗震墙、筒中筒	1/120
多、高层钢结构	1/50

12.7 砌体结构抗震设计

12-10：PPT 砌体结构抗震

砌体房屋是我国居住、办公、学校和医院等建筑中最为普通的结构形式之一，应用广泛，数量众多。据有关资料统计表明，砌体结构在我国住宅建设中的比例高达80%，在建筑业中的比例为60%~70%。砌体结构多采用砌块和混合砂浆砌筑，通过内外砖墙的咬砌达到具有一定整体连接的目的。楼板多采用预制钢筋混凝土空心板，梁和其他构件，亦多采用预制装配构件。因此，整个砌体结构由于其构件组成和连接方式的内在原因，使之具有脆性性质，砌体的抗剪、抗拉和抗弯的强度低，未经合理抗震设计的多层砌体房屋，其抗震性能较差，抗破坏能力低。国内外历次震害调查表明，砌体房屋的破坏率都比较高。1923年日本的关东大地震，东京约有砖石结构房屋7 000幢，几乎全部遭到不同程度的破坏，震后仅有1 000余幢平房能修复使用。在我国，六十年代以来唐山、海城等多次主要破坏性地震震害调查和统计表明，未经抗震设防的多层砖房，6度区内，女儿墙、出屋面小烟囱多数遭到严重破坏，少数房屋的主体结构出现轻微损坏，个别房屋出现中等程度破坏；7度区内，少数房屋轻微损坏，并有少数房屋达到中等破坏，个别房屋严重破坏；8度区内，多数房屋出现震害，近半数达到中等和严重破坏；9度区内，房屋普遍得到破坏，多数达到严重破坏，个别房屋整体倒塌；10度及以上地震区内，少数严重破坏，大多数倒塌。但调查也表明，在10度区的唐山市区仍有1/4的多层砌体房屋裂而未倒，同时，在唐山、海城地震的8~9度区都存在着一定数量基本完好或震害较轻的多层砌体房屋。从20世纪60年代以来，我国对砌体结构房屋的抗震性能进行了大量试验和理论研究，深入探讨了砌体房屋的抗震性能，提出了改善这类房屋抗震性能和增加抗震能力的有效措施，形成了多层砌体房屋实现"小震不坏、中震可修、大震不倒"的抗震设计方法。

12.7.1 震害现象及其分析

1. 墙体的破坏

横墙（包括山墙）、纵墙墙面出现斜裂缝、交叉裂缝、水平裂缝，严重者则呈现出倾斜、错动和倒塌现象（图12-7-1）。与水平地震作用平行的墙体是承受地震作用的主要抗侧力构件，当由于地震作用在砌体内产生的主拉应力超过砌体主拉应力强度时则产生斜裂缝；在地震的反复作用下，则形成了交叉裂缝。在不同的高宽比墙面中，交叉裂缝的形式有所不同，高宽比较小的横墙，中部呈现水平剪切裂缝。对于钢筋混凝土楼板的砖墙房屋，这种裂缝一般是底层比上层严重。对于高烈度地震区，当房屋的承重横墙由于抗剪强度不足而开裂后，随着水平地震力继续作用在破裂的墙体上，由交叉裂缝所分割墙体两端的三角块体可能被挤出脱落，承重墙体在不能支承上层垂直荷载和水平地震力的共同作用而导致倒塌。这种倒塌不是使房屋向一侧倾倒，而是在房屋的原地塌落。

墙体水平裂缝多出现在纵墙窗口上下截面处,一般是房屋中段较重,两端较轻。顶层大会议室的外纵墙,在 7 度时则可出现上述裂缝。这类裂缝产生的原因是,由于横墙间距过大或楼板水平刚度不足,在横向水平地震作用下纵墙产生了过大的出平面变形,导致墙体的抗弯强度不足而出现水平裂缝。

2. 墙角的破坏

房屋四角以及凸出部分阳角的墙面上,出现纵横两个方向的 V 形斜裂缝,严重者则发生外墙角部墙体局部倒塌。由于地震过程中的扭转影响以及墙角部位具有较大的刚度,使房屋角部的地震作用效应明显加大,且墙角处应力复杂并易于产生应力集中,而墙角位于房屋尽端,房屋对角部的纵横两个方向约束作用皆减弱,使该处的抗震能力有所降低,从而导致上述裂缝,裂缝的进一步扩展,使墙角局部塌落,如图 12-7-2 所示。

图 12-7-1 墙体破坏

图 12-7-2 墙角破坏

3. 纵横墙连接处的破坏

纵横墙连接处出现竖向裂缝,严重者纵墙脱离横墙而倒塌。施工时纵横墙往往不能同时咬槎砌筑,在纵横墙之间留有马牙槎,使墙体间缺乏拉结,或虽同时砌筑,但砌筑质量不好,同样导致墙体间拉结强度低。地震时在垂直于纵墙的水平地震力的作用下,使纵横连接处产生较大拉力,出现竖向裂缝、拉脱、纵墙外闪、严重者则造成纵墙整片倒塌,如图 12-7-3 所示。

4. 楼梯间的破坏

图 12-7-3 纵横墙连接处破坏

楼梯间两侧承重横墙在地震中出现的斜裂缝比一般横墙要严重,这是因为楼梯间一般开间较小,水平方向的刚度相对较大,在地震时承担的地震作用较多,故容易造成震害。而顶层墙体的计算高度又较其他部位的大,平面外的稳定性差,其破坏程度较一般墙体严重。

5. 突出屋面的屋顶间等附属结构的破坏

在地震时,平面突出部位常出现局部破坏现象。当相邻部位的刚度差异较大时,破坏尤为严重。突出屋面的屋顶间(电梯机房、水箱间等)、烟囱、女儿墙等附属结构,由于地震"鞭梢效应"的影响,所以一般较下部主体结构破坏严重,而且突出部分面积和房屋面积相差越大,震害越严重。

6. 其他部位常见破坏

由于楼(屋)盖缺乏足够的拉结或施工中楼板搁置长度过小,会造成楼板坠落。由于伸缩缝过窄,不能起到防震缝的作用,地震时缝两侧墙体发生碰撞而造成破坏。

12.7.2 多层砌体结构的抗震概念设计

总结我国多层砌体房屋的震害经验,多层砌体结构房屋产生震害的原因可以总结为两大部分:其一是在地震作用下墙体的抗剪承载力不足,在地震时墙体产生裂缝和出平面的错位,甚至局部塌落;其二是砌体结构体系和构造措施存在缺陷,如内外墙之间、楼板与承重墙之间缺乏可靠的连接,房屋的整体抗震性差,墙体发生出平面的倾倒等。因此,在多层砌体结构房屋的抗震设计时,进行墙体抗震承载力验算是一个重要的方面,另一方面要注意合理的结构选型、结构布置及采取适当的抗震构造措施,即所谓抗震概念设计,使多层砌体结构房屋做到"大震不倒"的抗震设防目标。

1. 平面、立面布置要规则

砌体结构房屋在设计时要尽量避免平面、立面上的局部突出。在平面上,纵横墙应各自拉通对齐;在立面上应避免上重下轻的建筑布局。房屋的内横墙应尽可能做到上下贯通,使地震作用传递直接,路线最短。

房屋的平面最好为矩形。多次地震显示,房屋的转角的破坏程度往往比其他部位重。对复杂的平面,可以通过设防震缝将其分成几个独立单元,如图12-7-4、图12-7-5所示。

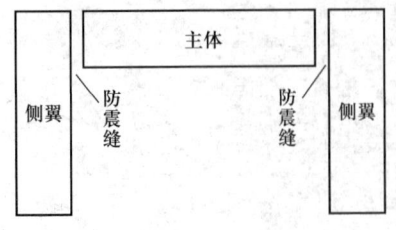

图12-7-4 用防震缝将复杂平面
划分为简单平面

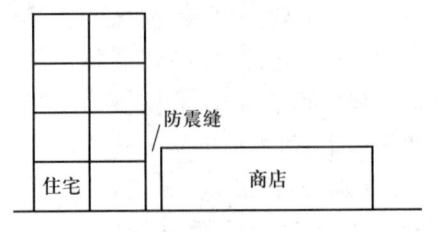

图12-7-5 立面上用防震缝
划分简单的平面

实践证明,防震缝是减轻地震对房屋破坏的有效措施之一。《建筑抗震设计规范》要求,有下列情况之一时宜设置防震缝,将房屋分成若干体型简单、结构刚度均匀的独立单元:

① 房屋立面高差在 6 m 以上;
② 房屋有错层,且楼板高差大于层高的 1/4;
③ 各部分结构刚度、质量截然不同。

防震缝可与沉降缝、伸缩缝统一考虑,但沉降缝、伸缩缝应符合防震缝的要求。防震缝的宽度可视房屋的高度和设防烈度而定,一般可在 70~100 mm 的范围内取值。

2. 房屋的总高度与层数

由于砌体结构墙体的脆性性质,地震时易产生裂缝,开裂墙体在地震作用下极易产生出平面的错动,从而大幅度降低墙体的竖向承载力。如果房屋的层数多、自重大,破裂和错位的墙体就可能被压垮。震害调查资料表明:随层数的增多,房屋的破坏程度也随之加重,倒塌率与房屋的层数近似成正比增加。因此对房屋的层数和高度要给以一定的限制。我国《建筑抗震设计规范》对砌体结构房屋的总高度与层数的限值见表 12-7-1,对医院、教学楼等横墙较少的房屋,总高度应比表 12-7-1 的规定相应降低 3 m,层数相应减少一层。对各层横墙很少的房屋,应根据具体情况再适当降低总高度与减少层数。多层砌体承重房屋的层高,不应超过 3.6 m。底部框架-抗震墙砌体房屋的底部,层高不应超过 4.5 m;当底层采用约束砌体抗震墙时,底层的层高不应超过 4.2 m(注:当使用功能确有需要时,采用约束砌体等加强措施的普通砖房屋,层高不应超过 3.9 m)。

表 12-7-1 砌体房屋的层数和总高度限值　　　　　　　　　　　　　　　　　m

房屋类别		最小抗震墙厚度/mm	烈度和设计基本地震加速度										
			6		7				8				9	
			0.05 g		0.01 g		0.15 g		0.20 g		0.30 g		0.40 g	
			高度	层数	高度	层数	高度	层数	高度	层数	高度	层数	高度	层数
多层砌体房屋	普通砖	240	21	7	21	7	21	7	18	6	15	5	12	4
	多孔砖	240	21	7	21	7	18	6	18	6	15	5	9	3
	多孔砖	190	21	7	18	6	15	5	15	5	12	4	—	—
	小砌块	190	21	7	21	7	18	6	18	6	15	5	9	3
底部框架-抗震墙砌体房屋	普通砖 多孔砖	240	22	7	22	7	19	6	16	5	—	—	—	—
	多孔砖	190	22	7	19	6	16	5	13	4	—	—	—	—
	小砌块	190	22	7	22	7	19	6	16	5	—	—	—	—

注:1. 房屋的总高度指室外地面到檐口或主要屋面板板顶的高度,半地下室可从地下室室内地面算起,全地下室和嵌固条件好的半地下室可从室外地面算起;带阁楼的坡屋面时算到山尖墙的 1/2 高度处。

2. 室内外高差达到 0.6 m 时,房屋总高度可比表中数据适当增加,但不应多于 1 m。

3. 本表小砌块砌体房屋不包括配筋混凝土小型空心砌块砌体房屋。

3. 房屋高宽比限值

当房屋的高宽比大时,地震时易发生整体弯曲破坏。《建筑抗震设计规范》对多层砌体房屋不要求做弯曲强度验算,但多层砌体房屋整体弯曲破坏的震害是存在的。为了保证房屋的稳定性和整体抗弯能力,房屋的总高度和总宽度的最大比值应满足表12-7-2的要求。

表12-7-2 房屋最大高宽比

烈度	6	7	8	9
最大高宽比	2.5	2.5	2.0	1.5

对于点式、墩式建筑的高宽比宜适当减小。在计算房屋的总宽度时,房屋宽度是就房屋的总体宽度而言,局部凸出或凹进不受影响,横墙部分不连续或不对齐不受影响。具有外走廊或单面走廊,房屋宽度不包括走廊宽度,但有的因此不能满足高宽比要求,此时限值可适当放宽。

4. 抗震横墙间距的限值

房屋的空间刚度对房屋的抗震性能影响很大。如果横墙数量多,间距小,结构的空间刚度就大,抗震性能就好。反之结构抗震性能就差。另外,横墙间距的大小还与楼盖传递水平地震力的需求相联系。横墙间距过大时,楼盖刚度可能不足以传递水平地震力到相邻墙体。因此,为了保证结构的空间刚度,保证楼盖具有足够能力传递水平地震力给承重墙体,《建筑抗震设计规范》规定多层砌体房屋的抗震横墙间距不应超过表12-7-3的规定值。

表12-7-3 房屋抗震横墙最大间距   m

房屋类别		烈 度			
		6	7	8	9
多层砌体	现浇和装配整体式钢筋混凝土楼、屋盖	15	15	11	7
	装配式钢筋混凝土楼、屋盖	11	11	9	4
	木屋盖	9	9	4	—
底层框架-抗震墙	上部各层	同多层砌体房屋			—
	底层或底部两层	18	15	11	—

抗震横墙间距确定时,要注意以下几点:

① 表12-7-3的规定适用于一栋房屋中有个别或部分横墙间距较大时应满足的要求。若整栋房屋中的横墙间距均较大,那么最好按空旷房屋进行抗震验算。

② 表12-7-3中抗震横墙最大间距的确定,是指在常用进深的情况下,当进深较大时应另行考虑。

③ 抗震横墙的要求见表 12-7-4。

表 12-7-4　砌体抗震墙的要求

砌体类型	最小墙厚/mm	块体最低强度等级	砂浆最低强度等级	墙体开洞
烧结普通砖	240	MU10	M5	墙面洞口的立面面积,6、7 度时不宜大于墙面总面积的 55%,8、9 度时不宜大于 50%
烧结多孔砖	190	MU10	M5	
混凝土小型空心砌块	190	MU7.5	Mb7.5	

④ 多层砌体房屋的顶层,除木屋盖外的最大横墙间距允许适当放宽但应采取相应加强措施。

⑤ 表 12-7-3 中木楼、屋盖的规定,不适用于混凝土小型空心砌块房屋。

⑥ 对于单层砌体房屋(如食堂等),抗震横墙最大间距可不受表 12-7-3 限制,此时横向水平地震作用可由壁柱承担。

5. 房屋的局部尺寸限制

房屋局部尺寸的影响,有时仅造成房屋局部的破坏而不影响结构的整体安全,但某些重要部位的局部破坏则会影响整个结构的破坏甚至倒塌。因此有必要对地震区建造的砌体房屋的某些局部尺寸加以控制。

(1) 承重窗间墙最小宽度

窗间墙的破坏可能有两种形式:其一是地震剪力作用在窗间墙的平面之内,即地震方向与窗间墙平行,窗间墙产生典型的斜向或对角交叉裂缝;其二是与窗间墙垂直的内墙变形和破坏,顶推窗间墙,造成窗间墙出平面破坏。所以窗间墙的宽度应首先满足静力设计要求,从抗震安全的角度应有一定的安全储备。《建筑抗震设计规范》规定窗间墙应有一定宽度,以避免一旦出现裂缝而产生倒塌。

(2) 外墙尽端至门窗洞边的最小距离

宏观震害表明,房屋尽端是震害较为严重的部位,这是因为结构布置上的不对称或地震本身的扭转分量造成的。尽端外横墙一般为山墙,若为预制楼板分为承重和非承重两种,目前多为全现浇钢筋混凝土楼板,故均为承重墙。在实际设计中,一般情况下对于承重山墙,尽端最好不开窗或开小窗,因为这一部分的地震反应敏感,破坏普遍,且承重山墙的局部破坏可能导致第一开间的倒塌。为了防止房屋在尽端首先破坏甚至倒塌,对开门窗情况下承重外墙尽端至门窗边的尺寸,规范按不同烈度提出了不同的要求。

(3) 内墙阳角至门窗洞边的最小距离

在多层砌体结构房屋中的门厅、楼梯间等室内拐角墙,常常是地震破坏比较严重的部位。为了避免这些部位的严重破坏,除在构造上加强整体连接,加长梁的支承长度及墙角适当配置的构造钢筋外,还必须限制内墙阳角至洞边的最小距离。

房屋的局部尺寸限值见表 12-7-5。

表 12-7-5　房屋的局部尺寸限值　　　　　　　　　　　　　　　m

部　位	烈　度			
	6	7	8	9
承重窗间墙最小宽度	1.0	1.0	1.2	1.5
承重外墙尽端至门窗洞边的最小距离	1.0	1.0	1.2	1.5
非承重外墙尽端至门窗洞边的最小距离	1.0	1.0	1.0	1.0
内墙阳角至门窗洞边的最小距离	1.0	1.0	1.5	2.0
无锚固女儿墙（非出入口处）的最大高度	0.5	0.5	0.5	0.0

12.7.3　多层砌体结构的抗震构造措施

1. 钢筋混凝土构造柱的设置

在多层砌体结构中设置钢筋混凝土构造柱，是指先砌筑墙体，而后在墙体两端或纵横墙交界处现浇的钢筋混凝土柱。在墙体中设置了构造柱，可以部分地提高墙体的抗剪强度，一般可提高 10%～30%；构造柱对砌体起约束作用，提高其变形能力；构造柱与圈梁所形成的约束体系可以有效地限制墙体的散落，增强了房屋在地震时的抗倒塌能力。

(1) 多层砖房构造柱设置

多层砖房应按表 12-7-6 的要求设置钢筋混凝土构造柱。对外廊式和单面走廊式的多层砖房，应根据房屋增加一层后的层数设置构造柱，且单面走廊两侧的纵墙均应按外墙处理。对教学楼、医院等横墙较少的房屋，应根据房屋增加一层后的层数以上要求设置构造柱；当教学楼、医院等横墙较少的房屋为外廊式或单边走廊式时，应按要求设置构造柱，但 6 度不超过 4 层、7 度不超过 3 层和 8 度不超过 2 层时，应按增加 2 层后的层数考虑。

采用蒸压灰砂砖和蒸压粉煤灰砖的砌体房屋，当砌体的抗剪强度仅达到普通黏土砖墙体的 70% 时，应根据增加一层的层数按表 12-7-6 的要求设置构造柱；但 6 度不超过四层、7 度不超过三层和 8 度不超过二层时，应按增加二层的层数对待。

表 12-7-6　砖房构造柱设置要求

房屋层数				设置部位	
6 度	7 度	8 度	9 度		
四、五	三、四	二、三		楼、电梯间四角，楼梯斜段上下端对应的墙体处；外墙四角和对应转角；	隔 12 m 或单元横墙与外纵墙交接处；楼梯间对应的另一侧内横墙与外纵墙交接处
六	五	四	二		隔开间横墙（轴线）与外墙交接处；山墙与内纵墙交接处

续表

房屋层数				设置部位	
6度	7度	8度	9度		
七	≥六	≥五	≥三	错层部位横墙与外纵墙交接处；大房间内外墙交接处；较大洞口两侧	内墙（轴线）与外墙交接处；内墙的局部较小墙垛处；内纵墙与横墙（轴线）交接处

（2）构造柱应满足以下构造要求

构造柱最小截面可采用 240 mm×180 mm，纵向钢筋宜采用 4Φ12，箍筋间距不宜大于 250 mm，且在柱上、下端 400~500 mm 范围内箍筋适当加密；7 度时房屋超过六层、8 度时房屋超过五层和 9 度时，构造柱纵向钢筋宜采用 4Φ14，箍筋间距不大于 200 mm；房屋四角的构造柱可适当加大截面及配筋。

构造柱与墙连接处应砌成马牙槎，并应沿墙高每隔 500 mm 设 2Φ6 拉结钢筋和 Φ4 分布短筋平面内点焊组成的拉结网片或 Φ4 点焊钢筋网片，每边伸入墙内不宜小于 1 m，如图 12-7-6 所示。构造柱与圈梁连接处，构造柱纵筋应穿过圈梁纵筋内侧，要保证构造柱纵筋上下贯通。在多层砖房中构造柱一般可不单独设置基础，但应伸入室外地面下 500 mm，或与埋深小于 500 mm 的基础圈梁相连，即让构造柱生根于基础圈梁内。

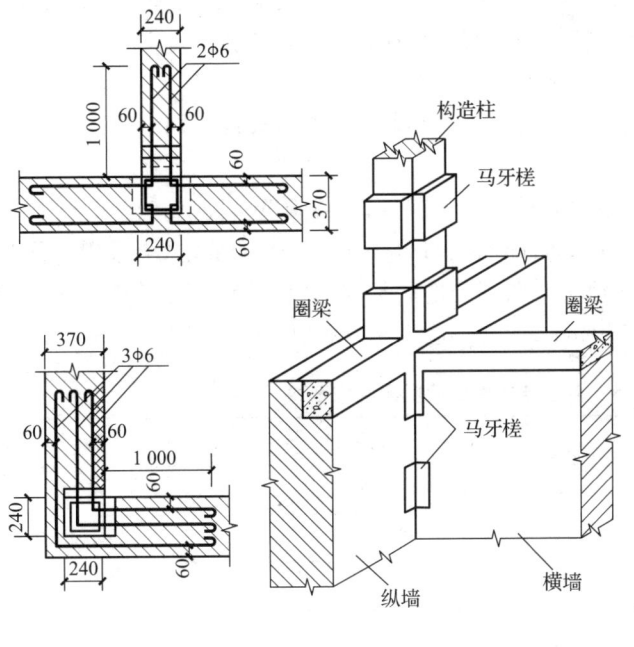
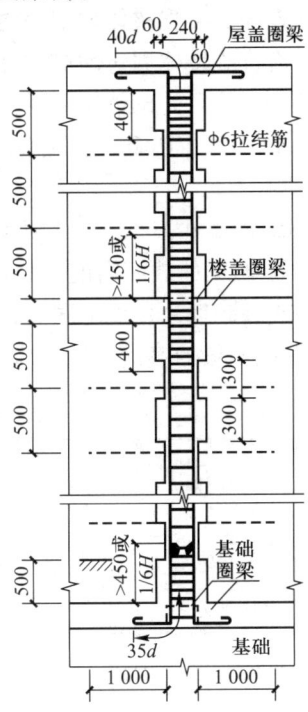

图 12-7-6 钢筋混凝土构造柱

2. 钢筋混凝土圈梁的设置

钢筋混凝土圈梁在砌体结构抗震中可以发挥重要作用。圈梁可以将房屋的纵横墙连接起来,增强了房屋的整体性和墙体的稳定性;圈梁与构造柱的联合作用可以有效地约束墙体裂缝的开展,从而提高墙体的抗震能力;圈梁还可以有效地抵抗由于地震或其他原因引起的地基不均匀沉降对房屋造成的不利影响。

(1) 多层砖砌体房屋的现浇钢筋混凝土圈梁设置与构造要求

装配式钢筋混凝土楼、屋盖或木屋盖的砖房,应按表12-7-7的要求设置圈梁;纵墙承重时,抗震横墙上的圈梁间距应比表内要求适当加密。

表 12-7-7 多层砖砌体房屋现浇钢筋混凝土圈梁设置要求

墙类	设防烈度		
	6、7	8	9
外墙及内纵墙	屋盖处及每层楼盖处	屋盖处及每层楼盖处	屋盖处及每层楼盖处
内横墙	同上;屋盖处间距不应大于7 m;楼盖处间距不应大于15 m;构造柱对应部位	同上;屋盖处沿所有横墙,且间距不应大于7 m;楼盖处间距不应大于7 m;构造柱对应部位	同上;各层所有横墙

现浇或装配整体式钢筋混凝土楼、屋盖与墙体有可靠连接的房屋,允许不另设圈梁,但楼板沿抗震墙体周边均应加强配筋并应与相应的构造柱钢筋可靠连接。

(2) 多层砖砌体房屋现浇混凝土圈梁的构造要求

① 圈梁应闭合,遇有洞口,圈梁应上下搭接。圈梁宜与预制板设在同一标高处或紧靠板底;

② 圈梁在表12-7-7要求的间距内无横墙时,应利用梁或板缝中配筋替代圈梁;

③ 圈梁的截面高度不应小于120 mm,配筋应符合表12-7-8的要求;当采用不同基础类型或基础埋深显著不同时,应根据地震时两部分地基基础的沉降差异,在基础增设基础圈梁,基础圈梁的截面高度不应小于180mm,配筋不应少于4Φ12。

表 12-7-8 多层砖砌体房屋圈梁配筋要求

配筋	设防烈度		
	6、7	8	9
最小纵筋	4Φ10	4Φ12	4Φ14
最大箍筋间距/mm	250	200	150

(3) 多层砖砌体房屋的楼、屋盖的构造要求

楼、屋盖是房屋的重要横隔,除了保证楼、屋盖本身刚度和整体性外,还必须与墙体有足

够的支承长度或可靠拉接,才能保证正常传递地震作用和保证房屋的整体性。

现浇钢筋混凝土楼板或屋面板伸进纵、横墙内的长度,均不应小于 120 mm,装配式钢筋混凝土楼板或屋面板,当圈梁未设在板的同一标高时,板端伸入外墙的长度不应小 120 mm,伸进内墙的长度不宜小于 100 mm 或采用硬架支模连接,在梁上不应小于 80 mm 或采用硬架支模连接。当板的跨度大于 4.8 m 并与外墙平行时,靠外墙的预制板侧边应与墙或圈梁拉结。房屋端部大房间的楼盖,6 度时房屋的屋盖和 7~9 度时房屋的楼、屋盖,当圈梁设在板底时,钢筋混凝土预制板应相互拉结,并应与梁、墙或圈梁拉结。

楼、屋盖的钢筋混凝土梁或屋架应与墙、柱(包括构造柱)或圈梁可靠连接;不得采用独立砖柱。跨度不小于 6 m 的梁的支承构件应采用组合砌体等加强措施,并满足承载力要求。坡屋顶房屋的屋架应与顶层圈梁可靠连接,檩条或屋面板应与墙、屋架可靠连接,房屋出入口处的檐口瓦应与屋面构件锚固。采用硬山搁檩时,顶层内纵墙顶宜增砌支承山墙的踏步式墙垛,并设置构造柱。

(4) 墙体拉结钢筋设置

地震作用时,除使外墙阳角容易产生双向斜裂缝外,又使在纵横墙相交处产生竖向裂缝。因此,对于墙体的这些部位宜设置拉结钢筋,具体要求如下:

① 6、7 度时长度大于 7.2 m 的大房间,以及 8、9 度时外墙转角及内外墙交接处,应沿墙高每隔 500 mm 配置 2Φ6 的通长钢筋和 Φ4 分布短筋平面内点焊组成的拉结网片或 Φ4 点焊网片。

② 后砌的非承重砌体隔墙应沿墙高每隔 500 mm 配置 2Φ6 钢筋与承重墙或柱拉结,并每边伸入墙内不应小于 500 mm,8 度和 9 度时长度大于 5 m 的后砌非承重隔墙的墙顶应与楼板或梁拉结(如图 12-7-7)。

(5) 楼梯间的构造要求

① 顶层楼梯间墙体应沿墙高每隔 500 mm 设 2Φ6 通长钢筋和 Φ4 分布短钢筋平面内点焊组成的拉结网片或 Φ4 点焊网片;7~9 度时其他各层楼梯间墙体应在休息平台或楼层半高处设置 60 mm 厚、纵向钢筋不应少于 2Φ10 的钢筋混凝土带或配筋砖带,配筋砖带不少于 3 皮,每皮的配筋不少于 2Φ6,砂浆强度等级不应低于 M7.5 且不低于同层墙体的砂浆强度等级。

② 楼梯间及门厅内墙阳角处的大梁支承长度不应小于 500 mm,并应与圈梁连接。

③ 装配式楼梯段应与平台板的梁可靠连接,8、9 度时不应采用装配式楼梯段;不应采用墙中悬挑式踏步或踏步竖肋插入墙体的楼梯,不应采用无筋砖砌栏板。

④ 突出屋顶的楼、电梯间,构造柱应伸到顶部,并与顶部圈梁连接,所有墙体应沿墙高每隔 500 mm

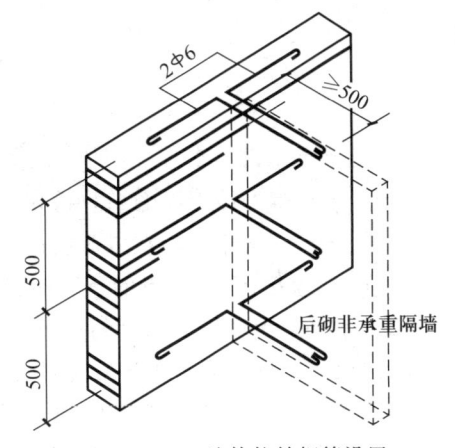

图 12-7-7 墙体拉结钢筋设置

设 2ϕ6 通长钢筋和 ϕ4 分布短筋平面内点焊组成的拉结网片或 Φ4 点焊网片。

12.7.4 多层砌体结构的抗震计算要点

1. 计算简图

计算多层砌体房屋的地震作用时,应以防震缝所划分的结构单元为计算单元,在计算单元中将各楼层的质量集中到楼、屋盖标高处。多层砌体房屋可视为嵌固于基础顶面的竖向悬臂梁,各质点的计算高度取楼(屋)盖到结构底部的距离,如图 12-7-8 所示。

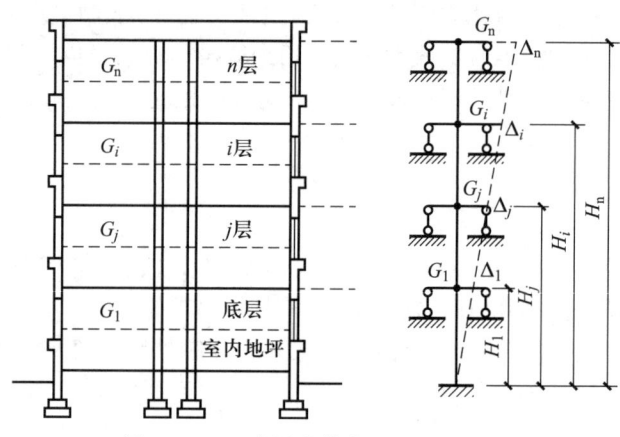

图 12-7-8 多层砌体房屋的计算简图

2. 地震作用计算

(1) 总水平地震作用标准值

一般情况下,多层砌体结构房屋的质量与刚度沿高度分布比较均匀,且以剪切变形为主,故可以按底部剪力法计算地震作用。而且,经过对大量实际结构的基本周期测定,一般处于我国《建筑抗震设计规范》所规定的设计反应谱的最短平台阶所覆盖的周期范围内。因此,结构总水平地震作用标准值为

$$F_{EK} = \alpha_{max} G_{eq} \tag{12-7-1}$$

$$G_{eq} = 0.85 \sum_{i=1}^{n} G_i \tag{12-7-2}$$

式中 F_{EK}——结构总水平地震作用标准值;

α_{max}——水平地震影响系数最大值;

G_{eq}——结构等效总重力荷载;

G_i——集中于 i 质点的重力荷载代表值。

(2) 水平地震作用沿高度的分布

多层砌体结构房屋水平地震作用沿高度的分布不考虑顶部附加水平地震作用,对于突出屋面的屋顶间、女儿墙、烟囱等,其地震作用应乘以增大系数 3,但增大的两倍不往下传递。沿横向或纵向第 i 质点的水平地震作用标准值 F_i 为

$$F_i = \frac{G_i H_i}{\sum_{j=1}^{n} G_j H_j} F_{Ek} \qquad (12-7-3)$$

式中 G_i、G_j——分别为集中于质点 i、j 的重力荷载代表值;

H_i、H_j——分别为质点 i、j 的计算高度。

(3) 楼层地震剪力在各墙体间的分配

墙体平面内的抗侧力等效刚度很大,而平面外的刚度很小,所以一个方向的楼层水平剪力主要由平行于地震作用方向的墙体来承担,而与地震作用相垂直的墙体,承担的楼层水平剪力很小。因此,横向楼层地震剪力全部由横向墙体来承担,而纵向楼层地震剪力由各纵向墙体来承担。为了对砌体墙进行抗震承载力验算,必须将各楼层的地震剪力分配到相应的各道墙上,对于有门窗洞口的墙,还应将该道墙分配的地震剪力,再分配到各墙段上。

(4) 墙体的截面抗震受剪承载力验算

① 砌体抗震抗剪强度设计值 f_{VE}

我国《建筑抗震设计规范》经过试验和统计归纳,规定各类砌体沿阶梯形截面破坏的抗震抗剪强度设计值 f_{VE} 按式(12-7-4)计算:

$$f_{VE} = \zeta_N f_V \qquad (12-7-4)$$

式中 f_V——非抗震设计的砌体抗剪强度设计值;

ζ_N——砌体抗震抗剪强度的正应力影响系数,按表 12-7-9 采用。

表 12-7-9 砌体强度的正应力影响系数

砌体类别	$\dfrac{\sigma_0}{f_V}$							
	0.0	1.0	3.0	5.0	7.0	10.0	12.0	≥16.0
普通砖、多孔砖	0.80	0.99	1.25	1.47	1.65	1.90	2.05	
小砌块		1.23	1.69	2.15	2.57	3.02	3.32	3.92

注:σ_0 为对应于重力荷载代表值的砌体截面平均压应力。

② 多层砌体结构房屋墙体抗震受剪承载力验算

当墙体或墙段所分配的地震剪力确定后,即可验算墙体的抗震受剪承载力。验算的对象是承受地震剪力较大的,或竖向压应力较小的,或局部截面较小的墙段。

普通砖、多孔砖墙体的截面抗震受剪承载力按式(12-7-5)验算:

$$V \leq \frac{f_{VE}}{\gamma_{RE}} A \qquad (12-7-5)$$

式中 V——考虑地震作用组合的墙体剪力设计值;

f_{VE}——砌体沿阶梯截面破坏的抗震抗剪强度设计值;

A——墙体横截面面积,多孔砖取毛截面面积;

γ_{RE}——承载力抗震调整系数,一般承重墙体 $\gamma_{RE}=1$;两端均有构造柱约束的承重墙体

$\gamma_{RE}=0.9$;自承重墙体 $\gamma_{RE}=0.75$。

当按式(12-7-5)验算不满足要求时,可计入设置于墙段中部、截面不小于 240 mm×240 mm (墙厚 190 mm 时为 240 mm×190 mm)且间距不大于 4 m 的构造柱对受剪承载力的提高作用,具体见《建筑抗震设计规范》。

12.8 多层钢筋混凝土框架结构抗震设计

12-11:PPT
多层框
架抗震

目前在我国地震区的多层和高层房屋设计中大量采用钢筋混凝土结构形式,主要有框架结构、抗震墙结构、框支抗震墙结构、框架-筒体结构和筒中筒结构等。其中框架结构是由梁、柱杆系构件构成,是能够承受竖向和水平荷载作用的承重结构体系,其优点是建筑平面布置灵活,自身重量较轻因而产生的地震作用也较小,如果设计合理,它具有良好的延性性能,能耗散掉地震输入到结构的能量。因此,框架结构在多层工业与民用建筑中得到了广泛的应用。其缺点是侧向刚度较小,地震时会有较大的水平变形,容易引起非结构构件的破坏,有时甚至造成主体结构的破坏。因此,建造在抗震设防区的框架结构,应按规定进行抗震设计。

12.8.1 框架结构的震害现象及其分析

框架结构的震害除因结构布置不当引起的震害如平面刚度分布不均匀、不对称产生的震害,竖向刚度突变产生的震害以及防震缝处理不当造成的震害等一般性震害外,对框架结构构件主要有:

1. 框架柱的震害

框架柱通常的有以下几种破坏形式:

柱端弯剪破坏:上下柱端出现水平裂缝和斜裂缝,有时也有交叉斜裂缝,混凝土局部压碎,柱端形成塑性铰。严重者,混凝土剥落,箍筋外鼓崩断,纵筋弯曲(图 12-8-1)。

柱身剪切破坏:多出现交叉斜裂缝或 S 形裂缝,箍筋屈服崩断。

角柱破坏:由于房屋不可避免地要发生扭转,因此角柱所受剪力最大,同时角柱又受双向弯矩作用,而其约束又较其他柱小,故角柱的震害较内柱重。有的上、下柱身错动,钢筋由柱内拔出(图 12-8-2)。

短柱破坏:当有错层、夹层或有半高的填充墙,或不适当地设置某些连系梁时,容易形成 $H/b<4$(H 为柱高,b 为柱截面的短边边长)的短柱。一方面短柱能吸收较大的地震剪力,另一方面短柱常发生剪切破坏,形成交叉裂缝乃至脆断(图 12-8-3)。

2. 框架梁的震害

框架梁的震害多发生在梁端。在地震作用下,梁端纵向钢筋屈服,出现上下贯通的垂直裂缝和交叉斜裂缝。在梁负弯矩钢筋切断处,由于抗弯能力削弱也容易产生裂缝,造成梁剪切破坏。

图 12-8-1 柱端弯剪破坏

图 12-8-2 角柱破坏

如果设计时未考虑水平地震的往复作用在梁端产生的附加正负弯矩,会使梁抗弯强度不足而产生正截面破坏。另外,梁主筋在节点内锚固不足而在反复荷载作用下被拔出的震害现象也比较多。

梁的破坏后果通常不如柱的破坏严重,即使梁破坏也只造成局部损失,一般不会引起整幢房屋的倒塌。但梁的剪切破坏和锚固破坏都是脆性破坏,应特别注意防止其发生。

3. 框架梁、柱节点的震害

在强震作用下,框架梁、柱节点核芯区破坏的震害实例较多,其主要表现为:

节点核芯抗剪强度不足引起的破坏。破坏时,核芯区产生斜向对角的通长裂缝,节点区内的箍筋屈服、外鼓甚至崩断。当节点区剪压比较大时,箍筋可能尚未屈服,而是混凝土被剪压、酥碎成块而发生破坏。由于构造措施不当而引起的破坏常表现为节点箍筋过稀而产生的脆性破坏,或由于节点核芯区的钢筋过密而影响混凝土浇筑质量引起的破坏。另外,由于梁柱主筋通过节点时搭接不合理,使结构的连续性难以保证而引起的震害也时有发生(图12-8-4)。

图 12-8-3 短柱破坏

图 12-8-4 框架梁、柱节点的震害

12.8 多层钢筋混凝土框架结构抗震设计

4. 填充墙的震害

框架中嵌砌砖填充墙,容易发生墙面斜裂缝,并沿柱周边开裂。端墙、窗间墙和门窗洞口边角部位破坏更加严重。烈度较高时墙体容易倒塌。由于框架变形属剪切型,下部层间位移较大,填充墙在房屋中下部几层震害严重;框架-抗震墙结构的变形接近弯曲型,上部层间位移较大,故填充墙在房屋上部几层震害严重(图12-8-5)。

填充墙破坏的主要原因是墙体抗拉、抗剪承载力低,变形能力小,墙体与框架缺乏有效的拉结,因此在往复变形时墙体易发生剪切破坏。

图12-8-5 填充墙的震害

12.8.2 多层钢筋混凝土结构抗震设计一般规定

1. 框架结构最大适用高度

《建筑抗震设计规范》在总结国内外大量震害和工程设计经验的基础上,根据地震烈度、场地类别、抗震性能、使用要求及经济效果等因素,规定了地震区框架结构体系的最大适用高度,见表12-8-1。

表12-8-1 现浇钢筋混凝土框架结构房屋最大高度 m

结构体系	烈度			
	6	7	8	9
框架	60	50	40(35)	24

注:括号内数值用于设计基本地震加速度为0.3g的地区

2. 抗震等级

《建筑抗震设计规范》根据房屋的设防类别、烈度、结构类型和房屋高度,分别采用不同的抗震等级,即一、二、三、四级,见表12-8-2所示,其中一级抗震要求最高,四级最低。不同抗震等级的结构应符合相应的计算、构造措施要求。

具体使用表12-8-2时,应注意以下几点:

① 建筑场地为Ⅰ类时,除6度外可按表12-8-2内降低一度所对应的抗震等级采取抗震构造措施,但相应的计算要求不应降低;

② 接近或等于高度分界时,应允许结合房屋不规则程度及场地、地基条件确定抗震等级;

裙房与主楼相连时,裙房屋面部位的主楼上下各一层受刚度与承载力突变影响较大,抗震措施需要适当加强,裙房除应按本身确定抗震等级外,相关范围不应低于主楼的抗震等级。裙房与主楼之间设防震缝时,应按裙房本身确定抗震等级;在大震作用下裙房与主楼可能发生碰撞,也需要采取加强措施。

带地下室的多层和高层建筑,当地下室结构的刚度和受剪承载力比上部楼层相对较大时,地下室顶板可视作嵌固部位,在地震作用下的屈服部位将发生在地上楼层,同时将影响地下一层。地面以下地震响应虽然逐渐减小,但地下一层的抗震等级不能降低,应与上部结构相同;地下二层及以下的抗震等级可逐层降低一级,但不应低于四级。地下室中无上部结构的部分,可根据具体情况采用三级或四级。

抗震设防类别为甲、乙类的建筑,应按规定调整抗震设防烈度后,再根据表12-8-2确定抗震等级。当其建筑高度超过表12-8-2规定的范围时,应经专门研究采取比一级抗震等级更有效的抗震措施。

表 12-8-2　现浇钢筋混凝土框架结构的抗震等级

结构类型		烈　度						
		6		7		8		9
	高度/m	≤24	>24	≤24	>24	≤24	>24	≤24
框架结构	框架	四	三	三	二	二	一	一
	剧场、体育馆等大跨度公共建筑	三		二		一		一

3. 防震缝的设置

高层钢筋混凝土房屋宜避免采用不规则建筑结构方案,宜采用合理的结构方案而不设防震缝,同时采用合适的计算方法和有效的措施,以消除不设防震缝带来的影响。

当需要设防震缝时,防震缝可以结合沉降缝要求贯通到地基,当无沉降问题时也可以从基础或地下室以上贯通。当有多层地下室,上部结构为带裙房的单塔或多塔结构时,可将裙房用防震缝自地下室以上分隔,地下室顶板应有良好的整体性和刚度,能将地震作用分布到地下室结构。

防震缝的缝宽应不小于《建筑抗震设计规范》规定的最小宽度,并且应在防震缝两侧采取抗撞措施。因为震害表明,按《建筑抗震设计规范》规定的防震缝最小宽度设计,在强烈地震下相邻结构仍可能局部碰撞而损坏,但宽度过大会给立面处理造成困难。

《建筑抗震设计规范》规定当需要设置防震缝时,其最小宽度应符合下列要求:

(1) 框架结构(包括设置少量抗震墙的框架结构)房屋的防震缝宽度,当高度不超过15 m时不应小于100 mm;高度超过15 m时,6度、7度、8度和9度分别每增加高度5 m、4 m、3 m和2 m,宜加宽20 mm。

(2) 框架-抗震墙结构房屋的防震缝宽度不应小于(1)项所规定数值的70%,抗震墙结构房屋的防震缝宽度不应小于(1)项所规定数值的50%且均不宜小于100 mm。

(3) 防震缝两侧结构类型不同时,宜按需要较宽防震缝的结构类型和较低房屋高度确定缝宽。

8、9度框架结构房屋防震缝两侧结构层高相差较大时,防震缝两侧框架柱的箍筋应沿房屋全高加密,并可根据需要在防震缝两侧房屋的尽端沿全高各设置不少于两道垂直于防震缝的抗撞墙。抗撞墙的布置宜避免加大扭转效应,其长度可不大于1/2层高,抗震等级可同框架结构;框架构件的内力应按设置和不设置抗撞墙两种计算模型的不利情况取值。抗撞墙的设置如图12-8-6所示。

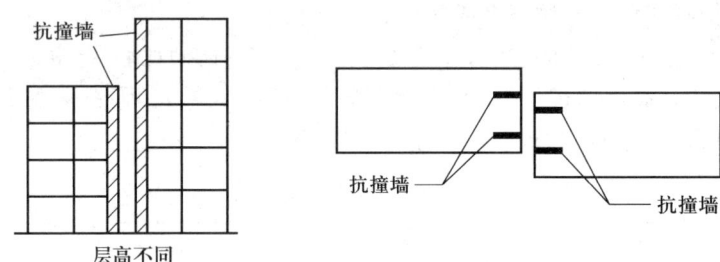

图12-8-6 防撞墙的设置

4. 框架结构布置原则

柱网布置要简单规整,刚度分布匀称。在满足生产工艺和建筑使用情况下,力求经济合理。为了减轻震害、提高结构抗震性能,在满足使用功能的要求下,应尽量设计成规则的建筑。目前,在工业与民用建筑中,常见的框架柱网形式有方格式柱网和内廊式柱网(图12-8-7)。

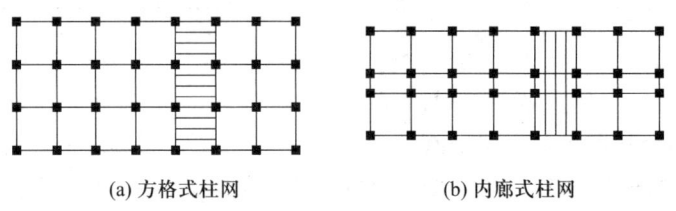

图12-8-7 框架结构柱网布置图

根据抗震要求,框架宜双向设置,即一个方向为承重框架,另一个方向为连系梁与柱构成的非承重框架,或两个方向均为承重框架。在一般条件下,优先采用横向框架承重体系,亦即,主梁沿建筑物横向布置,结构横向刚度大有利于抗震。

关于结构平面布置,从抗震的角度看,最主要的是使结构平面的质量中心和刚度中心相重合或尽可能靠近,以减小结构的扭转反应。因为地震引起的惯性力作用在楼层平面的质量中心,而楼层平面的抗力则作用在其刚度中心,二者的作用线不重合时就会产生扭矩,其值等于二者作用线之间的距离乘以楼层惯性力的值。因此,结构平面应x和y两个正交方向对称、均匀。且平面布置应使得平面作为一个截面有尽可能大的抗扭刚度,以抵抗事实上难以完全避免的扭矩。因此,结构的平面布置宜简单、对称和规则。在框架结构和框架-抗震墙结构中,框架和抗震墙均应双向设置,柱中线与抗震墙中线、梁中线与柱中线之间的偏心距不宜大于柱宽的1/4。

结构沿竖向应尽可能均匀少变化,使结构刚度竖向均匀,如结构沿竖向需变化,则宜均匀变化,避免沿竖向刚度的突变。在用防震缝分开的结构单元内,不应有错层和局部加层,同一楼层应在同一标高内。为使结构有较好的整体刚度,结构高度 H 和宽度 B 的比值在 6 度和 7 度抗震时不宜超过 4,8 度和 9 度抗震时不宜超过 3 和 2。

非承重墙体的材料、类型和布置,应根据层间变形、墙体自身抗侧力性能等因素,经综合分析后确定。非承重墙体应优先选用轻质墙体材料。刚性非承重墙体的布置,应避免使结构形成刚度和强度分布上的突变。

钢筋混凝土框架结构中的砌体填充墙,宜与柱脱开或采用柔性连接,并应符合下列要求:① 填充墙在平面和竖向的布置,宜均匀对称,避免形成薄弱层或短柱。② 砌体的砂浆强度等级不应低于 M5,实心块体的强度等级不宜低于 MU2.5,空心块体的强度等级不宜低于 MU3.5,墙顶应与框架梁密切结合。③ 填充墙应沿框架柱全高每隔 500~600 mm 设 2φ6 拉筋,拉筋伸入墙内,6、7 度时宜沿墙全长贯通,8、9 度时应全长贯通。④ 墙长大于 5 m 时,墙顶与梁宜有拉结;墙长超过 8 m 或层高 2 倍时,宜设置钢筋混凝土构造柱;墙高超过 4 m 时,墙体半高处宜设置与柱连接且沿墙全长贯通的钢筋混凝土水平系梁。

12.8.3 框架结构的抗震设计

钢筋混凝土框架结构抗震设计包括地震作用计算、地震作用下框架内力计算、内力组合、框架结构水平位移验算以及框架结构截面抗震设计等内容。

1. 地震作用计算

一般情况下可在建筑结构的两个主轴方向分别考虑水平地震作用并进行抗震验算,各方向的水平地震作用主要由该方向抗侧力框架结构承担。

框架结构地震作用的计算可采用底部剪力法、振型分解反应谱法和时程分析法。对于高度不超过 40 m,以剪切变形为主且质量和刚度沿高度分布比较均匀的结构,通常采用底部剪力法。

2. 水平荷载作用下框架内力计算

计算在水平荷载作用下框架结构的内力和位移时,通常采用的近似方法有反弯点法和 D 值法。其中反弯点法假定框架横梁线刚度 $k_b = \infty$,此时柱在其 1/2 高度处截面弯矩为零。柱的弹性曲线在该处改变凹凸方向,故此处称为反弯点。根据分析,当梁的线刚度 k_b 和柱的线刚度 k_c 之比大于 3 时,节点转角很小,用反弯点法计算框架内力其误差一般不超过 5%。反弯点距柱底的距离称为反弯点高度。而对首层柱,取其 2/3 高度处截面弯矩为零。

柱端弯矩可由柱的剪力和反弯点高度的数值确定,边节点梁端弯矩可由节点力矩平衡条件确定,而中间节点两侧梁端弯矩则可按梁的转动刚度分配柱端弯矩求得。

D 值法近似考虑了框架节点转动对柱的侧移刚度和反弯点高度的影响,是目前分析框架内力比较简单而又比较精确的一种近似方法。用 D 值法计算框架内力的步骤如下:① 计算各层柱的侧移刚度 D;② 按刚度分配各柱的剪力;③ 确定反弯点高度;④ 计算梁、柱端内力。具体计算步骤参阅本书前述有关章节。

水平荷载作用下钢筋混凝土框架结构内力计算多采用 D 值法进行。

3. 控制截面及荷载效应的基本组合

在进行构件截面设计时,须求得控制截面上的最不利内力作为配筋的依据。对于框架梁,一般选梁的两端截面和跨中截面作为控制截面;对于柱,则选柱的上、下端截面作为控制截面。

多、高层钢筋混凝土框架结构的抗震设计中,应考虑荷载效应与地震作用效应的基本组合。对于一般的框架结构(60 m 以下,设防烈度 9 度以下),可不考虑风荷载的组合,只考虑水平地震作用和重力荷载代表值参与组合的情况,其内力组合的设计值 S 为

$$S = \gamma_G S_{GE} + \gamma_{Eh} S_{Ehk} \qquad (12-8-1)$$

式中 S——结构构件内力组合的设计值;

γ_G——重力荷载分项系数,一般情况取 $\gamma_G = 1.20$;当重力荷载效应对构件的承载力有利时,不应大于 1.0;

γ_{Eh}——水平地震作用分项系数,取 $\gamma_{Eh} = 1.30$;

S_{GE}——重力荷载代表值效应;

S_{Ehk}——水平地震作用标准值的效应。

4. 框架结构水平位移验算

框架结构由于其侧移刚度小,因而其水平位移较大,因此位移计算是框架结构抗震计算的一个重要方面。框架结构的构件尺寸往往决定于结构的侧移变形要求。按照二阶段三水准的设计思想,框架结构应进行两方面的侧移验算:① 多遇地震作用下层间弹性位移验算,对所有框架都应进行此项计算;② 罕遇地震下层间弹塑性位移验算,7~9 度时楼层屈服强度系数小于 0.5 的钢筋混凝土框架结构应进行此项计算。现分述如下:

(1) 多遇地震作用下层间弹性位移验算

多遇地震作用下,框架结构的层间弹性位移应满足式(12-8-2)要求:

$$\Delta u_e \leqslant [\theta_e] h \qquad (12-8-2)$$

式中 Δu_e——多遇地震作用标准值产生的楼层内最大的弹性层间位移。水平地震作用采用多遇地震时的地震影响系数,各作用分项系数均采用 1.0;计算构件刚度时,采用弹性刚度;

$[\theta_e]$——弹性层间位移角限值,钢筋混凝土框架结构取 1/550;

h——层高。

(2) 罕遇地震下层间弹塑性位移验算

罕遇地震作用下,框架结构的层间弹塑性位移应满足式(12-8-3)要求:

$$\Delta u_p \leqslant [\theta_p] h \qquad (12-8-3)$$

式中 Δu_p——罕遇地震作用下按弹塑性分析的层间位移;

$[\theta_p]$——弹塑性层间位移角限值,取 1/50;当框架柱的轴压比小于 0.4 时,可提高 10%;当柱沿全高加密箍筋并比规定的最小配箍特征值大 30% 时,可提高 20%,但累计不超过 25%;

h——薄弱层的层高。

5. 框架结构截面抗震设计

根据框架结构的震害情况及大震作用下对框架延性的要求,我国《建筑抗震设计规范》通过采用"强柱弱梁"、"强剪弱弯"和"强节点、强锚固"的原则进行设计计算,以保证结构的延性。

"强柱弱梁"是使塑性铰首先在框架梁端出现,尽量避免或减少在柱中出现。即按照节点处梁端实际受弯承载力小于柱端实际受弯承载力的思想进行计算,以争取使结构能够形成总体机制,避免结构形成层间机制,见图 12-8-8。

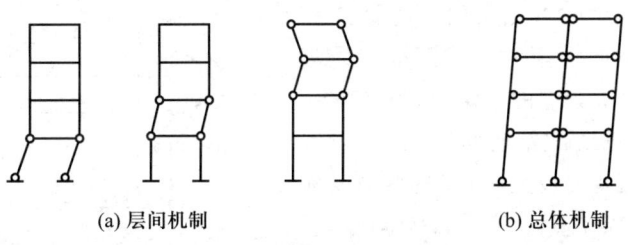

(a) 层间机制　　　　　(b) 总体机制

图 12-8-8　框架结构破坏机制

"强剪弱弯"是指防止构件在弯曲屈服前出现脆性的剪切破坏。即要求构件的受剪承载力大于其受弯屈服时实际达到的剪力。

"强节点、强锚固"是指在构件塑性铰充分发挥作用之前,节点不应出现破坏。因此,需进行框架节点核芯区截面抗震验算以及保证纵向钢筋具有足够的锚固长度。

截面抗震设计表达式为:

$$S_E \leqslant R/\gamma_{RE} \tag{12-8-4}$$

式中　S_E——结构构件有地震组合时各种作用效应基本组合的设计值;
　　　R——结构构件截面的承载力设计值,按本书有关章节的公式计算;
　　　γ_{RE}——构件截面的承载力抗震调整系数。

(1) 框架梁的截面抗震设计

① 正截面受弯承载力计算。

求出梁控制截面处考虑地震作用的组合弯矩后,即可按一般钢筋混凝土受弯构件进行正截面受弯承载力计算,但应注意在受弯承载力计算公式右边要除以相应的承载力抗震调整系数。

② 斜截面受剪承载力计算。

根据"强剪弱弯"原则进行调整的思路是:对同一杆件,使其在地震作用组合下,剪力设计值略大于按设计弯矩或实际抗弯承载力及梁上荷载反算出的剪力。

一、二、三级的框架梁和抗震墙的连梁的梁端截面组合的剪力设计值应按下式调整:

$$V = \eta_{vb}\frac{M_b^l + M_b^r}{l_n} + V_{Gb} \tag{12-8-5}$$

9 度的一级框架梁、连梁和一级框架结构尚应符合

$$V = 1.1 \frac{M_{\text{bua}}^l + M_{\text{bua}}^r}{l_n} + V_{\text{Gb}} \quad (12\text{-}8\text{-}6)$$

式中 V——梁端截面组合的剪力设计值；

l_n——梁的净跨；

V_{Gb}——梁重力荷载代表值（9度时，高层建筑还应包括竖向地震作用标准值）作用下，按简支梁分析的梁端截面剪力设计值；

M_b^l、M_b^r——分别为梁左右端截面反时针或顺时针方向组合的弯矩设计值，一级框架两端弯矩均为负弯矩时，绝对值较小的弯矩应取零；

M_{bua}^l、M_{bua}^r——分别为梁左右端截面反时针或顺时针方向实配的正截面抗震受弯承载力所对应的弯矩值（图12-8-9），根据实配钢筋面积（计入受压筋和相关楼板配筋）和材料强度标准值确定；

η_{vb}——梁端剪力增大系数，一级取 1.3，二级取 1.2，三级取 1.1。

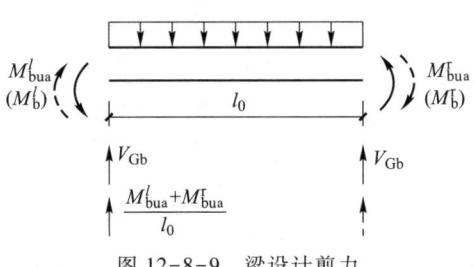

图 12-8-9 梁设计剪力

抗震设计中，设计剪力还要符合剪压比要求。剪压比是截面上平均剪应力与混凝土轴心抗压强度设计值的比值，以 $V/f_c bh_0$ 表示，用以说明截面上承受名义剪应力的大小。研究表明，反复荷载作用下，即使梁的配箍率较高，也容易发生斜压破坏。为了保证梁截面不至于过小，使其不产生过高的主压应力，必须限制剪压比。考虑地震组合的矩形、T形和I形截面框架梁和连梁，当跨高比大于 2.5 时，其受剪截面应符合下列条件：

$$V \leq \frac{1}{\gamma_{\text{RE}}}(0.20\beta_c f_c bh_0) \quad (12\text{-}8\text{-}7)$$

当跨高比不大于 2.5 时，其受剪截面应符合下列条件：

$$V \leq \frac{1}{\gamma_{\text{RE}}}(0.15\beta_c f_c bh_0) \quad (12\text{-}8\text{-}8)$$

考虑地震组合的矩形、T形和I形截面的框架梁，其斜截面受剪承载力应符合下列规定：

$$V \leq \frac{1}{\gamma_{\text{RE}}}\left(0.6\alpha_{\text{cv}} f_t bh_0 + f_{\text{yv}} \frac{A_{\text{sv}}}{s} h_0\right) \quad (12\text{-}8\text{-}9)$$

式中 α_{cv}——斜截面混凝土受剪承载力系数，对于一般受弯构件取 0.7；对集中荷载作用下（包括作用有多种荷载，其中集中荷载对支座截面或节点边缘所产生的剪力值占总剪力的 75% 以上的情况）的独立梁，取 α_{cv} 为 $\frac{1.75}{\lambda+1}$，λ 为计算截面的剪跨比，可取 $\lambda = \frac{a}{h_0}$，当 $\lambda < 1.5$ 时，取 1.5，当 $\lambda > 3$ 时，取 3。

（2）框架柱的截面设计

① 正截面承载力计算

a. 轴压比的限制

轴压比是指柱组合的轴压力设计值与柱的全截面面积和混凝土轴心抗压强度设计值乘积之比值,即 $N/f_c b_c h_c$。轴压比是影响柱的破坏形态和变形能力的重要因素之一。试验研究表明,柱的延性随轴压比的增大会显著下降,并且有可能产生脆性破坏。尤其是当轴压比增大到一定数值时,增加约束箍筋对柱的变形能力的影响很小。因而,有必要限制轴压比。柱的轴压比不宜超过表12-8-3的规定,表内限值适用于剪跨比大于2、混凝土强度等级不高于C60的柱。当柱净高与截面高度(圆柱时为直径)之比小于4,变形能力要求较高和Ⅳ类场地上较高的高层建筑的轴压比限值应适当减小。

表 12-8-3 柱轴压比限值

类 别	抗震等级			
	一	二	三	四
框架结构	0.65	0.75	0.85	0.90
框架-抗震墙;板柱-抗震墙及筒体	0.75	0.85	0.90	0.95
部分框支抗震墙	0.6	0.7	—	—

b. 柱端弯矩设计值

根据"强柱弱梁"原则,对柱端弯矩设计值应进行调整,思路是:对同一节点,使其在地震作用组合下,柱端的弯矩设计值略大于梁端的弯矩设计值或抗弯能力。争取使塑性铰首先在梁中出现,对于一、二、三、四级框架的梁柱节点处,除框架顶层和柱轴压比小于0.15者及框支梁与框支柱的节点外,柱端组合的弯矩设计值应符合下列公式要求:

$$\sum M_c = \eta_c \sum M_b \tag{12-8-10}$$

一级框架结构及9度的一级框架,尚应符合

$$\sum M_c = 1.2 \sum M_{bua} \tag{12-8-11}$$

式中 $\sum M_c$——节点上下柱端截面顺时针或反时针方向组合的弯矩设计值之和,上下柱端的弯矩设计值,可按弹性分析分配;

$\sum M_b$——节点左右梁端截面反时针或顺时针方向组合的弯矩设计值之和,一级框架节点左右梁端均为负弯矩时,绝对值较小的弯矩应取零;

$\sum M_{bua}$——节点左右梁端截面反时针或顺时针方向实配的正截面抗震受弯承载力所对应的弯矩值之和,根据实配钢筋面积(计入梁受压筋和相关楼板钢筋)和材料强度标准值确定;

η_c——框架柱端弯矩增大系数,一级取1.7,二级取1.5,三级取1.3,四级取1.2;其他结构类型中的框架,一级可取1.4,二级可取1.2,三、四级可取1.1。

当反弯点不在柱的层高范围内时,柱端截面组合的弯矩设计值可乘以上述柱端弯矩增大系数。

考虑到框架底层柱柱底过早地出现塑性铰,将影响整个框架的变形能力;同时随着框架梁端塑性铰的出现,由于塑性内力重分布,底层柱的反弯点位置具有较大的不确定性。因此,一、二、三、四级框架结构的底层柱下端截面组合的弯矩设计值,应分别乘以增大系数1.7、1.5、1.3 和 1.2。底层柱纵向钢筋宜按上下端的不利情况配置。

c. 柱的正截面承载力计算

考虑地震作用组合的框架柱和框支柱,其正截面受压、受拉承载力,可按钢筋混凝土偏心受压或偏心受拉构件计算,但在其所有的承载力计算公式右边,均应除以相应的正截面承载力抗震调整系数。

② 斜截面受剪承载力计算

a. 柱端剪力设计值的调整

按照"强剪弱弯"的原则,一、二、三、四级框架柱和框支柱组合的剪力设计值,应按下式调整:

$$V = \eta_{vc} \frac{M_c^t + M_c^b}{H_n} \quad (12\text{-}8\text{-}12)$$

一级框架结构及 9 度的一级框架,尚应符合:

$$V = 1.2 \frac{M_{cua}^t + M_{cua}^b}{H_n} \quad (12\text{-}8\text{-}13)$$

式中 H_n——柱的净高;

M_c^t、M_c^b——分别为柱的上下端顺时针或反时针方向截面组合的弯矩设计值,应符合《建筑抗震设计规范》相关规定;

M_{cua}^t、M_{cua}^b——分别为偏心受压柱上、下端顺时针或反时针方向实配的正截面抗震受弯承载力所对应的弯矩值,根据实际配筋面积、材料强度标准值和轴向力等确定;

η_{vc}——柱剪力增大系数,对框架结构,一、二、三、四级可分别取 1.5、1.3、1.2 和 1.1;对其他结构类型的框架,一级可取 1.4,二级可取 1.2,三、四级可取 1.1。

考虑到地震扭转效应的影响明显,一、二、三、四级框架的角柱,经上述调整后的柱端组合弯矩设计值、剪力设计值尚应乘以不小于 1.10 的增大系数。

b. 剪压比的限制

在静力受剪要求基础上,考虑反复荷载影响,规定了框架柱的受剪承载力上限值,也就是提出了截面尺寸的限制条件。应按下列各式限制柱的剪压比:

剪跨比大于 2 的柱:

$$V \leqslant \frac{1}{\gamma_{RE}}(0.20\beta_c f_c b h_0) \quad (12\text{-}8\text{-}14)$$

剪跨比不大于 2 的柱:

$$V \leqslant \frac{1}{\gamma_{RE}}(0.15\beta_c f_c b h_0) \quad (12\text{-}8\text{-}15)$$

c. 柱斜截面受剪承载力的验算

可采用钢筋混凝土偏心受压或偏心受拉构件斜截面受剪承载力公式,但应除以承载力抗震调整系数。与单调加载相比,在地震荷载作用下的受剪承载力要降低,矩形截面框架柱斜截面受剪承载力按下列公式计算:

$$V \leq \frac{1}{\gamma_{RE}}\left(\frac{1.05}{\lambda+1}f_t b_c h_{c0} + f_{yv}\frac{A_{sv}}{s}h_{c0} + 0.056N\right) \quad (12-8-16)$$

式中 λ——框架柱的计算剪跨比,取 $\lambda = \dfrac{M}{Vh_{c0}}$ 此处,M 宜取柱上、下端组合弯矩设计值的较大者,V 取与 M 对应的剪力设计值;当柱反弯点在层高范围内时,可取 $\lambda = \dfrac{H_n}{2h_{c0}}$;

当 $\lambda < 1$ 时,取 $\lambda = 1$,当 $\lambda > 3$ 时,取 $\lambda = 3$;

N——考虑地震作用组合的柱轴向压力设计值;当 $N > 0.3f_c b_c h_c$ 时,取 $N = 0.3f_c b_c h_c$。

当考虑地震作用组合的矩形截面框架柱出现拉力时,其斜截面受剪承载力的验算公式为

$$V \leq \frac{1}{\gamma_{RE}}\left(\frac{1.05}{\lambda+1}f_t b_c h_{c0} + f_{yv}\frac{A_{sv}}{s}h_{c0} - 0.2N\right) \quad (12-8-17)$$

式中 N——考虑地震作用组合的框架柱的轴向拉力设计值。

当(12-8-17)式中右边括号内的计算值小于 $f_{yv}\dfrac{A_{sv}}{s}b_c h_{c0}$ 时,取等于 $f_{yv}\dfrac{A_{sv}}{s}h_{c0}$ 且 $f_{yv}\dfrac{A_{sv}}{s}h_{c0}$ 值不应小于 $0.36f_t b_c h_{c0}$。

(3) 框架节点核芯区截面抗震验算

按照"强节点"的原则,防止在梁柱破坏之前出现节点核芯区的破坏,必须保证节点核芯区的受剪承载力和配置足够数量的箍筋。因此,一、二、三级框架的节点核芯区,应进行截面抗震验算,具体见《建筑抗震设计规范》;四级框架的节点核芯区,可不进行抗震验算,但应符合有关构造措施的要求。

6. 框架结构抗震构造措施

(1) 框架梁的抗震构造措施

① 梁截面尺寸。

框架梁的截面尺寸宜符合下列基本要求:

a. 截面宽度不宜小于 200 mm。强震作用下梁端塑性铰区混凝土保护层容易剥落,若梁截面宽度过小,将使截面损失比例较大。

b. 截面高宽比不宜大于 4,以防在梁刚度降低后引起侧向失稳。

c. 净跨与截面高度之比不宜小于 4。若跨高比小于 4,则属于短梁,在反复弯剪作用下,斜裂缝将沿梁全长发展,从而使梁的延性及承载力急剧降低。

② 梁的纵向钢筋配置。

梁端截面是抗震设计时考虑在强震下产生塑性铰的地方,所以要保证梁端截面有足够的延性,主要可从以下四个方面来保证:a. 控制梁端截面相对受压区高度,梁的变形能力主

要取决于梁端的塑性转动量,而梁的塑性转动量与截面混凝土受压区相对高度有关,当相对受压区高度为 0.25~0.35 时,梁的位移延性系数可达 3~4;b. 控制梁端截面纵向钢筋的配筋率,以防超筋;c. 控制梁端底面和顶面纵向钢筋的比值,该比值同样对梁的变形能力有较大影响,梁底面的钢筋可增加负弯矩时的塑性转动能力,还能防止在地震中梁底出现正弯矩时过早屈服或破坏过重而影响承载力和变形能力的正常发挥;d. 梁端箍筋加密,当箍筋间距小于 $6d$~$8d$(d 为纵筋直径)时,混凝土压溃前受压钢筋一般不致压屈,延性较好。

梁的纵向钢筋配置,应符合下列要求:

(a) 梁端纵向受拉钢筋的配筋率不宜大于 2.5%;且计入受压钢筋的梁端混凝土受压区高度和有效高度之比,一级不应大于 0.25,二、三级不应大于 0.35。

(b) 梁端截面的底面和顶面纵向钢筋配筋量的比值,除按计算确定外,一级不应小于 0.5,二、三级不应小于 0.3。

(c) 沿梁全长顶面和底面的钢筋,一、二级不应少于 2Φ14,且分别不应少于梁两端顶面和底面纵向钢筋中较大截面面积的 1/4;三、四级不应少于 2Φ12。

(d) 一、二、三级框架梁内贯通中柱的每根纵向钢筋直径,对框架结构,不宜大于矩形截面柱在该方向截面尺寸的 1/20;对圆形截面柱,不宜大于纵向钢筋所在位置圆形截面弦长的 1/20。

(2) 梁端部箍筋的配置

在地震作用下,梁端部极易产生剪切破坏,因此在梁端部一定范围内,箍筋间距应适当加密(称该范围为箍筋加密区)。梁端加密区的箍筋配置,应符合下列要求:

① 加密区的长度、箍筋最大间距和最小直径应按表 12-8-4 采用。当梁端纵向受拉钢筋配筋率大于 2% 时,表中箍筋最小直径数值应增大 2 mm。

表 12-8-4　梁端箍筋加密区的长度、箍筋的最大间距和最小直径　　mm

抗震等级	加密区长度 (采用较大值)	箍筋最大间距 (采用最小值)	箍筋最小直径
一	$2h_b$、500	$h_b/4$、$6d$、100	10
二	$1.5h_b$、500	$h_b/4$、$8d$、100	8
三	$1.5h_b$、500	$h_b/4$、$8d$、150	8
四	$1.5h_b$、500	$h_b/4$、$8d$、150	6

注:d 为纵向钢筋直径,h_b 为梁截面高度。

② 加密区的箍筋肢距,一级抗震等级不宜大于 200 mm 和 20 倍箍筋直径的较大值,二、三级抗震等级不宜大于 250 mm 和 20 倍箍筋直径的较大值,各抗震等级下,均不宜大于 300 mm。

(3) 框架柱的抗震构造措施

① 柱截面尺寸。

框架柱的截面尺寸应符合下列要求：
a. 截面的宽度和高度,四级或不超过 2 层时不宜小于 300 mm,一、二、三级且超过 2 层时不宜小于 400 mm;圆柱的直径,四级或不超过 2 层时不宜小于 350 mm,一、二、三级且超过 2 层时不宜小于 450 mm。
b. 剪跨比宜大于 2。
c. 截面长边与短边的边长比不宜大于 3。

② 柱的纵向钢筋配置。

柱的纵向钢筋配置,应符合下列要求：
a. 宜对称配置；
b. 截面尺寸大于 400 mm 的柱,纵向钢筋间距不宜大于 200 mm；
c. 柱纵向钢筋的最小总配筋率应按表 12-8-5 采用,同时每一侧配筋率不小于 0.2%；对建造于Ⅳ类场地上较高的高层建筑,表中的数值宜增加 0.1%。
d. 柱总配筋率不应大于 5%。
e. 一级框架且剪跨比不大于 2 的柱,每侧纵向钢筋配筋率不宜大于 1.2%。
f. 边柱、角柱在地震作用组合产生小偏心受拉时,柱内纵筋总截面面积应比计算值增加 25%。
g. 柱内纵向钢筋的绑扎接头应避开柱端的箍筋加密区。

表 12-8-5 柱截面纵向钢筋的最小总配筋率　　　　　　　　　　　　　　　　%

类别	抗震等级			
	一	二	三	四
中柱和边柱	1.0	0.8	0.7	0.6
角柱、框支柱	1.1	0.9	0.8	0.7

注:采用 335 MPa 级、400 MPa 级纵向钢筋时,应分别按表中数值增加 0.1 和 0.05 采用,混凝土强度等级高于 C60 时应增加 0.1。

③ 柱端部箍筋的配置。

箍筋的主要作用是约束混凝土的横向变形,从而提高混凝土的抗压强度和变形能力,并为纵向钢筋提供侧向支承,防止纵筋压屈;此外,箍筋还能承担柱剪力。

a. 柱的箍筋加密范围

柱的箍筋加密范围为：

柱端,取截面高度(圆柱直径)、柱净高的 1/6 和 500 mm 三者的最大值。

底层柱,底层柱的下端不小于柱净高的 1/3;当有刚性地面时,除柱端外尚应取刚性地面上下各 500 mm。

剪跨比不大于 2 的柱和因设置填充墙等形成的柱净高与柱截面高度之比不大于 4 的柱,取全高。

框支柱,取全高。

抗震等级为一级及二级框架的角柱,取全高。

b. 箍筋加密区的箍筋间距和直径

一般情况下,箍筋的最大间距和最小直径,应按表12-8-6采用。

表12-8-6 柱箍筋加密区的箍筋最大间距和最小直径   mm

抗震等级	箍筋最大间距(采用较小值)	箍筋最小直径
一	6d,100	10
二	8d,100	8
三	8d,150(柱根100)	8
四	8d,150(柱根100)	6(柱根8)

注:d 为柱纵筋最小直径;柱根指底层柱下端箍筋加密区。

一级框架柱的箍筋直径大于 12 mm 且箍筋肢距不大于 150 mm 及二级框架柱的箍筋直径不小于 10 mm 且箍筋肢距不大于 200 mm 时,除底层柱下端外最大间距应允许采用 150 mm;三级框架柱截面尺寸不大于 400 mm 时,箍筋最小直径应允许采用 6 mm;四级框架柱剪跨比不大于 2 时,箍筋直径不应小于 8 mm。

框支柱和剪跨比不大于 2 的柱,箍筋间距不应大于 100 mm。

c. 柱箍筋加密区箍筋肢距,一级不宜大于 200 mm,二、三级不宜大于 250 mm 和 20 倍箍筋直径的较大值,四级不宜大于 300 mm。每隔一根纵向钢筋宜在两个方向有箍筋或拉筋约束;采用拉筋且箍筋与纵向钢筋有绑扎时,拉筋宜紧靠纵向钢筋并勾住箍筋。

d. 柱箍筋加密区的体积配筋率,宜符合下式要求:

$$\rho_v \geq \frac{\lambda_v f_c}{f_{yv}} \quad (12\text{-}8\text{-}18)$$

式中 ρ_v——柱箍筋加密区的体积配箍率,一、二、三、四级分别不应小于 0.8%、0.6%、0.4% 和 0.4%;计算复合箍的体积配箍率时,应扣除重叠部分的箍筋体积;

f_c——混凝土轴心抗压强度设计值:强度等级低于 C35 时,应按 C35 计算;

f_{yv}——箍筋抗拉强度设计值,f_{yv} 超过 360 N/mm² 时,应取 360 N/mm² 计算;

λ_v——最小配箍特征值,按表12-8-7采用。

表12-8-7 柱箍筋加密区的箍筋最小配箍特征值

抗震等级	箍筋形式	柱轴压比								
		≤0.3	0.4	0.5	0.6	0.7	0.8	0.9	1.0	1.05
一	普通箍、复合箍	0.10	0.11	0.13	0.15	0.17	0.20	0.23		
	螺旋箍、复合或连续复合矩形螺旋箍	0.08	0.09	0.11	0.13	0.15	0.18	0.21		

续表

抗震等级	箍筋形式	柱轴压比								
		≤0.3	0.4	0.5	0.6	0.7	0.8	0.9	1.0	1.05
二	普通箍、复合箍	0.08	0.09	0.11	0.13	0.15	0.17	0.19	0.22	0.24
	螺旋箍、复合或连续复合矩形螺旋箍	0.06	0.07	0.09	0.11	0.13	0.15	0.17	0.20	0.22
三、四	普通箍、复合箍	0.06	0.07	0.09	0.11	0.13	0.15	0.17	0.20	0.22
	螺旋箍、复合或连续复合矩形螺旋箍	0.05	0.06	0.07	0.09	0.11	0.13	0.15	0.18	0.20

注：1. 框支柱宜采用复合螺旋箍或井字复合箍，其最小配箍特征值应比表内数值增加0.02，且体积配箍率不应小于1.5%；

2. 剪跨比不大于2的柱宜采用复合螺旋箍或井字复合箍，其体积配箍率不应小于1.2%，9度一级时不应小于1.5%；

3. 计算复合螺旋箍的体积配箍率时，其中非螺旋箍的箍筋体积应乘以换算系数0.8。

c. 柱箍筋非加密区的体积配箍率不宜小于加密区的50%；一、二级抗震等级下框架柱的箍筋间距不应大于10倍纵向钢筋直径，三、四级抗震等级下框架柱的箍筋间距不应大于15倍纵向钢筋直径。

(4) 框架节点的抗震构造措施

框架节点核芯区箍筋的最大间距和最小直径宜按柱箍筋加密的要求采用，对一、二、三级抗震等级框架节点核芯区，配箍特征值分别不宜小于0.12、0.10和0.08且体积配箍率分别不宜小于0.6%、0.5%和0.4%。柱剪跨比不大于2的框架节点核芯区配箍特征值不宜小于核芯区上、下柱端的较大配箍特征值。

(5) 钢筋的接头和锚固

钢筋的接头和锚固，除应符合《混凝土结构设计规范》的有关规定外，尚应符合下列要求：

① 框架梁、柱中的纵向钢筋最小锚固长度 l_{aE}

一级 $l_{aE} = 1.15 l_a$ (12-8-19a)

二级 $l_{aE} = 1.15 l_a$ (12-8-19b)

三级 $l_{aE} = 1.05 l_a$ (12-8-19c)

四级 $l_{aE} = 1.0 l_a$ (12-8-19d)

式中 l_a——纵向受拉钢筋的锚固长度，按《混凝土结构设计规范》规定采用。

当采用搭接接头时，其搭接长度 l_{lE} 应取

$$l_{lE} = \zeta l_{aE} \quad (12\text{-}8\text{-}20)$$

式中 ζ——纵向受拉钢筋搭接长度修正系数，按《混凝土结构设计规范》规定采用。

② 框架梁、柱的纵向受力钢筋的接头，一级宜采用机械连接接头；二、三级和四级，宜采用机械连接接头，也可采用焊接接头或搭接接头；对框支柱宜采用机械连接接头。

③ 受力钢筋连接接头均不宜位于构件最大弯矩处,且宜避开梁端和柱端箍筋加密区。位于同一连接区段内的受力钢筋接头面积百分率不应超过 50%。

④ 箍筋末端应做成 135°的弯钩,弯钩端头平直段长度不应小于箍筋直径的 10 倍;当钢筋受拉时,在纵向钢筋搭接长度范围内的箍筋间距不应大于搭接钢筋较小直径的 5 倍,且不应大于 100 mm。当钢筋受压时,箍筋间距不应大于搭接钢筋较小直径的 10 倍,且不应大于 200 mm。

⑤ 框架中间层中间节点处,框架梁的上部纵向钢筋应贯穿中间节点。贯穿中柱的每根梁纵向钢筋直径,对于 9 度设防烈度的各类框架和一级抗震等级的框架结构,当柱为矩形截面时,不宜大于柱在该方向截面尺寸的 1/25,当柱为圆形截面时,不宜大于纵向钢筋所在位置柱截面弦长的 1/25;对一、二、三级抗震等级,当柱为矩形截面时,不宜大于柱在该方向截面尺寸的 1/20,对圆柱截面,不宜大于纵向钢筋所在位置柱截面弦长的 1/20。

⑥ 对于框架中间层中间节点、中间层端节点、顶层中间节点以及顶层端节点,梁、柱纵向钢筋在节点部位的锚固和搭接,应符合图 12-8-10 的相关构造规定。图中 l_{lE} 按式(12-8-20)取用,l_{abE} 按下式取用:

$$l_{abE} = \zeta_{aE} l_{ab} \quad (12-8-21)$$

式中 ζ_{aE} ——纵向受拉钢筋锚固长度修正系数,按《混凝土结构设计规范》规定采用。

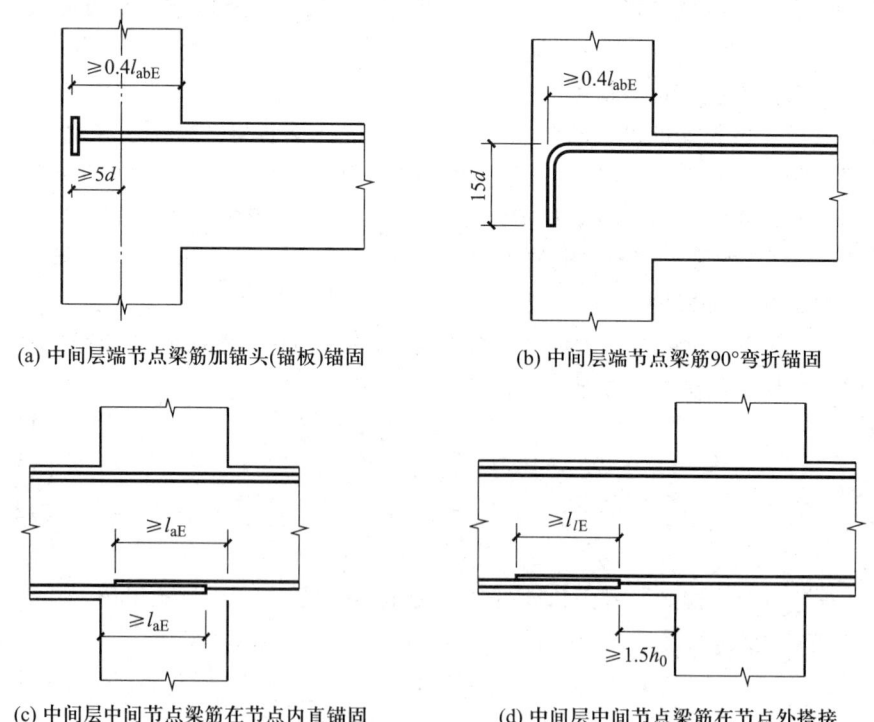

(a) 中间层端节点梁筋加锚头(锚板)锚固
(b) 中间层端节点梁筋 90°弯折锚固
(c) 中间层中间节点梁筋在节点内直锚固
(d) 中间层中间节点梁筋在节点外搭接

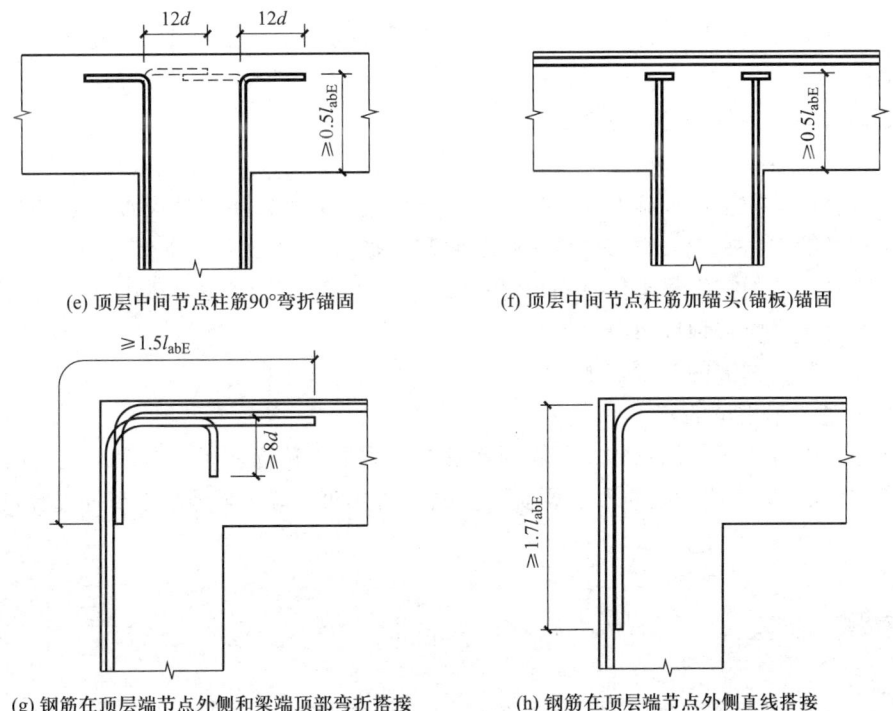

图 12-8-10　梁和柱的纵向受力钢筋在节点区的锚固和搭接

⑦ 框架节点区箍筋的最大间距、最小直径宜按表 12-8-6 采用。对一、二、三级抗震等级的框架节点核心区,配箍特征值 λ_v 分别不宜小于 0.12、0.10 和 0.08,且其箍筋体积配筋率分别不宜小于 0.6%、0.5% 和 0.4%。当框架柱的剪跨比不大于 2 时,其节点核心区体积配箍率不宜小于核心区上、下柱端体积配箍率中的较大值。

12.9　本章小结

震害给人类造成了巨大的人员伤亡和经济损失,同时也给我们敲响了警钟,提高建筑物的抗震能力是刻不容缓的,特别是提高广大农村地区的房屋抗震能力。因此,在今后的设计和施工中,应注意下述问题:

1. 增强房屋结构的整体稳定性

很多房屋在地震中倒塌的原因都是整体稳定性不足。适当增加房屋的支撑、构造柱的数量或者设法加大受力构件的延性,这些措施都能提高房屋的抗震能力。应当加强对房屋整体性的分析和研究,尤其是针对钢筋混凝土结构和砖混结构,使结构的局部破坏不会导致房屋的整体倒塌。同时加强楼梯间的强度和刚度,保证主要逃生通道的畅通,尽量加强填充墙与墙柱之间的拉结,避免填充墙倒塌。

2. 对现有未达标的房屋采取加固措施

汶川地震中进行了抗震加固的房屋大部分都没有倒塌,可见对未达标的建筑进行抗震加固是非常有必要的。因此,需在全国范围内,按新的抗震设计规范对已有建筑进行必要的鉴定与加固。

3. 预防和减轻地震引起的次生灾害

预防和减轻地震引起的次生灾害,要注意以下几点:

(1) 选择房屋和基础设施的建设地址时应当尽量避开易发生次生灾害的地方。

(2) 对可能发生次生灾害的区域实行监测和预报,建立监控体系。

(3) 建立综合的灾害管理信息系统,包括地震速报信息系统、卫星震害分析系统等。

(4) 坚持全民防灾训练演习。

(5) 加强防灾减灾的技术措施。

4. 加强对施工质量的监管

汶川地震中有些房屋倒塌的主要原因就是施工质量不达标。所以对房屋施工质量的监管是非常重要的,对中小学建筑和影剧院等公共场所建筑的施工质量的监管是重中之重。

思考题

12-1 什么是地震波?地震波有哪几种?各类波的传播有何特点?

12-2 什么是地震震级?震级与能量之间有什么关系?

12-3 什么是地震烈度?什么是抗震设防烈度?

12-4 什么是地震多遇烈度?什么是地震罕遇烈度?

12-5 建筑抗震设防分类是如何确定的?

12-6 抗震设防目标是如何确定的?

12-7 什么是抗震设计的两阶段设计方法?

12-8 简述抗震设计的基本要求。

12-9 建筑场地类别是怎样划分的?

12-10 什么是地震系数、动力系数、地震影响系数?

12-11 抗震设计中的重力荷载代表值是什么?

12-12 抗震设计反应谱的影响因素和特点如何?

12-13 什么是多自由度体系的基本周期和基本振型?

12-14 简述底部剪力法的基本原理和计算步骤。底部剪力法的适用范围如何?

12-15 采用底部剪力法计算时,为什么有时要对顶部水平地震作用进行修正?

12-16 结构抗震极限状态计算包括哪些方面?简述各类极限状态抗震计算方法和表达式。

12-17 构件截面抗震承载力极限状态计算时,引入承载力抗震调整系数 γ_{RE} 的意义是什么?

12-18 砌体结构房屋有哪些震害?

12-19 多层砌体结构房屋抗震概念设计有哪些主要内容?

12-20 为什么对砌体结构房屋抗震横墙间距及房屋总高度加以限制?

12-21 钢筋混凝土构造柱有哪些作用?其截面尺寸和配筋有哪些要求?

12-22 钢筋混凝土圈梁在砌体结构抗震中可以发挥哪些作用?如何设置?

12-23 多层砌体结构房屋水平地震作用如何计算？

12-24 砌体抗震抗剪强度设计值 f_{VE} 是如何确定的？

12-25 多层钢筋混凝土框架结构房屋的震害主要表现在哪些方面？

12-26 多层钢筋混凝土结构的抗震等级是根据什么划分的？

12-27 结构抗震缝的宽度是如何确定的？

12-28 何谓"强柱弱梁"、"强剪弱弯"、"强节点、强锚固"的设计原则？在设计中如何体现上述原则？

12-29 什么是柱的轴压比？为什么要控制轴压比？

12-30 梁端截面的纵向钢筋配置有何要求？梁端箍筋加密区如何设计？

12-31 框架柱截面的纵向钢筋配置有何要求？柱端箍筋加密区如何设计？

12-32 梁柱端钢筋在节点如何锚固？

习题

选择题

12-33 地震发生时地震波的发源点称为( )。
A. 震中　　　　　　B. 震源　　　　　　C. 震中区　　　　　　D. 发展区

12-34 以下关于地震震级和地震烈度的叙述，哪个是错误的？( )
A. 一次地震的震级用基本烈度表示
B. 地震烈度表示一次地震对多个不同地区的地表和各类建筑物影响的强弱程度
C. 里氏震级表示一次地震释放能量的大小
D. 1976 年我国唐山大地震为里氏 7.8 级，震中烈度为 11 度

12-35 《建筑抗震设计规范》规定，建筑应根据其重要性分为甲、乙、丙、丁四类。一栋 22 层的普通高层住宅应属于哪一类？( )
A. 甲类　　　　　　B. 乙类　　　　　　C. 丙类　　　　　　D. 丁类

12-36 《建筑抗震设计规范》的适用范围是( )。
A. 抗震设防烈度为 6~9 度地区的建筑抗震设计
B. 抗震设防烈度为 7~9 度地区的建筑抗震设计
C. 抗震设防震级为 6~9 级地区的建筑抗震设计
D. 抗震设防震级为 7~9 级地区的建筑抗震设计

12-37 按《建筑抗震设计规范》设计的建筑，当遭受低于本地区设防烈度的多遇地震影响时，建筑物应处于下列何种状态？( )
A. 一般不受损坏或不需修理仍可继续使用
B. 可能损坏，但不需修理仍可继续使用
C. 可能损坏，经一般修理仍可继续使用
D. 可能有严重损坏，但经修理仍可继续使用

12-38 抗震规范限制了多层砌体房屋总高度与总宽度的最大比值，这是为了( )。
A. 避免内部非结构构件过早破坏
B. 保证装修不会损坏

C. 保证房屋在地震作用下的稳定性

D. 限制房屋在地震作用下产生过大的侧向位移

12-39 作抗震变形验算时,下列何种结构的层间弹性位移角限值最大?(　　)

A. 框架结构　　　　　　　　　　B. 框架-抗震墙结构

C. 抗震墙结构　　　　　　　　　D. 筒中筒结构

12-40 两幢完全相同的现浇钢筋混凝土结构房屋,均按8度抗震设防,一幢建于Ⅱ类场地上,另一幢建于Ⅳ类场地上,该两幢建筑的结构抗震等级(　　)。

A. 位于Ⅱ类场地的高　　　　　　B. 结构抗震等级相同

C. 位于Ⅳ类场地的高　　　　　　D. 不能作比较

12-41 《建筑抗震设计规范》规定,对于黏土砖砌体承重的房屋,当设防烈度为7度时,房屋总高度的限值为(　　)。

A. 27 m　　　　B. 24 m　　　　C. 21 m　　　　D. 18 m

12-42 有抗震要求的砌体房屋,其混凝土构造柱的施工中,下列哪个是正确的?(　　)

A. 应先砌墙后浇混凝土柱

B. 应先浇混凝土柱后砌墙

C. 如混凝土柱留出马牙槎则可先浇柱后砌墙

D. 如混凝土柱留出马牙槎并预埋拉结钢筋则可先浇注,后砌墙

12-43 在地震区,下列各类结构中哪类结构可以建造的高度相对最高?(　　)

A. 黏土砖砌体房屋　　　　　　　B. 混凝土小砌块房屋

C. 混凝土中砌块房屋　　　　　　D. 粉煤灰中砌块房屋

12-44 《建筑抗震设计规范》规定了钢筋混凝土房屋抗震墙之间无大洞口的楼、屋盖的长宽比,是因为下列何种原因?(　　)

A. 使楼、屋盖具有传递水平地震作用力的足够刚度

B. 使楼、屋盖具有传递水平地震作用力的足够强度

C. 使抗震墙具有承受水平地震作用力的足够刚度

D. 使抗震墙具有承受水平地震作用力的足够强度

12-45 对于有抗震要求的框架结构填充墙,下列要求中哪一项是不正确的?(　　)

A. 砌体填充墙在平面和竖向的布置,宜均匀对称

B. 砌体填充墙应与框架柱用钢筋拉结

C. 宜采用与框架柔性连接的墙板

D. 宜采用与框架刚性连接的墙板

12-46 有抗震设防要求并对建筑装修要求较高的房屋和高层建筑,应优先采用下列何种结构?(　　)

Ⅰ. 框架结构　　　　Ⅱ. 框架-抗震墙结构　　　　Ⅲ. 抗震墙结构

A. Ⅰ　　　　B. Ⅰ或Ⅱ　　　　C. Ⅱ或Ⅲ　　　　D. Ⅲ

12-47 有抗震要求时,当砌体填充墙长度大于多少时,墙顶宜与梁有拉结措施?(　　)

A. 3 m　　　　B. 4 m　　　　C. 5 m　　　　D. 6 m

12-48 抗震墙的两端有翼墙或端柱时,其墙板厚度,对于一级抗震墙,除不应小于层高的1/20外,还不应小于多少?(　　)

A. 120 mm　　　　B. 160 mm　　　　C. 200 mm　　　　D. 250 mm

12-49 在地震区,用未经焙烧的土坯做承重墙体的房屋,当设防烈度为7度时,最多宜建几层?( )
A. 不允许　　　　　　　　　　　　　　B. 单层
C. 二层　　　　　　　　　　　　　　　D. 二层,但总高度不应超过6 m

12-50 设防烈度为6度时的毛料石砌体房屋总高度和层数不宜超过多少?( )
A. 7 m、二层　　　B. 10 m、三层　　　C. 13 m、四层　　　D. 16 m、五层

12-51 《高层建筑混凝土结构技术规程》(JGJ3-2010)规定,抗震设防烈度为8度时,高层剪力墙结构房屋的高宽比不宜超过多少?( )
A. 4　　　　　　　B. 5　　　　　　　C. 6　　　　　　　D. 7

计算题

12-52 单质点体系,质点重量 $G=300$ kN,侧移刚度 $k=3.36\times10^3$ kN/m,结构位于2类场地,设计地震分组为第二组,设防烈度为7度,计算结构在多遇地震作用下地震作用标准值。

12-53 某二层钢筋混凝土框架结构,集中于第一、第二楼面标高处的重力荷载代表值分别为 $G_1=2\,575$ kN,$G_2=2\,048$ kN。所在地区抗震设防烈度为8度,设计地震分组为第一组,建造于Ⅱ类场地上。已知结构的阻尼比为0.05,主振型和自振周期分别为

$$\{X\}_1=\begin{Bmatrix}X_{11}\\X_{21}\end{Bmatrix}=\begin{Bmatrix}0.796\\1.000\end{Bmatrix}\quad \{X\}_2=\begin{Bmatrix}X_{12}\\X_{22}\end{Bmatrix}=\begin{Bmatrix}-1.000\\1.000\end{Bmatrix}$$

$T_1=0.641$ s　　　　$T_2=0.204$ s

要求:用振型分解反应谱法计算结构在多遇地震作用下各层的层间地震剪力 V_i。

12-54 三层框架结构,各层重力荷载代表值 $G_1=2\,700$ kN、$G_2=2\,700$ kN、$G_3=1\,800$ kN,刚度 $K_1=245\,000$ kN/m、$K_2=195\,000$ kN/m、$K_3=98\,000$ kN/m,层高 $H_1=3.5$ m、$H_2=3.5$ m、$H_3=3.5$ m,建筑场地为二类,抗震设防烈度为8度,设计地震分组为第二组,试求结构的基本自振周期并用底部剪力法求结构在多遇地震作用下各层的水平地震作用(结构阻尼比为0.05)。

13 梁板结构

13.1 概述

13-1: PPT
梁板概念

梁板结构是土木工程中常见的结构形式,广泛应用于楼(屋)盖、楼梯、阳台、雨篷、地下室底板和挡土墙等(图 13-1-1)建筑结构中,还用于桥梁的桥面结构,特种结构中水池的顶盖、池壁和底板等。楼盖是建筑结构中的重要组成部分,混凝土楼盖在整个房屋的材料用量和造价方面所占的比例是相当大的,因此合理选择楼盖的形式,正确地进行设计计算,将对整个房屋的使用和技术经济指标具有一定的影响。本章着重讲述建筑结构中的楼(屋)盖设计。

13.1.1 楼盖类型

1. 按施工方法分

混凝土楼盖按施工方法可分为现浇式、装配式和装配整体式楼盖。

① 现浇式楼盖分为实心和空心两种,现浇式楼盖整体性好、刚度大、防水性好、抗震性强,并能适应于房间的平面形状、设备管道、荷载或施工条件比较特殊的情况。其缺点是费工、费模板、工期长、施工受季节的限制,故现浇式楼盖通常用于建筑平面布置不规则的局部楼面或在运输吊装设备不足的情况。

现浇混凝土空心楼盖是用轻质材料以一定规则排列并替代实心楼盖一部分混凝土,使之形成空腔与暗肋,空间蜂窝状受力结构是空心楼盖技术中的一种。现浇混凝土空心楼盖技术减轻了楼盖自重,又保持了楼盖的大部分刚度与强度,是我国建筑结构领域的一项重大创新,是一种性能价格比较优越的高技术水平的建筑结构体系,具有巨大的社会经济价值。

② 装配式楼盖,即楼板采用混凝土预制构件,便于工业化生产,在多层民用建筑和多层工业厂房中得到广泛应用。但是,这种楼面由于整体性、防水性和抗震性较差,不便于开设孔洞,故对于高层建筑、有抗震设防要求的建筑以及使用上要求防水和开设孔洞的楼面,均不宜采用。

③ 装配整体式楼盖,其整体性较装配式的好,又较现浇式的节省模板和支撑。但这种楼盖需要进行混凝土的二次浇筑,有时还须增加焊接工作量,故给施工进度和造价都带来一

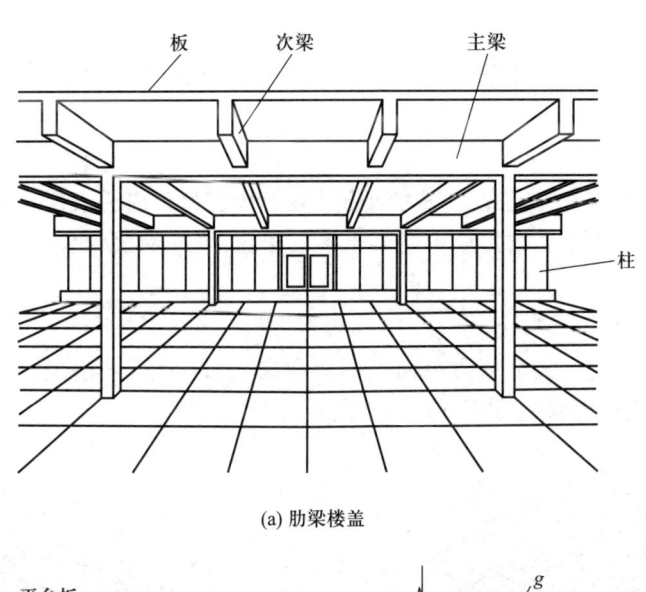

(a) 肋梁楼盖

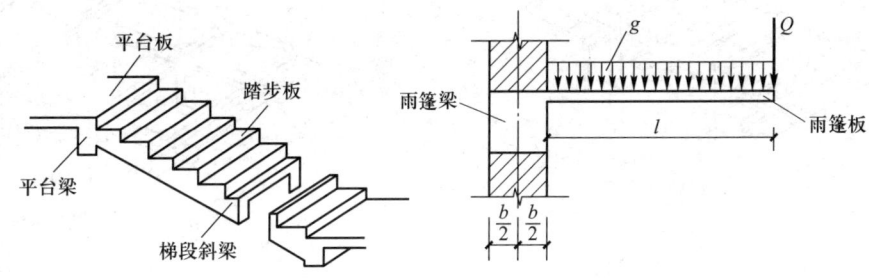

(b) 梁式楼梯　　　　　　　　(c) 雨篷

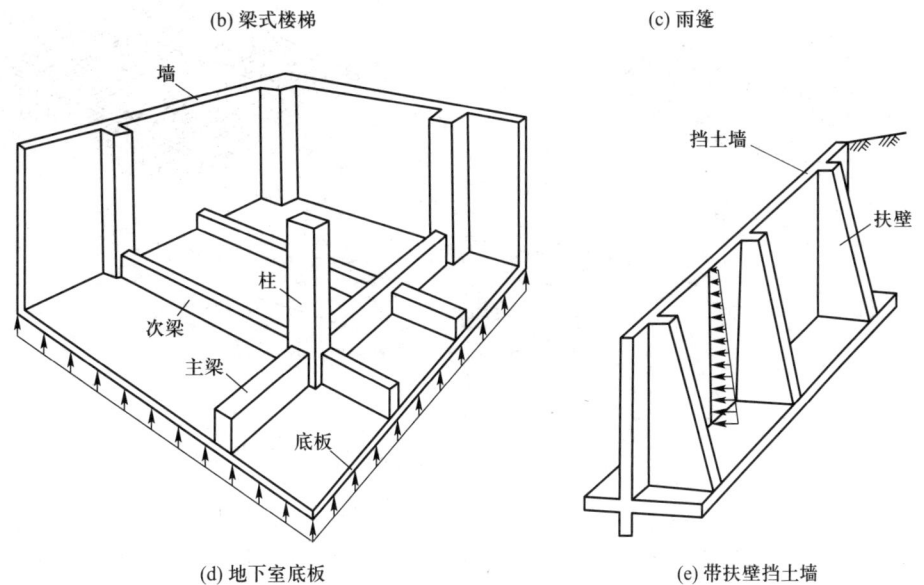

(d) 地下室底板　　　　　(e) 带扶壁挡土墙

图 13-1-1　梁板结构

些不利影响。因此,这种楼盖仅适用于荷载较大的多层工业厂房、高层民用建筑及有抗震设防要求的建筑。采用装配式楼盖可以克服现浇楼盖的缺点,而装配整体式楼盖则兼具现浇式楼盖和装配式楼盖的优点。

2. 按预加应力分

混凝土楼盖按预加应力情况可分为钢筋混凝土楼盖和预应力混凝土楼盖。预应力混凝土楼盖用得最普遍的是无黏结预应力混凝土平板楼盖,当柱网尺寸较大时,它可有效减小板厚,降低建筑层高。

3. 按结构形式分

混凝土楼盖按结构形式可分为单向板肋梁楼盖、双向板肋梁楼盖、井式楼盖、密肋楼盖和无梁楼盖(又称板柱楼盖),如图 13-1-2 所示。

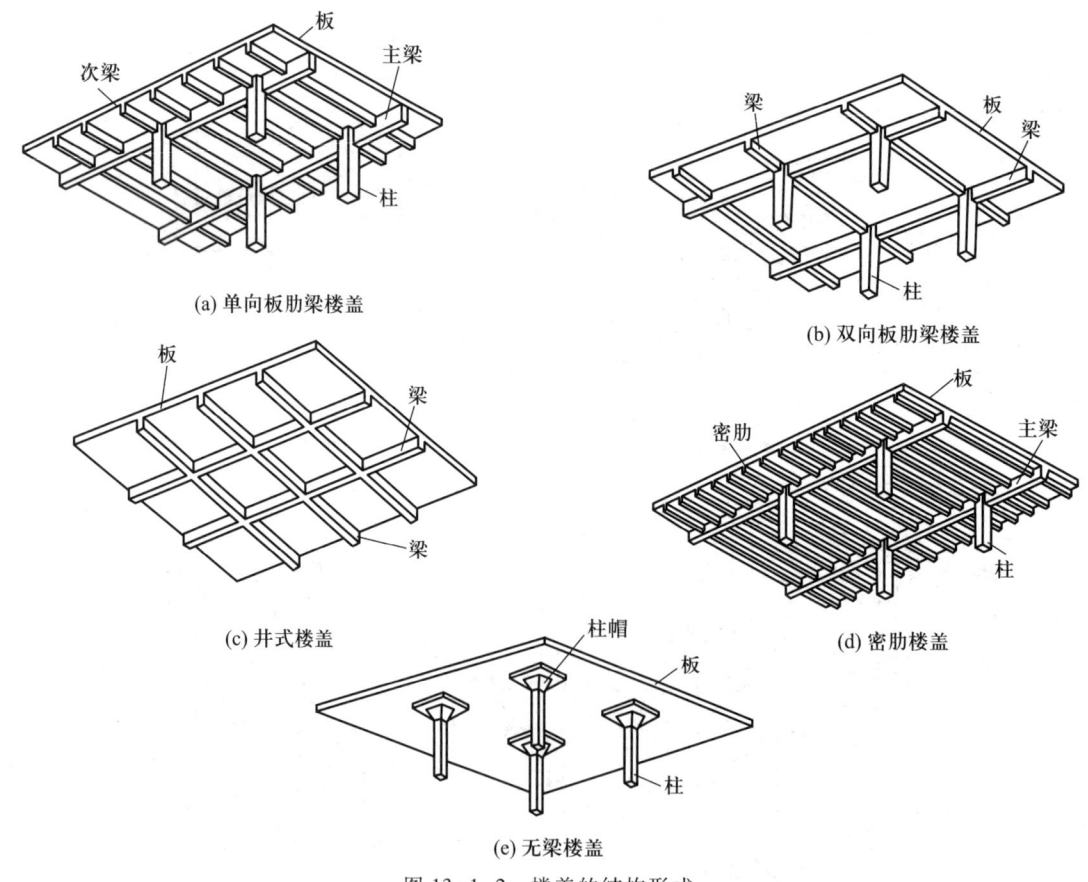

图 13-1-2 楼盖的结构形式

① 肋梁楼盖:如图 13-1-2a、b 所示,一般由板、次梁和主梁组成。其主要传力途径为板→次梁→主梁→柱或墙→基础→地基。肋梁楼盖的特点是用钢量较低,楼板上留洞方便,但支模较复杂。肋梁楼盖是现浇楼盖中使用最普遍的一种。

② 井式楼盖:如图 13-1-2c 所示,两个方向的柱网及梁的截面相同,由于是两个方向受

力,梁的高度比肋梁楼盖小,故宜用于跨度较大且柱网呈方形的结构。

③ 密肋楼盖:如图 13-1-2d 所示,由于梁肋的间距小,板厚很小,梁高也较肋梁楼盖小,结构自重较轻。双向密肋楼盖近年来采用预制塑料模壳克服了支模复杂的缺点而应用增多。

④ 无梁楼盖:如图 13-1-2e 所示,板直接支承于柱上,其传力途径是荷载由板传至柱或墙。无梁楼盖的结构高度小,净空大,支模简单,但用钢量较大,常用于仓库、商店等柱网布置接近方形的建筑。当柱网较小时(3~4 m),柱顶可不设柱帽;当柱网较大(6~8 m)且荷载较大时,柱顶设柱帽以提高板的抗冲切能力。

在具体的实际工程中究竟采用何种楼盖形式,应根据房屋的性质、用途、平面尺寸、荷载大小、采光以及技术经济等因素进行综合考虑。

13.1.2 单向板和双向板

肋梁楼盖中每一区格的板一般在四边都有梁或墙支承,形成四边支承板,荷载将通过板的双向受弯作用传到四边支承的构件(梁或墙)上,荷载向两个方向传递的多少,将随着板区格的长边与短边长度的比值而变化。

根据板的支承形式及在长、短两个长度上的比值,板可以分为单向板和双向板两个类型,其受力性能及配筋构造都各有其特点。

在荷载作用下,只在一个方向弯曲或者主要在一个方向弯曲的板,称为单向板;在荷载作用下,在两个方向弯曲,且不能忽略任一方向弯曲的板,称为双向板。为方便设计,混凝土板应按下列原则进行计算。

(1) 两对边支承的板应按单向板计算;
(2) 四边支承的板应按下列规定计算:
① 当长边与短边长度之比大于或等于 3 时,可按沿短边方向受力的单向板计算,并沿长边方向布置构造钢筋;
② 当长边与短边长度之比小于或等于 2 时,应按双向板计算;
③ 当长边与短边长度之比介于 2 和 3 之间时,宜按双向板计算。

13.2 现浇单向板肋梁楼盖

单向板肋梁楼盖的设计步骤为
① 结构平面布置,并对梁板进行分类编号,初步确定板厚和主、次梁的截面尺寸;
② 确定板和主、次梁的计算简图;
③ 梁、板的内力计算及内力组合;
④ 截面配筋计算及构造措施;
⑤ 绘制施工图。

13-2:PPT 整体式单向板楼盖

13.2.1 结构平面布置

在肋梁楼盖中,结构布置包括柱网、承重墙、梁格和板的布置。单向板肋梁楼盖中次梁的间距决定了板的跨度,主梁的间距决定了次梁的跨度,柱距则决定了主梁的跨度。进行结构平面布置时,应综合考虑建筑功能、造价及施工条件等,合理确定梁的平面布置。根据工程实践经验,单向板、次梁和主梁的常用跨度为:

单向板:1.7~2.5 m,荷载较大时取较小值,一般不宜超过 3 m;

次梁:4~6 m;

主梁:5~8 m。

1. 单向板肋梁楼盖结构平面布置。

通常有以下三种方案,如图 13-2-1 所示。

(1) 主梁横向布置,次梁纵向布置。

如图 13-2-1a 所示,其优点是主梁和柱可形成横向框架,房屋的横向刚度大,而各榀横向框架之间由纵向次梁相连,故房屋的纵向刚度亦大,整体性较好。此外,由于主梁与外纵墙垂直,在外纵墙上可开较大的窗口,对室内采光有利。

(2) 主梁纵向布置,次梁横向布置。

如图 13-2-1b 所示,这种布置适用于横向柱距比纵向柱距大得多的情况。它的优点是减小了主梁的截面高度,增大了室内净高。

(3) 只布置次梁,不设主梁。

如图 13-2-1c 所示,它仅适用于有中间走道的楼盖。

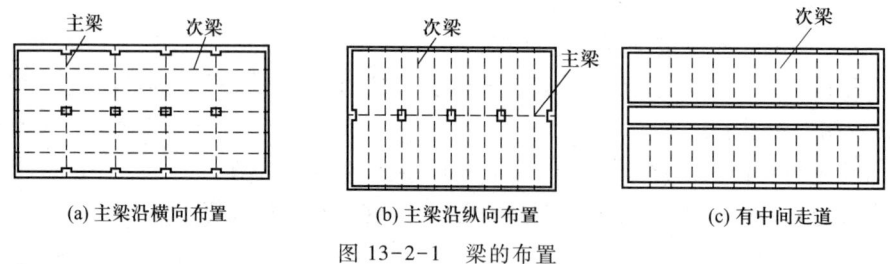

(a) 主梁沿横向布置　　　　(b) 主梁沿纵向布置　　　　(c) 有中间走道

图 13-2-1　梁的布置

2. 进行楼盖的结构平面布置时,应注意以下问题。

① 受力合理:荷载传递要简洁,梁宜拉通;主梁跨间最好不要只布置 1 根次梁,以减小主梁跨间弯矩的不均匀;尽量避免把梁,特别是主梁搁置在门、窗过梁上;在楼、屋面上有机器设备、冷却塔、悬挂装置等荷载比较大的地方,宜设次梁;楼板上开有较大尺寸(大于 800 mm)的洞口时,应在洞口周边设置加劲的小梁。

② 满足建筑要求:不封闭的阳台、厨房和卫生间的楼板标高宜低于其他部位 30~50 mm(目前,有室内地面装修的,也常做平);当不做吊顶时,一个房间平面内不宜只放 1 根梁。

③ 方便施工:梁的截面种类不宜过多,梁的布置尽可能规则,梁截面尺寸应考虑设置模板的方便,特别是采用钢模板时。

13.2.2 计算简图

结构构件的计算简图包括计算模型和计算荷载两个方面。

1. 计算模型及简化假定

（1）计算模型

在现浇单向板肋梁楼盖中，板、次梁和主梁的计算模型一般为连续板或连续梁。其中，板一般可视为以次梁和边墙（或梁）为铰支承的多跨连续板；次梁一般可视为以主梁和边墙（或梁）为铰支承的多跨连续梁；对于支承在混凝土柱上的主梁，其计算模型应根据梁柱线刚度比而定。当主梁与柱的线刚度比大于等于 5 时，主梁可视为以柱和边墙（或梁）为铰支承的多跨连续梁，否则应按梁、柱刚接的框架模型（框架梁）计算主梁。

（2）简化假定

① 支座可以自由转动，但没有竖向位移；

② 在确定板传给次梁的荷载以及次梁传给主梁的荷载时，分别忽略板、次梁的连续性，按简支构件计算竖向反力；

③ 跨数超过五跨的连续梁、板，当各跨荷载相同，且跨度相差不超过 10% 时，可按如图 13-2-2 所示的五跨等跨连续梁、板计算；当连续梁、板跨数小于等于五跨时，应按实际跨数计算。

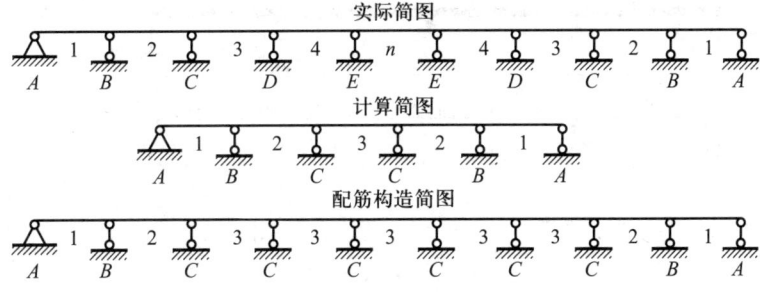

图 13-2-2 五跨以上的连续梁、板计算及配筋构造简图

2. 计算单元

结构内力分析时，为减少计算工作量，一般不是对整个结构进行分析，而是从实际结构中选取有代表性的一部分作为计算的对象，称为计算单元。

对于单向板，可取 1 m 宽度的板带作为其计算单元，在此范围内，如图 13-2-3a 所示中用阴影线表示的楼面均布荷载便是该板带承受的荷载，此负荷范围称为从属面积，即计算构件负荷的楼面面积。

楼盖中部主、次梁截面形状都是两侧带翼缘（板）的 T 形截面，楼盖周边处的主、次梁则是一侧带翼缘的。每侧翼缘板的计算宽度取与相邻梁中心距的一半。次梁承受板传来的均布线荷载，主梁承受次梁传来的集中荷载，由上述假定②可知，一根次梁的负荷范围以及次梁传给主梁的集中荷载范围如图 13-2-3a 所示。

由于主梁的自重所占比例不大,为了计算方便,可将其换算成集中荷载加到次梁传来的集中荷载内。所以从承受荷载的角度看,板和次梁主要承受均布线荷载,主梁主要承受集中荷载。

单向板、次梁及主梁的计算简图如图 13-2-3b、图 13-2-3c 及图 13-2-3d 所示。

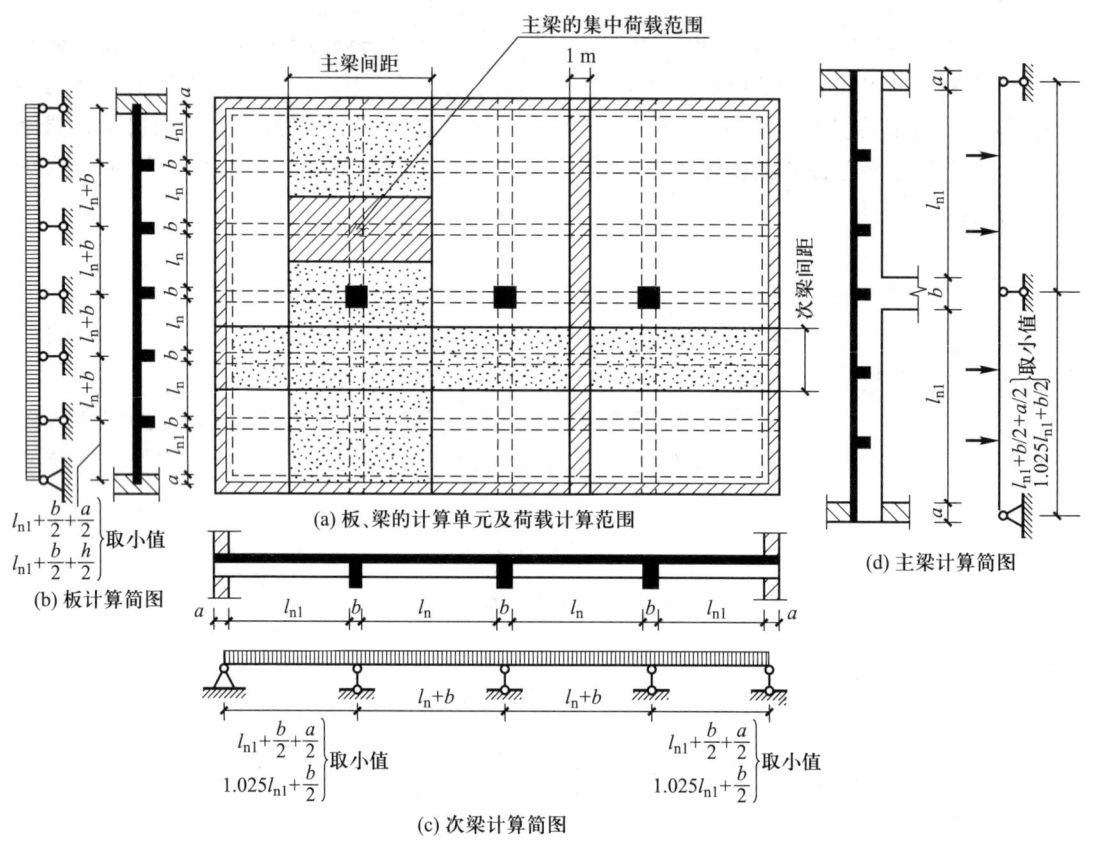

图 13-2-3 单向板肋梁楼盖的计算简图

3. 计算跨度

梁、板的计算跨度是指在计算弯矩时所采用的跨间长度。从理论上讲,某一跨的计算跨度应取该跨两端支座处转动点之间的距离。

① 当按弹性理论计算时,计算跨度一般取两支座反力之间的距离,即中间各跨取支承中心线之间的距离;考虑端支座约束情况的差别,边跨与中间跨的取值方法略有不同。如图 13-2-4 所示。

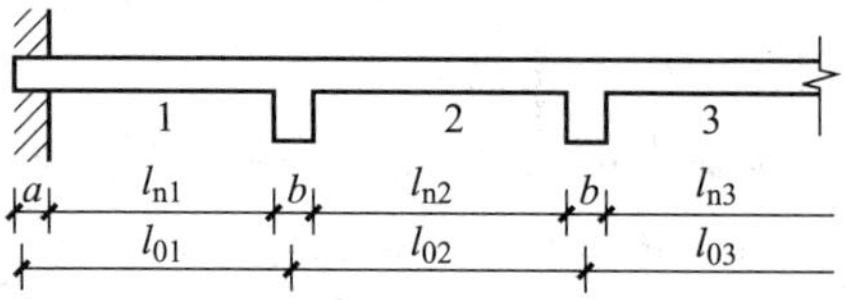

a. 当板、梁边跨端部搁置在支承构件上

中间跨: $l_0 = l_n + b$ (板和梁) (13-2-1)

图 13-2-4 按弹性理论计算的计算跨度

边跨：
$$l_{01} = \min\left(l_{n1} + \frac{b}{2} + \frac{a}{2}, l_{n1} + \frac{b}{2} + \frac{h}{2}\right) \quad (板) \quad (13-2-2)$$

$$l_{01} = \min\left(l_{n1} + \frac{b}{2} + \frac{a}{2}, 1.025 l_{n1} + \frac{b}{2}\right) \quad (梁) \quad (13-2-3)$$

b. 当板、梁边跨端部与支承构件整浇时

中间跨：
$$l_0 = l_n + b \quad (板和梁) \quad (13-2-4)$$

边跨：
$$l_{01} = l_{n1} + \frac{b}{2} + \frac{a}{2} \quad (板和梁) \quad (13-2-5)$$

式中 l_n、l_{n1}——板、梁中间跨的净跨长、边跨的净跨长；

a——板、梁端部支承长度；

b——中间支座或第一内支座的宽度；

h——板厚。

② 当按塑性理论计算时，板或梁的计算跨度由塑性铰的位置确定，如图 13-2-5 所示。

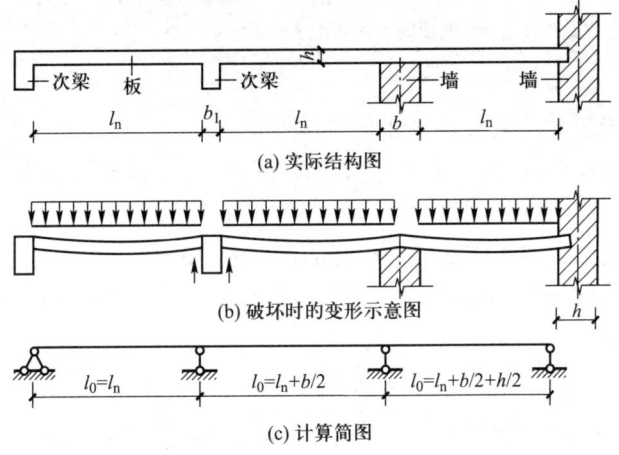

图 13-2-5 按塑性理论计算的计算跨度

梁、板计算跨度的取值方法见表 13-2-1。

表 13-2-1 梁、板的计算跨度

按弹性理论计算	单跨	两端搁置	$l_0 = \min(l_n + a, l_n + h)$ （板） $l_0 = \min(l_n + a, 1.05 l_n)$ （梁）
		一端搁置、一端与支承构件整浇	$l_0 = \min(l_n + a/2, l_n + h/2)$ （板） $l_0 = \min(l_n + a/2 + b/2, 1.025 l_n + b/2)$ （梁）
		两端与支承构件整浇	$l_0 = l_n$ （板） $l_0 = l_c$ （梁）

13.2 现浇单向板肋梁楼盖 · 361 ·

续表

按弹性理论计算	多跨	两端搁置	$l_0 = \min(l_n+a, l_n+h)$ （板） $l_0 = \min(l_n+a, 1.05l_n)$ （梁）
		一端搁置、一端与支承构件整浇	$l_0 = \min(l_n+b/2+a/2, l_n+b/2+h/2)$ （板） $l_0 = \min(l_n+b/2+a/2, 1.025l_n+b/2)$ （梁）
		两端与支承构件整浇	$l_0 = l_c$ （板和梁）
按塑性理论计算	多跨	两端搁置	$l_0 = \min(l_n+a, l_n+h)$ （板） $l_0 = \min(l_n+a, 1.05l_n)$ （梁）
		一端搁置、一端与支承构件整浇	$l_0 = \min(l_n+a/2, l_n+h/2)$ （板） $l_0 = \min(l_n+a/2, 1.025l_n)$ （梁）
		两端与支承构件整浇	$l_0 = l_n$ （板和梁）

注：l_0——板、梁的计算跨度；l_c——支座中心线间距离；l_n——板、梁的净跨；h——板厚；a——板、梁端搁置的支承长度；b——中间支座宽度或与构件整浇的端支承长度。

4. 荷载取值

（1）楼盖上的荷载有永久荷载和可变荷载两类。

永久荷载包括结构自重、构造层重和固定设备等。可变荷载包括人群、堆料和临时设备等，对于屋盖还有雪荷载和积灰荷载等。

（2）承载能力极限状态的荷载效应组合的设计值 S_d

对于承载能力极限状态，结构构件应按荷载效应的基本组合或偶然组合，并应采用下列设计表达式进行设计：

$$\gamma_0 S_d \leq R_d \tag{13-2-6}$$

$$R_d = R_d(f_c, f_s, a_k \cdots)/\gamma_{Rd} = R_d(\cdot)/\gamma_{Rd} \tag{13-2-7}$$

式中　γ_0——结构重要性系数，应按各有关建筑结构设计规范的规定采用；

　　　S_d——荷载组合的效应设计值；

　　　R_d——结构构件抗力的设计值，应按各有关建筑结构设计规范的规定确定。

　　　$(\cdot)$——$R_d(f_c, f_s, a_k \cdots)$的括号内的参数：$f_c, f_s, a_k$ 等。

对于基本组合，荷载效应组合的设计值 S_d 应从下列组合值中取最不利值确定：

① 由可变荷载效应控制的组合：

$$S_d = \sum_{j=1}^{m} \gamma_{Gj} S_{Gjk} + \gamma_{Q1} \gamma_{L1} S_{Q1k} + \sum_{i=2}^{n} \gamma_{Qi} \gamma_{Li} \psi_{ci} S_{Qik} \tag{13-2-8}$$

式中　ψ_{ci}——第 i 个可变荷载的组合值系数，其值不应大于 1.0；

　　　γ_{Gj}——第 j 个永久作用的分项系数；

　　　S_{Gjk}——第 j 个永久荷载作用标准值的效应；

　　　S_{Q1k}——第 1 个可变作用（主导可变作用）标准值的效应；

S_{Qik}——第 i 个可变作用标准值的效应；

γ_{Qi}——第 i 个可变作用的分项系数；

γ_{Q1}——第 1 个可变作用(主导可变作用)的分项系数；

γ_{L1}、γ_{Li}——第 1 个和第 i 个关于结构设计使用年限的荷载调整系数。

② 由永久荷载效应控制的组合：

$$S_d = \sum_{j=1}^{m} \gamma_{Gj} S_{Gjk} + \sum_{i=1}^{n} \gamma_{Qi} \gamma_{Li} \psi_{ci} S_{Qik} \tag{13-2-9}$$

基本组合的荷载分项系数，应按下列规定采用：

永久荷载的分项系数 γ_{Gj}：

a. 当其效应对结构不利时，对由可变荷载效应控制的组合应取 1.2；对由永久荷载效应控制的组合应取 1.35；

b. 当其效应对结构有利时，不应大于 1.0。

可变荷载的分项系数 γ_{Qi}：

一般情况下应取 1.4；对标准值大于 4 kN/m² 的工业房屋楼面结构的可变荷载应取 1.3。

（3）折算荷载

上述将与板(或梁)整体联结的支承视为铰支座的假定，对于等跨连续板(或梁)，当荷载沿各跨均为满布时(如只有永久荷载)，是可行的。因为此时板或梁在中间支座发生的转角很小($\theta \approx 0$)，按铰支简图计算与实际情况相差很小。但是，当可变荷载隔跨布置时，情况则不相同。现以支承在次梁上的连续板为例来说明。如图 13-2-6a 所示的连续板，当按铰支简图计算时，板绕支座的转角 θ 值较大。实际上，由于板与次梁整浇在一起，当板受荷载弯曲在支座发生转动时，将带动次梁一起转动。同时，次梁具有一定的抗扭刚度，且两端又受主梁约束，将阻止板自由转动，使板在支承处的转角由铰支承时的 θ 减小为 θ'，如图 13-2-6b，使板的跨内弯矩有所降低，支座负弯矩相应地有所增加，但不会超过两相邻跨满布可变荷载时的支座负弯矩。类似的情况也发生在次梁与主梁之间。为了使板、次梁的内力计算值更接近于实际，可以进行适当的调整。考虑到板、次梁在支承处的转动主要是由可变荷载的不利布置产生的，因此比较简便的修正方法是在保持总荷载不变的条件下，增大永久荷载，减小可变荷载，即在计算板和次梁的内力时，采用折算荷载。如图 13-2-6c 所示，由于次梁仅一侧板上有可变荷载而产生的板的支座转角 θ 减小到 θ'，相当于考虑次梁抗扭刚度的影响。

连续板 $\qquad\qquad\qquad g' = g + \dfrac{q}{2}; q' = \dfrac{q}{2} \qquad\qquad (13\text{-}2\text{-}10)$

连续次梁 $\qquad\qquad g' = g + \dfrac{q}{4}; q' = \dfrac{3q}{4} \qquad\qquad (13\text{-}2\text{-}11)$

式中 g、q——永久荷载、可变荷载设计值；

g'、q'——折算永久荷载、折算可变荷载设计值。

当板或梁搁置在砌体或钢结构上时，则荷载不作调整。

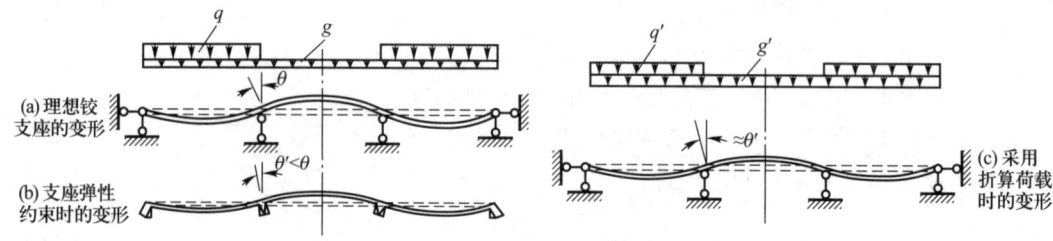

图 13-2-6 梁抗扭刚度的影响

13.2.3 连续梁、板按弹性理论方法的内力计算

1. 可变荷载的最不利布置

楼盖所受荷载包括永久荷载和可变荷载两部分,其中可变荷载的位置是可以变化的。

对于单跨梁,当全部永久荷载和可变荷载同时作用时将产生最大内力;但对于多跨连续梁的某一指定截面,当所有荷载同时布满梁上各跨时引起的内力未必为最大。欲使设计的连续梁在各种可能的荷载布置下都能可靠使用,就必须求出在各截面上可能产生的最不利内力,即必须考虑可变荷载的最不利布置。

图 13-2-7 为五跨连续梁在不同跨间布置荷载时梁的弯矩图和剪力图,从中可以看出内力变化规律。例如当可变荷载作用在某跨时,该跨跨中为正弯矩,邻跨跨中为负弯矩,然后正负弯矩相间。分析其变化规律和不同组合后的效果,可以得出连续梁各截面可变荷载最不利布置的原则:

① 求某跨跨内最大正弯矩时,应在本跨布置可变荷载,然后隔跨布置;

② 求某跨跨内最大负弯矩时,本跨不布置可变荷载,而在其左右邻跨布置,然后隔跨布置;

③ 求某支座最大负弯矩或支座左、右截面最大剪力时,应在该支座左右两跨布置可变荷载,然后隔跨布置。

以五跨连续梁为例,说明该连续梁可变荷载最不利布置方式的种类,如图 13-2-8 所示。

情况 1:$g+q(1,3,5)$——产生 M_{1max}、M_{3max}、M_{5max}、M_{2min}、M_{4min}、V_{ARmax}、V_{FLmax};

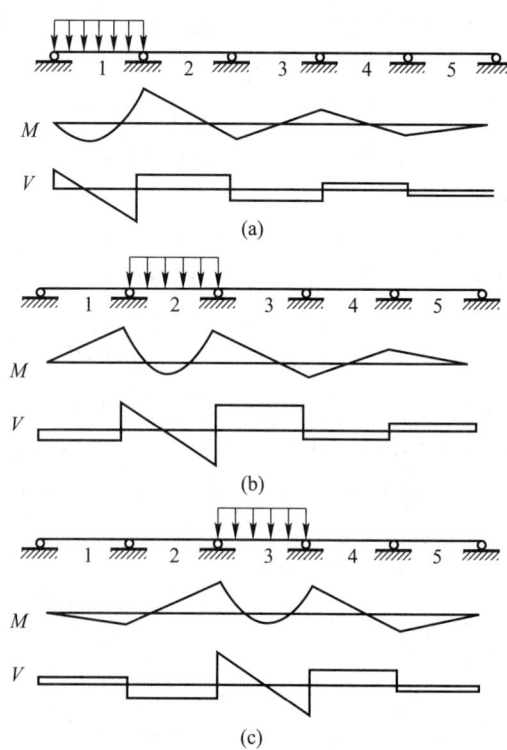

图 13-2-7 荷载不同布置时连续梁的内力图

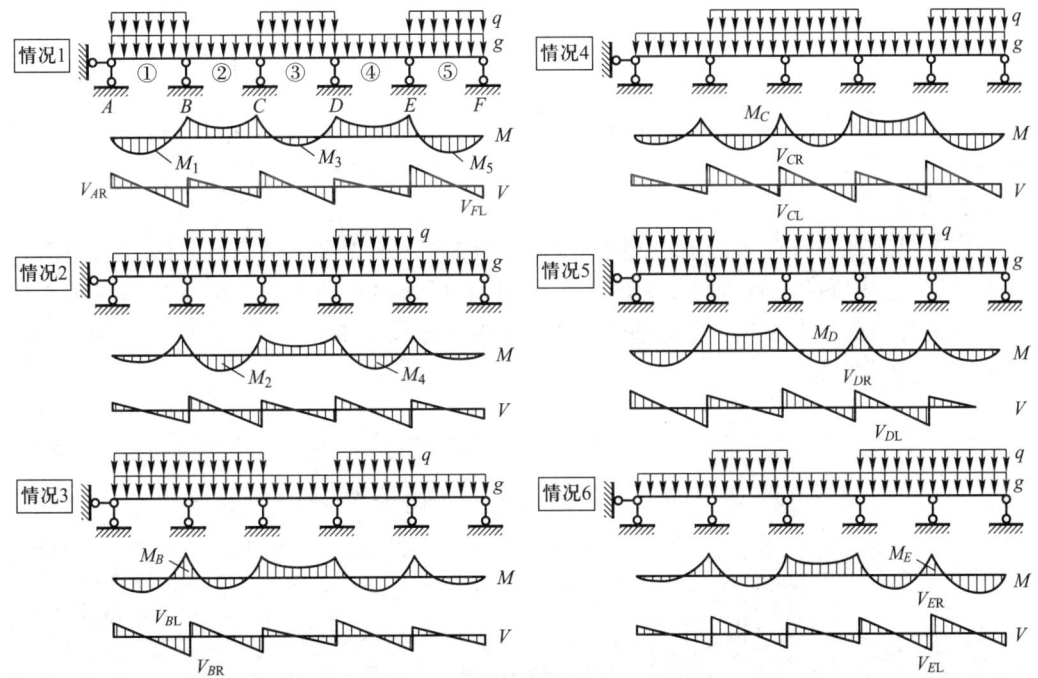

图 13-2-8 五跨连续梁六种荷载的最不利组合及内力图

情况 2：$g+q(2,4)$——产生 M_{2max}、M_{4max}、M_{1min}、M_{3min}、M_{5min}；

情况 3：$g+q(1,2,4)$——产生 M_{Bmax}、V_{BLmax}、V_{BRmax}；

情况 4：$g+q(2,3,5)$——产生 M_{Cmax}、V_{CLmax}、V_{CRmax}；

情况 5：$g+q(1,3,4)$——产生 M_{Dmax}、V_{DLmax}、V_{DRmax}；

情况 6：$g+q(2,4,5)$——产生 M_{Emax}、V_{ELmax}、V_{ERmax}。

2. 荷载的最不利组合及内力计算

根据以上原则可以确定可变荷载最不利布置的各种情况，它们分别与永久荷载组合在一起，就得到荷载的最不利组合，即可按力学的方法进行内力计算。对于等跨连续梁、板，查出相应的弯矩、剪力系数，利用下列公式计算跨内或支座截面的最大内力。

① 在均布及三角形荷载作用下：

$$M = k_1 g l^2 + k_2 q l^2 \qquad (13\text{-}2\text{-}12)$$

$$V = k_3 g l + k_4 q l \qquad (13\text{-}2\text{-}13)$$

② 在集中荷载作用下：

$$M = k_5 G l + k_6 Q l \qquad (13\text{-}2\text{-}14)$$

$$V = k_7 G + k_8 Q \qquad (13\text{-}2\text{-}15)$$

式中　g、q——均布永久荷载设计值、均布可变荷载设计值；

　　　G、Q——集中永久荷载设计值、集中可变荷载设计值；

　　　l——计算跨度；

k_1、k_2、k_5、k_6——附表 25-1~附表 25-4 中相应栏中的弯矩系数；

k_3、k_4、k_7、k_8——附表 25-1~附表 25-4 中相应栏中的剪力系数。

对于跨度相对差值小于 10% 的不等跨连续梁、板,其内力也可近似按等跨度结构进行分析。计算跨内截面弯矩时,采用各自跨的计算跨度;而计算支座截面弯矩时,采用相邻两跨计算跨度的平均值。

3. 内力包络图

将同一结构在各种荷载的最不利组合作用下的内力图(弯矩图或剪力图)叠画在同一张图上,其外包线所形成的图形称为内力包络图,它反映出各截面可能产生的最大内力值,是设计时选择截面和布置钢筋的依据。图 13-2-9 为承受均布荷载的五跨连续梁的弯矩包络图和剪力包络图。

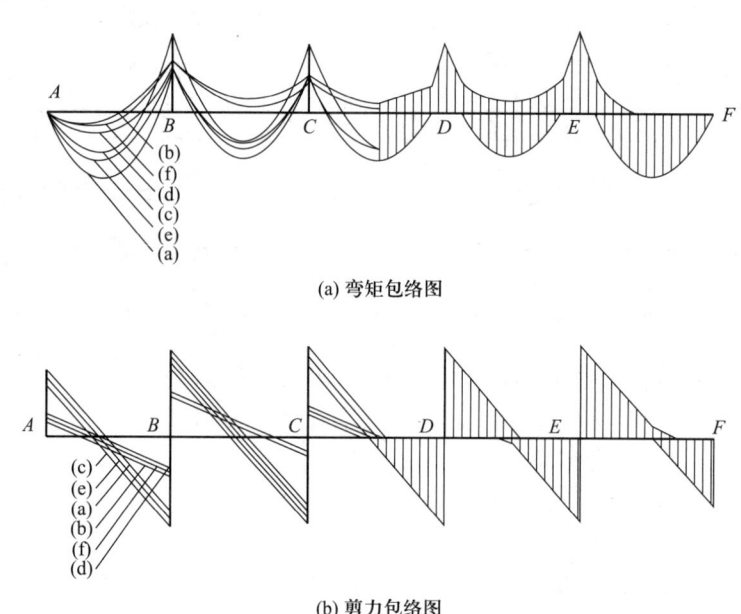

图 13-2-9　均布荷载下五跨连续梁的内力包络图

4. 支座弯矩和剪力设计值——支座宽度的影响

按弹性理论计算连续梁、板内力时,中间跨的计算跨度取支座中心线间的距离,这样求出的支座弯矩和支座剪力都是指支座中心处的。当梁、板与支座整浇时,支座边缘处的截面高度比支座中心处的小得多,因此控制截面应在支座边缘处。为了使梁、板结构的设计更加合理,可取支座边缘的内力作为设计依据,并按以下公式计算,如图 13-2-10 所示。

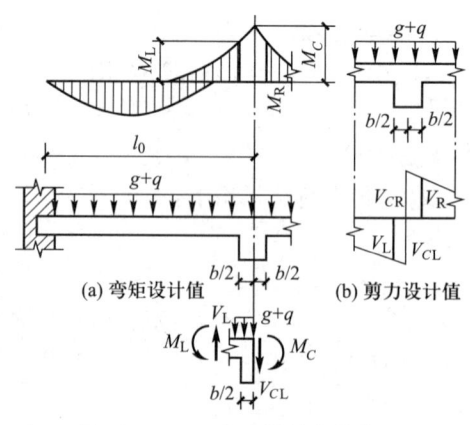

图 13-2-10　内力设计值的修正

弯矩设计值

$$M = M_c - V_c \cdot \frac{b}{2} \approx M_c - V_0 \cdot \frac{b}{2} \quad (13-2-16)$$

剪力设计值：均布荷载
$$V = V_c - (g+q) \cdot \frac{b}{2} \quad (13-2-17)$$

集中荷载
$$V = V_c \quad (13-2-18)$$

式中　M、V——支座边缘处的弯矩、剪力设计值；

M_c、V_c——支座中心处的弯矩、剪力设计值；

V_0——按简支梁计算的支座中心处的剪力设计值，取绝对值；

b——支座宽度。

13.2.4　连续梁、板按塑性理论方法的内力计算

1. 超静定结构的塑性内力重分布

（1）内力重分布与应力重分布

超静定结构的内力不仅与荷载有关，而且还与结构的计算简图以及各部分抗弯刚度的比值有关。如果计算简图或抗弯刚度的比值发生变化，内力也要随之变化。

① 内力重分布

混凝土连续梁、板按弹性理论方法设计时存在两个主要问题：一是当计算简图和荷载确定以后，截面的内力与荷载呈线性关系，即各截面间弯矩、剪力等内力的分布规律始终是不变的；二是只要任何一个截面的内力达到其内力设计值时，就认为整个结构达到其承载能力。

事实上，混凝土连续梁、板是超静定结构，在其加载的全过程中，由于材料的非弹性性质，截面的内力与荷载呈非线性关系，即各截面间内力的分布规律是变化的，这种情况称为内力重分布或塑性内力重分布（即超静定结构的内力相对于线弹性分布发生的变化）；对于超静定结构，即使某一截面达到其内力设计值，只要整个结构还是几何不变的，仍具有一定的承载能力。

② 应力重分布

这里需要注意内力重分布与应力重分布的区别。如图 13-2-11 所示，应力重分布是指由于混凝土的非弹性性质，使截面上的应力沿截面高度分布不再服从线弹性分布规律，并且不论对静定的还是超静定混凝土结构都存在；内力重分布则是指由于超静定结构材料的非弹性性质，使各截面内力之间的关系不再服从线弹性分布规律，并且只有超静定混凝土结构才具有内力重分布现象，对静定结构是不存在的，因为静定结构的内力与截面抗弯刚度无关。

由于内力重分布，超静定混凝土结构的实际承载能力往往比按弹性理论方法分析的高，所以按塑性理论方法设计（考虑内力重分布的方法设计），可进一步发挥结构的承载力储备，节约材料，方便施工；同时，研究和掌握内力重分布的规律，能更好地确定结构在正常使用阶段的变形和裂缝开展值，以便更合理地评估结构使用阶段的性能。

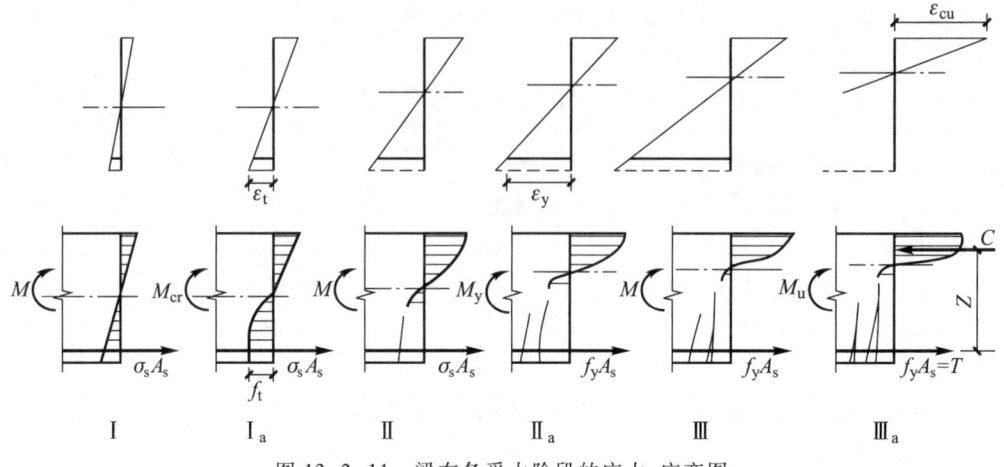

图 13-2-11 梁在各受力阶段的应力、应变图

（2）混凝土受弯构件的塑性铰

① 塑性铰

如图 13-2-12 所示，一配筋适当的钢筋混凝土简支梁，在跨中施加集中荷载 P，图 13-2-12c 为跨中截面弯矩 M 与曲率 ϕ 的关系曲线：在裂缝出现前，M-ϕ 关系呈直线；随着裂缝出现，M-ϕ 曲线斜率出现减小；当受拉纵筋达到屈服（A 点）后，M-ϕ 曲线的斜率急剧减小，这意味着在截面弯矩 M 增加很少的情况下，截面曲率 ϕ 激增，形成截面受弯"屈服"现象。构件中塑性变形较集中的区域（相应于图 13-2-12b 中 $M>M_y$ 的部分）表现得犹如一个能够转动的"铰"，称之为塑性铰，如图 13-2-12e 所示。塑性铰的形成主要是由于纵筋屈服后的塑性变形，其转动能力取决于混凝土的变形能力。当 ϕ 增加到使混凝土受压边缘的应变 ε_c 达到其极限压应变 ε_{cu} 时，混凝土被压碎，截面到达其极限弯矩 M_u，这时的截面曲率为 ϕ_u。

塑性铰形成于截面应力状态的第 II_a 阶段，转动终止于第 III_a 阶段。

塑性铰区处于梁跨中最大截面（$M=M_u$）两侧 $l_y/2$ 的范围内，l_y 称为塑性铰长度，如图 13-2-12b 所示。图 13-2-12d 中实线为曲率的实际分布，虚线为计算时假定的曲率分布，将曲率分为弹性部分和塑性部分（图中的阴影部分）。塑性铰的转角 θ 理论上可由塑性曲率的积分来计算，若将其分布用等效矩形来代替，其高度为塑性曲率（ϕ_u-ϕ_y），则宽度（或等效区域长度）$\bar{l}_y<l_y$，塑性铰的转角 θ 为

$$\theta=(\phi_u-\phi_y)\bar{l}_y \tag{13-2-19}$$

式中　ϕ_y——为截面钢筋屈服时曲率；

ϕ_u——为截面的极限曲率。

影响 $\bar{l}_y$ 的因素很多，要得到实用而足够准确的计算公式，还要做进一步的工作。

② 塑性铰与理想铰的区别

由图 13-2-12 可知，塑性铰与理想铰存在许多不同：

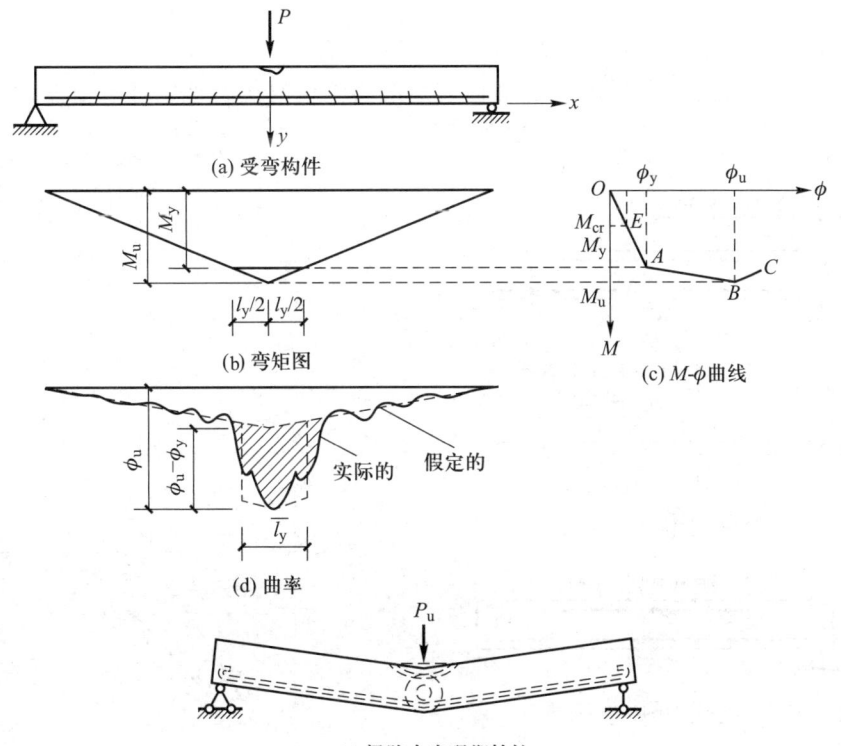

图 13-2-12 混凝土受弯构件的塑性铰

a. 理想铰不能承受任何弯矩,而塑性铰则能承受一定的弯距($M_y \leq M \leq M_u$);

b. 理想铰集中于一点,塑性铰则有一定的长度;

c. 理想铰在两个方向都可产生无限的转动,而塑性铰则是有限转动的单向铰,只能在弯矩作用方向作有限的转动。

③ 塑性铰的分类

a. 钢筋铰:对于配置具有明显屈服点钢筋的适筋梁,塑性铰形成的起因是受拉钢筋屈服,故称为钢筋铰。

b. 混凝土铰:当截面配筋率大于界限配筋率,此时钢筋不会屈服,转动主要由受压区混凝土的非弹性变形引起,故称为混凝土铰。它的转动量很小,截面破坏突然。

钢筋铰出现在受弯构件的适筋截面或大偏心受压构件中,混凝土铰大都出现在受弯构件的超筋截面或小偏心受压构件中。

(3) 内力重分布的过程

为了说明内力重分布的概念,现以承受集中荷载的两跨连续梁为例,研究其从开始加载直到破坏的全过程。如图 13-2-13 所示,假定支座截面和跨内截面的截面尺寸和配筋均相同,梁的受力全过程大致可分为三个阶段:

① 弹性阶段

当集中力 F 很小，混凝土尚未开裂，整个梁接近于弹性体系，各部分截面抗弯刚度的比值未改变，弯矩分布由弹性理论方法确定，存在如图 13-2-13b 所示的比例关系，支座截面弯矩大于跨内截面，梁处于第 I 阶段，其截面弯矩的实测值与按弹性梁计算值非常接近，观察不到内力重分布的现象，如图 13-2-14 所示。

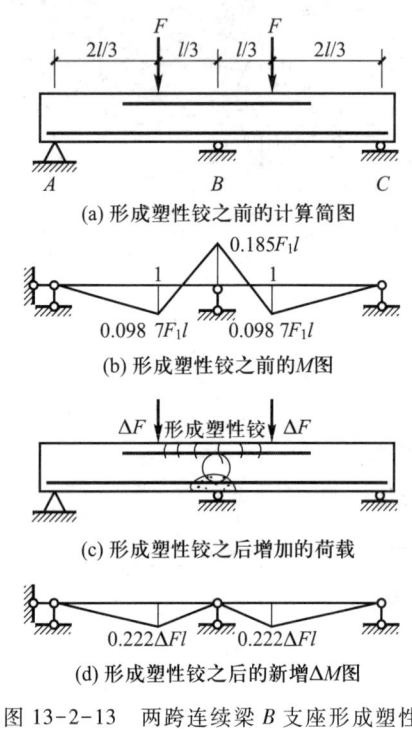

图 13-2-13　两跨连续梁 B 支座形成塑性
铰的内力重分布

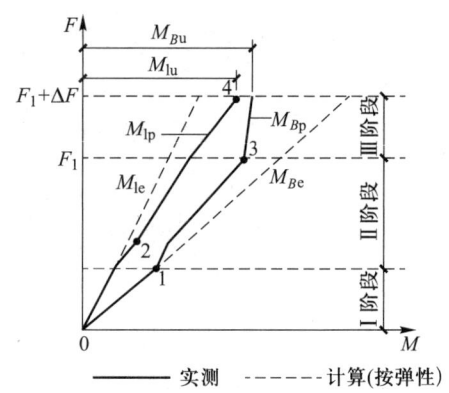

图 13-2-14　F-M 关系曲线
1—支座混凝土开裂；2—跨中混凝土开裂；
3—支座出现塑性铰；4—跨中出现塑性铰

② 弹塑性阶段

当加载至 B 支座截面受拉区混凝土先开裂，截面抗弯刚度降低，但跨内截面 1 尚未开裂。此时从图 13-2-14 中可观察到内力重分布，由于支座与跨内截面抗弯刚度的比值 B_B/B_1 降低，使 B 支座截面弯矩 M_B 的增长率减小，跨内弯矩 M_1 的增长率加大。继续加载，当跨内截面 1 也出现裂缝时，但在 B 支座截面的受拉钢筋屈服前，截面抗弯刚度的比值有所回升，从图 13-2-14 中又可观察到 M_B 的增长率增加，而 M_1 的增长率减小。（引起截面之间相对刚度发生变化，但不显著。）

③ 塑性阶段

当加载至 B 支座截面的受拉钢筋屈服，支座首先出现塑性铰。塑性铰能承担的弯矩为 M_{Bu}，相应的荷载值为 F_1，再继续加载时，梁从一次超静定连续梁转变成了两根简支梁，如图 13-2-13d 所示。此时从图 13-2-14 中可观察到明显的内力重分布，B 支座截面弯矩 M_B 增加缓慢，跨内弯矩 M_1 增加加快，由于跨内截面承载力尚未耗尽，因此还可继续增加荷载，直至跨内受拉钢筋屈服,即跨内截面 1 也出现塑性铰,梁成为几何可变体系而破坏。设后加的那部分荷载为 ΔF,则梁承受的总荷载为 $F=F_1+\Delta F$。(支座开始出现塑性铰,引起各截面的相对刚度发生显著变化)。

在 ΔF 作用下按简支梁计算跨内弯矩时,由于 B 支座弯矩 M_B 维持在 M_{Bu},故图 13-2-14 中 M_B 出现了竖直段,而跨内弯矩 M_1 却随 ΔF 成倍增加。若按弹性理论方法计算 M_B 和 M_1 的大小始终与外荷载呈线性关系,在 $M-F$ 图上应为两条虚直线,但梁的实际弯矩分布却如图 13-2-14 中实线所示,即出现了内力重分布。

由图 13-2-14 可见,在 $M_{Be}>M_{1e}$ 的情况下,尽管从加载到破坏支座弯矩与跨内弯矩的比值在不断变化,但与弹性弯矩相比,内力重分布的最后结果是:支座弯矩减小,跨内弯矩增加。

超静定混凝土结构的内力重分布可概括为两个过程:

第一过程发生在受拉区混凝土开裂到第一个塑性铰形成以前,主要是由于结构各部分抗弯刚度比值的改变而引起内力重分布,称为弹塑性内力重分布;

第二过程发生于第一个塑性铰形成以后直到形成几何可变体系结构破坏,由于结构计算简图的改变而引起的内力重分布,称为塑性内力重分布。

从上述例子中,可得出一些具有普遍意义的结论:

① 对静定混凝土结构,塑性铰出现即导致结构破坏。但对于超静定混凝土结构,某一截面出现塑性铰并不一定表明该结构丧失承载能力,只有当结构上出现足够数目的塑性铰,以致使结构成为几何可变体系或局部破坏,整个结构才丧失承载能力;

② 在形成破坏机构时,结构的内力分布规律和塑性铰出现前按弹性理论方法计算的内力分布规律不同。也就是在塑性铰出现后的加载过程中,结构的内力经历了一个重新分布的过程,这个过程称为"塑性内力重分布";

③ 按弹性理论方法计算,上述连续梁所承受的极限荷载为 F_1;但考虑塑性内力重分布后,结构的极限荷载增大为 $F=F_1+\Delta F$。这表明超静定混凝土结构从出现第一个塑性铰到破坏机构形成,其间还有相当的承载潜力可以利用,在设计中利用这部分承载储备,可以取得一定的经济效益;

④ 按弹性理论方法计算,连续梁支座截面弯矩通常较大,造成配筋拥挤,施工不便。采用考虑内力重分布方法进行设计,可降低支座截面弯矩的设计值。若按降低的支座弯矩选择受力钢筋,则可使支座配筋拥挤的状况得到改善而便于施工。

目前在超静定混凝土结构设计中,结构的内力分析与构件的截面设计是不相协调的:结构的内力分析采用弹性理论方法,而构件的截面设计考虑了材料的塑性性能按极限状态设计的原则。但是超静定混凝土结构在承受荷载过程中,由于混凝土的非弹性变形、裂缝的出现和发展、钢筋的锚固滑移以及塑性铰的形成和转动等因素的影响,结构构件的刚度在各受力阶段不断发生变化,从而使结构的实际内力与变形和按刚度不变的弹性理论算得的结果明显不同。所以在设计混凝土连续梁、板时,恰当地考虑结构的内力重分布,可以使结构的内力分析与截面设计相协调。

(4) 影响内力重分布的因素

① 充分的和不充分的内力重分布

若超静定结构中各塑性铰都具有足够的转动能力，保证结构加载后能按照预期的顺序，先后形成足够数目的塑性铰，以致最后形成机动体系而破坏，这种情况称为充分的内力重分布。

但是，塑性铰的转动能力是有限的，受到截面配筋率和材料极限应变值的限制。如果完成充分的内力重分布过程所需要的转角超过了塑性铰的转动能力，则在尚未形成预期的破坏机构以前，早出现的塑性铰已经因为受压区混凝土达到极限压应变值而"过早"被压碎，这种情况属于不充分的内力重分布。另外，如果在形成破坏机构之前，截面因受剪承载力不足而破坏，内力也不可能充分地重分布。

例如，上述连续梁，若 B 支座截面的塑性铰缺乏足够的转动能力，混凝土发生"过早"压碎致使结构破坏，这时跨内截面 1 的承载能力尚未被完全利用，这就是不充分的内力重分布；又如，多跨连续梁中，在使连续梁整体形成机动体系的最后一个塑性铰形成以前，如果某一跨的左、右支座截面和跨内截面都出现了塑性铰，于是该跨已成为机动体系，造成结构的局部破坏，这也属于不充分的内力重分布。因此，要实现充分的内力重分布，除了塑性铰要有足够的转动能力外，还要求塑性铰出现的先后顺序不会导致结构的局部破坏。此外，在设计中除了要考虑承载能力极限状态外，还要考虑正常使用极限状态。结构在正常使用阶段，裂缝宽度和挠度也不宜过大。

② 影响内力重分布的因素

a. 塑性铰的转动能力：塑性铰的转动能力主要取决于纵向钢筋的配筋率、钢材的品种和混凝土的极限压应变。

截面的极限曲率 $\phi_u = \varepsilon_{cu}/x$，配筋率越低，受压区高度 x 就越小，故 ϕ_u 越大，塑性铰转动能力越大；混凝土的极限压应变 ε_{cu} 越大，ϕ_u 大，塑性铰转动能力也越大。混凝土强度等级高时，极限压应变 ε_{cu} 减小，转动能力下降；普通热轧钢筋具有明显的屈服台阶，延伸率较大，塑性铰转动能力也越大。

b. 斜截面承载能力：要想实现预期的内力重分布，其前提条件之一是在破坏机构形成前，不能发生因斜截面承载力不足而引起的破坏，否则将阻碍内力重分布继续进行。国内外的试验研究表明，支座出现塑性铰后，连续梁的受剪承载力比不出现塑性铰的梁低。加载过程中，连续梁首先在中间支座和跨内出现垂直裂缝，随后在梁的中间支座两侧出现斜裂缝。一些在破坏前支座已形成塑性铰的梁，在中间支座两侧的剪跨段，纵筋和混凝土之间的黏结有明显破坏，有的甚至还出现沿纵筋的劈裂裂缝；剪跨比越小，这种现象越明显。试验量测表明，随着荷载增加，梁上反弯点两侧原处于受压工作状态的钢筋，将会由受压状态变为受拉，这种因纵筋和混凝土之间黏结破坏所导致的应力重分布，使纵向钢筋出现了拉力增量，而此拉力增量只能依靠增加梁截面剪压区的混凝土压力来维持平衡，这样，势必会降低梁的受剪承载力。因此，为了保证连续梁内力重分布能充分发展，结构构件必须要有足够的受剪承载能力。

c. 正常使用条件：如果最初出现的塑性铰转动幅度过大，塑性铰附近截面的裂缝就可能开展过宽,结构的挠度过大,不能满足正常使用的要求。因此,在考虑内力重分布时,应对塑性铰的允许转动量予以控制,也就是要控制内力重分布的幅度。一般要求在正常使用阶段不应出现塑性铰。

(5) 考虑内力重分布的适用范围

考虑内力重分布的计算方法是以形成塑性铰为前提的,因此下列情况不宜采用:

① 在使用阶段不允许出现裂缝或对裂缝开展控制较严的混凝土结构;
② 处于严重侵蚀性环境中的混凝土结构;
③ 直接承受动力和重复荷载的混凝土结构;
④ 要求有较高承载力储备的混凝土结构;
⑤ 配置延性较差的受力钢筋的混凝土结构。

2. 连续梁、板考虑塑性内力重分布的内力计算——弯矩调幅法

在大量的试验研究基础上,国内外学者曾先后提出过多种超静定混凝土结构考虑塑性内力重分布的计算方法,如极限平衡法、塑性铰法、变刚度法、强迫转动法、弯矩调幅法以及非线性全过程分析方法等。其中,弯矩调幅法最为实用、方便,因此一直为许多国家的设计规范所采用。我国颁布的《钢筋混凝土连续梁和框架考虑内力重分布设计规程》(CECS 51:1993),也推荐用弯矩调幅法来计算混凝土连续梁、板和框架的内力。

(1) 弯矩调幅法的概念和原则

① 弯矩调幅法

弯矩调幅法是在弹性方法计算弯矩的基础上,根据需要适当调整某些截面弯矩值(通常对那些弯矩绝对值较大的截面进行弯矩调整),然后按调整后的内力进行截面设计和配筋构造的设计方法,简称调幅法。

截面弯矩调整的幅度用调幅系数 β 表示,则:

$$\beta = \frac{M_e - M_a}{M_e} \quad (13-2-20)$$

$$M_a = (1-\beta) M_e \quad (13-2-21)$$

式中 β——调幅系数;

M_e——按弹性方法计算的弯矩值;

M_a——调幅后的弯矩值。

② 设计原则

根据理论和试验研究结果及工程实践,采用弯矩调幅法应遵循以下原则:

a. 受力钢筋宜采用 HRB400 级、HRB500 级热轧钢筋,混凝土强度等级宜在 C20~C45 范围;截面的相对受压区高度 ξ 应满足 $0.1 \leq \xi \leq 0.35$;

b. 为了避免塑性铰出现过早、转动幅度过大,使梁的裂缝宽度及变形过大,应控制支座截面的弯矩调整幅度,调幅系数 β,对于梁不宜超过 0.25,对于板不宜超过 0.2;

c. 连续梁、板各跨中截面的弯矩不宜调整,其弯矩设计值 M 可取考虑荷载最不利布置并按弹性方法计算的结构的弯矩设计值和按下列公式计算的弯矩设计值的较大者:

$$M = 1.02M_0 - \left| \frac{M_l + M_r}{2} \right| \qquad (13\text{-}2\text{-}22)$$

式中 M_0——按简支梁计算的跨中弯矩设计值；

M_l、M_r——连续梁或连续单向板的左、右支座截面弯矩调幅后的设计值。

d. 调幅后支座和跨中截面的弯矩值均不宜小于 M_0 的 1/3；

e. 各控制截面的剪力设计值按荷载最不利布置和调幅后的支座弯矩由静力平衡条件计算确定；

f. 对弯矩调幅后引起结构内力图形和正常使用状态的变化，应进行验算，并有构造措施加以保证。

（2）弯矩调幅法计算步骤

① 用弹性方法计算在荷载最不利布置条件下结构支座截面的弯矩最大值 M_e；

② 采用调幅系数 β（一般不宜超过 0.2）降低各支座截面弯矩，即弯矩设计值 $M = (1-\beta)M_e$；

③ 按调幅降低后的支座弯矩值计算跨中弯矩值；

④ 校核调幅以后支座和跨中弯矩值应不小于某个限值，以控制调幅程度；

⑤ 按最不利荷载布置和调幅后的支座弯矩，由平衡条件求得控制截面的剪力设计值。

（3）用弯矩调幅法计算等跨连续梁、板

按弹性理论，多跨连续梁、板的弯矩和剪力设计值可用结构力学求解器直接计算出精确解。考虑塑性内力重分布时，可用调幅法将中间支座弯矩调幅 β。为了方便计算，对工程中常用的承受均布荷载或间距相同、大小相等的集中荷载的等跨连续梁或等跨连续单向板，用调幅法导出了内力系数，设计时可直接查表得出控制截面的内力系数并按下列公式计算弯矩设计值 M 和剪力设计值 V。

① 等跨连续梁

承受均布荷载时：
$$M = \alpha_M (g+q) l_0^2 \qquad (13\text{-}2\text{-}23)$$
$$V = \alpha_V (g+q) l_n \qquad (13\text{-}2\text{-}24)$$

承受间距相同、大小相等的集中荷载时：
$$M = \eta \alpha_M (G+Q) l_0 \qquad (13\text{-}2\text{-}25)$$
$$V = n \alpha_V (G+Q) \qquad (13\text{-}2\text{-}26)$$

② 等跨连续板
$$M = \alpha_M (g+q) l_0^2 \qquad (13\text{-}2\text{-}27)$$

式中 α_M——连续梁和连续单向板的弯矩计算系数，按表 13-2-2 取值；

α_V——连续梁的剪力计算系数，按表 13-2-3 取值；

g、q——分别为作用在梁、板上的均布永久荷载和可变荷载设计值；

G、Q——分别为作用在梁上的一个集中永久荷载和可变荷载设计值；

l_0——计算跨度，按塑性理论方法计算时的计算跨度见表 13-2-1；

l_n——净跨度；

η——集中荷载修正系数，按表 13-2-4 采用；

n——跨内集中荷载的个数。

表 13-2-2 连续梁和连续单向板的弯矩计算系数 α_M

支承情况		截面位置				
		端支座	边跨跨中	离端第二支座	中间支座	中间跨跨中
梁板搁置在墙上		0	$\dfrac{1}{11}$	两跨连续: $-\dfrac{1}{10}$ 三跨以上连续: $-\dfrac{1}{11}$	$-\dfrac{1}{14}$	$\dfrac{1}{16}$
与梁整浇连接	板	$-\dfrac{1}{16}$	$\dfrac{1}{14}$			
	梁	$-\dfrac{1}{24}$				
梁与柱整浇连接		$-\dfrac{1}{16}$	$\dfrac{1}{14}$			

注:1. 表中系数适用于荷载比 $q/g>0.3$ 的等跨连续梁和连续单向板;
　2. 连续梁或连续单向板的各跨跨度不等,但相邻两跨的长跨与短跨之比值小于1.10时,仍可采用表中弯矩系数值;计算支座弯矩时,应取相邻两跨中的较大值,计算跨中弯矩时,应取本跨跨度。

表 13-2-3 连续梁的剪力计算系数 α_V

支承情况	截面位置				
	端支座内侧	离端第二支座		中间支座	
		外侧	内侧	外侧	内侧
搁置在墙上	0.45	0.60	0.55	0.55	0.55
与梁或柱整浇连接	0.50	0.55	0.55	0.55	0.55

表 13-2-4 集中荷载修正系数 η

荷载情况	截面位置					
	A	Ⅰ	B	Ⅱ	C	Ⅲ
当在跨中中点处作用一个集中荷载时	1.5	2.2	1.5	2.7	1.6	2.7
当在跨中三分点处作用两个集中荷载时	2.7	3.0	2.7	3.0	2.9	3.0
当在跨中四分点处作用三个集中荷载时	3.8	4.1	3.8	4.5	4.0	4.8

注:表中 A、B、C 和 Ⅰ、Ⅱ、Ⅲ 分别为从连续梁两端支座截面和边跨跨中截面算起的截面代号。

(4) 用调幅法计算不等跨连续梁、板

① 不等跨连续梁——按弯矩调幅法计算步骤进行

② 不等跨连续板

a. 计算从较大跨度板开始,在下列范围内选定跨中的弯矩设计值:

边跨
$$\frac{(g+q)l_0^2}{14} \leq M \leq \frac{(g+q)l_0^2}{11} \qquad (13\text{-}2\text{-}28)$$

中间跨
$$\frac{(g+q)l_0^2}{20} \leq M \leq \frac{(g+q)l_0^2}{16} \qquad (13\text{-}2\text{-}29)$$

b. 按照所选定的跨中弯矩设计值,由静力平衡条件,来确定较大跨度的两端支座弯矩设计值,再以此支座弯矩设计值为已知值,重复上述条件和步骤确定邻跨的跨中弯矩和相邻支座的弯矩设计值。

13.2.5 单向板肋梁楼盖的截面设计与构造要求

1. 单向板的截面设计与构造要求

（1）截面设计

① 板的计算单元通常取为 1 m，按单筋矩形截面设计。

② 板一般能满足斜截面受剪承载力要求，设计时可不进行受剪承载力验算。

③ 板的内拱作用。

连续板受荷进入极限状态时，支座截面在负弯矩作用下上部开裂，而跨内截面则由于正弯矩的作用在下部开裂，这就使板中未开裂部分形如拱状，如图 13-2-15 所示，从支座到跨中各截面受压区合力作用点形成具有一定拱度的压力线。当板的周边具有足够的刚度（如板四周有限制水平位移的边梁）时，在竖向荷载作用下，周边将对它产生水平推力，该推力可减少板中各计算截面的弯矩，其减少程度则视板的边长比及边界条件而异。

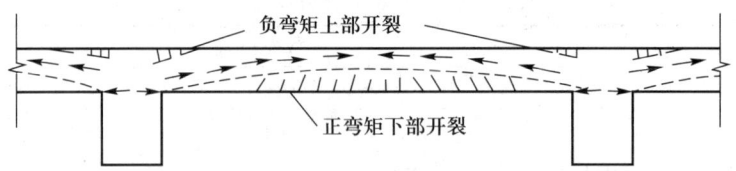

图 13-2-15 连续板的内拱作用

对四周与梁整体连接的单向板（现浇连续板的内区格就属于这种情况），其中间跨的跨中截面及中间支座截面的计算弯矩可减少 20%，其他截面则不予降低（如板的角区格、边跨的跨中截面及离端第二支座截面的计算弯矩则不折减），如图 13-2-16 所示。

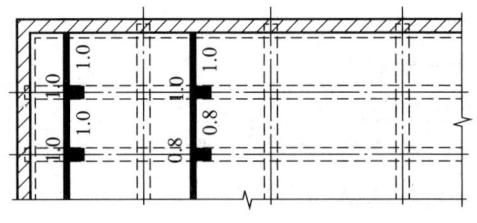

图 13-2-16 板的弯矩折减系数

（2）构造要求

① 板的跨厚比：钢筋混凝土单向板不大于 30，双向板不大于 40；无梁支承的有柱帽板不大于 35，无梁支承的无柱帽板不大于 30。预应力板可适当增加；当板的荷载、跨度较大时宜适当减小。

② 板的厚度：应满足表 13-2-5 的规定，板的配筋率一般为 0.4%~0.8%。

③ 板的支承长度：应满足其受力钢筋在支座内锚固的要求，且一般不小于板厚，现浇板在砌体墙上的支承长度不宜小于 120 mm。

表 13-2-5　混凝土梁、板截面的常规尺寸

构件种类		高跨比(h/l)	备注
单向板		≥1/30	最小板厚： 屋面板　当 $l<1.5$ m 时　$h≥50$ mm 　　　　当 $l≥1.5$ m 时　$h≥60$ mm 民用建筑楼板　$h≥60$ mm 工业建筑楼板　$h≥70$ mm 行车道下的楼板　$h≥80$ mm
双向板		≥1/40 （按短向跨度）	板厚一般取 80 mm≤h≤160 mm
密肋板	单跨简支 多跨连续	≥1/20 ≥1/25 （h 为肋高）	板厚：当肋间距≤700 mm 时　$h≥40$ mm 　　　当肋间距>700 mm 时　$h≥50$ mm
悬臂板		≥1/12	板的悬臂长度≤500 mm 时　$h≥60$ mm 板的悬臂长度>500 mm 时　$h≥80$ mm
无梁楼板	无柱帽 有柱帽	≥1/30 ≥1/35	$h≥150$ mm 柱帽宽度 $c=(0.2\sim0.3)l$
多跨连续次梁 多跨连续主梁 单跨简支梁		1/18~1/12 1/14~1/8 1/14~1/8	最小梁高：次梁 $h≥l/25$ 主梁 $h≥l/15$ 宽高比（b/h）一般为 1/3~1/2，并以 50 mm 为模数

④ 简支板或连续板下部纵向受力钢筋伸入支座的锚固长度不应小于 $5d$，d 为下部纵向受力钢筋的直径，且宜伸过支座中心线。当连续板内温度、收缩应力较大时，伸入支座的锚固长度宜适当增加。

⑤ 板中受力钢筋。

a. 钢筋的直径：受力钢筋一般采用 HRB400（Ⅲ级）钢筋，直径通常采用 6~12 mm，当板厚较大时，钢筋直径可用 14~18 mm。对于支座负钢筋，为便于施工架立，宜采用较大直径。

b. 钢筋的间距：为了便于浇注混凝土，保证钢筋周围混凝土的密实性，板内钢筋间距不宜太密。为了使板能正常地承受外荷载，也不宜过稀。钢筋的间距一般为 70~200 mm；当板厚 $h≤150$ mm 时，不宜大于 200 mm；当板厚 $h>150$ mm，不宜大于 $1.5h$，且不宜大于 250 mm。

c. 配筋方式：由于板在跨中一般承受正弯矩而在支座处承受负弯矩，因此在板跨中须配底部钢筋，而在支座处往往配板面钢筋，从而有两种配筋方式。

弯起式配筋可先按跨内正弯矩的需要确定所需钢筋的直径和间距，然后在支座附近弯起 1/2（隔一弯一）以承受负弯矩，但最多不超过 2/3（隔一弯二）。如果弯起钢筋的截面面积还不满足所要求的支座负钢筋的需要，可另加直钢筋；通常取相同的钢筋间距。弯起角一般

为30°，当板厚>120 mm时，可采用45°。采用弯起式配筋，应注意相邻两跨跨中及中间支座钢筋直径和间距互相配合，间距变化应有规律，钢筋直径种类不宜过多，以利施工。

板的上部负钢筋，为了保证施工时钢筋的设计位置，宜做成直抵模板的直钩。因此，直钩部分的钢筋长度为板厚减净保护层厚。

分离式配筋：跨中正弯矩钢筋宜全部伸入支座锚固；而在支座处另配负弯矩钢筋，其范围应能覆盖负弯矩区域并满足锚固要求，如图13-2-17c所示。由于施工方便，分离式配筋已成为工程中主要采用的配筋方式。

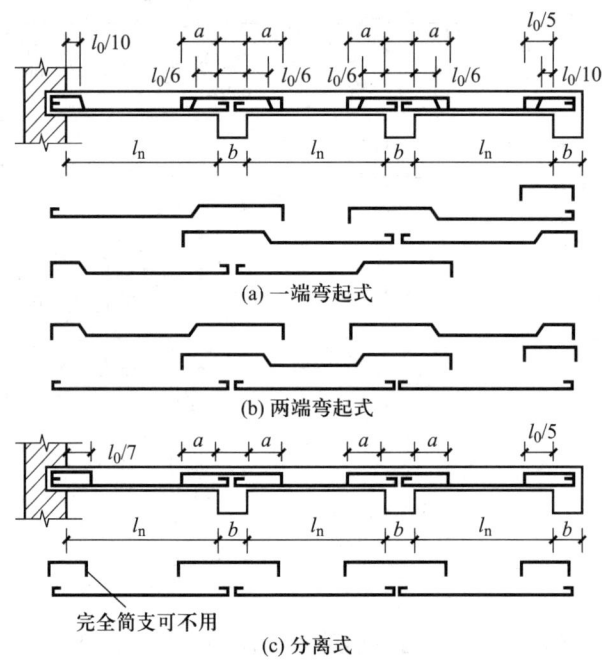

图 13-2-17 连续单向板的配筋方式

注：l_0是板的计算跨度；l_n是板的净跨度。

d. 钢筋的弯起和截断：对承受均布荷载的等跨连续单向板，受力钢筋的弯起和截断的位置一般可按图13-2-17直接确定。

采用弯起式配筋时，跨中正弯矩钢筋可在距支座边$l_0/6$处弯起1/2～2/3，以承受支座上的负弯矩。

支座处的负弯矩钢筋，可在距支座边不小于a的距离处截断，其取值如下：

当$q/g \leqslant 3$时，$a = l_0/4$；

当$q/g > 3$时，$a = l_0/3$。

式中　g、q——永久荷载及可变荷载设计值；

　　　l_0——板的计算跨度。

图 13-2-17所示的配筋要求，适用于承受均布荷载的等跨或相邻跨度相差不大于20%

的多跨连续板,可不必绘制弯矩包络图进行钢筋布置。如果板相邻跨度差超过20%,或各跨荷载相差较大时,受力钢筋的弯起和截断的位置则应按弯矩包络图确定。

⑥ 板中构造钢筋。

a. 分布钢筋:当按单向板设计时,除沿受力方向布置受力钢筋外,尚应在垂直受力方向布置分布钢筋,如图13-2-18所示,分布钢筋应布置在受力钢筋的内侧。它的作用是:与受力钢筋组成钢筋网,便于施工中固定受力钢筋的位置;承受由于温度变化和混凝土收缩所产生的内力;承受并分布板上局部荷载产生的内力;对四边支承板,可承受在计算中未计及但实际存在的长跨方向的弯矩。

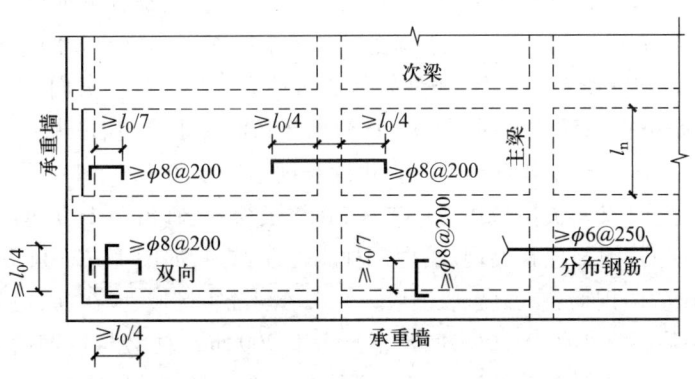

图 13-2-18 板的构造钢筋

分布钢筋宜采用HPB300的钢筋,常用直径是6 mm和8 mm。《混凝土结构设计规范》规定:当按单向板设计时,应在垂直于受力的方向布置分布钢筋。单位宽度上的配筋不宜小于单位宽度上受力钢筋的15%,且配筋率不宜小于0.15%;分布钢筋的间距不宜大于250 mm,直径不宜小于6 mm;对集中荷载较大或温度变化较大的情况,分布钢筋的截面面积应适当增加,其间距不宜大于200 mm。当有实践经验或可靠措施时,预制单向板的分布钢筋可不受以上限制。

b. 垂直于主梁的板面构造钢筋:当现浇板的受力钢筋与梁平行时,例如单向板肋梁楼盖的主梁,此时靠近主梁梁肋的板面荷载将直接传给主梁而引起负弯矩,这样将引起板与主梁相接的板面产生裂缝,有时甚至开展较宽,如图13-2-19所示。

《混凝土结构设计规范》规定,应沿主梁长度方向配置间距不大于200 mm且与主梁垂直的上部构造钢筋,其直径不宜小于8 mm,且单位长度内的总截面面积不宜小于板中宽度内受力钢筋截面面积的1/3。该构造钢筋伸入板内的长度从梁边算起每边不宜小于计算跨度的1/4,如图13-2-18所示。

c. 嵌入承重墙内的板面构造钢筋:单向板嵌固在承重墙内,由于墙的约束作用,板在墙边也会产生一定的负弯矩;垂直于板跨度方向,由部分荷载将就近传给支承墙,也会产生一定的负弯矩,使板面受拉开裂,如图13-2-19和图13-2-20。在板角部分,除因传递荷载使板在两个正交方向引起负弯矩外,由于温度收缩影响产生的角部拉应力,也促使板角发生斜向裂缝。

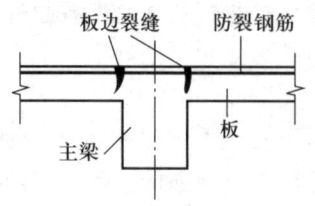
图 13-2-19　板在主梁边的裂缝

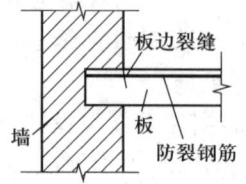
图 13-2-20　板在墙边的裂缝

《混凝土结构设计规范》规定,按简支边或非受力边设计的现浇混凝土板,当与混凝土梁、墙整体浇筑或嵌固在砌体墙内时,应设置板面构造钢筋,并符合下列要求:钢筋直径不宜小于 8 mm,间距不宜大于 200 mm,且单位宽度内的配筋面积不宜小于跨中相应方向板底钢筋截面面积的 1/3,与混凝土梁、混凝土墙整体浇筑单向板的非受力方向,钢筋截面面积尚不宜小于受力方向跨中板底钢筋截面面积的 1/3;钢筋从混凝土梁边、柱边、墙边伸入板内的长度不宜小于 $l_0/4$,砌体墙支座处钢筋伸入板边的长度不宜小于 $l_0/7$,其中计算跨度 l_0 对单向板按受力方向考虑,对双向板按短边方向考虑;在楼板角部,宜沿两个方向正交、斜向平行或放射状布置附加钢筋;钢筋应在梁内、墙内或柱内可靠锚固,如图 13-2-18 所示。

⑦ 板的温度、收缩钢筋:在温度、收缩应力较大的现浇板区域,应在板的表面双向配置防裂构造钢筋,配筋率均不宜小于 0.10%,间距不宜大于 200 mm,防裂构造钢筋可利用原有钢筋贯通布置,也可另行设置钢筋并与原有钢筋按受拉钢筋的要求搭接或在周边构件中锚固。

楼板平面的瓶颈部位宜适当增加板厚和配筋,沿板的洞边、凹角部位宜加配防裂构造钢筋,并采取可靠的锚固措施。

2. 次梁的截面设计与构造要求

（1）截面设计

① 次梁的截面形式:T 形截面。

② 按正截面受弯承载力确定纵向受拉钢筋时,通常跨中按 T 形截面计算,其翼缘计算宽度 b'_f 可按有关规定确定;支座因翼缘位于受拉区,按矩形截面计算。

③ 按斜截面受剪承载力确定腹筋,当荷载、跨度较小时,一般只利用箍筋抗剪;当荷载、跨度较大时,宜在支座附近设置弯起钢筋,以减少箍筋用量。

④ 当次梁考虑塑性内力重分布时,调幅截面的相对受压区高度应满足 $0.1 \leqslant \xi \leqslant 0.35$。

⑤ 考虑弯矩调整后,次梁在斜截面受剪承载力计算中,为避免因出现剪切破坏而影响其内力重分布,在下列区段内应将计算所需的箍筋面积增大 20%:对集中荷载,取支座边至最近一个集中荷载之间的区段;对均布荷载,取支座边至距支座边为 $1.05h_0$ 的区段,此处 h_0 为梁截面有效高度。此外,箍筋的配箍率 ρ_{sv} 不应小于 $0.3f_t/f_{yv}$。

⑥ 当次梁的截面尺寸满足表 13-2-5 的要求时,一般不必作使用阶段的挠度和裂缝宽度验算。

（2）构造要求

① 截面尺寸:次梁的跨度 $l = 4 \sim 6$ m,梁高 $h = (1/18 \sim 1/12)l$,梁宽 $b = (1/3 \sim 1/2)h$,应满

足表 13-2-5 的规定。纵向钢筋的配筋率一般为 0.6%~1.3%。

② 次梁在砌体墙上的支承长度 $a \geqslant 240$ mm。

③ 钢筋的直径:梁的纵向受力钢筋及架立钢筋的直径不宜小于表 13-2-6 的规定。对钢筋直径的要求出于混凝土结构截面受力的需要。混凝土结构中,受力钢筋的尺寸应与截面高度及跨度有一定的比例,过于纤细的钢筋难以起到应有的承载受力和构造的作用。

表 13-2-6 梁内纵向钢筋的最小直径

钢筋类型	受力钢筋		架立钢筋		
条件	$h<300$ mm	$h \geqslant 300$ mm	$l<4$ m	4 m$\leqslant l \leqslant 6$ m	$l>6$ m
直径 d/mm	8	10	8	10	12

注:表中 h 为梁高;l 为梁的跨度。

④ 钢筋的间距:钢筋混凝土结构中钢筋能够与混凝土协同工作,是由于它们之间存在着黏结锚固作用。因此,受力钢筋周围应有一定厚度的混凝土层握裹。对于构件边缘的钢筋,表现为保护层厚度;而对于构件内部的钢筋,则表现为钢筋的间距。钢筋间距还应考虑施工时浇筑混凝土操作的方便。梁纵向钢筋的净间距不应小于表 13-2-7 的规定。

表 13-2-7 梁纵向钢筋的最小净间距

间距类型	水平净距		垂直净距
钢筋类型	上部钢筋	下部钢筋	$\geqslant 25$ 且 $\geqslant d$
最小净距	$\geqslant 30$ 且 $\geqslant 1.5d$	$\geqslant 25$ 且 $\geqslant d$	

注:1. 净间距为相邻钢筋外边缘的最小距离,d 为纵向钢筋直径;
   2. 当梁的下部钢筋配置多于二层时,两层以上水平方向中距应比下边两层的中距增大一倍。

⑤ 梁侧的纵向构造钢筋:由于混凝土收缩量的增大,在梁的侧面常会产生收缩裂缝。裂缝一般呈枣核状,两头尖而中间宽,向上伸至板底,向下至于梁底纵筋处,截面较高的梁,情况更为严重,如图 13-2-21 所示。

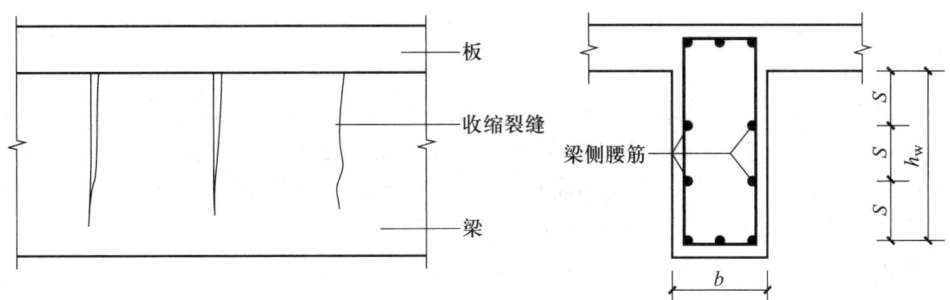

图 13-2-21 梁侧收缩裂缝及防裂的纵向构造钢筋

《混凝土结构设计规范》规定,当梁的腹板高度 $h_w \geqslant 450$ mm 时,在梁的两个侧面沿高度配置纵向构造钢筋(腰筋),每侧纵向构造钢筋(不包括梁上、下部受力钢筋及架立钢筋)的截面面积不应小于腹板截面面积 bh_w 的 0.1%,且其间距不宜大于 200 mm。此处,腹板高度 h_w,对矩形截面为有效高度;对 T 形截面,取有效高度减去翼缘高度;对 I 形截面,取腹板净高。

⑥ 配筋方式:对于相邻跨度相差不超过 20%,且均布可变荷载和永久荷载的比值 $q/g \leq 3$ 的连续次梁,其纵向受力钢筋的弯起和截断,可按图 13-2-22 进行,否则应按弯矩包络图确定。

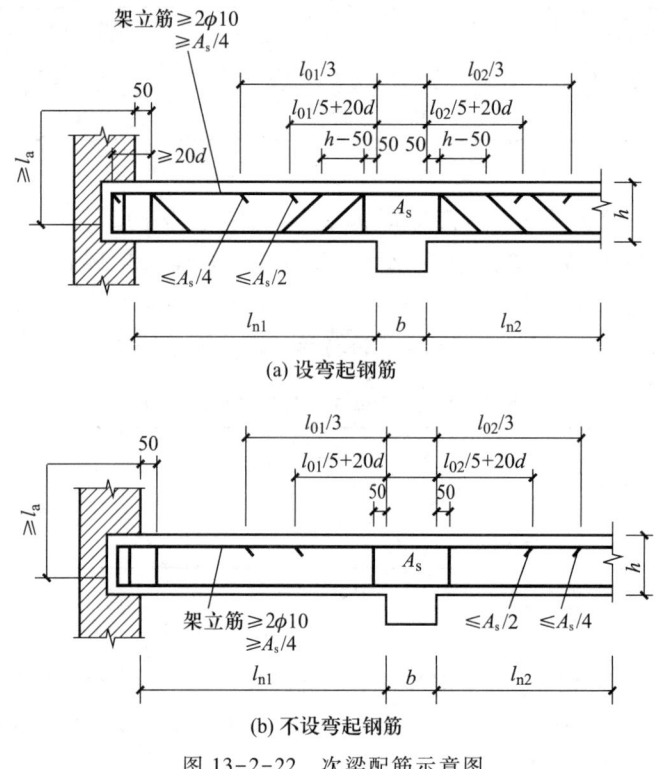

图 13-2-22 次梁配筋示意图

如图 13-2-22a 所示,中间支座负钢筋的弯起,第一排的上弯点距支座边缘为 50 mm;第二排、第三排上弯点距支座边缘分别为 h 和 $2h$。

支座处上部受力钢筋总面积为 A_s,则第一批截断的钢筋面积不得超过 $A_s/2$,延伸长度从支座边缘起不小于 $l_0/5+20d$(d 为截断钢筋的直径);第二批截断的钢筋面积不得超过 $A_s/4$,延伸长度不小于 $l_0/3$。所余下的纵筋面积不小于 $A_s/4$,且不少于两根,可用来承担部分负弯矩并兼作架立钢筋,其伸入边支座的锚固长度不得小于 l_a。

位于次梁下部的纵向钢筋除弯起的外,应全部伸入支座,不得在跨间截断。下部纵筋伸入边支座和中间支座的锚固长度见有关规定。

连续次梁因截面上、下均配置受力钢筋,所以一般均沿梁全长配置封闭式箍筋,第一根箍筋可距支座边 50 mm 处开始布置,同时在简支端的支座范围内,一般宜布置一根箍筋。

3. 主梁的截面设计与构造要求

（1）截面设计

① 主梁的截面形式：T形截面。

② 按正截面受弯承载力确定纵向受拉钢筋时，通常跨中按T形截面计算，其翼缘计算宽度 b'_f 可按有关规定确定；支座因翼缘位于受拉区，按矩形截面计算。

③ 斜截面受剪承载力确定腹筋，当荷载、跨度较小时，一般只利用箍筋抗剪；当荷载、跨度较大时，宜在支座附近设置弯起钢筋，以减少箍筋用量。

④ 主梁支座截面的有效高度 h_0：在主梁支座处，由于板、次梁和主梁截面的上部纵向钢筋相互交叉重叠，如图13-2-23所示，且主梁负筋位于板和次梁的负筋之下，因此主梁支座截面的有效高度减小。在计算主梁支座截面纵筋时，截面有效高度 h_0 可取为

单排钢筋时　　$h_0 = h - (50 \sim 60)$ mm；
双排钢筋时　　$h_0 = h - (70 \sim 80)$ mm。

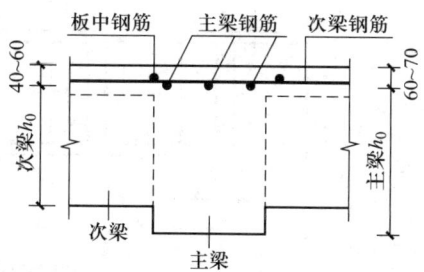

图13-2-23　主梁支座处截面的有效高度

⑤ 主梁的内力计算通常按弹性理论方法进行，不考虑塑性内力重分布。

这是因为主梁是比较重要的构件，需要有较大的承载力储备，并希望在使用荷载下的挠度及裂缝控制较严。如果主梁作为框架结构的横梁，它除受弯外，还承受轴向压力，而轴向压力会降低截面塑性转动能力。因此，主梁在计算内力时一般不宜考虑塑性内力重分布；

⑥ 当主梁的截面尺寸满足表13-2-5的要求时，一般不必作使用阶段的挠度和裂缝宽度验算。

（2）构造要求

① 截面尺寸：主梁的跨度 $l = 5 \sim 8$ m，梁高 $h = (1/14 \sim 1/8)l$，梁宽 $b = (1/3 \sim 1/2)h$，应满足表13-2-5的规定。纵向钢筋的配筋率一般为 0.6% ~ 1.3%。

② 主梁在砌体墙上的支承长度 $a \geqslant 370$ mm。

③ 钢筋的直径：其要求同次梁。

④ 钢筋的间距：其要求同次梁。

⑤ 主梁纵向受力钢筋的弯起和截断，原则上应按弯矩包络图确定，并满足有关构造要求。

⑥ 主梁附加横向钢筋：主梁和次梁相交处，在主梁高度范围内受到次梁传来的集中荷载的作用，其腹部可能出现斜裂缝，如图13-2-24a所示。因此，应在集中荷载影响区 s 范围内加设附加横向钢筋（箍筋、吊筋）以防止斜裂缝出现而引起局部破坏。位于梁下部或梁截面高度范围内的集中荷载，应全部由附加横向钢筋承担，并应布置在长度为 $s = 2h_1 + 3b$ 的范围内。附加横向钢筋宜优先采用箍筋，如图13-2-24b所示。当采用吊筋时，其弯起段应伸至梁上边缘，且末端水平段长度在受拉区不应小于 $20d$，在受压区不应小于 $10d$，此处 d 为吊筋的直径。

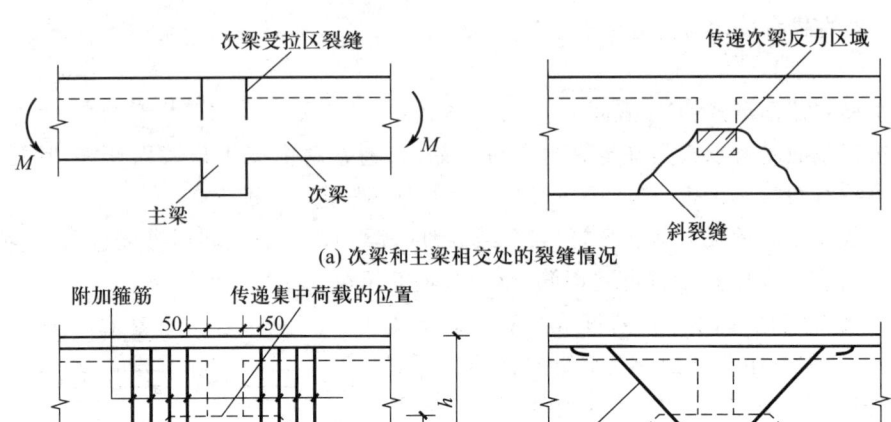

图 13-2-24 附加横向钢筋的布置

附加箍筋和吊筋的总截面面积按式（13-2-30）计算：

$$F \leq 2f_y A_{sb} \sin \alpha + m \times n \times f_{yv} A_{sv1} \quad (13\text{-}2\text{-}30)$$

式中　F——由次梁传递的集中力设计值；

　　　f_y——附加吊筋的抗拉强度设计值；

　　　f_{yv}——附加箍筋的抗拉强度设计值；

　　　A_{sb}——附加吊筋的截面面积；

　　　A_{sv1}——附加箍筋单肢的截面面积；

　　　n——在同一截面内附加箍筋的肢数；

　　　m——附加箍筋的排数；

　　　α——附加吊筋与梁轴线间的夹角，一般为 45°，当梁高 $h > 800$ mm 时，采用 60°。

在设计中，不允许用布置在集中荷载影响区内的受剪箍筋代替附加横向钢筋。此外，当传入集中力的次梁宽度 b 过大时，宜适当减小由 $s = 2h_1 + 3b$ 所确定的附加横向钢筋布置宽度。当次梁与主梁高度差 h_1 过小时，宜适当增大附加横向钢筋的布置宽度。当主、次梁均承担有由上部墙、柱传来的竖向荷载时，附加横向钢筋布置宽度宜在本规定的基础上适当增大。

13.3　双向板肋梁楼盖

13-3：PPT
整体式
双向楼盖

13.3.1　双向板的受力分析和试验研究

在荷载作用下，在两个方向弯曲，且不能忽略任一方向弯曲的板称为双向板。双向板的受力特征与单向板不同。

1. 双向板的受力分析

以均布荷载作用下四边简支的板为例进行内力的近似分析,如图 13-3-1 所示。在板中心点 A 处,取出两个单位宽度(板宽 b = 1 000 mm)的正交板带,板带的计算跨度分别为 l_{01} 和 l_{02}。

设单位面积总荷载为 p,沿 l_{01} 方向和 l_{02} 方向分配的荷载分别为 p_1 和 p_2,则:

$$p = p_1 + p_2 \quad (13-3-1)$$

忽略相邻的板带的影响,根据两个板带在跨中 A 处挠度相等的条件,可将板上的均布荷载在两个方向进行分配:

$$f_A = \frac{5p_1 l_{01}^4}{384 E_c I_1} = \frac{5p_2 l_{02}^4}{384 E_c I_2} \quad (13-3-2)$$

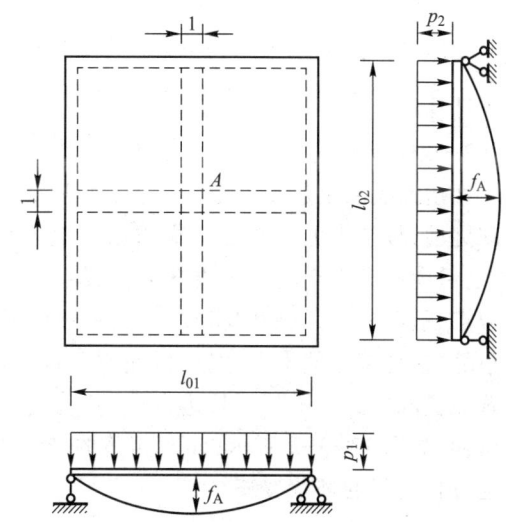

图 13-3-1 双向板受力的近似分析

式中　p_1、p_2——分配给 l_{01}、l_{02} 方向板带的均布荷载;
　　　I_1、I_2——l_{01}、l_{02} 方向板带的换算截面惯性矩。

若忽略钢筋在两个方向的位置高低及数量不同的影响,则 $I_1 = I_2$。
由式(13-3-2)得:

$$\frac{p_1}{p_2} = \left(\frac{l_{02}}{l_{01}}\right)^4 \quad (13-3-3)$$

解式(13-3-1)、式(13-3-3),得:

$$p_2 = \frac{p}{1 + \left(\frac{l_{02}}{l_{01}}\right)^4} \quad (13-3-4)$$

$$p_1 = p - p_2 \quad (13-3-5)$$

分别取不同的 $\frac{l_{02}}{l_{01}}$ 值代入式(13-3-4)、式(13-3-5),计算 p_1、p_2:

① 当 $\frac{l_{02}}{l_{01}} = 1$ 时,得:$p_1 = p_2 = \frac{p}{2}$;

② 当 $\frac{l_{02}}{l_{01}} = 2$ 时,得:$p_2 = \frac{p}{17}, p_1 = \frac{16p}{17}$;

③ 当 $\frac{l_{02}}{l_{01}} = 3$ 时,得:$p_2 = \frac{p}{81}, p_1 = \frac{80p}{81}$。

由此可见,随着 $\frac{l_{02}}{l_{01}}$ 值的增大,大部分的荷载将沿板的短方向传递,主要在短跨方向发生弯曲变形,因此《混凝土结构设计规范》规定:当 $\dfrac{l_{02}}{l_{01}} \geq 3$ 时,按单向板计算;而当 $\dfrac{l_{02}}{l_{01}} \leq 2$ 时,按双向板计算。

2. 双向板的试验研究

四边简支的钢筋混凝土双向板(方板和矩形板),在均布荷载作用下的试验表明:在裂缝出现之前,板基本上于弹性工作阶段。随着荷载的增加,方板沿板底对角线出现第一批裂缝,之后向两个正交的对角线方向发展且裂缝宽度不断加宽;继续增加荷载,钢筋应力达到屈服点,裂缝显著开展;即将破坏时,板顶面靠近四角处,出现垂直对角线方向、大体呈环状的裂缝,这种裂缝的出现,促使板底裂缝进一步开展;此后,板破坏。矩形板的第一批裂缝,出现在板底中部且平行于长边方向;随着荷载的不断增加,裂缝宽度不断开展,并分支向四角延伸,如图13-3-2所示,伸向四角的裂缝大体与板边成45°;即将破坏时,板顶角区也产生与方板类似的环状裂缝。

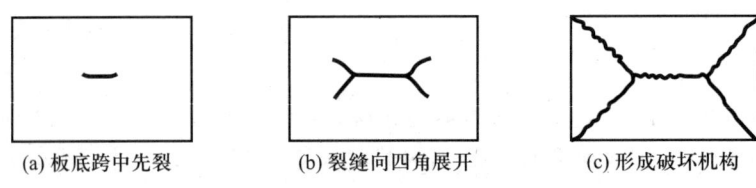

(a) 板底跨中先裂　　(b) 裂缝向四角展开　　(c) 形成破坏机构

图 13-3-2　简支矩形板破坏图形形成的过程

双向板破坏时板底、板顶裂缝如图13-3-3所示。

简支方板或矩形板板面出现环状裂缝的原因是板四角受到试验中拉杆的约束,不能自由翘起。

双向板在弹性工作阶段,板的四角有翘起的趋势,若周边没有可靠固定,将产生如图13-3-4所示犹如碗形的变形,板传给支座的压力沿边长不是均匀分布的,而是在每边的中心处达到最大值,因此,在双向板肋梁楼盖中,由于板顶面实际会受墙或支承梁约束,破坏时就会出现如图13-3-5所示的板底面及板顶面裂缝。

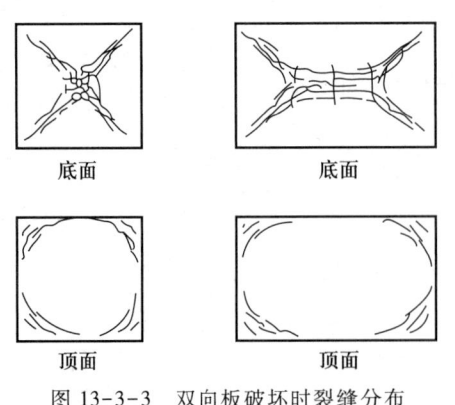

图 13-3-3　双向板破坏时裂缝分布

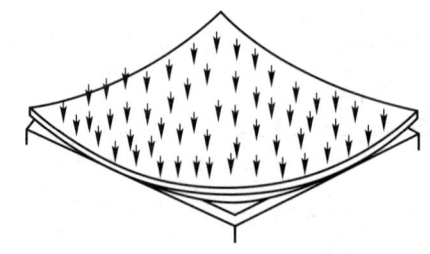

图 13-3-4　双向板的变形

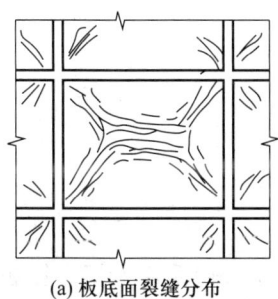
(a) 板底面裂缝分布

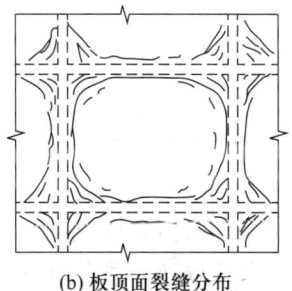
(b) 板顶面裂缝分布

图 13-3-5 肋梁楼盖中双向板的裂缝分布

13.3.2 双向板内力计算

双向板内力计算有两种方法:一种是按弹性理论计算;另一种是按塑性理论计算。按弹性理论计算的实用方法简单,一般采用计算表格进行计算;按塑性理论计算的结果配筋,可节省钢筋、便于施工。

1. 按弹性理论计算方法计算双向板的内力

(1) 单块双向板的内力计算

精确计算双向板的内力是比较复杂的。对于单块双向板,目前一般采用根据弹性薄板理论计算公式编制的实用计算表格进行计算。附表 26 中列出了六种不同边界条件的矩形板在均布荷载作用下的挠度及弯矩系数。计算时,取单位板宽 $b=1\,000$ mm,根据边界条件和短跨与长跨的比值,可直接查出弯矩系数,算得相应的弯矩值:

$$M = m \cdot p \cdot l_0^2 \tag{13-3-6}$$

式中 M——跨中或支座单位板宽内的弯矩设计值,$(kN \cdot m)/m$;
   p——板上作用的均布荷载设计值,kN/m^2,$p=g+q$;
   g——作用在板上的均布永久荷载设计值,kN/m^2;
   q——作用在板上的均布可变荷载设计值,kN/m^2;
   l_0——短跨方向的计算跨度,m,计算方法与单向板的计算相同;
   m——查附表 26-1~附表 26-6 所得弯矩系数(m_x、m_y、m_x'、m_y')。

注意:附表 26 中的附表是根据材料的泊松比 $\nu=0$ 制定的。当 $\nu \neq 0$ 时,可按下式计算跨中弯矩:

$$M_x^{(\nu)} = M_x + \nu M_y \tag{13-3-7}$$

$$M_y^{(\nu)} = M_y + \nu M_x \tag{13-3-8}$$

钢筋混凝土材料的泊松比 $\nu=0.2$,跨中弯矩的计算公式应为

$$M_x^{(0.2)} = M_x + 0.2 M_y$$

$$M_y^{(0.2)} = M_y + 0.2 M_x$$

附表 26 中选列出的六种边界条件为

① 四边简支;

② 一边固定，三边简支；
③ 两对边固定，两对边简支；
④ 四边固定；
⑤ 两邻边固定，两邻边简支；
⑥ 三边固定，一边简支。

（2）连续双向板的内力计算

精确计算连续双向板内力通常相当的复杂，因此工程中采用实用计算法，该法通过对双向板上可变荷载的最不利布置以及支承情况等的合理简化，将多区格连续板转化为单区格板，然后通过查内力系数表来进行计算，方法简单实用。

计算时采用的假定如下：
① 支承梁的抗弯刚度很大，其竖向变形可忽略不计；
② 支承梁的抗扭刚度很小，可以自由转动。

根据上述假定可将梁视为双向板的不动铰支座，从而使计算简化。

在确定可变荷载的最不利作用位置时，采用了既接近实际情况又便于利用单区格板计算表的布置方案：当求支座负弯矩时，楼盖各区格板均满布可变荷载；当求跨中正弯矩时，在该区格及其前后左右每隔一区格布置可变荷载，一般称此为棋盘形布置。如图 13-3-6 所示。

当连续双向板在同一方向相邻跨的最大跨度差不大于 20% 时，可按下述方法进行内力计算。

① 求跨中最大弯矩的计算

当求某区格板跨中最大弯矩时，可变荷载的最不利布置如图 13-3-6 所示，即所谓的棋盘形荷载布置。为了利用单区格双向板的内力计算系数表，将按棋盘形布置的可变荷载分解成各跨满布对称荷载 $q/2$ 和各跨向上向下相间作用的反对称荷载 $\pm q/2$，如图 13-3-6b、c 所示，按以下四步进行内力计算：

a. 当多区格双向连续板在对称荷载 $g+q/2$ 作用时，可将所有中间支座近似的看作固定支座，所有中间区格均可视为四边固定的双向板。由于内区格板中间支座两边结构对称且中间支座两侧荷载相同，忽略远跨荷载的影响，可以近似地认为支座不转动或发生很小的转动，因此可将所有中间支座近似的看作固定支座，从而所有中间区格均可视为四边固定的双向板。

b. 当所求区格板作用有反对称荷载 $\pm q/2$ 时，相邻区格板在支座处的转角方向一致，大小相同，

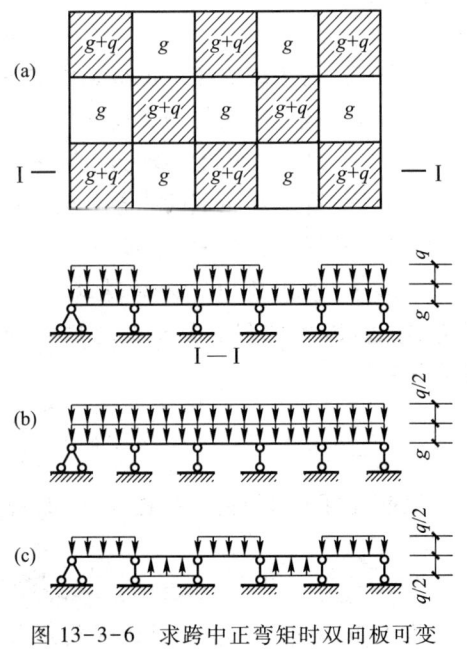

图 13-3-6 求跨中正弯矩时双向板可变荷载的最不利布置

中间支座的弯矩为零或很小,可近似地将中间支座视为简支支座,中间各区格板均可视为四边简支板的双向板。

对上述两种情况,利用单块双向板的内力系数表可以方便地求出各区格板的跨中弯矩。

c. 将各区格板在两种荷载作用下的跨中弯矩相叠加,即得到各区格板的跨中最大弯矩。

d. 对边、角区格板,跨中最大弯矩仍采用上述方法计算,但外边界条件按实际情况确定。

② 求支座最大弯矩的计算

求支座最大弯矩时,为了简化计算,假定永久荷载和可变荷载都满布连续双向板所有区格,中间支座均视为固定支座,内区格板均可按四边固定的双向板计算其支座弯矩。对于边、角区格,外边界条件应按实际情况考虑。对中间支座,由相邻两个区格求出的支座弯矩值常常会不相等,在进行配筋计算时可近似地取其平均值。

③ 支座处内力取值

连续梁、板按弹性理论计算时,计算跨度取自轴线尺寸,虽然在支座中心线处求得的内力可能是最大的,但此处的截面高度由于与支承梁(或柱)整体连接而增大,通常并不是最危险的截面,因此,计算时应采用支座边缘截面的内力进行设计。

2. 塑性理论计算方法

钢筋混凝土双向板在均布荷载作用下,裂缝不断展开,最后破坏时的裂缝分布如图 13-3-3 所示。在最大裂缝线上,受拉钢筋达到屈服强度时,其承受的内力矩即为屈服弯矩或极限弯矩,同时此裂缝线具有较强的转动能力,常称为塑性铰线。由于钢筋混凝土双向板具有一定的塑性性质,所以可采用塑性理论进行计算,这样可节省钢筋,使配筋方便,易于施工。双向板为高次超静定结构,按塑性理论精确计算其内力是比较困难的,一般只能按塑性理论计算其上限解和下限解。常用的计算方法有极限平衡法和能量法(亦称虚功法和机动法)等。现介绍用"极限平衡法(塑性铰线法)"计算双向板极限承载力的方法。

(1) 塑性铰线法

塑性铰线法是在塑性铰线位置确定的前提下,利用虚功原理建立外荷载与作用在塑性铰线上的弯矩二者间的关系式,从而求出各塑性铰线上的弯矩值,并依此对各截面进行配筋计算的一种方法。通常与"正弯矩"和"负弯矩"的名称相对应,也将位于板底和板面的塑性铰线分别称为"正塑性铰线"和"负塑性铰线"。

(2) 基本假定

钢筋混凝土双向板按塑性铰线法计算时,需作如下基本假定:

① 板即将破坏时,"塑性铰线"发生在弯矩最大处;

② 形成塑性铰线的板是机动可变体系(破坏机构);

③ 分布荷载作用下,塑性铰线为直线;

④ 塑性铰线将板分成若干个板块,并将各板块视为刚性,整个板的变形都集中在塑性铰线上,破坏时各板块都绕塑性铰线转动;

⑤ 板在理论上存在多种可能的塑性铰线形式,但只有相应于极限荷载为最小的塑性铰线形式才是最危险的;

⑥ 塑性铰线上只存在一定值的极限弯矩,其他内力可认为等于零。

(3) 均布荷载下连续双向板按塑性铰线法的内力计算

四周固定双向板,承受永久均布荷载 g 和可变均布荷载 q 作用,设长向和短向跨度分别为 l_x 和 l_y。当不计四边支承矩形双向板的角部和边界效应时,其破坏模式主要有倒锥形、倒幕形和正幕形三种,倒锥形是最基本的破坏模式。为简化计算,可将倒锥形破坏模式近似看作对称的,跨中斜向塑性铰线与邻边夹角均取为 45°。简化后的倒锥形破坏模式如图 13-3-7 所示,其中在四周固定边处产生负塑性铰线,跨内产生正塑性铰线。一般双向板的破坏图式不仅与其平面形状、尺寸、边界条件、荷载形式有关,也与配筋方式和数量有关。

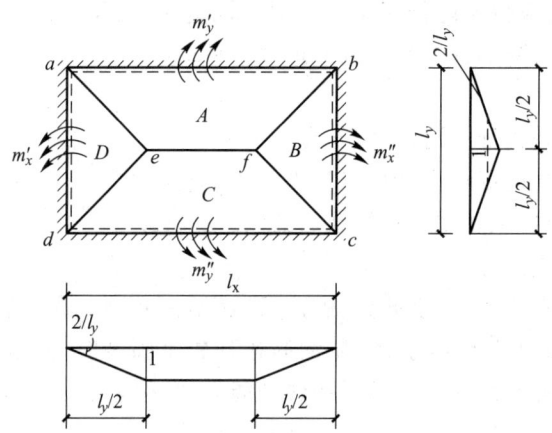

图 13-3-7 均布荷载作用下四边固定双向板的破坏图式

双向板配筋方式常用的有两种:分离式和弯起式。

① 采用通长钢筋

假设板内配筋沿两个方向均等间距布置,沿短跨和长跨方向单位板宽的跨中极限弯矩分别为 m_x 和 m_y,支座弯矩分别为 m'_x、m''_x 和 m'_y、m''_y。

如果破坏机构在跨中发生向下的单位竖向位移 1,则均布荷载 $p=q+g$ 所做的外功为

$$w_{ex} = p\left[\frac{1}{2} \cdot l_y \cdot 1 \cdot (l_x - l_y) + 2 \cdot \frac{1}{3} \cdot l_y \cdot \frac{l_y}{2} \cdot 1\right] = \frac{l_y}{6}(3l_x - l_y)p \quad (13\text{-}3\text{-}9)$$

根据图 13-3-7 所示的几何关系,负塑性铰线的转角均为 $2/l_y$;正塑性铰线 ef 上,板块 A 与 C 的相对转角为 $4/l_y$;斜向正塑性铰线沿长跨和短跨方向的转角均为 $2/l_y$。因此,由负塑性铰线上极限弯矩所做的内功为

$$w_1 = [(m'_x + m''_x)l_y + (m'_y + m''_y)l_x]\frac{2}{l_y}$$

正塑性铰线 ef 上极限弯矩所做的内功为

$$w_2 = m_y(l_x - l_y)\frac{4}{l_y}$$

四条斜向正塑性铰线沿长跨方向极限弯矩所做的内功为

$$w_3 = 4m_x \frac{l_y}{2} \cdot \frac{2}{l_y} = 4m_x$$

同理,四条斜向正塑性铰线沿短跨方向极限弯矩所做的内功为

$$w_4 = 4m_y \frac{l_y}{2} \cdot \frac{2}{l_y} = 4m_y$$

所以,由塑性铰线上极限弯矩所做的总内功为

$$w_{in} = w_1 + w_2 + w_3 + w_4 \tag{13-3-10}$$

根据虚功原理,当形成破坏机构时,由极限均布荷载 $p=g+q$ 所做外功应等于由塑性铰上的极限弯矩所做的内功,即 $w_{ex}=w_{in}$。

设 $M_x = m_x l_y$ $M_x' = m_x' l_y$ $M_x'' = m_x'' l_y$
$M_y = m_y l_x$ $M_y' = m_y' l_x$ $M_y'' = m_y'' l_x$

则可得双向板按塑性铰线法计算的基本公式:

$$2M_x + 2M_y + M_x' + M_x'' + M_y' + M_y'' = \frac{1}{12} p (3l_x - l_y) l_y^2 \tag{13-3-11}$$

式中 M_x、M_y——对应于 l_x、l_y 方向整块板内的跨中塑性铰线上总的极限弯矩;
M_x'、M_x''、M_y'、M_y''——对应于 l_x、l_y 方向整块板内两对支座塑性铰线上总的极限弯矩;
p——板上作用的均布荷载设计值;
l_y——双向板短跨长度;
l_x——双向板长跨长度。

利用式(13-3-11)具体计算时,有六个未知数 M_x、M_y、M_x'、M_y'、M_x'' 和 M_y'',不可能求解,此时应事先选定各弯矩之间的比值:

设

$$\alpha = \frac{m_y}{m_x} = \frac{l_x^2}{l_y^2}, \beta = \frac{m_x'}{m_x} = \frac{m_x''}{m_x} = \frac{m_y'}{m_y} = \frac{m_y''}{m_y} \tag{13-3-12}$$

β 值宜在 1.5~2.5 之间选用,通常取 $\beta=2.0$。因此,式(13-3-11)中左边各项皆可通过 β 换算成 m_x 和 m_y,当已知 l_x、l_y 和 p 后,即可计算出 m_x 或 m_y,进而求出 m_x'、m_y'、m_x'' 和 m_y''、然后作截面配筋计算。

当双向板周边为简支时,总的极限弯矩值按实际情况计算。

② 采用弯起钢筋

为了充分利用钢筋,通常将两个方向承受跨中正弯矩的钢筋,在距支座不大于 $l_y/4$ 范围内将它们弯起,充当部分承受支座负弯矩的钢筋;此时在距支座 $l_y/4$ 以内的跨中塑性铰线上单位板宽的极限弯矩可分别取为 $m_x/2$ 和 $m_y/2$。

对连续双向板,可以首先从中间区格板开始,按四边固定的单区格板进行计算,则塑性铰线上总弯矩的计算公式为:

$$M_x = \frac{3}{4} m_x l_y$$

$$M_y = \alpha m_x \left(l_x - \frac{l_y}{4}\right)$$

$$M'_x = M''_x = \beta m_x l_y$$

$$M'_y = M''_y = \alpha\beta m_x l_x$$

将上述关系代入式(13-3-11),即可求得 m_x,后代入式(13-3-12),进而求出 m_y、m'_x、m'_y、m''_x 和 m''_y。

对中间区格计算完毕后,可将中间区格板计算得出的各支座弯矩值,作为计算相邻区格板支座的已知弯矩值。这样,由内向外直至外区格依次解出。

对边、角区格板,按边界的实际支承情况进行计算。

比较弹性理论计算方法,用塑性铰线方法计算双向板一般可节省钢筋约20%~30%。塑性铰线法,在理论上属于上限解,即偏于"不安全"方面,但实际上由于穹顶作用等的有利影响,所求得的值并非真的"上限值",可以保证一般工程结构的要求。

(4) 按塑性理论方法计算的适用范围

由于按塑性理论计算方法简单,计算结果更符合结构的实际工作情况,且能节省材料,合理调整钢筋布置,解决了支座处钢筋的拥挤问题,故在设计混凝土连续梁、板时,应尽量采用这种方法。但塑性理论方法是以形成塑性铰或塑性铰线为前提的,因此,并不是在任何情况下都能适用。按塑性理论方法计算的适用范围同单向板。

13.3.3 双向板的截面设计与构造要求

1. 双向板的截面设计

(1) 截面弯矩设计值的确定

试验研究表明:双向板的实际承载能力往往大于其计算值。这主要是因为双向板的实际受力情况与计算简图并不完全一致,此外还有材料潜在强度较高等因素的影响。双向板在荷载作用下,裂缝不断地出现与展开,同时由于支座的约束,导致在板的平面内,逐渐产生相当大的水平推力,整块平板存在着穹顶作用,即周边支承梁对板产生水平推力,使板的跨中弯矩减小,这就提高了板的承载力。因此截面设计时,为了考虑这一有利影响,相关规范规定:四边与梁整体连接板的弯矩可乘以下列折减系数。

① 连续板中间区格的跨中及中间支座截面,折减系数为0.8。

② 边区格的跨中及自楼板边缘算起的第二支座截面,当 $l_b/l<1.5$ 时,折减系数为0.8。当 $1.5 \leqslant l_b/l<2.0$ 时,折减系数为0.9。l_b 为区格沿楼板边缘方向的跨度,l 为区格垂直于楼板边缘方向的跨度。

③ 角区格的各截面不折减。

(2) 截面有效高度的确定

考虑短跨方向的弯矩比长跨方向的大,因此应将短跨方向的跨中受拉钢筋放在长跨方向的外侧,以得到较大的截面有效高度。截面有效高度 h_0 通常分别取值如下:

短跨方向　$h_0 = h - 20$ mm
长跨方向　$h_0 = h - 30$ mm
式中 h 为板厚，mm。

（3）配筋计算

在求得板各跨跨中及各支座截面的弯矩设计值后，可根据正截面受弯承载力的计算来确定配筋。双向板在两个方向的配筋都应按计算确定。

板的计算宽度取 $b = 1\,000$ mm，按单筋矩形截面设计。求截面配筋时，内力臂系数可近似地取 $\gamma = 0.90 \sim 0.95$。

2. 双向板的构造要求

（1）双向板的厚度

一般不宜小于 80 mm，也不大于 160 mm。为了保证板的刚度，板的厚度 $h \geqslant l/40$，此处 l 是较小跨度。

（2）钢筋的配置

受力钢筋沿纵横两个方向设置，此时应将弯矩较大方向的钢筋设置在外层，另一方向的钢筋设置在内层。

板的配筋形式类似于单向板，有弯起式与分离式两种。沿墙边及墙角的板内构造钢筋与单向板楼盖相同。

按弹性理论计算时，其跨中弯矩不仅沿板长变化，而且沿板宽向两边逐渐减小；而板底钢筋是按跨中最大弯矩求得的，故应在两边予以减少。将板按纵横两个方向各划分为两个宽为 $l_x/4$（l_x 为较小跨度）的边缘板带和一个中间板带（图 13-3-8）。边缘板带的配筋为中间板带配筋的 50%。连续支座上的钢筋，应沿全支座均匀布置。受力钢筋的直径、间距、弯起点及截断点的位置等均可参照单向板配筋的有关规定。

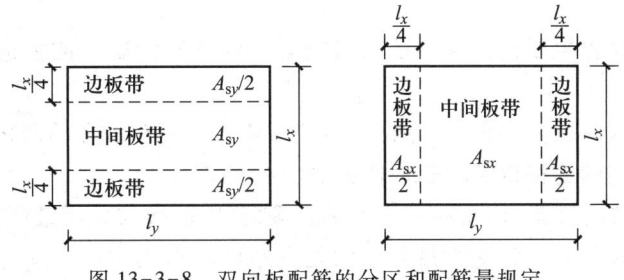

图 13-3-8　双向板配筋的分区和配筋量规定

按塑性铰线法计算时，板的跨中钢筋全板均匀配置；支座上的负弯矩钢筋按计算值沿支座均匀配置。沿墙边、墙角处的构造钢筋，与单向板楼盖中相同。

13.3.4　双向板支承梁的设计

作用在双向板上的荷载一般会向最近的支座方向传递，对于支承梁承受的荷载范围，可近似认为，以 45°等分角线为界，分别传至两相邻支座。这样，沿短跨方向的支承梁，承受板面传来的三角形分布荷载;沿长跨方向的支承梁,承受板面传来的梯形分布荷载,如图 13-3-9 所示,三角形分布荷载与梯形分布荷载的最大荷载集度 p' 按下式计算。

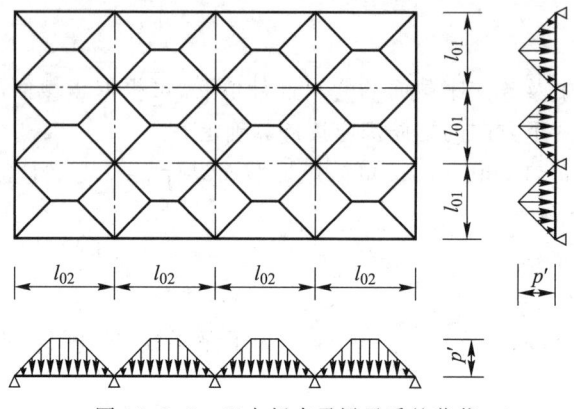

图 13-3-9 双向板支承梁承受的荷载

$$p' = p \cdot \frac{l_{01}}{2} = (g+q) \cdot \frac{l_{01}}{2} \tag{13-3-13}$$

式中　g、q——作用在板面的均布永久荷载和可变荷载;
　　　l_{01}——为双向板的短跨的计算跨度。

双向板支承梁内力计算可采用弹性理论方法或考虑塑性内力重分布计算方法。除梁上荷载形式有别于单向板支承梁外,梁的内力计算方法及构造要求均与单向板支承梁相同,在此不再叙述。

13.4　装配式混凝土楼盖

13-4:PPT
装配式
混凝土楼盖

装配式混凝土楼盖主要由搁置在承重墙或梁上的预制混凝土铺板组成,故又称为装配式铺板楼盖。

设计装配式楼盖时,一方面应注意合理地进行楼盖结构布置和预制构件选型,另一方面要处理好预制构件间的连接以及预制构件和墙(柱)的连接。

装配式楼盖主要有铺板式、密肋式和无梁式等,其中铺板式应用最广。铺板式楼盖的主要构件是预制板和预制梁。各地大量采用的是本地区的通用定型构件,由各地预制构件厂供应,当有特殊要求或施工条件受到限制时,才进行专用的构件设计。因此,本书着重介绍铺板的形式、优缺点及其适用范围。对这种楼盖的连接构造和装配式构件的计算特点也作扼要的介绍。

13.4.1　预制铺板的形式、特点及其适用范围

常用的预制铺板有实心板、空心板、槽形板、T 形板等,其中以空心板的应用最为广泛。我国各地区或省一般均有自编的标准图,其他铺板大多数也编有标准图。随着建筑业的发

展,预制的大型楼板(平板式或双向肋形板)也日益增多。

(1) 实心板

实心板(图 13-4-1a)上下表面平整,制作简单,但材料用量较多,适用于荷载及跨度较小的走道板、管沟盖板、楼梯平台板等。

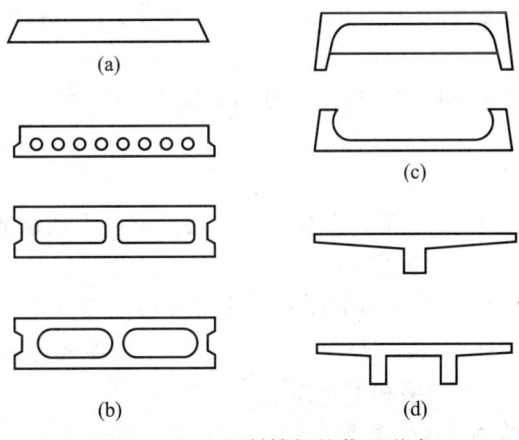

图 13-4-1 预制铺板的截面形式

常用板长 $l=1.8\sim2.4$ m,板厚 $h\geqslant l/30$,常用 $50\sim100$ mm;板宽 $B=500\sim1\,000$ mm。

(2) 空心板

空心板自重比实心板轻,截面高度可取较实心板大,故其刚度较大,隔音、隔热效果亦较好,其顶棚或楼面均较槽形板易于处理,因而在装配式楼盖中应用甚为广泛。空心板的缺点是板面不能任意开洞,自重也较槽形板大。

空心板截面的孔型有圆形、方形、矩形或长圆形(图 13-4-1b),视截面尺寸及抽芯设备而定,孔数视板宽而定。扩大和增加孔洞对节约混凝土减轻自重和隔音有利,但若孔洞过大,其板面需按计算配筋时反而不经济,此外,大孔洞板在抽芯时,易造成尚未结硬的混凝土坍落。为避免空心板端部压坏,在板端应塞混凝土堵头。

空心板截面高度可取为跨度的 $1/25\sim1/20$(普通钢筋混凝土的)或 $1/35\sim1/30$(预应力混凝土的),其取值宜符合砖的模数。通常有 120 mm、180 mm、240 mm 几种。空心板的宽度主要根据当地制作、运输和吊装设备的具体条件而定,常用 500 mm、600 mm、900 mm、1 200 mm。应尽可能地采取宽板以加快安装进度。板的长度视房间或进深的大小而定,一般有 3.0 m、3.3 m、3.6 m……6 m,多数按 0.3 m 进级。目前,非预应力空心板的最大长度为 4.8 m,预应力的可达 7.5 m。

(3) 槽形板

槽形板有肋向下(正槽板)和肋向上(倒槽板)两种(图 13-4-1c)。正槽板可以较充分利用板面混凝土抗压,但不能直接形成平整的天棚,倒槽板则反之。槽形板较空心板轻,但隔音隔热性能较差。

槽形板由于开洞较自由,承载能力较大,故在工业建筑中采用较多。此外,也可用于对天花板要求不高的民用建筑屋盖和楼面结构。

(4) T形板

T形板有单T板和双T板两种(图13-4-1d)。这类板受力性能良好,布置灵活,能跨越较大的空间,且开洞也较自由,但整体刚度不如其他类型的板。双T板比单T板有较好的整体刚度,但自重较大,对吊装能力要求较高。T形板适用于板跨在12 m以内的楼面和屋盖结构。

T形板的翼缘宽度为1 500~2 100 mm,截面高度为300~500 mm,视其跨度大小而定。

13.4.2 楼盖梁

在装配式混凝土楼盖中,有时需设置楼盖梁。楼盖梁可为预制或现浇,视梁的尺寸和吊装能力而定。

一般混合结构房屋中的楼盖梁多为简支梁或带悬挑的简支梁,有时也做成连续梁。梁的截面多为矩形。当梁较高时,为满足建筑净空要求,往往做成花篮梁(十字梁)。此外,为便于布板和砌墙,还设计成T形梁和Γ形梁。

简支梁的高跨比一般为1/14~1/8。

13.4.3 装配式构件的计算要点

装配式梁板构件,其使用阶段承载力、变形和裂缝开展验算与现浇整体式结构完全相同。但是,这种构件在制作、运输和吊装阶段的受力与使用阶段不同,故还需要进行施工阶段的验算(包括吊环、吊钩的计算)。

1. 施工阶段的验算

对于装配式钢筋混凝土梁板构件,必须进行运输和吊装验算。对于预应力混凝土构件,还应进行张拉(后张法构件)和放松(先张法构件)预应力钢筋时构件承载力和抗裂度的验算。这时,应注意下列各点:

(1) 按构件实际堆放情况和吊点位置确定计算简图;

(2) 考虑运输、吊装时的动力作用,构件自重应乘以1.5的动力系数;

(3) 对于预制楼板、挑檐板、雨篷板等构件,应考虑在其最不利位置作用1 kN的施工集中荷载(当计算挑檐、雨篷承载力时,沿板宽每隔1 m考虑一个集中荷载,在验算其倾覆时,沿板宽每隔2.5~3 m考虑一个集中荷载),该集中荷载与使用可变荷载不同时考虑。

2. 吊环的计算与构造

在吊装过程中,每个吊环可考虑两个截面受力,故吊环截面面积可按式(13-4-1)计算

$$A = \frac{G_k}{2m[\sigma_s]} \tag{13-4-1}$$

式中 G_k——构件自重(不考虑动力系数)的标准值;

m——受力吊环数,当构件设有4个吊环时,应按3个吊环进行计算,即取$m=3$;

$[\sigma_s]$——吊环钢的容许设计应力,考虑动力作用之后,规范规定$[\sigma_s]=50\ \text{N/mm}^2$。

吊环应采用 HPB300 钢筋或 Q235B 圆钢,并严禁冷拉,以保持吊环具有良好的塑性。吊环锚固深度应不小于 $30d$,并宜焊接或绑扎在构件的钢筋骨架上,d 为吊环钢筋或圆钢的直径。对 HPB300 钢筋,$[\sigma_s]=65\ \text{N/mm}^2$;对 Q235B 圆钢,$[\sigma_s]=50\ \text{N/mm}^2$。

13.4.4 装配式混凝土楼盖的连接构造

楼盖除承受竖向荷载外,它还作为纵墙的支点,起着将水平荷载传递给横墙的作用。在这一传力过程中,楼盖在自身平面内,可视为支承在横墙上的深梁,将产生弯曲和剪切应力。因此,要求铺板与铺板之间、铺板与墙之间以及铺板与梁之间的连接应能承受这些应力,以保证这种楼盖在水平方向的整体性。此外,增强铺板之间的连接,也可增加楼盖在垂直方向受力时的整体性,改善各独立铺板的工作条件。因此,在装配式混凝土楼盖设计中,应处理好各构件之间的连接构造。

1. 板与板的连接

板与板的连接,一般采用强度不低于 C20 的细石混凝土或砂浆灌缝(图 13-4-2a)。

当楼面有振动荷载或房屋有抗震设防要求时,板缝内应设置拉接钢筋(图 13-4-2b)。此时,板间缝应适当加宽。

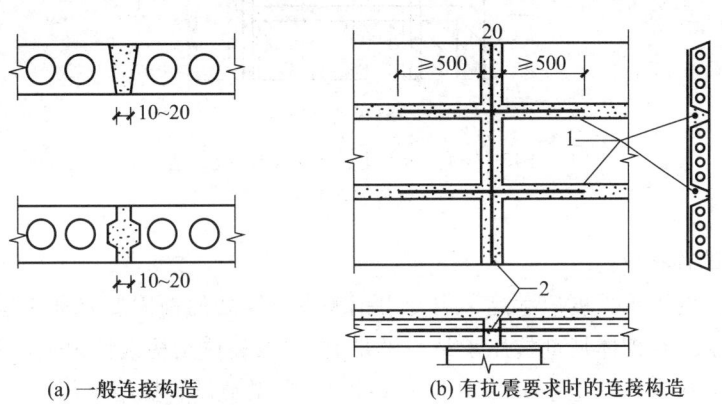

(a) 一般连接构造　　　　(b) 有抗震要求时的连接构造

图 13-4-2　板与板的连接构造

1—拉接钢筋,间距≤2 000 mm;2—通长构造钢筋

2. 板与墙和板与梁的连接

板与墙和梁的连接,分支承与非支承两种情况。

板与其支承墙和梁的连接,一般采用在支座上坐浆(厚度约为 10~20 mm)。板在砖墙上支承宽应≥100 mm,在钢筋混凝土梁上支承宽应≥60~80 mm(图 13-4-3),方能保证可靠地连接。

板与非支承墙和梁的连接,一般采用细石混凝土灌缝(图 13-4-4a)。当板长≥5 m 时,应在板的跨中设置两根直径为 8 mm 的联系筋(图 13-4-4b),或将钢筋混凝土圈梁设置于楼盖平面处(图 13-4-4c),以增强其整体性。

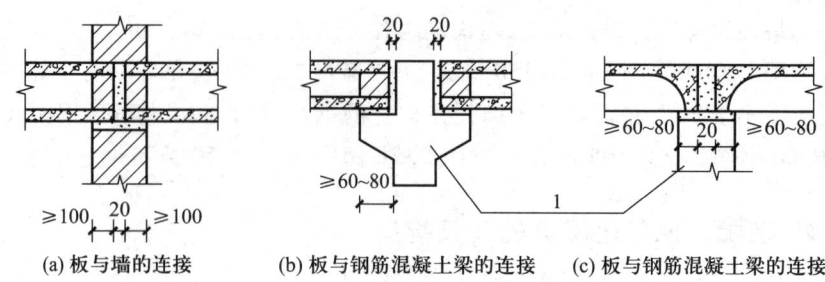

图 13-4-3　板与支承墙和板与支承梁的连接构造
1—钢筋混凝土梁

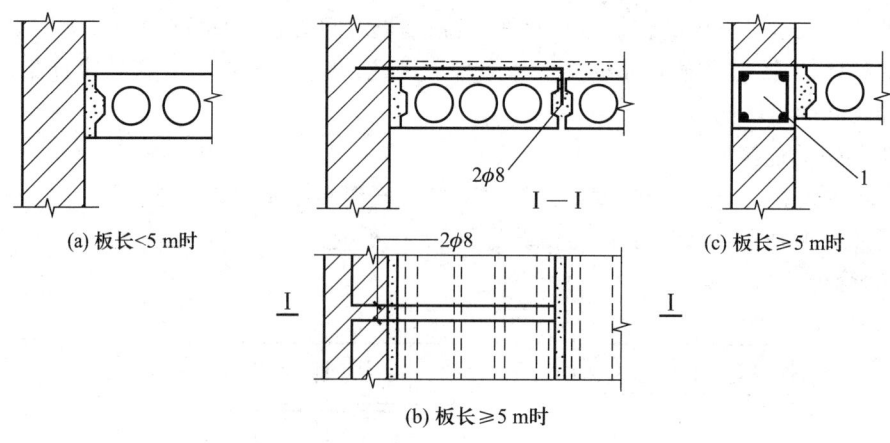

图 13-4-4　板与非支承墙的连接构造
1—钢筋混凝土圈梁

3. 梁与墙的连接

梁在砖墙上的支承长度应满足梁内受力钢筋在支座处的锚固要求和支座处砌体局部抗压承载力的要求。当砌体局部抗压承载力不足时，应按砌体结构设计规范设置梁下垫块。

预制梁也应在支承处坐浆 10~20 mm；必要时，在梁端设置拉结钢筋。

4. 整体性要求较高的装配整体式楼盖、屋盖，应采用预制构件加现浇叠合层的形式；或在预制板侧间隔设置配筋混凝土后浇带，并在板端设置负弯矩钢筋、板的周边沿拼缝设置拉接钢筋与支座连接。

13.5　无梁楼盖

13.5.1　概述

所谓无梁楼盖，就是在楼盖中不设梁肋，而将板直接支承在柱上。

无梁楼盖是一种双向受力楼盖，楼面荷载直接传给柱子，再传给基础，因此，它的柱网都采用正方形或矩形，以正方形最为经济，板内钢筋沿两个方向布置。楼盖的四周可支承在墙上或边梁上，或悬臂伸出边柱以外。悬臂板挑出适当的距离，能减小边跨的跨中弯矩。

无梁楼盖的特点是传力体系简化，又没有梁，因此扩大了楼层净空，并且底面平整，模板简单，便于施工。根据经验，当楼面可变荷载标准值在 5 kN/m² 以上、跨度在 6 m 以内时，无梁楼盖较肋梁楼盖经济。因而无梁楼盖常用于多层厂房、商场、库房等建筑。

无梁楼盖的主要缺点是由于取消了肋梁，无梁楼盖的抗弯刚度减小、挠度增大；柱子周边的剪应力高度集中，可能会引起局部板的冲切破坏。

通过在柱的上端设置柱帽、托板(图 13-5-1)可以减小板的挠度，提高板柱连接处的受冲切承载力；当不设置柱帽、托板时，一般需在板柱连接处配置剪切钢筋来满足受冲切承载力的要求。通过施加预应力或采用密肋板也能有效地增加刚度、减小板的挠度，而不增加自重。

无梁板与柱构成的板柱结构体系，由于侧向刚度较差，只有在层数较少的建筑中才靠板柱结构本身来抵抗水平荷载。当层数较多或要求抗震时，一般需设剪力墙来增加侧向刚度，构成板柱-剪力墙结构。

无梁楼盖按楼面结构形式分为平板和密肋板。按有无柱帽分为无柱帽轻型无梁楼盖和有柱帽无梁楼盖。按施工程序分为现浇式无梁楼盖和装配整体式无梁楼盖。采用升板法施工的无梁楼盖即为装配整体式的一种。

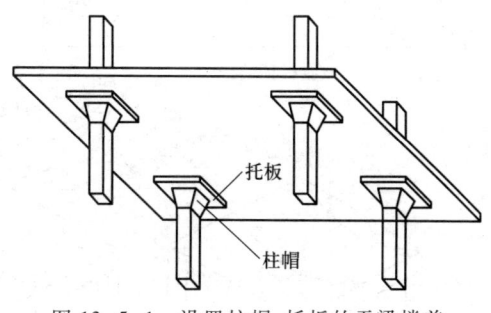

图 13-5-1 设置柱帽、托板的无梁楼盖

13.5.2 无梁楼盖的内力计算

1. 破坏特征

图 13-5-2 所示为有柱帽无梁楼盖在破坏时的裂缝分布。试验中观察到，在均布荷载作用下，第一批裂缝出现在柱帽顶面上；继续加载，在板顶出现沿柱列轴线的裂缝。随着荷载的不断增加，顶板裂缝不断发展，在板底跨中约 1/3 跨度内成批地出现互相垂直且平行于柱列轴线的裂缝。当即将破坏时，在柱帽顶面上和柱列轴线的顶板以及跨中板底的裂缝中出现一些特别大的主裂缝。在这些裂缝处，受拉钢筋达到屈服，受压区混凝土被压碎，此时楼板即告破坏。

2. 受力特点

直接支承于柱的无梁板(亦称平板)是双向受力的。为了更清楚地了解无梁板的受力特点，先将其与前面介绍过的单向板、双向板做个比较。图 13-5-3 中的正方形无梁板、单向板和双向板都是在四个角点用柱支承，如果板上的面荷载为 q，不难知道，单向板跨中弯矩与柱支承平板的跨中弯矩一样，都等于 $\frac{1}{8}ql_yl_x^2$。双向板两侧有梁支承，梁的反力在板内引起的弯矩与荷载引起的弯矩抵消一部分，使得板的跨中弯矩要小于 $\frac{1}{8}ql_yl_x^2$。于是，可以得到这样的

 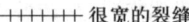

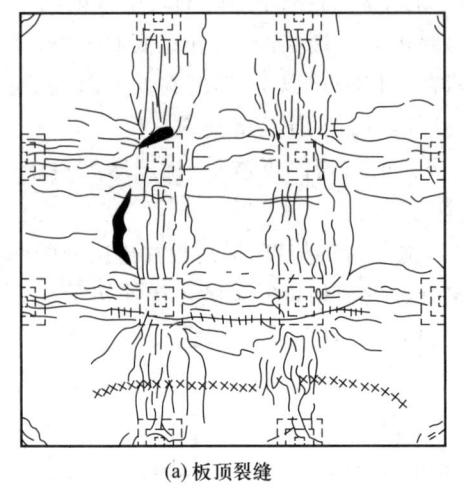

(a) 板顶裂缝

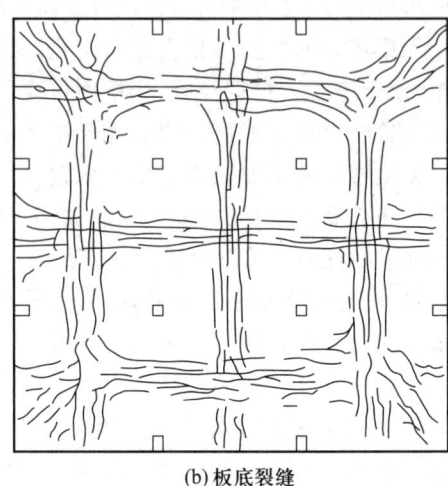

(b) 板底裂缝

图 13-5-2 有柱帽无梁楼盖的破坏裂缝

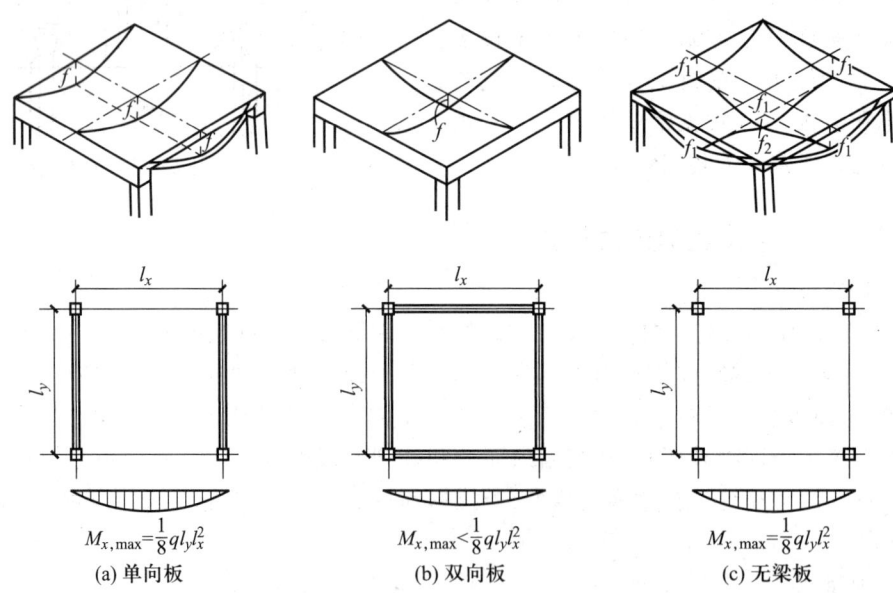

图 13-5-3 单向板、双向板和无梁板的受力比较

结论：无梁板虽然是双向受力，但其受力特点却更接近于单向板，只不过单向板是一向由板受弯、另一向由梁受弯；而无梁板在两个方向都是由板受弯。与单向板不同的是，在无梁板计算跨度内的任一截面，内力与变形沿宽度方向是处处不同的。

无梁楼盖可按柱网划分成若干区格，将其视为由支承在柱上的"柱上板带"和弹性支承于柱上板带的"跨中板带"组成的水平结构，如图 13-5-4 所示。柱中心线两侧各 1/4 跨度范围内的板带称为柱上板带，跨中板带是柱上板带之间的部分，其宽度是跨度的 1/2。考虑到钢筋混凝土板具有内力重分布的能力,可以假定在同一种板带宽度内,内力的数值是均匀的,钢筋也可以均匀地布置。

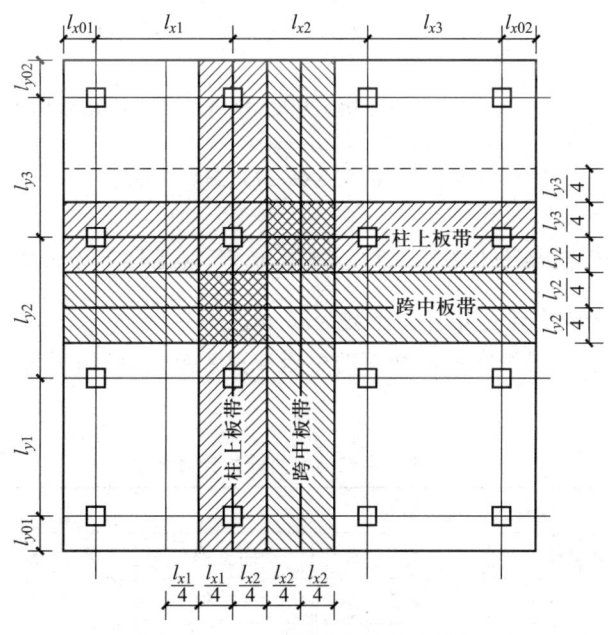

图 13-5-4 无梁楼盖的板带划分

3. 内力计算

无梁楼盖既可按弹性理论计算,也可按塑性理论计算。下面介绍的是两种应用较广的弹性理论计算方法:弯矩系数法和等代框架法。

(1) 弯矩系数法

弯矩系数法是在弹性薄板理论的分析基础上,给出柱上板带和跨中板带在跨中截面、支座截面上的弯矩计算系数;计算时,先算出总弯矩,再乘以相应的弯矩计算系数即可得到各截面的弯矩。

对单跨的柱支承平板,按弹性薄板理论分析可得 x 向的跨中弯矩 M_x 沿 y 向宽度内的分布,如图 13-5-5 所示。可以看到 M_x 在板宽内的分布是不均匀的,如果将板任何一点单位宽度的跨中弯矩(kN·m/m)表示为

$$M_x = \alpha_x q l_x^2$$

式中,α_x 为弯矩系数。图 13-5-5 中标明了在均布荷载 q 作用下每 $l_y/8$ 处的弯矩系数 α_x 值。在实际工程中,假设柱上板带的弯矩由柱上板带配筋负担,跨中板带的弯矩由跨

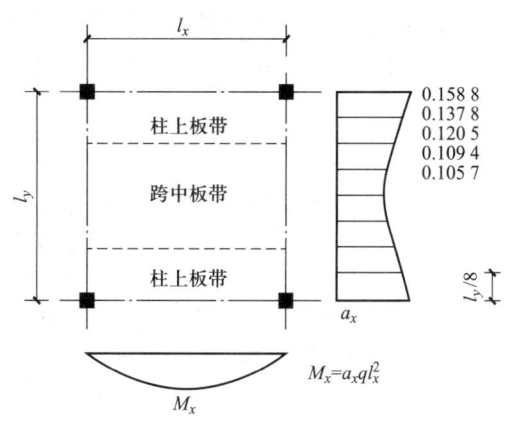

图 13-5-5 单跨平板跨中弯矩 M_x 的分布

中板带配筋负担,设计时取同一板带内的平均弯矩值进行计算。

由图 13-5-5,可得柱上板带跨中正弯矩为

$$\sum \left(M_x \frac{l_y}{8} \right) = \sum \left(\alpha_x q l_y^2 \frac{l_y}{8} \right) = \frac{1}{8} q l_y l_x^2 \sum \alpha_x$$

$$= \frac{1}{8} q l_y l_x^2 (0.158\ 8 + 2 \times 0.137\ 8 + 0.120\ 5)$$

$$= 0.555 \times \frac{1}{8} q l_y l_x^2 \approx 0.55 M_0$$

式中,$M_0 = \frac{1}{8} q l_y l_x^2$,是简支梁跨中弯矩或称总弯矩,0.55 就是柱上板带跨中正弯矩计算系数。类似地,可得跨中板带跨中正弯矩计算系数为 0.45。

表 13-5-1 汇总了无梁板在不同截面的弯矩计算系数,它可用于承受均布荷载的钢筋混凝土连续平板的计算。

表 13-5-1 无梁板的弯矩计算系数

截面位置	端跨			内跨	
	边支座	跨中	内支座	跨中	支座
柱上板带	−0.48	0.22	−0.50	0.18	−0.50
跨中板带	−0.05	0.18	−0.17	0.15	−0.17

注:1. 表中系数可用于长跨和短跨之比小于 1.5 时;
  2. 端跨外有悬臂板且悬臂板端部的负弯矩大于端跨边支座弯矩时,需考虑悬臂弯矩对边支座和内跨弯矩的影响。

采用弯矩系数法时,必须符合下列条件:
① 每个方向至少有三个连续跨;
② 任一区格板的长跨和短跨之比值不大于 1.5;
③ 同方向相邻跨度的差值不超过较长跨度的 1/3;
④ 可变荷载与永久荷载设计值之比值 $q/g \leqslant 3$。

用该法计算时,板面荷载取全部均布荷载,而不必考虑可变荷载的不利组合。

在一个区格板中,两个方向的总弯矩设计值分别为

$$M_{0x} = \frac{1}{8}(g+q)l_y \left(l_x - \frac{2}{3}c \right)^2$$

$$M_{0y} = \frac{1}{8}(g+q)l_x \left(l_y - \frac{2}{3}c \right)^2 \qquad (13-5-1)$$

式中 g、q——板面永久荷载和可变荷载设计值,kN/m²;
   l_x、l_y——沿纵、横两个方向的柱网轴线尺寸;
   c——柱帽(图 13-5-6)计算宽度,取自柱颈往上 45°扩散至底板的宽度,$c = (0.2 \sim 0.3)l$,合理值为 $c = 0.22l$(l 为板区格的边长)。

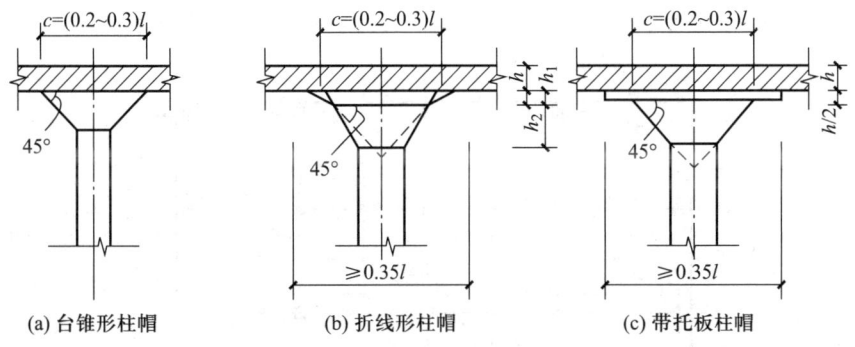

(a) 台锥形柱帽　　(b) 折线形柱帽　　(c) 带托板柱帽

图 13-5-6　三种常用柱帽形式

（2）等代框架法

等代框架法是把整个结构分别沿纵、横柱列划分为具有"等代框架柱"和"等代框架梁"的纵向等代框架和横向等代框架。等代框架与普通框架有所不同。在普通框架中，梁和柱可直接传递内力（弯矩、剪力和轴力）。而在等代框架中，在竖向荷载作用下，等代框架梁的宽度取与梁跨方向相垂直的板跨中心线间的距离，其值大大超过柱宽，故仅有一部分竖向荷载（大体相应于柱或柱帽的那部分荷载）产生的弯矩可以通过板直接传递给柱，其余都要通过扭矩进行传递。这时可以假设两端与柱（或柱帽）等宽的板为扭臂，如图 13-5-7 所示，柱（或柱帽）宽以外的那部分荷载使扭臂受扭，并将扭矩传递给柱，使柱受弯。因此，在无梁楼盖等代框架中的柱应该是包括柱（柱帽）和两侧扭臂在内的等代柱，它的刚度应为考虑柱的受弯刚度和扭臂的受扭刚度后的等代刚度。至于柱本身和等代梁的截面和跨度的确定，则要考虑板柱节点处柱帽的影响。柱帽既加强了等代柱，也加强了等代梁，因而等代梁端和等代柱端往往有一个刚度为无穷大的区段，它对等代框架梁的跨度、柱高、刚度以及用力矩分配法计算时的弯矩传递系数等都会产生影响。

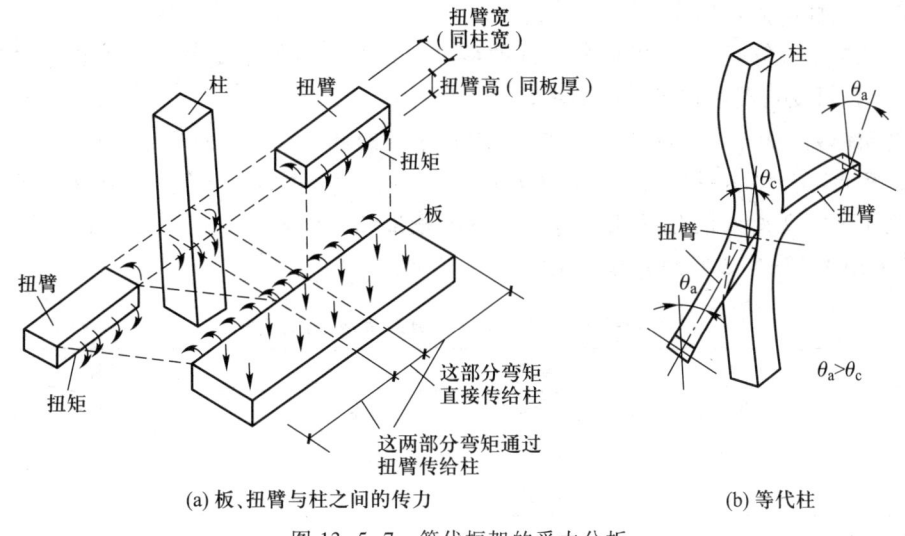

(a) 板、扭臂与柱之间的传力　　(b) 等代柱

图 13-5-7　等代框架的受力分析

13.5　无梁楼盖

等代框架的划分见图13-5-8。采用等代框架计算时,可采用如下假定:

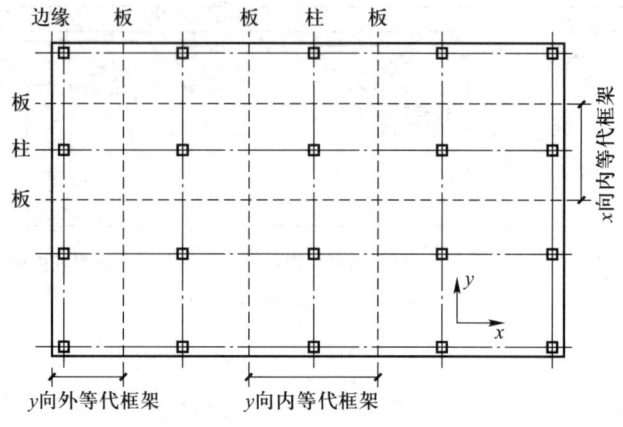

图 13-5-8 等代框架的划分

① 等代框架梁的高度取板厚;等代框架梁的宽度在竖向荷载作用下取与梁跨方向相垂直的板跨中心线间的距离,在水平荷载作用下,则取为板跨中心线间距离的一半。这是因为竖向荷载作用下,主要靠板带的弯曲将荷载传给柱,使两者共同工作构成等代框架;而水平荷载作用下,主要由柱的弯曲把水平荷载传给板带,而柱的受弯刚度比板带的小,所以能与柱一起工作的板带宽度要小些。等代框架梁的跨度,在两个方向分别取 $l_x - \frac{2}{3}c$ 与 $l_y - \frac{2}{3}c$,c 是柱帽的计算宽度。

② 等代框架柱的截面取柱本身的截面;柱的计算高度,对于一般层,取层高减去柱帽的高度,对于底层,取基础顶面至底层楼面的高度减去柱帽高度。

③ 当仅有竖向荷载作用时,框架可按分层法简化计算,即所计算的上、下层楼板均视作上层柱与下层柱的固定远端。

按等代框架计算时,应考虑可变荷载的最不利布置。但当可变荷载值不超过永久荷载值的75%时,可变荷载可按各跨满布考虑。

按框架内力分析得出的柱内力,可以直接用于柱的截面设计。对于梁的内力,还需分配给不同的板带。当区格板的边长比 $l_x/l_y \leq 1.5$ 时,可将计算所得的等代框架梁中各截面的弯矩值按表13-5-2所列的分配比值分配给柱上板带和跨中板带。但严格地说,当 $l_x/l_y \neq 1$ 时,就应采用表13-5-3所列的分配比值。

表 13-5-2 等代框架计算的弯矩分配比值

项目	端跨			内跨	
	边支座	跨中	内支座	跨中	支座
柱上板带	0.90	0.55	0.75	0.55	0.75
跨中板带	0.10	0.45	0.25	0.45	0.25

注:本表适用于周边连续板

表 13-5-3　不同边长比时柱上板带和跨中板带的弯矩分配比值

l_x/l_y	负弯矩		正弯矩	
	柱上板带	跨中板带	柱上板带	跨中板带
0.5~0.6	0.55	0.45	0.50	0.50
0.6~0.75	0.65	0.35	0.55	0.45
0.75~1.33	0.70	0.30	0.60	0.40
1.33~1.67	0.80	0.20	0.75	0.25
1.67~2.0	0.85	0.15	0.85	0.15

注：1. 本表适用于周边连续板。
　　2. 对有柱帽的平板，表中的分配比值应作如下修正：
　　　　负弯矩：柱上板带+0.05，跨中板带-0.05；
　　　　正弯矩：柱上板带-0.05，跨中板带+0.05。
　　3. 在保持总弯矩值不变的情况下，允许在板带之间或支座弯矩与跨中弯矩之间相应调幅10%。

按照弹性薄板解得的弯矩横向分布状况并不完全符合实际，在钢筋混凝土平板中内力的塑性重分布现象也是存在的。鉴于柱上板带负弯矩分配较多可能造成配筋过密，不便于施工，允许在保持总弯矩值不变的情况下，将柱上板带负弯矩的10%分配给跨中板带负弯矩。

对设置柱帽的无梁楼盖，考虑到楼盖中存在的穹顶作用（拱作用），可参照前述对肋梁楼盖中与梁整体连接的板的规定，对计算所得的弯矩值予以折减。

13.5.3　板柱节点设计

1. 冲切破坏特征

国内外已对混凝土板的冲切问题进行过大量的试验研究。在图 13-5-9 所示的板柱连接试件中，在集中的柱反力作用下，柱子面积内的板面向内凹陷，而板的另外面则向外隆起。当达到极限承载力时，隆起部分的边界形成环状的裂缝，仿佛板的局部被"冲"出，通常将这种局部破坏称作冲切破坏，"冲出"部分则称作冲切破坏锥。对于平板，实测的冲切破坏锥斜面的倾角（简称冲切角）一般为 20°~30°。但事实上冲切破坏面是比较复杂的、呈凹形的曲面，冲切角沿板的厚度是处处不同的，靠近柱根处冲切角约为 45°。

2. 受冲切承载力计算公式

在局部荷载或集中反力作用下的混凝土板可能会发生冲切破坏，根据混凝土板中心冲切的试验结果并参考了国外的有关资料，我国《混凝土结构设计规范》对混凝土板的受冲切承载力计算作出了

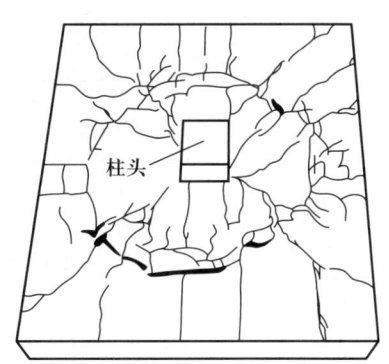

图 13-5-9　板柱节点的冲切破坏形态

如下规定:

(1) 对不配置箍筋或弯起钢筋的混凝土板,其受冲切承载力可按下列公式计算:

$$F_l \leq (0.7\beta_h f_t + 0.25\sigma_{pc,m})\eta u_m h_0 \quad (13-5-2)$$

公式(13-5-2)中的系数 η 应按下列两个公式计算,并取其中较小值:

$$\eta_1 = 0.4 + \frac{1.2}{\beta_s} \quad (13-5-3)$$

$$\eta_2 = 0.5 + \frac{\alpha_s h_0}{4 u_m} \quad (13-5-4)$$

式中 F_l——局部荷载设计值或集中反力设计值(当计算无梁楼盖柱帽处的受冲切承载力时,取柱所受的轴向力设计值的房间差值减去柱顶冲切破坏锥体范围内的荷载设计值);

β_h——截面高度影响系数:当 $h \leq 800$ mm 时,取 $\beta_h = 1.0$;当 $h \geq 2\ 000$ mm 时,取 $\beta_h = 0.9$,其间按线性内插法取用;

f_t——混凝土轴心抗拉强度设计值;

$\sigma_{pc,m}$——计算截面周长上两个方向混凝土有效预压应力按长度的加权平均值,其值应控制在 $1.0 \sim 3.5$ N/mm² 范围内;对于非预应力混凝板,取 $\sigma_{pc,m} = 0$;

u_m——计算截面的周长,取距离局部荷载或集中反力作用面积周边 $h_0/2$ 处板垂直截面的最不利周长(图 13-5-10);

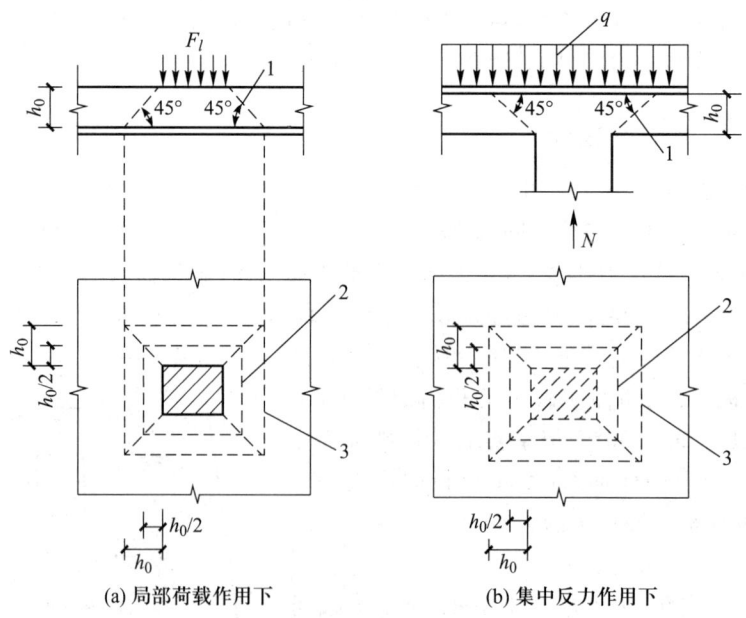

(a) 局部荷载作用下　　　　(b) 集中反力作用下

图 13-5-10　板受冲切承载力计算

1—冲切破坏锥体的斜截面;2—距荷载面积周边 $h_0/2$ 处的周长;
3—冲切破坏锥体的底面线

h_0——截面有效高度,取两个方向配筋的截面有效高度的平均值;

η_1——局部荷载或集中反力作用面积形状的影响系数;

η_2——计算截面周长与板截面有效高度之比的影响系数;

β_s——局部荷载或集中反力作用面积为矩形时的长边与短边尺寸的比值,β_s 不宜大于 4;当 $\beta_s<2$ 时,取 $\beta_s=2$;当面积为圆形时,取 $\beta_s=2$;

α_s——柱位置影响系数:对中柱,取 $\alpha_s=40$;对边柱,取 $\alpha_s=30$;对角柱,取 $\alpha_s=20$。

当板中开孔位于距局部荷载或集中反力作用面积边缘的距离不大于 6 倍板有效高度时,受冲切承载力计算中取用的计算截面周长 u_m,从局部荷载集中反力作用面积中心至开孔外边上、下两条切线之间所包含的临界周长应予扣除(图 13-5-11);当 $l_1>l_2$ 时,孔洞边长 l_2 应用 $\sqrt{l_1 l_2}$ 代替。

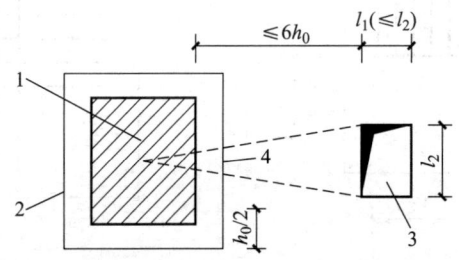

图 13-5-11 邻近孔洞时的计算截面周长

1—局部荷载或集中反力作用面;2—计算截面周长;3—孔洞;4—应扣除的长度

(2) 在局部荷载或集中反力作用下,当受冲切承载力不满足式(13-5-2)的要求且板厚受到限制时,可配置箍筋或弯起钢筋。此时,受冲切截面应符合下列条件:

$$F_l \leqslant 1.2 f_t \eta u_m h_0 \tag{13-5-5}$$

配置箍筋、弯起钢筋的板,其受冲切承载力可按下列公式计算:

$$F_l \leqslant (0.5 f_t + 0.25 \sigma_{pc,m}) \eta u_m h_0 + 0.8 f_{yv} A_{svu} + 0.8 f_y A_{sbu} \sin \alpha \tag{13-5-6}$$

式中 A_{svu}——与呈 45°冲切破坏锥体斜截面相交的全部箍筋截面面积;

A_{sbu}——与呈 45°冲切破坏锥体斜截面相交的全部弯起钢筋截面面积;

f_{yv}——箍筋抗拉强度设计值;

f_y——弯起钢筋抗拉强度设计值;

α——弯起钢筋与板底面的夹角。

(3) 冲切钢筋

混凝土板中配置抗冲切箍筋或弯起钢筋时,应符合下列构造要求:

① 板的厚度不应小于 150 mm;

② 按计算所需的箍筋及相应的架立钢筋应配置在与 45°冲切破坏锥面相交的范围内,且从集中荷载作用面或柱截面边缘向外的分布长度不应小于 $1.5h_0$(图 13-5-12a);箍筋应做成封闭式,直径不应小于 6 mm,间距不应大于 $h_0/3$,且不应大于 100 mm;

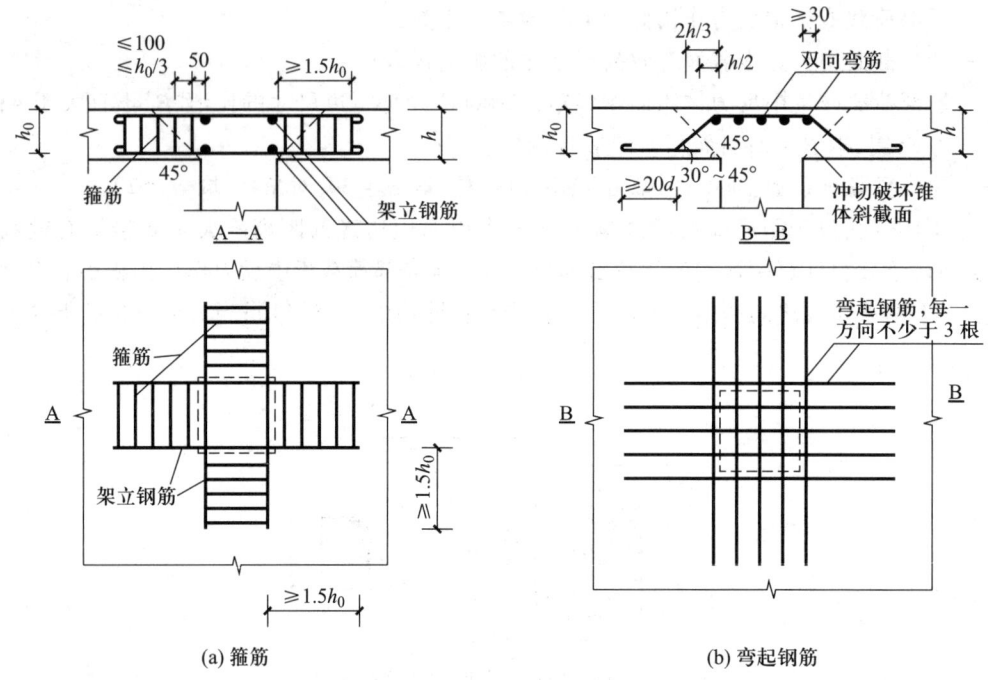

图 13-5-12 板中抗冲切钢筋布置

③ 按计算所需弯起钢筋的弯起角度可根据板的厚度在 30°～45°之间选取；弯起钢筋的倾斜段应与冲切破坏锥面相交（图 13-5-12b），其交点应在集中荷载作用面或柱截面边缘以外 $(1/3 \sim 1/2)h$ 的范围内。弯起钢筋直径不宜小于 12 mm，且每一方向不宜少于 3 根。

研究与工程实践表明，在混凝土板内配置抗剪锚栓、扁钢 U 形箍、型钢（如工字钢、槽钢）等也能有效地提高冲切承载力。

对配置受冲切钢筋的板，冲切破坏锥体很可能在已配置受冲切钢筋区域以外的板内形成。此时，可以将受冲切钢筋在底部锚固范围内的面积视作局部荷载或集中反力作用面积，并取该面积以外 $0.5h_0$ 处最不利的临界周长，按不配置受冲切钢筋的情况，用式（13-5-2）进行受冲切承载力验算。

（4）柱帽

在无梁板下层柱的顶端设置柱帽，可以增大板柱连接面积，提高板的冲切承载力。设置柱帽还可以减小板的计算跨度和柱的计算长度。但是设置柱帽可能会减少室内的有效空间，给施工也带来诸多不便。

常用柱帽有三种形式（图 13-5-6）：① 台锥形柱帽；② 折线形柱帽；③ 带托板柱帽。还可将柱帽做成各种艺术形式。柱帽的计算宽度按 45°压力线确定，一般取 $c = (0.2 \sim 0.3)l$，l 为板区格的边长；托板宽度一般取 $a \geqslant 0.35l$，托板厚度不应小于 $h/4$，一般取板厚的一半,柱帽或托板在平面两个方向上的尺寸均不宜小于同方向上柱截面宽度 b 和 $4h$ 的和。

柱帽内的应力值通常很小,钢筋按构造要求配置即可(图 13-5-13)。

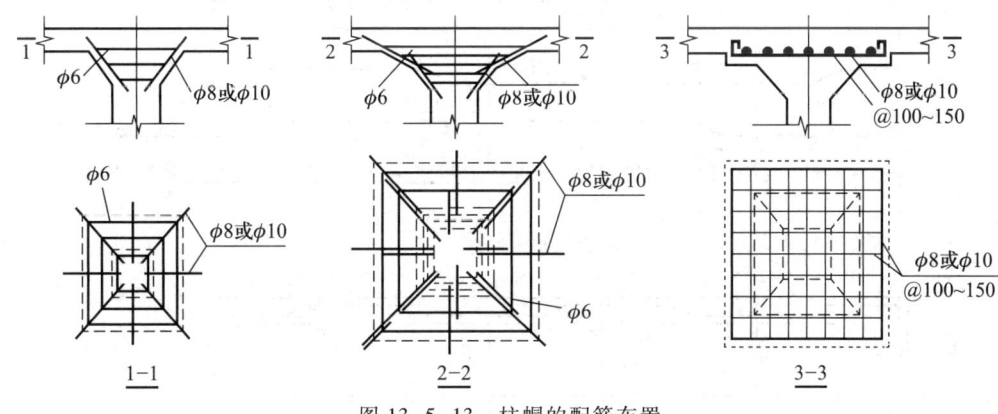

图 13-5-13 柱帽的配筋布置

对设置柱帽的板,按式(13-5-2)计算受冲切承载力时,将集中荷载的边长取为柱帽计算宽度 c。由于集中荷载面积成倍放大,通常不配置受冲切钢筋即可满足受冲切承载力的要求。

13.5.4 无梁楼盖的配筋和构造

1. 板的厚度

精确计算无梁楼盖的挠度是比较复杂的,当板厚 h 的取值符合表 13-2-5 的规定时,一般可不予计算。

当采用无柱帽时,柱上板带可适当加厚,加厚部分的宽度可取相应板跨的 0.3 倍左右。

2. 板的配筋

根据柱上和跨中板带截面弯矩算得的钢筋,可沿纵、横两个方向均匀布置于各自的板带上。钢筋的直径和间距,与一般双向板的要求相同,对承受负弯矩的钢筋,其直径不宜小于 12 mm,以保证施工时具有一定的刚性。

无梁楼盖中的配筋形式也有弯起式和分离式两种。钢筋弯起或切断的位置应满足图 13-5-14 所示的要求。如果将柱网轴线上一定数量的钢筋连通起来,对于防止因整块板掉落而引起的结构连续性倒塌是有利的。

3. 边梁

无梁楼盖的周边应设置边梁,其截面高度应不小于板厚的 2.5 倍,与板形成倒 L 形截面。边梁除了与边柱上的板带一起承受弯矩外,还要承受垂直于边梁轴线方向的扭矩,所以应配置必要的抗扭构造钢筋。

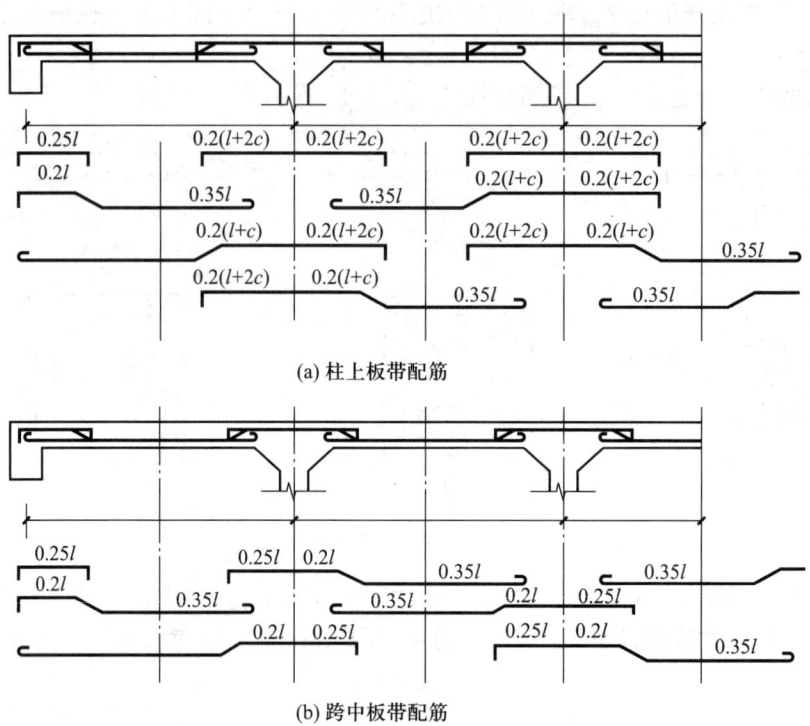

图 13-5-14 无梁楼盖的配筋构造

13.6 无黏结预应力混凝土楼盖

13.6.1 概述

在无黏结预应力混凝土中,允许配置的预应力筋在张拉后与周围混凝土产生相对滑动。无黏结预应力筋一般由钢丝束或钢绞线涂上润滑油脂,外加注塑成型的聚乙烯塑料套管而构成。施工时,将无黏结预应力筋像普通的钢筋一样,浇筑在混凝土内,当混凝土达到规定强度后,用千斤顶张拉,两端用锚具锚固。无黏结预应力混凝土不需预留管道、穿筋和灌浆,简化了施工工艺。无黏结预应力筋易于形成连续的多波形状,受到的摩擦力也很小,因此特别适合需要复杂的连续曲线配筋的多跨楼盖结构。

无黏结预应力混凝土以采用高强钢材、先进的预应力工艺和现代的设计方法为特征,非常适用于建造大柱网、大开间、大空间的多、高层及超高层建筑楼盖。

我国在无黏结预应力混凝土的设计计算理论、材料加工、锚具系统和工艺设备、施工操作等方面已取得大量的研究成果并积累了丰富的实践经验,还专门制定颁布了一系列技术规程和产品标准,如《无黏结预应力混凝土结构技术规程》(JGJ 92—2016)、《无黏结预应力钢绞线》(JG 161—2016)、《预应力筋用锚具、夹具和连接器应用技术规程》(JGJ 85—2010)等。

13.6.2 预应力楼盖的截面设计与构造

1. 预应力楼盖的尺寸

预应力楼盖的截面高度与其跨度、形式、荷载情况等有关,同时必须满足各种截面承载能力、挠度、裂缝、防火及钢筋防腐蚀等方面的要求。根据我国的工程经验,预应力梁板的跨高比和跨度可参照表 13-6-1 取用。

表 13-6-1 预应力混凝土梁板的跨高比及经济跨度

结构形式	跨高比	经济跨度/m	结构形式	跨高比	经济跨度/m
单向梁	16~25	8~15	单向板	35~45	6~9
扁梁	20~25	9~18	双向板	40~50	7~10
框架梁	12~18	15~25	密肋板	30~35	10~15
井字梁	20~25	16~32	悬臂板	≤16	—
悬臂梁	≤10	—			

2. 无黏结预应力筋应力设计值

《无黏结预应力混凝土结构技术规程》(JGJ 92—2016)规定,对采用钢绞线作无黏结预应力筋的受弯构件,在进行正截面承载力计算时,无黏结预应力筋的应力设计值 σ_{pu} 宜按下列公式计算:

$$\sigma_{pu} = \sigma_{pe} + \Delta\sigma_p \quad (13\text{-}6\text{-}1)$$

$$\Delta\sigma_p = (240 - 335\xi_p)\left(0.45 + 5.5\frac{h}{l_0}\right)\frac{l_2}{l_1} \quad (13\text{-}6\text{-}2)$$

$$\xi_p = \frac{\sigma_{pe}A_p + f_y A_s}{f_c b h_p} \quad (13\text{-}6\text{-}3)$$

对于跨数不少于 3 跨的连续梁、连续单向板及连续双向板, $\Delta\sigma_p$ 取值不应小于 50 N/mm²。此时,应力设计值 σ_{pu} 尚应符合下列条件:

$$\sigma_{pu} \leqslant f_{py} \quad (13\text{-}6\text{-}4)$$

式中 σ_{pe}——扣除全部预应力损失后,无黏结预应力筋中的有效预应力,N/mm²。

$\Delta\sigma_p$——无黏结预应力筋中的应力增量,N/mm²。

ξ_p——综合配筋指标,不宜大于 0.4;对于连续梁、板,取各跨内支座和跨中截面综合配筋指标的平均值。

h——受弯构件截面高度,mm。

h_p——无黏结预应力筋合力点至截面受压边缘的距离,mm。

l_1——连续无黏结预应力筋两个锚固端间的总长度,mm。

l_2——与 l_1 相关的由可变荷载最不利布置图确定的荷载跨长度之和,mm。

翼缘位于受压区的 T 形、I 形截面受弯构件,当受压区高度大于翼缘高度时,综合配筋指标 ξ_p 可按下式计算:

$$\xi_p = \frac{\sigma_{pe}A_p + f_y A_s - f_c(b'_f - b)h'_f}{f_c b h_p} \tag{13-6-5}$$

此处,h'_f 为 T 形、I 形截面受压区的翼缘高度,mm;b'_f 为 T 形、I 形截面受压区的翼缘计算宽度,mm。

3. 无梁板内预应力筋的布置

无梁板两个方向的预应力筋用量确定后,可采用以下两种布置方式:

① 在两个方向上按柱上板带和跨中板带布置(图 13-6-1a),其中柱上板带占 60%~75%,相应地跨中板带占 25%~40%。这种布置方式比较符合板的受力状态,缺点是要将两个方向的抛物线形预应力筋交织成网,施工上诸多不便。

② 无黏结预应力筋在一向集中布置,在另一向均匀布置(图 13-6-1b)。集中布置的无黏结预应力筋宜分布在柱两边各 1.5 倍板厚的范围内;均匀布置的无黏结预应力筋的间距不得超过 6 倍的板厚,且不宜大于 1 m。这种布置方式易于保证无黏结筋的曲线形状。

以上两种布置方式中,每一方向穿过柱子的无黏结预应力筋不得少于 2 根。

4. 非预应力筋的配置

现代预应力混凝土结构中通常都配置适当数量的有黏结的非预应力钢筋,这样能防止受拉区混凝土突然开裂,而且能使裂缝分布均匀,破坏时有预兆。

如果配置的预应力筋数量不能满足承载力要求,可用非预应力钢筋予以补充。

截面中最大配筋率与最小配筋率应符合有关规定的要求。

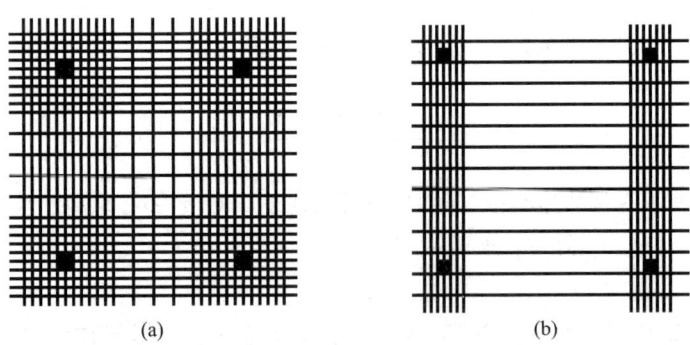

图 13-6-1 无梁板中无黏结预应力筋的布置

① 单向板纵向普通钢筋的截面面积 A_s 应符合下式规定:

$$A_s \geq 0.002bh \tag{13-6-6}$$

且纵向普通钢筋直径不应小于 8 mm,间距不应大于 200 mm。

式中　b——截面宽度,mm;
　　　h——截面高度,mm。

② 梁中受拉区配置的纵向普通钢筋的最小截面面积 A_s 应取下列两式计算结果的较大值:

$$A_s \geqslant \frac{1}{3}\left(\frac{\sigma_{pu}h_p}{f_y h_s}\right)A_p \tag{13-6-7}$$

$$A_s \geqslant 0.003bh \tag{13-6-8}$$

式中 h_s——纵向受拉普通钢筋的合力点至截面受压边缘的距离。

上述要求的纵向普通钢筋直径不宜小于 14 mm,且宜均匀分布在梁的受拉边缘。

13.7 楼梯、雨篷计算与构造

楼梯、雨篷、阳台等是建筑物中的重要组成部分,本节主要讲述楼梯和雨篷的结构计算及构造要点。

13-6:PPT 楼梯雨篷

13.7.1 楼梯

楼梯的平面布置,踏步尺寸、栏杆形式等由建筑设计确定。板式楼梯和梁式楼梯是最常见的现浇楼梯,宾馆和公共建筑有时也采用一些特种楼梯,如剪刀式楼梯和螺旋板式楼梯(图 13-7-1)。此外也有采用装配式楼梯的。

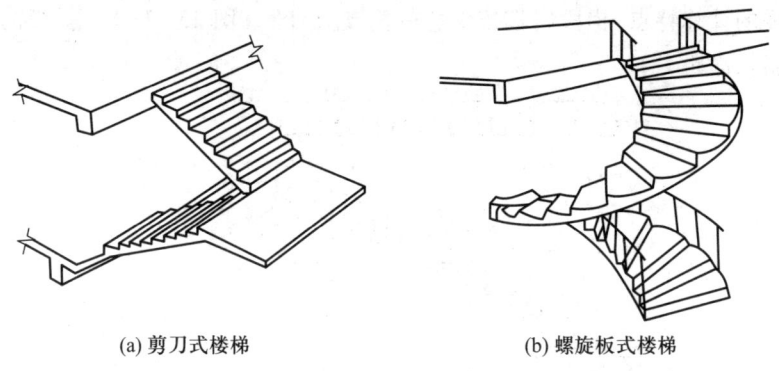

(a) 剪刀式楼梯　　　　　(b) 螺旋板式楼梯

图 13-7-1　特种楼梯

楼梯的结构设计包括以下内容:

① 根据建筑要求和施工条件,确定楼梯的结构形式和结构布置。

② 根据建筑类别,按《建筑结构荷载规范》(GB 50009—2012)确定楼梯的可变荷载标准值。需要注意的是楼梯的可变荷载往往比所在楼面的可变荷载大。生产车间楼梯的可变荷载可按实际情况确定,但不宜小于 3.5 kN/m(按水平投影面计算)。除以上竖向荷载外,设计楼梯栏杆时尚应按规定考虑栏杆顶部水平荷载 0.5 kN/m(对于住宅、医院、幼儿园等)或 1.0 kN/m(对于学校、车站、展览馆等)。

③ 进行楼梯各部件的内力计算和截面设计。

④ 绘制施工图,特别应注意处理好连接部位的配筋构造。

1. 板式楼梯

板式楼梯由梯段板、平台板和平台梁组成(图 13-7-2)。梯段板是斜放的齿形板,支承在平台梁上和楼层梁上,底层下端一般支承在地垄墙上。板式楼梯的优点是下表面平整,施工支模较方便,外观比较轻巧。缺点是斜板较厚,约为梯段板斜长的 1/30~1/25,其混凝土用量和钢材用量都较多,一般适用于梯段板的水平跨长不超过 3 m 的情况。

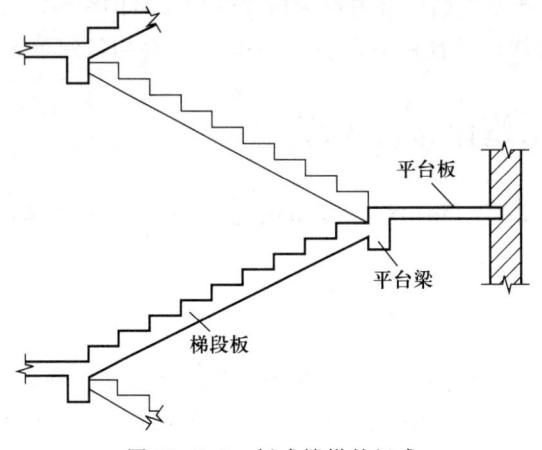

图 13-7-2　板式楼梯的组成

板式楼梯的计算特点:梯段斜板按斜放的简支梁计算(图 13-7-3),斜板的计算跨度取平台梁间的斜长净距 l'_n。

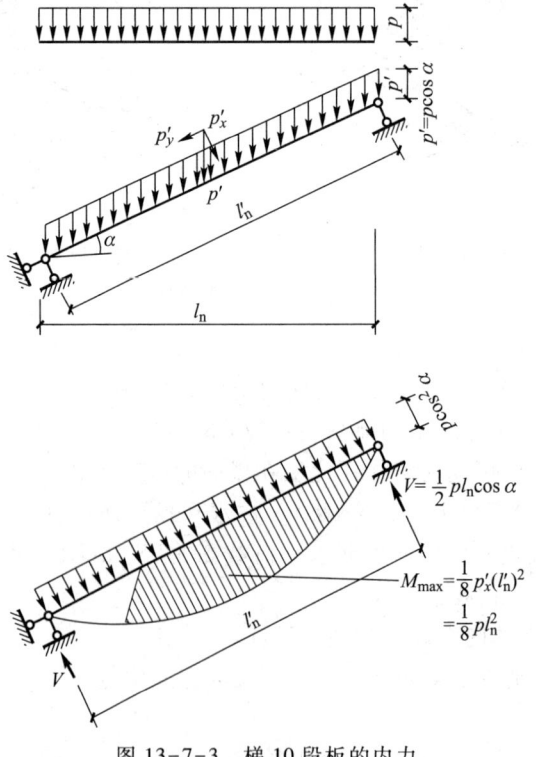

图 13-7-3　梯 10 段板的内力

设楼梯单位水平长度上的竖向均布荷载 $p=g+q$(与水平面垂直),则沿斜板单位斜长上的竖向均布荷载 $p'=p\cos\alpha$,此处 α 为梯段板与水平线间的夹角(图 13-7-4),将 p' 分解为

$$p'_x = p'\cos\alpha = p\cos\alpha \cdot \cos\alpha$$
$$p'_y = p'\sin\alpha = p\cos\alpha \cdot \sin\alpha$$

此处 p'_x、p'_y 分别为 p' 在垂直于斜板方向及沿斜板方向的分力,忽略 p'_y 对梯段板的影响,只考虑 p'_x 对梯段板的弯曲作用。

设 l_n 为梯段板的水平净跨长,l'_n 为其斜向净跨长,因

$$l_n = l'_n \cos\alpha$$

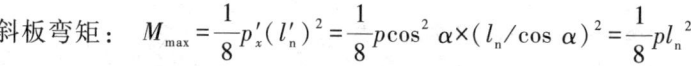

图 13-7-4 斜板上的荷载

故斜板弯矩: $M_{max} = \dfrac{1}{8} p'_x (l'_n)^2 = \dfrac{1}{8} p\cos^2\alpha \times (l_n/\cos\alpha)^2 = \dfrac{1}{8} p l_n^2$

斜板剪力: $V_{max} = \dfrac{1}{2} p'_x l'_n = \dfrac{1}{2} p\cos^2\alpha \times (l_n/\cos\alpha) = \dfrac{1}{2} p l_n \times \cos\alpha$

因此,可以得到简支斜板(梁)计算的特点为

① 简支斜梁在竖向均布荷载 p(沿单位水平长度)作用下的最大弯矩,等于其水平投影长度的简支梁在相同作用下的最大弯矩;

② 最大剪力等于斜梁为水平投影长度的简支梁在 p 作用下的最大剪力值乘以 $\cos\alpha$;

③ 截面承载力计算时梁的截面高度应垂直于斜面量取。

虽然斜板按简支计算,但由于梯段与平台梁整浇,平台对斜板的变形有一定约束作用,故计算板的跨中弯矩时,也可以近似取 $M_{max} = \dfrac{1}{10} q l_n^2$。为避免板在支座处产生裂缝,应在板上面配置一定量钢筋,一般取 φ8@200 mm,长度为 $l_n/4$。分布钢筋可采用 φ6 或 φ8,每级踏步一根。

平台板一般都是单向板,可取 1 m 宽板带进行计算,平台板一端与平台梁整体连接,另一端可能支承在砖墙上,也可能与过梁整浇,跨中弯矩可近似取为 $M = \dfrac{1}{8} p l_n^2$,或取 $M = \dfrac{1}{10} p l_n^2$。考虑到板支座的转动会受到一定约束,一般在支座处板上面配置一定量钢筋,伸出支承边缘长度为 $l_n/4$,如图 13-7-5 所示。

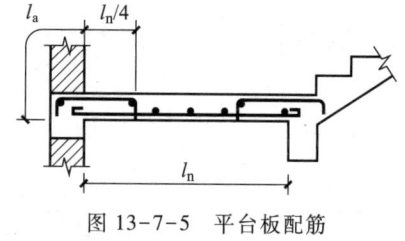

图 13-7-5 平台板配筋

2. 梁式楼梯

梁式楼梯由踏步板、斜梁和平台板、平台梁组成(图 13-7-6)。其荷载传递为

梯段上荷载 —均布荷载→ 踏步板 —均布荷载→ 斜梁 —集中荷载→ 平台梁 —集中荷载→ 侧墙(或框架梁)

↑均布荷载

平台板

13.7 楼梯、雨篷计算与构造 · 415 ·

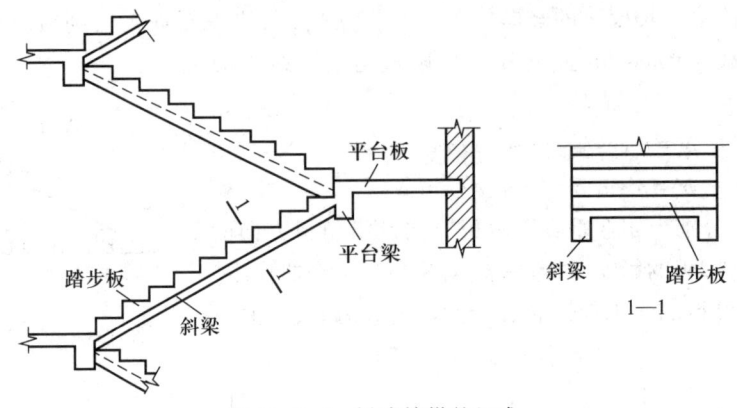

图 13-7-6 梁式楼梯的组成

(1) 踏步板

踏步板按两端简支在斜梁上的单向板考虑,计算时一般取一个踏步作为计算单元,踏步板为梯形截面,板的计算高度可近似取平均高度 $h=(h_1+h_2)/2$(图 13-7-7)。板厚一般不小于 30~40 mm,每一踏步一般需配置不少于 $2\phi6$ 的受力钢筋,沿斜向布置间距不大于 300 mm 的 $\phi6$ 分布钢筋。

(2) 斜梁

斜梁的内力计算特点与梯段斜板相同。踏步板可能位于斜梁截面高度的上部,也可能位于下部,计算时可近似取为矩形截面。图 13-7-8 为斜梁的配筋构造图。

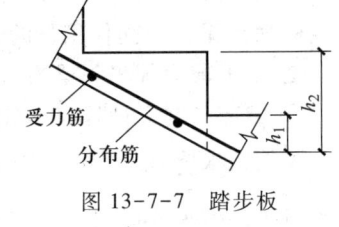

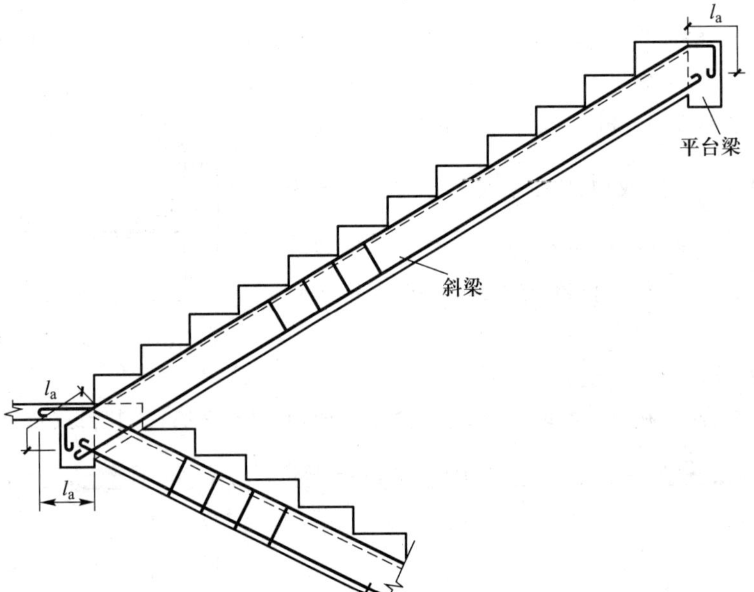

图 13-7-7 踏步板

图 13-7-8 斜梁的配筋

（3）平台梁

平台梁主要承受斜梁传来的集中荷载(由上、下楼梯斜梁传来)和平台板传来的均布荷载，平台梁一般按简支梁计算。

3. 现浇楼梯的一些构造处理

① 当楼梯下净高不够，可将楼层梁向内移动(图13-7-9)，这样板式楼梯的梯段就成为折线形。对此设计中应注意两个问题：a. 梯段中的水平段，其板厚应与梯段相同，不能处理成和平台板同厚；b. 折角处的下部受拉纵筋不允许沿板底弯折，以免产生向外的合力将该处的混凝土崩脱，应将此处纵筋断开，各自延伸至上面再进行锚固。若板的弯折位置靠近楼层梁，板内可能出现负弯矩，则板上面还应配置承担负弯矩的短钢筋(图13-7-10)。

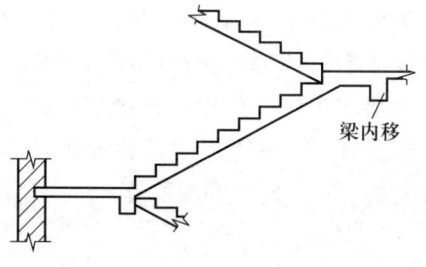

图13-7-9 楼层梁内移时

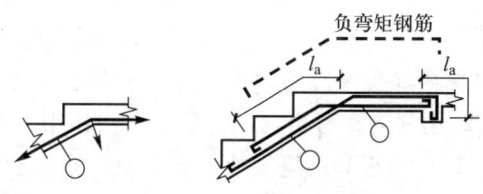

图13-7-10 板内折角时的配筋

② 若遇折线形斜梁，梁内折角处的受拉纵向钢筋应分开配置，并各自延伸以满足锚固要求，同时还应在该处增设箍筋，见图13-7-11。该箍筋应足以承受未伸入受压区域的纵向受拉钢筋的合力，且在任何情况下不应小于全部纵向受拉钢筋合力的35%。由箍筋承受的纵向受拉钢筋的合力，按下式计算。

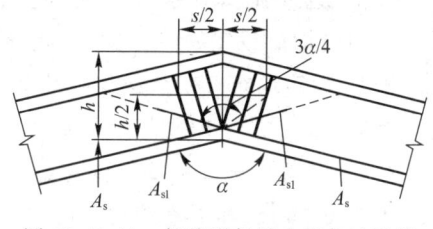

图13-7-11 折线形斜梁内折角处配筋

未伸入受压区域的纵向受拉钢筋的合力：

$$N_{s1} = 2f_y A_{s1} \cos \frac{\alpha}{2} \quad (13-7-1)$$

全部纵向受拉钢筋合力的35%为

$$N_{s2} = 0.7 f_y A_s \cos \frac{\alpha}{2} \quad (13-7-2)$$

式中 A_s——全部纵向受拉钢筋的截面面积；

A_{s1}——未伸入受压区域的纵向受拉钢筋的截面面积；

α——构件的内折角。

按上述条件求得的箍筋，应设置在长度为 $s = h\tan\frac{3}{8}\alpha$ 的范围内。

13.7.2 雨篷

雨篷、外阳台、挑檐是建筑工程中常见的悬挑构件,它们的设计除与一般梁板结构相似外,悬挑构件还存在倾覆翻倒的危险,因此应进行抗倾覆验算。现以雨篷为例,讲述其计算特点。

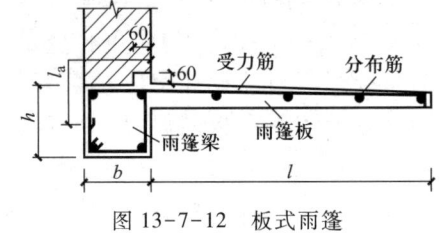

图 13-7-12 板式雨篷

1. 一般要求

板式雨篷一般由雨篷板和雨篷梁两部分组成(图 13-7-12)。雨篷梁既是雨篷板的支承,又兼有过梁的作用。

一般雨篷板的挑出长度为 0.6~1.2 m 或更大,视建筑要求而定。现浇雨篷板多数做成变厚度的,一般取根部板厚为 1/10 挑出长度,但不小于 70 mm,板端不小于 50 mm。雨篷板周围往往设置凸沿以便能有组织地排泄雨水。雨篷梁的宽度一般取与墙厚相同,梁的高度应按承载能力要求确定。梁两端伸进砌体的长度应考虑雨篷抗倾覆的因素确定。雨篷计算包括三方面内容:① 雨篷板的正截面承载力计算;② 雨篷梁在弯矩、剪力、扭矩共同作用下的承载力计算;③ 雨篷抗倾覆验算。

2. 雨篷板和雨篷梁的承载能力计算

(1) 作用在雨篷板上的荷载

雨篷板上的荷载有永久荷载(包括自重、粉刷等)、雪荷载、雨篷板上的均布可变荷载(按《建筑结构荷载规范》取可变荷载标准值为 0.7 kN/m²),以及施工和检修集中荷载。以上荷载中,雨篷均布可变荷载与雪荷载不同时考虑,取两者中较大值进行设计。每一集中荷载值为 1.0 kN,进行承载能力计算时,沿板宽每隔 1 m 考虑一个集中荷载;进行雨篷抗倾覆验算时,沿板宽每隔 2.5~3.0 m 考虑一个。

施工集中荷载和雨篷的均布可变荷载不同时考虑。

雨篷板的内力分析,当无边梁时,其受力特点和一般悬臂板相同,应分别按上述荷载组合作用,取较大的弯矩值进行正截面受弯承载力计算,计算截面取在梁截面外边缘(即板的跨度为 l)。构造上应保证板中纵向受拉钢筋在雨篷梁内有足够的受拉锚固长度。施工时应经常检查钢筋,注意维持雨篷板截面的有效高度,特别是板根部的纵筋,应防止被踩下沉。

对于有边梁的雨篷,其受力特点和一般梁、板体系的构件相同。

(2) 雨篷梁计算

雨篷梁所承受的荷载有自重、梁上砌体重,可能计入的楼盖传来的荷载,以及雨篷板传来的荷载。梁上砌体重和楼盖传来的荷载应按过梁荷载的规定计算。

现以雨篷板上作用均布荷载为例,来讲述雨篷梁的扭矩问题。

对于雨篷梁横截面的对称轴,板传给梁的内力有沿板宽每 1 m 的竖向力 $V=pl$ 和力矩 m_p (图 13-7-13a),此处

$$m_p = pl\left(\frac{b+l}{2}\right) \tag{13-7-3}$$

力矩 m_p 使雨篷梁发生转动,但由于梁两端砌固于墙体内可阻止梁转动,使梁承受了扭矩。梁上扭矩的分布规律是在跨度中点处为零,按直线规律向两端增大直至梁支座处达最大值(图 13-7-13b)。

根据平衡条件,在梁两砌固端所产生的大小相等、方向相反的抵抗扭矩值为

$$T = m_p l_0 / 2 \tag{13-7-4}$$

此处 l_0 为雨篷梁的跨度,可近似取为 $l_0 = 1.05 l_n$(l_n 为梁的净跨)。

雨篷梁在自重、梁上砌体重等荷载作用下,承受弯、剪,在雨篷板传来的荷载作用下,雨篷梁不仅承受弯、剪,而且还受扭,因此雨篷梁是受弯、剪、扭的构件。

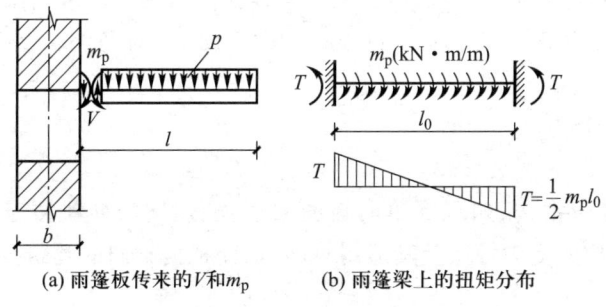

(a) 雨篷板传来的 V 和 m_p　　(b) 雨篷梁上的扭矩分布

图 13-7-13　雨篷梁上的扭矩

雨篷梁应按弯、剪、扭构件确定所需纵向钢筋和箍筋的截面面积,并满足有关构造要求。

(3) 雨篷抗倾覆验算

雨篷板上的荷载使整个雨篷绕雨篷梁底的倾覆点 O 转动而倾倒(图 13-7-14),但是梁的自重、梁上砌体重等却有阻止雨篷倾覆的稳定作用。《砌体结构设计规范》(GB 50003—2011)取雨篷的倾覆点位于墙的外边缘,进行抗倾覆验算要求满足:

$$M_{ov} \leqslant M_r \tag{13-7-5}$$

式中　M_{ov}——雨篷板的荷载设计值对 O 点的倾覆力矩;

　　　M_r——雨篷的抗倾覆力矩设计值;

$$M_r = 0.8 G_r (l_2 - x_0) \tag{13-7-6}$$

　　　G_r——雨篷的抗倾覆荷载,为雨篷梁尾端上部 45°扩散角范围内(其水平长度为 l_3,要求 $l_3 = l_n/2$)的砌体与楼面恒荷载标准值之和;

　　　l_2——G_r 作用点至墙外边缘的距离,$l_2 = l_1/2$,mm;

　　　l_1——雨篷梁埋入砌体中的长度,mm;

　　　x_0——计算倾覆点至墙外边缘的距离,mm;

　　　h_b——雨篷梁的截面高度,mm。

当 $l_1 \geqslant 2.2 h_b$ 时,$x_0 = 0.3 h_b$,且不大于 $0.13 l_1$;当 $l_1 < 2.2 h_b$ 时,$x_0 = 0.13 l_1$。

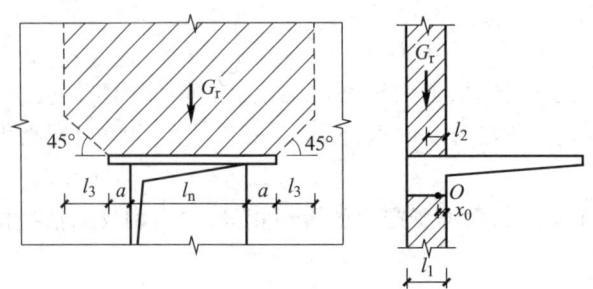

图 13-7-14 雨篷的抗倾覆荷载

雨篷梁两端埋入砌体愈长,压在梁上的砌体重量增加,则抵抗倾覆的能力增强,所以当公式不满足时,可以将雨篷梁两端延长,或者采用其他拉结措施。一般当梁的净跨长 $l_n < 1.5$ m 时,梁一端埋入砌体的长度 a 宜取 $a \geqslant 300$ mm,当 $l_n > 1.5$ m 时,宜取 $a \geqslant 500$ mm。

13.8 本章小结

(1) 熟悉各种楼盖结构,如现浇单向板肋梁楼盖、双向板肋梁楼盖、井式楼盖、无梁楼盖、装配式楼盖等结构的受力特点及其适用范围,以便根据不同的建筑要求和使用条件选择合适的结构形式。

(2) 楼面、屋盖、楼梯等梁板结构设计的步骤是:① 结构选型、结构布置及构件截面尺寸确定;② 结构计算(包括确定计算简图、计算跨度和支承简图、计算荷载、内力分析、内力组合及截面配筋计算等);③ 绘制结构施工图(包括结构布置及配筋图)。上述步骤,不仅适用于梁板结构,也适用于其他结构设计。

(3) 在现浇肋梁楼盖中,单向板实际上四边支承在主梁和次梁或墙上,故将在板的双向同时产生弯曲变形和内力,只是当长边与短边之比 ≥ 3 时,弯曲变形和内力才主要产生在短跨方向;而长跨方向的内力很小,故不必另行计算,只按构造要求要配置钢筋。

(4) 内力分析:有按弹性理论计算和考虑塑性内力重分布的计算方法。对裂缝控制等级较高、直接承受动力荷载的结构等情况,不能采用后一种方法,应根据结构的使用要求和结构的重要性恰当选定计算方法。

(5) 按弹性理论计算时,必须熟练掌握可变荷载的不利布置,绘制梁的弯矩和剪力包络图,根据内力包络图中的内力值确定纵向钢筋及腹筋数量,确定钢筋弯起和截断位置。

(6) 对于超静定结构中的连续板(梁),由于构件截面的刚度改变以及塑性铰转动引起内力重分布,因而达到承载能力极限状态的标志不是某一截面的"屈服"或形成塑性铰,而是结构形成破坏机构。

(7) 考虑钢筋混凝土超静定结构非弹性变形的计算方法很多,工程界多采用弯矩调幅法进行,即是先按弹性理论求出结构的截面弯矩值,再根据需要,将结构中某些截面的最大弯矩(按绝对值)予以调整。确定调幅值时应满足三方面的条件,即① 力的平衡条件;② 塑性铰有足够的转动能力($\xi \leq 0.35$);③ 满足使用需求(调幅不超过20%且$\xi \geq 0.1$)。

(8) 在实际结构中由于温度变化、混凝土收缩、计算荷载和计算简图与实际情况的差异等多种因素影响,板(梁)内将产生次应力。这些影响及应力较难通过计算精确地予以解决。因此,根据工程经验和试验研究,采用布置各种附加构造钢筋来补偿。

(9) 现浇肋梁楼盖中,当板的长边与短边之比≤2时,板在荷载作用下,沿两个正交方向受力,且都不可忽略,称为双向板。双向板需分别按计算确定长边与短边方向的内力及配筋。

(10) 双向板内力计算有两种方法:一种是按弹性理论计算;另一种是按塑性理论计算。

(11) 按塑性理论计算方法简单,计算结果更符合结构的实际工作情况,且能节省材料,合理调整钢筋布置,克服支座处钢筋的拥挤现象,故在设计混凝土连续梁、板时,应尽量采用这种方法。但塑性理论方法是以形成塑性铰或塑性铰线为前提的,因此,并不是在任何情况下都能适用。

(12) 一般在下列情况下,应按弹性理论方法进行设计:① 直接承受动力和重复荷载的结构;② 在使用阶段不允许出现裂缝或对裂缝开展有较严格限制的结构。

(13) 装配式混凝土楼盖主要由搁置在承重墙或梁上的预制混凝土铺板组成,故又称为装配式铺板楼盖。装配式楼盖主要有铺板式、密肋式和无梁式等,其中铺板式应用最广。铺板式楼盖的主要构件是预制板和预制梁。

(14) 现浇钢筋混凝土楼梯按受力方式的不同分为梁式楼梯和板式楼梯等。梁式楼梯和板式楼梯的主要区别在于楼梯梯段是采用梁承重还是板承重。前者受力较合理,用材较省,但施工较复杂且欠美观,宜用于梯段较长的楼梯;后者反之。

(15) 雨篷、阳台等悬臂结构,除控制截面承载力计算外,尚应作整体抗倾覆的验算。工程事故表明,不宜采用悬挑板式阳台,而应采用悬挑梁式阳台,以确保安全。

(16) 无梁楼盖是指在楼盖中不设梁肋,而将板直接支承在柱上。无梁楼盖是一种双向受力楼盖,楼面荷载直接传给柱子,再传给基础,其特点是传力体系简化,又没有梁,因此扩大了楼层净空,并且底面平整,模板简单,便于施工。无梁楼盖常用于多层厂房、商场、库房等建筑。无梁楼盖按楼面结构形式分为平板和密肋板;按有无柱帽分为无柱帽轻型无梁楼盖和有柱帽无梁楼盖。按施工程序分为现浇式无梁楼盖和装配整体式无梁楼盖。

思考题

13-1 钢筋混凝土楼盖结构有哪几种主要类型?分别说出它们各自的优缺点和适用范围。

13-2 写出钢筋混凝土梁板结构的设计步骤。

13-3 单向板和双向板的受力特点如何?

13-4 板、次梁和主梁的常用跨度各是多少?截面尺寸如何确定?

13-5 现浇单向板肋梁楼盖中的板、次梁和主梁,当其内力按弹性理论计算时,如何确定其计算简图?当按塑性理论计算时,其计算简图又如何确定?如何绘制主梁的弯矩包络图?钢筋截断、弯起应满足的要求有哪些?

13-6 连续梁、板跨中、支座截面弯矩及支座截面剪力的最不利荷载布置原则是什么?

13-7 考虑折算荷载的物理意义是什么?

13-8 钢筋混凝土结构中的塑性铰与结构力学中的理想铰有何异同?影响塑性铰转动能力的主要因素有哪些?

13-9 塑性铰与塑性内力重分布有什么关系?

13-10 什么叫弯矩调幅法,计算步骤如何?有哪些计算原则?考虑塑性内力重分布方法有何优缺点?常应用在什么情况?

13-11 考虑塑性内力重分布计算钢筋混凝土连续梁时,为什么要限制截面受压区高度?

13-12 现浇单向板肋梁楼盖板、次梁和主梁的配筋计算和构造有哪些?

13-13 单向板有哪些构造钢筋?为什么要配这些钢筋?

13-14 在主梁高度范围内承受集中荷载时,为什么要布置附加横向钢筋?

13-15 按弹性理论计算方法,连续双向板是怎样利用单块板的计算系数表的?

13-16 画出双向板支承梁的计算简图,其上的荷载如何计算?当荷载简图确定后,怎样确定梁上的弯矩分布?

13-17 什么叫塑性铰线?钢筋混凝土双向板按塑性铰线法计算时,需作哪些基本假定?塑性铰线理论的基本要点是什么?

13-18 周边与梁整体连接的板,在什么情况下,可以对其算得的弯矩值予以折减?如何折减?

13-19 双向板中的受力钢筋是如何配置的?与单向板的配筋有何不同?

13-20 双向板中的次梁、主梁有哪些受力钢筋、构造钢筋?其配置与单向板中的次梁、主梁有何异同?

习题

13-21 某 5 跨连续板如习题 13-21 图所示,板跨 2.4 m,受永久荷载标准值 $g_k = 3.8 \text{ kN/m}^2$,可变荷载标准值 $q_k = 3.5 \text{ kN/m}^2$,;混凝土强度等级为 C25,钢筋纵筋用 HRB400 级。

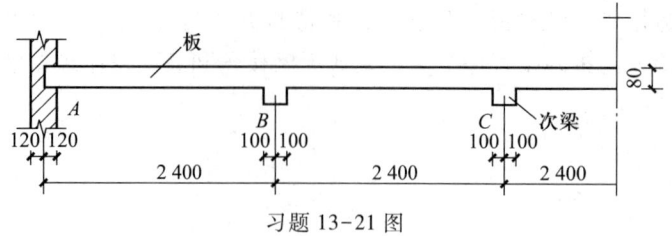

习题 13-21 图

(1) 求按弹性理论计算时板的计算简图;

(2) 求按弹性理论计算时,第一跨跨中截面和 B 支座弯矩最大设计值。并说明可变荷载最不利布置的方式；

(3) 求当考虑塑性内力重分布计算时板的计算简图；

(4) 求当考虑塑性内力重分布计算时,第一跨跨中截面和 B 支座弯矩最大设计值。

13-22 荷载和按弹性理论计算的弯矩图如习题 13-22 图所示。当考虑塑性内力重分布计算时,若 A 和 B 支座弯矩调幅系数为 0.2,求:该梁的 AB 跨内最大弯矩值和支座的弯矩值。

13-23 如习题 13-23 图所示的三跨连续梁,截面尺寸为 250 mm×550 mm 环境类别为一类,采用混凝土 C25,纵筋用 HRB400 级,箍筋用 HPB300 级,作用在梁上的荷载标准值见图,其分项系数为 1.2,标准荷载作用下的弯矩和剪力如习题 13-23 图所示。梁端调幅系数为 0.2。求:

(1) 6 m 跨梁的跨中弯矩及支座配筋值 A_s；

(2) 6 m 跨梁的箍筋 A_{sv}/s；

(3) 绘出 6 m 跨梁支座截面的配筋图。

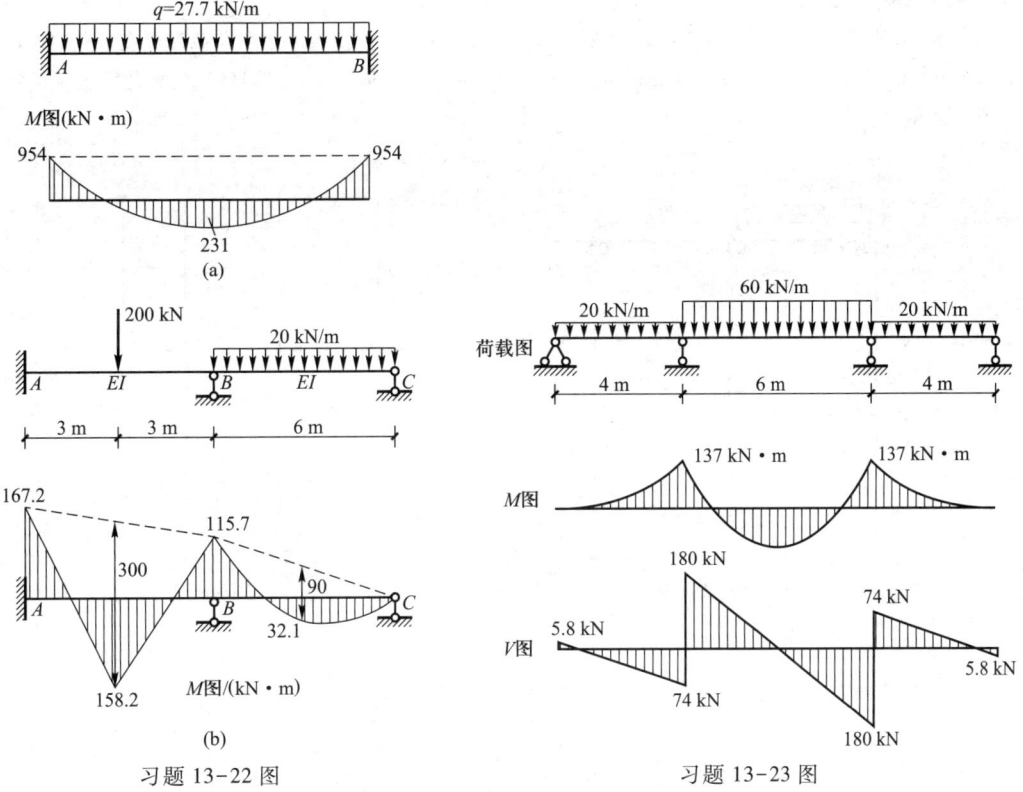

习题 13-22 图　　　　　　　　习题 13-23 图

13-24 一根左端嵌固,右端带悬臂的钢筋混凝土梁,环境类别为一类,其荷载和按弹性理论计算的弯矩图如习题 13-24 图所示。若 A、B 截面的负弯矩钢筋及 C 截面的正弯矩钢筋均为 3⌀25(A_s = 1 473 mm²,HRB400 级)。混凝土强度等级为 C25。截面尺寸为 250 mm×650 mm,忽略梁的自重。试求:

(1) 按弹性理论计算时 P 的最大值 $P_{e,umax}$；

(2) 按考虑塑性内力重分布计算时 P 的最大值 $P_{pu,max}$ 及相应弯矩调幅系数 β。

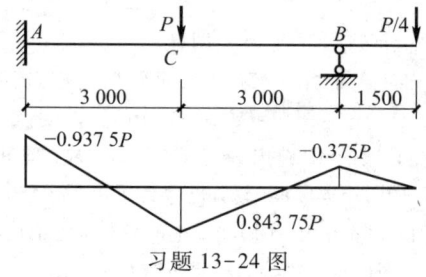

习题 13-24 图

13-25 某双向板楼盖如习题 13-25 图所示,混凝土强度等级为 C25,梁沿柱网轴线设置,板厚 $h = 110$ mm,柱网尺寸为 5.7 m×5.7 m。楼面永久荷载(包括板自重)标准值为 3 kN/m²,可变荷载标准值为 4.0 kN/m²。梁与板整浇,截面尺寸为 300 mm×600 mm。试用弹性理论确定中区格 A、边区格 B、角区格 C 的内力并计算配筋。

13-26 某矩形双向板如习题 13-26 图所示,$l_x = 4$ m,$l_y = 6$ m,已知板上永久荷载和可变荷载的设计值为 $g+q = 10$ kN/m²,设 $m_y/m_x = (l_x/l_y)^2$,$m'_x/m_x = m''_x/m_x = m'_y/m_y = m''_y/m_y = 2$,用塑性铰线法求板中的极限弯矩值。

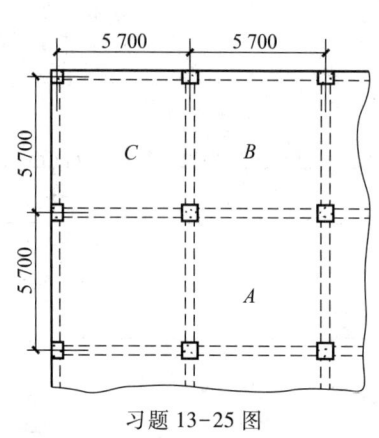

习题 13-25 图

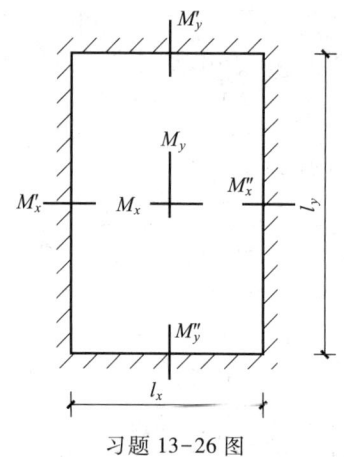

习题 13-26 图

14 工厂化建筑

14.1 工厂化建筑概述

建筑工业化是按照大工业生产方式改造建筑业,使之逐步从手工业生产转向社会化大生产的过程。它的基本途径是建筑标准化,构配件生产工厂化,施工机械化和组织管理科学化,并逐步采用现代科学技术的新成果,以提高劳动生产率,加快建设速度,降低工程成本,提高工程质量。

可以发现传统方式中设计与建造分离,设计阶段完成蓝图、扩初至施工图交底即目标完成,实际建造过程中的施工规范、施工技术等均不在设计方案之列。建筑工业化颠覆传统建筑生产方式,最大特点是体现全生命周期的理念,将设计施工环节一体化,设计环节成为关键,该环节不仅是设计蓝图至施工图的过程,而且需要将构配件标准、建造阶段的配套技术、建造规范等都纳入设计方案中,从而使设计方案作为构配件生产标准及施工装配的指导文件。

在国家和地方政府倡导建筑节能环保和建筑产业化的大背景下,建造低能耗、低排放、高性能的建筑越来越受到市场的青睐,低碳节能型建筑将成为建筑业发展的"新引擎"。工厂化建筑是人们对建筑结构的长期探索及对现场施工方式改进的深刻认识与应用创新。目前工厂化建筑已逐渐在国内外得到应用。

工厂化建筑模式总体上可以分为两大类:装配式建筑模式和模块化建筑模式。

1. 装配式建筑模式

(1) 以万科和远大住工为代表的钢筋混凝土预制装配整体式

万科完成节能环保装配式混凝土结构性能试验,提出工业化预制混凝土体系关键连接技术的优化设计方法等。应用于万科府前1号(图14-1-1)、万科东荟城(图14-1-2)、万科红郡(图14-1-3)、上海万科新里程商品住宅楼等项目。

14-1:视频 万科南沙项目

远大住工重点在量大面广的一般高层、小高层办公和住宅建筑(20层左右)。突出在外、内墙板和楼板部品化。拥有世界级的PC(预制混凝土)成套装备研发制造能力(图14-1-4),它的全装配式别墅产品"枫丹白露"(图14-1-5)成功完成世界首例全尺寸全装配式顶部激振建筑实体抗震实验。

(2) 以东南网架、杭萧钢构和中建三局为代表的钢结构预制装配整体式

东南网架、杭萧钢构:以钢结构构件为承重骨架,以轻型建筑墙体材料为围护结构,以及

14-2:视频 远大住工别墅建筑

图 14-1-1 万科府前 1 号

图 14-1-2 万科东荟城

图 14-1-3 万科红郡

图 14-1-4 PC 工厂

图 14-1-5 "枫丹白露"别墅

与其功能配套的相关产品构成的家庭居住使用的钢结构住宅建筑。全国首个钢结构保障房住宅——钱江世纪城人才专项用房(图 14-1-6);国内首个全装配式钢结构抗震学校——四川绵阳富乐国际学校(图 14-1-7)。

图 14-1-6 钱江世纪城人才专项用房

14-3:视频 远大住工高层建筑

14-4:视频 远大住工第六代施工演示

图 14-1-7 四川绵阳富乐国际学校

中建三局：中南地区建筑产业现代化示范园区——武汉绿色建筑产业园。

远大可建在吸取宝钢、马钢、莱钢推广钢结构住宅失败教训基础上重新定位钢结构工厂化装配式建筑，适用于 30 层以上建筑。部品化率超过 90%，建成有远大 T30A 塔式酒店（图 14-1-8、图 14-1-9）等。

图 14-1-8　远大 T30A 塔式酒店

14-5：视频
远大可建

图 14-1-9　远大 T30A 塔式酒店施工图

2. 模块化建筑模式

中集集团通过螺栓焊接等手段构造侧面有系统的连接栓固定加强的方法,使集装箱之间的安装固定进一步到位,增强了集装箱模块化建筑的整体抗震性以及吊运的可靠性,一定程度上解决了节点的连接问题。如图 14-1-10 和图 14-1-11 所示。

图 14-1-10 钢盒子拼装图

图 14-1-11 模块化钢盒子成品房

模块化建筑技术为澳大利亚西科瑞集团第六代模块化建筑技术,该技术在高层及超高层建筑上取得了突破,也是目前世界上唯一突破高度限制的模块化建筑系统,预制比例可高达95%。如图14-1-12和图14-1-13所示。

14-6:视频
西科瑞模块化建筑

图14-1-12 盒子吊装图

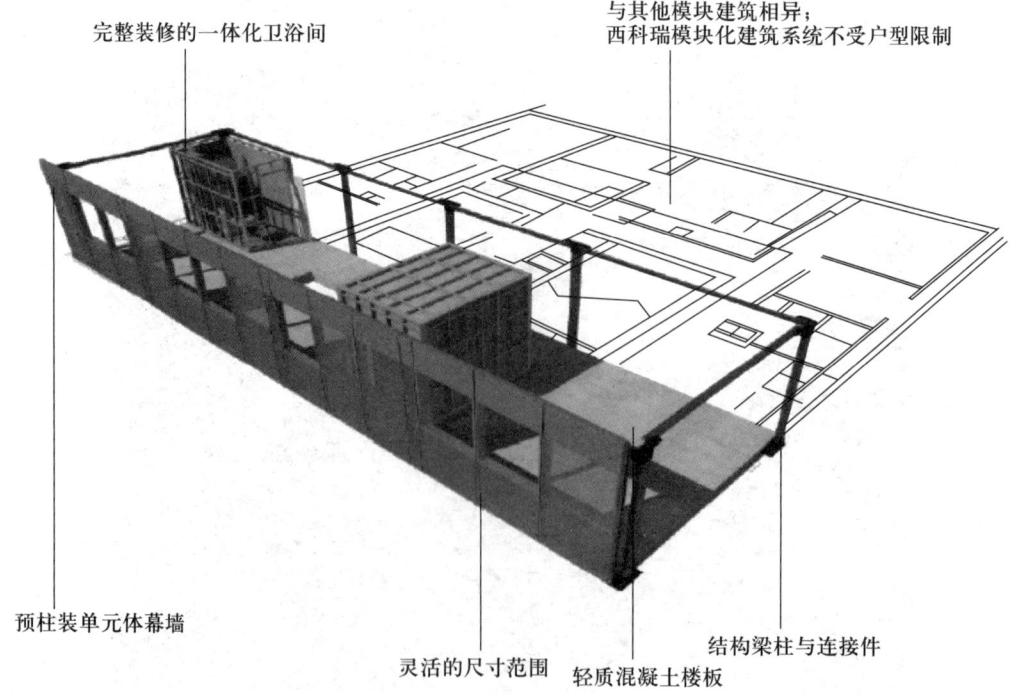

图14-1-13 第六代技术结构系统

14.2 预制装配式混凝土结构

14.2.1 装配整体式钢筋混凝土结构的概念及特点

预制装配式混凝土结构(PC结构)是以预制的混凝土构件为主要构件(图14-2-1),在工厂预制生产,现场进行装配、连接,并在结合部分现浇混凝土而形成的结构。

与传统的混凝土结构相比,预制装配式混凝土结构减少了现浇结构的支模、拆模和混凝土养护的工序,这样大大减少了施工现场的劳动力,大大节约成本,加之预制装配式结构的工厂化生产,现场进行拼接的施工模式大大加快了施工速度。从使用功能上来看,预制装配式混凝土结构平面布置灵活多变,能够更方便客户的使用。预制装配式混凝土结构的施工能够大幅度减少建筑垃圾、降低噪声污染、节约用水、降低劳动强度、改善作业环境。

预制装配式混凝土结构已广泛应用于国内外诸多建筑工程、桥梁工程、水利工程及地下工程等领域。

图14-2-1 预制装配式混凝土构件

14.2.2 预制装配式混凝土结构体系

装配式混凝土结构可分为:装配整体式混凝土框架结构(图14-2-2)、装配整体式混凝土剪力墙结构、装配整体式框架-剪力墙(核心筒)结构等主要结构体系。

1. 装配整体式混凝土框架结构

装配整体式混凝土框架结构一般由全部或者部分框架梁、框架柱等采用预制构件建成的装配整体式混凝土结构,其楼板、楼梯、外挂墙板等构件也全部或部分采用预制构件。该结构传力路径明确,装配效率高,现浇湿作业少,是最适合进行预制装配化的结构形式。主要用于需要开敞大空间的厂房、仓库、商场、停车场、办公楼、教学楼、医务楼、商务楼等建筑,近年来也逐渐应用于居民住宅等民用建筑。

图 14-2-2　装配整体式混凝土框架结构

2. 装配整体式混凝土剪力墙结构

装配整体式混凝土剪力墙结构最早出现的是装配式大板结构(图 14-2-3),随着装配式混凝土结构的发展,逐步提出多种装配式混凝土剪力墙结构。目前国内已经建立的装配式混凝土剪力墙结构体系有:叠合式混凝土剪力墙结构、全预制装配式混凝土剪力墙结构。叠

图 14-2-3　装配整体式混凝土剪力墙

合式混凝土剪力墙结构是指采用叠合式的墙板和叠合式的楼板，并配合必要的现浇混凝土剪力墙、边缘构件、梁、板等构件共同形成的装配整体式剪力墙结构。

全预制装配式混凝土剪力墙结构的内外墙全部采用预制墙板，楼板采用叠合楼板，预制剪力墙之间的接缝采用湿法连接，水平接缝处的钢筋可采用套筒灌浆连接、浆锚搭接连接和底部预留后浇区内钢筋搭接连接的形式。田春雨等研究认为该结构类型主要用于高层建筑。

3. 装配整体式框架-剪力墙（核心筒）结构

装配整体式框架-剪力墙（核心筒）结构，框架部分与装配式框架类似，剪力墙部分可以采用现浇剪力墙也可采用预制剪力墙结构，若剪力墙布置成核心筒形式即形成装配式框架剪力墙结构。

14.2.3 发展现状与前景

目前，装配式混凝土结构建造技术常用的两种趋势如下。

1. 以万科集团和中南集团为代表的全预制装配式混凝土结构技术

万科集团的 PC 技术，该技术主要用于全预制混凝土构件，如阳台、楼梯、空调板、部分内隔墙板等；PC 技术主要解决了全预制构件制作及安装技术，并将装饰、保温及窗框与墙板整体预制，不仅解决了窗框渗水问题，而且减少了现场湿作业量及免去后期施工工序。

中南集团 NPC 技术体系较为系统和完善，结构竖向构件基本采用全预制、水平构件采用叠合形式，大大降低了现浇量，装配率达 90% 以上。但其剪力墙构件完全通过竖向浆锚钢筋连接，现场存在大量的灌浆孔，要保证各个孔的灌浆质量是不容易的，现场抽检也非常困难，因此，需对 NPC 技术体系中的连接做进一步改进，从而减少现场工作量，同时更可靠地保证结构安全。

2. 半预制装配式混凝土结构技术 PCF

该技术主要用于预制混凝土剪力墙外墙模以及叠合楼板的预制板等结构，其他部分：如内部剪力墙、部分内隔墙、电梯井等仍然采用支模现浇。PCF 技术解决了外墙模板问题，避免了外围脚手架及模板的支设，节约模板并提高施工安全性。但是，PCF 技术中所采用的外墙混凝土模板在设计中并未考虑其对墙体承载力及刚度的贡献，一方面造成了材料浪费，另一方面使计算假定可能与实际结构相差较大，这对于抗震设计是比较危险的。另外，其主体结构即剪力墙几乎为全现浇、楼板为叠合楼板，因此，现浇量仍然较大。这种技术以宇辉集团装配整体式预制混凝土剪力墙技术和合肥西伟德叠合板式混凝土剪力墙技术为代表。

建筑工业化是未来发展的趋势。预制装配式混凝土结构作为建筑工业化的主力军，其发展日益壮大，且国家政策大力支持，符合绿色环保主题，对推进建筑工业化的进程有着不可替代的作用。在政策的鼓励和企业的实践中，预制装配式混凝土结构迎来了全新生机，它的发展将加速建筑工业化的进程。

14.2.4 装配式单向板肋梁楼盖设计

某厂房用楼盖,平面尺寸为 33 m×20.7 m,层高 4.5 m,四周为承重墙,室内设置 8 个立柱(柱截面尺寸取为 400 mm×400 mm),楼盖平面图如图 14-2-4 所示,楼盖做法见图 14-2-5,楼盖采用装配式的钢筋混凝土单向板肋梁楼盖,试设计之。

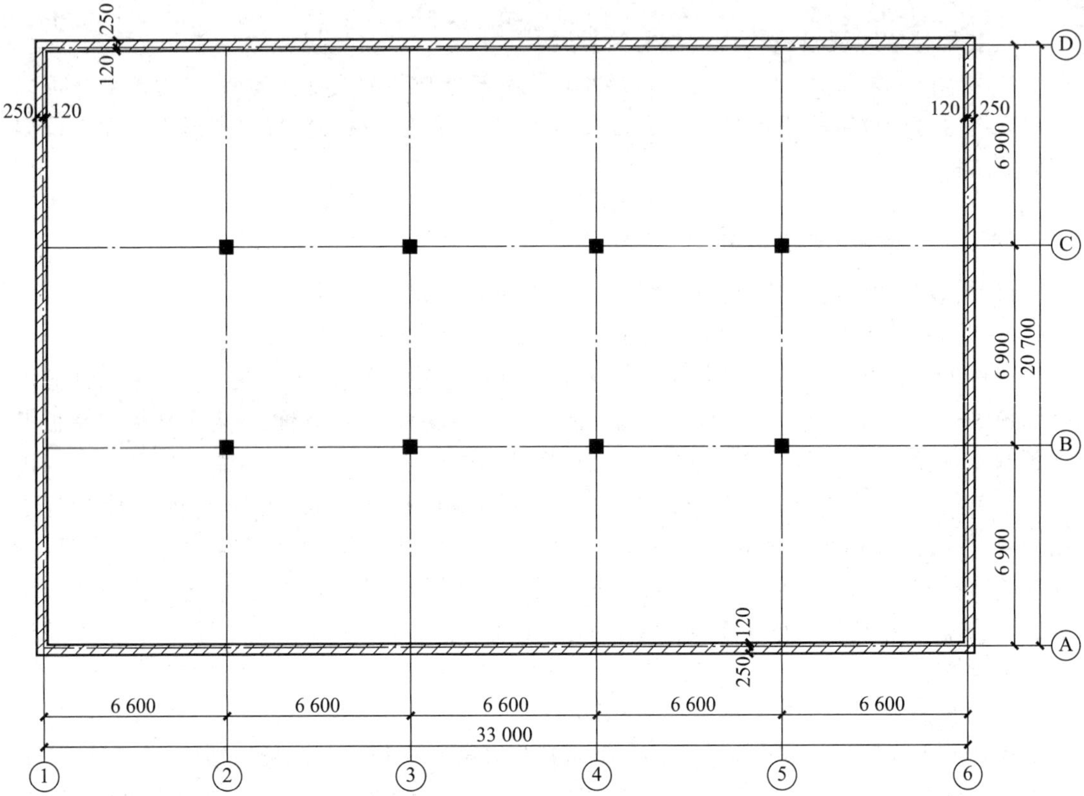

图 14-2-4 楼盖平面图

设计要求:① 板、次梁内力按塑性内力重分布方法计算;② 主梁内力按弹性理论计算;③ 绘出结构平面布置图,板、次梁和主梁的模板及配筋图。

进行钢筋混凝土装配式单向板肋梁楼盖设计主要解决的问题有:① 计算简图;② 内力分析;③ 截面配筋计算;④ 构造要求;⑤ 施工图绘制。

装配式单向板肋梁楼盖设计步骤如下。

1. 设计资料

其中荷载及材料如下:

(1) 楼盖均布活荷载标准值:$q_k = 5 \text{ kN/m}^2$;

(2) 楼盖做法如图 14-2-5 所示:楼盖面层用

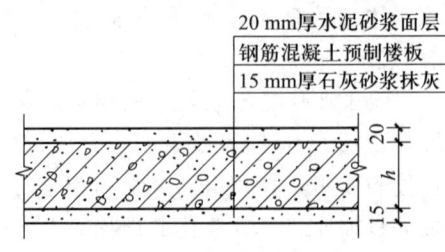

图 14-2-5 楼盖做法详图

20 mm 厚水泥砂浆抹面($\gamma = 20$ kN/m³),板底及梁用 15 mm 厚石灰砂浆抹底($\gamma = 17$ kN/m³);

(3) 材料强度等级:混凝土强度等级采用 C30,主梁和次梁的纵向受力钢筋采用 HRB400,板钢筋、主次梁的箍筋采用 HPB300。

2. 楼盖梁格布置及截面尺寸确定

(1) 确定主梁的跨度为 6.9 m,次梁的跨度为 6.6 m,主梁每跨内布置两根次梁,板采用预制实心板,边跨跨度 2.2 m,中跨跨度 2.1 m。

(2) 按高跨比条件要求:板的厚度 $h \geq l/30 = 2\,200/30$ mm $= 73.3$ mm,对工业建筑的楼板,要求 $h \geq 70$ mm,所以板厚取 $h = 80$ mm。

(3) 次梁截面高度应满足:$h = l/18 \sim l/12 = 6\,600/18 \sim 6\,600/12$ mm $= 367 \sim 550$ mm,取 $h = 450$ mm,截面宽 $b = (1/2 \sim 1/3)h$,取 $b = 200$ mm。

(4) 主梁截面高度应满足:$h = l/14 \sim l/8 = 6\,900/14 \sim 6\,900/8$ mm $= 493 \sim 863$ mm,取 $h = 650$ mm,截面宽度取为 $b = 250$ mm,楼盖结构平面布置图如图 14-2-6 所示。

3. 板的设计

(1) 板的构造布置

设计中采用装配式楼板,如图 14-2-7a 所示,边跨预制板板长:$(2.3-0.1-0.02)$ m $= 2.18$ m (注:0.02 为板端与梁、墙接缝下端长度),中跨预制板板长:$(2.3-0.2-0.04)$ m $= 2.06$ m,每跨内预制板的横向布置如图 14-2-6 和图 14-2-7b 所示,板 B_1、B_3 宽 1.1 m,板 B_2、B_4 宽 0.85 m,横向构造图见图 14-2-7c、图 14-2-7d。

(2) 板的计算简图

由板的实际结构如图 14-2-7a 可知:次梁截面为 $b = 200$ mm,伸出牛腿 80 mm,支承 60 mm。预制板在墙上的支承长度为 $a = 120$ mm,板厚 $h = 80$ mm,按简支板设计,板的计算跨度确定如下。

边跨:

$$l_{01} = \min\left(l_n + \frac{b}{2} + \frac{a}{2}, l_n + \frac{b}{2} + \frac{h}{2}\right) = \min[\,(2\,000+30+60)\,\text{mm},\,(2\,000+30+40)\,\text{mm}\,] = 2\,070\,\text{mm}$$

中跨:$l_{02} = (2\,100-60)$ mm $= 2\,040$ mm

板的计算简图如图 14-2-7e 所示。

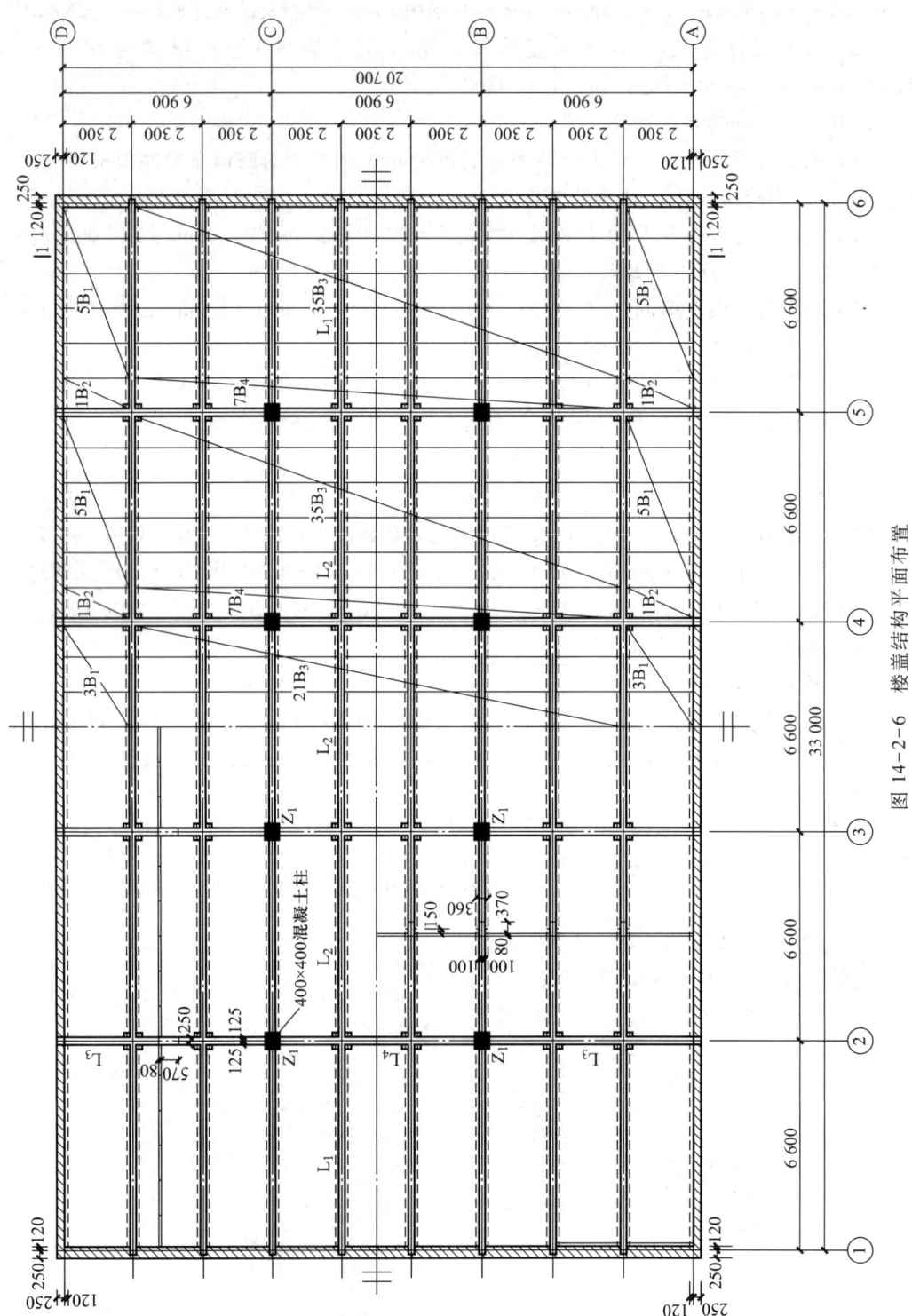

图 14-2-6 楼盖结构平面布置

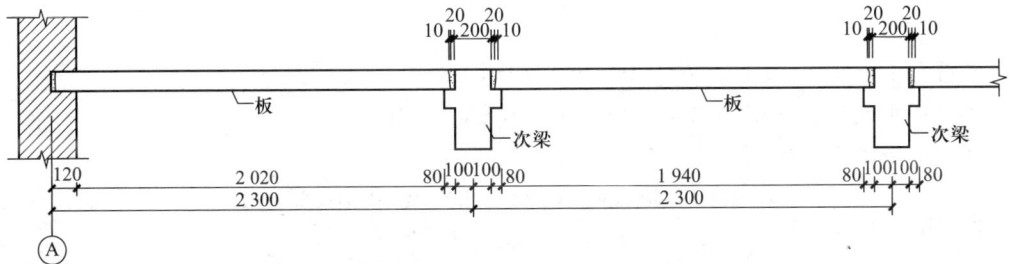

图 14-2-7(a) 板的实际结构图

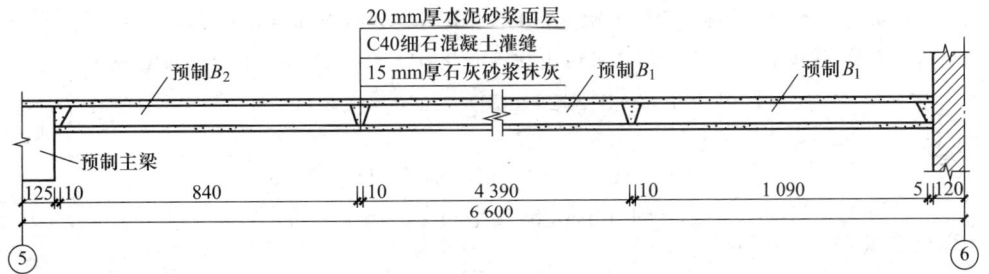

图 14-2-7(b) 预制板的横向布置图

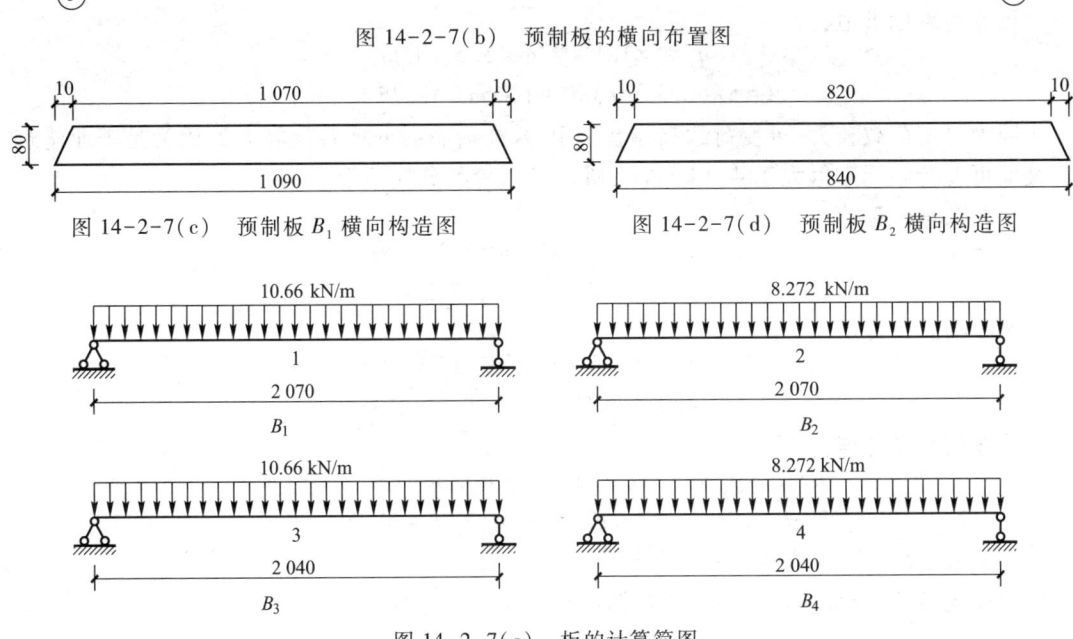

图 14-2-7(e) 板的计算简图

（3）板承受的荷载

① 永久荷载标准值

第一阶段板的自重

B_1、B_3：$g_1 = (1.09 \times 0.08 \times 25 - 0.08 \times 0.01 \times 25)$ kN/m = 2.16 kN/m

B_2、B_4：$g_2 = (0.84 \times 0.08 \times 25 - 0.08 \times 0.01 \times 25)$ kN/m = 1.66 kN/m

第二阶段永久荷载

B_1、B_3

铰缝:$g_缝 = (0.08×0.01×25+0.08×0.01×25)$ kN/m $= 0.04$ kN/m

20 mm 水泥砂浆面层:$g_{面层} = 1.1×0.02×20$ kN/m $= 0.44$ kN/m

15 mm 板底石灰砂浆:$g_{抹灰} = 1.1×0.015×17$ kN/m $= 0.281$ kN/m

$$g_{\mathrm{II}} = (0.04+0.44+0.281) \text{ kN/m} = 0.761 \text{ kN/m}$$

B_2、B_4

铰缝:
$$g'_缝 = (0.08×0.01×25+0.08×0.01×25+0.08×0.005×25) \text{ kN/m} = 0.05 \text{ kN/m}$$

20 mm 水泥砂浆面层:$g'_{面层} = (0.85+0.005)×0.02×20$ kN/m $= 0.342$ kN/m

15 mm 板底石灰砂浆:$g'_{抹灰} = (0.85+0.005)×0.015×17$ kN/m $= 0.218$ kN/m

$$g'_{\mathrm{II}} = 0.05+0.342+0.218 \text{ kN/m} = 0.6 \text{ kN/m}$$

小计

$$g_1 = (2.16+0.761) \text{ kN/m} = 2.921 \text{ kN/m}$$
$$g_2 = (1.66+0.6) \text{ kN/m} = 2.26 \text{ kN/m}$$

② 可变荷载

可变荷载标准值:
$$q_1 = 5×1.1 \text{ kN/m} = 5.5 \text{ kN/m}$$
$$q_2 = 5×(0.85+0.005) \text{ kN/m} = 4.275 \text{ kN/m}$$

因为可变荷载较大,可变荷载起控制作用,永久荷载的分项系数取 1.2;因为是工业建筑且楼面可变荷载标准值大于 4.0 kN/m²,所以可变荷载分项系数取 1.3。

永久荷载设计值:
$$g_1 = 2.921×1.2 \text{ kN/m} = 3.51 \text{ kN/m}$$
$$g_2 = 2.26×1.2 \text{ kN/m} = 2.712 \text{ kN/m}$$

可变荷载设计值:
$$q_1 = 5.5×1.3 \text{ kN/m} = 7.15 \text{ kN/m}$$
$$q_2 = 4.275×1.3 \text{ kN/m} = 5.56 \text{ kN/m}$$

荷载的总设计值:
$$B_1、B_3: g_1+q_1 = (3.51+7.15) \text{ kN/m} = 10.66 \text{ kN/m}$$
$$B_2、B_4: g_2+q_2 = (2.712+5.56) \text{ kN/m} = 8.272 \text{ kN/m}$$

(4) 板的内力——弯矩设计值的计算

按简支板计算,板的弯矩设计值计算过程见表 14-2-1。

表 14-2-1 板的弯矩设计值的计算

截面位置	计算跨度 l_0/m	$M = \frac{1}{8}(g+q)l_0^2$/kN·m
1(B_1)	$l_{01} = 2.07$	$10.66×2.07^2/8 = 5.71$
2(B_2)	$l_{02} = 2.07$	$8.272×2.07^2/8 = 4.431$
3(B_3)	$l_{01} = 2.04$	$10.66×2.04^2/8 = 5.55$
4(B_4)	$l_{02} = 2.04$	$8.272×2.04^2/8 = 4.3$

（5）板配筋计算——正截面受弯承载力计算

将预制板简化为矩形板计算，板 B_1、B_3 宽取 1 070 mm，B_2、B_4 取 820 mm，偏于安全，板厚 80 mm，保护层 $c = 20$ mm，$h_0 = (80-25)$ mm $= 55$ mm，C30 混凝土，$a_1 = 1.0$，$f_c = 14.3$ N/mm²，$f_t = 1.43$ N/mm²，HPB300 钢筋，$f_y = 270$ N/mm²，$f'_y = 270$ N/mm²。

板的配筋计算过程见表 14-2-2。

表 14-2-2 板的配筋计算过程

截面位置	M/(kN·m)	$\alpha_s = M/\alpha_1 f_c b h_0^2$	$\xi = 1-\sqrt{1-2\alpha_s}$	$A_s = \xi b h_0 \alpha_1 f_c / f_y$ /mm²	实际配筋
1(B_1)	5.71	0.1234	0.132	411.4	Φ10@170 $A_s = 462 \times 1.09 = 503$ mm²
2(B_2)	4.431	0.125	0.134	320	Φ10@170 $A_s = 462 \times 0.84 = 388$ mm²
3(B_3)	5.55	0.12	0.128	399	Φ10@170 $A_s = 462 \times 1.09 = 503$ mm²
4(B_4)	4.3	0.121	0.1294	309	Φ10@170 $A_s = 462 \times 0.84 = 388$ mm²

配筋率验算 $\rho = \dfrac{A_s}{bh} = \dfrac{503}{1\,090 \times 80} = 0.577\% > \rho_{min} = \max\left(\dfrac{0.45 f_t}{f_y} = \dfrac{0.45 \times 1.43}{270} = 0.238\%, 0.2\%\right)$

（6）施工阶段验算

① 吊装验算

每块预制板在距板端 500 mm 处均预留 40 mm×50 mm 的吊装预留槽，由于安装时对构件进行吊装，故需对预制板验算吊装荷载，动力系数取 1.5，计算简图如图 14-2-7f。

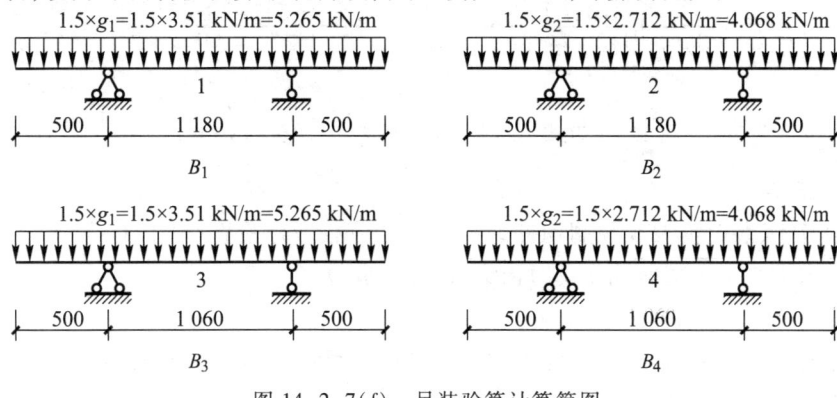

图 14-2-7(f) 吊装验算计算简图

由力学求解器可以得出其弯矩图如图 14-2-7g：

从图 14-2-7g 中可知，吊装时跨中弯矩远小于使用阶段的跨中弯矩，支座处出现的负弯矩较小，故无需验算。

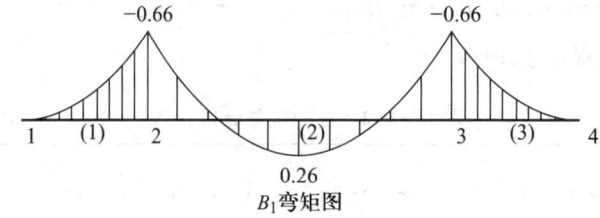

B_1 弯矩图

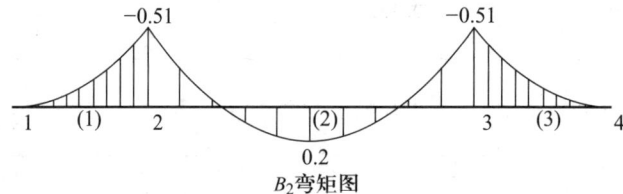

B_2 弯矩图

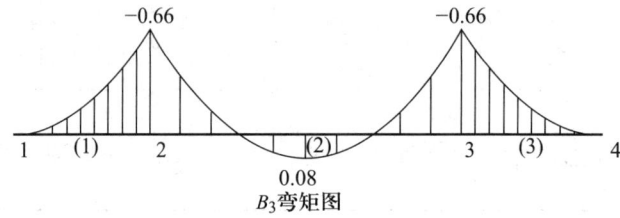

B_3 弯矩图

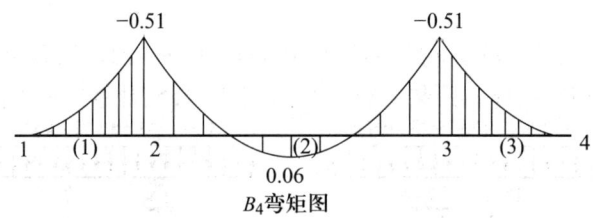

B_4 弯矩图

图 14-2-7(g) 吊装验算计算弯矩（单位：kN·m）

② 安装验算

根据规范，安装时需要在预制构件加 1 kN/m² 荷载进行验算，由于 1 kN/m² ≤ 5 kN/m²，构件承受的内力小于可变荷载作用时内力，故无需验算。

（7）板配筋图

板中除配置计算钢筋外，还应配置构造钢筋如分布钢筋和嵌入墙内的板的附加钢筋，板的配筋图如图 14-2-7h 所示。

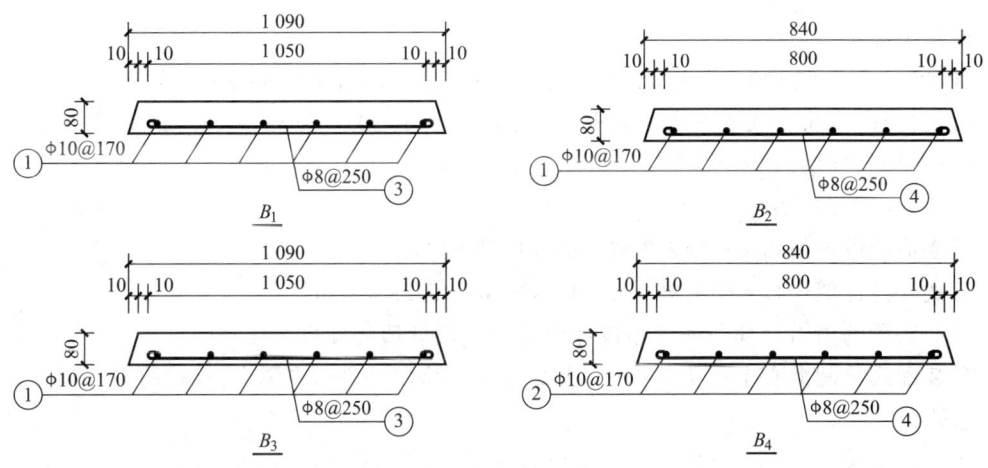

图 14-2-7(h) 板配筋图

4. 次梁的设计——按考虑塑性内力重分布设计

(1) 次梁的计算简图确定

由次梁实际结构图(14-2-8a 图)可知,次梁在墙上的支承长度 $a = 240$ mm,主梁宽度 $b = 250$ mm。按表确定计算简图:

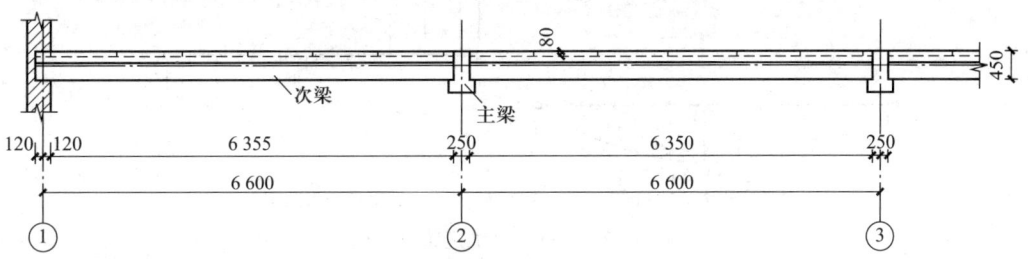

图 14-2-8(a) 次梁的实际结构图

边跨 $l_{01} = l_n + a/2 = (6\,600 - 120 - 250/2 + 240/2)$ mm $= 6\,475$ mm

中间跨 $l_{02} = l_n = (6\,600 - 250)$ mm $= 6\,350$ mm

计算简图如图 14-2-8b 所示。

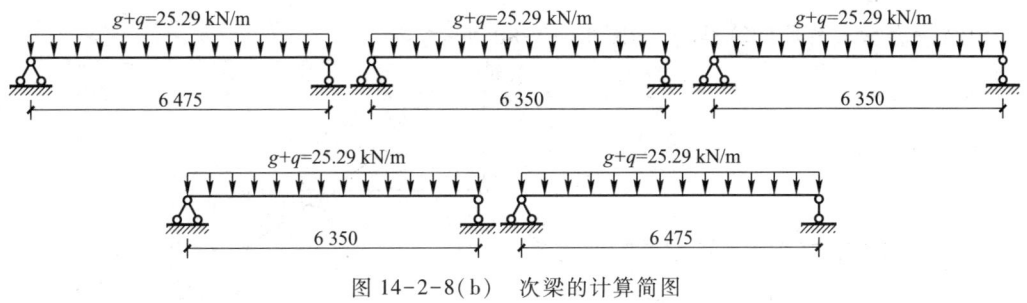

图 14-2-8(b) 次梁的计算简图

(2) 次梁的荷载设计值计算

永久荷载设计值

板传来的永久荷载：
$(0.08×25+0.02×20+0.015×17)×1.2×(2.3-0.2)$ kN/m = 6.69 kN/m
次梁自重：$[(0.2×0.45)+(0.08×0.15×2)]×25×1.2$ kN/m = 3.42 kN/m
次梁粉刷：$2×0.015×(0.45-0.08)×17×1.2$ kN/m = 0.23 kN/m
小计 g = 10.34 kN/m
可变荷载设计值：$q = 6.5×2.3$ kN/m = 14.95 kN/m
荷载总设计值：$q+g = (14.95+10.34)$ kN/m = 25.29 kN/m

(3) 次梁的内力计算——弯矩设计值和剪力设计值的计算

在装配式预制混凝土楼盖结构中，次梁直接支承在主梁的牛腿上，按单跨简支梁计算。

边跨：

跨中弯矩 $M_1 = \dfrac{1}{8}(g+q)l^2 = \dfrac{1}{8}×25.29×6.475^2$ kN·m = 132.54 kN·m

剪力 $V_1 = \dfrac{1}{2}(g+q)l = \dfrac{1}{2}×25.29×6.475$ kN = 81.88 kN

用结构力学求解器计算结构，用结构力学求解器计算结构，如图 14-2-8c 所示。

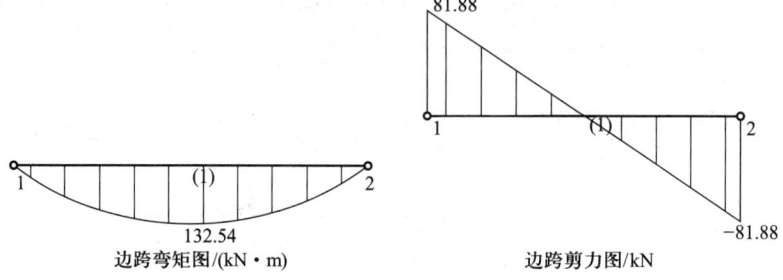

图 14-2-8(c) 次梁边跨弯矩图

中跨：

跨中弯矩 $M_2 = \dfrac{1}{8}(g+q)l^2 = \dfrac{1}{8}×25.29×6.35^2$ kN·m = 127.47 kN·m

剪力 $V_2 = \dfrac{1}{2}(g+q)l = \dfrac{1}{2}×25.29×6.35$ kN = 80.30 kN

用结构力学求解器计算结构，如图 14-2-8d 所示。

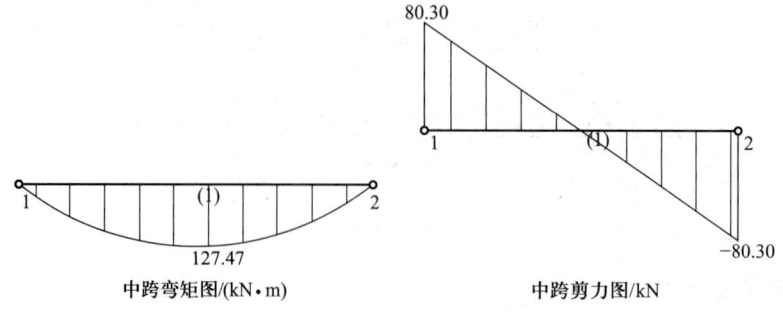

图 14-2-8(d) 次梁中跨弯矩图

（4）次梁的配筋计算

① 次梁正截面抗弯承载力计算——纵筋的确定

次梁跨中正弯矩按矩形截面进行承载力计算：

C30 混凝土：$\alpha_1 = 1.0$，$f_c = 14.3 \text{ N/mm}^2$，$f_t = 1.43 \text{ N/mm}^2$；

纵向钢筋采用 HRB400：$f_y = 360 \text{ N/mm}^2$，箍筋采用 HPB300：$f_{yv} = 270 \text{ N/mm}^2$；

保护层厚度 $c = 25$ mm，$h_0 = (450-45)$ mm $= 405$ mm。

支座截面按矩形截面计算，正截面承载力计算过程如下：

边跨：

$$\alpha_s = \frac{M}{\alpha_1 f_c b h_0^2} = \frac{132.54 \times 10^6}{1.0 \times 14.3 \times 200 \times 405^2} = 0.28$$

$$\xi = 1 - \sqrt{1 - 2\alpha_s} = 1 - \sqrt{1 - 2 \times 0.28} = 0.34 < 0.518$$

$$A_s = \frac{\xi b h_0 \alpha_1 f_c}{f_y} = \frac{0.34 \times 200 \times 405 \times 1.0 \times 14.3}{360} \text{ mm}^2 = 1\,093.95 \text{ mm}^2$$

选用 3 ⊕ 22，$A_s = 1\,140 \text{ mm}^2$。

中跨：

$$\alpha_s = \frac{M}{\alpha_1 f_c b h_0^2} = \frac{127.47 \times 10^6}{1.0 \times 14.3 \times 200 \times 405^2} = 0.27$$

$$\xi = 1 - \sqrt{1 - 2\alpha_s} = 1 - \sqrt{1 - 2 \times 0.27} = 0.32 < 0.518$$

$$A_s = \frac{\xi b h_0 \alpha_1 f_c}{f_y} = \frac{0.32 \times 200 \times 405 \times 1.0 \times 14.3}{360} \text{ mm}^2 = 1\,029.6 \text{ mm}^2$$

选用 3 ⊕ 22，$A_s = 1\,140 \text{ mm}^2$。

配筋率验算

$$\rho = \frac{A_s}{bh} = \frac{1\,140}{200 \times 450} = 1.27\% > \rho_{min} = \max\left(\frac{0.45 f_t}{f_y} = \frac{0.45 \times 1.43}{360} = 0.18\% \text{ 及 } 0.2\%\right)$$

② 次梁斜截面受剪承载力计算（包括复核截面尺寸、腹筋计算和最小配箍率验算）

复核截面尺寸：

$h_w = h_0 = 405$ mm，且 $h_w/b = 405/200 = 2.025 < 4$，故截面尺寸按下式验算。

$0.25\beta_c f_c b h_0 = 0.25 \times 1.0 \times 14.3 \times 200 \times 405$ N $= 290 \times 10^3$ N $= 290$ kN $> V_{max} = 81.88$ kN

故截面尺寸满足要求。

$0.7 f_t b h_0 = 0.7 \times 1.43 \times 200 \times 405$ N $= 81.0 \times 10^3$ N $= 81.0$ kN $< V_1$ 且 $> V_2$。

所以支座 A、B 均需要按计算配置箍筋，支座 C 按构造要求配筋。但为了施工方便，支座 C 配置箍筋与支座 A、B 一致。

$$V \leqslant V_{cs} = 0.7 f_t b h_0 + f_{yv} \frac{A_{sv}}{s} h_0$$

$$\frac{n A_{sv1}}{s} \geqslant \frac{V - 0.7 f_t b h_0}{f_{yv} h_0} = \frac{81.88 \times 10^3 - 0.7 \times 1.43 \times 200 \times 405}{270 \times 405} \text{ mm} = 0.007 \text{ mm}^2/\text{mm}$$

选用Φ6双肢箍，$A_{sv1}=28.3\ mm^2$，$n=2$，代入上式得 $s\leqslant\dfrac{nA_{sv1}}{0.007}=\dfrac{2\times28.3}{0.007}\ mm=8\ 085.7\ mm$。

为满足箍筋最小间距要求，$s=200\ mm$，沿梁长不变，取双肢箍Φ6@200。
配箍率验算：

$$\rho_{sv}=\dfrac{A_{sv}}{bs}=\dfrac{56.6}{200\times200}=1.42\times10^{-3}>\rho_{sv,min}=0.24\dfrac{f_t}{f_{yv}}=0.24\times\dfrac{1.43}{270}=1.27\times10^{-3}$$

满足要求。

③ 次梁牛腿配筋计算及验算

次梁与楼板相交处设置牛腿用于放置楼板，牛腿作为放置楼板的支座，承受楼板传来的荷载：

牛腿截面高度 $h=150\ mm$，$h_0=110\ mm$，牛腿伸出次梁 $80\ mm$，即牛腿截面宽度 $b=6\ 600\ mm$。

a. 牛腿截面高度验算

$\beta=0.8$，$f_{tk}=2.01\ N/mm^2$，$F_{hk}=0$（牛腿顶面无水平荷载），$a=80\ mm/2=40\ mm$。

F_{vk} 按下式确定：

$$F_{vk}=\dfrac{(6.69/1.2+6.5/1.3)\times2.3}{2}\ kN=12.16\ kN$$

$$\beta\left(1-0.5\dfrac{F_{hk}}{F_{vk}}\right)\dfrac{f_{tk}bh_0}{0.5+\dfrac{a}{h_0}}=0.8\times\dfrac{2.01\times6\ 600\times110}{0.5+\dfrac{40}{110}}\ kN=1\ 351.74\ kN>F_{vk}$$

故截面高度满足要求。

b. 牛腿配筋计算

$$A_s=\dfrac{F_v a}{0.85f_y h_0}+1.2\dfrac{F_h}{f_y}=\dfrac{1.2\times12.16\times10^3\times40}{0.85\times360\times110}\ mm^2=17.34\ mm^2$$

根据构造要求，$A_s\geqslant\rho_{min}bh=0.002\times6\ 600\times150\ mm^2=1\ 980\ mm^2$，且 $A_s\geqslant0.45f_t/f_ybh=0.45\times1.43\times6\ 600\times150/360\ mm^2=1\ 769.625\ mm^2$，纵筋不宜少于4根，直径不宜少于12 mm，所以选用 10⊕16，$A_s=2\ 011\ mm^2$。

（5）次梁吊装阶段验算

对于装配式钢筋混凝土梁板构件，必须进行运输和吊装验算。考虑运输、吊装时的动力作用，构件自重采用设计值，再乘以动力系数：对脱模、翻转、吊装、运输时可取1.5。对于长6.6 m的次梁，吊点设在距离端部1 m处。

① 预制梁施工吊环的计算

在吊装过程，每个吊环可考虑两个截面受力，故吊环截面积可按下式计算：

$$A=\dfrac{G}{2m[\sigma_s]}$$

式中 G——预制构件自重(不考虑动力系数)的标准值;

m——受力吊环数,当构件设有 4 个吊环时,最多只能考虑 3 个,取 $m=3$;

$[\sigma_s]$——吊环的容许设计应力,考虑动力作用之后,规范规定$[\sigma_s]=50\ \text{N/mm}^2$。

吊环取用 HPB300 钢筋,并严禁冷拉,以保持吊环具有良好的塑性。吊环锚深度不少于 $30d$,并宜焊接或绑扎在构件钢筋的骨架上。

预制框架梁自重 $G=[(0.2\times0.45)+(0.08\times0.15\times2)]\times25\times6.6\ \text{kN}=18.81\ \text{kN}$

考虑动力系数取 $18.81\times1.5\ \text{kN}=28.22\ \text{kN}$

吊环截面积取:

$$A=\frac{28.22\times10^3}{2\times2\times50}\ \text{mm}^2=141.1\ \text{mm}^2$$

施工吊环选用 $\phi14$,$A_s=153.9\ \text{mm}^2>141.1\ \text{mm}^2$。

② 吊装阶段受弯承载力验算

吊装荷载设计值:$g_1=(28.22/6.475)\ \text{kN/m}=4.36\ \text{kN/m}$

计算简图如下:

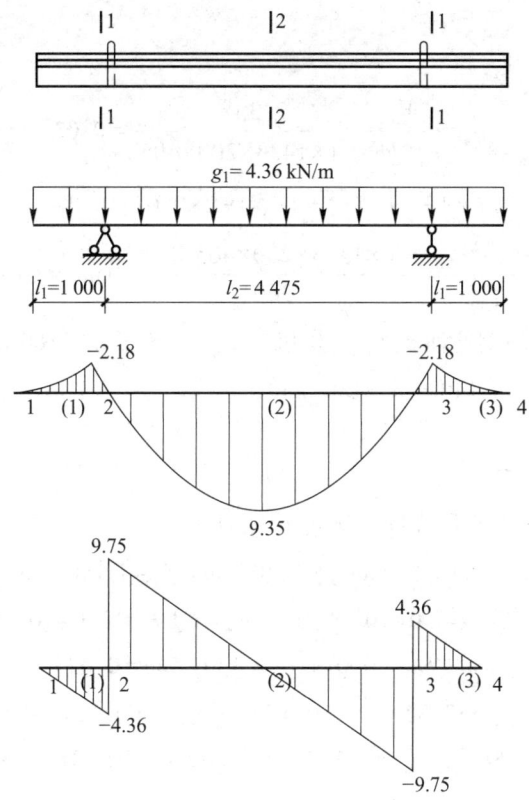

图 14-2-8(e) 次梁吊装阶段内力图

在上述荷载作用下,梁跨中最不利弯矩为

$$M_1 = \frac{1}{2}g_1 l_1^2 = \frac{1}{2} \times 4.36 \times 1^2 \text{ kN} \cdot \text{m} = 2.18 \text{ kN} \cdot \text{m}$$

$$M_2 = \frac{1}{2}g_1 l \frac{l_2}{2} - \frac{1}{8}g_1 l^2 = \left(\frac{1}{4} \times 4.36 \times 6.6 \times 4.6 - \frac{1}{8} \times 4.36 \times 6.6^2\right) \text{ kN} \cdot \text{m} = 9.35 \text{ kN} \cdot \text{m}$$

1—1 截面:

$$\alpha_s = \frac{M_1}{a_1 f_c b h_0^2} = \frac{2.18 \times 10^6}{1 \times 14.3 \times 200 \times 405^2} = 0.005$$

$$\xi = 1 - \sqrt{1 - 2\alpha_s} = 1 - \sqrt{1 - 2 \times 0.005} = 0.005 < \xi_b = 0.518$$

$$A_s = \frac{a_1 f_c b h_0 \xi}{f_y} = \frac{1.0 \times 14.3 \times 200 \times 405 \times 0.005}{360} \text{ mm}^2 = 16 \text{ mm}^2$$

按最小配筋率计算的钢筋面积 $A_{\min} = 0.002 \times 200 \times 450 \text{ mm}^2 = 180 \text{ mm}^2$;

实配钢筋 2 $\underline{\Phi}$ 12,$A_s = 226 \text{ mm}^2 > 180 \text{ mm}^2$;

满足要求。

2—2 截面:

$$\alpha_s = \frac{M_2}{a_1 f_c b h_0^2} = \frac{9.35 \times 10^6}{1 \times 14.3 \times 200 \times 405^2} = 0.02$$

$$\xi = 1 - \sqrt{1 - 2\alpha_s} = 1 - \sqrt{1 - 2 \times 0.02} = 0.02$$

$$A_s = \frac{a_1 f_c b h_0 \xi}{f_y} = \frac{1.0 \times 14.3 \times 200 \times 405 \times 0.02}{360} \text{ mm}^2 = 64 \text{ mm}^2$$

按最小配筋率计算的钢筋面积 $A_{\min} = 0.002 \times 200 \times 450 \text{ mm}^2 = 180 \text{ mm}^2$;

实配钢筋 3 $\underline{\Phi}$ 22,$A_s = 1\ 140 \text{ mm}^2 > 180 \text{ mm}^2$;

满足要求。

③ 施工阶段挠度验算

规范规定,预制梁施工阶段挠度应满足 $f < l_0/200$。

$$f_{tk} = 2.01 \text{ N/mm}^2, h_0 = 405 \text{ mm}, A_s = 1\ 140 \text{ mm}^2$$

$$E_s = 200 \text{ kN/mm}^2, E_c = 3.0 \times 10^4 \text{ N/mm}^2, \alpha_E = E_s/E_c = 2.0 \times 10^5/3.0 \times 10^4 = 6.67$$

$$\rho = A_s/bh_0 = 0.014, \rho_{te} = A_s/0.5bh = 0.025\ 3$$

$$\sigma_{sq} = M_q/0.87 h_0 A_s = 32.88 \times 10^6/(0.87 \times 405 \times 1\ 140) \text{ N/mm}^2 = 81.86 \text{ N/mm}^2$$

$$\psi = 1.1 - 0.65 f_{tk}/\rho_{te}\sigma_{sq} = 1.1 - 0.65 \times 2.01/(0.025\ 3 \times 81.86) = 0.47$$

$$B_s = \frac{E_s A_s h_0^2}{\psi/\eta + \alpha_E \rho/\zeta} = \frac{E_s A_s h_0^2}{1.15\psi + 0.2 + 6\alpha_E \rho} = \frac{2.0 \times 10^5 \times 1\ 140 \times 405^2}{1.15 \times 0.47 + 0.2 + 6 \times 6.67 \times 0.014} \text{ N} \cdot \text{mm}^2$$

$$= 2.875 \times 10^{13} \text{ N} \cdot \text{mm}^2$$

预制梁施工阶段挠度:$f_s = \dfrac{5M_q l_0^2}{48 \times B_s} = \dfrac{5 \times 9.35 \times 10^6 \times 6\,600^2}{48 \times 2.875 \times 10^{13}}$ mm

$= 1.48$ mm $< l_0/200 = 6\,600/200$ mm $= 33$ mm

满足要求。

（6）次梁施工图的绘制

次梁配筋图如图 14-2-8f 所示,其中次梁纵筋锚固长度确定:

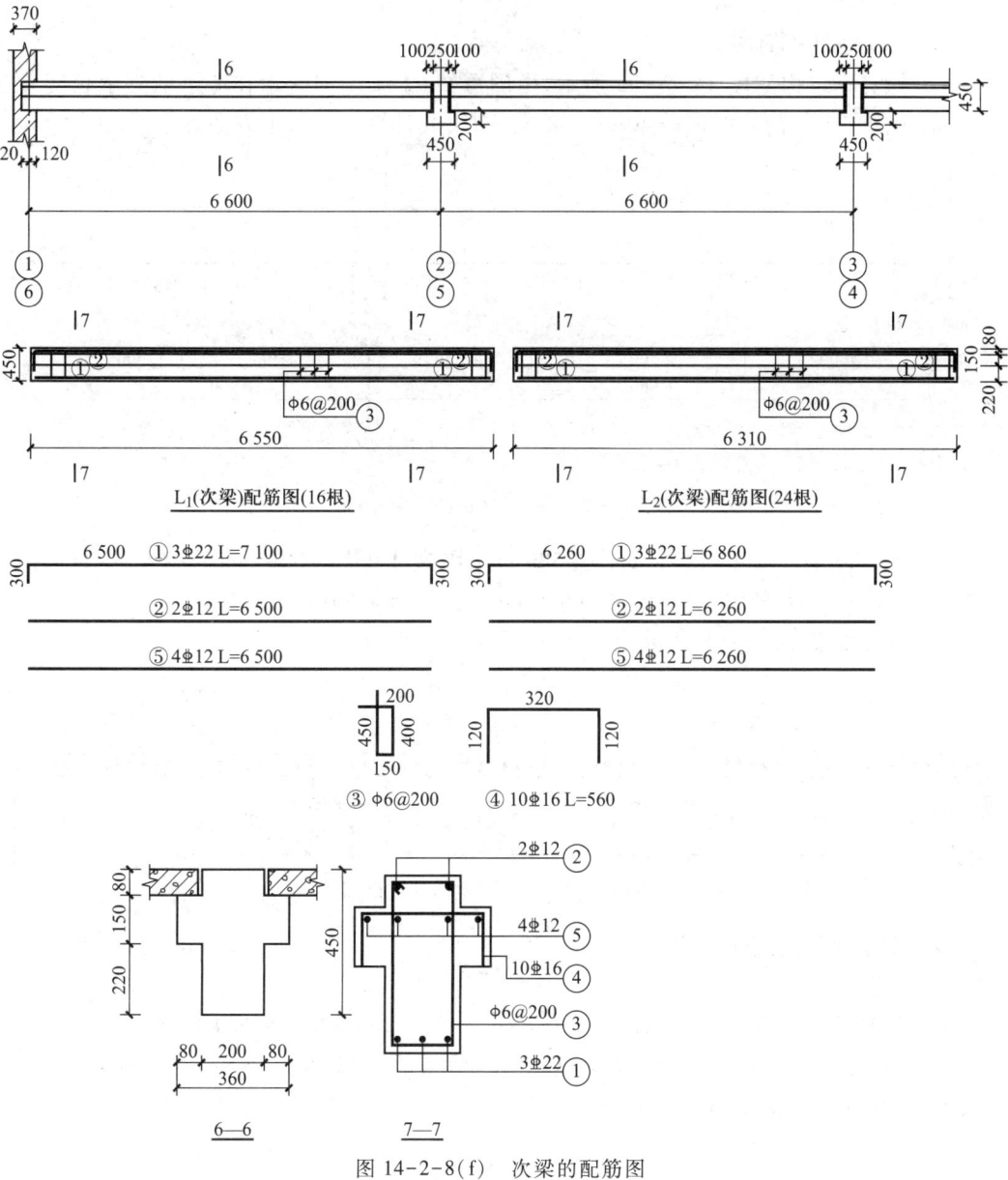

图 14-2-8(f)　次梁的配筋图

伸入墙支座时,梁顶面纵筋的锚固长度按下式确定:

$$l = l_a = \alpha \frac{f_y}{f_t} d = 0.14 \times \frac{360}{1.43} \times 12 \text{ mm} = 422.9 \text{ mm},取 500 \text{ mm}。$$（此时钢筋没有达到钢材的抗拉强度设计值）

伸入墙支座时,梁底面纵筋的锚固长度:$l = 12d = 12 \times 22 \text{ mm} = 264 \text{ mm}$,取 280 mm。

牛腿的纵向受拉钢筋的一端沿牛腿外缘弯折,并伸入梁内 150 mm;另一端通长两边的牛腿。

5. 主梁设计

（1）主梁的计算简图

主梁的实际结构如图 14-2-9a 所示,由图可知,主梁端部支承在墙上的支承长度 a 为 370 mm,中间支承在的 400 mm×400 mm 混凝土柱,其计算跨度以下方法确定:

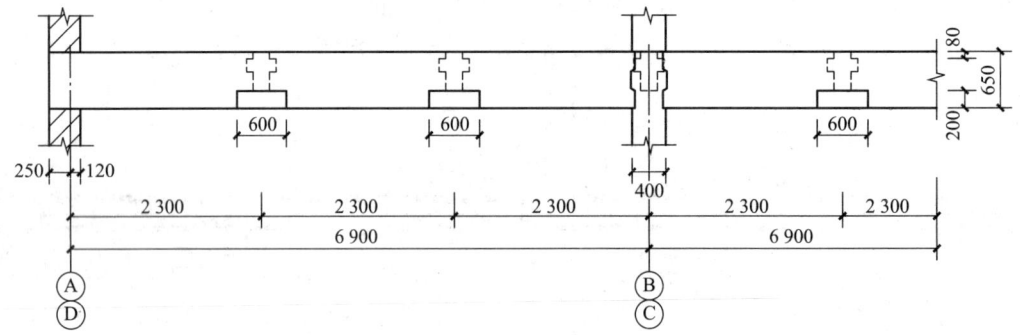

图 14-2-9(a) 主梁的实际结构

边跨 $l_{n1} = (6\ 900 - 200 - 120)$ mm $= 6\ 580$ mm,因为 $0.05l_{n1} = 329$ mm $> a/2 = 185$ mm,所以边跨取 $l_{01} = l_{n1} + a = (6\ 580 + 370)$ mm $= 6\ 950$ mm,中跨 $l = 6\ 900$ mm。

计算简图如图 14-2-9b 所示。

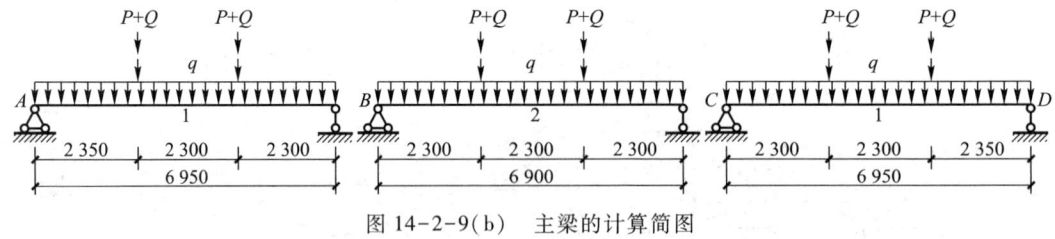

图 14-2-9(b) 主梁的计算简图

（2）主梁的荷载设计值计算

永久荷载

次梁传来的永久荷载:$(10.34 \times 6.6 + 0.6 \times 0.2 \times 0.1 \times 25)$ kN $= 68.544$ kN

主梁自重(含粉刷):$(0.65 \times 0.25 \times 25 + 2 \times 0.65 \times 0.015 \times 17) \times 1.2$ kN/m $= 5.27$ kN/m

可变荷载:$Q = 14.95 \times 6.6$ kN $= 98.67$ kN

（3）主梁的内力计算

在装配式混凝土楼盖中,采用预制混凝土简支梁:

① 剪力设计值

主梁剪力可利用结构力学相关知识进行计算,也可直接利用结构力学求解器求解。经过计算如下。手算过程如下:

$$V_{1L} = -\frac{\left[(68.544+98.67)\times 2.3\times 2+(68.544+98.67)\times 2.3+5.27\times\frac{6.95^2}{2}\right]}{6.95} \text{ kN} = -184.32 \text{ kN}$$

$$V_{1R} = -\frac{\left[(68.544+98.67)\times (2.3+2.35)+(68.544+98.67)\times 2.3+5.27\times\frac{6.95^2}{2}\right]}{6.95} \text{ kN} = -185.53 \text{ kN}$$

$$V_2 = -\frac{\left[(68.544+98.67)\times 2.3\times 2+(68.544+98.67)\times 2.3+5.27\times\frac{6.9^2}{2}\right]}{6.9} \text{ kN} = -185.40 \text{ kN}$$

结构力学求解器计算结果如图 14-2-9(c)所示。

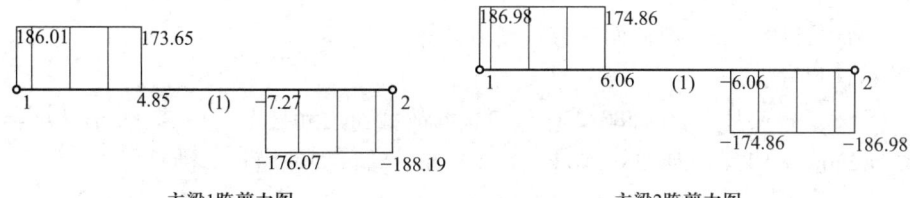

图 14-2-9(c)　主梁的剪力图

② 主梁弯矩值计算

可利用结构力学求解器直接计算(图 14-2-9d)。也可以用结构力学相关知识进行手算:

$$M_1 = \left[\frac{1}{8}\times 5.27\times 6.95^2+(68.544+98.67)\times\frac{2.3}{2}-184.32\times\left(2.35+\frac{2.3}{2}\right)\right] \text{ kN}\cdot\text{m} = -421 \text{ kN}\cdot\text{m}$$

$$M_2 = \left[\frac{1}{8}\times 5.27\times 6.9^2+(68.544+98.67)\times\frac{2.3}{2}-185.40\times 2.3\times 1.5\right] \text{ kN}\cdot\text{m} = -416 \text{ kN}\cdot\text{m}$$

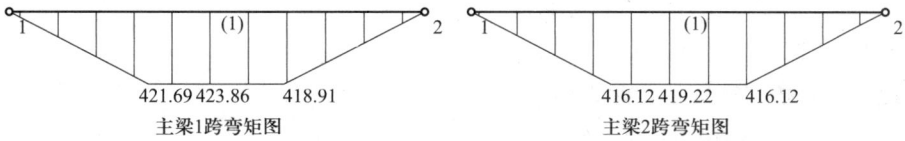

图 14-2-9(d)　主梁的弯矩图

(4) 主梁的配筋计算承载力计算

C30 混凝土,$a_1 = 1.0$,$f_c = 14.3 \text{ N/mm}^2$,$f_t = 1.43 \text{ N/mm}^2$;保护层厚 $c = 25 \text{ mm}$,$h_0 = (650-70) \text{ mm} = 580 \text{ mm}$,$b = 250 \text{ mm}$;纵向钢筋采用 HRB400,其中 $f_y = 360 \text{ N/mm}^2$;箍筋采用 HPB300,$f_{yv} = 270 \text{ N/mm}^2$。

① 主梁正截面受弯承载力计算及纵筋的计算

跨中正弯矩按单筋矩形截面梁计算,正截面受弯承载力的计算过程如表 14-2-3。

表 14-2-3 主梁正截面受弯承载力及配筋计算

截面	$M(\mathrm{kN \cdot m})$	h_0	$\alpha_s = M/\alpha_1 f_c b h_0^2$	$\xi = 1-\sqrt{1-2\alpha_s}$	是否按构造配筋	$A_s = \xi b h_0 \alpha_1 f_c / f_y$ /mm²	实配钢筋
1 边跨中	421	580	$\dfrac{421\times 10^6}{1.0\times 14.3\times 250\times 580^2}=0.350$	0.452	是	2 603	6 ⌀ 25 $A_s=2\,945$
2 中间跨中	416	580	$\dfrac{416\times 10^6}{1.0\times 14.3\times 250\times 580^2}=0.346$	0.445	是	2 563	6 ⌀ 25 $A_s=2\,945$

配筋率验算:$\rho = \dfrac{A_s}{bh} = \dfrac{2\,945}{250\times 610} = 1.93\% > \rho_{\min} = \max\left(\dfrac{0.45 f_t}{f_y}, 0.2\%\right)$

② 主梁箍筋计算——斜截面受剪承载力计算

验算截面尺寸:

$h_w = h_0 = 580$ mm,且 $h_w/b = 580/250 = 2.32 < 4$,故截面尺寸按下式验算 $0.25\beta_c f_c b h_0 = 0.25\times 1.0\times 14.3\times 250\times 580$ kN $= 518.38$ kN $> V_{\max} = 185.53$ kN,可知截面尺寸满足要求。

验算是否需要计算配置箍筋:$0.7 f_t b h_0 = 0.7\times 1.43\times 250\times 580$ N $= 145.15$ kN $< V$

故支座 A、B 均需进配置箍筋计算。

计算所需腹筋,采用 ⌀ 8@200 双肢箍。计算如下:

$\rho_{sv} = \dfrac{A_{sv}}{bs} = \dfrac{50.3\times 2}{250\times 200} = 0.20\% > 0.24\dfrac{f_t}{f_{yv}} = 0.113\%$,满足要求。

$V_{cs} = 0.7 f_t b h_0 + f_{yv}\dfrac{A_{sv}}{s}h_0$

$= 0.7\times 1.43\times 250\times 580 + 270\times \dfrac{50.3\times 2}{200}\times 580$

$= 223.91$ kN $> V_{\max} = 185.53$ kN

因此不需要按计算配置弯起钢筋。

③ 次梁两侧附加横向钢筋计算

次梁传来的集中力 $F = G+Q = (68.544+98.67)$ kN $= 167.214$ kN

$S = 2h_1 + 3b = (2\times 200 + 3\times 200)$ mm $= 1\,000$ mm

配吊筋 1⌀18 附加箍筋 ⌀ 8@200 双肢箍,则需要附加箍筋的排数为

$2 f_y A_s \sin\alpha + mn f_{yv} A_{sv1} \geq F$

$2\times 270\times 254.3\times \sin 45° + m\times 2\times 270\times 50.3 \geq 167.214\times 1\,000$,$m \geq 2.6$ 个。

因为附加箍筋需要对称布置,因此配置的附加箍筋为每侧 2 个⌀8@100,共 4 个大于 2.6 个。

④ 主梁牛腿配筋计算及验算

主梁与次梁相交处设置牛腿用于放置次梁,牛腿作为放置楼板的支座,承受楼板传来的荷载:牛腿截面高度 $h = 200$ mm, $h_0 = 170$ mm,牛腿伸出次梁 100 mm,牛腿截面宽度 $b = 600$ mm。

a. 牛腿截面高度验算

$\beta = 0.8$, $f_{tk} = 2.01$ N/mm^2, $F_{hk} = 0$(牛腿顶面无水平荷载),$a = 100$ mm/2 = 50 mm。

F_{vk} 按下式确定:

$F_{vk} = (68.5414/1.2 + 98.67/1.3)$ kN $= 133.02$ kN

$$\beta\left(1 - 0.5\frac{F_{hk}}{F_{vk}}\right)\frac{f_{tk}bh_0}{0.5 + \frac{a}{h_0}} = 0.8 \times \frac{2.01 \times 600 \times 170}{0.5 + \frac{50}{170}} \text{ kN} = 206.54 \text{ kN} > F_{vk}$$

故截面高度满足要求。

b. 牛腿配筋计算

$$A_s = \frac{F_v a}{0.85 f_y h_0} + 1.2\frac{F_h}{f_y} = \frac{1.2 \times 133.02 \times 10^3 \times 50}{0.85 \times 360 \times 170} \text{ mm}^2 = 153.43 \text{ mm}^2$$

根据构造要求, $A_s \geq \rho_{min} bh = 0.002 \times 600 \times 200$ mm^2 = 240 mm^2,

且 $A_s \geq 0.45 f_t/f_y bh = 0.45 \times 1.43 \times 600 \times 200/360$ mm^2 = 214.5 mm^2,纵筋不宜少于 4 根,直径不宜少于 12 mm,所以选用 4⌀12,$A_s = 452$ mm^2。

(5) 吊装验算

在距离梁两端 1 m 处设置吊环,根据《装配式混凝土结构技术规程》,吊装时荷载等于主梁自重乘以动力系数 1.5,所受弯矩剪力用结构力学求解器,结果如图 14-2-9e 所示。

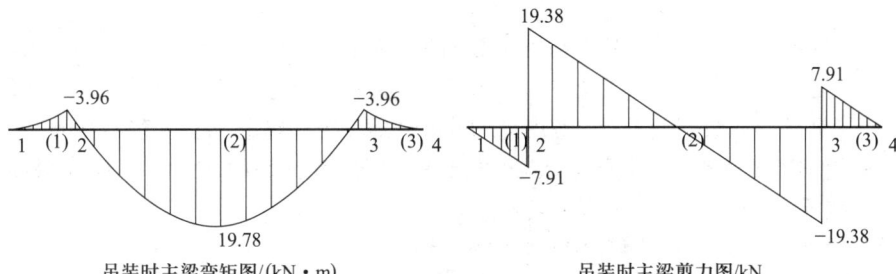

图 14-2-9(e) 主梁吊装内力图

① 受弯承载力验算

$$\alpha_s = \frac{M_q}{a_1 f_c b h_0^2} = \frac{19.78 \times 10^6}{1 \times 14.3 \times 250 \times 580^2} = 0.016$$

$$\xi = 1 - \sqrt{1 - 2\alpha_s} = 1 - \sqrt{1 - 2 \times 0.016} = 0.016 \leq \xi_b = 0.518$$

$$A_s = \frac{a_1 f_c b h_0 \xi}{f_y} = \frac{1.0 \times 14.3 \times 250 \times 580 \times 0.016}{360} \text{ mm}^2 = 92 \text{ mm}^2$$

实配钢筋 6⌀25,$A_s = 2945$ mm^2 > 92 mm^2;满足要求。

由于吊装时主梁吊环处承受负弯矩,按构造配置上部通长钢筋 2⌀10。

② 受剪承载力验算

根据上述受剪截面斜截面承载力计算得:V_{cs} = 223.91 kN>(19.38+7.91) kN = 27.29 kN 箍筋承担最大剪力,满足要求。

③ 挠度验算

规范规定,预制梁施工阶段挠度应满足 $f<L_0/200$。

$$f_{tk} = 2.01 \text{ N/mm}^2, h_0 = 610 \text{ mm}, A_s = 2\,945 \text{ mm}^2,$$

$$E_s = 200 \text{ kN/mm}^2, E_c = 300 \text{ kN/mm}^2, \alpha_E = E_s/E_c = 6.67,$$

$$\rho = A_s/bh_0 = 0.020, \rho_{te} = A_s/0.5bh_0 = 0.040,$$

$$\sigma_{sq} = M_q/0.87h_0 A_S = 19.78 \times 10^6/(0.87 \times 580 \times 2\,945) \text{ N/mm}^2 = 13.31 \text{ N/mm}^2$$

$$\psi = 1.1 - 0.65 f_{tk}/\rho_{te}\sigma_{sq} = 1.1 - 0.65 \times 2.01/(0.040 \times 13.31) = -1.35$$

当 $\psi<0.2$ 时,应取 $\psi = 0.2$

$$B_s = \frac{E_s A_s h_0^2}{\psi/\eta + \alpha_E \rho/\zeta} = \frac{E_s A_s h_0^2}{1.15\psi + 0.2 + 6\alpha_E \rho} = \frac{2.0 \times 10^5 \times 2\,945 \times 580^2}{1.15 \times 1.35 + 0.2 + 6 \times 6.67 \times 0.020} = 1.61 \times 10^{14}$$

预制梁施工阶段挠度:$f_s = \dfrac{5 M_q l_0^2}{48 \times B_s} = \dfrac{5 \times 19.78 \times 10^6 \times 6\,900^2}{48 \times 1.61 \times 10^{14}}$

$$= 0.61 \text{ mm} < l_0/200 = 6\,900/200 \text{ mm} = 34.5 \text{ mm}$$

满足要求。

④ 吊环验算

在吊装过程,每个吊环可考虑两个截面受力,故吊环截面积可按下式计算

$$A = \frac{G}{2m[\sigma_s]}$$

式中 G——预制构件自重(不考虑动力系数)的标准值;

m——受力吊环数,当构件设有 4 个吊环时,最多只能考虑 3 个,取 $m = 3$;

$[\sigma_s]$——吊环的容许设计应力,考虑动力作用之后,规范规定 $[\sigma_s] = 50 \text{ N/mm}^2$。

吊环取用 HPB300 钢筋,并严禁冷拉,以保持吊环具有良好的塑性。吊环锚深度不少于 $30d$,并宜焊接或绑扎在构件钢筋的骨架上。

主梁考虑动力荷载自重 $G = 7.91 \times 6.9 \text{ kN} = 54.58 \text{ kN}$

吊环截面积取:

$$A = \frac{54.48 \times 10^3}{2 \times 2 \times 50} \text{ mm}^2 = 272 \text{ mm}^2$$

施工吊环选用 Φ20,$A_s = 314 \text{ mm}^2 > 272 \text{ mm}^2$。

(6) 主梁施工图绘制

主梁锚固长度确定:

伸入墙支座时,梁顶面的锚固长度按下式确定,即 $l = l_a = \alpha \dfrac{f_y}{f_t} d = 0.14 \times \dfrac{360}{1.27} \times 24 \text{ mm} = 952 \text{ mm}$,取 1 000 mm。

梁底面纵筋的锚固长度:$12d = 12 \times 24 \text{ mm} = 288 \text{ mm}$,取 300 mm。主梁配筋图见图 14-2-9f。

楼盖结构平面图及配筋图如图 14-2-10 所示。

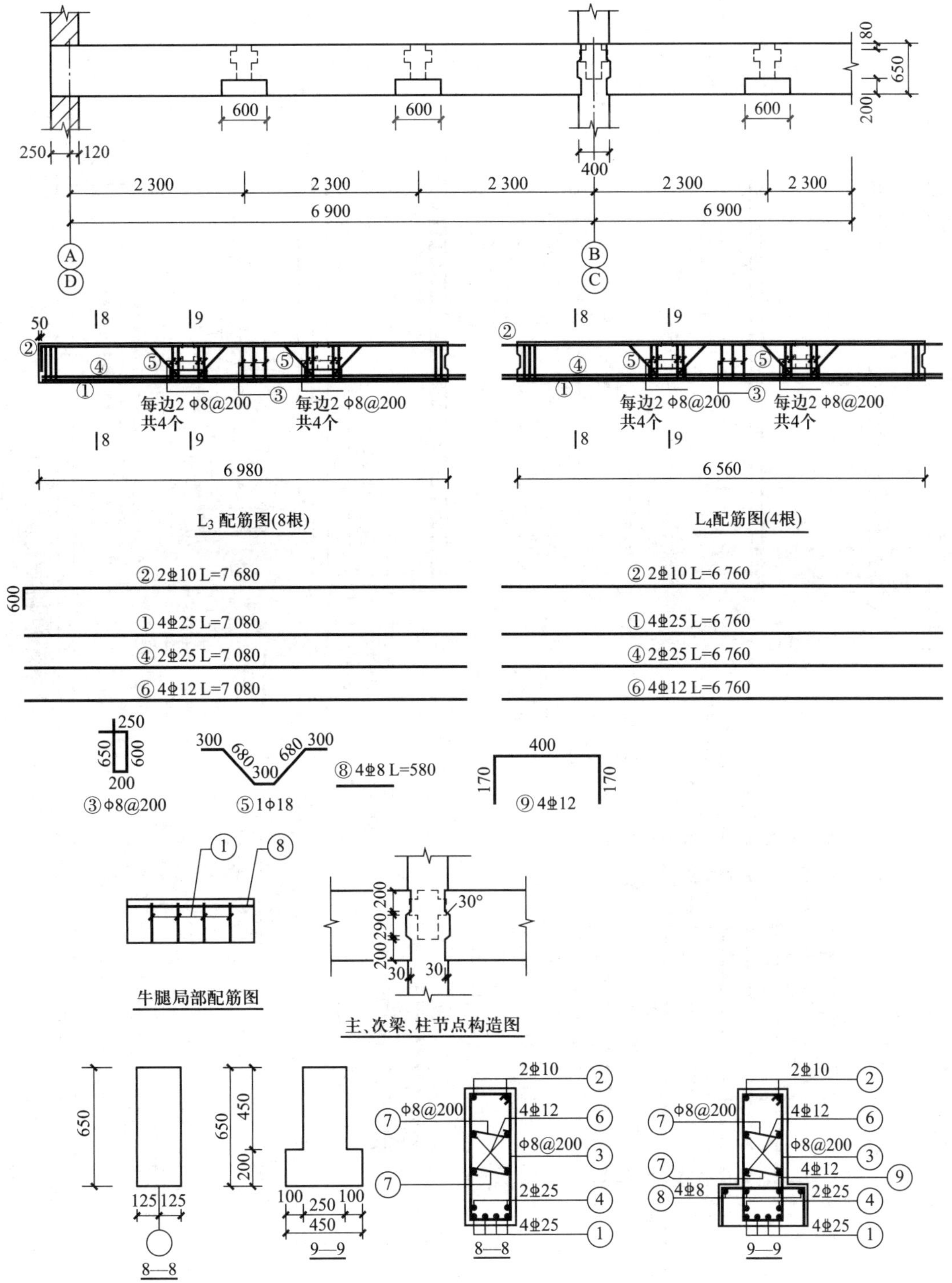

图 14-2-9(f)　主梁配筋图

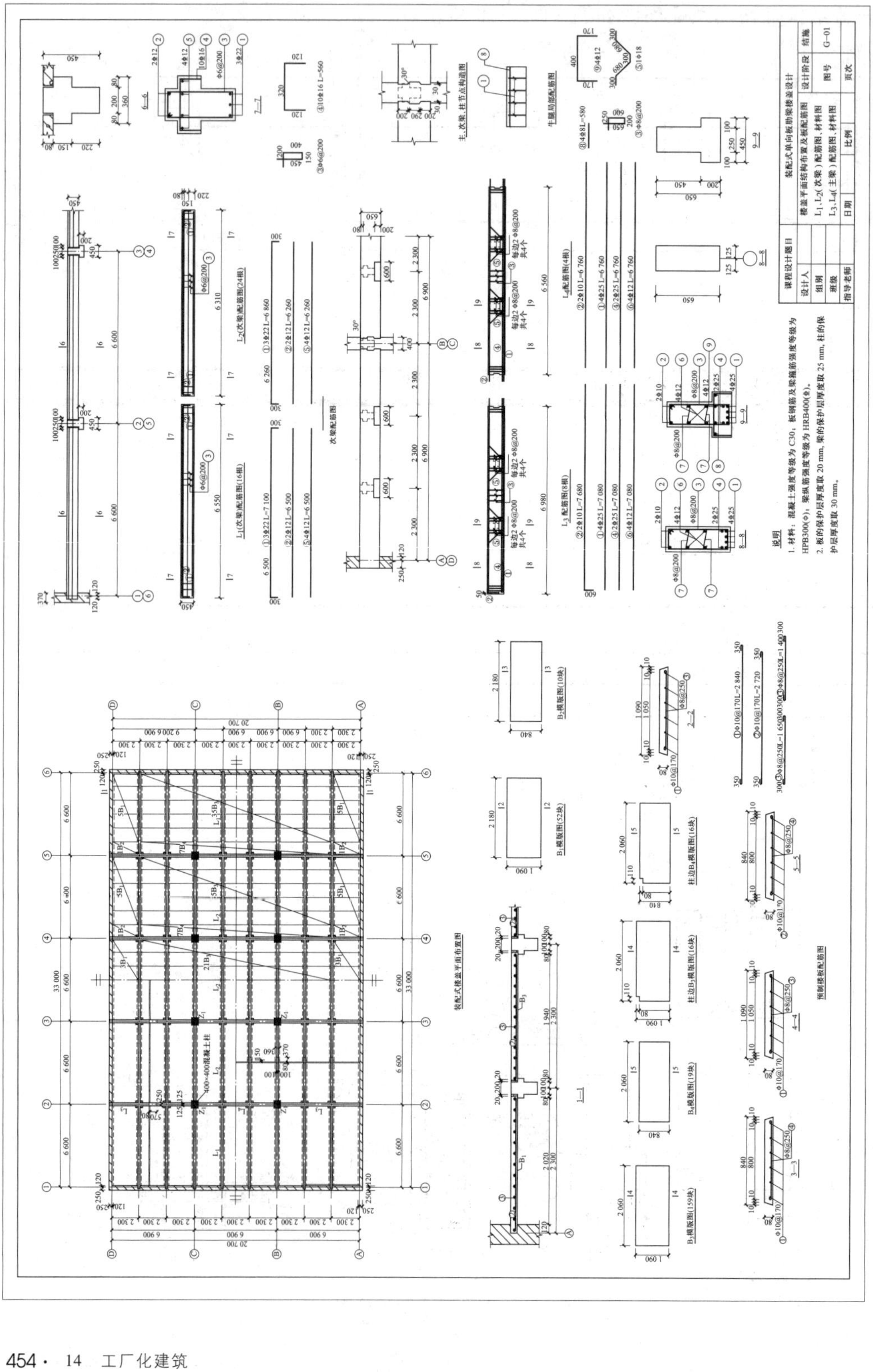

14-7：文档 装配式混凝土楼盖板设计实例

图 14-2-10 楼盖结构平面图及配筋图

14.2.5 装配整体式单向板肋梁楼盖设计

某厂房用楼盖,平面尺寸为 33 m×20.7 m,层高 4.5 m,四周为承重墙,室内设置 8 个立柱(柱截面尺寸取为 400 mm×400 mm),楼盖平面图如图 14-2-11 所示,楼盖做法见图 14-2-12,楼盖采用装配整体式的钢筋混凝土单向板肋梁楼盖,试设计。

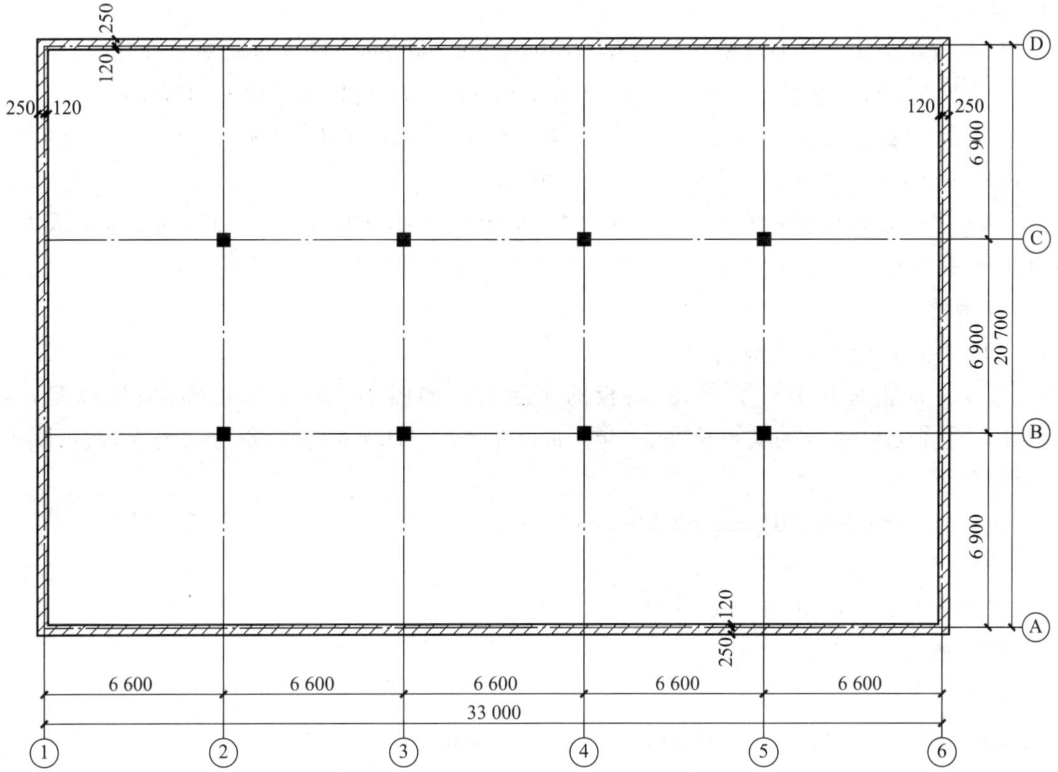

图 14-2-11 楼盖平面图

设计要求:① 板、次梁内力按塑性内力重分布方法计算;② 主梁内力按弹性理论计算;③ 绘出结构平面布置图,板、次梁和主梁的模板及配筋图。

进行钢筋混凝土装配整体式单向板肋梁楼盖设计主要解决的问题有:① 计算简图;② 整体内力分析;③ 预制构件内力分析;④ 截面配筋计算;⑤ 吊装验算;⑥ 施工阶段验算;⑦ 构造要求;⑧ 施工图绘制。

装配整体式单向板肋梁楼盖设计步骤如下:

1. 设计资料

其中荷载及材料如下:

(1) 楼盖均布可变荷载标准值:$q_k = 5$ kN/m²。

(2) 楼盖做法如图 14-2-12 所示:楼盖面层用

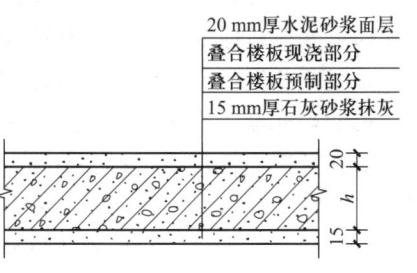

图 14-2-12 楼盖做法详图

20 mm 厚水泥砂浆抹面($\gamma=20$ kN/m³),板底及梁用 15 mm 厚石灰砂浆抹底($\gamma=17$ kN/m³)。

(3) 材料强度等级:混凝土强度等级采用 C30,主梁和次梁的纵向受力钢筋采用 HRB400,板钢筋、主次梁的箍筋采用 HPB300。

2. 楼盖梁格布置及截面尺寸确定

(1) 确定主梁的跨度为 6.9 m,次梁的跨度为 6.6 m,主梁每跨内布置两根次梁,板的跨度为 2.3 m。

(2) 按高跨比条件要求板的厚度 $h \geqslant l/40 = 2\,300/40$ mm $= 57.5$ mm,对工业建筑的叠合楼板,要求预制部分厚度 $h_1 \geqslant 60$ mm,叠合部分 $h_2 \geqslant 60$ mm,所以板厚取 $h = 120$ mm。

(3) 次梁截面高度应满足:$h = l/18 \sim l/12 = 6\,600/18 \sim 6\,600/12$ mm $= 367 \sim 550$ mm,取 $h = 450$ mm,截面宽 $b = (1/3 \sim 1/2)h$,取 $b = 200$ mm。

(4) 主梁截面高度应满足:$h = l/14 \sim l/8 = 6\,900/14 \sim 6\,900/8$ mm $= 493 \sim 863$ mm,取 $h = 650$ mm,截面宽度取为 $b = 250$ mm。楼盖结构平面布置图如图 14-2-13 所示。

3. 板的设计

(1) 预制部分板的计算简图

取 1.1 m 板宽作为计算单元,由板的实际结构如图 14-2-14a,可知:次梁截面 $b = 200$ mm,叠合板在墙上的支承长度 $a = 120$ mm,板厚 $h = 120$ mm,预制部分按简支板设计,板的计算跨度如下:

边跨:$l_{01} = (2\,300-60)$ mm $= 2\,240$ mm

中跨:$l_{02} = 2\,300$ mm

板的计算简图如图 14-2-14b 所示。

(2) 板承受的荷载

永久荷载标准值

20 mm 水泥砂浆面层 0.02×20 kN/m² $= 0.4$ kN/m²

120 mm 钢筋混凝土板 0.12×25 kN/m² $= 3$ kN/m²

15 mm 混合砂浆天棚抹灰 0.015×17 kN/m² $= 0.255$ kN/m²

小计:3.655 kN/m²

可变荷载标准值:5 kN/m²

因为可变荷载较大,可变荷载起控制作用,永久荷载的分项系数取 1.2;因为是工业建筑且楼面可变荷载标准值大于 4.0 kN/m²,所以可变荷载分项系数取 1.3。

永久荷载设计值:$g = 3.655 \times 1.2$ kN/m² $= 4.386$ kN/m²

可变荷载设计值:$q = 5 \times 1.3$ kN/m² $= 6.5$ kN/m²

荷载总设计值:$g+q = (4.386+6.5)$ kN/m² $= 10.886$ kN/m²,则 1.1 m 板宽为计算单元时,板上荷载 $1.1 \times (g+q) = 1.1 \times (4.386+6.5)$ kN/m² $= 11.975$ kN/m²。

(3) 板的内力——弯矩设计值的计算

叠合板预制部分按简支板计算,板的弯矩设计值计算如下:

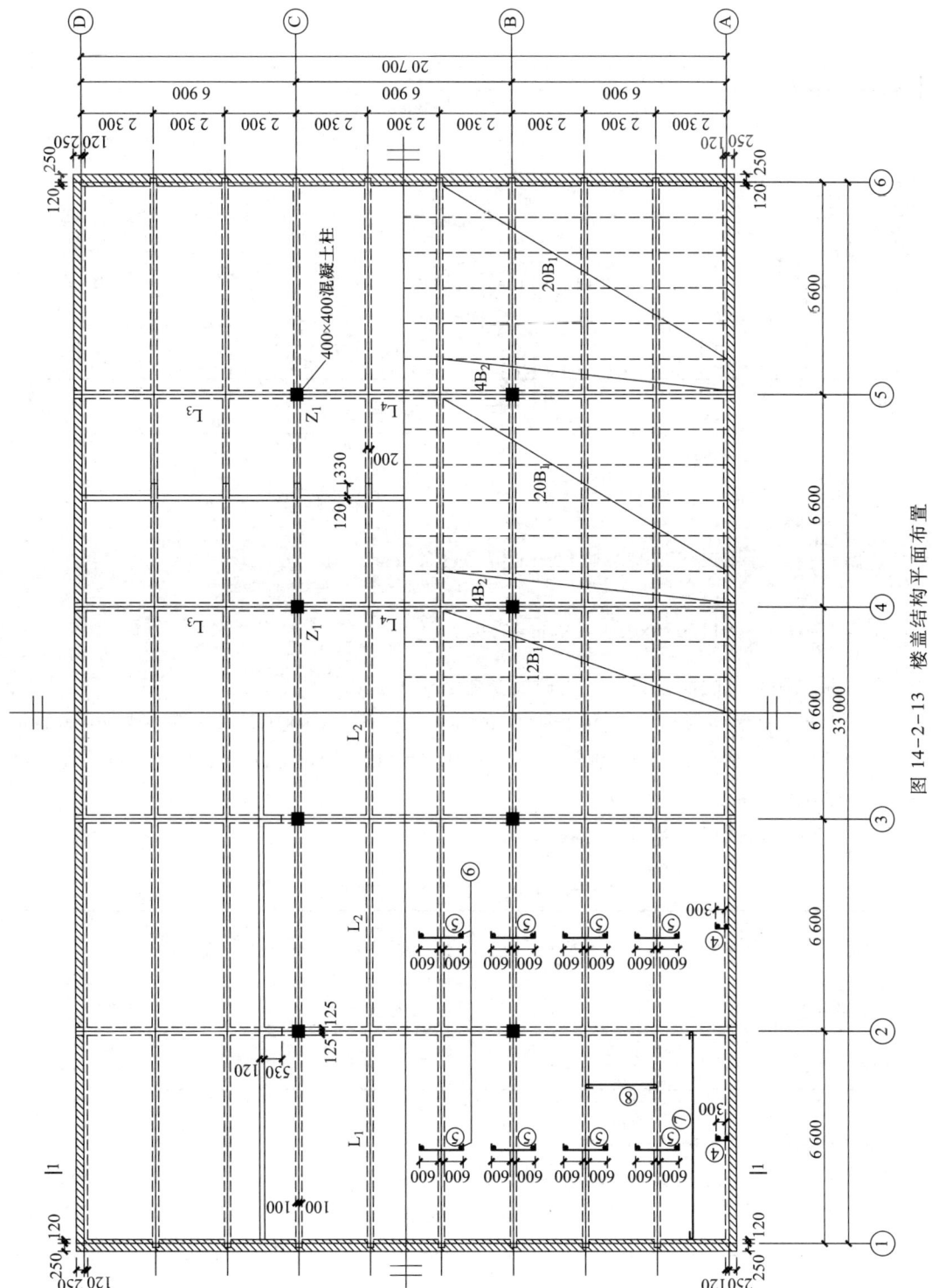

图 14-2-13 楼盖结构平面布置

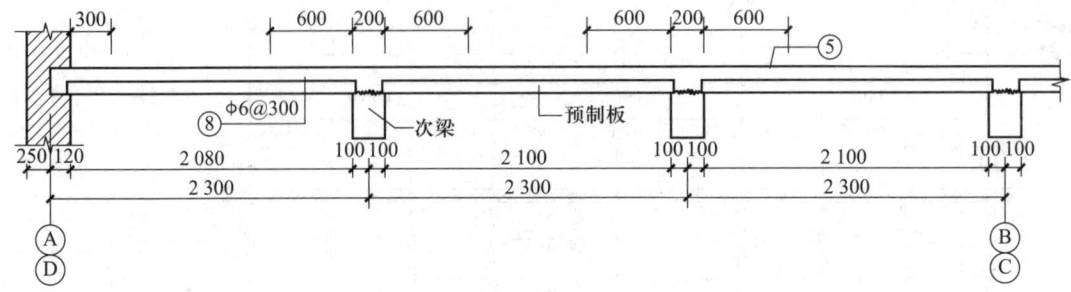

图 14-2-14(a) 板的实际结构图

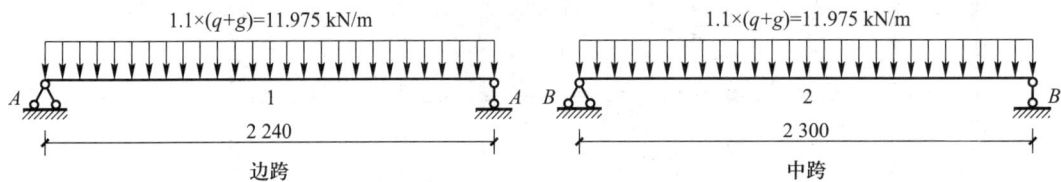

图 14-2-14(b) 叠合板预制部分的计算简图

边跨：$\dfrac{1}{8}ql^2 = \dfrac{1}{8} \times 11.975 \times 2.24^2 \text{ kN/m} = 7.511 \text{ kN/m}$

中跨：$\dfrac{1}{8}ql^2 = \dfrac{1}{8} \times 11.975 \times 2.3^2 \text{ kN/m} = 7.919 \text{ kN/m}$

(4) 板预制部分配筋计算——正截面受弯承载力计算

将预制板简化为矩形板计算，板宽取 1 100 mm，偏于安全，板厚 120 mm，保护层 $c = 20$ mm，$h_0 = (120-25) \text{ mm} = 95 \text{ mm}$，C30 混凝土，$a_1 = 1.0$，$f_c = 14.3 \text{ N/mm}^2$，$f_t = 1.43 \text{ N/mm}^2$，HPB300 钢筋，$f_y = 270 \text{ N/mm}^2$，$f'_y = 270 \text{ N/mm}^2$。

板的配筋计算过程见表 14-2-4a。

表 14-2-4(a) 板的配筋计算过程

截面位置	$M/\text{kN} \cdot \text{m}$	$\alpha_s = M/\alpha_1 f_c b h_0^2$	$\xi = 1 - \sqrt{1 - 2\alpha_s}$	$A_s = \xi b h_0 \alpha_1 f_c / f_y / \text{mm}^2$
1(边跨跨中)	7.511	0.053	0.0545	302
2(中跨跨中)	7.919	0.056	0.0577	319

(5) 施工阶段计算

按照《建筑结构荷载规范》，现浇楼板施工荷载取 1.0 kN/mm^2，对于预制楼板，将承受较大施工荷载，本工程取 2.0 kN/mm^2，楼板自重为 $g_k = 3.655 \times 1.2 \text{ kN/m}^2 = 4.386 \text{ kN/m}^2$，$q_k = 2 \text{ kN/m}^2$，板宽 $h = 1 100$ mm，边跨 $l_{01} = 2 240$ mm，中跨 $l_{02} = 2 300$ mm，$h_0 = (60-25) \text{ mm} = 35 \text{ mm}$。

板的跨中弯矩：

边跨　$M_1 = \frac{1}{8}ql^2 = \frac{1}{8} \times (2+4.386) \times 1.1 \times 2.24^2 \text{ kN/m} = 4.406 \text{ kN/m}$

中跨　$M_2 = \frac{1}{8}ql^2 = \frac{1}{8} \times (2+4.386) \times 1.1 \times 2.3^2 \text{ kN/m} = 4.645 \text{ kN/m}$

考虑施工阶段荷载，板配筋计算过程见表14-2-4b。

表14-2-4(b)　板的配筋计算过程

截面位置	$M/\text{kN} \cdot \text{m}$	$\alpha_s = M/\alpha_1 f_c b h_0^2$	$\xi = 1-\sqrt{1-2\alpha_s}$	$A_s = \xi b h_0 \alpha_1 f_c/f_y/\text{mm}^2$
1（边跨跨中）	4.406	0.229	0.264	538
2（中跨跨中）	4.645	0.241	0.280	571

可见截面位置为中跨跨中的板所承受的弯矩对于预制楼板施工阶段所需钢筋面积计算起控制作用；

选用$\Phi 12@200$，$A_s = 565 \times 1.1 \text{ mm}^2 = 621.5 \text{ mm}^2$。

施工阶段挠度验算：

规范规定，楼板跨度$l_0 < 7.0$ m，挠度应满足$f < \frac{l_0}{200} \cdot f_{tk} = 2.01 \text{ N/mm}^2$，边跨和中跨截面相同，只需验算荷载较大的中跨，$h_0 = (60-25) \text{ mm} = 35 \text{ mm}$，$A_s = 621.5 \text{ mm}^2$，$E_s = 200 \text{ kN/mm}^2$，$E_c = 300 \text{ kN/mm}^2$，$\alpha_E = E_s/E_c = 6.67$，$\rho = \frac{A_s}{bh_0} = \frac{621.5}{1\,100 \times 35} = 0.016\,1$。

$$\rho_{te} = \frac{A_s}{0.5bh_0} = \frac{621.5}{0.5 \times 1\,100 \times 35} = 0.0323, \quad \sigma_{sq} = \frac{M_q}{0.87h_0 A_s} = \frac{4\,645\,000}{0.87 \times 35 \times 621.5} \text{ N/mm}^2 = 245.45 \text{ N/mm}^2$$

$$\psi = 1.1 - 0.65 \frac{f_{tk}}{\rho_{te}\sigma_{sq}} = 1.1 - 0.65 \times \frac{2.01}{0.032\,3 \times 245.45} = 0.935$$

$$B_s = \frac{E_s A_s h_0^2}{\psi/\eta + \alpha_E\rho/\zeta} = \frac{E_s A_s h_0^2}{1.15\psi + 0.2 + 6\alpha_E\rho} = \frac{200\,000 \times 621.5 \times 35^2}{1.15 \times 0.935 + 0.2 + 6 \times 0.016\,1 \times 6.67} = 7.93 \times 10^{10}$$

$$f_s = \frac{5M_q l_0^2}{48 B_s} = \frac{5 \times 4\,645\,000 \times 2\,300^2}{48 \times 7.9 \times 10^{10}} \text{ mm} = 32.4 \text{ mm} > \frac{l_0}{200} = 11.5 \text{ mm}$$

挠度不满足施工阶段使用要求，根据规范，施工期间需要布置可靠支撑。

短方向按构造配筋，选用$\Phi 8@200$。

(6) 现浇部分楼板计算——按考虑塑性内力重分布方法计算

现浇部分在楼板上部，按连续板计算，配置钢筋承受支座负弯矩。

a. 现浇部分板的计算简图

取1 m板宽作为计算单元，由板的实际结构如图14-2-14a可知：次梁截面为$b = 200$ mm，

叠合板在墙上的支承长度 $a=120$ mm,现浇部分按连续板设计,板的计算跨度如下:

边跨按 $l_n + \dfrac{a}{2} = \left[\left(2\ 300-120-\dfrac{200}{2}\right)+\dfrac{120}{2}\right]$ mm $= 2\ 140$ mm

中跨 $l_n + \dfrac{a}{2} = (2\ 300-200)$ mm $= 2\ 100$ mm

板的计算简图如 14-2-14c 所示。

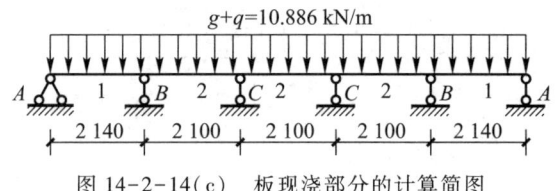

图 14-2-14(c)　板现浇部分的计算简图

b. 现浇部分板支座最大负弯矩

因边跨与中跨的计算跨度相差 $\dfrac{2\ 140-2\ 100}{2\ 100}=1.9\%$ 小于 10%,可按等跨连续板计算,查表可得板的弯矩系数 α_M,板的弯矩设计值计算过程见表 14-2-5a。

表 14-2-5(a)　板的弯矩设计值的计算

截面位置	计算跨度 l_0/m	弯矩系数 α_M	$M=\alpha_M(g+q)l_0^2$/kN·m
B(离端第二支座)	$l_{01}=2.14$	$-1/11$	$-10.886\times 2.14^2/11=-4.532$
C(中间支座)	$l_{02}=2.10$	$-1/14$	$-10.886\times 2.1^2/14=-3.429$

c. 板现浇部分配筋计算——支座受弯承载力计算

将预制板简化为矩形板计算,板宽取 1 000 mm,偏于安全,板厚 120 mm,保护层 $c=20$ mm,$h_0=(120-25)$ mm $=95$ mm,C30 混凝土,$\alpha_1=1.0$,$f_c=14.3$ N/mm², $f_t=1.43$ N/mm²,HPB300 钢筋,$f_y=270$ N/mm²,$f_y'=270$ N/mm²。

板配筋计算过程见表 14-2-5b。

表 14-2-5(b)　板的配筋计算过程

截面位置	M/kN·m	$\alpha_s=M/\alpha_1 f_c b h_0^2$	$\xi=1-\sqrt{1-2\alpha_s}$	$A_s=\xi b h_0 \alpha_1 f_c/f_y$/mm²	实际配筋
B(离端第二支座)	-4.532	0.035 1	0.036	181	选用ϕ8@200
C(中间支座)	-3.429	0.026 6	0.027	136	

(7) 板配筋图

板中除配置计算钢筋外,还应配置构造钢筋如分布钢筋和嵌入墙内的板的附加钢筋,板的配筋图如图 14-2-14d 所示。

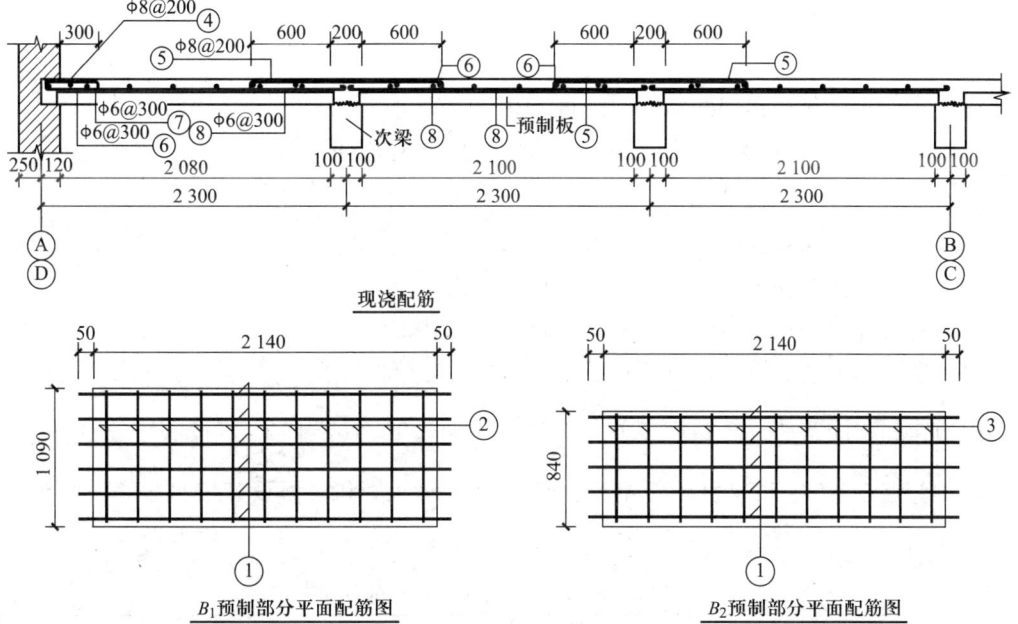

图 14-2-14(d) 板配筋图

4. 次梁的设计——按考虑塑性内力重分布设计

(1) 次梁的计算简图确定

由次梁实际结构(图 14-2-15a)可知,次梁在墙上的支承长度 $a=240$ mm,主梁宽度 $b=250$ mm。确定计算简图：

边跨按 $l_{01} = l_n + \dfrac{a}{2} = \left[\left(6\,600 - 120 - \dfrac{250}{2}\right) + \dfrac{240}{2}\right]$ mm $= 6\,475$ mm

中跨 $l_{02} = l_n = (6\,600 - 250)$ mm $= 6\,350$ mm

计算简图如图 14-2-15b 所示。

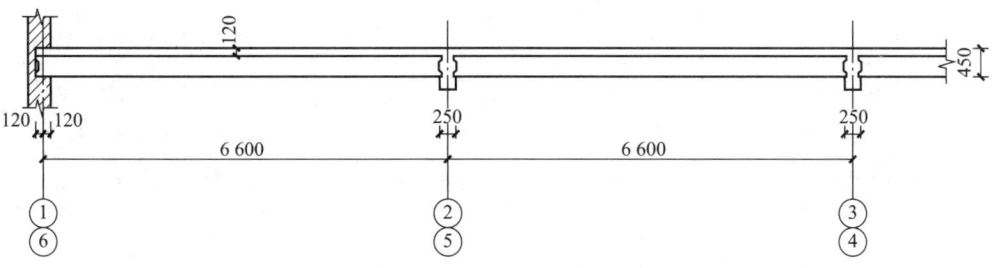

图 14-2-15(a) 次梁的实际结构图

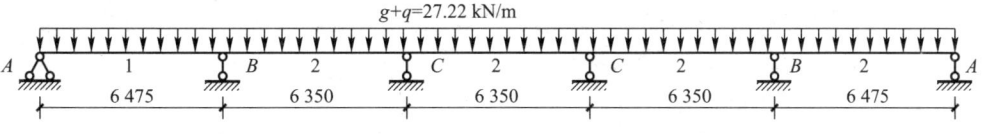

图 14-2-15(b) 次梁的计算简图

14.2 预制装配式混凝土结构

(2) 次梁的荷载设计值计算

永久荷载设计值

板传来的永久荷载:4.386×2.3 kN/m=10.09 kN/m

次梁自重:0.2×(0.45-0.12)×25×1.2 kN/m=1.98 kN/m

次梁粉刷:2×0.015×(0.45-0.12)×17×1.2 kN/m=0.20 kN/m

小计 g = 12.27 kN/m

可变荷载设计值:q = 6.5×2.3 kN/m = 14.95 kN/m

荷载总设计值:$q+g$ = (14.95+12.27) kN/m = 27.22 kN/m

(3) 次梁的内力计算——弯矩设计值和剪力设计值的计算

因边跨和中间跨的计算跨度相差 $\frac{6\,475-6\,350}{6\,350}$ = 2.0% 小于10%,可按等跨连续梁计算。查表可得弯矩系数 α_M 和剪力系数 α_V。次梁的弯矩设计值和剪力设计值见表14-2-6和表14-2-7。

表14-2-6 次梁的弯矩设计值的计算

截面位置	计算跨度 l_0/m	弯矩系数 α_M	$M=\alpha_M(g+q)l_0^2$/kN·m
1(边跨跨中)	l_{01}=6.475	1/11	27.22×6.475²/11=103.75
B(离端第二支座)	l_{01}=6.475	-1/11	-27.22×6.475²/11=-103.75
2(中间跨跨中)	l_{02}=6.35	1/16	27.22×6.35²/16=68.60
C(中间支座)	l_{02}=6.35	-1/14	-27.22×6.35²/14=-78.40

表14-2-7 次梁的剪力设计值的计算

截面位置	计算跨度 l_n/m	剪力系数 α_V	$V=\alpha_V(g+q)l_n$/kN
A 边支座	l_{n1}=6.355	0.45	0.45×27.22×6.355=77.84
B(左)(离端第二支座)	l_{n1}=6.355	0.6	0.6×27.22×6.355=103.79
B(右)离端第二支座	l_{n2}=6.35	0.55	0.55×27.22×6.35=95.07
C(中间支座)	l_{n2}=6.35	0.55	0.55×27.22×6.35=95.07

(4) 次梁的配筋计算

① 次梁正截面抗弯承载力计算——纵筋的确定

次梁跨中正弯矩按T形截面进行承载力计算,其翼缘宽度取下面二项的较小值:

$b'_f = l_0/3 = 6\,350/3$ mm = 2 117 mm

$b'_f = b+S_n = (200+2\,300-200)$ mm = 2 300 mm

故取 b'_f = 2 117 mm。

C30 混凝土：$\alpha_1 = 1.0$，$f_c = 14.3 \text{ N/mm}^2$，$f_t = 1.43 \text{ N/mm}^2$；

纵向钢筋采用 HRB400：$f_y = 360 \text{ N/mm}^2$，箍筋采用 HPB300：$f_{yv} = 270 \text{ N/mm}^2$；

保护层厚度 $c = 25 \text{ mm}$，$h_0 = (450-45) \text{ mm} = 405 \text{ mm}$；

判别跨中截面属于哪一类 T 形截面。

$\alpha_1 f_c b_f'h_f'(h_0 - h_f'/2) = 1.0 \times 14.3 \times 2\,117 \times 80 \times (405-40) \text{ N·mm} = 883.97 \text{ kN·m} > M_1 > M_2$

支座截面按矩形截面计算，正截面承载力计算过程列于表 14-2-8。

表 14-2-8 次梁正截面受弯承载力计算

截面位置	M / kN·m	$b(b_f')$ /mm	$\alpha_s = M/\alpha_1 f_c bh_0^2$	$\xi = 1 - \sqrt{1-2\alpha_s}$	$A_s = \xi bh_0 \alpha_1 f_c / f_y$ /mm²	实际配筋
1 边跨跨中	103.75	2 117	$\dfrac{103.75 \times 10^6}{1.0 \times 14.3 \times 2\,117 \times 405^2} = 0.021$	0.021	$\dfrac{0.021 \times 2\,117 \times 405 \times 1.0 \times 14.3}{360} = 715.2$	3 ⌀ 22 $A_s = 1\,140 \text{ mm}^2$
B 离端第二支座	-103.75	200	$\dfrac{103.75 \times 10^6}{1.0 \times 14.3 \times 200 \times 405^2} = 0.221$	0.253	$\dfrac{0.025\,3 \times 200 \times 405 \times 1.0 \times 14.3}{360} = 814.03$	2 ⌀ 22 + 1 ⌀ 16 $A_s = 1\,162 \text{ mm}^2$
2（中间跨跨中）	68.60	2 117	$\dfrac{68.60 \times 10^6}{1.0 \times 14.3 \times 2\,117 \times 405^2} = 0.014$	0.014	$\dfrac{0.014 \times 2\,117 \times 405 \times 1.0 \times 14.3}{360} = 476.80$	3 ⌀ 22 $A_s = 1\,140 \text{ mm}^2$
C 中间支座	-78.40	200	$\dfrac{78.40 \times 10^6}{1.0 \times 14.3 \times 200 \times 405^2} = 0.167$	0.184	$\dfrac{0.018\,4 \times 200 \times 405 \times 1.0 \times 14.3}{360} = 592.02$	2 ⌀ 22 $A_s = 760 \text{ mm}^2$

支座截面 $0.1 < \xi < 0.35$，跨中截面 $\xi < \xi_b = 0.518$

配筋率验算 $\rho = \dfrac{A_s}{bh} = \dfrac{760}{200 \times 450} = 0.84\% > \rho_{min} = \max\left(\dfrac{0.45 f_t}{f_y} = \dfrac{0.45 \times 1.27}{360} = 0.16\%, 0.2\%\right)$

② 次梁斜截面受剪承载力计算（包括复核截面尺寸、腹筋计算和最小配箍率验算）

复核截面尺寸：

$h_w = h_0 - h_f' = 325 \text{ mm}$，且 $h_w/b = 325/200 = 1.625 < 4$，故截面尺寸按下式验算。

$0.25 \beta_c f_c bh_0 = 0.25 \times 1.0 \times 14.3 \times 200 \times 405 \text{ N} = 289.6 \times 10^3 \text{ N} = 289.6 \text{ kN} > V_{max} = 103.79 \text{ kN}$

$0.7 f_t bh_0 = 0.7 \times 1.43 \times 200 \times 405 \text{ N} = 81.1 \times 10^3 \text{ N} = 81.1 \text{ kN} > V_A = 77.84 \text{ kN} < V_B$ 和 V_C

所以 B 和 C 支座均需要按计算配置箍筋，A 支座均只需要按构造配置箍筋。

采用 $\phi 8$ 双肢箍筋，计算 B 支座左侧截面（梁内最大剪力）。$V_{cs} = 0.7 f_t bh_0 + f_{yv} \dfrac{A_{sv}}{s} h_0$，可得箍筋间距

$$s = \dfrac{f_{yv} A_{sv} h_0}{V_{BL} - 0.7 f_t bh_0} = \dfrac{270 \times 100.6 \times 405}{103.79 \times 10^3 - 0.7 \times 1.43 \times 200 \times 405} \text{ mm} = 484 \text{ mm}$$

调幅后受剪承载力应加强，梁局部范围内将计算的箍筋面积增加 20%，现调整箍筋间距

$s = 0.8 \times 484$ mm $= 387$ mm,为满足最小配筋率的要求,最后箍筋间距 $s = 200$ mm。沿梁长不变,取双肢 $\Phi 8@200$。

配箍率验算:

弯矩调幅时要求配筋率下限为 $0.3 \dfrac{f_t}{f_{yv}} = 0.3 \times \dfrac{1.43}{270} = 1.59 \times 10^{-3}$,

实际配箍率 $\rho_{sv} = \dfrac{A_{sv}}{bs} = \dfrac{100.6}{200 \times 200} = 2.52 \times 10^{-3} > 1.59 \times 10^{-3}$,满足要求。

③ 次梁预制部分施工阶段验算

次梁预制部分高 330 mm,施工阶段仅预制部分承受施工荷载,受力情况按简支梁计算,梁截面按矩形截面计算。次梁预制部分宽 $b = 200$ mm,高 $h = 330$ mm, $h_0 = (330-40)$ mm $= 290$ mm。

a. 施工阶段受弯承载力验算

施工荷载计算:

预制次梁的施工荷载为板传递给次梁的施工荷载与次梁自重之和,按照《装配式混凝土结构技术规程》,预制构件在翻转、运输、吊运、安装等短暂设计状况下的施工验算,应将构件自重标准值乘以动力系数后作为等效静力荷载标准值。构件运输、吊运时,动力系数宜取 1.5;构件翻转及安装过程中就位、临时固定时,动力系数可取 1.2。

楼板自重标准值为 3.655 kN/m²。

梁自重(标准值):

$[0.2 \times (0.45-0.12) \times 25 + 2 \times 0.015 \times (0.45-0.12) \times 17]$ kN/m $= 1.82$ kN/m

梁施工总荷载:$(1.82+3.655 \times 2.3) \times 1.2$ kN/m $= 12.27$ kN/m

受弯承载力验算

$$M_q = \dfrac{1}{8} q l^2 = \dfrac{1}{8} \times 12.27 \times 6.6^2 \text{ kN} \cdot \text{m} = 66.81 \text{ kN} \cdot \text{m}$$

$$\alpha_s = \dfrac{M_q}{\alpha_1 f_c b h_0^2} = \dfrac{66.81 \times 10^6}{1 \times 14.3 \times 200 \times 290^2} = 0.278$$

$$\xi = 1 - \sqrt{1-2\alpha_s} = 1 - \sqrt{1-2 \times 0.278} = 0.334 < \xi_b = 0.518$$

$$A_s = \dfrac{\alpha_1 f_c b h_0 \xi}{f_y} = \dfrac{1.0 \times 14.3 \times 200 \times 290 \times 0.334}{360} \text{ mm}^2 = 769 \text{ mm}^2$$

实配钢筋 3 ⊈ 22,$A_s = 1\,140$ mm²,

满足要求。

b. 施工阶段挠度验算

规范规定,预制梁施工阶段挠度应满足 $f < l_0/200$。

$f_{tk} = 2.01$ N/mm², $h_0 = 290$ mm, $A_s = 1\,140$ mm²

$E_s = 200$ kN/mm², $E_c = 3.0 \times 10^4$ N/mm², $\alpha_E = E_s/E_c = 2.0 \times 10^5 / 3.0 \times 10^4 = 6.67$

$\rho = A_s/bh_0 = 0.0196$, $\rho_{te} = A_s/0.5bh_0 = 0.0393$,

$$\sigma_{sq} = M_q/0.87h_0 A_s = 66.81 \times 10^6/(0.87 \times 290 \times 1\,140)\ \text{N/mm}^2 = 232.3\ \text{N/mm}^2$$

$$\psi = 1.1 - 0.65 f_{tk}/\rho_{te}\sigma_{sq} = 1.1 - 0.65 \times 2.01/(0.0393 \times 232.3) = 0.957$$

$$B_s = \frac{E_s A_s h_0^2}{\psi/\eta + \alpha_E \rho/\zeta} = \frac{E_s A_s h_0^2}{1.15\psi + 0.2 + 6\alpha_E \rho} = \frac{2.0 \times 10^5 \times 1\,140 \times 290^2}{1.15 \times 0.957 + 0.2 + 6 \times 6.67 \times 0.0197}\ \text{N} \cdot \text{mm}^2$$

$$= 9.18 \times 10^{12}\ \text{N/mm}^2$$

预制梁施工阶段挠度:$f_s = \dfrac{5 M_q l_0^2}{48 \times B_s} = \dfrac{5 \times 66.81 \times 10^6 \times 6\,600^2}{48 \times 9.18 \times 10^{12}}\ \text{mm}$

$$= 33.02\ \text{mm} < l_0/200 = 6\,600/200\ \text{mm} = 33\ \text{mm}$$

满足要求。

c. 预制次梁施工吊环的计算

在吊装过程,每个吊环可考虑两个截面受力,故吊环截面积可按下式计算

$$A = \frac{G}{2m[\sigma_s]}$$

式中　G——预制构件自重(不考虑动力系数)的标准值;

　　　m——受力吊环数,当构件设有 4 个吊环时,最多只能考虑 3 个,取 $m=3$;

　　　$[\sigma_s]$——吊环的容许设计应力,考虑动力作用之后,规范规定$[\sigma_s]=50\ \text{N/mm}^2$。

吊环取用 HPB300 钢筋,并严禁冷拉,以包持吊环具有良好的塑性。吊环锚深度不少于 $30d$,并宜焊接或绑扎在构件钢筋的骨架上。

框架梁预制部分自重 $G = 0.2 \times 0.33 \times 25 \times 6.6\ \text{kN} = 10.89\ \text{kN}$

考虑动力系数取 $10.89 \times 1.5\ \text{kN} = 16.34\ \text{kN}$

吊环截面积取:

$$A = \frac{16.34 \times 10^3}{2 \times 2 \times 50}\ \text{mm}^2 = 81.7\ \text{mm}^2$$

施工吊环选用 Φ12,$A_s = 113.1\ \text{mm}^2 > 81.7\ \text{mm}^2$。

d. 预制次梁施工阶段受弯承载力验算:

框架梁预制部分自重 $g = 0.2 \times 0.33 \times 25\ \text{kN/m} = 1.65\ \text{kN/m}$

考虑动力系数取 $g_1 = 1.65 \times 1.5\ \text{kN/m} = 2.475\ \text{kN/m}$

计算简图如图 14-2-15c 所示:

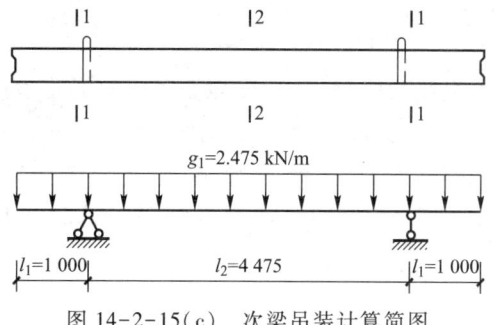

图 14-2-15(c)　次梁吊装计算简图

在上述荷载作用下,柱各控制截面的弯矩为

$$M_1 = \frac{1}{2}g_1l_1^2 = \frac{1}{2} \times 2.475 \times 1^2 \text{ kN} \cdot \text{m} = 1.24 \text{ kN} \cdot \text{m}$$

$$M_2 = \frac{1}{2}g_1l\frac{l_2}{2} - \frac{1}{8}g_1l^2 = \left(\frac{1}{4} \times 2.475 \times 6.6 \times 4.6 - \frac{1}{8} \times 2.475 \times 6.6^2\right) \text{ kN} \cdot \text{m} = 5.31 \text{ kN} \cdot \text{m}$$

1-1 截面:

$$\alpha_s = \frac{M_1}{a_1 f_c b h_0^2} = \frac{1.24 \times 10^6}{1 \times 14.3 \times 200 \times 290^2} = 0.005$$

$$\xi = 1 - \sqrt{1 - 2\alpha_s} = 1 - \sqrt{1 - 2 \times 0.005} = 0.005 < \xi_b = 0.518$$

$$A_s = \frac{a_1 f_c b h_0 \xi}{f_y} = \frac{1.0 \times 14.3 \times 200 \times 290 \times 0.005}{360} \text{ mm}^2 = 11.5 \text{ mm}^2$$

按最小配筋率计算的钢筋面积 $A_{\min} = 0.002 \times 200 \times 330 \text{ mm}^2 = 132 \text{ mm}^2$

实配钢筋 2 ⊈ 20, $A_s = 628 \text{ mm}^2 > 132 \text{ mm}^2$;

满足要求。

2-2 截面:

$$\alpha_s = \frac{M_2}{a_1 f_c b h_0^2} = \frac{5.31 \times 10^6}{1 \times 14.3 \times 200 \times 290^2} = 0.022$$

$$\xi = 1 - \sqrt{1 - 2\alpha_s} = 1 - \sqrt{1 - 2 \times 0.022} = 0.022$$

$$A_s = \frac{a_1 f_c b h_0 \xi}{f_y} = \frac{1.0 \times 14.3 \times 200 \times 290 \times 0.022}{360} \text{ mm}^2 = 50.69 \text{ mm}^2$$

按最小配筋率计算的钢筋面积 $A_{\min} = 0.002 \times 200 \times 300 \text{ mm}^2 = 132 \text{ mm}^2$

实配钢筋 2 ⊈ 22, $A_s = 760 \text{ mm}^2 > 132 \text{ mm}^2$;

满足要求。

(5) 次梁施工图的绘制

次梁配筋图如 14-2-15d 图所示,其中次梁纵筋锚固长度确定。

伸入墙支座时,梁顶面纵筋的锚固长度按下式确定。

$$l = l_a = \alpha \frac{f_y}{f_t} d = 0.14 \times \frac{360}{1.27} \times 20 \text{ mm} = 793.7 \text{ mm}, 取 650 \text{ mm}。(此时钢筋没有达到钢材的抗拉强度设计值)$$

伸入墙支座时,梁底面纵筋的锚固长度:$l = 12d = 12 \times 18 \text{ mm} = 216 \text{ mm}$,取 240 mm。

梁底面纵筋伸入中间支座的长度应满足 $l > 12d = 12 \times 18 \text{ mm} = 216 \text{ mm}$,取 250 mm。

纵筋的截断点距支座的距离:

$$l = l_n/5 + 20d = (6\,355/5 + 20 \times 14) \text{ mm} = 1\,551 \text{ mm}, 取 l = 1\,600 \text{ mm}。$$

5. 主梁设计

(1) 主梁的计算简图

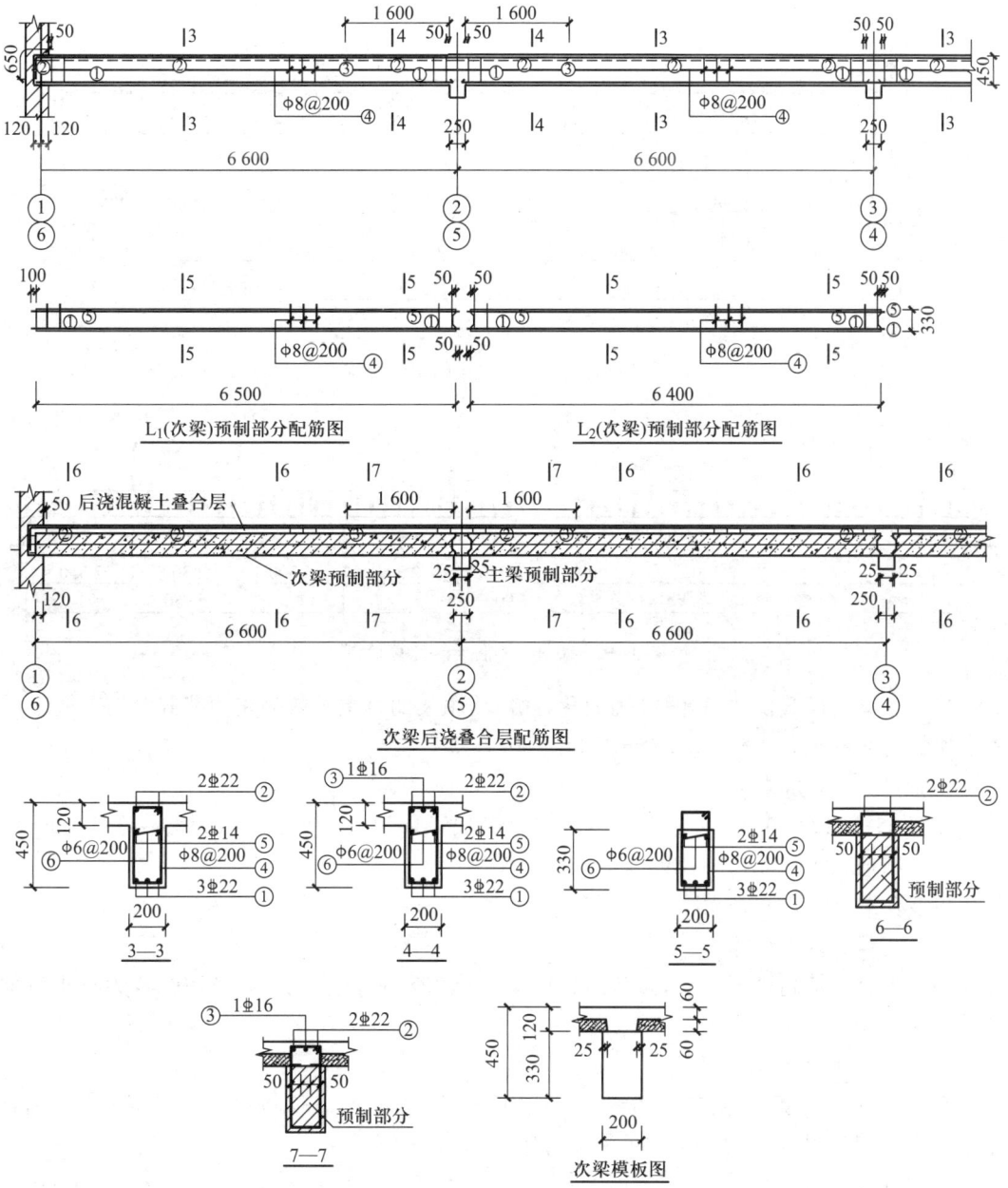

图 14-2-15(d)　次梁的配筋图

主梁的实际结构如图 14-2-16a 所示,由图可知,主梁端部支承在墙上的支承长度 a 为 370 mm,中间支承在 400 mm×400 mm 的混凝土柱上,其计算跨度按以下方法确定:

边跨 $l_{n1}=(6\,900-200-120)$ mm$=6\,580$ mm,因为 $0.025l_{n1}=164.5$ mm$<a/2=185$ mm,所以边跨取 $l_{01}=1.025l_{n1}+b/2=(1.025\times6\,580+200)$ mm$=6\,944.5$ mm,近似取 $l=6\,945$ mm,中跨 $l=6\,900$ mm。计算简图如图 14-2-16b 所示。

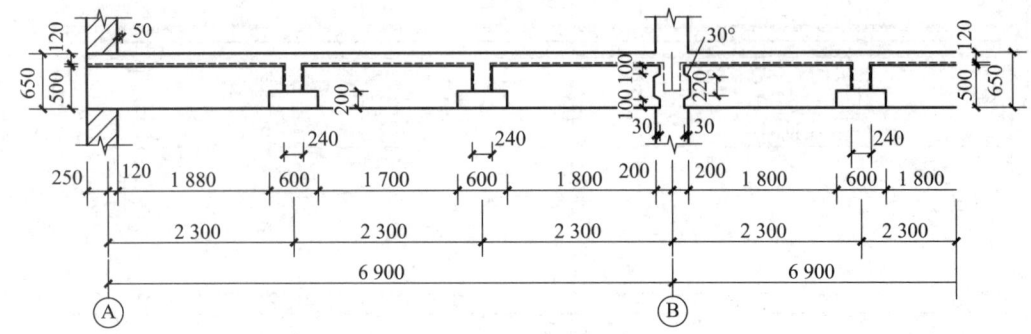

图 14-2-16(a)　主梁的实际结构

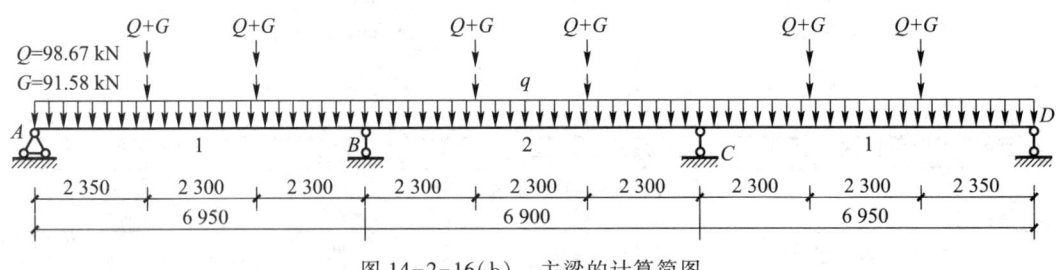

图 14-2-16(b)　主梁的计算简图

（2）主梁的荷载设计值计算（为简化计算，将主梁的自重等效为集中荷载）

次梁传来的永久荷载：12.27×6.6 kN $= 80.98$ kN

主梁自重（含粉刷）：

$[(0.65-0.12) \times 0.25 \times 2.3 \times 25 + 2 \times (0.65-0.12) \times 0.015 \times 17 \times 2.3] \times 1.2$ kN $= 9.89$ kN

永久荷载：$G = (80.98 + 9.89)$ kN $= 90.87$ kN

可变荷载：$Q = (14.95 \times 6.6)$ kN $= 98.67$ kN

（3）主梁的内力计算

因跨度相差不超过10%，可按等跨连续梁计算（若不满足要求，可采用结构力学求解器直接求解）：

① 主梁弯矩值计算

利用系数法，主梁弯矩：$M = k_1 Gl + k_2 Ql$，式中 k_1 和 k_2 由附表 25-2 查得，也可直接利用结构力学求解，计算结果如表 14-2-9 所示（表中弯矩图为结构力学求解器计算结果）。

应该指出，跨中任意截面的弯矩可通过取脱离体，由力的平衡条件确定，如图 14-2-17 所示。

② 剪力设计值

可利用结构力学求解器直接计算，也可查附表 25-2 得到。不同截面的剪力值经过计算如表 14-2-10 所示。

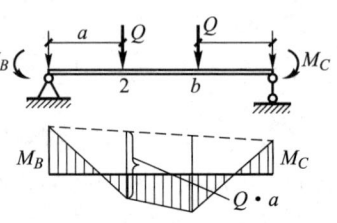

图 14-2-17　主梁取脱离体时弯矩图

表 14-2-9　主梁的弯矩设计值计算　kN·m

项次	荷载简图	$\dfrac{k}{M_1}$	$\dfrac{k}{M_a}$	$\dfrac{k}{M_B}$	$\dfrac{k}{M_2}$	$\dfrac{k}{M_b}$	$\dfrac{k}{M_C}$	备注
① 恒载		$\dfrac{0.244}{155.19}$	$\dfrac{0.155^*}{98.58}$	$\dfrac{-0.267}{-169.82}$	$\dfrac{0.067}{42.61}$	$\dfrac{0.067^*}{42.61}$	$\dfrac{-0.267}{-169.82}$	系数法与结构力学求解器计算的精确解误差均控制在±2.78%的范围内
② 活载		$\dfrac{0.289}{198.04}$	$\dfrac{0.244^*}{167.20}$	$\dfrac{-0.133}{-91.14}$	$\dfrac{-0.133}{-91.14}$	$\dfrac{-0.133}{-91.14}$	$\dfrac{-0.133}{-91.14}$	系数法与结构力学求解器计算的精确解误差均控制在±0.956%的范围内
③ 活载		$\dfrac{-0.044^*}{-30.15}$	$\dfrac{-0.089^*}{-60.99}$	$\dfrac{-0.133}{-91.14}$	$\dfrac{0.200}{136.16}$	$\dfrac{0.200}{136.16}$	$\dfrac{-0.133}{-91.40}$	系数法与结构力学求解器计算的精确解误差均控制在±1.04%的范围内

续表

项次	荷载简图	$\dfrac{k}{M_1}$	$\dfrac{k}{M_a}$	$\dfrac{k}{M_B}$	$\dfrac{k}{M_2}$	$\dfrac{k}{M_b}$	$\dfrac{k}{M_C}$	备注
④ 活载	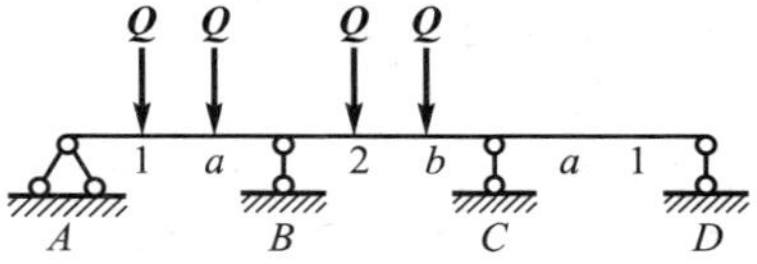 (图)	$\dfrac{0.229}{156.93}$	$\dfrac{0.126^*}{86.34}$	$\dfrac{-0.311}{-213.12}$	$\dfrac{0.096^*}{65.36}$	$\dfrac{0.17}{115.74}$	$\dfrac{-0.089}{-60.99}$	系数法与结构力学求解器计算的精确解误差均控制在±1.65%的范围内
⑤ 活载	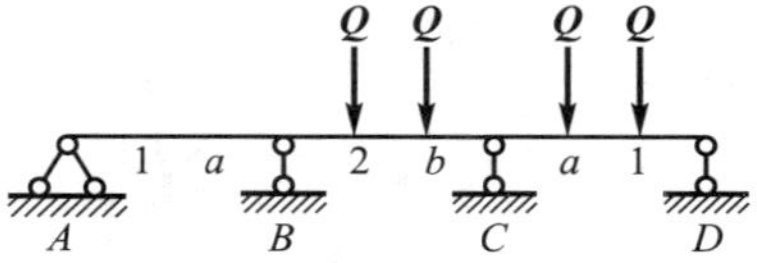 (图)	$\dfrac{0.089/3^*}{-20.33}$	$\dfrac{-0.059^*}{-40.43}$	$\dfrac{-0.089}{-60.99}$	$\dfrac{0.17}{115.74}$	$\dfrac{0.096^*}{65.36}$	$\dfrac{-0.311}{-213.12}$	系数法与结构力学求解器计算的精确解误差均控制在±1.65%的范围内
内力组合	①+②	353.23	265.78	−260.96	−48.53	−48.53	−260.96	*注：此处的弯矩可通过取脱离体，由力的平衡条件确定，如下图所示： 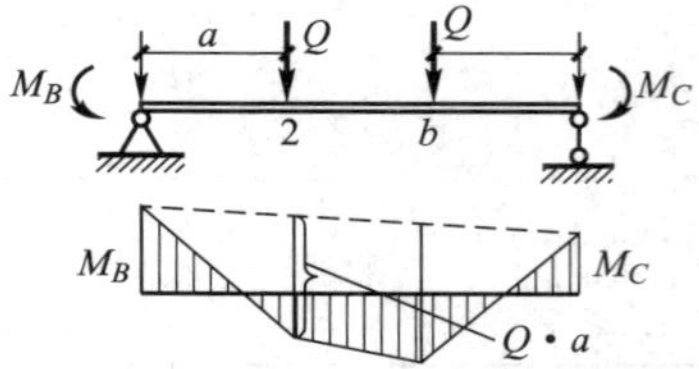
	①+③	125.04	37.59	−260.96	178.77	178.77	−260.96	
	①+④	312.12	184.92	−382.94	107.97	158.35	−230.81	
	①+⑤	134.86	58.15	−230.81	158.35	107.97	−382.94	
最不利内力	组合项次	①+③	①+③	①+④	①+②	①+②	①+⑤	
	$M_{\min}(kN·m)$	125.04	37.59	−382.94	−48.53	−48.53	−382.94	
	组合项次	①+②	①+②	①+⑤	①+③	①+③	①+④	
	$M_{\max}(kN·m)$	353.23	265.78	−230.81	178.77	178.77	−230.81	

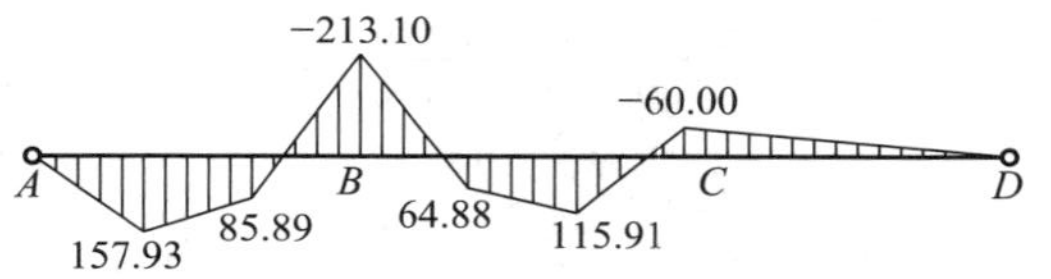

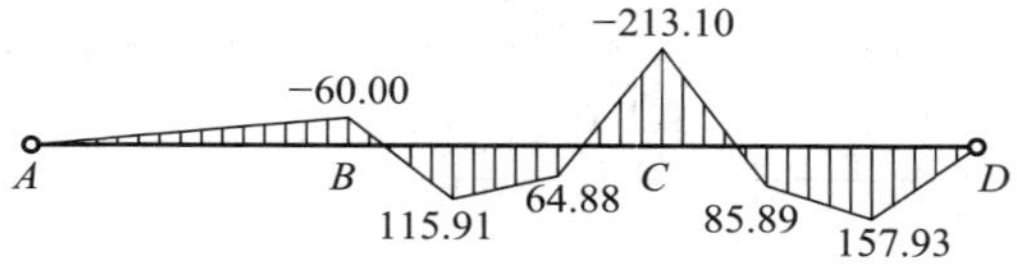

表 14-2-10 主梁的剪力计算 kN

项次	荷载简图	$\dfrac{k}{V_A}$	$\dfrac{k}{V_{Bl}}$	$\dfrac{k}{V_{Br}}$	备注
① 恒载		$\dfrac{0.733}{67.13}$	$\dfrac{-1.267}{-116.03}$	$\dfrac{1.00}{91.58}$	系数法与结构力学求解器计算的精确解误差均控制在 ±2.5% 范围内
② 活载		$\dfrac{0.866}{85.45}$	$\dfrac{-1.134}{-111.89}$	$\dfrac{0}{0}$	系数法与结构力学求解器计算的精确解误差均控制在 ±0.79% 范围内
③ 活载		$\dfrac{0.689}{67.98}$	$\dfrac{-1.311}{-129.36}$	$\dfrac{1.222}{120.57}$	系数法与结构力学求解器计算的精确解误差均控制在 ±0.94% 范围内

续表

项次	荷载简图	$\dfrac{k}{V_A}$	$\dfrac{k}{V_{Bl}}$	$\dfrac{k}{V_{Br}}$	备注
④ 活载		$\dfrac{-0.089}{-8.78}$	$\dfrac{-0.089}{-8.78}$中	$\dfrac{0.778}{76.77}$	系数法与结构力学求解器计算的精确解误差均控制在±0.94%范围内
内力组合	组合项次				
	①+②	152.58	-227.92	91.58	
	①+④	135.11	-245.39	212.15	
	①+⑤	58.35	-124.81	168.35	
最不利内力		①+②	①+④	①+④	
	$\|V\|_{max}$(kN)	152.58	245.39	212.15	

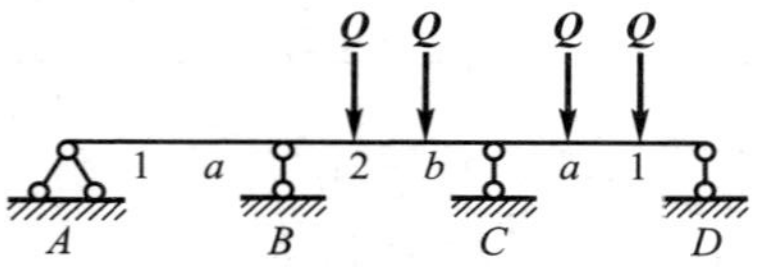

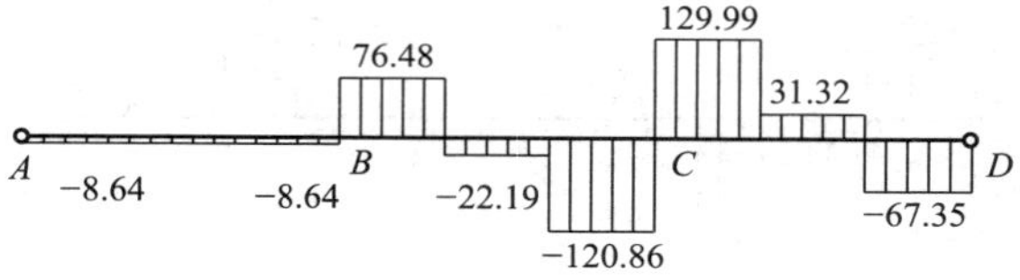

注：
(1) 剪力的单位：kN
(2) 跨中剪力值由静力平衡确定

利用系数法,主梁剪力:$V=k_3G+k_4Q$,式中 k_3 和 k_4 由附表 25-2 查得,也可直接利用结构力学求解。不同截面的剪力值经过计算如表 14-2-10 所示(表中剪力图为结构力学求解器计算结果)。

③ 弯矩、剪力包络图绘制

主梁的剪力包络图见 14-2-18 图。

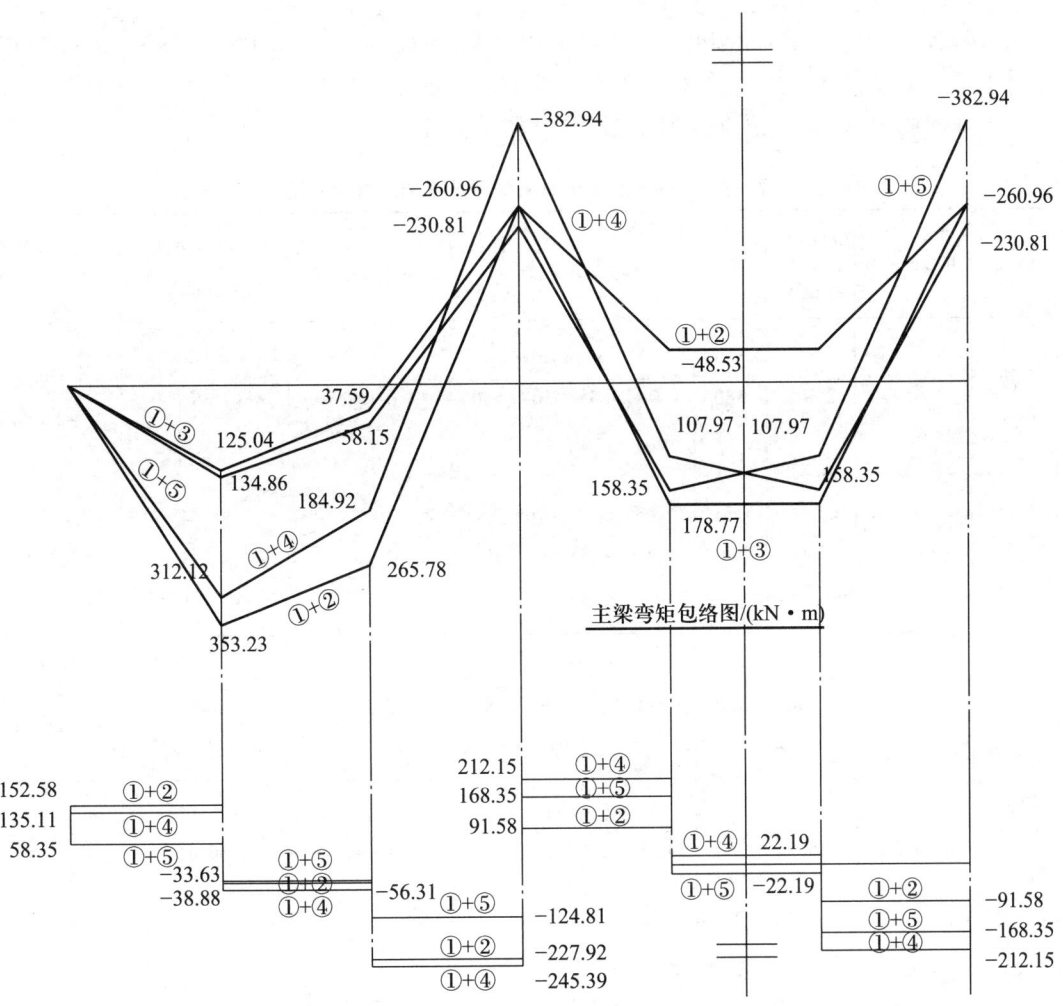

图 14-2-18 主梁弯矩包络图和剪力包络图

(4) 主梁的配筋计算承载力计算

C30 混凝土:$\alpha_1=1.0$,$f_c=14.3\ \text{N/mm}^2$,$f_t=1.43\ \text{N/mm}^2$;纵向钢筋 HRB400,其中 $f_y=360\ \text{N/mm}^2$;箍筋采用 HPB300,$f_{yv}=270\ \text{N/mm}^2$。

① 主梁正截面受弯承载力计算及纵筋的计算

跨中正弯矩按 T 形截面计算，因 $h'_f/h_0 = 120/580 = 0.21 > 0.10$

翼缘计算宽度按 $l_0/3 = 6.9/3$ m $= 2.3$ m 和 $b + S_n = 6.6$ m 中较小值确定，取 $b'_f = 2\,300$ mm。B 支座处的弯矩设计值：

$$M_B = M_{max} - V\frac{b}{2} = \left(-382.94 + 245.39 \times \frac{0.4}{2}\right) \text{kN} \cdot \text{m} = -333.86 \text{ kN} \cdot \text{m}$$

判别跨中截面属于哪一类 T 形截面。

$\alpha_1 f_c b'_f h'_f (h_0 - h'_f/2) = 1.0 \times 14.3 \times 2\,300 \times 120 \times (580 - 60)$ N·mm $= 2\,052.34$ kN·m $> M_1 > M_2$ 均属于第一类 T 截面。

正截面受弯承载力及配筋的计算过程如表 14-2-11。

表 14-2-11 主梁正截面受弯承载力及配筋计算

截面	M/kN·m	$b'_f(b)$/mm	h_0	$\alpha_s = M/\alpha_1 f_c b'_f h_0^2$	$\xi = 1 - \sqrt{1 - 2\alpha_s}$	$A_s = \xi b'_f h_0 \alpha_1 f_c / f_y$/mm²	实配钢筋/mm²
1 边跨中	353.23	2 300	580	$\dfrac{353.23 \times 10^6}{1.0 \times 14.3 \times 2\,300 \times 580^2} = 0.032$	0.032	1 696	6⌀20 $A_s = 1\,884$
B 支座	-333.86	250	580	$\dfrac{333.86 \times 10^6}{1.0 \times 14.3 \times 250 \times 580^2} = 0.28$	0.337	1 941	4⌀22 +2⌀20 $A_s = 2\,148$
2 中间跨中	178.77	2 300	580	$\dfrac{178.77 \times 10^6}{1.0 \times 14.3 \times 2\,300 \times 580^2} = 0.016$	0.016	848	6⌀20 $A_s = 1\,884$
	-48.53	250	580	$\dfrac{48.53 \times 10^6}{1.0 \times 14.3 \times 250 \times 580^2} = 0.040$	0.041	236.15	2⌀22 $A_s = 760$

$\xi < \xi_b = 0.518$

配筋率验算 $\rho = \dfrac{A_s}{bh} = \dfrac{760}{250 \times 600} = 0.5\% > \rho_{min} = \max\left(\dfrac{0.45 f_t}{f_y} = \dfrac{0.45 \times 1.43}{360} = 0.18\%, 0.2\%\right)$

② 主梁箍筋计算——斜截面受剪承载力计算

验算截面尺寸：

$h_w = h_0 - h'_f = (580 - 120)$ mm $= 460$ mm。且 $h_w/b = 460/250 = 1.84 < 4$，故截面尺寸按下式

验算。

$0.25\beta_c f_c bh_0 = 0.25 \times 1.0 \times 14.3 \times 250 \times 580 \text{ N} = 518.4 \text{ kN} > V_{max} = 245.39 \text{ kN}$

可知截面尺寸满足要求。

验算是否需要计算配置箍筋：$0.7 f_t bh_0 = 0.7 \times 1.43 \times 250 \times 580 \text{ kN} = 145.1 \text{ kN} < V$

故支座 A、B 均需进配置箍筋计算。

计算所需腹筋。计算如下：

$$\frac{nA_{sv1}}{s} \geq \frac{V - 0.7 f_c bh_0}{f_y h_0} = \frac{245.93 \times 10^3 - 0.7 \times 1.43 \times 250 \times 580}{270 \times 580} \text{ mm} = 0.64 \text{ mm}^2/\text{mm}$$

采用 $\Phi 8$ 双肢箍，$A_{sv1} = 50.3 \text{ mm}^2$，$n = 2$，代入上式得 $s = \frac{nA_{sv1}}{0.64} = \frac{2 \times 50.3}{0.64} \text{ mm} = 157.19 \text{ mm}$，取 $s = 150 \text{ mm} < s_{max} = 200 \text{ mm}$。

验算配箍率：$\rho_{sv} = \frac{nA_{sv1}}{bs} = \frac{2 \times 50.3}{250 \times 150} = 0.27\% > \rho_{sv\ min} = 0.24 f_t / f_{yv} = 0.113\%$

配箍率满足要求，且所选箍筋直径和间距均符合构造要求，配筋图如图 14-2-20 所示。

③ 次梁两侧附加横向钢筋计算

次梁传来的集中力 $F = G + Q = (91.58 + 98.67) \text{ kN} = 190.25 \text{ kN}$

$h_1 = (650 - 450) \text{ mm} = 200 \text{ mm}$，附加钢筋布置范围：$s = 2h_1 + 3b = (2 \times 200 + 3 \times 200) \text{ mm} = 1000 \text{ mm}$

附加箍筋采用 $\Phi 8$ 双肢箍，则需要附加箍筋的排数为

$$mnf_{yv}A_{sv1} \geq F$$

$$m \times 2 \times 360 \times 50.3 \geq 190.25 \times 1000, m \geq 5.25$$

因为附加箍筋需要对称布置，因此配置的附加箍筋为每侧 3 个 $\Phi 8 @ 100$，共 6 个大于 5.25 个。

（5）吊装验算

框架梁预制部分高 500 mm，在距离梁两端 1 m 处设置吊环，根据《装配式混凝土结构技术规程》，吊装时荷载等于主梁自重乘以动力系数 1.5：

$G = [(0.5 - 0.08) \times 0.25 \times 25 + 2 \times (0.5 - 0.08) \times 0.015 \times 17] \times 1.5 \text{ kN/m} = 4.26 \text{ kN/m}$，所受弯矩剪力用结构力学求解器，结果如下图 14-2-19 所示：

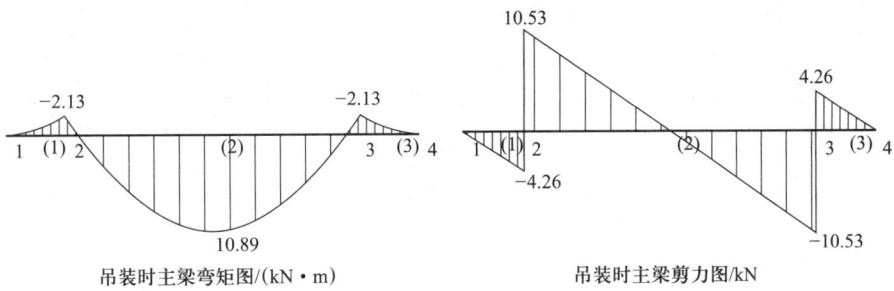

图 14-2-19 主梁吊装时的内力图

① 受弯承载力验算

$$\alpha_s = \frac{M_q}{a_1 f_c b h_0^2} = \frac{10.89 \times 10^6}{1 \times 14.3 \times 250 \times 460^2} = 0.014$$

$$\xi = 1 - \sqrt{1-2\alpha_s} = 1 - \sqrt{1-2\times 0.014} = 0.014$$

$$A_s = \frac{a_1 f_c b h_0 \xi}{f_y} = \frac{1.0 \times 14.3 \times 250 \times 460 \times 0.014}{360} \text{ mm}^2 = 64 \text{ mm}^2$$

实配钢筋取梁预制部分上部钢筋 2⊈20，$A_s = 226 \text{ mm}^2 > 64 \text{ mm}^2$，满足要求。

② 吊环计算

在吊装过程，每个吊环可考虑两个截面受力，故吊环截面积可按下式计算

$$A = \frac{G}{2m[\sigma_s]}$$

式中　G——预制构件自重（不考虑动力系数）的标准值；

　　　m——受力吊环数，当构件设有 4 个吊环时，最多只能考虑 3 个，取 $m = 3$；

　　　$[\sigma_s]$——吊环的容许设计应力，考虑动力作用之后，规范规定 $[\sigma_s] = 50 \text{ N/mm}^2$。

吊环取用 HPB300 钢筋，并严禁冷拉，以保持吊环具有良好的塑性。吊环锚深度不少于 $30d$，并宜焊接或绑扎在构件钢筋的骨架上。

主梁考虑动力荷载自重 $G = 4.26 \times 6.9 \text{ kN} = 29.39 \text{ kN}$

吊环截面积取：

$$A = \frac{29.39 \times 10^3}{2 \times 2 \times 50} \text{ mm}^2 = 147 \text{ mm}^2$$

施工吊环选用 Φ20，$A_s = 314 \text{ mm}^2 > 147 \text{ mm}^2$。

(6) 框架梁预制部分施工阶段验算

施工阶段仅预制部分承受施工荷载，根据《装配式结构技术规程》，预制构件在翻转、运输、吊运、安装等短暂设计状况下的施工验算，应将构件自重标准值乘以动力系数后作为等效静力荷载标准值，构件运输、吊运时，动力系数取 1.5,；构件翻转及安装过程中就位、临时固定时，动力系数取 1.2。受力情况按简支梁计算，梁截面按矩形截面计算。$b = 250 \text{ mm}$，$h_0 = (500-40) \text{ mm} = 460 \text{ mm}$。

① 施工阶段受弯承载力验算

施工荷载计算

梁自重：

$$[(0.65-0.08) \times 0.25 \times 25 + 2 \times (0.65-0.08) \times 0.015 \times 17] \text{ kN/m} = 3.85 \text{ kN/m}$$

次梁传来的永久荷载：80.98 kN

梁施工总荷载：

均布荷载　$3.85 \times 1.5 \text{ kN/m} = 5.78 \text{ kN/m}$

集中力　$80.98 \times 1.5 \text{ kN} = 121.47 \text{ kN}$

受弯承载力验算：

$$M_q = \left[\frac{1}{2} \times \frac{1}{2} \times (5.78 \times 6.9 + 121.47 \times 2) \times 6.9 - \frac{1}{2} \times 5.78 \times 6.9^2 - \frac{1}{2} \times 121.47 \times 2.3\right] \text{kN} \cdot \text{m}$$

$$= 210.58 \text{ kN} \cdot \text{m}$$

$$\alpha_s = \frac{M_q}{a_1 f_c b h_0^2} = \frac{210.58 \times 10^6}{1 \times 14.3 \times 250 \times 460^2} = 0.278$$

$$\xi = 1 - \sqrt{1 - 2\alpha_s} = 1 - \sqrt{1 - 2 \times 0.278} = 0.334$$

$$A_s = \frac{a_1 f_c b h_0 \zeta}{f_y} = \frac{1.0 \times 14.3 \times 250 \times 460 \times 0.334}{360} \text{ mm}^2 = 1526 \text{ mm}^2$$

实配钢筋 6 ⊈ 20,A_s = 1 884 mm>1 526 mm,满足要求。

② 施工阶段挠度验算

规范规定,预制梁施工阶段挠度应满足 $f < l_0/200$。

$$f_{tk} = 2.01 \text{ N/mm}^2, h_0 = 460 \text{ mm}, A_s = 1884 \text{ mm}^2$$

$$E_s = 200 \text{ kN/mm}^2, E_c = 300 \text{ kN/mm}^2, \alpha_E = E_s/E_c = 6.67$$

$$\rho = A_s/bh_0 = 0.016, \rho_{te} = A_s/0.5bh_0 = 0.033$$

$$\sigma_{sq} = M_q/0.87h_0 A_s = 210.58 \times 10^6/(0.87 \times 460 \times 1884) \text{ N/mm}^2 = 279.3 \text{ N/mm}^2$$

$$\psi = 1.1 - 0.65 f_{tk}/\rho_{te}\sigma_{sq} = 1.1 - 0.65 \times 2.01/(0.033 \times 279.3) = 0.96$$

$$B_s = \frac{E_s A_s h_0^2}{\psi/\eta + \alpha_E \rho/\zeta} = \frac{E_s A_s h_0^2}{1.15\psi + 0.2 + 6\alpha_E \rho} = \frac{2.0 \times 10^5 \times 1884 \times 460^2}{1.15 \times 0.96 + 0.2 + 6 \times 6.67 \times 0.016} = 4.101 \times 10^{13}$$

预制梁施工阶段挠度:$f_s = \frac{5M_q l_0^2}{48 \times B_s} = \frac{5 \times 210.58 \times 10^6 \times 6900^2}{48 \times 4.101 \times 10^{13}} = 25.5$ mm$< l_0/200 = 6900/200$ mm =

34.5 mm,满足要求。

(7) 主梁正截面抗弯承载力图(材料图)、纵筋的弯起和截断

① 按比例绘出主梁的弯矩包络图

② 按同样比列绘出主梁的抗弯承载力图(材料图),并满足以下构造要求:

基本锚固长度 $l_a = l_{ab} = \alpha \frac{f_y}{f_t} d = 0.14 \times \frac{360}{1.43} \times 22$ mm = 775 mm

由于 $V > 0.7 f_t b h_0$,所以钢筋强度充分利用截面伸出的长度不应小于 $1.2l_a + h_0 = 1510$ mm,若截断点仍位于负弯矩受拉区内,则应延伸至正截面受弯承载力计算不需要该钢筋的截面以外不小于 $1.3h_0 = 754$ mm,且不小于 $20d = 440$ mm 处截断,且从该钢筋强度充分利用截面伸出的延伸长度不应小于 $1.2l_a + 1.7h_0 = 1916$ mm。

③ 检查正截面抗弯承载力图是否包住弯矩包络图和是否满足构造要求

主梁的材料图和实际配筋图如图 14-2-20 所示。

楼盖结构平面布置及配筋图如图 14-2-21 所示。

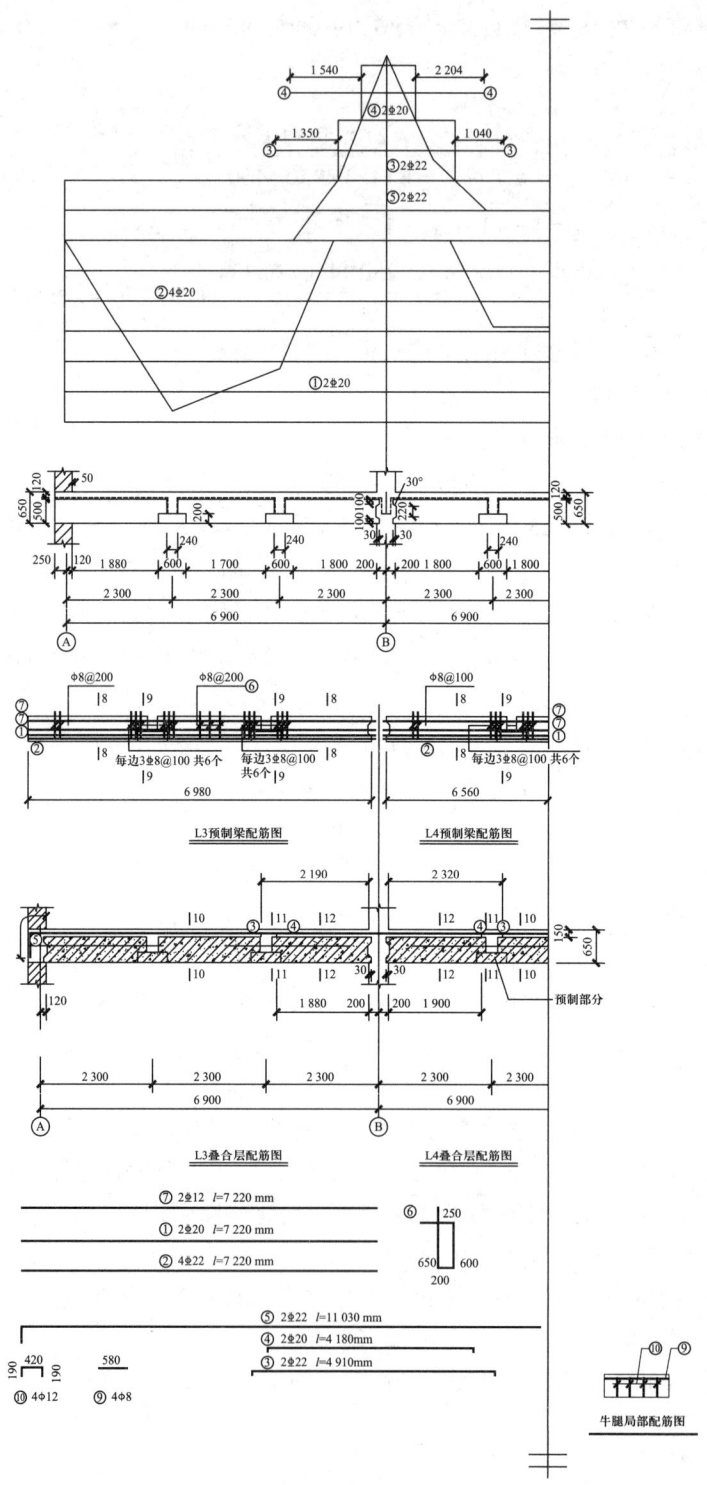

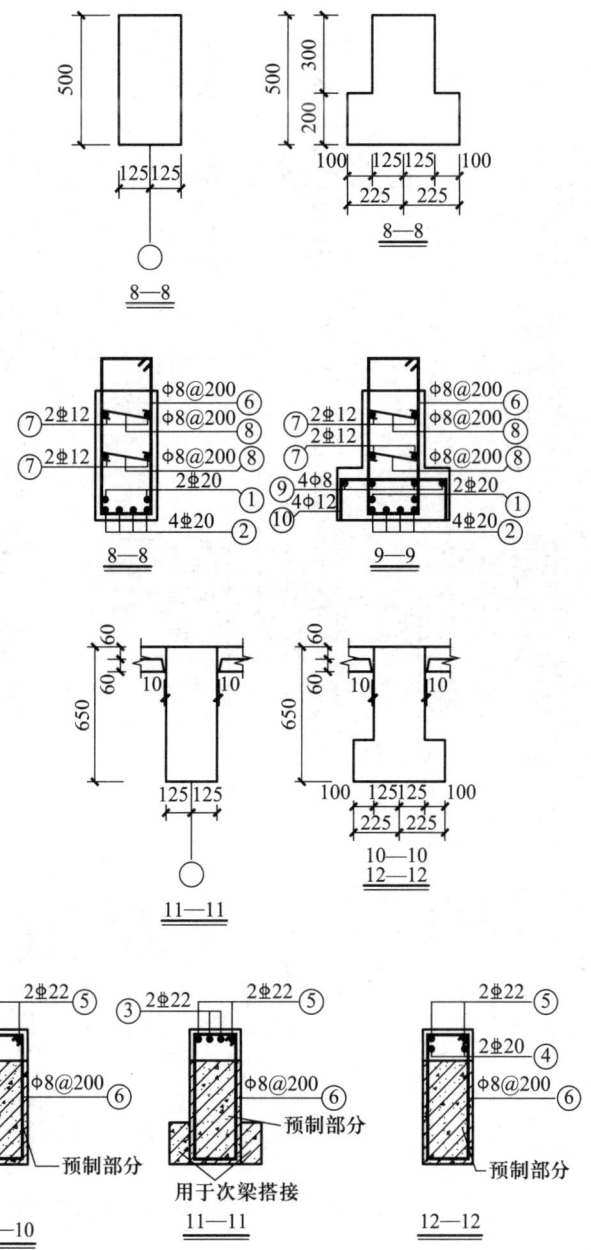

叠合后截面模板及配筋图

图 14-2-20 主梁配筋图

14-8:文档 装配整体式混凝土楼盖板设计实例

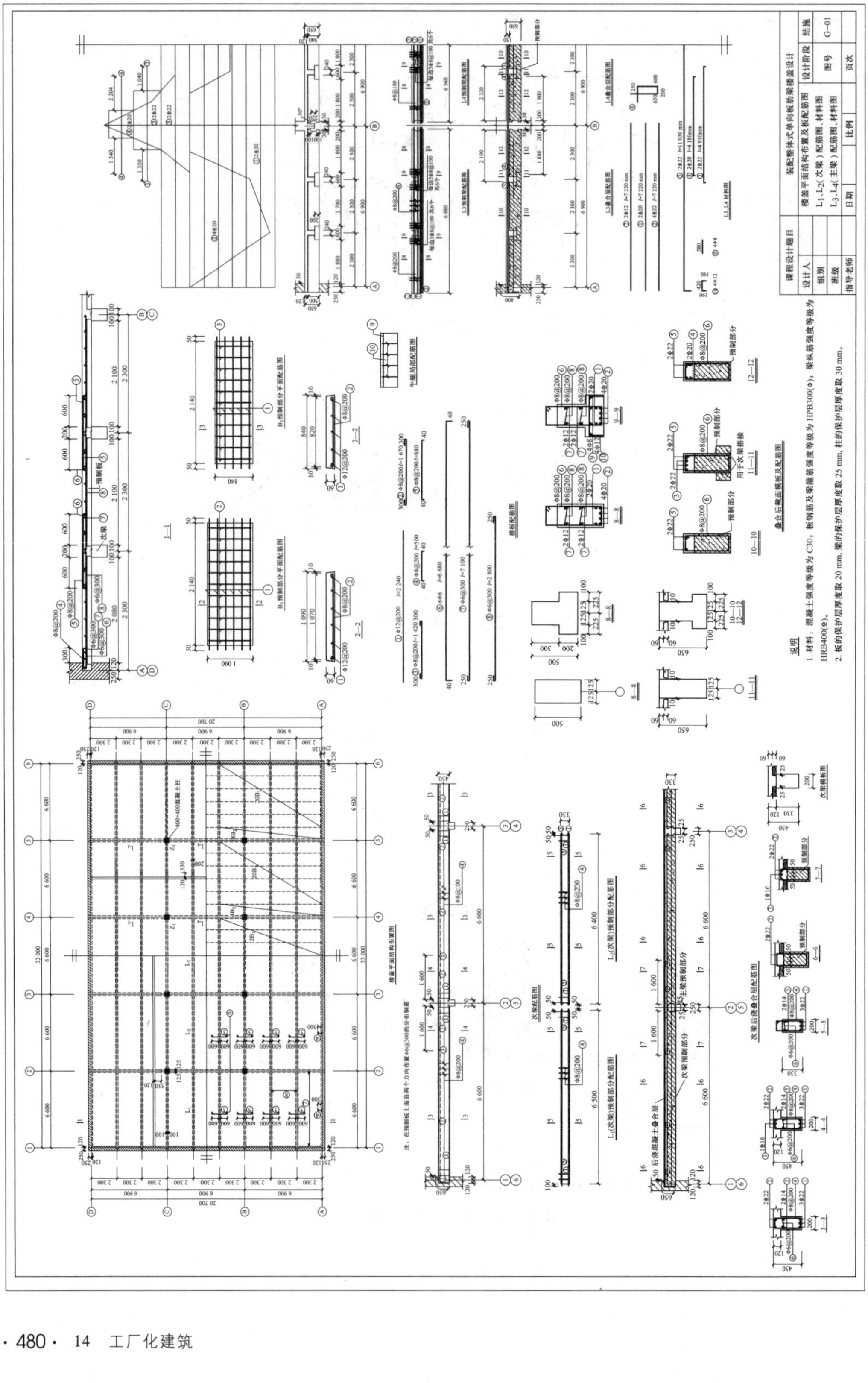

图14-2-21 楼盖结构平面布置及配筋图

14.3 预制装配式钢结构

14.3.1 预制装配式钢结构概述及特点

预制装配式钢结构建筑是以钢结构作为承重结构的装配式建筑,以钢柱及钢梁作为主要的承重构件。钢结构建筑具有自重轻、跨度大、抗风及抗震性好、保温隔热、隔声效果好、强度高、工业化程度高的特点,同时钢结构又是可重复利用的绿色环保材料,符合可持续化发展的方针,特别适用于别墅、多高层住宅、办公楼等民用建筑及建筑加层,在公共建筑中的应用也越来越广泛,见图14-3-1。

图14-3-1 工厂化钢框架和墙板装配式建筑

14.3.2 预制装配钢结构建筑的主要构造

从目前来看,我国常用的预制装配式钢结构形式包括钢框架结构、钢框架-剪力墙结构、钢框架-支撑结构等。

(1)钢框架结构。在该结构体系中建筑的承重构件以及抗侧剪力构件主要为设置在建筑横向、纵向的梁柱,钢梁、钢柱的抗弯承载能力直接决定了建筑的抗侧刚度。钢框架结构为柔性结构,因而其灵活性较高,且结构体系中的受力、传力较为明确,在多层建筑及抗震要求低的建筑中较为适用。

(2)钢框架-剪力墙结构。该体系的形成基础为框架结构,通过在柱网的横向、纵向设置剪力墙,从而形成钢框架—剪力墙结构体系,建筑结构强度由于侧向刚度的改善,建筑结构体系侧向位移量的缺陷被有效弥补，竖向荷载由框架承受，水平荷载由剪力墙分担，因而建筑承载能力显著提高，目前高层建筑大多使用该结构体系。

(3) 钢框架-支撑结构。该结构体系的抗侧力能力较强，这是由于其为双重抗侧力结构，为增加框架柱之间的水平荷载支撑力，会设置横向钢支撑，且横向钢支撑不会对竖向荷载造成影响。因而该结构体系具有较高的稳定性，且建筑结构的梁柱截面面积有效减少，但是由于体系机构复杂，因而灵活性较差。常用的预制装配式钢结构建筑中的楼屋面板形式包括现浇钢筋混凝土楼板、压型钢板-混凝土组合楼板、钢筋桁架混凝土组合楼板等。

14.3.3 发展前景

目前已有以东南网架、杭萧钢构和中建钢构为代表的钢结构预制装配式，在传统混凝土框架-核心筒技术基础上，侧重于钢结构构件部品化，尽可能多地工厂化，减少工地安装和焊接，以提高施工效率，部品化率为50%~60%。以远大可建为代表的全钢结构预制装配式，完全替代传统技术，有效节约钢材、混凝土、水的用量、部品化率约90%。

钢结构建筑最有条件实现新型建筑工业化，是实现绿色建筑的最佳结构形式，且具有"轻、快、好、省"的特点。近年来，装配式钢结构的政策导向、造价、技术等都已呈现较好形态，装配式钢结构建筑已经到了一个蓬勃式发展的转折点。

14.4 装配式木结构

14.4.1 装配式木结构的特点

木结构具有材料可再生、保温隔热、可工厂预制和现场安装等特点，是适合装配化建设的一种绿色建筑（图14-4-1和图14-4-2）。随着国家大力推广装配式建筑，木材在建筑业中的应用与发展越来越受到重视。此外，随着近十年来材料技术的发展，正交胶合木（cross laminated timber，简称CLT）等新型工程木产品的诞生使得建造多高层木建筑成为可能。为了建筑业的可持续发展，也为了解决大城市人口密度不断增长的问题，业内认为木材不能局限于以往三层及三层以下的低矮建筑，各国纷纷提出建设标志性的木结构高层建筑。多高层木结构的装配化施工日益成为行业的焦点。

14.4.2 装配式木结构的主要结构形式

根据其建筑结构类型，大致可分为以下几类：

1. 装配式木框架结构

木框架结构即采用梁、柱等构件作为主要承重构件，以支撑、木骨架墙体、正交胶合木体等作为抗侧力构件的木结构类型，常见有木框架-支撑结构、木框架-剪力墙两种类型，广泛应用于低层、多层的办公楼、住宅、公寓等建筑。装配式木框架结构多为构件或组件为主的预制与装配。如由日本建筑师坂茂设计的位于瑞士苏黎世的Tamedia办公大楼。该项

图 14-4-1 工厂预制木制构件

图 14-4-2 工厂拼装木构件

目最大的特点在于其独特木构架体系与节点处理,将传统榫卯结构演绎为构件穿插的连接方式(图 14-4-3),有传统的穿斗式建构意向,现代又不失传统意趣。

图 14-4-3 瑞士苏黎世的 Tamedia 办公大楼

2. 装配式木剪力墙结构

木剪力墙结构即采用剪力墙作为主要受力构件的木结构类型,常见的可作为剪力墙的有木骨架墙与正交胶合木墙两类,相对应的有轻型木结构与正交胶合木结构两种类型,广泛应用于低层与多层的办公楼、公寓、住宅等建筑。装配式木剪力墙结构多以组件或单元、模块为主预制与装配。如由建筑师 Andrew Waug 与 Anthony Thistleton 合作设计的位于英国伦敦的 Stadthaus 公寓大楼,共 9 层,建筑高度 29.75 m,建筑平面尺寸约为 17.5 m×17.5 m,是一座典型的木剪力墙结构建筑。建筑内所有墙体与楼板(包含核心筒)均由正交胶合木制作(CLT),该建筑也是当时世界上最高的木结构建筑(2009 年),建筑主体结构的装配耗时仅七周(图 14-4-4)。

3. 装配式木空间结构

空间结构即具有三维空间形体且在荷载作用下具有三维受力特性的结构,常见有网架、悬索、薄壳、薄膜等几类,应用于大跨度空间建筑如体育场、游泳馆、滑雪场、会展建筑以及城市公共活动场所,装配式木空间结构多以构件、组件为主的预制与装配,如德国建筑师 Juregen Mayer H 与奥雅纳(AURP)工程咨询公司合作设计的位于西班牙城市塞维利亚 Encarnacion 广场的"都市阳伞(metropol parasol)"。该建筑由 6 个硕大的木质网格"阳伞"交错连接,建筑总长 150 m、宽 75 m、高 28 m,呈南北向延伸(图 14-4-5)。整个建筑由 3 000 多个组件组成,木材采用新型木制材料,表面涂刷聚氨酯涂料,采用植筋与钢连接件的方式,是目前世界上最大的木结构建筑之一。

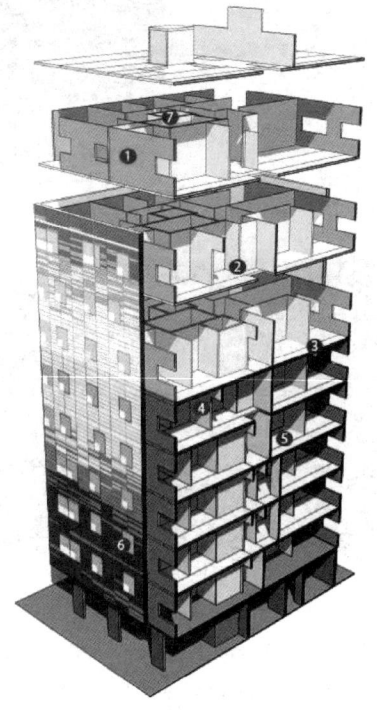

图 14-4-4 英国伦敦"Stadthaus"公寓结构剖视示意图

4. 装配式木混合结构

木混合结构中,以木结构框架与混凝土核心筒的混合形式为主,多应用于多层、高层的住宅、公寓、酒店、办公楼等建筑。装配式木混合结构的钢筋混凝土核心筒多以现浇为主,木结构部分可采用多种结构预制组合的方式,采用装配化施工方式,如加拿大温哥华不列颠哥伦比亚大学(University of British Columbia,UBC)校园内的 Brock Commons 公寓,建筑高度 53 m,共 18 层,总建筑面积 15 120 m²,占地面积 2 315 m²。该建筑的核心筒为现浇钢筋混凝土结构,其他结构构件采用胶合木(Glulam)与正交胶合木(CLT)组合的框架结构。

图 14-4-5 塞维利亚的都市阳伞（metropol parasol）

14.4.3 装配式木结构的发展前景

在国家和地方政策大力倡导建筑节能环保和建筑产业化的大背景下，作为装配式建筑的三大类型之一，现代木结构建筑的发展也迎来了一系列利好政策并正式列入国家发展战略。

《中共中央国务院关于进一步加强城市规划建设管理工作的若干意见》提出："积极稳妥推广钢结构建筑，在具备条件的地方倡导发展现代木结构建筑"。《国务院办公厅关于大力发展装配式建筑的指导意见》指出："因地制宜发展装配式混凝土结构、钢结构和现代木结构等装配式建筑。"国家发改委和住建部印发的《城市适应气候变化行动方案》也提出："鼓励政府投资的学校、幼托、敬老院、园林景观等新建低层公共建筑采用木结构。"

在国家政策的推动下，木结构建筑相关标准规范的制订修订工作取得了可喜成果。完成了国家标准《木结构设计规范》（GB 50005—2003）和《木骨架组合墙体技术规范》（GB/T 50361—2005）的修订工作；完成了国家标准《装配式木结构建筑技术规范》（GB/T 51233—2016）和《多高层木结构建筑技术标准》（GB/T 51226—2017）的制订工作；同时开展了编制工程建设强制性国标《木结构技术规范》的研究工作。这些标准规范的施行将进一步促进木结构的推广应用，进一步推动木结构建筑行业的升级换代。

近年来，我国在木材资源丰富的省份和地区积极推广木结构建筑，促进了我国木结构建筑行业的发展，但是还存在以下几个方面的问题：一是木结构建筑适用范围受到一定限制;二是木结构建筑的行政审查不顺畅;三是木结构建筑技术的教育和科研跟不上;四是木结构建筑技术的专业人员不能满足市场的需要;五是规范标准不能满足市场需要;六是现代木结构建筑的相关产品质量没有建立与国际接轨的监督管理机制;七是装配式木结构建筑的整体生产技术水平相对落后于发达国家;八是现代木结构建筑成本约高于其他结构形式。

从发展眼光来看,现代木结构建筑在我国具有很大的市场潜力和发展前景。一方面是基于木材本身具有的绿色环保和可持续发展的优良特性,另一方面是现代木结构更加适合于建筑工业化的发展,因此国家提倡大力发展装配式木结构建筑。对于未来的发展方向,木结构将在以下几方面得到广泛应用:一是在绿色节能建筑中占有重要地位;二是在政府投资的文教建筑中得到大量应用;三是体现个性化的休闲娱乐建筑;四是旅游度假建筑;五是传统文化和宗教文化建筑;六是大跨度、大空间结构建筑;七是装配式工业化建筑。

国家标准《木结构设计规范》、《多高层木结构建筑技术标准》和《装配式木结构建筑技术规范》的颁布实施,将弥补我国多高层木结构建筑和装配式木结构建筑技术标准的空缺,将极大推动我国木材行业、木结构建筑行业的快速发展。可以预见,未来木结构建筑将有广阔的发展前景。

14.5　模块化结构

14.5.1　模块化结构概述

模块集成的建筑物,是指将建筑物的各个子系统,包括结构骨架、围护组件、功能部件等,在工厂内制造成整体式单元模块,在现场用装配化方式构筑组装而成的房屋系统(图14-5-1)。模块集成的建筑装配率高,是装配式建筑的高端模式。

模块化建筑将尺寸适宜运输的集成建筑模块在工厂进行预制,并对模块内部进行布置与装修,之后运输至施工现场完成吊装、拼接工作,最终成为建筑整体;某些方面其与临时性建筑在形式上有相似之处,但模块化建筑在质量保证、结构设计、性能标准等方面体现出显著的差异。模块化结构效果图及构造图见图14-5-2。

模块化建筑的优势在于:建造周期短;工厂可控环境下质量有严格保证;规模效益显著;受气候条件影响小;模块隔音、保温、防火性能优良;优化建材利用率,减少建筑垃圾;减少对现场周边地区的侵扰;可拆卸并能够重复利用。目前,模块化建筑在欧洲、北美、日韩等地区已经取得较大范围的应用和推广。

14.5.2　模块化结构的分类

模块化建筑结合智能建造技术,将会完全颠覆建筑业的生产模式,极大地提高建筑业的生产力,实现建筑业的转型升级。

图 14-5-1 模块集成建筑建造过程示意图

 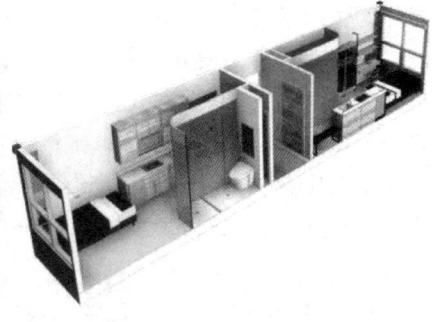

图 14-5-2 模块化结构效果图及构造图

根据建筑的平面与立面设计布局,模块化建筑体系把建筑物划分成若干个尺寸适宜运输的模块单元,钢结构凭借着自身重量轻、良好的加工性能和便于装配与拆卸等优点在模块单元中被广泛采用。依据模块单元的功能类型、受力特点等的不同,模块有如下几类:① 墙体承重模块(four-sided modules);② 部分开口模块(partially open-sided modules);③ 角柱支撑模块(corner-supported modules);④ 集装箱改造模块(图 14-5-3);⑤ 非承重模块等。根据模块的组装方式,又可分为如下几种:① 完全模块化组装;② 复合模块化组装,包括模块与板件复合体系,模块和底层框架复合体系等。

14.5 模块化结构 · 487 ·

图 14-5-3 集装箱改造模块

可以应用模块化装配式建筑的房屋类型包括：居住类建筑（宿舍、公寓、酒店），办公类建筑，教育、医疗类建筑，应急类建筑（灾民安置、地质灾害区移民）。模块化建筑适合低多层建筑，与其他结构技术结合可以适用于高层建筑。

14.5.3 模块化结构与传统结构的优劣比较

建筑业的生产模式正由传统化的建造模式逐渐向工业化建造模式过渡。传统建造模式大部分的生产活动都发生在施工现场，对于材料的使用、设备的安装都基于传统的手工式施工模式。工业化建造模式则将大部分或者全部的构配件生产由施工现场转为工厂车间或现场预制车间，将手工制作方式转为机械化生产，将施工现场的湿作业主导转为机械式吊装与拼装等干作业（图 14-5-4）。相比传统建造模式，建筑工业化有利于提高生产力、改善施工安全和工程质量，有利于提高建筑综合品质和性能，有利于减少用工、缩短工期、减少资源能源消耗、降低建筑垃圾和扬尘等。

图 14-5-4 模块单元现场吊装安装

模块化建筑与传统建筑相比,如下方面可以获得显著优势。

1. 质量方面

模块化建筑相对于传统建筑,质量更加可靠、稳定。模块化建筑的预制构件是在工厂机械流水线中统一生产制造,控制精度高,通过合理的作业流程和产品质量控制标准,可以生产出高质量的预制构件,且构件质量容易保证(图14-5-5)。钢结构构件出厂时,已达到使用强度,其不存在强度滞后性,受季节影响小,将冬季施工和夏季施工造成的不良影响降至最低。相比之下,传统建筑施工在露天现场进行,受客观条件如施工人员素质、天气、运输等的影响,控制构件的质量比较困难,给建筑的验收带来困难。而且现浇混凝土需要连续施工,其结构产生强度需要一定的时间,在我国的北方严寒地区,全年能进行湿作业的施工季节有限,会影响施工的整体效率。

图 14-5-5 模块化构件工厂化生产制造

由于钢结构的材料强度高、用料省、体形小,与混凝土结构相比相同的荷载,钢结构截面积较小,相同的截面,钢结构承载力较大。在抗震设防区,钢筋混凝土结构存在许多不足,而钢结构自重轻,受地震作用时,自身负担小,且钢结构延展性能优越,有较好的吸收变形能的能力,抗震性能好,结构安全度高。据对1999年"9·21地震"后房屋破坏、倒塌情况统计:钢筋混凝土房屋受损为52.5%,砖混结构房屋受损为24.1%,钢结构房屋受损为0.6%。由此可见,装配式模块化钢结构房屋整体性强、承载强度高、抗震性能好。

2. 技术方面

传统建筑的施工对工人的技术要求较高,而装配式模块化钢结构建筑采用工厂预制、现场安装的手段,大大降低了对工人的技术要求,提高了现场施工的机械化。同时装配式模块化钢结构建筑可以做到在设计阶段对整栋建筑全部构件进行分解、拆分,对设计—生产—施工—使用—维护等全寿命周期采用计算机管理,有利于工厂合理、精确下料,机械化切割、流水线生产(图14-5-6和图14-5-7)。

3. 成本方面

随着劳动力成本的日益攀升,由纯手工劳动转变为自动化、机械化和智能化的工厂生产,可大大降低劳动力成本。工厂预制与现场施工可同步进行,特别是工厂养护期大大缩短,可以显著提升建设速度,缩短工期成本,同时缩短资金投入的时间成本。现场大量减少

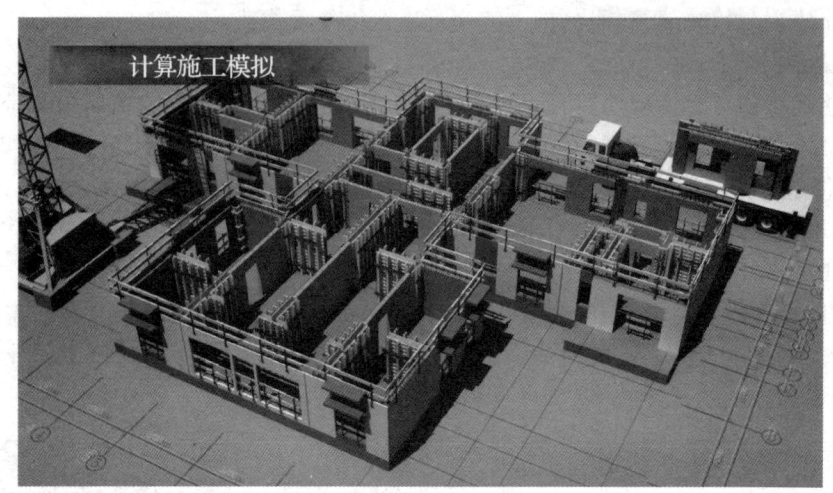

图 14-5-6 计算施工模拟

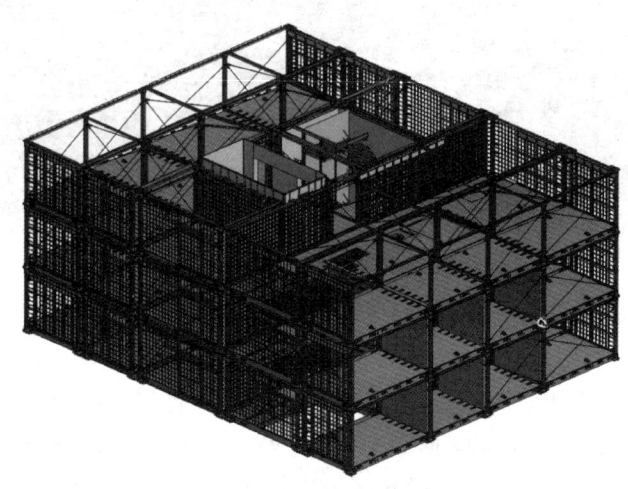

图 14-5-7 BIM 建模效果图

对模板、钢管的使用,可以缩减原材料成本。在工厂预制时,可以将保温、隔热、水电安装、外观装饰等多方面功能要求结合起来一次完成生产,既可缩短不同工种交叉施工的工期,又可减少因不同工种未协调施工造成的返修,也极大地缩减了建设成本。除此之外,模块化钢结构住宅的 70%~80% 的建筑构件材料可回收、再利用,节约资源。据专家测算,钢结构住宅基本不使用模板和脚手架及砂浆等辅助工具、材料,资源耗用可节约 70%,实现循环发展。(图 14-5-8)

4. 社会方面

模块化建筑大量构件采用工厂预制,减少了现场钢筋绑扎和混凝土浇筑作业。减少了噪声、粉尘和光污染,降低了对周边居民生活环境的不良影响,同时也减少了对环境的破坏。根据企业测算,与传统现浇生产方式相比,装配式模块化钢结构住宅实现节能三分之一以上,

图 14-5-8 模块化钢结构基本不使用模板和脚手架

比传统现场作业节约施工用水 60%~80%,装配式钢结构住宅可降低现扬尘 80%以上,减少建筑垃圾 80%左右。预制的部分梁、板、柱,可以兼作模板使用,可以大量减少现场对模板和钢管支撑的使用,可以最大限度地减少建筑垃圾及废弃物的排放。在节约能耗的同时,也能满足国家环境保护政策对建筑业推广绿色施工要求。

14.6 本章小结

随着建筑方法和技术的不断探索与更新,工厂化建筑的产生是传统建筑发展的必然产物。工厂化建筑主要有本章所述的四大类结构体系:预制装配式混凝土结构、钢结构、木结构、模块化结构。预制装配式混凝土结构平面布置灵活多变、减少了现浇结构的支模、拆模和混凝土养护的工序,从而减少施工现场的劳动力;预制装配式钢结构自重轻、跨度大、可重复利用;预制装配式木结构材料可再生、保温隔热、可工厂预制和现场安装;模块化结构优化了建材利用率,模块隔音、保温、防火性能优良。鉴于各自结构体系技术的诸多优点,工厂化建筑必将在建筑工程中使用越来越广泛。

思考题

14-1 请简述工厂化建筑的分类。

14-2 什么是模块化建筑?模块化建筑有何优缺点?

14-3 目前我国常用的预制装配式钢结构形式有哪些?

14-4 装配式主、次梁如何进行施工阶段验算?

14-5 装配式单向板肋梁楼盖设计与装配整体式单向板肋梁楼盖设计中,板的计算有何异同?

14-6 装配整体式单向板肋梁楼盖设计主、次梁正截面承载力计算中,跨中为何要按 T 形截面进行计算?如何判别属于哪一类 T 形截面?

附表

附表 1　结构混凝土材料的耐久性基本要求

环境等级	最大水胶比	最低强度等级	最大氯离子含量/%	最大碱含量/%
一	0.60	C20	0.30	不限制
二 a	0.55	C25	0.20	3.0
二 b	0.55(0.50)	C30(C25)	0.15	3.0
三 a	0.45(0.50)	C35(C30)	0.15	3.0
三 b	0.40	C40	0.10	3.0

注：1. 氯离子含量系指其占胶凝材料总量的百分比；
2. 预应力构件混凝土中的最大氯离子含量为 0.06%，其最低混凝土强度等级宜按表中的规定提高两个等级；
3. 素混凝土构件的水胶比及最低强度等级的要求可适当放松；
4. 有可靠工程经验时，二类环境中的最低混凝土强度等级可降低一个等级；
5. 处于严寒和寒冷地区二 b、三 a 类环境中的混凝土应使用引气剂，并可采用括号中的有关参数；
6. 当使用非碱活性集料时，对混凝土中的碱含量可不作限制。

附表 2-1　混凝土轴心抗压强度标准值　　　　N/mm²

强度种类	混凝土强度等级													
	C15	C20	C25	C30	C35	C40	C45	C50	C55	C60	C65	C70	C75	C80
f_{ck}	10.0	13.4	16.7	20.1	23.4	26.8	29.6	32.4	35.5	38.5	41.5	44.5	47.4	50.2

附表 2-2　凝土轴心抗拉强度标准值　　　　N/mm²

强度种类	混凝土强度等级													
	C15	C20	C25	C30	C35	C40	C45	C50	C55	C60	C65	C70	C75	C80
f_{tk}	1.27	1.54	1.78	2.01	2.20	2.39	2.51	2.64	2.75	2.85	2.93	2.99	3.05	3.11

附表 3-1　混凝土轴心抗压强度设计值　　　　　　　　　　N/mm²

强度种类	混凝土强度等级													
	C15	C20	C25	C30	C35	C40	C45	C50	C55	C60	C65	C70	C75	C80
f_c	7.2	9.6	11.9	14.3	16.7	19.1	21.1	23.1	25.3	27.5	29.7	31.8	33.8	35.9

附表 3-2　混凝土轴心抗拉强度设计值　　　　　　　　　　N/mm²

强度种类	混凝土强度等级													
	C15	C20	C25	C30	C35	C40	C45	C50	C55	C60	C65	C70	C75	C80
f_t	0.91	1.10	1.27	1.43	1.57	1.71	1.80	1.89	1.96	2.04	2.09	2.14	2.18	2.22

附表 4　混凝土弹性模量　　　　　　　　　　×10⁴ N/mm²

混凝土强度等级	C15	C20	C25	C30	C35	C40	C45	C50	C55	C60	C65	C70	C75	C80
E_c	2.20	2.55	2.80	3.00	3.15	3.25	3.35	3.45	3.55	3.60	3.65	3.70	3.75	3.80

注：1. 当需要时，可根据试验实测数据确定结构混凝土的弹性模量；
　　2. 当混凝土中掺有大量矿物掺合料时，弹性模量可按规定龄期根据实测值确定。

附表 5　钢筋强度设计值　　　　　　　　　　N/mm²

种类	f_y	f'_y
HPB300	270	270
HRB335、HRBF335	300	300
HRB400、HRBF400、RRB400	360	360
HRB500、HRBF500、RRB500	435	435

注：1. 用作受剪、受扭、受冲切承载力计算的箍筋，抗拉设计强度 f_{yv} 按表中 f_y 的数值取用，但其数值不应大于 360 N/mm²；
　　2. 用作局部承压的间接配筋，以及受压构件约束混凝土配置的箍筋，抗拉设计强度 f_y 按表中的数值取用。

附表 6　钢筋搭接长度　　　　　　　　　　mm

钢筋种类	混凝土强度等级				
	C15	C20	C25	C30	≥40
Ⅰ级钢筋	40d	30d	25d	20d	20d
Ⅱ级钢筋	50d	40d	35d	30d	25d
Ⅲ级钢筋	—	45d	40d	35d	30d
冷轧带肋钢筋	—	40d	35d	30d	25d
冷拔低碳钢丝	250				

附表7　钢筋弹性模量　　　　　　　　　　　×10⁵ N/mm²

种类	弹性模量 E_s
HRB300 钢筋	2.10
HRB335、HRB400、HRB500 钢筋 HRBF335、HRBF400、HRBF500 钢筋 RRB400 钢筋 精轧螺纹钢筋	2.00
消除应力钢丝、中强度预应力钢丝	2.05
钢绞线	1.95

注：必要时可通过试验采用实测的弹性模量。

附表8　预应力筋强度标准值(N/mm²)及极限应变

种类		符号	直径 d/mm	屈服强度 f_{pyk}	抗拉强度 f_{ptk}	极限应变 ε_{su}/%
中强度预应力钢丝	光面螺旋肋	ϕ^{PM} ϕ^{HM}	5、7、9	620 780 980	800 970 1 270	不小于3.5
预应力螺纹钢筋	螺纹	ϕ^T	18、25、32、40、50	785 930 1 080	980 1 080 1 230	
消除应力钢丝	光面	ϕ^P	5	— —	1 570 1 860	
	螺旋肋	ϕ^H	7	— —	1 570 1 470	
			9	—	1 570	
钢绞线	1×3 (三股)	ϕ^S	8.6、10.8、12.9	— — —	1 570 1 860 1 960	
	1×7 (七股)		9.5、12.7、15.2、17.8	— — —	1 720 1 860 1 960	
			21.6	—	1 860	

注：极限强度标准值为 1 960 N/mm² 的钢绞线作后张预应力配筋时，应有可靠的工程经验。

附表9　预应力筋强度设计值　　　　　　　　　　　N/mm²

种类	f_{ptk}	f_{py}	f'_{py}
中强度预应力钢丝	800 970 1 270	510 650 810	410

续表

种类	f_{ptk}	f_{py}	f'_{py}
消除应力钢丝	1 470	1 040	410
	1 570	1 110	
	1 860	1 320	
钢绞线	1 570	1 110	390
	1 720	1 220	
	1 860	1 320	
	1 960	1 390	
预应力螺纹钢筋	980	650	400
	1 080	770	
	1 230	900	

附表 10　钢筋的混凝土保护层最小厚度　　　　　　　　　　　　mm

环境类别	板墙壳	梁柱
一	15	20
二 a	20	25
二 b	25	35
三 a	30	40
三 b	40	50

注：1. 混凝土强度等级不大于 C25 时，表中保护层厚度数值增加 5 mm；
　　2. 钢筋混凝土基础设置混凝土垫层，基础中钢筋的混凝土保护层厚度应从垫层顶面算起，且不应小于 40 mm。

附表 11　纵向受力钢筋的最小配筋百分率　　　　　　　　　　　　%

受力类型		最小配筋百分率
受压构件	全部纵向钢筋　强度等级 500 MPa	0.50
	全部纵向钢筋　强度等级 400 MPa	0.55
	全部纵向钢筋　强度等级 300 MPa、335 MPa	0.60
	一侧纵向钢筋	0.20
受弯构件、偏心受拉、轴心受拉构件一侧的受拉钢筋		0.20 和 45 f_t/f_y 中的较大值

注：1. 受压构件全部纵向钢筋最小配筋百分率，当采用 C60 以上强度等级的混凝土时应按表中规定增加 0.10；
　　2. 板类构件（不包括悬臂板）的受拉钢筋，当采用强度等级 400 MPa、500 MPa 的钢筋时，最小配筋率应采用 0.15 和 f_t/f_y 中的较大值；
　　3. 偏心受拉构件中的受压钢筋，应按受压构件一侧纵向钢筋考虑；
　　4. 受压构件的全部纵向钢筋和一侧纵向钢筋的配筋率以及轴心受拉构件和小偏心受拉构件一侧受拉钢筋的配筋率应按构件的全截面面积计算；
　　5. 受弯构件、大偏心受拉构件一侧受拉钢筋的配筋率应按全截面面积扣除受压翼缘面积 $(b'_f-b)h'_f$ 后的截面面积计算；
　　6. 当钢筋沿构件截面周边布置时，"一侧纵向钢筋"系指沿受力方向两个对边中的一边布置的纵向钢筋。

附表 12 每米板宽各种钢筋间距时的钢筋截面面积

钢筋间距/mm	当钢筋直径/mm 为下列数值时的钢筋截面面积/mm²												
	4	5	6	6/8	8	8/10	10	10/12	12	12/14	14	14/16	16
70	179	281	404	561	719	920	1 121	1 369	1 616	1 908	2 119	2 536	2 872
75	167	262	377	524	671	859	1 047	1 277	1 508	1 780	2 053	2 367	2 681
80	157	245	354	491	629	805	981	1 198	1 414	1 669	1 924	2 218	2 513
85	148	231	333	462	592	758	924	1 127	1 331	1 571	1 811	2 088	2 365
90	140	218	314	437	559	719	872	1 064	1 257	1 484	1 710	1 972	2 234
95	132	207	298	414	529	678	826	1 008	1 190	1 405	1 620	1 868	2 116
100	126	196	283	393	503	644	785	958	1 131	1 335	1 539	1 775	2 011
110	114	178	257	357	457	585	714	871	1 028	1 214	1 399	1 614	1 828
120	105	163	236	327	419	537	654	798	942	1 112	1 283	1 480	1 676
125	100	157	226	314	402	515	628	766	905	1 068	1 232	1 420	1 608
130	96.6	151	218	302	387	495	604	737	870	1 027	1 184	1 366	1 547
140	89.7	140	202	281	359	460	561	684	808	954	1 100	1 268	1 436
150	83.8	131	189	262	335	429	523	639	754	890	1 026	1 183	1 340
160	78.5	123	177	246	314	403	491	599	707	834	962	1 110	1 257
170	73.9	115	166	231	296	379	462	564	665	786	906	1 044	1 183
180	69.8	109	157	218	279	358	436	532	628	742	855	985	1 117
190	66.1	103	149	207	265	339	413	504	595	702	810	934	1 058
200	62.8	98.2	141	196	251	322	393	479	565	668	770	888	1 005

附表 13 钢筋排成一行时梁的最小宽度   mm

钢筋直径/mm	2 根	5 根	6 根	7 根
12	200/180	250/220		
14	200/180	250/220	300/300	
16	220/200	300/250	350/300	400/350
18	250/220	300/300	350/300	400/350
20	250/220	300/300	350/350	400/400
22	250/250	350/300	400/350	450/400
25	300/250	350/300	450/350	500/400
28	350/300	400/350	450/400	550/450
32	350/300	450/400	550/450	

附表 14　钢材强度设计值　　　　　　　　　　　　　　　　　　　　　　　　　N/mm²

钢材牌号	厚度或直径 /mm	抗拉、抗压、抗弯 f	抗剪 f_v	端面承压(刨平顶紧) f_{ce}
Q235 钢	≤16 >16～40 >40～60 >60～100	215 205 200 190	125 120 115 110	325
Q345 钢	≤16 >16～35 >35～50 >50～100	310 295 265 250	180 170 155 145	400
Q390 钢	≤16 >16～35 >35～50 >50～100	350 335 315 295	205 190 180 170	415
Q420 钢	≤16 >16～35 >35～50 >50～100	380 360 340 325	220 210 195 185	440

注：表中厚度系指计算点的厚度，对轴心受拉和轴心受压构件系指截面中较厚板件的厚度。

附表 15　焊缝强度设计值　　　　　　　　　　　　　　　　　　　　　　　　　N/mm²

焊接方法和焊条型号	构件钢材牌号	构件厚度或直径/mm	对接焊缝				角焊缝
			抗压 f_c^w	抗拉 f_t^w		抗剪 f_v^w	抗拉、抗压、抗剪 f_f^w
				焊缝质量等级			
				一级、二级	三级		
自动焊、半自动焊、E43 焊条的手工焊	Q235 钢	≤16 >16～40 >40～60 >60～100	215 205 200 190	215 205 200 190	185 175 170 160	125 120 115 110	160
自动焊、半自动焊、E50 焊条的手工焊	Q345 钢	≤16 >16～35 >35～50 >50～100	310 295 265 250	310 295 265 250	265 250 225 210	180 170 155 145	200
自动焊、半自动焊、E55 焊条的手工焊	Q390 钢	≤16 >16～35 >35～50 >50～100	350 335 315 295	350 335 315 295	300 285 270 250	205 190 180 170	220

续表

焊接方法和焊条型号	构件钢材牌号	构件厚度或直径/mm	对接焊缝 抗压 f_c^w	对接焊缝 抗拉 f_t^w 焊缝质量等级 一级、二级	对接焊缝 抗拉 f_t^w 焊缝质量等级 三级	对接焊缝 抗剪 f_v^w	角焊缝 抗拉、抗压、抗剪 f_f^w
自动焊、半自动焊、E55焊条的手工焊	Q420钢	≤16	380	380	320	220	220
		>16~35	360	360	305	210	
		>35~50	340	340	290	195	
		>50~100	325	325	275	185	

注：1. 低于现行国家标准《埋弧焊用碳钢焊丝和焊剂》（GB/T 5293—1999）和《埋弧焊用低合金钢焊丝和焊剂》（GB/T 12470—2003）中相关的规定。
2. 焊缝质量等级应符合现行国家标准《钢结构工程施工质量验收规范》（GB 50205—2001）的规定。其中厚度小于8 mm钢材的对接焊缝，不应采用超声波探伤确定焊缝质量等级。
3. 对接焊缝在受压区的抗弯强度设计值取 f_c^w，在受拉区的抗弯强度设计值取 f_t^w。
4. 表中厚度系指计算点的钢材厚度，对轴心受拉和轴心受压构件系指截面中较厚板件的厚度。

附表16　螺栓连接的强度设计值　　　　　　N/mm²

螺栓性能等级、锚栓和构件钢材牌号		普通螺栓 C级螺栓 抗拉 f_t^b	普通螺栓 C级螺栓 抗剪 f_v^b	普通螺栓 C级螺栓 承压 f_c^b	普通螺栓 A、B级螺栓 抗拉 f_t^b	普通螺栓 A、B级螺栓 抗剪 f_v^b	普通螺栓 A、B级螺栓 承压 f_c^b	锚栓 抗拉 f_t^a	承压型连接高强度螺栓 抗拉 f_t^b	承压型连接高强度螺栓 抗剪 f_v^b	承压型连接高强度螺栓 承压 f_c^b
普通螺栓	4.6级 4.8级	170	140	—	—	—	—	—	—	—	—
	5.6级	—	—	—	210	190	—	—	—	—	—
	8.8级	—	—	—	400	320	—	—	—	—	—
锚栓	Q235钢	—	—	—	—	—	—	140	—	—	—
	Q345钢	—	—	—	—	—	—	180	—	—	—
承压型连接高强度螺栓	8.8级	—	—	—	—	—	—	—	400	250	—
	10.9级	—	—	—	—	—	—	—	500	310	—
构件	Q235钢	—	—	305	—	—	405	—	—	—	470
	Q345钢	—	—	385	—	—	510	—	—	—	590
	Q390钢	—	—	400	—	—	530	—	—	—	615
	Q420钢	—	—	425	—	—	560	—	—	—	655

注：1. A级螺栓用于 $d \leq 24$ mm 和 $l \leq 10d$ 或 $l \leq 150$ mm（按较小值）的螺栓；B级螺栓用于 $d > 24$ mm 或 $l > 10d$ 或 $l > 150$ mm（按较小值）的螺栓。d 为公称直径，l 为螺杆公称长度。
2. A、B级螺栓孔的精度和孔壁表面粗糙度，C级螺栓孔的允许偏差和孔壁表面粗糙度，均应符合现行国家标准《钢结构工程施工质量验收规范》的要求。

附表 17 热轧等边角钢的规格及截面特性

Z_0——重心距；
I——截面惯性矩；
W——截面模量；
i——回转半径；
$r_1 = t/3$。

角钢型号 L $b \times t$	r/mm	截面积/cm²	z_0/mm	I_x/cm⁴	$W_{x\max}$/cm³	$W_{x\min}$/cm³	i_x/cm	i_{x0}/cm	i_{y0}/cm	重量/(kg/m)	i_y/cm a 为下列值时					
											6 mm	8 mm	10 mm	12 mm	14 mm	
L20×3	3.5	1.13	6.0	0.40	0.66	0.29	0.59	0.75	0.39	0.89	1.08	1.17	1.25	1.34	1.43
4	3.5	1.46	6.4	0.50	0.78	0.36	0.58	0.73	0.38	1.15	1.11	1.19	1.28	1.37	1.46
L25×3	3.5	1.43	7.3	0.82	1.12	0.46	0.76	0.95	0.49	1.12	1.27	1.36	1.44	1.53	1.61
4	3.5	1.86	7.6	1.03	1.34	0.59	0.74	0.93	0.48	1.46	1.30	1.38	1.47	1.55	1.64
L30×3	4.5	1.75	8.5	1.46	1.72	0.68	0.91	1.15	0.59	1.37	1.47	1.55	1.63	1.71	1.80
4	4.5	2.28	8.9	1.84	2.08	0.87	0.90	1.13	0.58	1.79	1.49	1.57	1.65	1.74	1.82
L36×3	4.5	2.11	10.0	2.58	2.59	0.99	1.11	1.39	0.71	1.66	1.70	1.78	1.86	1.94	2.03
4	4.5	2.76	10.4	3.29	3.18	1.28	1.09	1.38	0.70	2.16	1.73	1.80	1.89	1.97	2.05
5	4.5	3.38	10.7	3.95	3.68	1.56	1.08	1.36	0.70	2.65	1.75	1.83	1.91	1.99	2.08
L40×3	5	2.36	10.9	3.59	3.28	1.23	1.23	1.55	0.79	1.85	1.86	1.94	2.01	2.09	2.18
4	5	3.09	11.3	4.60	4.05	1.60	1.22	1.54	0.79	2.42	1.88	1.96	2.04	2.12	2.20
5	5	3.79	11.7	5.53	4.72	1.96	1.21	1.52	0.78	2.98	1.90	1.98	2.06	2.14	2.23
L45×3	5	2.66	12.2	5.17	4.25	1.58	1.39	1.76	0.90	2.09	2.06	2.14	2.21	2.29	2.37
4	5	3.49	12.6	6.65	5.29	2.05	1.38	1.74	0.89	2.74	2.08	2.16	2.24	2.32	2.40
5	5	4.29	13.0	8.04	6.20	2.51	1.37	1.72	0.88	3.37	2.10	2.18	2.26	2.34	2.42
6	5	5.08	13.3	9.33	6.99	2.95	1.36	1.71	0.88	3.99	2.12	2.20	2.28	2.36	2.44

续表

角钢型号 L $b \times t$	r/mm	截面积/cm²	z_0/mm	I_x/cm⁴	W_{xmax}/cm³	W_{xmin}/cm³	i_x/cm	i_{x0}/cm	i_{y0}/cm	重量/(kg/m)	\multicolumn{6}{c}{i_y/cm a 为下列值时}
											6 mm	8 mm	10 mm	12 mm	14 mm
L 50×3	5.5	2.97	13.4	7.18	5.36	1.96	1.55	1.96	1.00	2.33	2.26	2.33	2.41	2.48	2.56
4		3.90	13.8	9.26	6.70	2.56	1.54	1.94	0.99	3.06	2.28	2.36	2.43	2.51	2.59
5		4.80	14.2	11.21	7.90	3.13	1.53	1.92	0.98	3.77	2.30	2.38	2.45	2.53	2.61
6		5.69	14.6	13.05	8.95	3.68	1.51	1.91	0.98	4.46	2.32	2.40	2.48	2.56	2.64
L 56×3	6	3.34	14.8	10.19	6.86	2.48	1.75	2.20	1.13	2.62	2.50	2.57	2.64	2.72	2.80
4		4.39	15.3	13.18	8.63	3.24	1.73	2.18	1.11	3.45	2.52	2.59	2.67	2.74	2.82
5		5.42	15.7	16.02	10.22	3.97	1.72	2.17	1.10	4.25	2.54	2.61	2.69	2.77	2.85
8		8.37	16.8	23.63	14.06	6.03	1.68	2.11	1.09	6.57	2.60	2.67	2.75	2.83	2.91
L 63×4	7	4.98	17.0	19.03	11.22	4.13	1.96	2.46	1.26	3.91	2.79	2.87	2.94	3.02	3.09
5		6.14	17.4	23.17	13.33	5.08	1.94	2.45	1.25	4.82	2.82	2.89	2.96	3.04	3.12
6		7.29	17.8	27.12	15.26	6.00	1.93	2.43	1.24	5.72	2.83	2.91	2.98	3.06	3.14
8		9.51	18.5	34.45	18.59	7.75	1.90	2.39	1.23	7.47	2.87	2.95	3.03	3.10	3.18
10		11.66	19.3	41.09	21.34	9.39	1.88	2.36	1.22	9.15	2.91	2.99	3.07	3.15	3.23
L 70×4	8	5.57	18.6	26.39	14.16	5.14	2.18	2.74	1.40	4.37	3.07	3.14	3.21	3.29	3.36
5		6.88	19.1	32.21	16.89	6.32	2.16	2.73	1.39	5.40	3.09	3.16	3.24	3.31	3.39
6		8.16	19.5	37.77	19.39	7.48	2.15	2.71	1.38	6.41	3.11	3.18	3.26	3.33	3.41
7		9.42	19.9	43.09	21.68	8.59	2.14	2.69	1.38	7.40	3.13	3.20	3.28	3.36	3.43
8		10.67	20.3	48.17	23.79	9.68	2.13	2.68	1.37	8.37	3.15	3.22	3.30	3.38	3.46
L 75×5	9	7.41	20.3	39.96	19.73	7.30	2.32	2.92	1.50	5.82	3.29	3.36	3.43	3.50	3.58
6		8.80	20.7	46.91	22.69	8.63	2.31	2.91	1.49	6.91	3.31	3.38	3.45	3.53	3.60
7		10.16	21.1	53.57	25.42	9.93	2.30	2.89	1.48	7.98	3.33	3.40	3.47	3.55	3.63
8		11.50	21.5	59.96	27.93	11.20	2.28	2.87	1.47	9.03	3.35	3.42	3.50	3.57	3.65
10		14.13	22.2	71.98	32.40	13.64	2.26	2.84	1.46	11.09	3.38	3.46	3.54	3.61	3.69

续表

角钢型号 L $b\times t$		r/mm	截面积/ cm^2	z_0/mm	I_x/cm^4	W_{xmax}/ cm^3	W_{xmin}/ cm^3	i_x/cm	i_{x0}/cm	i_{y0}/cm	重量/ (kg/m)	i_y/cm a 为下列值时					
												6 mm	8 mm	10 mm	12 mm	14 mm	
L 80×5		9	7.91	21.5	48.79	22.70	8.34	2.48	3.13	1.60	6.21	3.49	3.56	3.63	3.71	3.78
	6		9.40	21.9	57.35	26.16	9.87	2.47	3.11	1.59	7.38	3.51	3.58	3.65	3.73	3.80
	7		10.86	22.3	65.58	29.38	11.37	2.46	3.10	1.58	8.53	3.53	3.60	3.67	3.75	3.83
	8		12.30	22.7	73.50	32.36	12.83	2.44	3.08	1.57	9.66	3.55	3.62	3.70	3.77	3.85
	10		15.13	23.5	88.43	37.68	15.64	2.42	3.04	1.56	11.87	3.58	3.66	3.74	3.81	3.89
L 90×6		10	10.64	24.4	82.77	33.99	12.61	2.79	3.51	1.80	8.35	3.91	3.98	4.05	4.12	4.20
	7		12.30	24.8	94.83	38.28	14.54	2.78	3.50	1.78	9.66	3.93	4.00	4.07	4.14	4.22
	8		13.94	25.2	106.5	42.30	16.42	2.76	3.48	1.78	10.95	3.95	4.02	4.09	4.17	4.24
	10		17.17	25.9	128.6	49.57	20.07	2.74	3.45	1.76	13.48	3.98	4.06	4.13	4.21	4.28
	12		20.31	26.7	149.2	55.93	23.57	2.71	3.41	1.75	15.94	4.02	4.09	4.17	4.25	4.32
L 100×6		12	11.93	26.7	115.0	43.04	15.68	3.10	3.91	2.00	9.37	4.30	4.37	4.44	4.51	4.58
	7		13.80	27.1	131.9	48.57	18.10	3.09	3.89	1.99	10.83	4.32	4.39	4.46	4.53	4.61
	8	12	15.64	27.6	148.2	53.78	20.47	3.08	3.88	1.98	12.28	4.34	4.41	4.48	4.55	4.63
	10	12	19.26	28.4	179.5	63.29	25.06	3.05	3.84	1.96	15.12	4.38	4.45	4.52	4.60	4.67
	12		22.80	29.1	208.9	71.72	29.47	3.03	3.81	1.95	17.90	4.41	4.49	4.56	4.64	4.71
	14		26.26	29.9	236.5	79.19	33.73	3.00	3.77	1.94	20.61	4.45	4.53	4.60	4.68	4.75
	16		29.63	30.6	262.5	85.81	37.82	2.98	3.74	1.93	23.26	4.49	4.56	4.64	4.72	4.80
L 110×7		12	15.20	29.6	177.2	59.78	22.05	3.41	4.30	2.20	11.93	4.72	4.79	4.86	4.94	5.01
	8		17.24	30.1	199.5	66.36	24.95	3.40	4.28	2.19	13.53	4.74	4.81	4.88	4.96	5.03
	10	12	21.26	30.9	242.2	78.48	30.60	3.38	4.25	2.17	16.69	4.78	4.85	4.92	5.00	5.07
	12		25.20	31.6	282.6	89.34	36.05	3.35	4.22	2.15	19.78	4.82	4.89	4.96	5.04	5.11
	14		29.06	32.4	320.7	99.07	41.31	3.32	4.18	2.14	22.81	4.85	4.93	5.00	5.08	5.15

续表

角钢型号 L $b \times t$	r/mm	截面积/ cm^2	z_0/mm	I_x/cm^4	W_{xmax}/ cm^3	W_{xmin}/ cm^3	i_x/cm	i_{x0}/cm	i_{y0}/cm	重量/ (kg/m)	i_y/cm a 为下列值时					
											6 mm	8 mm	10 mm	12 mm	14 mm
L125×8	14	19.75	33.7	297.0	88.20	32.52	3.88	4.88	2.50	15.50	5.34	5.41	5.48	5.55	5.62
10		24.37	34.5	361.7	104.8	39.97	3.85	4.85	2.48	19.13	5.38	5.45	5.52	5.59	5.66
12		28.91	35.3	423.2	119.9	47.17	3.83	4.82	2.46	22.70	5.41	5.48	5.56	5.63	5.70
14		33.37	36.1	481.7	133.6	54.16	3.80	4.78	2.45	26.19	5.45	5.52	5.59	5.67	5.74
L140×10	14	27.37	38.2	514.7	134.6	50.58	4.34	5.46	2.78	21.49	5.98	6.05	6.12	6.20	6.27
12		32.51	39.0	603.7	154.6	59.80	4.31	5.43	2.77	25.52	6.02	6.09	6.16	6.23	6.31
14		37.57	39.8	688.8	173.0	68.75	4.28	5.40	2.75	29.49	6.06	6.13	6.20	6.27	6.34
16		42.54	40.6	770.2	189.9	77.46	4.26	5.36	2.74	33.39	6.09	6.16	6.23	6.31	6.38
L160×10	16	31.50	43.1	779.5	180.8	66.70	4.97	6.27	3.20	24.73	6.78	6.85	6.92	6.99	7.06
12		37.44	43.9	916.6	208.6	78.98	4.95	6.24	3.18	29.39	6.82	6.89	6.96	7.03	7.10
14		43.30	44.7	1 048	234.4	90.95	4.92	6.20	3.16	33.99	6.86	6.93	7.00	7.07	7.14
16		49.07	45.5	1 175	258.3	102.6	4.89	6.17	3.14	38.52	6.89	6.96	7.03	7.10	7.18
L180×12	16	42.24	48.9	1 321	270.0	100.8	5.59	7.05	3.58	33.16	7.63	7.70	7.77	7.84	7.91
14		48.90	49.7	1 514	304.6	116.3	5.57	7.02	3.57	38.38	7.67	7.74	7.81	7.88	7.95
16		55.47	50.5	1 701	336.9	131.4	5.54	6.98	3.55	43.54	7.70	7.77	7.84	7.91	7.98
18		61.95	51.3	1 881	367.1	146.1	5.51	6.94	3.53	48.63	7.73	7.80	7.87	7.95	8.02
L200×14	18	54.64	54.6	2 104	385.1	144.7	6.20	7.82	3.98	42.89	8.47	8.54	8.61	8.67	8.75
16		62.01	55.4	2 366	427.0	163.7	6.18	7.79	3.96	48.68	8.50	8.57	8.64	8.71	8.78
18		69.30	56.2	2 621	466.5	182.2	6.15	7.75	3.94	54.40	8.53	8.60	8.67	8.75	8.82
20		76.50	56.9	2 867	503.6	200.4	6.12	7.72	3.93	60.06	8.57	8.64	8.71	8.78	8.85
24		90.66	58.4	3 338	571.5	235.8	6.07	7.64	3.90	71.17	8.63	8.71	8.78	8.85	8.92

附表 18 热轧不等边角钢的规格及截面特性

Z —— 重心距;
i —— 回转半径;
$r_1 = t/3$。

不等肢角钢型号 $L B \times b \times t$	r/mm	截面积 /cm²	质量 /(kg/m)	Z_x/mm	Z_y/mm	i_x/cm	i_y/cm	i_{y0}/cm	i_{y1}/cm (a 为下列值)				i_{y2}/cm (a 为下列值)			
									6 mm	8 mm	10 mm	12 mm	6 mm	8 mm	10 mm	12 mm
L 25×16×3	3.5	1.16	0.91	4.2	8.6	0.44	0.78	0.34	0.84	0.93	1.02	1.11	1.40	1.48	1.57	1.66
4		1.50	1.18	4.6	9.0	0.43	0.77	0.34	0.87	0.96	1.05	1.14	1.42	1.51	1.60	1.68
L 32×20×3	3.5	1.49	1.17	4.9	10.8	0.55	1.01	0.43	0.97	1.05	1.14	1.23	1.71	1.79	1.88	1.96
4		1.94	1.52	5.3	11.2	0.54	1.00	0.43	0.99	1.08	1.16	1.25	1.74	1.82	1.90	1.99
L 40×25×3	4	1.89	1.48	5.9	13.2	0.70	1.28	0.54	1.13	1.21	1.30	1.38	2.07	2.14	2.23	2.31
4		2.47	1.94	6.3	13.7	0.69	1.26	0.54	1.16	1.24	1.32	1.41	2.09	2.17	2.25	2.34
L 45×28×3	5	2.15	1.69	6.4	14.7	0.79	1.44	0.61	1.23	1.31	1.39	1.47	2.28	2.36	2.44	2.52
4		2.81	2.20	6.8	15.1	0.78	1.43	0.60	1.25	1.33	1.41	1.50	2.31	2.39	2.47	2.55
L 50×32×3	5.5	2.43	1.91	7.3	16.0	0.91	1.60	0.70	1.37	1.45	1.53	1.61	2.49	2.56	2.64	2.72
4		3.18	2.49	7.7	16.5	0.90	1.59	0.69	1.40	1.47	1.55	1.64	2.51	2.59	2.67	2.75
L 56×36×3	6	2.74	2.15	8.0	17.8	1.03	1.80	0.79	1.51	1.59	1.66	1.74	2.75	2.82	2.90	2.98
4		3.59	2.82	8.5	18.2	1.02	1.79	0.78	1.53	1.61	1.69	1.77	2.77	2.85	2.93	3.01
5		4.42	3.47	8.8	18.7	1.01	1.77	0.78	1.56	1.63	1.71	1.79	2.80	2.88	2.96	3.04
L 63×40×4	7	4.06	3.19	9.2	20.4	1.14	2.02	0.88	1.66	1.74	1.81	1.89	3.09	3.16	3.24	3.32
5		4.99	3.92	9.5	20.8	1.12	2.00	0.87	1.68	1.76	1.84	1.92	3.11	3.19	3.27	3.35
6		5.91	4.64	9.9	21.2	1.11	1.99	0.86	1.71	1.78	1.86	1.94	3.13	3.21	3.29	3.37
7		6.80	5.34	10.3	21.6	1.10	1.97	0.86	1.73	1.81	1.89	1.97	3.16	3.24	3.32	3.40

续表

不等肢角钢型号 L B×b×t	r/mm	截面积/cm²	质量/(kg/m)	Z_x/mm	Z_y/mm	i_x/cm	i_y/cm	i_{y0}/cm	i_{y1}/cm a 为下列值				i_{y2}/cm a 为下列值			
									6 mm	8 mm	10 mm	12 mm	6 mm	8 mm	10 mm	12 mm
L 70×45×4	7.5	4.55	3.57	10.2	22.3	1.29	2.25	0.99	1.84	1.91	1.99	2.07	3.39	3.46	3.54	3.62
5		5.61	4.40	10.6	22.8	1.28	2.23	0.98	1.86	1.94	2.01	2.09	3.41	3.49	3.57	3.64
6		6.64	5.22	11.0	23.2	1.26	2.22	0.97	1.88	1.96	2.04	2.11	3.44	3.51	3.59	3.67
7		7.66	6.01	11.3	23.6	1.25	2.20	0.97	1.90	1.98	2.06	2.14	3.46	3.54	3.61	3.69
L 75×50×5	8	6.13	4.81	11.7	24.0	1.43	2.39	1.09	2.06	2.13	2.20	2.28	3.60	3.68	3.76	3.83
6		7.26	5.70	12.1	24.4	1.42	2.38	1.08	2.08	2.15	2.23	2.30	3.63	3.70	3.78	3.86
8		9.47	7.43	12.9	25.2	1.40	2.35	1.07	2.12	2.19	2.27	2.35	3.67	3.75	3.83	3.91
10		11.6	9.10	13.6	26.0	1.38	2.33	1.06	2.16	2.24	2.31	2.40	3.71	3.79	3.87	3.95
L 80×50×5	8	6.38	5.00	11.4	26.0	1.42	2.57	1.10	2.02	2.09	2.17	2.24	3.88	3.95	4.03	4.10
6		7.56	5.93	11.8	26.5	1.41	2.55	1.09	2.04	2.11	2.19	2.27	3.90	3.98	4.05	4.13
7		8.72	6.85	12.1	26.9	1.39	2.54	1.08	2.06	2.13	2.21	2.29	3.92	4.00	4.08	4.16
8		9.87	7.75	12.5	27.3	1.38	2.52	1.07	2.08	2.15	2.23	2.31	3.94	4.02	4.10	4.18
L 90×56×5	9	7.21	5.66	12.5	29.1	1.59	2.90	1.23	2.22	2.29	2.36	2.44	4.32	4.39	4.47	4.55
6		8.56	6.72	12.9	29.5	1.58	2.88	1.22	2.24	2.31	2.39	2.46	4.34	4.42	4.50	4.57
7		9.88	7.76	13.3	30.0	1.57	2.87	1.22	2.26	2.33	2.41	2.49	4.37	4.44	4.52	4.60
8		11.2	8.78	13.6	30.4	1.56	2.85	1.21	2.28	2.35	2.43	2.51	4.39	4.47	4.54	4.62
L 100×63×6	10	9.62	7.55	14.3	32.4	1.79	3.21	1.38	2.49	2.56	2.63	2.71	4.77	4.85	4.92	5.00
7		11.1	8.72	14.7	32.8	1.78	3.20	1.37	2.51	2.58	2.65	2.73	4.80	4.87	4.95	5.03
8		12.6	9.88	15.0	33.2	1.77	3.18	1.37	2.53	2.60	2.67	2.75	4.82	4.90	4.97	5.05
10		15.5	12.1	15.8	34.0	1.75	3.15	1.35	2.57	2.64	2.72	2.79	4.86	4.94	5.02	5.10
L 100×80×6	10	10.6	8.35	19.7	29.5	2.40	3.17	1.73	3.31	3.38	3.45	3.52	4.54	4.62	4.69	4.76
7		12.3	9.66	20.1	30.0	2.39	3.16	1.71	3.32	3.39	3.47	3.54	4.57	4.64	4.71	4.79
8		13.9	10.9	20.5	30.4	2.37	3.15	1.71	3.34	3.41	3.49	3.56	4.59	4.66	4.73	4.81
10		17.2	13.5	21.3	31.2	2.35	3.12	1.69	3.38	3.45	3.53	3.60	4.63	4.70	4.78	4.85

续表

不等肢角钢型号 $\llcorner B\times b\times t$	r/mm	截面积 /cm²	质量 /(kg/m)	Z_x/mm	Z_y/mm	i_x/cm	i_y/cm	i_{y0}/cm	i_{y1}/cm a 为下列值				i_{y2}/cm a 为下列值			
									6 mm	8 mm	10 mm	12 mm	6 mm	8 mm	10 mm	12 mm
$\llcorner$110×70×6	10	10.6	8.35	15.7	35.3	2.01	3.54	1.54	2.74	2.81	2.88	2.96	5.21	5.29	5.36	5.44
7		12.3	9.66	16.1	35.7	2.00	3.53	1.53	2.76	2.83	2.90	2.98	5.24	5.31	5.39	5.46
8		13.9	10.9	16.5	36.2	1.98	3.51	1.53	2.78	2.85	2.92	3.00	5.26	5.34	5.41	5.49
10		17.2	13.5	17.2	37.0	1.96	3.48	1.51	2.82	2.89	2.96	3.04	5.30	5.38	5.46	5.53
$\llcorner$125×80×7	11	14.1	11.1	18.0	40.1	2.30	4.02	1.76	3.13	3.18	3.25	3.33	5.90	5.97	6.04	6.12
8		16.0	12.6	18.4	40.6	2.29	4.01	1.75	3.13	3.20	3.27	3.35	5.92	5.99	6.07	6.14
10		19.7	15.5	19.2	41.4	2.26	3.98	1.74	3.17	3.24	3.31	3.39	5.96	6.04	6.11	6.19
12		23.4	18.3	20.0	42.2	2.24	3.95	1.72	3.20	3.28	3.35	3.43	6.00	6.08	6.16	6.23
$\llcorner$140×90×8	12	18.0	14.2	20.4	45.0	2.59	4.50	1.98	3.49	3.56	3.63	3.70	6.58	6.65	6.73	6.80
10		22.3	17.5	21.2	45.8	2.56	4.47	1.96	3.52	3.59	3.66	3.73	6.62	6.70	6.77	6.85
12		26.4	20.7	21.9	46.6	2.54	4.44	1.95	3.56	3.63	3.70	3.77	6.66	6.74	6.81	6.89
14		30.5	23.9	22.7	47.4	2.51	4.42	1.94	3.59	3.66	3.74	3.81	6.70	6.78	6.86	6.93
$\llcorner$160×100×10	13	25.3	19.9	22.8	52.4	2.85	5.14	2.19	3.84	3.91	3.98	4.05	7.55	7.63	7.70	7.78
12		30.1	23.6	23.6	53.2	2.82	5.11	2.18	3.87	3.94	4.01	4.09	7.60	7.67	7.75	7.82
14		34.7	27.2	24.3	54.0	2.80	5.08	2.16	3.91	3.98	4.05	4.12	7.64	7.71	7.79	7.86
16		39.3	30.8	25.1	54.8	2.77	5.05	2.15	3.94	4.02	4.09	4.16	7.68	7.75	7.83	7.90
$\llcorner$180×110×10	14	28.4	22.3	24.4	58.9	3.13	5.81	2.42	4.16	4.23	4.30	4.36	8.49	8.56	8.63	8.71
12		33.7	26.5	25.2	59.8	3.10	5.78	2.40	4.19	4.26	4.33	4.40	8.53	8.60	8.68	8.75
14		39.0	30.6	25.9	60.6	3.08	5.75	2.39	4.23	4.30	4.37	4.44	8.57	8.64	8.72	8.79
16		44.1	34.6	26.7	61.4	3.05	5.72	2.37	4.26	4.33	4.40	4.47	8.61	8.68	8.76	8.84
$\llcorner$200×125×12	14	37.9	29.8	28.3	65.4	3.57	6.44	2.75	4.75	4.82	4.88	4.95	9.39	9.47	9.54	9.62
14		43.9	34.4	29.1	66.2	3.54	6.41	2.73	4.78	4.85	4.92	4.99	9.43	9.51	9.58	9.66
16		49.7	39.0	29.9	67.0	3.52	6.38	2.71	4.81	4.88	4.95	5.02	9.47	9.55	9.62	9.70
18		55.5	43.6	30.6	67.8	3.49	6.35	2.70	4.85	4.92	4.99	5.06	9.51	9.59	9.66	9.74

附表 19　热轧普通工字钢的规格及截面特性

I——截面惯性矩；
W——截面模量；
i——回转半径；
t——翼缘平均厚；
S——半截面的静力矩。

长度：型号 10~18，长 5~9 m；
型号 20~63，长 6~19 m。

型号	h	b	t_w/mm	t	R	截面积/cm^2	质量/(kg/m)	I_x/cm^4	W_x/cm^3	i_x/cm	I_x/S_x/cm	I_y/cm^4	W_y/cm^3	i_y/cm
10	100	68	4.5	7.6	6.5	14.3	11.2	245	49	4.14	8.69	33	9.6	1.51
12.6	126	74	5.0	8.4	7.0	18.1	14.2	488	77	5.19	11.0	47	12.7	1.61
14	140	80	5.5	9.1	7.5	21.5	16.9	712	102	5.57	12.2	64	16.1	1.73
16	160	88	6.0	9.9	8.0	26.1	20.5	1 127	141	6.57	13.9	93	21.1	1.89
18	180	94	6.5	10.7	8.5	30.7	24.1	1 699	185	7.37	15.4	123	26.2	2.00
20a	200	100	7.0	11.4	9.0	35.5	27.9	2 369	237	8.16	17.4	158	31.6	2.11
b		102	9.0			39.5	31.1	2 502	250	7.95	17.1	169	33.1	2.07
22a	220	110	7.5	12.3	9.5	42.1	33.0	3 406	310	8.99	19.2	226	41.1	2.32
b		112	9.5			46.5	36.5	3 583	326	8.78	18.9	240	42.9	2.27
25a	250	116	8.0	13.0	10.0	48.5	38.1	5 017	401	10.2	21.7	280	48.4	2.40
b		118	10.0			53.5	42.0	5 278	422	9.93	21.4	297	50.4	2.36
28a	280	122	8.5	13.7	10.5	55.4	43.5	7 115	508	11.3	24.3	344	56.4	2.49
b		124	10.5			61.0	47.9	7 481	534	11.1	24.0	364	58.7	2.44

续表

型号	h	b	t_w/mm	t	R	截面积/cm^2	质量/(kg/m)	I_x/cm^4	W_x/cm^3	i_x/cm	I_x/S_x/cm	I_y/cm^4	W_y/cm^3	i_y/cm
32a	320	130	9.5	15.0	11.5	67.1	52.7	11 080	692	12.8	27.7	459	70.6	2.62
b		132	11.5			73.5	57.7	11 626	727	12.6	27.3	484	73.3	2.57
c		134	13.5			79.9	62.7	12 173	761	12.3	26.9	510	76.1	2.53
36a	360	136	10.0	15.8	12.0	76.4	60.0	15 796	878	14.4	31.0	555	81.6	2.69
b		138	12.0			83.6	65.6	16 574	921	14.1	30.6	584	84.6	2.64
c		140	14.0			90.8	71.3	17 351	964	13.8	30.2	614	87.7	2.60
40a	400	142	10.5	16.5	12.5	86.1	67.6	21 714	1 086	15.9	34.4	660	92.9	2.77
b		144	12.5			94.1	73.8	22 780	1 139	15.6	33.9	693	96.2	2.71
c		146	14.5			102	80.1	23 847	1 192	15.3	33.5	727	99.7	2.67
45a	450	150	11.5	18.0	13.5	102	80.4	32 241	1 433	17.7	38.5	855	114	2.89
b		152	13.5			111	87.4	33 759	1 500	17.4	38.1	895	118	2.84
c		154	15.5			120	94.5	35 278	1 568	17.1	37.6	938	122	2.79
50a	500	158	12.0	20	14	119	93.6	46 472	1 859	19.7	42.9	1 122	142	3.07
b		160	14.0			129	101	48 556	1 942	19.4	42.3	1 171	146	3.01
c		162	16.0			139	109	50 639	2 026	19.1	41.9	1 224	151	2.96
56a	560	166	12.5	21	14.5	135	106	65 576	2 342	22.0	47.9	1 366	165	3.18
b		168	14.5			147	115	68 503	2 447	21.6	47.3	1 424	170	3.12
c		170	16.5			158	124	71 430	2 551	21.3	46.8	1 458	175	3.07
63a	630	176	13.0	22	15	155	122	94 004	2 984	24.7	53.8	1 702	194	3.32
b		178	15.0			167	131	98 171	3 117	24.2	53.2	1 771	199	3.25
c		180	17.0			180	141	102 339	3 249	23.9	52.6	1 842	205	3.20

附表 20 热轧普通槽钢的规格及截面特性

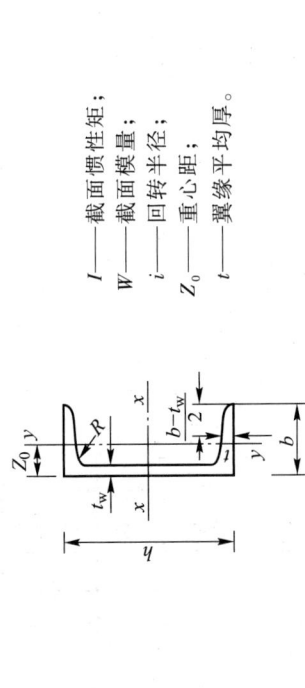

I——截面惯性矩；
W——截面模量；
i——回转半径；
Z_0——重心距；
t——翼缘平均厚。

长度：型号 5~8，长 5~12 m；
型号 10~18，长 5~19 m；
型号 20~40，长 6~19 m。

型号	h	b	t_w/mm	t	R	截面积/cm²	质量/(kg/m)	Z_0/cm	I_x/cm⁴	W_x/cm³	i_x/cm	I_y/cm⁴	W_y/cm³	i_y/cm	I_{y1}/cm⁴
[5	50	37	4.5	7.0	7.0	6.92	5.44	1.35	26	10.4	1.94	8.3	3.5	1.10	20.9
[6.3	63	40	4.8	7.5	7.5	8.45	6.63	1.39	51	16.3	2.46	11.9	4.6	1.19	28.3
[8	80	43	5.0	8.0	8.0	10.24	8.04	1.42	101	25.3	3.14	16.6	5.8	1.27	37.4
[10	100	48	5.3	8.5	8.5	12.74	10.00	1.52	198	39.7	3.94	25.6	7.8	1.42	54.9
[12.6	126	53	5.5	9.0	9.0	15.69	12.31	1.59	389	61.7	4.98	38.0	10.3	1.56	77.8
[14a	140	58	6.0	9.5	9.5	18.51	14.53	1.71	564	80.5	5.52	53.2	13.0	1.70	107.2
b		60	8.0	9.5	9.5	21.31	16.73	1.67	609	87.1	5.35	61.2	14.1	1.69	120.6
[16a	160	63	6.5	10.0	10.0	21.95	17.23	1.79	866	108.3	6.28	73.4	16.3	1.83	144.1
b		65	8.5	10.0	10.0	25.15	19.75	1.75	935	116.8	6.10	83.4	17.6	1.82	160.8
[18a	180	68	7.0	10.5	10.5	25.69	20.17	1.88	1 273	141.4	7.04	98.6	20.0	1.96	189.7
b		70	9.0	10.5	10.5	29.29	22.99	1.84	1 370	152.2	6.84	111.0	21.5	1.95	210.1

续表

型号	h	b	t_w/mm	t	R	截面积/cm²	质量/(kg/m)	Z_0/cm	I_x/cm⁴	W_x/cm³	i_x/cm	I_y/cm⁴	W_y/cm³	i_y/cm	I_{y1}/cm⁴
[20a	200	73	7.0	11.0	11.0	28.83	22.63	2.01	1 780	178.0	7.86	128.0	24.2	2.11	244.0
b		75	9.0	11.0	11.0	32.83	25.77	1.95	1 914	191.4	7.64	143.6	25.9	2.09	268.4
[22a	220	77	7.0	11.5	11.5	31.84	24.99	2.10	2 394	217.6	8.67	157.8	28.2	2.23	298.2
b		79	9.0	11.5	11.5	36.24	28.45	2.03	2 571	233.8	8.42	176.5	30.1	2.21	326.3
[25a	250	78	7.0	12.0	12.0	34.91	27.40	2.07	3 359	268.7	9.81	175.9	30.7	2.24	324.8
b		80	9.0	12.0	12.0	39.91	31.33	1.99	3 619	289.6	9.52	196.4	32.7	2.22	355.1
c		82	11.0	12.0	12.0	44.91	35.25	1.96	3 880	310.4	9.30	215.9	34.6	2.19	388.6
[28a	280	82	7.5	12.5	12.5	40.02	31.42	2.09	4 753	339.5	10.90	217.9	35.7	2.33	393.3
b		84	9.5	12.5	12.5	45.62	35.81	2.02	5 118	365.6	10.59	241.5	37.9	2.30	428.5
c		86	11.5	12.5	12.5	51.22	40.21	1.99	5 484	391.7	10.35	264.1	40.0	2.27	467.3
[32a	320	88	8.0	14.0	14.0	48.50	38.07	2.24	7 511	469.4	12.44	304.7	46.4	2.51	547.5
b		90	10.0	14.0	14.0	54.90	43.10	2.16	8 057	503.5	12.11	335.6	49.1	2.47	592.9
c		92	12.0	14.0	14.0	61.30	48.12	2.13	8 603	537.7	11.85	365.0	51.6	2.44	642.7
[36a	360	96	9.0	16.0	16.0	60.89	47.80	2.44	11 874	659.7	13.96	455.0	63.6	2.73	818.5
b		98	11.0	16.0	16.0	68.09	53.45	2.37	12 652	702.9	13.63	496.7	66.9	2.70	880.5
c		100	13.0	16.0	16.0	75.29	59.10	2.34	13 429	746.1	13.36	536.6	70.0	2.67	948.0
[40a	400	100	10.5	18.0	18.0	75.04	58.91	2.49	17 578	878.9	15.30	592.0	78.8	2.81	1 057.9
b		102	12.5	18.0	18.0	83.04	65.19	2.44	18 644	932.2	14.98	640.6	82.6	2.78	1 135.8
c		104	14.5	18.0	18.0	91.04	71.47	2.42	19 711	985.6	14.71	687.8	86.2	2.75	1 220.3

附表 21 热轧 H 型钢的规格及截面特性

HN 型钢：$b \approx (1/3 \sim 1/2)h$；
HM 型钢：$b \approx (1/2 \sim 2/3)h$；
HW 型钢：$b \approx h$。

I ——截面惯性矩；
W ——截面模量；
i ——回转半径。

序号	H 型钢规格 $h \times b \times t_1 \times t_2$	r/mm	截面积 /cm²	I_x/cm⁴	W_x/cm³	i_x/cm	I_y/cm⁴	W_y/cm³	i_y/cm	质量 /(kg/m)
1	HW 100×100×6×8	8	21.59	378	76	4.18	134	26.7	2.49	16.9
2	HW 125×125×6.5×9	8	30.00	839	134	5.29	293	47.0	3.13	23.6
3	HW 150×150×7×10	8	39.65	1 623	216	6.40	563	75.1	3.77	31.1
4	HW 175×175×7.5×11	13	51.43	2 895	331	7.50	984	112.5	4.37	40.4
5	HW 200×200×8×12	13	63.53	4 716	472	8.62	1 602	160.2	5.02	49.9
6	HW 200×204×12×12	13	71.53	4 982	498	8.35	1 702	166.8	4.88	56.2
7	HW 244×252×11×11	13	81.31	8 703	713	10.35	2 937	233.1	6.01	63.8
8	HW 250×255×9×14	13	92.83	10 944	875	10.86	3 872	303.7	6.46	72.9
9	HW 250×255×14×14	13	103.93	11 399	912	10.47	3 876	304.0	6.11	81.6
10	HW 294×302×12×12	13	106.33	16 640	1 132	12.51	5 514	365.2	7.20	83.5
11	HW 300×300×10×15	13	118.45	20 186	1 346	13.05	6 754	450.3	7.55	93.0
12	HW 300×305×15×15	13	133.45	21 311	1 421	12.64	7 102	465.7	7.30	104.8
13	HW 338×351×13×13	13	133.27	27 742	1 642	14.43	9 377	534.3	8.39	104.6
14	HW 344×348×10×16	13	144.01	32 846	1 910	15.10	11 243	646.1	8.84	113.0

续表

序号	H型钢规格 $h \times b \times t_1 \times t_2$	r/mm	截面积 /cm²	I_x/cm⁴	W_x/cm³	i_x/cm	I_y/cm⁴	W_y/cm³	i_y/cm	质量 /(kg/m)
15	HW 344×354×16×16	13	164.65	34 882	2 028	14.56	11 842	669.1	8.48	129.3
16	HW 350×350×12×19	13	171.89	39 846	2 277	15.23	13 584	776.2	8.89	134.9
17	HW 350×357×19×19	13	196.39	42 347	2 420	14.68	14 428	808.3	8.57	154.2
18	HW 388×402×15×15	22	178.45	48 965	2 524	16.56	16 258	808.9	9.54	140.1
19	HW 394×398×11×18	22	186.81	56 145	2 850	17.34	18 926	951.1	10.07	146.6
20	HW 400×400×13×21	22	218.69	66 621	3 331	17.45	22 417	1 120.9	10.12	171.7
21	HW 400×408×21×21	22	250.69	70 888	3 544	16.82	23 809	1 167.1	9.75	196.8
22	HW 414×405×18×28	22	295.39	92 771	4 482	17.72	31 034	1 532.5	10.25	231.9
23	HW 428×407×20×35	22	360.65	119 204	5 570	18.18	39 373	1 934.8	10.45	283.1
24	HW 458×417×30×50	22	528.55	187 138	8 172	18.82	60 545	2 903.8	10.70	414.9
25	*HW 498×432×45×70	22	770.05	297 910	11 964	19.67	94 397	4 370.2	11.07	604.5
26	*HW 492×465×15×20	22	257.95	117 231	4 765	21.32	33 538	1 442.5	11.40	202.5
27	*HW 502×465×15×25	22	304.45	145 947	5 815	21.89	41 920	1 803.0	11.73	239.0
28	*HW 502×470×20×25	22	329.55	151 218	6 025	21.42	43 303	1 842.7	11.46	258.7
29	HM 148×100×6×9	8	26.35	1 002	135	6.17	150	30.1	2.39	20.7
30	HM 194×150×6×9	8	38.11	2 625	271	8.30	507	67.6	3.65	29.9
31	HM 244×175×7×11	13	55.49	6 037	495	10.43	984	112.5	4.21	43.6
32	HM 294×200×8×12	13	71.05	11 114	756	12.51	1 602	160.2	4.75	55.8

续表

序号	H型钢规格 $h \times b \times t_1 \times t_2$	r/mm	截面积 /cm²	I_x/cm⁴	W_x/cm³	i_x/cm	I_y/cm⁴	W_y/cm³	i_y/cm	质量 /(kg/m)
33	HM 340×250×9×14	13	99.53	21 228	1 249	14.60	3 649	291.9	6.06	78.1
34	HM 390×300×10×16	13	133.25	37 864	1 942	16.86	7 205	480.3	7.35	104.6
35	HM 440×300×11×18	13	153.89	54 731	2 488	18.86	8 107	540.4	7.26	120.8
36	HM 482×300×11×15	13	141.17	58 274	2 418	20.32	6 757	450.4	6.92	110.8
37	HM 488×300×11×18	13	159.17	68 859	2 822	20.80	8 107	540.5	7.14	124.9
38	HM 544×300×11×15	13	147.99	76 366	2 808	22.72	6 757	450.5	6.76	116.2
39	HM 550×300×11×18	13	165.99	89 830	3 267	23.26	8 108	540.5	6.99	130.3
40	HM 582×300×12×17	13	169.21	98 950	3 400	24.18	7 660	510.7	6.73	132.8
41	HM 588×300×12×18	13	187.21	114 350	3 889	24.71	9 010	600.7	6.94	147.0
42	HM 594×302×14×23	13	217.09	133 561	4 497	24.80	10 574	700.3	6.98	170.4
43	HN 100×50×5×7	8	11.85	187	37	3.98	15	5.9	1.12	9.3
44	HN 125×60×6×8	8	16.69	409	65	4.95	29	9.7	1.32	13.1
45	HN 150×75×5×7	8	17.85	666	89	6.11	50	13.2	1.67	14.0
46	HN 175×90×5×8	8	22.90	1 205	138	7.26	98	21.7	2.06	18.0
47	HN 198×99×4.5×7	8	22.69	1 543	156	8.25	114	22.9	2.24	17.8
48	HN 200×100×5.5×8	8	26.67	1 806	181	8.23	134	26.8	2.24	20.9
49	HN 248×124×5×8	8	31.99	3 450	278	10.38	255	41.1	2.82	25.1
50	HN 250×125×6×9	8	36.97	3 965	317	10.36	294	47.0	2.82	29.0
51	HN 298×149×5.5×8	13	40.80	6 318	424	12.44	442	59.4	3.29	32.0

续表

序号	H型钢规格 $h \times b \times t_1 \times t_2$	r/mm	截面积 /cm^2	I_x/cm^4	W_x/cm^3	i_x/cm	I_y/cm^4	W_y/cm^3	i_y/cm	质量 /(kg/m)
52	HN 300×150×6.5×9	13	46.78	7 209	481	12.41	508	67.7	3.29	36.7
53	HN 346×174×6×9	13	52.45	11 036	638	14.51	792	91.0	3.89	41.2
54	HN 350×175×7×11	13	62.91	13 500	771	14.65	985	112.5	3.96	49.4
55	HN 400×150×8×13	13	70.37	18 587	929	16.25	734	97.9	3.23	55.2
56	HN 396×199×8×12	13	78.97	21 530	1 087	16.51	1 579	158.7	4.47	62.0
57	HN 400×200×8×13	13	83.37	23 457	1 173	16.77	1 736	173.6	4.56	65.4
58	HN 446×199×8×12	13	82.97	28 134	1 262	18.41	1 579	158.7	4.36	65.1
59	HN 450×200×9×14	13	95.43	32 887	1 462	18.56	1 871	187.1	4.43	74.9
60	HN 496×199×9×14	13	99.29	40 834	1 647	20.28	1 843	185.2	4.31	77.9
61	HN 500×200×10×16	13	112.25	46 811	1 872	20.42	2 139	213.9	4.37	88.1
62	HN 506×201×11×19	13	129.31	55 481	2 193	20.71	2 579	256.6	4.47	101.5
63	HN 546×199×9×14	13	103.79	50 810	1 861	22.13	1 843	185.3	4.21	81.5
64	HN 550×200×10×16	13	117.25	58 173	2 115	22.27	2 139	213.9	4.27	92.0
65	HN 596×199×10×15	13	117.75	66 641	2 236	23.79	1 977	198.6	4.10	92.4
66	HN 600×200×11×17	13	131.71	75 557	2 519	23.95	2 275	227.5	4.16	103.4
67	HN 606×201×12×20	13	149.77	88 320	2 915	24.28	2 718	270.4	4.26	117.6
68	HN 646×299×10×15	13	152.75	110 134	3 410	26.85	6 690	447.5	6.62	119.9
69	HN 650×300×11×17	13	171.21	124 977	3 845	27.02	7 659	510.6	6.69	134.4
70	HN 656×301×12×20	13	195.77	146 518	4 467	27.36	9 102	604.8	6.82	153.7

续表

序号	H型钢规格 $h\times b\times t_1\times t_2$	r/mm	截面积 /cm²	I_x/cm⁴	W_x/cm³	i_x/cm	I_y/cm⁴	W_y/cm³	i_y/cm	质量 /(kg/m)
71	HN 692×300×13×20	18	207.54	168 425	4 868	28.49	9 018	601.2	6.59	162.9
72	HN 700×300×13×24	18	231.54	197 491	5 643	29.21	10 819	721.3	6.84	181.8
73	HN 734×299×12×16	18	182.70	161 277	4 394	29.71	7 143	477.8	6.25	143.4
74	HN 742×300×13×20	18	214.04	197 252	5 317	30.36	9 019	601.2	6.49	168.0
75	HN 750×300×13×24	18	238.04	230 643	6 150	31.13	10 820	721.4	6.74	186.9
76	HN 758×303×16×28	18	284.78	275 642	7 273	31.11	13 015	859.1	6.76	223.6
77	HN 792×300×14×22	18	239.50	248 344	6 271	32.20	9 924	661.6	6.44	188.0
78	HN 800×300×14×26	18	263.50	286 361	7 159	32.97	11 725	781.7	6.67	206.8
79	HN 834×298×14×19	18	227.46	251 235	6 025	33.23	8 404	564.0	6.08	178.6
80	HN 842×299×15×23	18	259.72	298 064	7 080	33.88	10 276	687.4	6.29	203.9
81	HN 850×300×16×27	18	292.14	345 982	8 141	34.41	12 186	812.4	6.46	229.3
82	HN 858×301×17×31	18	324.72	395 005	9 208	34.88	14 133	939.1	6.60	254.9
83	HN 890×299×15×23	18	266.92	338 540	7 608	35.61	10 278	687.5	6.21	209.5
84	HN 900×300×16×28	18	305.82	404 492	8 989	36.37	12 638	842.5	6.43	240.1
85	HN 912×302×18×34	18	360.06	491 011	10 768	36.93	15 662	1 037.2	6.60	282.6
86	HN 970×297×16×21	18	276.00	393 340	8 110	37.75	9 207	620.0	5.78	216.7
87	HN 980×298×17×26	18	315.50	471 768	9 628	38.67	11 514	772.7	6.04	247.7
88	HN 990×298×17×31	18	345.30	544 050	10 991	39.69	13 722	920.9	6.30	271.1
89	HN 1 000×300×19×36	18	395.10	634 475	12 689	40.07	16 267	1 084.5	6.42	310.2
90	HN 1 008×302×21×40	18	439.26	712 026	14 127	40.26	18 450	1 221.9	6.48	344.8

附表 22 热轧 T 型钢的规格及截面特性

TN 型钢：$b \approx (2/3 \sim 1)h$；
TM 型钢：$b \approx (1 \sim 4/3)h$；
TW 型钢：$b \approx 2h$。

I——截面惯性矩；
W——截面模量；
i——回转半径。

序号	T 型钢规格 $h_T \times b \times t_1 \times t_2$	r/mm	截面积 /cm²	C_x/cm	I_x/cm⁴	W_x/cm³	i_x/cm	I_y/cm⁴	W_y/cm³	i_y/cm	质量 /(kg/m)
1	TW 50×100×6×8	8	10.79	1.00	16.1	4.0	1.22	66.8	13.4	2.49	8.5
2	TW 62.5×125×6.5×9	8	15.00	1.19	35.0	6.9	1.53	146.7	23.5	3.13	11.8
3	TW 75×150×7×10	8	19.82	1.37	66.4	10.8	1.83	281.6	37.5	3.77	15.6
4	TW 87.5×175×7.5×11	13	25.71	1.55	114.6	15.9	2.11	492.1	56.2	4.37	20.2
5	TW 100×200×8×12	13	31.77	1.73	184.5	22.3	2.41	801.0	80.1	5.02	24.9
6	TW 100×204×12×12	13	35.77	2.09	255.8	32.4	2.67	850.9	83.4	4.88	28.1
7	TW 125×255×9×14	13	46.42	2.06	413.5	39.6	2.98	1 935.9	151.8	6.46	36.4
8	TW 125×255×14×14	13	51.97	2.58	588.9	59.4	3.37	1 937.8	152.0	6.11	40.8
9	TW 147×302×12×12	13	53.17	2.85	856.6	72.3	4.01	2 756.9	182.6	7.20	41.7
10	TW 150×300×10×15	13	59.23	2.47	798.0	63.7	3.67	3 377.0	225.1	7.55	46.5
11	TW 150×305×15×15	13	66.73	3.04	1 106.9	92.5	4.07	3 551.2	232.9	7.30	52.4
12	TW 172×348×10×16	13	72.01	2.67	1 230.0	84.7	4.13	5 621.4	323.1	8.84	56.5
13	TW 175×350×12×19	13	85.95	2.87	1 518.4	103.8	4.20	6 791.9	388.1	8.89	67.5
14	TW 194×402×15×15	22	89.23	3.70	2 482.8	158.1	5.27	8 129.2	404.4	9.54	70.0
15	TW 197×398×11×18	22	93.41	3.01	2 045.0	122.5	4.68	9 463.1	475.5	10.07	73.3

续表

序号	T型钢规格 $h_T \times b \times t_1 \times t_2$	r/mm	截面积 /cm²	C_x/cm	I_x/cm⁴	W_x/cm³	i_x/cm	I_y/cm⁴	W_y/cm³	i_y/cm	质量 /(kg/m)
16	TW 200×400×13×21	22	109.35	3.21	2 475.6	147.4	4.76	11 208.6	560.4	10.12	85.8
17	TW 200×408×21×21	22	125.35	4.07	3 652.9	229.4	5.40	11 904.6	583.6	9.75	98.4
18	TW 207×405×18×28	22	147.70	3.68	3 622.9	212.9	4.95	15 516.8	766.3	10.25	115.9
19	TW 214×407×20×35	22	180.33	3.90	4 377.2	250.1	4.93	19 686.6	967.4	10.45	141.6
20	TM 74×100×6×9	8	13.17	1.56	51.7	8.8	1.98	75.2	15.0	2.39	10.3
21	TM 97×150×6×9	8	19.05	1.80	124.4	15.8	2.56	253.4	33.8	3.65	15.0
22	TM 122×175×7×11	13	27.75	2.28	288.3	29.1	3.22	492.1	56.2	4.21	21.8
23	TM 147×200×8×12	13	35.53	2.85	570.7	48.2	4.01	801.2	80.1	4.75	27.9
24	TM 170×250×9×14	13	49.77	3.11	1 016.0	73.2	4.52	1 824.6	146.0	6.06	39.1
25	TM 195×300×10×16	13	66.63	3.43	1 729.4	107.6	5.09	3 602.4	240.2	7.35	52.3
26	TM 220×300×11×18	13	76.95	4.09	2 677.9	149.5	5.09	4 053.3	270.2	7.26	60.4
27	TM 241×300×11×15	13	70.59	5.00	3 399.4	178.0	6.94	3 378.3	225.2	6.92	55.4
28	TM 244×300×11×18	13	79.59	4.72	3 611.5	183.5	6.74	4 053.6	270.2	7.14	62.5
29	TM 272×300×11×15	13	74.00	5.96	4 788.6	225.4	8.04	3 378.7	225.2	6.76	58.1
30	TM 275×300×11×18	13	83.00	5.59	5 087.8	232.3	7.83	4 053.9	270.3	6.99	65.2
31	TM 291×300×12×17	13	84.61	6.51	6 316.6	279.7	8.64	3 829.9	255.3	6.73	66.4
32	TM 294×300×12×20	13	93.61	6.17	6 678.0	287.5	8.45	4 505.2	300.3	6.94	73.5
33	TM 297×302×14×23	13	108.55	6.41	7 890.9	338.8	8.53	5 287.0	350.1	6.98	85.2

续表

序号	T型钢规格 $h_T \times b \times t_1 \times t_2$	r/mm	截面积 /cm²	C_x/cm	I_x/cm⁴	W_x/cm³	i_x/cm	I_y/cm⁴	W_y/cm³	i_y/cm	质量 /(kg/m)
34	TN 50×50×5×7	8	5.92	1.28	11.8	3.2	1.41	7.4	3.0	1.12	4.7
35	TN 62.5×60×6×8	8	8.34	1.64	27.5	6.0	1.81	14.6	4.9	1.32	6.6
36	TN 75×75×5×7	8	8.92	1.79	42.6	7.5	2.18	24.8	6.6	1.67	7.0
37	TN 87.5×90×5×8	8	11.45	1.93	70.6	10.4	2.48	48.8	10.8	2.06	9.0
38	TN 99×99×4.5×7	8	11.34	2.17	93.5	12.1	2.87	56.8	11.5	2.24	8.9
39	TN 100×100×5.5×8	8	13.33	2.31	114.1	14.8	2.93	66.9	13.4	2.24	10.5
40	TN 124×124×5×8	8	15.99	2.66	207.1	21.3	3.60	127.3	20.5	2.82	12.6
41	TN 125×125×6×9	8	18.48	2.81	247.6	25.6	3.66	146.8	23.5	2.82	14.5
42	TN 149×149×5.5×8	13	20.40	3.26	393.5	33.8	4.39	221.1	29.7	3.29	16.0
43	TN 150×150×6.5×9	13	23.39	3.41	463.6	40.0	4.45	253.9	33.9	3.29	18.4
44	TN 173×174×6×9	13	26.23	3.72	678.6	50.0	5.09	395.8	45.5	3.89	20.6
45	TN 175×175×7×11	13	31.46	3.76	814.1	59.3	5.09	492.3	56.3	3.96	24.7
46	TN 198×199×7×11	13	35.71	4.20	1 192.4	76.4	5.78	723.5	72.7	4.50	28.0
47	TN 200×200×8×13	13	41.69	4.26	1 394.5	88.6	5.78	868.1	86.8	4.56	32.7
48	TN 223×199×8×12	13	41.49	5.15	1 868.6	109.0	6.71	789.6	79.4	4.36	32.6
49	TN 225×200×9×14	13	47.72	5.19	2 150.3	124.2	6.71	935.4	93.5	4.43	37.5
50	TN 248×199×9×14	13	49.65	5.97	2 823.2	150.0	7.54	921.6	92.6	4.31	39.0
51	TN 250×200×10×16	13	56.13	6.03	3 199.1	168.6	7.55	1 069.5	107.0	4.37	44.1

续表

序号	T型钢规格 $h_T×b×t_1×t_2$	r/mm	截面积/cm^2	C_x/cm	I_x/cm^4	W_x/cm^3	i_x/cm	I_y/cm^4	W_y/cm^3	i_y/cm	质量/(kg/m)
52	TN 253×201×11×19	13	64.66	6.00	3 657.3	189.5	7.52	1 289.5	128.3	4.47	50.8
53	TN 273×199×9×14	13	51.90	6.85	3 691.9	180.5	8.43	921.7	92.6	4.21	40.7
54	TN 275×200×10×16	13	58.63	6.89	4 179.3	202.8	8.44	1 069.7	107.0	4.27	46.0
55	TN 298×199×10×15	13	58.88	7.92	5 147.2	235.3	9.35	988.3	99.3	4.10	46.2
56	TN 300×200×11×17	13	65.86	7.95	5 768.4	261.6	9.36	1 137.5	113.7	4.16	51.7
57	TN 303×201×12×20	13	74.89	7.88	6 528.1	291.2	9.34	1 358.8	135.2	4.26	58.8
58	TN 323×299×10×15	13	76.38	7.27	7 228.0	288.8	9.73	3 344.8	223.7	6.62	60.0
59	TN 325×300×11×17	13	85.61	7.29	8 086.7	320.8	9.72	3 829.4	255.3	6.69	67.2
60	TN 328×301×12×20	13	97.89	7.20	9 118.8	356.2	9.65	4 550.8	302.4	6.82	76.8
61	TN 346×300×13×20	13	103.11	8.12	11 231.6	424.2	10.44	4 507.2	300.5	6.61	80.9
62	TN 350×300×13×24	13	115.11	7.65	11 975.8	437.9	10.20	5 407.6	360.5	6.85	90.4
63	TN 396×300×14×22	18	119.75	9.77	17 648.8	591.7	12.14	4 961.8	330.8	6.44	94.0
64	TN 400×300×14×26	18	131.75	9.27	18 734.2	609.6	11.92	5 862.7	390.8	6.67	103.4
65	TN 445×299×15×23	18	133.46	11.72	25 856.4	788.8	13.92	5 138.8	343.7	6.21	104.8
66	TN 450×300×16×28	18	152.91	11.35	29 118.3	865.4	13.80	6 319.1	421.3	6.43	120.0
67	TN 456×302×18×34	18	180.03	11.34	34 148.0	996.6	13.77	7 830.8	518.6	6.60	141.3

附表 23　常用树种木材的强度设计值和弹性模量

等级强度	组别	适用树种	抗弯 f_m	顺纹抗压及承压 f_c	顺纹抗拉 f_t	顺纹抗剪 f_v	横纹承压 全表面	横纹承压 局部表面及齿面	横纹承压 拉力螺栓垫板下面	弹性模量
TC$_{17}$	A	柏木	17	16	10	1.7	2.3	3.5	4.6	10 000
	B	东北落叶松		15	9.5	1.6				
TC$_{15}$	A	铁杉,油杉	15	13	9	1.6	2.1	3.1	4.2	10 000
	B	鱼鳞云杉,西南云杉		12	9	1.5				
TC$_{13}$	A	油松,新疆落叶松,云南松,马尾松	13	12	8.5	1.5	1.9	2.9	3.8	10 000
	B	红皮云杉,丽江云杉,红松,樟子松		10	8.0	1.4				9 000
TC$_{11}$	A	西北云松,新疆云杉	11	10	7.5	1.4	1.8	2.7	3.6	9 000
	B	杉木,冷杉		10	7.0	1.2				
TB$_{20}$	—	栎木,青冈,桐木	20	18	12	2.8	4.2	6.3	8.4	12 000
TB$_{17}$	—	水曲柳	17	16	11	2.4	3.8	7.6	5.7	11 000
TB$_{15}$	—	锥栗（栲木）,桦木	15	14	10	2.0	3.1	6.2	4.7	10 000

附表 24　新利用树种木材的强度设计值和弹性模量

等级强度	组别	适用树种	抗弯 f_ω	顺纹抗压及承压 f_0	顺纹抗剪 f_v	横纹承压 全表面	横纹承压 局部表面及齿面	横纹承压 拉力螺栓垫板下面	弹性模量
TB$_{15}$	—	锥栗（栲木）,桦木	15	14	2.0	3.1	4.7	6.2	10 000
TB$_{15}$	—	槐木,乌墨木麻黄	15	13	1.8 1.6	2.8	4.2	5.6	9 000
TB$_{13}$	—	柠檬桉,窿缘桉,蓝桉,檫木	13	12	1.5 1.2	2.4	3.6	4.8	8 000
TB$_{11}$	—	榆木,臭椿楒木	11	10	1.3	2.1	3.2	4.1	7 000

附表 25　等截面等跨连续梁在常用荷载作用下按弹性分析的内力系数表

1. 在均布及三角形荷载作用下：
   $M = $ 表中系数 $\times ql^2$；
   $V = $ 表中系数 $\times ql$。

2. 在集中荷载作用下：
   $M = $ 表中系数 $\times Pl$；
   $V = $ 表中系数 $\times P$

3. 内力正负号规定：
   M——使截面上部受压，下部受拉为正；
   V——对邻近截面所产生的力矩沿顺时针方向者为正。

4. 符号说明：
   $V^l、V^r$——支座截面左侧、右侧截面的剪力。

附表 25-1　两 跨 梁

荷载图	跨内最大弯矩		支座弯矩	剪 力		
	M_1	M_2	M_B	V_A	V_B^l / V_B^r	V_C
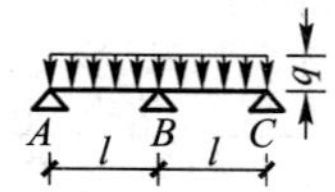 ⯅⯅⯅ (均布 b, $A\,l\,B\,l\,C$)	0.070	0.070 3	-0.125	0.375	-0.625 / 0.625	-0.375
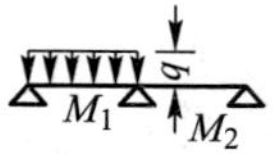 ⯅↓⯅↓⯅ (M_1, M_2, b)	0.096	—	-0.063	0.437	-0.563 / 0.063	0.063
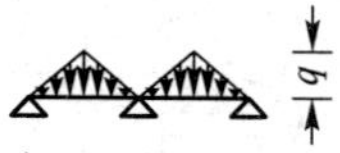 ⯅△⯅△⯅ (三角形 b)	0.048	0.048	-0.078	0.172	-0.328 / 0.328	-0.172
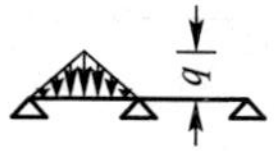 ⯅△⯅△⯅ (b)	0.064	—	-0.039	0.211	-0.289 / 0.039	0.039

续表

荷载图	跨内最大弯矩		支座弯矩	剪　力		
	M_1	M_2	M_B	V_A	V_B^l / V_B^r	V_C
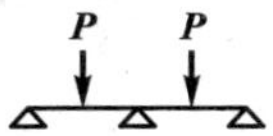 ↓P ↓P（两跨集中）	0.156	0.156	-0.188	0.312	-0.688 / 0.688	-0.312
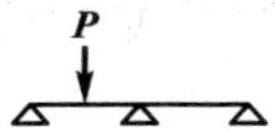 ↓P	0.203	—	-0.094	0.406	-0.594 / 0.094	0.094
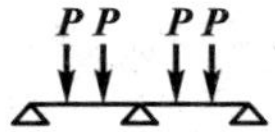 ↓PP ↓PP	0.222	0.222	-0.333	0.667	-1.333 / 1.333	-0.667
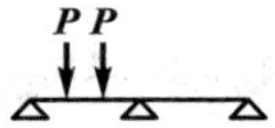 ↓PP	0.278	—	-0.167	0.833	-1.167 / 0.167	0.167

附表 25-2　三　跨　梁

荷载图	跨内最大弯矩		支座弯矩		剪　力			
	M_1	M_2	M_B	M_C	V_A	V_B^l / V_B^r	V_C^l / V_C^r	V_D
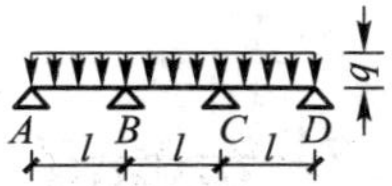 满跨均布荷载 $A\ B\ C\ D$	0.080	0.025	-0.100	-0.100	0.400	-0.600 / 0.500	-0.500 / 0.600	-0.400
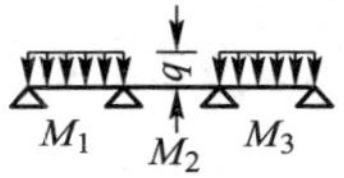 边跨均布荷载 $M_1\ M_3$	0.101	—	-0.050	-0.050	0.450	-0.550 / 0	0 / 0.550	-0.450
 中跨均布荷载 M_2	—	0.075	-0.050	-0.050	0.050	-0.050 / 0.500	-0.500 / 0.050	0.050

续表

荷载图	跨内最大弯矩		支座弯矩		剪 力		
	M_1	M_2	M_B	M_C	V_A	V_B^l / V_B^r	V_C^l / V_C^r	V_D

荷载图	M_1	M_2	M_B	M_C	V_A	V_B^l / V_B^r	V_C^l / V_C^r	V_D
	0.073	0.054	−0.117	−0.033	0.383	−0.617 / 0.583	−0.417 / −0.033	0.033
	0.094	—	−0.067	0.017	0.433	−0.567 / 0.083	0.083 / −0.017	−0.017
	0.054	0.021	−0.063	−0.063	0.183	−0.313 / 0.250	−0.250 / 0.313	−0.188
	0.068	—	−0.031	−0.031	0.219	−0.281 / 0	0 / 0.281	−0.219
	—	0.052	−0.031	−0.031	0.031	−0.031 / 0.250	−0.250 / 0.031	0.031
	0.050	0.038	−0.073	−0.021	0.177	−0.323 / 0.302	−0.198 / 0.021	0.021
	0.063	—	−0.042	0.010	0.208	−0.292 / 0.052	0.052 / −0.010	−0.010
	0.175	0.100	−0.150	−0.150	0.350	−0.650 / 0.500	−0.500 / 0.650	−0.350

续表

荷载图	跨内最大弯矩		支座弯矩			剪力			
	M_1	M_2	M_B	M_C	V_A	V_B^l / V_B^r	V_C^l / V_C^r	V_D
(P, P)	0.213	—	-0.075	-0.075	0.425	-0.575 / 0	0 / 0.575	-0.425
(P)	—	0.175	-0.075	-0.075	-0.075	-0.075 / 0.500	-0.500 / 0.075	0.075
(P, P)	0.162	0.137	-0.175	-0.050	0.325	-0.675 / 0.625	-0.375 / 0.050	0.050
(P)	0.200	—	-0.100	0.025	0.400	-0.600 / 0.125	-0.125 / -0.025	-0.025
(P, P)	0.244	0.067	-0.267	0.267	0.733	-1.267 / 1.000	-1.000 / 1.267	-0.733
(PP, PP)	0.289	—	0.133	-0.133	0.866	-1.134 / 0	0 / 1.134	-0.866
(PP)	—	0.200	-0.133	0.133	-0.133	-0.133 / 1.000	-1.000 / 0.133	0.133
(PP, PP)	0.229	0.170	-0.311	-0.089	0.689	-1.311 / 1.222	-0.778 / 0.089	0.089
(PP)	0.274	—	0.178	0.044	0.822	-1.178 / 0.222	0.222 / -0.044	-0.044

附表 25-3 四 跨 梁

荷载图	跨内最大弯矩				支座弯矩			剪 力				
	M_1	M_2	M_3	M_4	M_B	M_C	M_D	V_A	V_B^l / V_B^r	V_C^l / V_C^r	V_D^l / V_D^r	V_E
	0.077	0.036	0.036	0.077	-0.107	-0.071	-0.107	0.393	-0.607 / 0.536	-0.464 / 0.464	-0.536 / 0.607	-0.393
	0.100	—	0.081	—	-0.054	-0.036	-0.054	0.446	-0.554 / 0.018	0.018 / 0.482	-0.518 / 0.054	0.054
	0.072	0.061	—	0.098	-0.121	-0.018	-0.058	0.380	-0.620 / 0.603	-0.397 / -0.040	-0.040 / 0.558	-0.442
	—	0.056	0.056	—	-0.036	-0.107	-0.036	-0.036	-0.036 / 0.429	-0.571 / 0.571	-0.429 / 0.036	0.036
	0.094	—	—	—	-0.067	0.018	-0.004	0.433	-0.567 / 0.085	0.085 / -0.022	0.022 / 0.004	0.004
	—	0.071	—	—	-0.049	-0.054	0.013	-0.049	-0.049 / 0.496	-0.504 / 0.067	0.067 / -0.013	-0.013
	0.052	0.028	0.028	0.052	-0.067	-0.045	-0.067	0.183	-0.317 / 0.272	-0.228 / 0.228	-0.272 / 0.317	-0.183
	0.067	—	0.055	—	-0.034	-0.022	-0.034	0.217	-0.284 / 0.011	0.011 / 0.239	-0.261 / 0.034	0.034
	0.049	0.042	—	0.066	-0.075	-0.011	-0.036	0.175	-0.325 / 0.314	-0.186 / 0.025	-0.025 / 0.286	-0.214

续表

荷载图	跨内最大弯矩				支座弯矩			剪　力				
	M_1	M_2	M_3	M_4	M_B	M_C	M_D	V_A	V_B^l / V_B^r	V_C^l / V_C^r	V_D^l / V_D^r	V_E
	—	0.040	0.040	—	−0.022	−0.067	−0.022	−0.022	−0.022 / 0.205	−0.295 / 0.295	−0.205 / 0.022	0.022
	0.063	—	—	—	−0.042	0.011	−0.003	0.208	−0.292 / 0.053	0.053 / −0.014	−0.014 / 0.003	0.003
	—	0.051	—	—	−0.031	−0.034	0.008	−0.031	−0.031 / 0.247	−0.253 / 0.042	0.042 / −0.008	−0.008
	0.169	0.116	0.116	0.169	−0.161	−0.107	−0.161	0.339	−0.661 / 0.554	−0.446 / 0.446	−0.554 / 0.661	−0.339
	0.210	—	0.183	—	−0.080	−0.054	−0.080	0.420	−0.580 / 0.027	0.027 / 0.473	−0.527 / 0.080	0.080
	0.159	0.146	—	0.206	−0.181	−0.027	−0.087	0.319	−0.681 / 0.654	−0.346 / −0.060	−0.060 / 0.587	−0.413
	—	0.142	0.142	—	−0.054	−0.161	−0.054	0.054	−0.054 / 0.393	−0.607 / 0.607	−0.393 / 0.054	0.054
	0.200	—	—	—	−0.100	0.027	−0.007	0.400	−0.600 / 0.127	0.127 / −0.033	−0.033 / 0.007	0.007
	—	0.173	—	—	−0.074	−0.080	0.020	−0.074	−0.074 / 0.493	−0.507 / 0.100	0.100 / −0.020	−0.020

续表

荷载图	跨内最大弯矩				支座弯矩			剪 力				
	M_1	M_2	M_3	M_4	M_B	M_C	M_D	V_A	V_B^l / V_B^r	V_C^l / V_C^r	V_D^l / V_D^r	V_E
PP PP PP PP	0.238	0.111	0.111	0.238	−0.286	−0.191	−0.286	0.714	1.286 / 1.095	−0.905 / 0.905	−1.095 / 1.286	−0.714
PP	0.286	—	0.222	—	−0.143	−0.095	−0.143	0.857	−1.143 / 0.048	0.048 / 0.952	−1.048 / 0.143	0.143
PP PP	0.226	0.194	—	0.282	−0.321	−0.048	−0.155	0.679	−1.321 / 1.274	−0.726 / −0.107	−0.107 / 1.155	−0.845
PP PP	—	0.175	0.175	—	−0.095	−0.286	−0.095	−0.095	0.095 / 0.810	−1.190 / 1.190	−0.810 / 0.095	0.095
PP	0.274	—	—	—	−0.178	0.048	−0.012	0.822	−1.178 / 0.226	0.226 / −0.060	−0.060 / 0.012	0.012
PP	—	0.198	—	—	−0.131	−0.143	0.036	−0.131	−0.131 / 0.988	−1.012 / 0.178	0.178 / −0.036	−0.036

附表 25-4 五 跨 梁

荷载图	跨内最大弯矩			支座弯矩					剪 力					
	M_1	M_2	M_3	M_B	M_C	M_D	M_E	V_A	V_B^l / V_B^r	V_C^l / V_C^r	V_D^l / V_D^r	V_E^l / V_E^r	V_F
	0.078	0.033	0.046	-0.105	-0.079	-0.079	-0.105	0.394	-0.606 / 0.526	-0.474 / 0.500	-0.500 / 0.474	-0.526 / 0.606	-0.394
	0.100	—	0.085	-0.053	-0.040	-0.040	-0.053	0.447	-0.553 / 0.013	0.013 / 0.500	-0.500 / -0.013	-0.013 / 0.553	-0.447
	—	0.079	—	-0.053	-0.040	-0.040	-0.053	-0.053	-0.053 / 0.513	-0.487 / 0	0 / 0.487	-0.513 / 0.053	0.053
	0.073	②0.059 / 0.078	—	-0.119	-0.022	-0.044	-0.051	0.380	-0.620 / 0.598	-0.402 / -0.023	-0.023 / 0.493	-0.507 / 0.052	0.052
	①— / 0.098	0.055	0.064	-0.035	-0.111	-0.020	-0.057	0.035	0.035 / 0.424	0.576 / 0.591	-0.409 / -0.037	-0.037 / 0.557	-0.443
	0.094	—	—	-0.067	0.018	-0.005	0.001	0.433	0.567 / 0.085	0.085 / 0.023	0.023 / 0.006	0.006 / -0.001	0.001
	—	0.074	—	-0.049	-0.054	0.014	-0.004	0.019	-0.049 / 0.495	-0.505 / 0.068	0.068 / -0.018	-0.018 / 0.004	0.004
	—	—	0.072	0.013	0.053	0.053	0.013	0.013	0.013 / -0.066	-0.066 / 0.500	-0.500 / 0.066	0.066 / -0.013	0.013

续表

荷载图	跨内最大弯距			支座弯矩				剪 力					
	M_1	M_2	M_3	M_B	M_C	M_D	M_E	V_A	V_B^l V_B^r	V_C^l V_C^r	V_D^l V_D^r	V_E^l V_E^r	V_F
	0.053	0.026	0.034	−0.066	−0.049	0.049	−0.066	0.184	−0.316 0.266	−0.234 0.250	−0.250 0.234	−0.266 0.316	0.184
	0.067	—	0.059	−0.033	−0.025	−0.025	0.033	0.217	0.283 −0.008	0.008 0.250	−0.250 −0.008	−0.008 0.283	0.217
	—	0.055	—	−0.033	−0.025	−0.025	−0.033	0.033	−0.033 0.258	−0.242 0	0 0.242	−0.258 0.033	0.033
	0.049	② 0.041 / 0.053	0.044	−0.075	−0.014	−0.028	−0.032	0.175	0.325 0.311	−0.189 −0.014	−0.014 0.246	−0.255 0.032	0.032
	① — / 0.066	0.039	—	−0.022	−0.070	−0.013	−0.036	−0.022	−0.022 0.202	−0.298 0.307	−0.193 −0.023	−0.023 0.286	−0.214
	0.063	—	—	0.042	0.011	−0.003	0.001	0.208	−0.292 0.053	0.053 −0.014	−0.014 0.004	0.004 −0.001	−0.001
	—	0.051	—	−0.031	−0.034	0.009	−0.002	−0.031	−0.031 0.247	−0.253 0.043	0.043 −0.011	−0.011 0.002	0.002
	—	—	0.050	0.008	−0.033	−0.033	0.008	0.008	0.008 −0.041	−0.041 0.250	−0.250 0.041	0.041 −0.008	−0.008

续表

荷载图	跨内最大弯距			支座弯矩				剪力					
	M_1	M_2	M_3	M_B	M_C	M_D	M_E	V_A	V_B^l / V_B^r	V_C^l / V_C^r	V_D^l / V_D^r	V_E^l / V_E^r	V_F
(P P P P P ↓↓↓↓↓)	0.171	0.112	0.132	−0.158	−0.118	−0.118	−0.158	0.342	−0.658 / 0.540	−0.460 / 0.500	−0.500 / 0.460	−0.540 / 0.658	−0.342
(P P P)	0.211	—	0.191	−0.079	−0.059	−0.059	−0.079	0.421	−0.579 / 0.020	0.020 / 0.500	−0.500 / −0.020	−0.020 / 0.579	−0.421
(P P)	—	0.181	—	−0.079	−0.059	−0.059	−0.079	−0.079	−0.079 / 0.520	−0.480 / 0	0 / 0.480	−0.520 / 0.079	0.079
(P P P P)	0.160	②$\dfrac{0.141}{0.178}$	—	−0.179	−0.032	−0.066	−0.077	0.321	−0.679 / 0.647	−0.353 / −0.034	−0.034 / 0.489	−0.511 / 0.077	0.077
(P P P P)	①$\dfrac{—}{0.207}$	0.140	0.151	−0.052	−0.167	−0.031	−0.086	−0.052	−0.052 / 0.385	−0.615 / 0.637	−0.363 / −0.056	−0.056 / 0.586	−0.414
(P)	0.200	—	—	−0.100	0.027	−0.007	0.002	0.400	−0.600 / 0.127	0.127 / −0.031	−0.034 / 0.009	0.009 / −0.002	−0.002
(P)	—	0.173	—	−0.073	−0.081	0.022	−0.005	−0.073	−0.073 / 0.493	−0.507 / 0.102	0.102 / −0.027	−0.027 / 0.005	0.005
(P)	—	—	0.171	0.020	−0.079	−0.079	0.020	0.020	0.020 / −0.099	−0.099 / 0.500	−0.500 / 0.099	0.099 / −0.020	−0.020

续表

荷载图	跨内最大弯距			支座弯矩				剪力				
	M_1	M_2	M_3	M_B	M_C	M_D	M_E	V_A	V_B^l / V_B^r	V_C^l / V_C^r	V_D^l / V_D^r	V_E^l / V_E^r	V_F
PP PP PP PP PP	0.240	0.100	0.122	−0.281	−0.211	0.211	−0.281	0.719	−1.281 / 1.070	−0.930 / 1.000	−1.000 / 0.930	1.070 / 1.281	−0.719
PP PP	0.287	—	0.228	−0.140	−0.105	−0.105	−0.140	0.860	−1.140 / 0.035	0.035 / 1.000	1.000 / −0.035	−0.035 / 1.140	−0.860
PP	—	0.216	—	−0.140	−0.105	−0.105	−0.140	−0.140	−0.140 / 1.035	−0.965 / 0	0.000 / 0.965	−1.035 / 0.140	0.140
PP PP	0.227	②0.189 / 0.209	—	−0.319	−0.057	−0.118	−0.137	0.681	−0.319 / 1.262	−0.738 / −0.061	−0.061 / 0.981	−1.019 / 0.137	0.137
PP	① / 0.282	0.172	0.198	−0.093	−0.297	−0.054	−0.153	−0.093	−0.093 / 0.796	−1.204 / 1.243	−0.757 / −0.099	−0.099 / 1.153	−0.847
PP PP	0.274	—	—	−0.179	0.048	−0.013	0.003	0.821	−1.179 / 0.227	0.227 / −0.061	−0.061 / 0.016	0.016 / −0.003	−0.003
PP	—	0.198	—	−0.131	−0.144	0.038	−0.010	−0.131	−0.131 / 0.987	−1.013 / 0.182	0.182 / −0.048	−0.048 / 0.010	0.010
PP	—	—	0.193	0.035	−0.140	−0.140	0.035	0.035	0.035 / −0.175	−0.175 / 1.000	−1.000 / 0.175	0.175 / −0.035	−0.035

表中：① 分子及分母分别为 M_1 及 M_5 的弯矩系数；② 分子及分母分别为 M_2 及 M_4 的弯矩系数。

附表 26 双向板接弹性分析的计算系数表

符 号 说 明

式中 E ——弹性模量；
h ——板厚；
ν ——泊松比；
$$B_c = \frac{Eh^3}{12(1-\nu^2)} \text{（刚度）}$$
f, f_{max} ——沿板中心点的挠度和最大挠度；
m_x, m_{xmax} ——分别为平行于板中心点 l_x 方向单位板宽内的弯矩和板跨内最大弯矩；
m_{oy} ——分别为平行于 l_x 和 l_y 方向自由边的中点单位板宽内的弯矩；
m_x ——固定边中点沿 l_x 方向单位板宽内的弯矩；
m_y ——固定边中点沿 l_y 方向单位板宽内的弯矩；
m_{ox} ——平行于 l_x 方向自由边上固定端单位板宽内的支座弯距。

——————代表简支；
- - - - - - 代表自由边；
╱╱╱╱╱ 代表固定边。

正负号的规定：

弯矩——使板的受荷面受压者为正。
挠度——变位方向与荷载方向相同者为正。

挠度 = 表中系数$\times \dfrac{ql^4}{B_c}$；

弯矩 = 表中系数$\times ql^2$。

$\nu = 0$，式中，l 取用 l_x 和 l_y 中之较小者。

附表 26-1 四边简支

l_x/l_y	f	m_x	m_y	l_x/l_y	f	m_x	m_y
0.50	0.010 13	0.096 5	0.017 4	0.80	0.006 03	0.056 1	0.033 4
0.55	0.009 40	0.089 2	0.021 0	0.85	0.005 47	0.050 6	0.034 8
0.60	0.008 67	0.082 0	0.024 2	0.90	0.004 96	0.045 6	0.035 8
0.65	0.007 96	0.075 0	0.027 1	0.95	0.004 49	0.041 0	0.036 4
0.70	0.007 27	0.068 3	0.029 6	1.00	0.004 06	0.036 8	0.036 8
0.75	0.006 63	0.062 0	0.031 7				

附表 26-2　三边简支一边固定

挠度 = 表中系数 $\times \dfrac{ql^4}{B_c}$；

弯矩 = 表中系数 $\times ql^2$。

式中，l 取用 l_x 和 l_y 中之较小者

$\nu = 0$

l_x/l_y	f	f_{max}	m_x	m_{xmax}	m_y	m_{ymax}	m_x'
0.50	0.004 88	0.005 04	0.058 3	0.064 6	0.006 0	0.006 3	−0.121 2
0.55	0.004 71	0.004 92	0.056 3	0.061 8	0.008 1	0.008 7	−0.118 7
0.60	0.004 53	0.004 72	0.053 9	0.058 9	0.010 4	0.011 1	−0.115 8
0.65	0.004 32	0.004 48	0.051 3	0.055 9	0.012 6	0.013 3	−0.112 4
0.70	0.004 10	0.004 22	0.048 5	0.052 9	0.014 8	0.015 4	−0.108 7
0.75	0.003 88	0.003 99	0.045 7	0.049 6	0.016 8	0.017 4	−0.104 8
0.80	0.003 65	0.003 76	0.042 8	0.046 3	0.018 7	0.019 3	−0.100 7
0.85	0.003 43	0.003 52	0.040 0	0.043 1	0.020 4	0.021 1	−0.096 5
0.90	0.003 21	0.003 29	0.037 2	0.040 0	0.021 9	0.022 6	−0.092 2
0.95	0.002 99	0.003 06	0.034 5	0.036 9	0.023 2	0.023 9	−0.088 0
1.00	0.002 79	0.002 85	0.031 9	0.034 0	0.024 3	0.024 9	−0.083 9
l_y/l_x							
0.95	0.003 16	0.003 24	0.032 4	0.034 5	0.028 0	0.028 7	−0.088 2
0.90	0.003 60	0.003 68	0.032 8	0.034 7	0.032 2	0.033 0	−0.092 6
0.85	0.004 09	0.004 17	0.032 9	0.034 7	0.037 0	0.037 8	−0.097 0
0.80	0.004 64	0.004 73	0.032 6	0.034 3	0.042 4	0.043 3	−0.101 4
0.75	0.005 26	0.005 36	0.031 9	0.033 5	0.048 5	0.049 4	−0.105 6
0.70	0.005 95	0.006 05	0.030 8	0.032 3	0.055 3	0.056 2	−0.109 6
0.65	0.006 70	0.006 80	0.029 1	0.030 6	0.062 7	0.063 7	−0.113 3
0.60	0.007 52	0.007 62	0.026 8	0.028 9	0.070 7	0.071 7	−0.116 6
0.55	0.008 38	0.008 48	0.023 9	0.027 1	0.079 2	0.080 1	−0.119 3
0.50	0.009 27	0.009 35	0.020 5	0.024 9	0.088 0	0.088 8	−0.121 5

③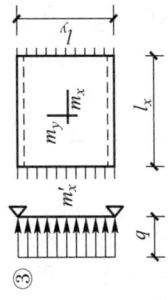

挠度 = 表中系数 × $\dfrac{ql^4}{B_c}$；

弯矩 = 表中系数 × ql^2。

$\nu = 0$，

式中，l 取用 l_x 和 l_y 中之较小者

附表 26-3　两对边简支两对边固定

l_x/l_y	l_y/l_x	f	m_x	m_y	m_x'
0.50		0.002 61	0.041 6	0.001 7	−0.084 3
0.55		0.002 59	0.041 0	0.002 8	−0.084 0
0.60		0.002 55	0.040 2	0.004 2	−0.083 4
0.65		0.002 50	0.039 2	0.005 7	−0.082 6
0.70		0.002 43	0.037 9	0.007 2	−0.081 4
0.75		0.002 36	0.036 6	0.008 8	−0.079 9
0.80		0.002 28	0.035 1	0.010 3	−0.078 2
0.85		0.002 20	0.033 5	0.011 8	−0.076 3
0.90		0.002 11	0.031 9	0.013 3	−0.074 3
0.95		0.002 01	0.030 2	0.014 6	−0.072 1
1.00	1.00	0.001 92	0.028 5	0.015 8	−0.069 8
	0.95	0.002 23	0.029 6	0.018 9	−0.074 6
	0.90	0.002 60	0.030 6	0.022 4	−0.079 7
	0.85	0.003 03	0.031 4	0.026 6	−0.085 0
	0.80	0.003 54	0.031 9	0.031 6	−0.090 4
	0.75	0.004 13	0.032 1	0.037 4	−0.095 9
	0.70	0.004 82	0.031 8	0.044 1	−0.101 3
	0.65	0.005 60	0.030 8	0.051 8	−0.106 6
	0.60	0.006 47	0.029 2	0.060 4	−0.111 4
	0.55	0.007 43	0.026 7	0.069 8	−0.115 6
	0.50	0.008 44	0.023 4	0.079 8	−0.119 1

挠度 = 表中系数 $\times \dfrac{ql^4}{B_c}$；弯矩 = 表中系数 $\times ql^2$。

$\nu = 0$，式中，l 取用 l_x 和 l_y 中之较小者

附表 26-4 四 边 固 定

l_x/l_y	f	m_x	m_y	m'_x	m'_y
0.50	0.002 53	0.040 0	0.003 8	-0.082 9	-0.057 0
0.55	0.002 46	0.038 5	0.005 6	-0.081 4	-0.057 1
0.60	0.002 36	0.036 7	0.007 6	-0.079 3	-0.057 1
0.65	0.002 24	0.034 5	0.009 5	-0.076 6	-0.057 1
0.70	0.002 11	0.032 1	0.011 3	-0.073 5	-0.056 9
0.75	0.001 97	0.029 6	0.013 0	-0.070 1	-0.056 5
0.80	0.001 82	0.027 1	0.014 4	-0.066 4	-0.055 9
0.85	0.001 68	0.024 6	0.015 6	-0.062 6	-0.055 1
0.90	0.001 53	0.022 1	0.016 5	-0.058 8	-0.054 1
0.95	0.001 40	0.019 8	0.017 2	-0.055 0	-0.052 8
1.00	0.001 27	0.017 6	0.017 6	-0.051 3	-0.051 3

挠度 = 表中系数 $\times \dfrac{ql^4}{B_c}$；

$\nu = 0$，弯矩 = 表中系数 $\times ql^2$。

式中，l 取用 l_x 和 l_y 中之较小者

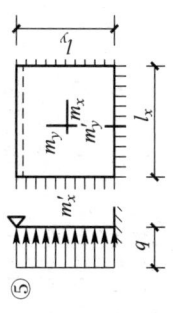

附表 26-5　两邻边简支两邻边固定

l_x/l_y	f	f_{max}	m_x	m_{xmax}	m_y	m_{ymax}	m_x'	m_y'
0.50	0.004 68	0.004 71	0.055 9	0.056 2	0.007 9	0.013 5	-0.117 9	-0.078 6
0.55	0.004 45	0.004 54	0.052 9	0.053 0	0.010 4	0.015 3	-0.114 0	-0.078 5
0.60	0.004 19	0.004 29	0.049 6	0.049 8	0.012 9	0.016 9	-0.109 5	-0.078 2
0.65	0.003 91	0.003 99	0.046 1	0.046 5	0.015 1	0.018 3	-0.104 5	-0.077 7
0.70	0.003 63	0.003 68	0.042 6	0.043 2	0.017 2	0.019 5	-0.099 2	-0.077 0
0.75	0.003 35	0.003 40	0.039 0	0.039 6	0.018 9	0.020 6	-0.093 8	-0.076 0
0.80	0.003 08	0.003 13	0.035 6	0.036 1	0.020 4	0.021 8	-0.088 3	-0.074 8
0.85	0.002 81	0.002 86	0.032 2	0.032 8	0.021 5	0.022 9	-0.082 9	-0.073 3
0.90	0.002 56	0.002 61	0.029 1	0.029 7	0.022 4	0.023 8	-0.077 6	-0.071 6
0.95	0.002 32	0.002 37	0.026 1	0.026 7	0.023 0	0.024 4	-0.072 6	-0.069 8
1.00	0.002 10	0.002 15	0.023 4	0.024 0	0.023 4	0.024 9	-0.067 7	-0.067 7

⑥

挠度 = 表中系数 $\times \dfrac{ql^4}{B_c}$；

$\nu = 0$，弯矩 = 表中系数 $\times ql^2$。

式中，l 即用 l_x 和 l_y 中之较小者

附表 26-6 三边固定，一边简支

l_x/l_y	l_y/l_x	f	f_{max}	m_x	m_{xmax}	m_y	m_{ymax}	m'_x	m'_y
0.50		0.002 57	0.002 58	0.040 8	0.040 9	0.002 8	0.008 9	-0.083 6	-0.056 9
0.55		0.002 52	0.002 55	0.039 8	0.039 9	0.004 2	0.009 3	-0.082 7	-0.057 0
0.60		0.002 45	0.002 49	0.038 4	0.038 6	0.005 9	0.010 5	-0.081 4	-0.057 1
0.65		0.002 37	0.002 40	0.036 8	0.037 1	0.007 6	0.011 6	-0.079 6	-0.057 2
0.70		0.002 27	0.002 29	0.035 0	0.035 4	0.009 3	0.012 7	-0.077 4	-0.057 2
0.75		0.002 16	0.002 19	0.033 1	0.033 5	0.010 9	0.013 7	-0.075 0	-0.057 0
0.80		0.002 05	0.002 08	0.031 0	0.031 4	0.012 4	0.014 7	-0.072 2	-0.056 7
0.85		0.001 93	0.001 96	0.028 9	0.029 3	0.013 8	0.015 5	-0.069 3	-0.056 3
0.90		0.001 81	0.001 84	0.026 8	0.027 3	0.015 9	0.016 3	-0.066 3	-0.055 8
0.95		0.001 69	0.001 72	0.024 7	0.025 2	0.016 0	0.017 2	-0.063 1	-0.055 0
1.00	1.00	0.001 57	0.001 60	0.022 7	0.023 1	0.016 8	0.018 0	-0.060 0	-0.059 9
	0.95	0.001 78	0.001 82	0.022 9	0.023 4	0.019 4	0.020 7	-0.062 9	-0.065 3
	0.90	0.002 01	0.002 06	0.022 8	0.023 4	0.022 3	0.023 8	-0.065 6	-0.071 1
	0.85	0.002 27	0.002 33	0.022 5	0.023 1	0.025 5	0.027 3	-0.068 3	-0.077 2
	0.80	0.002 56	0.002 62	0.021 9	0.022 4	0.029 0	0.031 1	-0.070 7	-0.083 7
	0.75	0.002 86	0.002 94	0.020 8	0.021 4	0.032 9	0.035 4	-0.072 9	-0.090 3
	0.70	0.003 19	0.003 27	0.019 4	0.020 0	0.037 0	0.040 0	-0.074 8	-0.097 0
	0.65	0.003 52	0.003 65	0.017 5	0.018 2	0.041 2	0.044 6	-0.076 2	-0.103 3
	0.60	0.003 86	0.004 03	0.015 3	0.016 0	0.045 4	0.049 3	-0.077 3	-0.109 3
	0.55	0.004 19	0.004 37	0.012 7	0.013 3	0.049 6	0.054 1	-0.078 0	-0.114 6
	0.50	0.004 49	0.004 63	0.009 9	0.010 3	0.053 4	0.058 8	-0.078 4	

地方性震级量规函数值见附表27。其中,黑龙江、吉林、辽宁、内蒙古、北京、天津、河北、山西、山东、河南、宁夏、陕西应使用R_{11};福建、广东、广西、海南、江苏、上海、浙江、江西、湖南、湖北、安徽应使用R_{12};云南、四川、重庆、贵州应使用R_{13};青海、西藏、甘肃应使用R_{14};新疆应使用R_{15}。

附表27 地方性震级量规函数值

Δ/km	R_{11}	R_{12}	R_{13}	R_{14}	R_{15}
0~5	1.9	1.8	2.0	2.0	2.0
10	2.0	1.9	2.0	2.1	2.1
15	2.2	2.1	2.1	2.2	2.2
20	2.3	2.2	2.2	2.3	2.3
25	2.5	2.4	2.4	2.5	2.5
30	2.7	2.6	2.6	2.6	2.6
35	2.9	2.8	2.7	2.8	2.8
40	2.9	2.9	2.8	2.9	2.8
45	3.0	3.0	2.9	3.0	2.9
50	3.1	3.1	3.0	3.1	3.0
55	3.2	3.2	3.1	3.2	3.1
60	3.3	3.3	3.2	3.2	3.2
70	3.3	3.3	3.2	3.2	3.2
75	3.4	3.4	3.3	3.3	3.3
85	3.3	3.3	3.3	3.4	3.3
90	3.4	3.4	3.4	3.5	3.4
100	3.4	3.4	3.4	3.5	3.4
110	3.5	3.5	3.5	3.6	3.6
120	3.5	3.5	3.5	3.6	3.6
130	3.6	3.6	3.6	3.7	3.6
140	3.6	3.6	3.6	3.7	3.6
150	3.7	3.7	3.7	3.8	3.7
160	3.7	3.7	3.7	3.7	3.7
170	3.8	3.8	3.8	3.8	3.8

续表

Δ/km	R_{11}	R_{12}	R_{13}	R_{14}	R_{15}
180	3.8	3.7	3.8	3.8	3.8
190	3.9	3.8	3.9	3.9	3.9
200	3.9	3.9	3.9	3.9	3.9
210	3.9	4.0	3.9	4.0	3.9
220	3.9	4.0	3.9	4.0	4.0
230	4.0	4.1	4.0	4.1	4.0
240	4.1	4.1	4.0	4.1	4.0
250	4.1	4.2	4.0	4.1	4.1
260	4.1	4.2	4.1	4.1	4.1
270	4.2	4.2	4.2	4.2	4.2
280	4.2	4.3	4.1	4.1	4.1
290	4.3	4.4	4.2	4.2	4.2
300	4.2	4.4	4.3	4.2	4.3
310	4.3	4.5	4.4	4.3	4.4
320	4.3	4.4	4.4	4.3	4.4
330	4.4	4.5	4.5	4.4	4.4
340	4.4	4.5	4.5	4.4	4.4
350	4.4	4.5	4.5	4.5	4.5
360	4.5	4.6	4.5	4.5	4.5
370	4.5	4.6	4.5	4.4	4.5
380	4.5	4.6	4.6	4.5	4.5
390	4.5	4.6	4.6	4.5	4.5
400	4.5	4.7	4.7	4.5	4.6
420	4.6	4.7	4.7	4.6	4.7
430	4.6	4.7	4.8	4.7	4.7
440	4.6	4.7	4.8	4.8	4.8
450	4.6	4.7	4.8	4.8	4.8
460	4.6	4.7	4.8	4.8	4.8
470	4.7	4.7	4.8	4.8	4.8

续表

Δ/km	R_{11}	R_{12}	R_{13}	R_{14}	R_{15}
500	4.8	4.7	4.8	4.8	4.8
510	4.8	4.8	4.9	4.9	4.9
530	4.8	4.8	4.9	4.9	4.9
540	4.8	4.8	4.9	4.9	4.9
550	4.8	4.8	4.9	4.9	4.9
560	4.9	4.9	4.9	4.9	4.9
570	4.8	4.9	4.9	4.9	4.9
580	4.9	4.9	4.9	4.9	4.9
600	4.9	4.9	4.9	4.9	4.9
610	5.0	5.0	5.0	5.0	5.0
620	5.0	5.0	5.0	5.0	5.0
650	5.1	5.1	5.1	5.1	5.1
700	5.2	5.2	5.2	5.2	5.2
750	5.2	5.2	5.2	5.2	5.2
800	5.2	5.2	5.2	5.2	5.2
850	5.2	5.2	5.2	5.2	5.2
900	5.3	5.3	5.3	5.3	5.3
1 000	5.3	5.3	5.3	5.3	5.3

参考文献

[1] 中华人民共和国住房和城乡建设部.混凝土结构设计规范(2015 局部修订):GB 50010—2010[S].北京:中国建筑工业出版社,2015.

[2] 中华人民共和国住房和城乡建设部.工程结构可靠性设计统一标准:GB 50153—2008[S].北京:中国建筑工业出版社,2008.

[3] 中华人民共和国住房和城乡建设部.建筑结构荷载规范:GB 50009—2012[S].北京:中国建筑工业出版社,2012.

[4] 中华人民共和国住房和城乡建设部.混凝土结构工程施工质量验收规范:GB 50204—2015[S].北京:中国建筑工业出版社,2015.

[5] 中华人民共和国住房和城乡建设部.钢结构设计规范:GB 50017—2014[S].北京:中国计划出版社,2014.

[6] 中华人民共和国住房和城乡建设部.建筑抗震设计规范(2016 局部修订):GB 50011—2010[S].北京:中国建筑工业出版社,2016.

[7] 中华人民共和国住房和城乡建设部.砌体结构设计规范:GB 50003—2011[S].北京:中国建筑工业出版社,2011.

[8] 中华人民共和国住房和城乡建设部.木结构设计规范:GB 50005—2003[S].北京:中国建筑工业出版社,2003.

[9] 中华人民共和国住房和城乡建设部.建筑地基基础设计规范:GB 50007—2011[S].北京:中国建筑工业出版社,2011.

[10] 张季超.全国一级注册建筑师执业资格考试辅导教材:建筑结构[M].武汉:华中科技大学出版社,2008.

[11] 张季超.注册岩土工程师执业资格专业考试复习指导.北京:环境科学出版社,2003.

[12] 张季超,隋莉莉.混凝土结构设计原理[M].北京:高等教育出版社,2016.

[13] 张季超.混凝土结构设计[M].北京:高等教育出版社,2017.

[14] 江见鲸.混凝土结构工程学[M].北京:中国建筑工业出版社,1998.

[15] 熊丹安.建筑结构[M].广州:华南理工大学出版社,2009.

[16] 张季超,李汝庚.混凝土结构设计[M].北京:中国环境科学出版社,2003.

[17] 周云,宗兰,张文芳,等.土木工程抗震设计[M].北京:科学出版社,2011.

[18] 李国强,李杰,苏小卒.建筑结构抗震设计[M].北京:中国建筑工业出版社,2002.

[19] 罗福午.建筑结构[M].武汉:武汉理工大学出版社,2005.

[20] 刘杰,曹晨.装配式木结构体系在当代建筑设计中的应用[J].工程建设标准化,2017,(04):18-19.

郑重声明

高等教育出版社依法对本书享有专有出版权。任何未经许可的复制、销售行为均违反《中华人民共和国著作权法》，其行为人将承担相应的民事责任和行政责任；构成犯罪的，将被依法追究刑事责任。为了维护市场秩序，保护读者的合法权益，避免读者误用盗版书造成不良后果，我社将配合行政执法部门和司法机关对违法犯罪的单位和个人进行严厉打击。社会各界人士如发现上述侵权行为，希望及时举报，本社将奖励举报有功人员。

反盗版举报电话　（010）58581999　58582371　58582488
反盗版举报传真　（010）82086060
反盗版举报邮箱　dd@hep.com.cn
通信地址　北京市西城区德外大街4号
　　　　　高等教育出版社法律事务与版权管理部
邮政编码　100120

防伪查询说明

用户购书后刮开封底防伪涂层，利用手机微信等软件扫描二维码，会跳转至防伪查询网页，获得所购图书详细信息。用户将防伪二维码下的20位密码按从左到右、从上到下的顺序发送短信至106695881280，免费查询所购图书真伪。

反盗版短信举报

编辑短信"JB，图书名称，出版社，购买地点"发送至10669588128
防伪客服电话
（010）58582300